中　外　物　理　学　精　品　书　系

本书出版得到“国家出版基金”资助

中 外 物 理 学 精 品 书 系

前 沿 系 列 · 5

固体物理基础

(第三版)

阎守胜 编著

图书在版编目(CIP)数据

固体物理基础(第三版)/阎守胜编著. —3 版. —北京：北京大学出版社，2011.6
(中外物理学精品书系)
ISBN 978-7-301-18863-7

Ⅰ.①固…　Ⅱ.①阎…　Ⅲ.①固体物理学-高等学校-教材　Ⅳ.①048

中国版本图书馆 CIP 数据核字(2011)第 081625 号

书　　名	固体物理基础(第三版)
著作责任者	阎守胜　编著
责任编辑	周月梅
标准书号	ISBN 978-7-301-18863-7
出版发行	北京大学出版社
地　　址	北京市海淀区成府路 205 号　100871
网　　址	http://www.pup.cn　新浪微博　@北京大学出版社
电子信箱	zpup@pup.cn
电　　话	邮购部 62752015　发行部 62750672　编辑部 62752021
印 刷 者	三河市北燕印装有限公司
经 销 者	新华书店
	787 毫米×960 毫米　16 开本　26.25 印张　497 千字
	2000 年 11 月第 1 版　2003 年 8 月第 2 版
	2011 年 6 月第 3 版　2024 年 1 月第 9 次印刷
定　　价	58.00 元

《中外物理学精品书系》
编 委 会

内容简介

本书分两部分.第一部分为理想晶体,采用从有关固体最简单的模型——金属自由电子气体模型出发,逐渐加以丰富完善的体系,系统讲述了固体晶格结构、电子能带论、晶格振动、输运现象、原子间的键合和固体中的缺陷等方面的内容.固体物理学的新发展,除在第一部分中有所反映外,集中在第二部分的无序、尺寸、维度和关联四章中,内容包括无序体系中电子的局域化,弱局域化,介观体系的物理,纳米微粒,团簇,库仑阻塞,半导体低维体系,拓扑缺陷,二维体系中的相变,准一维导体,密度泛函理论,强关联初步,高温超导电性和分数量子霍尔效应等.

本书特别注意物理图像的清晰,并着重于固体中基本的、共性的问题.本书可作为各类大学物理系固体物理学及现代固体物理课程的教科书或参考书,也可供有关研究人员参考.

序　言

物理学是研究物质、能量以及它们之间相互作用的科学。她不仅是化学、生命、材料、信息、能源和环境等相关学科的基础，同时还是许多新兴学科和交叉学科的前沿。在科技发展日新月异和国际竞争日趋激烈的今天，物理学不仅囿于基础科学和技术应用研究的范畴，而且在社会发展与人类进步的历史进程中发挥着越来越关键的作用。

我们欣喜地看到，改革开放三十多年来，随着中国政治、经济、教育、文化等领域各项事业的持续稳定发展，我国物理学取得了跨越式的进步，做出了很多为世界瞩目的研究成果。今日的中国物理正在经历一个历史上少有的黄金时代。

在我国物理学科快速发展的背景下，近年来物理学相关书籍也呈现百花齐放的良好态势，在知识传承、学术交流、人才培养等方面发挥着无可替代的作用。从另一方面看，尽管国内各出版社相继推出了一些质量很高的物理教材和图书，但系统总结物理学各门类知识和发展，深入浅出地介绍其与现代科学技术之间的渊源，并针对不同层次的读者提供有价值的教材和研究参考，仍是我国科学传播与出版界面临的一个极富挑战性的课题。

为有力推动我国物理学研究、加快相关学科的建设与发展，特别是展现近年来中国物理学者的研究水平和成果，北京大学出版社在国家出版基金的支持下推出了《中外物理学精品书系》，试图对以上难题进行大胆的尝试和探索。该书系编委会集结了数十位来自内地和香港顶尖高校及科研院所的知名专家学者。他们都是目前该领域十分活跃的专家，确保了整套丛书的权威性和前瞻性。

这套书系内容丰富，涵盖面广，可读性强，其中既有对我国传统物理学发展的梳理和总结，也有对正在蓬勃发展的物理学前沿的全面展示；既引进和介绍了世界物理学研究的发展动态，也面向国际主流领域传播中国物理的优秀专著。可以说，《中外物理学精品书系》力图完整呈现近现代世界和中国物理科学发展的全貌，是一部目前国内为数不多的兼具学术价值和阅读乐趣的经典物理丛书。

《中外物理学精品书系》另一个突出特点是，在把西方物理的精华要义“请进来”的同时,也将我国近现代物理的优秀成果“送出去”。物理学科在世界范围内的重要性不言而喻,引进和翻译世界物理的经典著作和前沿动态,可以满足当前国内物理教学和科研工作的迫切需求。另一方面,改革开放几十年来,我国的物理学研究取得了长足发展,一大批具有较高学术价值的著作相继问世。这套丛书首次将一些中国物理学者的优秀论著以英文版的形式直接推向国际相关研究的主流领域,使世界对中国物理学的过去和现状有更多的深入了解,不仅充分展示出中国物理学研究和积累的“硬实力”,也向世界主动传播我国科技文化领域不断创新的“软实力”,对全面提升中国科学、教育和文化领域的国际形象起到重要的促进作用。

值得一提的是,《中外物理学精品书系》还对中国近现代物理学科的经典著作进行了全面收录。20世纪以来,中国物理界诞生了很多经典作品,但当时大都分散出版,如今很多代表性的作品已经淹没在浩瀚的图书海洋中,读者们对这些论著也都是“只闻其声,未见其真”。该书系的编者们在这方面下了很大工夫,对中国物理学科不同时期、不同分支的经典著作进行了系统的整理和收录。这项工作具有非常重要的学术意义和社会价值,不仅可以很好地保护和传承我国物理学的经典文献,充分发挥其应有的传世育人的作用,更能使广大物理学人和青年学子切身体会我国物理学研究的发展脉络和优良传统,真正领悟到老一辈科学家严谨求实、追求卓越、博大精深的治学之美。

温家宝总理在2006年中国科学技术大会上指出,“加强基础研究是提升国家创新能力、积累智力资本的重要途径,是我国跻身世界科技强国的必要条件”。中国的发展在于创新,而基础研究正是一切创新的根本和源泉。我相信,这套《中外物理学精品书系》的出版,不仅可以使所有热爱和研究物理学的人们从中获取思维的启迪、智力的挑战和阅读的乐趣,也将进一步推动其他相关基础科学更好更快地发展,为我国今后的科技创新和社会进步做出应有的贡献。

中国科学院院士,北京大学教授

王恩哥

2010年5月于燕园

第 三 版 前 言

本书初版面世至今已有十年，第二版的发行也已七年，非常感谢北京大学出版社《中外物理学精品书系》编委会将本书列入计划，使笔者能有机会做一次认真的修改和补充.

第三版改动部分大约涉及原书 70％的页面，少到几个字，或一个标点，多到如金属光学性质（1.5 节）和作为强关联体系的高温超导体（原 12.4 节，现 12.3 节），其中大部分内容都重写了.在章节的调整方面，除将原 12.3 节费米液体理论因同属单电子近似的理论基础而归并到 12.1 节外，其余基本不动.此外，对插图也做了部分的更换和改动，使它更贴近文字讲述的要求，更有表现力.

新版在内容方面也做了一些必要的补充.书的第一部分为理想晶体，新版增加了亦属理想晶体的准晶一节；在点缺陷的部分，添加了对色心简略的讲述；有关碳原子单层，即石墨烯的小节则加在第二部分关于维度的一章中.

2008 年北大出版社出版了笔者的《现代固体物理学导论》一书，其中第一章“电子系统和晶格系统的退耦”有助于对本书第一部分章节结构的了解；本书第二部分的未尽内容则写在该书的其他章节中，可供参考，这也是新版对第二部分内容改动较少的原因.

在近一年的修改过程中，常常翻阅 Neil Ashcroft 和 David Mermin 合著的固体物理学教科书，多次读到 1988 年 7 月 Ashcroft 和他的夫人访问北京大学时，在这本书的扉页上写给我的题词：Hoping that the subject of Solid State Physics gives you as much pleasure，inspiration and challenge，as it has given me. 这些日子，确实再次感受到了他所说的愉悦，灵感和挑战，但也常因原书有些地方写得不够好，甚至有误而感到歉疚.

在本书第三版付印之际，除去家人和朋友一贯的关心和支持外，笔者还特别感谢出版社的责任编辑周月梅女士，以及顾卫宇女士和其他有关人员为本书付出的辛劳.

阎守胜

2011 年 4 月于北京大学承泽园

作　者　序

我从 1984～1996 年，隔年在北京大学物理系为三年级大学生讲授“固体物理学”课程，其间曾有写一本教材的想法，但是由于科研工作太忙，又觉得难于写出新意，一直未能实现．这次因教材建设需要，在多方鼓励和支持下，终于提笔，历时两年多，交出了这部书稿．

固体物理是凝聚态物理的主干，近二三十年研究工作有了很大的发展．首先，我希望这些新的进展、认识和概念能在这本书中有所反映．这主要概括在本书第二部分的无序、尺寸、维度和关联四章中．同时，对于传统固体物理教科书中的章节，除去不可避免地要添加一些新的内容外，我觉得新的发展往往在某种程度上也改变了讲述的角度．以能带论为例，在理论上本书添加了作为近代能带计算基础的密度泛函理论和局域密度近似方法，实验方面添加了用以确定能量色散关系的角分辨光电子谱技术等新的内容．由于理论的进步，特别是高性能计算机的应用，目前，固体的能带计算已发展成卓有成效、十分专业化的领域．因此，除侧重于基本概念和原理外，本书更多地讲述能带计算结果的表述方法．对从事固体物理研究和应用的人，也许能看懂别人计算的结果更重要一些．

其次，固体是包含 10^{23} 个粒子的复杂的多体系统，种类众多，内容丰富．学生在学习固体物理课程时，和刚刚学过的理论线索明晰的四大力学相比，常常摸不着头绪，并有乱的感觉．因此，我希望能有一个好的理论框架和体系，使学生易于吸纳新的内容，不致迷失．我在 1980～1981 年访问美国 Cornell 大学期间，曾旁听 Ashcroft 教授为研究生开设的固体物理课程，深为他从最简单的金属自由电子气体模型开始，逐渐加以丰富和完善的体系所吸引．回来后我也尝试着在教学中采用，感到学生确实易于从中了解各个模型的限度，以及在最简单的模型基础之上添加的每一因素所带来的物理后果．本书第一部分对大块理想晶体的讲述中沿用这一体系，主要想法和脉络陈述于 1.8 节对金属自由电子气体模型局限性及其改进的讨论中．其后，每章前言对这一章要讨论的问题及在这一体系中所处的地位均有概括的说明．本书第二部分章节的组织是这一体系的自然延伸，以大块理想晶体为参照，讨论有序程度、尺寸、维度的改变，以及电子之间相互作用带来的变化．

第三，我希望在讲述中有尽可能清晰的物理图像，不要让学生迷失在冗长的计算之中.学生学过理论物理基础课程后,容易欣赏从几个基本定理出发进行数学演绎的做法.实际上这并不是物理的主要部分.实际的物理更多的是和现象有关的,理论上则要面对具体的体系和问题,抓住物理过程的主要方面,构造简化模型来处理.在这一点上,清晰的物理图像以及直觉和想象力是至关重要的.

本书取名为《固体物理基础》是希望主要讲述一些基本的、共性的问题.第一部分的内容中,相当部分在其他教科书中也有论述,本书采用的公式和符号尽可能和这些书中的一致,内容相近的段落也会写得比较简单.本书第二部分的写作是一个尝试.很多问题的深入讨论,超出了学生已有的数理基础,同时也会使篇幅过长.反过来,如不做数学推演,内容又容易等同于一般的科普读物.这里采取了一种在大体给定的篇幅下,尽可能把基本概念和物理图像讲清楚,同时也给出主要参考文献和书籍的办法,希望这些物理图像式的、半定量的说明,能加深学生对物理学的理解,也希望这些章节能对学生进一步了解固体物理的前沿发展有所帮助.教师在讲课中,也可根据当前的发展补充一些内容.有关半导体、磁性、超导电性、表面、电介质、非晶态、液晶和准晶等领域,本书仅涉及某些共性的问题,没有专门的章节讲述,这些内容可在其他书籍中找到.

我在北京大学物理系就读时,固体物理课程有幸由黄昆教授执教,得到启蒙.此后,在科研和教学中逐渐加深了理解.特别感谢物理学界的许多年长的、同辈的和年轻的同事和朋友们,以及我的一些学生们,从他们的文章、学术报告以及和他们的交往讨论中我学到很多东西.在酝酿本书的写作时,很多同事和朋友提出过很好的建议,张殿琳、韩汝珊、吴思诚和邹英华等教授还阅读了本书的部分章节,提出了重要的修改意见,这里都一并致谢.

在本书写作中,我常常想到我的父亲.抗战期间,作为热血青年,他毅然回国,投身于祖国的教育事业.记得他在广西乡下,晚上就着昏暗的油灯,一面应付我们这些在他身上爬来爬去的小孩,一面用毛笔写他的讲义;也常常想到他对教育事业和教师职业的献身和热爱,以及他的许多颇富哲理的见解.父亲在潜移默化中对我人生的指引是不可估量的.在本书完稿时,我想我是尽力了,但也深感学识的浅薄和时间的仓促.本书定有许多不妥或错误之处,诚恳希望读者提出宝贵的意见,以便再版时修正.

最后,作者感谢教育部高等教育司对本书出版的支持,感谢北京大学出版社周月梅女士和其他有关人员为本书出版所做的努力,感谢我的家人和朋友们始终的关心、支持和帮助.

阎守胜

2000 年 2 月于北京大学承泽园

目　录

第一部分　理想晶体

第二部分 无序、尺寸、维度和关联

第一部分

理 想 晶 体

第一章　金属自由电子气体模型

固体是由很多原子组成的复杂体系.作为第一步近似,也是相当好的近似,可把固体中的原子分成离子实(ion core)和价电子(valence electron)两部分.离子实由原子核和内层结合能高的芯电子(core electron)组成.形成固体时,离子实的变化可以忽略.价电子是原子外层结合能低的电子,在固体中,其状况可能和在孤立原子中十分不同.即使做这样的简化,人们面对的依然是一个强相互作用的、粒子(离子实,价电子)数为 $10^{22}\sim10^{23}/\mathrm{cm}^3$ 的多体问题,难以处理.通常是对特定的方面,抓住有关问题物理过程的本质,提出简化的模型加以讨论.本书即从一最简单的,也是相当成功的模型——金属的自由电子气体模型开始讲述.

从对金属的讨论开始,还因为在固态的纯元素中,三分之二以上是金属.金属优良的性质,如极好的电导、热导性能,优良的机械性能,特有的金属光泽等,使之成为重要的实用材料.这些性质需要加以说明,得到了解.正是这一点,推动了现代固体理论的发展.同时,对金属的了解,也是认识非金属的基础.

1897 年汤姆孙(J. J. Thomson)发现电子,意味着金属优良的传导性质必定和其中存在相对自由的电子有关.早期最重要的理论是 P. Drude 在 1900 年提出的,Drude 大胆地将当时已很成功的气体分子运动论用于金属,H. A. Lorentz 等人对此有进一步的发展.这种将金属中自由电子视为经典气体的模型,文献上习惯地称为 Drude 模型.1928 年索末菲(A. Sommerfeld)首先将费米-狄拉克统计用于电子气体,发展了量子的金属自由电子气体模型,克服了经典模型明显的不足.本章的讲述即从作为现代金属理论发端的量子金属自由电子气体模型,即文献上习惯称为的索末菲模型及其给出的金属基态性质开始(1.1 节),随后是温度 $T\neq0$ 时的平衡态性质,电子比热(1.2 节)和泡利顺磁性(1.3 节).在 1.4 节中,将引进弛豫时间近似,并讲述准经典模型,以及将在外场作用下的电子看做经典粒子,但其速度取为费米速度的物理原因.在此基础上将讨论自由电子气体的输运性质(1.4,1.6,1.7 节).在输运性质以及 1.5 节对光学性质的讨论中,凡不涉及电子速度大小的部分,均可视为完全经典的,经典的处理仍是好的近似.

本章最后一节(1.8 节),在讲述金属自由电子气体模型局限性的基础上,将给出对金属和整个固体进一步了解的主要方案,即沿用单电子近似,但考虑离子实系统对电子的作用.由此出发,概括地陈述本书第一部分内容安排和发展的脉络.

1.1 模型及基态性质

自由电子气体模型把金属简单地看成是价电子构成的、大体均匀的电子气体. 有两个基本的假定,或"自由"有两层含意:

1. 忽略电子和离子实之间的相互作用,相对于离子实言,电子是自由的,其运动范围仅因存在表面势垒而限制在样品内部. 这相当于将离子实系统看成是保持体系电中性的均匀正电荷背景,类似于凝胶,常称为凝胶模型(jellium model). 由于正电荷均匀分布,施加在电子上的电场为零,对电子并无作用.

2. 忽略电子和电子之间的相互作用. 为强调这一点,有时将这一假定单独称为"独立电子近似".

在讨论输运现象时,还要就电子所受散射做一些附加的假定,这将在 1.4 节中讲述.

对于平衡态性质的讨论,自由电子气体模型仅有一个独立的参量,即电子密度 n,给出单位体积中的平均电子数. 由于每摩尔金属元素包含 $N_A = 6.022 \times 10^{23}$ 个原子(阿伏伽德罗常量),单位体积物质的量为 ρ_m/A,其中 ρ_m 是元素的质量密度,A 是元素的相对原子量. 当每个原子提供 Z 个传导电子时,电子密度为

$$n = N_A \frac{Z\rho_m}{A}. \tag{1.1.1}$$

对于金属,典型的数值为 $10^{22} \sim 10^{23}/\text{cm}^3$,和我们熟悉的大气密度 $10^{19}/\text{cm}^3$ 相比,是相当稠密的.

也可将每个电子平均占据的体积等效成球,用球的半径 r_s 来表示电子密度的大小,即

$$\frac{1}{n} = \frac{V}{N} = \frac{4}{3}\pi r_s^3, \quad r_s = \left(\frac{3}{4\pi n}\right)^{1/3}, \tag{1.1.2}$$

其中 V 是金属的体积,N 是总的导电电子数,r_s 的大小约在0.1 nm左右. 习惯上常用玻尔半径(Bohr radius) $a_0 = 4\pi\epsilon_0 \hbar^2/me^2 = 0.529 \times 10^{-1}$ nm 作为量度单位,其中 ϵ_0 为真空介电常数,m,$-e$ 分别为电子质量和电荷量,$\hbar = h/2\pi$, h 为普朗克常量(Planck's constant). 对大多数金属 r_s/a_0 在 2 和 3 之间,碱金属则在 3 和 6 之间. 一些金属的 Z, n, r_s 和 r_s/a_0 值列在表 1.1 中.

表 1.1 一些金属元素的自由电子密度 n，相关的 r_s，r_s/a_0，费米波矢 k_F，费米能量 ε_F，费米速度 v_F 和费米温度 T_F

元素	Z	n /10^{22} cm^{-3}	r_s /10^{-1} nm	r_s/a_0	k_F /10^8 cm^{-1}	ε_F /eV	v_F /(10^8 cm·s^{-1})	T_F /10^4 K
Li	1	4.70	1.72	3.25	1.12	4.74	1.29	5.51
Na	1	2.65	2.08	3.93	0.92	3.24	1.07	3.77
K	1	1.40	2.57	4.86	0.75	2.12	0.86	2.46
Rb	1	1.15	2.75	5.20	0.70	1.85	0.81	2.15
Cs	1	0.91	2.98	5.62	0.65	1.59	0.75	1.84
Cu	1	8.47	1.41	2.67	1.36	7.00	1.57	8.16
Ag	1	5.86	1.60	3.02	1.20	5.49	1.39	6.38
Au	1	5.90	1.59	3.01	1.21	5.53	1.40	6.42
Be	2	24.7	0.99	1.87	1.94	14.3	2.25	16.6
Mg	2	8.61	1.41	2.66	1.36	7.08	1.58	8.23
Ca	2	4.61	1.73	3.27	1.11	4.69	1.28	5.44
Zn	2	13.2	1.22	2.30	1.58	9.47	1.83	11.0
Al	3	18.1	1.10	2.07	1.75	11.7	2.03	13.6
In	3	11.5	1.27	2.41	1.51	8.63	1.74	10.0
Sn	4	14.8	1.17	2.22	1.64	10.2	1.90	11.8
Pb	4	13.2	1.22	2.30	1.58	9.47	1.83	11.0
Bi	5	14.1	1.19	2.25	1.61	9.90	1.87	11.5

引自 N. W. Ashcroft and N. D. Mermin，"Solid State Physics"（Holt，Rinehart and Winston，1976）

1.1.1 单电子本征态和本征能量

我们面对的是温度 $T=0$，在体积 $V=L^3$ 内的 N 个自由电子，其中 L 为立方边的边长. 独立电子近似使 N 个电子的问题转化为单电子问题. 单电子的状态用波函数 $\psi(\boldsymbol{r})$ 描述，$\psi(\boldsymbol{r})$ 满足的不含时薛定谔方程为

$$\left[-\frac{\hbar^2}{2m}\nabla^2+V(\boldsymbol{r})\right]\psi(\boldsymbol{r})=\varepsilon\psi(\boldsymbol{r}), \tag{1.1.3}$$

其中 $V(\boldsymbol{r})$ 为电子在金属中的势能，ε 为电子的本征能量. 忽略电子-离子实的相互作用，在凝胶图像下 $V(\boldsymbol{r})$ 为常数势，可简单地取为零. 方程(1.1.3)成为

$$-\frac{\hbar^2}{2m}\nabla^2\psi(\boldsymbol{r})=\varepsilon\psi(\boldsymbol{r}). \tag{1.1.4}$$

与电子在自由空间运动的情形相同，方程有平面波解，

$$\psi(\boldsymbol{r})=C\mathrm{e}^{\mathrm{i}\boldsymbol{k}\cdot\boldsymbol{r}}, \tag{1.1.5}$$

其中 C 为归一化常数，由在整个体积 V 中找到该电子的概率为 1 决定，即

$$\int_V|\psi(\boldsymbol{r})|^2\mathrm{d}\boldsymbol{r}=1. \tag{1.1.6}$$

这样，波函数(1.1.5)可写成

$$\psi_{\boldsymbol{k}}(\boldsymbol{r})=\frac{1}{\sqrt{V}}\mathrm{e}^{\mathrm{i}\boldsymbol{k}\cdot\boldsymbol{r}}, \tag{1.1.7}$$

其中用以标记波函数的 $\boldsymbol{k}$ 是平面波的波矢. $\boldsymbol{k}$ 的方向为平面波的传播方向, $\boldsymbol{k}$ 的大小与波长 λ 的关系为

$$k = \frac{2\pi}{\lambda}. \tag{1.1.8}$$

将(1.1.7)代入(1.1.4),得到相应的电子能量为

$$\varepsilon(\boldsymbol{k}) = \frac{\hbar^2 k^2}{2m}. \tag{1.1.9}$$

由于 $\psi_{\boldsymbol{k}}(\boldsymbol{r})$同时也是动量算符 $\hat{p} = -\mathrm{i}\hbar\nabla$ 的本征态,即

$$-\mathrm{i}\hbar\nabla\psi_{\boldsymbol{k}}(\boldsymbol{r}) = \hbar\boldsymbol{k}\psi_{\boldsymbol{k}}(\boldsymbol{r}), \tag{1.1.10}$$

因而处在 $\psi_{\boldsymbol{k}}(\boldsymbol{r})$态的电子有确定的动量

$$\boldsymbol{p} = \hbar\boldsymbol{k}. \tag{1.1.11}$$

相应的速度为

$$\boldsymbol{v} = \frac{\boldsymbol{p}}{m} = \frac{\hbar\boldsymbol{k}}{m}, \tag{1.1.12}$$

由此,能量(1.1.9)也可写成熟悉的经典形式

$$\varepsilon = \frac{p^2}{2m} = \frac{1}{2}mv^2. \tag{1.1.13}$$

波矢 $\boldsymbol{k}$ 的取值要由边条件定. 边条件的选取,一方面要反映出电子被局限在一有限大小的体积中;另一方面,由此应得到金属的体性质. 对于足够大的材料,由于表面层在总体积中所占比例甚小,材料表现出的是其体性质. 同时,在数学上,边条件要易于操作. 综合这些要求,人们广泛采用的是周期性边条件(periodic boundary condition),或称做 Born-von Karman 边条件:

$$\begin{cases} \psi(x+L, y, z) = \psi(x, y, z), \\ \psi(x, y+L, z) = \psi(x, y, z), \\ \psi(x, y, z+L) = \psi(x, y, z). \end{cases} \tag{1.1.14}$$

对于一维情形,上述边条件简化为 $\psi(x+L) = \psi(x)$,相当于将 L 长的金属线首尾相接成环,从而既有有限的尺寸,又消除了边界的存在. 三维情形,可想象成 L^3 立方体在三个方向平移,填满整个空间,从而当电子到达表面时,并不受到反射,而是进入相对表面的相应点.

附加边条件(1.1.14)于解(1.1.7),得

$$\mathrm{e}^{\mathrm{i}k_x L} = \mathrm{e}^{\mathrm{i}k_y L} = \mathrm{e}^{\mathrm{i}k_z L} = 1, \tag{1.1.15}$$

因而

$$k_x = \frac{2\pi}{L}n_x, \quad k_y = \frac{2\pi}{L}n_y, \quad k_z = \frac{2\pi}{L}n_z, \tag{1.1.16}$$

n_x, n_y, n_z 为整数.

整数指零和正负整数. 物理上重要的是边条件的附加导致波矢 $\boldsymbol{k}$ 取值的量子化. 单电子本征能量(1.1.9)因而亦取分立值.

把波矢 $\boldsymbol{k}$ 看做空间矢量,相应的空间称为 k 空间(k-space). 在 k 空间中许可的 $\boldsymbol{k}$ 值用分立的点表示,每个点在 k 空间中占据的体积为 $\Delta\boldsymbol{k}=(2\pi/L)^3=8\pi^3/V$(图 1.1). k 空间中单位体积内许可态的代表点数,或 k 空间中的态密度为

$$\frac{1}{\Delta\boldsymbol{k}}=\frac{V}{8\pi^3}. \tag{1.1.17}$$

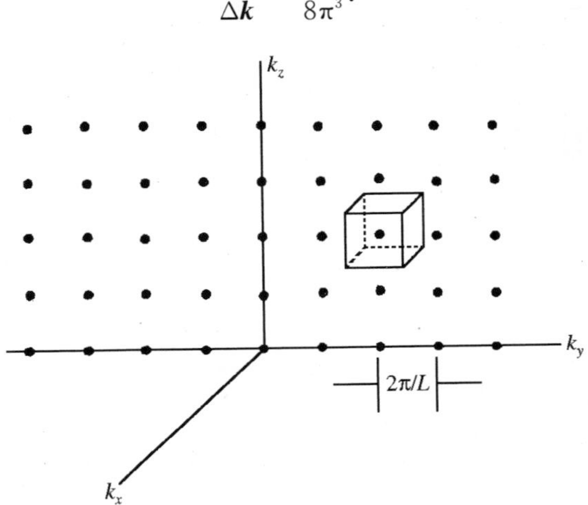

图 1.1 k 空间中的单电子许可态. 图中仅画出 k_yk_z 平面上的一部分. 每个点占据的体积为 $(2\pi/L)^3$

1.1.2 基态和基态的能量

$T=0$ 时 N 个电子对许可态的占据,简单地由泡利不相容原理决定,即每个单电子态上最多可由一个电子占据. 单电子态由波矢 $\boldsymbol{k}$ 和电子自旋沿任意方向的投影标记. 由于自旋投影只能取两个值,$\hbar/2$ 或 $-\hbar/2$,每个许可的 $\boldsymbol{k}$ 态上,可有两个电子占据.

N 个电子的基态,可从能量最低的 $\boldsymbol{k}=0$ 态开始,按能量从低到高,每个 $\boldsymbol{k}$ 态两个电子,依次填充而得到. 由于单电子能级的能量比例于波矢的平方,N 的数目又很大,在 k 空间中,占据区最后成为一个球,一般称为费米球(Fermi sphere),其半径称为费米波矢(Fermi wave vector),记为 k_{F}. 在 k 空间中把占据态和未占据态分开的界面叫做费米面(Fermi surface)(图 1.2). 在金属的近代理论中,费米面是一个重要的基本概念.

采用 k 空间中态密度的表达式(1.1.17),可得到 k_{F} 和电子密度 n 的联系. 由于

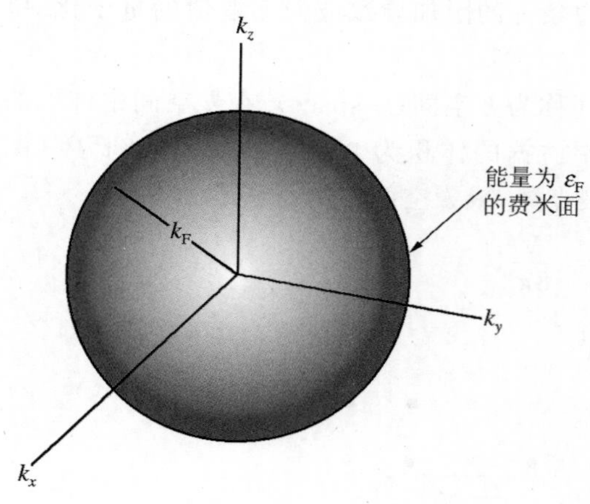

图 1.2 N 个自由电子的基态,在 k 空间中占据态形成费米球

$$2\times\frac{V}{8\pi^3}\times\frac{4}{3}\pi k_F^3=N, \tag{1.1.18}$$

因而

$$k_F^3 = 3\pi^2 n. \tag{1.1.19}$$

费米面上单电子态的能量称为费米能量(Fermi energy),

$$\varepsilon_F = \frac{\hbar^2 k_F^2}{2m}, \tag{1.1.20}$$

相应的还有费米动量(Fermi momentum) $p_F=\hbar k_F$,费米速度(Fermi velocity) $v_F=\hbar k_F/m$,以及费米温度(Fermi temperature) $T_F=\varepsilon_F/k_B$,k_B为玻尔兹曼常量. 对于普通金属,这些参数的大体数值是 $k_F\approx10^8\ \mathrm{cm}^{-1}$,$\varepsilon_F\approx2\sim10\ \mathrm{eV}$,$v_F\approx10^8\ \mathrm{cm/s}$,$T_F\approx10^4\sim10^5\ \mathrm{K}$,详见表 1.1.

单位体积自由电子气体的基态能量 $\mathscr{E}$,可由费米球内所有单电子能级的能量相加得到,

$$\frac{\mathscr{E}}{V}=\frac{2}{V}\sum_{k<k_F}\frac{\hbar^2k^2}{2m}, \tag{1.1.21}$$

其中因子 2 来源于每个 $\boldsymbol{k}$ 态有两个电子占据. 采用(1.1.17)式,上式可改写为

$$\frac{2}{V}\sum_{k<k_F}\frac{\hbar^2k^2}{2m}=\frac{2}{8\pi^3}\sum_{k<k_F}\frac{\hbar^2k^2}{2m}\Delta\boldsymbol{k}. \tag{1.1.22}$$

对于 $\Delta\boldsymbol{k}\to0$(即 $V\to\infty$)的极限情形,求和过渡为积分,规则为

$$\lim_{V\to\infty}\frac{1}{V}\sum_{\boldsymbol{k}}F(\boldsymbol{k})=\frac{1}{8\pi^3}\int F(\boldsymbol{k})\mathrm{d}\boldsymbol{k}, \tag{1.1.23}$$

其中 $F(\boldsymbol{k})$是所有许可 $\boldsymbol{k}$ 值的任意光滑函数. 因而

$$\frac{\mathscr{E}}{V}=\frac{1}{4\pi^3}\int_{k<k_F}\frac{\hbar^2k^2}{2m}\mathrm{d}\boldsymbol{k}=\frac{1}{\pi^2}\frac{\hbar^2k_F^5}{10m}. \tag{1.1.24}$$

用(1.1.19)式,可得每个电子的平均能量为

$$\frac{\mathscr{E}}{N}=\frac{3}{5}\varepsilon_F. \tag{1.1.25}$$

常引入单位体积的态密度,即单位体积样品中,单位能量间隔内,计及自旋的电子态数 $g(\varepsilon)$来进行计算. 这样,能量 ε 到 $\varepsilon+\mathrm{d}\varepsilon$ 间的电子态数为

$$\mathrm{d}N=Vg(\varepsilon)\mathrm{d}\varepsilon. \tag{1.1.26}$$

设在 k 空间中 ε 和 $\varepsilon+\mathrm{d}\varepsilon$ 的等能面球壳，分别对应于 k 和 $k+\mathrm{d}k$，采用 k 空间态密度(1.1.17)式，有

$$\mathrm{d}N = 2\,\frac{V}{8\pi^3}4\pi k^2\,\mathrm{d}k, \tag{1.1.27}$$

用(1.1.9)式将变数 k 改成能量 ε，得

$$g(\varepsilon) = \frac{1}{\pi^2\,\hbar^3}(2m^3\varepsilon)^{1/2}. \tag{1.1.28}$$

通常只要记住 $g(\varepsilon)\propto\varepsilon^{1/2}$，具体的表达式需要时并不难推算.

常用到在费米面处的态密度，从(1.1.28)易于得到

$$g(\varepsilon_{\mathrm{F}}) = \frac{3}{2}\,\frac{n}{\varepsilon_{\mathrm{F}}}, \tag{1.1.29}$$

及

$$g(\varepsilon_{\mathrm{F}}) = \frac{mk_{\mathrm{F}}}{\pi^2\,\hbar^2}. \tag{1.1.30}$$

基态时每个电子的平均能量，亦可通过 $g(\varepsilon)$ 计算，即

$$\frac{\mathscr{E}}{N} = \int_0^{\varepsilon_{\mathrm{F}}}\varepsilon g(\varepsilon)\,\mathrm{d}\varepsilon\Big/\int_0^{\varepsilon_{\mathrm{F}}} g(\varepsilon)\,\mathrm{d}\varepsilon. \tag{1.1.31}$$

结果与(1.1.25)式相同.

在 $T=0$ 的基态，电子的平均能量约为 ε_{F} 的量级，相当于 $10^4\sim10^5$ K，这和 Drude 最初的经典模型全然不同. 按照经典的观念，电子的平均能量为 $(3/2)k_{\mathrm{B}}T$，$T=0$ 时为零.

在统计物理学中，上述电子气体对经典行为的偏离，常称为其简并性(degeneracy). 在 $T=0$ 时，金属自由电子气体是完全简并的. 由于 T_{F} 很高，在室温下，电子气体也是高度简并的.

1.2 自由电子气体的热性质

$T\neq0$ 时 N 个电子在本征态上的分布不能再简单地由泡利不相容原理决定. 要由费米-狄拉克分布函数，或简称费米分布函数给出，

$$f_i = \frac{1}{\mathrm{e}^{(\varepsilon_i-\mu)/k_{\mathrm{B}}T}+1}, \tag{1.2.1}$$

其中 f_i 是电子占据本征态 ε_i 的概率，μ 是系统的化学势，由总粒子数

$$N = \sum_i f_i \tag{1.2.2}$$

决定. 求和计及所有可能的本征态.

在 $T\rightarrow0$ 时，费米分布函数的极限形式为

$$\lim_{T\to 0} f_i = \begin{cases} 1, & 当\ \varepsilon_i < \mu, \\ 0, & 当\ \varepsilon_i > \mu. \end{cases} \tag{1.2.3}$$

因而，占据态和非占据态在化学势 μ 处有一清晰的分界(图 1.3). 和上节费米能量的定义相比，

$$\lim_{T\to 0} \mu = \varepsilon_F. \tag{1.2.4}$$

在 $T\neq 0$ 时，当 ε_i 比 μ 大几个 $k_B T$ 时，$e^{(\varepsilon_i-\mu)/k_B T} \gg 1, f_i \approx 0$；当 ε_i 比 μ 小几个 $k_B T$ 时，$e^{(\varepsilon_i-\mu)/k_B T} \ll 1, f_i \approx 1$. 分布函数和 $T=0$ 情形的差别只发生在 μ 附近几个 $k_B T$ 的范围内(图 1.3). 在室温附近，$k_B T/\mu \approx 0.01$，分布函数和 $T=0$ 情形的差别仅出现在非常接近 μ 处，一些电子被热激发到 $\varepsilon > \mu$ 的态上，而在 $\varepsilon < \mu$ 处留下一些空态.

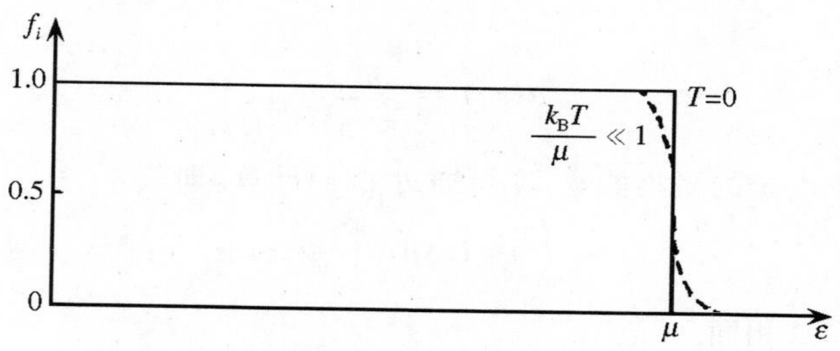

图 1.3　$T=0$ 和低温下的费米-狄拉克分布函数

本节将以费米统计为基础，讨论自由电子气体化学势 μ 随温度的变化，以及电子对比热的贡献.

1.2.1　化学势随温度的变化

$T\neq 0$ 时自由电子气体单位体积的内能为

$$u = \frac{2}{V}\sum_{\boldsymbol{k}} \varepsilon(\boldsymbol{k}) f_{\boldsymbol{k}} = \frac{1}{4\pi^3}\int \varepsilon(\boldsymbol{k}) f_{\boldsymbol{k}} \mathrm{d}\boldsymbol{k}. \tag{1.2.5}$$

分布函数中的化学势，如前述，由

$$n = \frac{2}{V}\sum_{\boldsymbol{k}} f_{\boldsymbol{k}} = \frac{1}{4\pi^3}\int f_{\boldsymbol{k}} \mathrm{d}\boldsymbol{k} \tag{1.2.6}$$

决定.

由于被积函数通过能量 ε 与 $\boldsymbol{k}$ 相联系，比较方便的是利用 1.1.2 小节引入的能态密度，将对 $\boldsymbol{k}$ 的积分改为对能量 ε 的积分，

$$u = \int_0^\infty \varepsilon g(\varepsilon) f(\varepsilon) \mathrm{d}\varepsilon, \tag{1.2.7}$$

$$n = \int_0^\infty g(\varepsilon) f(\varepsilon) \mathrm{d}\varepsilon. \tag{1.2.8}$$

上述两积分可统一地写成在费米统计中常遇到的积分形式，

$$I = \int_0^\infty H(\varepsilon) f(\varepsilon) \mathrm{d}\varepsilon, \tag{1.2.9}$$

当 I 为 u 或 n 时，$H(\varepsilon)$分别为 $\varepsilon g(\varepsilon)$或 $g(\varepsilon)$.

对(1.2.9)式做分部积分，

$$I = Q(\varepsilon) f(\varepsilon) \Big|_0^\infty + \int_0^\infty Q(\varepsilon) \left(-\frac{\partial f}{\partial \varepsilon}\right) \mathrm{d}\varepsilon, \tag{1.2.10}$$

其中

$$Q(\varepsilon) \equiv \int_0^\varepsilon H(\varepsilon) \mathrm{d}\varepsilon. \tag{1.2.11}$$

(1.2.10)式等式右边第一项，由于在积分上下限时均为零而消失. 第二项则由于 $(-\partial f/\partial \varepsilon)$为中心在 μ 处，宽度约为 $k_B T$，类似于 δ 函数的对称窄峰，可以近似计算. 将 $Q(\varepsilon)$在 μ 处作泰勒(Taylor)展开，

$$Q(\varepsilon) = Q(\mu) + (\varepsilon - \mu) Q'(\mu) + \frac{1}{2}(\varepsilon - \mu)^2 Q''(\mu) + \cdots, \tag{1.2.12}$$

代入(1.2.10)式得

$$\begin{aligned} I = & Q(\mu) \int_0^\infty \left(-\frac{\partial f}{\partial \varepsilon}\right) \mathrm{d}\varepsilon + Q'(\mu) \int_0^\infty (\varepsilon - \mu) \left(-\frac{\partial f}{\partial \varepsilon}\right) \mathrm{d}\varepsilon \\ & + \frac{1}{2} Q''(\mu) \int_0^\infty (\varepsilon - \mu)^2 \left(-\frac{\partial f}{\partial \varepsilon}\right) \mathrm{d}\varepsilon + \cdots. \end{aligned} \tag{1.2.13}$$

等式右边第二项，由于$(-\partial f/\partial \varepsilon)$为$(\varepsilon - \mu)$的偶函数而为零. 第三项的定积分可以算出，因此，准确到二级近似的结果为

$$I = Q(\mu) + \frac{\pi^2}{6} Q''(\mu) (k_B T)^2. \tag{1.2.14}$$

由于 $\mu(T)$实际上与 $T=0$ 时的值 ε_F 非常接近，近似有

$$Q(\mu) = Q(\varepsilon_F) + (\mu - \varepsilon_F) Q'(\varepsilon_F). \tag{1.2.15}$$

取 $H(\varepsilon)=g(\varepsilon)$，从 $Q(\varepsilon)$的定义(1.2.11)式，及(1.2.14)，(1.2.15)式，

$$n = \int_0^{\varepsilon_F} g(\varepsilon) \mathrm{d}\varepsilon + (\mu - \varepsilon_F) g(\varepsilon_F) + \frac{\pi^2}{6} g'(\varepsilon_F) (k_B T)^2. \tag{1.2.16}$$

等式右边第一项为基态电子密度，由于电子密度与温度无关，与等式左边相消，因而

$$\mu = \varepsilon_F - \frac{\pi^2}{6} \frac{g'(\varepsilon_F)}{g(\varepsilon_F)} (k_B T)^2. \tag{1.2.17}$$

对于自由电子气体，$g(\varepsilon) \propto \varepsilon^{1/2}$，可得

$$\mu = \varepsilon_F \left[1 - \frac{\pi^2}{12} \left(\frac{k_B T}{\varepsilon_F}\right)^2\right]. \tag{1.2.18}$$

室温下，$(k_B T/\varepsilon_F)^2 \sim 10^{-4}$，化学势 μ 与 ε_F 很接近，常把 μ 也称为费米能量.

1.2.2　电子比热

取 $H(\varepsilon)=\varepsilon g(\varepsilon)$，从(1.2.14)及(1.2.15)式得

$$u=\int_0^{\varepsilon_F}\varepsilon g(\varepsilon)\mathrm{d}\varepsilon+\varepsilon_F g(\varepsilon_F)(\mu-\varepsilon_F)+\frac{\pi^2}{6}\frac{\mathrm{d}}{\mathrm{d}\varepsilon}(\varepsilon g(\varepsilon))_{\varepsilon_F}(k_B T)^2. \tag{1.2.19}$$

将(1.2.17)式代入，注意等式右边第一项为基态单位体积的内能 u_0，则

$$u-u_0=\frac{\pi^2}{6}g(\varepsilon_F)(k_B T)^2. \tag{1.2.20}$$

实际上，由于泡利不相容原理的限制，$T\neq 0$ 时，电子的热激发仅发生在费米面附近. 能够被热激发的电子数约为 $g(\varepsilon_F)k_B T$，每个热激发的电子平均获得的能量约为 $k_B T$，因此，$u-u_0$ 大约为$g(\varepsilon_F)(k_B T)^2$，和比较准确的计算只差 $\pi^2/6$ 的因子.

利用(1.1.25)及(1.1.29)式，(1.2.20)式可改写为

$$u=u_0\left[1+\frac{5}{12}\pi^2\left(\frac{T}{T_F}\right)^2\right], \tag{1.2.21}$$

这也是常用的形式.

从内能可得到自由电子气体的比热，

$$c_V=\left(\frac{\partial u}{\partial T}\right)_n=\frac{\pi^2}{3}k_B^2\, g(\varepsilon_F)T, \tag{1.2.22}$$

与温度 T 成正比，常写成

$$c_V=\gamma T \tag{1.2.23}$$

的形式，γ 称为电子比热系数，比例于费米面上的态密度. 这一结果，并不仅只适用于自由电子气体. 在第三章考虑离子实对电子的作用，电子许可能级形成能带时也正确. 通过电子比热测量得到$g(\varepsilon_F)$，是研究费米面性质的一个重要手段.

将有关 $g(\varepsilon_F)$的(1.1.29)式代入，得

$$c_V=\frac{\pi^2}{2}nk_B\frac{T}{T_F}. \tag{1.2.24}$$

可见在室温附近，和离子实系统(晶格)比热的杜隆-珀蒂(Dulong-Petit)定律给定值，每离子实 $3k_B$ 相比，电子比热仅为 $T/T_F\approx 1\%$左右. 然而在低温下，晶格比热按 T^3 下降(5.2.3 小节)，最终在 10 K 左右或更低的温度下会小于电子比热. 低温下金属的总比热可写成

$$c_V=\gamma T+\beta T^3 \tag{1.2.25}$$

的形式. 将比热测量的结果，作 c_V/T 对 T^2 变化的图，从直线在 c_V/T 轴上的截距可得 γ 值. 表 1.2 给出一些金属电子比热系数的实验值 γ_{exp}，以及和自由电子气体模型计算值 γ_{free}的比较. 对很多金属，两者接近. 但对多价金属(如 Bi，Sb)和过渡族金属，两者相去甚远. 过渡族金属的 γ_{exp}一般较大，约 5～10 mJ/mol・K²，且从元素到元素变化很大. 这将在 4.5.4 小节中讨论.

表 1.2　一些金属元素电子比热系数的实验值 γ_{exp}，以及与自由电子气体理论值 γ_{free} 的比较

元　素	γ_{exp} /(mJ·mol^{-1}·K^{-2})	$\gamma_{exp}/\gamma_{free}$	元　素	γ_{exp} /(mJ·mol^{-1}·K^{-2})	$\gamma_{exp}/\gamma_{free}$
Li	1.6	2.2	Bi	0.08	0.045
Na	1.4	1.3	Sb	0.11	0.067
K	2.1	1.3	Ti	3.4	6.1
Cu	0.70	1.4	V	9.3	16
Ag	0.65	1.0	Cr	1.4	1.8
Au	0.73	1.1	Mn(γ 相)	9.2	15
Mg	1.3	1.3	Fe	5.0	8.0
Al	1.4	1.5	Co	4.7	7.1
Pb	3.0	2.0	Ni	7.0	11

注：1. γ_{exp}引自 C. 基泰尔《固体物理导论》，科学出版社，1979，表 6.2.

2. 过渡族金属 γ_{free}的计算，除 Cr 的 Z 取 1 外，其他 $Z=2$.

自由电子气体比热的量子理论，解决了早期 Drude 经典理论的困难. 按照经典理论，每个电子的平均动能为$(3/2)k_BT$，对比热的贡献为 $3k_B/2$，与晶格比热有相同的数量级. 实际上只是费米面附近 k_BT 范围内的电子有贡献，占电子总数的 $g(\varepsilon_F)k_BT/n\approx T/T_F$.

1.3　泡利顺磁性

电子具有大小为 1 个玻尔磁子(Bohr magneton)的磁矩，

$$\mu_B = \frac{e\hbar}{2m} = 9.27\times 10^{-24}\ \mathrm{A\cdot m^2}. \tag{1.3.1}$$

对于经典的自由电子气体，磁化率 χ 随温度的变化应遵从居里定律(Curie's law)，比例于 $1/T$ 变化. 但实际上，简单金属的磁化率，在 $T\ll T_F$ 时，近似为常数，数值也比经典值小很多，在室温下，约小两个数量级.

由于在外场 $\boldsymbol{B}$ 的作用下，电子自旋磁矩有与外场平行及反平行两个取向，可将态密度曲线分成两半，分属不同的磁矩方向(图 1.4(a)). 外场使这两半沿能量轴向相反方向平移 μ_BB(图 1.4(b)). 这种平移，在图中画得很明显，实际上是很小的. B 为 1 T 时，μ_BB 约为 10^{-5} eV，远小于通常数量级为几个 eV 的 ε_F 值. 对于磁矩方向与外场方向相反的电子，能量较高的电子将磁矩反转，填到磁矩与外场方向相同的空态上. 体系平衡时，两种磁矩取向的电子有相同的化学势(图 1.4(c)).

发生磁矩反转的电子数为

$$\frac{1}{2}\mu_BBg(\varepsilon_F), \tag{1.3.2}$$

每反转一个电子，沿磁场方向磁矩改变 $2\mu_B$，产生的总磁矩为

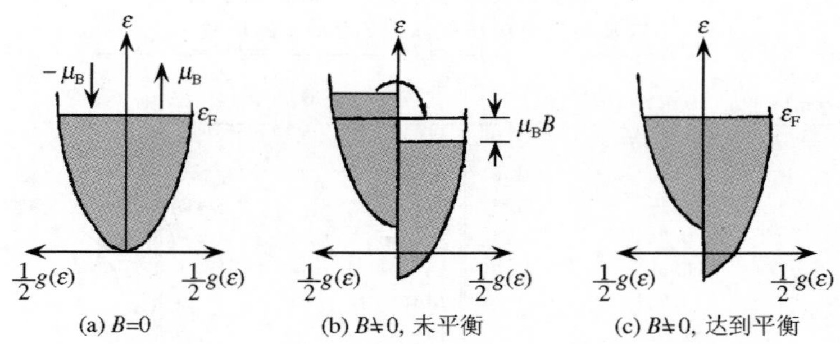

图 1.4 金属泡利顺磁性的物理机制示意

$$M = \mu_B^2 g(\varepsilon_F) B, \tag{1.3.3}$$

相应的磁化率为

$$\chi = \frac{\mu_0 M}{B} = \mu_0 \mu_B^2 g(\varepsilon_F), \tag{1.3.4}$$

通常称为泡利顺磁磁化率(Pauli paramagnetic susceptibility),其中 μ_0 为真空磁导率. 更仔细的计算表明需乘一与(1.2.18)式方括号中同样的温度修正因子,由于实际温度通常远低于 T_F,一般可略去不计.

从上面的讨论知道,和经典理论的差别,同样来源于泡利不相容原理的限制,导致有贡献的只是费米面附近的电子. 与电子比热类似,泡利顺磁磁化率亦比例于 $g(\varepsilon_F)$,这一关系同样并不仅限于自由电子气体情形. 但在通过实验推断 $g(\varepsilon_F)$上,不如电子比热重要. 原因是离子实具有抗磁性,除最轻的简单金属外,离子实的抗磁性超过价电子的泡利顺磁性,且同样与温度无关. 此外,价电子作为运动着的带电粒子,也产生抗磁性. 这样,用常规的测量手段,难于将泡利顺磁性的贡献从总的磁化率中准确干净地分离出来.

1.4 电场中的自由电子

从本节起将讨论在外场(电磁场,温度梯度)作用下,自由电子的输运性质和光学性质.

1.4.1 准经典模型

在早期的 Drude 模型中,把电子看做经典粒子,在自由、独立电子近似的基础上,进一步假定:

1. 电子会受到散射,或经受碰撞. 碰撞是瞬时事件,其效果一是突然地改变电子的速度(包括大小和方向),在相继两次碰撞间,电子直线运动,遵从牛顿定律;二是使电子达到与环境的热平衡.不管碰前如何,碰后电子速度无规取向,其数值大小的分布与该处温度相平衡.碰撞处温度较高时,碰完后电子速度亦较高.

Drude 当时认为电子是和离子实碰撞,散射并非发生在电子之间.实际上对金属言,一般情况下,电子之间的散射确实不重要,但和离子实的散射,Drude 的图像也并不正确(参见 6.2 节).由于下面的讨论并不涉及具体的散射机制,可以只作电子会受到散射的假定.

2. 对于电子受到的散射或碰撞,简单地用弛豫时间(relaxation time)τ 描述.在 $\mathrm{d}t$ 时间内,任一电子受到碰撞的概率,或全部电子中受碰撞部分的比率为 $\mathrm{d}t/\tau$. τ 大体相当于电子相继两次散射间的平均时间,是模型中除电子密度 n 外,另一个独立的参量.

由于电子为量子客体,外场作用下自由电子的行为应从相应的含时间薛定谔方程中得到.对于外加电场 $\boldsymbol{E}$ 的情况,方程为

$$\left(-\frac{\hbar^2}{2m}\nabla^2 - e\phi\right)\psi(\boldsymbol{r},t) = \mathrm{i}\,\hbar\dot{\psi}(\boldsymbol{r},t), \tag{1.4.1}$$

其中 ϕ 是与电场相联系的标量势.按照量子力学与经典力学对应的 Ehrenfest 定理,仅在粒子动能较大,外场变化缓慢时,过渡到经典情形.这相当于方程(1.4.1)取波包解,波包中心坐标和动量期待值的变化满足经典的运动方程,可在不违背不确定原理,并满足实际问题要求的前提下,足够精确地给出电子的坐标和动量.

费米球的存在使金属中的电子有较高的动量,其典型值为$\hbar k_{\mathrm{F}}$.确定的动量要求其不确定度远小于$\hbar k_{\mathrm{F}}$,由于 $k_{\mathrm{F}}\sim 1/r_{\mathrm{s}}$ ((1.1.19)及(1.1.2)式),r_{s} 为电子平均占据球半径,按不确定原理,坐标的不确定程度

$$\Delta x \approx \frac{\hbar}{\Delta p} \gg \frac{1}{k_{\mathrm{F}}} \approx r_{\mathrm{s}}. \tag{1.4.2}$$

在金属中,r_{s} 和离子实间距数量级相同,坐标的不确定度约为多个原子(离子实)间距.除去应远小于样品尺寸外,只要在这个尺度内,外场的变化足够缓慢,只要和电子相继两次碰撞所走的平均距离——平均自由程(mean free path)相比,这个尺度足够小,电子的行为就可用经典方式描述.从表 1.1 看,r_{s} 约 10^{-1} nm.外场明显变化的尺度可用其波长 λ 刻画,对于可见光,λ 约为 10^2 nm,金属中电子的平均自由程 l 的室温值约 10 nm,低温下要更长一些. λ 和 l 一般均远大于 r_{s}.因此,在很多问题中,经典处理是很好的近似.

在完全的经典模型中,电子的速度取平均热运动速度,$v_{\mathrm{th}}^2 \approx k_{\mathrm{B}}T/m$,费米统计法的应用,导致 v_{th} 为 v_{F} 所替代. $v_{\mathrm{F}}^2 \approx 2\varepsilon_{\mathrm{F}}/m$,比经典值大 $\varepsilon_{\mathrm{F}}/k_{\mathrm{B}}T$ 倍.对外场作用下的电子,采用经典的处理方式,但取 v_{F} 为其平均速度,这种做法,称为准经典模型.

1.4.2 电子的动力学方程

假定 t 时刻电子的平均动量为 $\boldsymbol{p}(t)$，经过 $\mathrm{d}t$ 时间，电子没有受到碰撞的概率为 $1-\mathrm{d}t/\tau$，这部分电子对平均动量的贡献为

$$\boldsymbol{p}(t+\mathrm{d}t)=\left(1-\frac{\mathrm{d}t}{\tau}\right)[\boldsymbol{p}(t)+\boldsymbol{F}(t)\mathrm{d}t], \tag{1.4.3}$$

其中 $\boldsymbol{F}(t)$ 为电子在 t 时刻感受到的作用力.

对于受到碰撞的电子，其比率为 $\mathrm{d}t/\tau$. 由于碰完后它们的动量无规取向，它们对 $\boldsymbol{p}(t+\mathrm{d}t)$ 的贡献仅源于碰撞前在外力作用下所取得的动量变化，又由于力作用的时间不长于 $\mathrm{d}t$，因而总的贡献小于 $(\mathrm{d}t/\tau)\boldsymbol{F}(t)\mathrm{d}t$，是涉及 $(\mathrm{d}t)^2$ 的二级小量，可以略去. 这样，在一级近似下有

$$\boldsymbol{p}(t+\mathrm{d}t)-\boldsymbol{p}(t)=\boldsymbol{F}(t)\mathrm{d}t-\boldsymbol{p}(t)\frac{\mathrm{d}t}{\tau}. \tag{1.4.4}$$

通常写成更简练的形式

$$\frac{\mathrm{d}\boldsymbol{p}(t)}{\mathrm{d}t}=\boldsymbol{F}(t)-\frac{\boldsymbol{p}(t)}{\tau}, \tag{1.4.5}$$

称为自由电子在外场作用下的动力学方程. 由于 $\boldsymbol{p}(t)=m\boldsymbol{v}(t)$，上式可写成

$$m\frac{\mathrm{d}\boldsymbol{v}(t)}{\mathrm{d}t}=\boldsymbol{F}(t)-m\frac{\boldsymbol{v}(t)}{\tau}. \tag{1.4.6}$$

碰撞的作用，相当于在通常的运动方程中引入一依赖于速度的阻尼项.

1.4.3 金属的电导率

对于恒定电场的稳态情形，电场作用在电子上的力 $\boldsymbol{F}=-e\boldsymbol{E}$，和阻尼力相等，加速停止，$\mathrm{d}\boldsymbol{v}(t)/\mathrm{d}t=0$，电子以恒定速度运动，通常将这一速度称为电子的漂移速度(drift velocity)，记为 $\boldsymbol{v}_{\mathrm{d}}$，从(1.4.6)式得

$$\boldsymbol{v}_{\mathrm{d}}=-\frac{e\tau\boldsymbol{E}}{m}. \tag{1.4.7}$$

相应的电流密度

$$\boldsymbol{J}=-ne\boldsymbol{v}_{\mathrm{d}}=\frac{ne^2\tau}{m}\boldsymbol{E}. \tag{1.4.8}$$

金属遵从欧姆定律，电流密度比例于电场强度变化. 写成

$$\boldsymbol{J}=\sigma\boldsymbol{E} \tag{1.4.9}$$

的形式，其中电导率为

$$\sigma=\frac{ne^2\tau}{m}. \tag{1.4.10}$$

从电导率的测量值，可算出弛豫时间 τ，从而得到平均自由程的大小，

$$l=v_{\mathrm{F}}\tau. \tag{1.4.11}$$

对于普通金属在室温下，τ 的量级约 10^{-14} s，l 约 10^{1} nm.

在 k 空间中，电场引起的漂移速度对应于波矢 $\boldsymbol{k}$ 的改变，(1.4.7)式可改写为

$$\hbar\Delta\boldsymbol{k}=-e\boldsymbol{E}\tau, \tag{1.4.12}$$

即电子气中所有的电子在 k 空间中平移 $\Delta\boldsymbol{k}$（图 1.5）. 实际上，如果没有碰撞，在电场的作用下，在 k 空间中费米球将沿 $-\boldsymbol{E}$ 方向不断漂移，对应于 $\boldsymbol{v}$ 的持续增加. 碰撞破坏了这种过程，导致费米球稳定在偏离平衡的新的位置上，相应于有确定的漂移速度 $\boldsymbol{v}_{\mathrm{d}}$. 一般言，$\Delta k$ 与 k_{F} 相比为小量. 如 $E=10^{4}$ V/m，$\tau\approx10^{-14}$ s 时，$\Delta k\approx10^{-5}\,k_{\mathrm{F}}$，电子在许可态上占据状况的变化仅发生在 ε_{F} 附近. 如图 1.5 所示，非平衡费米球中与$E=0$ 时费米球交叠部分，由于在 $\pm\boldsymbol{k}$ 方向分布的对称性，对电流没有贡献. 电流来源于：相对于原费米球，$+k_{\mathrm{F}}$ 附近态的占据有所增加（阴影部分），$-k_{\mathrm{F}}$ 附近则有所减少，占据有非均衡的变化. 电场去掉后，费米球回到原来相对于原点对称的位置上，电流同时消失. 从这一角度同样可得到有关电导率的(1.4.10)式，这将在 6.2 节中讲述. 粗略地可将(1.4.8)式改写为 $J=-e\left(n\dfrac{v_{\mathrm{d}}}{v_{\mathrm{F}}}\right)v_{\mathrm{F}}$，即有贡献的只是费米面附近的电子，占总数的 $\Delta k/k_{\mathrm{F}}=v_{\mathrm{d}}/v_{\mathrm{F}}$，其速度应为费米速度 v_{F}.

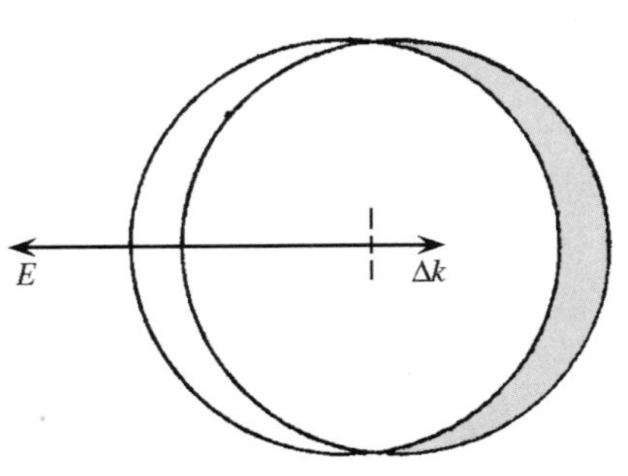

图 1.5 电导与费米球在 k 空间中小的平移相联系

对于外加场为依赖于时间的交变电场的情形，

$$\boldsymbol{E}=\boldsymbol{E}_0\mathrm{e}^{-\mathrm{i}\omega t}, \tag{1.4.13}$$

相应的电子速度为

$$\boldsymbol{v}=\boldsymbol{v}_0\mathrm{e}^{-\mathrm{i}\omega t}. \tag{1.4.14}$$

方程(1.4.6)可写成

$$-\mathrm{i}\omega m\boldsymbol{v}=-e\boldsymbol{E}-\frac{m\boldsymbol{v}}{\tau}. \tag{1.4.15}$$

从而给出与 ω 有关的漂移速度

$$\boldsymbol{v}_{\mathrm{d}}=\frac{-e\boldsymbol{E}\tau}{m(1-\mathrm{i}\omega\tau)}, \tag{1.4.16}$$

相当于电导率

$$\sigma(\omega)=\frac{ne^{2}\tau}{m}\frac{1}{1-\mathrm{i}\omega\tau}=\frac{\sigma_0}{1-\mathrm{i}\omega\tau}, \tag{1.4.17}$$

其中 σ_0 是直流电导率. 将实部和虚部分开，有

$$\sigma=\sigma_1+\mathrm{i}\sigma_2=\frac{\sigma_0}{1+(\omega\tau)^{2}}+\mathrm{i}\,\frac{\sigma_0\omega\tau}{1+(\omega\tau)^{2}}, \tag{1.4.18}$$

实部和虚部随 ω 的变化在图 1.6 中给出. 实部 $\sigma_1(\omega)$ 常称为 Drude 谱,反映了和驱动场同相位,产生电阻,即吸收能量,释出焦耳热的部分. 虚部 $\sigma_2(\omega)$ 是电感性的,反映了相位的移动,极大值在 $\omega\tau=1$ 处.

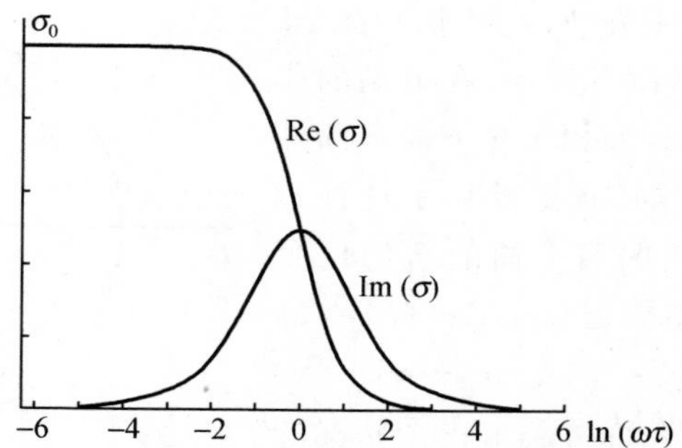

图 1.6　Drude 模型中电导率实部 Re(σ)和虚部 Im(σ)随频率的变化

1.5　光 学 性 质

自由电子气体的光学性质涉及的是它对电磁场的响应,这里讨论的波段是从红外一直到紫外光,波长从 10^3 nm 到 10^2 nm. 在上节讨论中,实际上假定了在任一时刻,作用在每个电子上的电场力都是一样的,并未考虑交变场在空间的变化. 本节将计及这种改变,此时有

$$\boldsymbol{J}(\boldsymbol{r},\omega)=\sigma(\omega)\boldsymbol{E}(\boldsymbol{r},\omega), \tag{1.5.1}$$

即在金属中 $\boldsymbol{r}$ 处的电流密度完全决定于该处的电场强度. 这是因为到达 $\boldsymbol{r}$ 处的电子经受的最后一次碰撞,发生在距 $\boldsymbol{r}$ 大约 l 远处,在 $\lambda\gg l$ 的条件下,它所感受到的电场依然可取为同一时刻在 $\boldsymbol{r}$ 处的电场. 在更高频率,当这一条件不满足时,要采用非局域的理论. 电磁波中与电场相伴的还有磁场,电子的运动还与所受的洛伦兹力有关,由于其影响远较电场力小(参见 6.1 节),这里略去不计.

对金属光学性质的讨论,材料的性质体现在其介电常数和电导率上,光学性质则由折射率、消光系数、反射率等描述,详细的可在电动力学教科书中找到,这里简要地给出所需结果.

从麦克斯韦方程组,可导出自由电子气体中的波动方程①

$$\nabla^2\boldsymbol{E}-\mu_0\sigma\frac{\partial\boldsymbol{E}}{\partial t}-\epsilon_0\mu_0\frac{\partial^2\boldsymbol{E}}{\partial t^2}=0. \tag{1.5.2}$$

对于单色波解

① 参见俞允强:《电动力学简明教程》4.5 节,北京大学出版社,1999.

$$\boldsymbol{E}=\boldsymbol{E}_0 e^{i(\boldsymbol{k}\cdot\boldsymbol{r}-\omega t)}, \tag{1.5.3}$$

方程(1.5.2)给出

$$k^2=\epsilon_0\mu_0\omega^2+i\mu_0\sigma\omega=\mu_0\omega^2\left(\epsilon_0+i\frac{\sigma}{\omega}\right). \tag{1.5.4}$$

与不导电介质情形 $k^2=\mu_0\epsilon_0\omega^2$①相比,金属自由电子气体有复数介电常数

$$\epsilon=\epsilon_0+\frac{i\sigma}{\omega}. \tag{1.5.5}$$

将有关 σ 的(1.4.18)式代入,得到相对介电常数

$$\epsilon_r\equiv\frac{\epsilon}{\epsilon_0}=1-\frac{\sigma_0\tau}{\epsilon_0(1+\omega^2\tau^2)}+i\frac{\sigma_0}{\epsilon_0\omega(1+\omega^2\tau^2)}. \tag{1.5.6}$$

通常引入

$$\omega_p^2=\frac{ne^2}{\epsilon_0 m}, \tag{1.5.7}$$

ω_p 称为等离子体频率(plasma frequency),是自由电子气体作为整体相对于正电荷背景集体运动的频率,详见本节末的讲述.(1.5.6)式改写为

$$\epsilon_r=1-\frac{\omega_p^2}{\omega^2+\tau^{-2}}+i\frac{\omega_p^2\tau}{\omega(1+\omega^2\tau^2)}, \tag{1.5.8}$$

或简写为

$$\epsilon_r=\epsilon_1+i\epsilon_2, \tag{1.5.9}$$

ϵ_1 和 ϵ_2 分别为复数相对介电常数的实数和虚部.

电磁波在真空中的传播速度为光速,$c=(\epsilon_0\mu_0)^{-1/2}$,在自由电子气体中降为 $v=\omega/k$,按定义,自由电子气体的复数折射率为

$$n_c=\frac{c}{v}=\left(\frac{\epsilon_0+i\sigma/\omega}{\epsilon_0}\right)^{1/2}. \tag{1.5.10}$$

光学中折射率习惯用 n 表示,这里为避免与电子密度重复,改用 n_c. 从(1.5.5)及(1.5.6)式,有

$$n_c^2=\epsilon_r. \tag{1.5.11}$$

复数折射率同样可写成实部和虚部之和,

$$n_c=n_1+in_2. \tag{1.5.12}$$

实部 n_1 是通常的折射率,虚部 n_2 叫消光系数(extinction coefficient). 在光学实验中,一般并不直接测量 n_1 和 n_2,而是测量反射率 R 和吸收系数 α.

采用复折射率,(1.5.4)式中波矢 k 可写成

$$k=\frac{\omega}{c}(n_1+in_2). \tag{1.5.13}$$

① 参见俞允强:《电动力学简明教程》4.1节.

假定电磁波沿垂直于金属表面的 z 方向传播,(1.5.3)成为

$$E = E_0 \mathrm{e}^{\mathrm{i}\omega\left(\frac{n_1}{c}z - t\right)} \mathrm{e}^{-\frac{n_2\omega}{c}z}. \tag{1.5.14}$$

可见波幅在传播中是衰减的.由于光强 I 比例于 E^2,因此

$$I = I_0 \mathrm{e}^{-\frac{2n_2\omega}{c}z}, \tag{1.5.15}$$

I_0 是 $z=0$ 表面处的光强.吸收系数

$$\alpha = \frac{2n_2\omega}{c}. \tag{1.5.16}$$

α^{-1}是因媒体对电磁波能量的吸收,光强衰减到原来的 e^{-1}时电磁波传播的距离.

对于光从真空(或空气)正入射到金属表面的情形,从界面处电场磁场平行表面分量的连接条件,可得到入射光的反射率 R,它是反射通量(或功率)与入射通量(或功率)之比,等于相应电场振幅的平方比,取真空或空气的折射率为 1,有

$$R = \frac{(n_1 - 1)^2 + n_2^2}{(n_1 + 1)^2 + n_2^2}. \tag{1.5.17}$$

在对不同频段金属自由电子气体光学性质讨论时,需要估算 n_1 和 n_2,从(1.5.11)及(1.5.8)式可得

$$n_1^2 - n_2^2 = 1 - \frac{\omega_{\mathrm{p}}^2\tau^2}{1+\omega^2\tau^2}, \tag{1.5.18a}$$

$$2n_1 n_2 = \frac{\omega_{\mathrm{p}}^2\tau}{\omega(1+\omega^2\tau^2)}. \tag{1.5.18b}$$

这是进一步计算的出发点.

金属自由电子气体的光学响应大体分 3 个区:

1. 吸收区,发生在 $\omega\tau \ll 1$ 的低频段.此时(1.5.8)式简化为实部 $\epsilon_1 \approx -(\omega_{\mathrm{p}}\tau)^2$,虚部 $\epsilon_2 \approx \frac{(\omega_{\mathrm{p}}\tau)^2}{\omega\tau}$,且远大于实部 ϵ_1.由于虚部与电磁波的吸收有关,这一频段常被称为吸收区.

(1.5.18)式相应地简化为

$$n_1^2 - n_2^2 \approx -\omega_{\mathrm{p}}^2\tau^2, \tag{1.5.19a}$$

$$2n_1 n_2 \approx \frac{\omega_{\mathrm{p}}^2\tau}{\omega}. \tag{1.5.19b}$$

由此可得到 n_1 和 n_2 大体相等,且远大于 1,以及反射率

$$R \approx 1 - 2\left(\frac{2\omega}{\omega_{\mathrm{p}}^2\tau}\right)^{1/2}. \tag{1.5.20}$$

由于 $\tau \approx 10^{-14}$ s,这一区域从直流一直延伸到远红外.

2. 反射区,发生在 $1 < \omega\tau < \omega_{\mathrm{p}}\tau$ 的频段.(1.5.8)式给出

$$\epsilon_{\mathrm{r}} \approx 1 - \left(\frac{\omega_{\mathrm{p}}}{\omega}\right)^2 + \mathrm{i}\,\frac{\omega_{\mathrm{p}}^2}{\omega^3\tau}. \tag{1.5.21}$$

从(1.5.19)式出发,可得到

$$n_1 \approx \frac{\omega_p^2}{2\omega^2\tau(\omega_p^2-\omega^2)^{1/2}} \approx \frac{\omega_p}{2\omega^2\tau}, \tag{1.5.22a}$$

$$n_2 \approx \left(\frac{\omega_p^2}{\omega^2}-1\right)^{1/2} \approx \frac{\omega_p}{\omega}. \tag{1.5.22b}$$

由于 $n_1 \approx n_2/(2\omega\tau)$,小于 n_2,在这一区间,反射率

$$R \approx 1-\frac{2}{\omega_p\tau}, \tag{1.5.23}$$

接近于1(图1.7).金属的 $\hbar\omega_p$ 约在 5~15 eV 范围内,可见光的上限频率 $\hbar\omega$ 约为 3 eV,金属因而对可见光显示出镜子般的反射特性.但理论仍过于简单,无法给出不同的金属,如铜、银和金具有特殊色泽的原因,在4.5节中对此将有简单的解释.

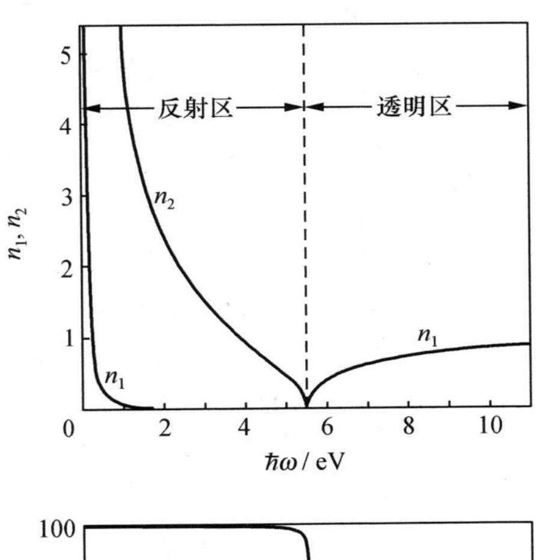

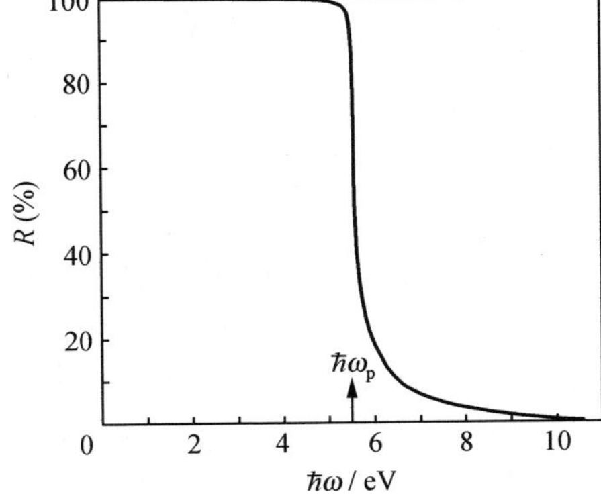

图1.7 自由电子气体折射率 n_1、消光系数 n_2 和反射率 R 随频率的典型变化

3. 透明区，发生在 $\omega>\omega_p$ 区域. 此时已进入紫外波段，ϵ_r 的实部大于零，消光系数很小，有

$$n_1 \approx \left[1-\left(\frac{\omega_p}{\omega}\right)^2\right]^{1/2} \approx 1, \tag{1.5.24a}$$

$$n_2 \approx \frac{\omega_p^2}{3\omega^3\tau} \approx 0, \tag{1.5.24b}$$

反射率 R 因而变得极小(图 1.7)，金属的行为有如透明的介质.

如果只关心 $\omega\tau\gg1$ 的高频情形，情况变得简单. 由于此时 $\omega\tau\gg1$，从(1.5.8)式可得 ϵ_r 为实数，相当于略去(1.5.21)式右边作为小量的第三项，有

$$\epsilon_r = 1-\frac{\omega_p^2}{\omega^2}. \tag{1.5.25}$$

在 $\omega<\omega_p$ 时，$\epsilon_r<0$，n_c 为虚数，$n_1=0$，因而 $R=1$，金属全反射；在 $\omega>\omega_p$ 时，$\epsilon_r>0$，导致 $n_2=0$，因而吸收系数 $\alpha=0$，金属处于透明区.

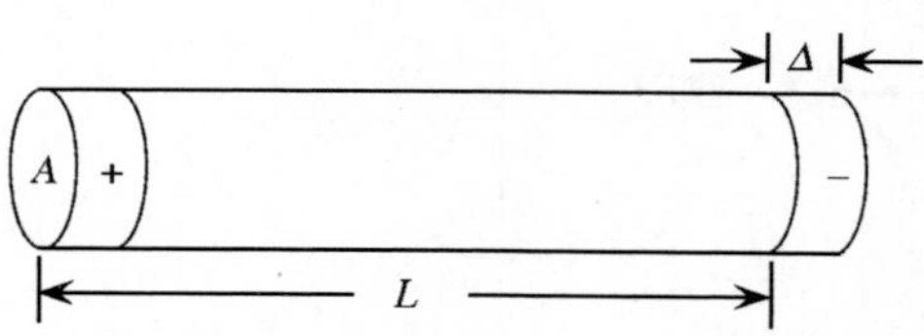

图 1.8 自由电子气相对于正电荷背景平移 Δ 距离

现在，解释一下等离子振荡. 为简单，假定在一个圆柱体中使电子气相对于静止的由离子实构成的正电荷均匀背景平移 $\boldsymbol{\Delta}$（图 1.8），导致强度为 $-ne\boldsymbol{\Delta}AL$ 的偶极矩的出现，A，L 分别为圆柱体的截面积和长度，相应的电极化强度 $\boldsymbol{p}=-ne\boldsymbol{\Delta}$. 体系电中性条件要求 $\epsilon_0\boldsymbol{E}+\boldsymbol{p}=0$，因而位移电子受到电场

$$\boldsymbol{E}=-\frac{\boldsymbol{p}}{\epsilon_0}=\frac{ne\boldsymbol{\Delta}}{\epsilon_0} \tag{1.5.26}$$

的作用，其中任一电子的运动方程为

$$m\frac{\mathrm{d}^2\boldsymbol{\Delta}}{\mathrm{d}t^2}=-\frac{ne^2}{\epsilon_0}\boldsymbol{\Delta}. \tag{1.5.27}$$

方程的解为纵向的电荷密度振荡，特征频率 ω_p 由(1.5.7)式给出. 类比于通常在电离气体中观察到的现象，称为等离子体振荡.

1.6 霍尔效应和磁阻

在电场 $\boldsymbol{E}$ 和磁场 $\boldsymbol{B}$ 同时存在的情况下，单电子准经典动力学方程(1.4.5)为

$$\frac{\mathrm{d}\boldsymbol{p}}{\mathrm{d}t}=-e(\boldsymbol{E}+\boldsymbol{v}\times\boldsymbol{B})-\frac{\boldsymbol{p}}{\tau}, \tag{1.6.1}$$

电子的动量 $\boldsymbol{p}=m\boldsymbol{v}$.

假定磁场在 z 方向，电场与之垂直，在 xy 平面上(图 1.9). 考虑稳态情形，$\mathrm{d}\boldsymbol{p}/\mathrm{d}t=0$，电流密度 $\boldsymbol{J}=-ne\boldsymbol{v}$. (1.6.1)式可写为

$$\sigma_0 E_x = J_x + \omega_c \tau J_y,$$
$$\sigma_0 E_y = -\omega_c \tau J_x + J_y, \tag{1.6.2}$$

其中 σ_0 为 $\boldsymbol{B}=0$ 时的直流电导率，由(1.4.10)式给出，

$$\omega_c = \frac{eB}{m}, \tag{1.6.3}$$

称为回旋频率(cyclotron frequency)，稍后解释.

$J_y=0$ 时有非零的 E_y 存在，这一现象为霍尔(E. H. Hall)于 1879 年发现，E_y 因之称为霍尔电场，从(1.6.2)的第二式可得

$$E_y = -\frac{\omega_c \tau}{\sigma_0} J_x = -\frac{B}{ne} J_x. \tag{1.6.4}$$

E_y 可理解为与电子所受洛伦兹力相平衡的电场，示意于图 1.9 中.

按照霍尔系数的定义，

$$R_H = \frac{E_y}{J_x B_z}, \tag{1.6.5}$$

利用(1.6.4)式，得

$$R_H = -\frac{1}{ne}, \tag{1.6.6}$$

仅依赖于自由电子气体的电子密度，与金属的其他参数无关. 这是一个非常简单的结果，提供了对自由电子气体模型正确性最直接的检验方法.

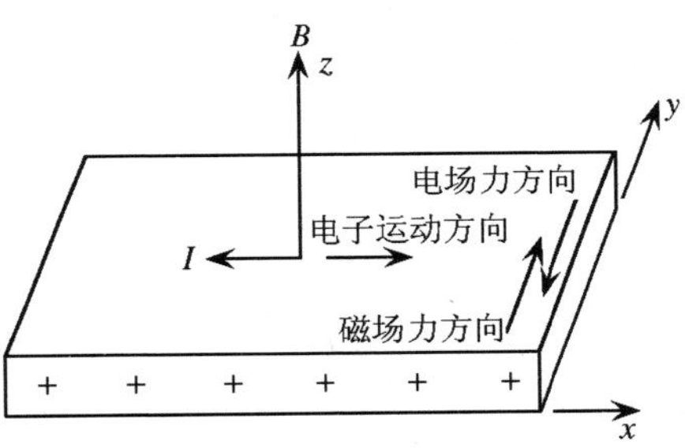

图 1.9　霍尔效应示意

表 1.3 给出了一些金属 R_H 的测量结果，以及和(1.6.6)式的比较，如两者相符，

表 1.3　一些金属元素室温下的霍尔系数

元素	Z	R_H(实验) /(10^{-10} m^3 · C^{-1})	$-1/R_H ne$
Li	1	−1.7	0.8
Na	1	−2.5	1.0
K	1	−4.2	1.1
Cu	1	−0.55	1.3
Ag	1	−0.84	1.3
Au	1	−0.72	1.5
Be	2	+2.44	−0.10
Zn	2	+0.33	−1.4
Cd	2	+0.60	−1.1
Al	3	−3.0	0.1

注：R_H 实验值，除 Al 外，引自饭田修一等编《物理常用数表》，张质贤等译，科学出版社，1979 年. Al 的数据引自 R. G. Lerner 和 G. Trigg 主编 "Concise Encyclopedia of Solid State Physics", Addison-Wesley, 1983, p. 166.

$-1/R_{\mathrm{H}}ne$ 值应为 1. 从表可见，对一价碱金属，符合较好. 对一价贵金属，符合稍差. 对有些二、三价金属，不仅数值相去甚远，而且符号也不对，仿佛荷载电流的粒子，简称载流子，带有正的电荷，这是自由电子气体模型所无法解释的.

横向磁阻表示在与电流方向垂直的外磁场作用下，在电流方向电阻的变化，此处即电阻率 $\rho(B)=E_x/J_x$ 的变化. 对于稳态情形，$J_y=0$，从(1.6.2)第 1 式给出 $J_x=\sigma_0 E_x$，意味着自由电子气体横向磁阻为零. 但对金属的测量表明，实际上往往并不为零，有时甚至相当大.

在沿 z 方向，由于洛伦兹力的作用及非零的 v_z 值，电子将螺旋式地前进. 其轨迹在 xy 平面上的投影为圆，角频率 ω_c 由(1.6.3)式给出. 实际上电子总要受到散射，当 $\omega_c\tau\ll 1$ 时，电子走圆周的很小部分即受散射，然后重新开始. 当磁场强到 $\omega_c\tau\gg 1$ 时，电子在相继两次散射间可完成多次圆周运动. 这种运动是量子化的，有重要的实际应用，将在 4.3 节中讨论.

1.7　金属的热导率

温度梯度 ∇T 的存在，可在金属样品中产生热流. 当 ∇T 小时，热流与之成比例，

$$\boldsymbol{J}_Q=-\kappa\,\nabla T, \tag{1.7.1}$$

其中 κ 是材料的热导率，负号表示热流方向与温度梯度方向相反，总是从高温流向低温的.

由于金属的热导率远高于绝缘体，可以断定，金属中的热量主要由导电电子传输. 简单地借用气体分子运动论的结果，对于自由电子气体，

$$\kappa=\frac{1}{3}c_V v l=\frac{1}{3}c_V v^2\tau. \tag{1.7.2}$$

按准经典模型，电子的平均速度 v 应取为 v_{F}，将电子比热(1.2.24)式代入，

$$\kappa=\frac{\pi^2 k_{\mathrm{B}}^2 n\tau}{3m}T. \tag{1.7.3}$$

假如电导和热导过程有相同的弛豫时间，从上式及有关电导率的(1.4.10)式，可得

$$\frac{\kappa}{\sigma T}=\frac{1}{3}\left(\frac{\pi k_{\mathrm{B}}}{e}\right)^2=2.45\times 10^{-8}\ \mathrm{W\cdot\Omega/K^2}. \tag{1.7.4}$$

1853 年维德曼(G. Wiedeman)和弗兰兹(R. Franz)发现，在给定温度下，金属的热导率和电导率的比值为常数，通常称为维德曼-弗兰兹定律. 1881 年 L. V. Lorenz 注意到($\kappa/\sigma T$)与温度无关，$L\equiv\kappa/\sigma T$ 称为 Lorenz 数(Lorenz number).

(1.7.4)式很好地说明了维德曼-弗兰兹定律成立的原因. 早期 Drude 纯经典的自由电子气模型,对热导率,同样用(1.7.2)式计算. 在室温附近,电子比热 c_V 的估算大了 2 个数量级,但恰好为对 v^2 的估算小 2 个数量级所补偿,得到了与实验相近的 Lorenz 数. 这方面的问题在 6.3.1 节中会有进一步的讨论.

1.8 自由电子气体模型的局限性

自由电子气体模型仅含两个基本参数: 自由电子数密度 n 和弛豫时间 τ. 早期的 Drude 模型最主要的问题是用经典统计处理导电电子,这一缺失后为量子力学模型所克服,量子理论也从准经典近似的角度说明了在输运性质和光学性质的讨论中对电子做经典描述的条件和合理性. 自由电子气体模型虽简单,但金属,特别是简单金属的许多物理性质却可通过它得到相当好的理解. 模型给出的一些公式,至今仍广泛应用. 对比于模型的简单,它取得的成功是令人惊奇的. 从固体物理发展的角度,称之为最重要的基本模型并不为过.

有关模型的成功和不足,本章相应各节中有不同程度的讨论. 此处以金属电导率为例,作进一步的说明. 自由电子气体模型可以很好地解释金属作为电和热的良导体的原因,可以解释金属遵从欧姆定律,电导率和热导率成线性关系(维德曼-弗兰兹定律),$\sigma(\omega)$的低频段行为,以及金属对可见光高的反射率,但是不能解释为什么二价金属(Be,Zn 等),甚至三价金属(Al,In 等),尽管电子密度大,电导率却比一价金属差;无法解释金属中 σ 随温度的变化,除非人为地假定弛豫时间依赖于温度;维德曼-弗兰兹定律实际上仅在高温(室温)和低温(几个 K)很好地成立,中间范围 Lorenz 数依赖于温度;一些材料的 σ 表现出各向异性,即依赖于样品和电场的相对取向;以及实际金属的 $\sigma(\omega)$常有复杂的结构,Cu 和 Au 更是有特有的金属光泽. 所有这些,模型均无法回答.

自由电子气体模型更无法回答一些基本的问题. 如为什么有些元素是金属,而有些是半导体? 同一种元素,如碳,为什么取石墨结构时是导体,而取金刚石结构时为绝缘体? 为什么有些元素的费米面不是球形的? 等等.

究其原因,自然是模型过于简单. 模型的基本假定有三条:

(1) 自由电子近似,忽略电子和离子实之间的相互作用;

(2) 独立电子近似,也称为单电子近似,忽略电子-电子之间的相互作用;

(3) 弛豫时间近似,这是在讨论输运现象时引进的.

严格地讲,这三条假定均过于简单,应予放弃. 但实际上,首先集中于改进第 1 条,即考虑离子实系统对电子的作用,可以使我们对金属及整个固体的了解大大前进一步.

对于独立电子近似,电子之间显然有强的库仑相互作用,同时因遵从泡利原理有非经典的交换相互作用. 但把其他电子对某一电子的作用看做平均场,像独立电子近似一样,可将多电子问题简化为单电子问题,这常称为单电子近似. 单电子近似与独立电子近似由于在处理问题方面精神相同,往往并不加以严格的区分. 事实证明,单电子近似超出人们一般的想象,是个非常好的近似. 大学生的固体物理课程,基本上在这一近似的基础上讨论. 在第十二章中会讲述这一近似的物理基础,以及它是好的近似的物理原因,同时对必须考虑电子间相互作用的强关联问题作一些粗浅的介绍. 本书还有几处,所论及的物理现象超出这一近似,届时会特别指出.

在对输运现象的讨论中,本书一直沿用弛豫时间近似,只在涉及具体的散射机制时,超出这一近似. 主要出现在 6.2 节对电导率随温度变化的讲述中.

本书第一部分随后的章节将按这一线索展开. 首先讨论固体中离子实(或原子)的排列(第二章),然后将本章在空盒子中运动的电子,更实际一些,看成是在整齐排列的离子实所产生的周期势场中运动的电子(第三,四章),接着再讨论温度 $T\neq 0$ 时离子实以其平衡位置为中心的小振动(第五章),及其带来的影响.

第二章　晶体的结构

晶体中离子实的数目约为 $10^{22}/\mathrm{cm}^3$ 的数量级，假定离子实具有电荷 Ze，位置在 $\boldsymbol{R}_n$ 的离子实和 $\boldsymbol{r}$ 处电子之间的库仑相互作用势为

$$v_{\mathrm{en}}(\boldsymbol{r}-\boldsymbol{R}_n)=\frac{-Ze^2}{4\pi\epsilon_0\mid\boldsymbol{r}-\boldsymbol{R}_n\mid}.$$

单电子薛定谔方程(1.1.3)中势能项来源于所有离子实的作用，即

$$V(\boldsymbol{r})=\sum_{\boldsymbol{R}_n}v_{\mathrm{en}}(\boldsymbol{r}-\boldsymbol{R}_n).$$

因此，为取消自由电子近似，考虑离子实的作用，必须对离子实的排列状况，即晶体结构有所了解. 当然，离子实系统本身也是固体物理研究的重要方面.

晶体中原子(离子实)排列最主要的特征是周期性，或具有平移对称性. 对这种对称性所带来的物理后果的讨论是本课程的中心. 在 2.1 节中，首先由此出发引进布拉维格子，以及与此相关的原胞基矢等概念. 在 2.4 节倒格子概念引入的方式中，也特别强调它是存在平移对称性的必然结果. 2.5 节对 X 射线衍射的讲述，不仅因为它是确定晶格结构的主要手段，也因为它是波在具有平移对称性的晶格中传播的最简单的实例，其基本特征将在晶体中电子波(第三章)和格波(第五章)的传播中再次看到.

晶体的结构是按其对称性来分类的. 在对称操作的基础上可组成对称操作群，并有点群、平移群和空间群之分. 据此分类，晶体有 7 个晶系，布拉维格子有 14 种. 一般地讲，读者只需知其结果. 但在学习中，分类和对称性之间的关系，往往是问题较多之处. 在 2.2 节中，希望对此能有简洁的交待. 更详细的可参阅陶瑞宝编著的《物理学中的群论》一书(上海科学技术出版社，1989 年).

知道晶体的原子组成，原则上讲应能推断出其晶格结构. 现代以量子力学为理论基础，高性能计算机为工具的计算材料科学通过这种从头算起的方法已可给出晶体的晶格常数、原子排列以及其他性质，误差小于几个百分点. 在实际的研究工作中，这多用于对实验结果的解释，以及寻找新材料和预言新材料的性质方面. 晶体的结构，仍主要通过实验确定，把已知结构作为进一步研究的起点. 在实际描述晶体结构时，晶体学家们有他们惯用的语言，读者应有初步的了解. 这是 2.2 节篇幅稍长的原因. 在 2.3 节中还将讲述几种常见的晶格结构，并以高温超导材料 $\mathrm{YBa_2Cu_3O_{7-\delta}}$ 为例，对晶体结构的描述做简短的说明.

晶体结构的实验确定已是十分专业的领域. X 射线衍射学现在在理论和技术

上有许多根本性的进展,同时其应用范围亦有很大的扩展.作为非专业人员,只需了解其基本原理,这是2.5节中讲述的重点.在2.5节中还将简要地介绍直接观测表面原子排列的扫描隧穿显微镜方法.

1984年D. Shechtman等在用快速冷却方法制备的AlMn合金的电子衍射图中,观察到存在5重对称(旋转2π/5)的衍射斑点,导致一种新的有序相——准晶(quasicrystal)的发现.准晶也是理想晶体中的一类,在2.6节中将对其结构的特点做简单的讲述.

2.1 晶 格

晶体最主要的特点是具有周期性重复的规则结构,可以看成是一个或一组p个原子(或离子实)以某种方式在空间周期性重复平移的结果.因此,晶体结构包括两方面:

一是重复排列的具体单元,称为基元(basis).需要知道其中原子的种类、数量、相对取向及位置.基元依不同的晶体而异;

二是基元重复排列的形式,这是问题的几何或数学方面,一般抽象成空间点阵,称为晶体格子(crystal lattice),或简称为晶格,由布拉维格子(Bravais lattice)的形式来概括.基元以相同的方式,重复地放置在点阵的结点上.

2.1.1 布拉维格子

定义:布拉维格子是矢量

$$\boldsymbol{R}_n = n_1\boldsymbol{a}_1 + n_2\boldsymbol{a}_2 + n_3\boldsymbol{a}_3 \tag{2.1.1}$$

全部端点的集合,其中n_1,n_2,n_3取整数(零和正、负整数),$\boldsymbol{a}_1,\boldsymbol{a}_2,\boldsymbol{a}_3$是三个不共面的矢量,称为布拉维格子的基矢(primitive vector),$\boldsymbol{R}_n$称为布拉维格子的格矢,其端点称为格点(lattice site).

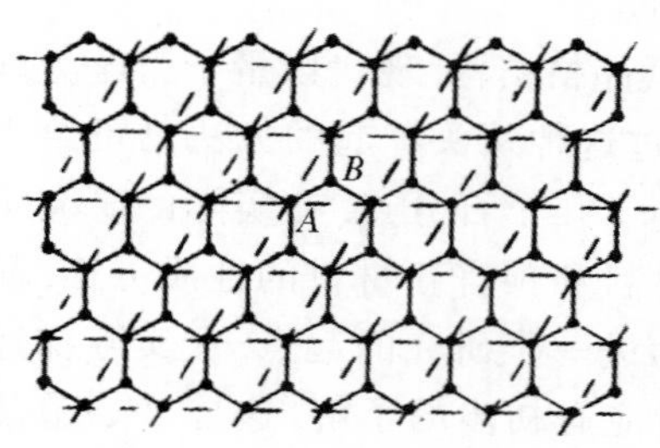

图2.1 二维蜂房点阵

按上述定义,所有的格点周围环境相同,在几何上是完全等价的,常以此判断某一点阵是否为布拉维格子.图2.1所示的二维蜂房点阵,由于A,B格点不等价而不属布拉维格子.如将A,B两点看做基元,表征它重复排列形式的网格的结点则构成布拉维格子.

布拉维格子是一个无限延展的理想点阵.它忽略了实际晶体中表面、结构缺陷的存在,以及$T\neq 0$时原子瞬时位置相对于平衡位置小的偏离,但抓住了晶体结构中最主要之点,即晶体中原子周期性的规则排列,或所具有的平移对称性,即平移任一格矢 $\boldsymbol{R}_n$,晶体保持不变的特性,是实际晶体的一个理想的抽象. 后面会看到,平移对称性使有关晶体的理论大大简化,在人们对固体的认识上有极为重要的作用. 本课程将主要围绕这一点展开. 有关晶体尺寸、缺陷及热运动的影响,将在有关章节中专门讨论.

2.1.2 原胞

原胞(primitive cell)是晶体中体积最小的周期性重复单元,当它平移布拉维格子所有可能的格矢 $\boldsymbol{R}_n$ 时,将精确地填满整个空间,没有遗漏,也没有重叠. 常取为以基矢作棱边的平行六面体. 体积

$$\Omega = \boldsymbol{a}_1 \cdot (\boldsymbol{a}_2 \times \boldsymbol{a}_3). \tag{2.1.2}$$

对某一晶格,尽管习惯上常取三个不共面的最短格矢为基矢,但原则上,基矢的取法并不惟一. 类似地,原胞亦有多种取法. 但无论如何选取,原胞均有相同的体积,每个原胞平均只包含一个格点. 对有限大的晶体,所含原胞数和格点数相等.

人们常选用维格纳-塞茨(Wigner-Seitz)原胞,简称 WS 原胞. 以晶格中某一格点为中心,作其与近邻格点连线的垂直平分面,这些平面所围成的以该点为中心的最小体积是属于该点的 WS 原胞. 显然,属于某一格点的 WS 原胞由空间最接近该点的区域构成. 图 2.2 给出一个二维布拉维格子的 WS 原胞,稍后还会给出一些常见三维布拉维格子 WS 原胞的例子. 由于 WS 原胞的构造中不涉及对基矢的任何特殊选择,因此,它与相应的布拉维格子有完全相同的对称性,也称为对称化原胞. 对称性的含义将在下一节中讲述.

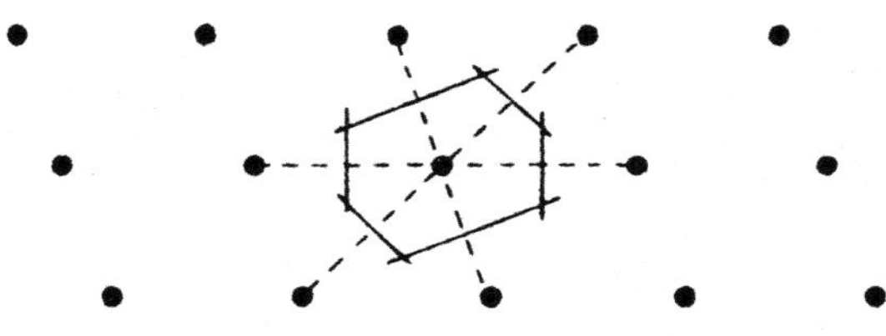

图 2.2　一个格点的 WS 原胞

2.1.3 配位数

在布拉维格子中,离某一格点最近的格点,称为该格点的最近邻(nearest neighbour). 由于布拉维格子中格点相互等价,各个格点有相同的最近邻数,这一数值从而上升为格子的属性,称为该格子的配位数(coordination number),用符号 z 表示. 配位数是使人们对某一晶体有最多了解的单一参数. 如 $z=12$,把格点上的原子想象成刚球,这是一种密堆积结构. 同一层内任一刚球有 6 个最近邻,相邻上下层中,还各有 3 个最近邻. 以后会知道,这多半是金属或惰性气体元素组成的分

子晶体. $z=4$ 时,多半是共价晶体.

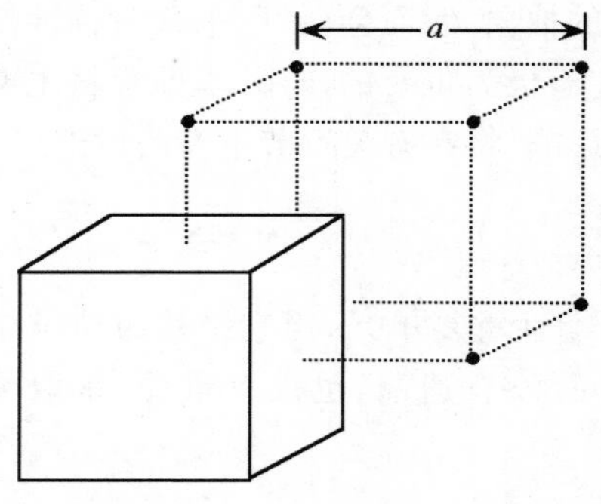

图 2.3 简单立方格子的 WS 原胞

2.1.4 几个常见的布拉维格子

1. 简单立方(simple cubic, 简称 sc)布拉维格子

3 个基矢等长并相互垂直,写为

$$\boldsymbol{a}_1 = a\hat{x}, \quad \boldsymbol{a}_2 = a\hat{y}, \quad \boldsymbol{a}_3 = a\hat{z}, \tag{2.1.3}$$

其 WS 原胞亦为立方体. 格点配位数 $z=6$(图 2.3).

2. 体心立方(body-centered cubic,简称 bcc)布拉维格子

习惯的基矢取法(图 2.4(a))为

$$\boldsymbol{a}_1 = \frac{a}{2}(\hat{y}+\hat{z}-\hat{x}), \quad \boldsymbol{a}_2 = \frac{a}{2}(\hat{z}+\hat{x}-\hat{y}),$$

$$\boldsymbol{a}_3 = \frac{a}{2}(\hat{x}+\hat{y}-\hat{z}), \tag{2.1.4}$$

WS 原胞为截角正八面体(图 2.4(b)). 格点配位数 $z=8$.

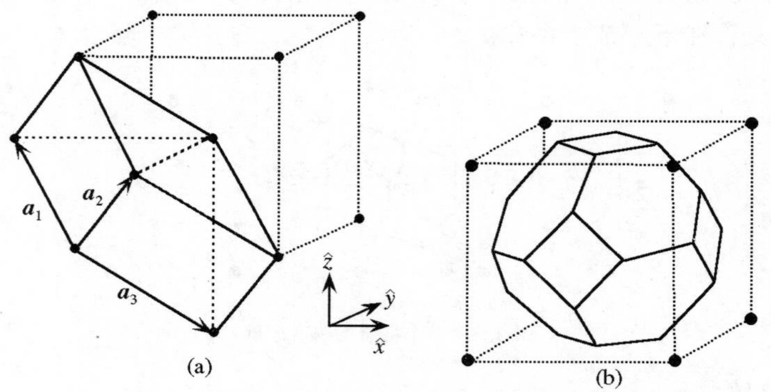

图 2.4 (a) 体心立方格子的基矢和原胞; (b) 体心立方格子的 WS 原胞

3. 面心立方(face-centered cubic,简称 fcc)布拉维格子

习惯的基矢取法为

$$\boldsymbol{a}_1 = \frac{a}{2}(\hat{y}+\hat{z}), \quad \boldsymbol{a}_2 = \frac{a}{2}(\hat{z}+\hat{x}), \quad \boldsymbol{a}_3 = \frac{a}{2}(\hat{x}+\hat{y}). \tag{2.1.5}$$

WS 原胞为正十二面体(图 2.5),配位数 $z=12$.

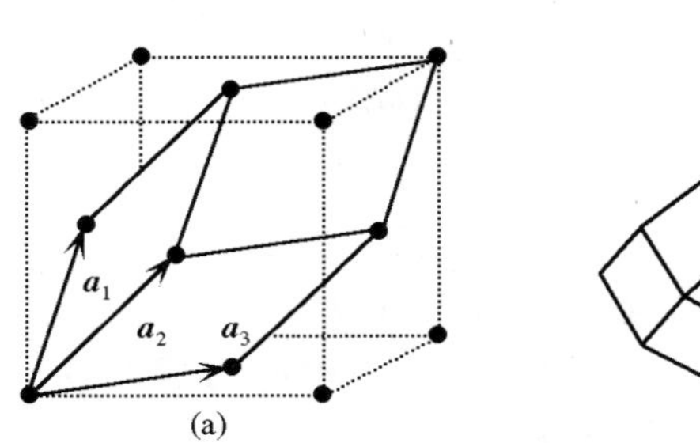

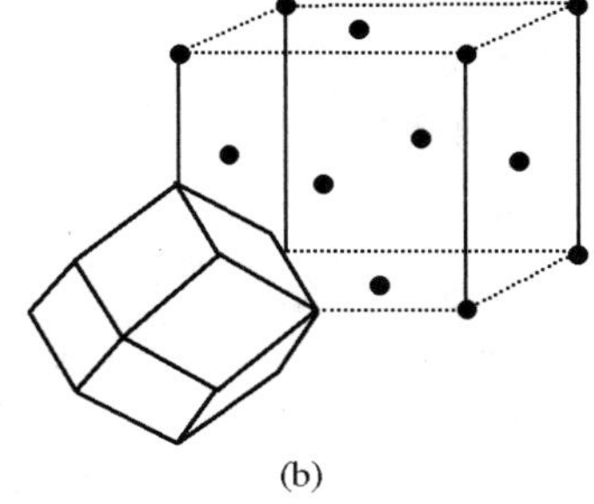

图 2.5 (a) 面心立方格子的基矢和原胞；(b) 面心立方格子的 WS 原胞

4. 简单六角(simple hexagonal,简称 sh)布拉维格子

基矢为

$$\boldsymbol{a}_1 = a\hat{x}, \quad \boldsymbol{a}_2 = \frac{a}{2}\hat{x} + \frac{\sqrt{3}a}{2}\hat{y}, \quad \boldsymbol{a}_3 = c\hat{z}. \tag{2.1.6}$$

前两个基矢在 xy 平面上形成格点间距为 a 的三角格子(图2.6),第三个基矢表示三角格子以间距 c 沿 $\hat{z}$ 方向相叠. sh 格子的 WS 原胞为六角棱柱. 格点在 xy 平面上的配位数为 6.

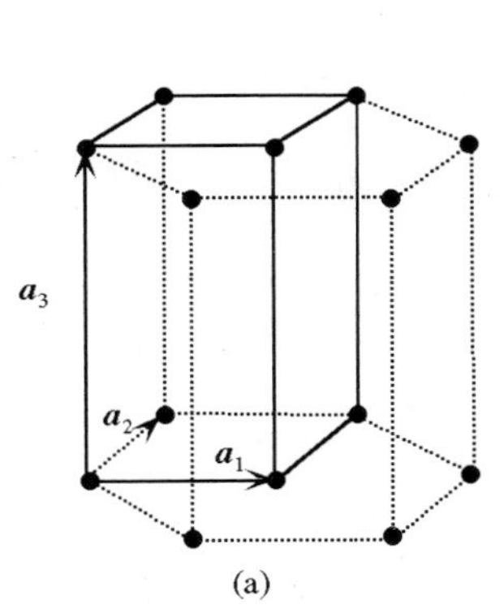

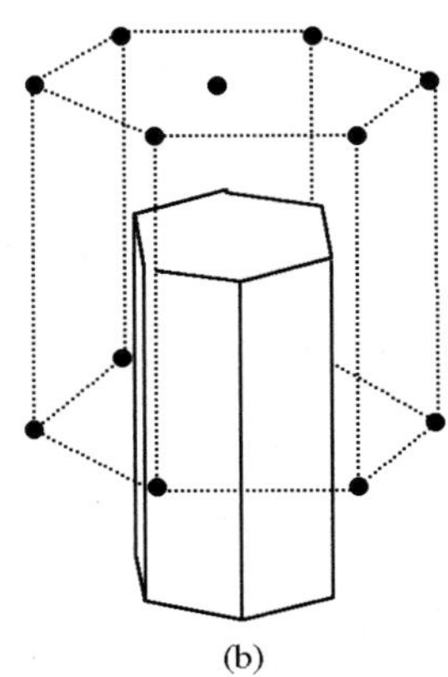

图 2.6 (a) 简单六角格子的基矢和原胞；(b) 相应的 WS 原胞

2.1.5 晶向、晶面和基元的坐标

晶体是各向异性的,沿不同方向测量电阻率等物理性质,往往得到不同的结果. 因此,对晶体中的取向要有确切的描述. 对于晶体结构的表述,除给出相应的布拉维格子外,还要给出在一个原胞内基元中各原子的位置.

布拉维格子的格点可看成分布在一系列相互平行等距的直线族上,每一直线族定义一个方向,称为晶向(crystal direction). 如沿晶向方向的最短格矢为 $l_1\boldsymbol{a}_1+l_2\boldsymbol{a}_2+l_3\boldsymbol{a}_3$,该晶向可记为$[l_1\ l_2\ l_3]$. 如 $\boldsymbol{a}_1$ 轴方向记为 $[1\ 0\ 0]$,$-\boldsymbol{a}_1$ 轴方向记为$[\bar{1}\ 0\ 0]$,习惯将负号放在相应数字之上.

〈 〉括弧表示一组由于对称性而相互等价的晶向. 如对简单立方格子,〈1 0 0〉表示 6 个相互等价的方向,$[1\ 0\ 0]$,$[\bar{1}\ 0\ 0]$,$[0\ 1\ 0]$,$[0\ \bar{1}\ 0]$,$[0\ 0\ 1]$和$[0\ 0\ \bar{1}]$.

布拉维格子的格点还可看成分布在一系列平行等距的平面族上. 面间距较大的,面中格点密度也较高. 如某一晶面族把基矢 $\boldsymbol{a}_1$,$\boldsymbol{a}_2$ 和 $\boldsymbol{a}_3$ 分成 h_1,h_2,h_3 等分,则该晶面族标记为(h_1,h_2,h_3),h_1,h_2,h_3 称为该晶面族(或简称晶面)的米勒指数(Miller indices). 注意,h_1,h_2 和 h_3 一般要化为互质数. { }括弧表示一组由于对称性而相互等价的晶面. 如对简单立方格子,{100}表示 3 个等价的晶面(100),(010)和(001). 图 2.7 给出简单立方格子中几个晶面的示意.

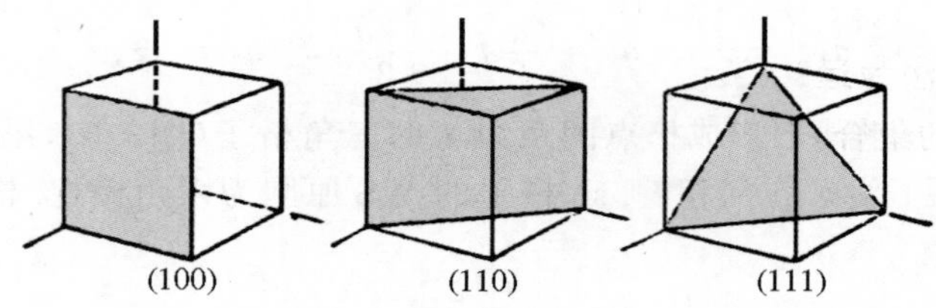

图 2.7 简单立方格子中的(100),(110)和(111)面

原胞中原子的坐标通常用其在 $\boldsymbol{a}_1$,$\boldsymbol{a}_2$,$\boldsymbol{a}_3$ 轴上的投影表示. 投影通常写成轴长的分数形式. 如原胞中心点记为$\left(\frac{1}{2},\frac{1}{2},\frac{1}{2}\right)$,沿体对角线到体心的一半处,记为$\left(\frac{1}{4},\frac{1}{4},\frac{1}{4}\right)$. 原胞原点附近 3 个面心点记为$\left(\frac{1}{2},\frac{1}{2},0\right)$,$\left(\frac{1}{2},0,\frac{1}{2}\right)$和$\left(0,\frac{1}{2},\frac{1}{2}\right)$.

2.2 对称性和布拉维格子的分类

布拉维格子是按其对称性来分类的. 对称性是指在一定的几何操作下,物体保持不变的特性. 例如,两个格点间距不同的二维正方格子,均有绕通过任一格点垂直于二维平面的轴转 $p\,\frac{2\pi}{4}$,$p=1,2,3$,保持不变的特性,还有其他一些相同的对称操作,属于同一类型. 它们和二维三角形格子,则由于满足的对称操作不同,而属于不同的类型.

从对称性的角度,布拉维格子由它所具有的全部对称操作刻画. 这些对称操作的集合,称为对称群(symmetry group),或空间群(space group). 如将平移操作除外,剩余部分称做点群(point group).

群是一组元素的集合，$G\equiv\{E,A,B,C,D,\cdots\}$，具有如下性质：

(1) 按照给定的"乘法"规则，群 G 中任意两元素的"乘积"仍为群 G 内的元素，即

若 $A,B\in G$，则 $AB=C\in G$.

这个性质称为群的闭合性(closure property).

(2) 存在单位元素 E，使得对所有元素 $P\in G$，有

$$PE=EP=P.$$

(3) 对任意元素 $P\in G$，存在逆元素 P^{-1}，使得

$$PP^{-1}=P^{-1}P=E.$$

(4) 元素间的"乘法"运算，满足结合律，

$$A(BC)=(AB)C.$$

例如，1 和 -1，以普通的乘法为运算法则，组成群. 0 除外的所有正实数的集合，以普通的乘法为运算法则，组成正实数群，其中 1 为单位元素，x 的逆为其倒数 $1/x$. 所有整数的集合，以加法为运算法则，组成整数群，其中 0 为单位元素，b 的逆为 $-b$.

2.2.1 点群

保持空间某一点固定不动的对称操作称为点对称操作. 对于点对称操作的类型，固体物理中习惯用熊夫利符号(Schoenflies notation)标记. 晶体学家们惯用国际符号(International notation). 因此，在实际工作中，看到的一般是后者. 点对称操作共有三种，对每种操作，先给出熊夫利符号，然后在方括号内给出相应的国际符号.

绕固定轴的转动(rotation about an axis)，$C_n[n]$，如转 $2\pi/n$ 为对称操作，该轴称为 n 重对称转轴，简称 n 重轴(n-fold axis). 如 z 轴为 4 重轴，$C_4(x,y,z)\to(y,-x,z)$. $n=1$，即旋转 2π 角，相当于不动操作，记为 $E[1]$.

镜面反映(reflection across a plane)，$\sigma[m]$，相当于把所有的点转换到它们的镜像位置，如以 xy 平面为反演面，则 $\sigma(x,y,z)\to(x,y,-z)$.

中心反演(inversion through a point)，$i[\bar{1}]$，如取原点为反演中心，$i(x,y,z)\to(-x,-y,-z)$.

晶体的平移对称性对许可的转动操作有严格的限制.

定理： 晶体中允许的转动对称轴只能是 1,2,3,4 和 6 重轴.

证明： 假定 $\boldsymbol{a}_0$ 是布拉维格子在该方向的最短格矢(图 2.8)，并有通过 O 点与纸面垂直的 n 重轴. 旋转角 $\theta=2\pi/n$，$\boldsymbol{a}_0$ 转到 $\boldsymbol{a}_1$，$\boldsymbol{a}_1$ 必为格矢. 其逆操作，转动 $-\theta=-2\pi/n$ 所得矢量 $\boldsymbol{a}_2$ 亦为格矢. $\boldsymbol{a}_1+\boldsymbol{a}_2$ 在 $\boldsymbol{a}_0$ 方向，按布拉维格子定义应为格矢. 如

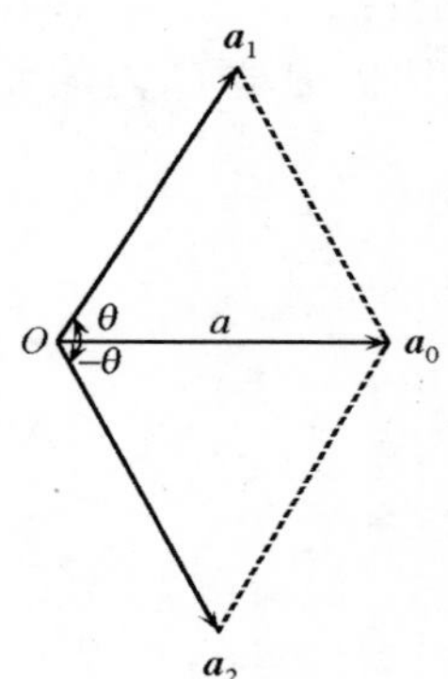

图 2.8 $\boldsymbol{a}_1+\boldsymbol{a}_2$ 平行于 $\boldsymbol{a}_0$

$\boldsymbol{a}_0$ 的长度为 a,则

$$2a\cos\theta=2a\cos\frac{2\pi}{n}=ma,$$

或

$$\cos\frac{2\pi}{n}=\frac{m}{2},\quad m\text{ 为整数}. \tag{2.2.1}$$

由于$|\cos(2\pi/n)|\leqslant1$,m 限于-2 到 2 间仅有的 5 个整数,导致 n 只能取 1,2,3,4 和 6 五个值(图中给出的为 $n=6$ 情形),因而不可能有 5 重轴、7 重轴等点对称操作存在.

在点对称操作基础上组成的对称操作群称为点群.由于群中的对称操作必须和晶体的平移对称性相容,这种点群,也称为晶体学点群(crystallographic point group).其中不动操作为单位元素,“乘法”指连续操作.具体的分析表明,由于平移对称性的限制,只能组成 32 个点群,列在表 2.1 中.

表 2.1 32 个晶体学点群

晶 系	熊夫利符号	国际符号 全称	国际符号 简称	对称元素	群元素数
三 斜	C_1	1	1	E	1
(Triclinic)	S_2	$\bar{1}$	$\bar{1}$	$E\ i$	2
单 斜	C_2	2	2	$E\ C_2$	2
(Monoclinic)	C_{1h}	m	m	$E\ \sigma_h$	2
	C_{2h}	$2/m$	$2/m$	$E\ C_2\ i\ \sigma_h$	4
正 交	D_2	2 2 2	2 2 2	$E\ C_2\ 2C_2'$	4
(Orthorhombic)	C_{2v}	$mm2$	$mm2$	$E\ C_2\ 2\sigma_v$	4
	D_{2h}	$(2/m)(2/m)(2/m)$	mmm	$E\ C_2\ 2C_2'\ i\ \sigma_h\ 2\sigma_v$	8
四 方	C_4	4	4	$E\ 2C_4\ C_2$	4
(Tetragonal)	S_4	$\bar{4}$	$\bar{4}$	$E\ 2S_4\ C_2$	4
	C_{4h}	$4/m$	$4/m$	$E\ 2C_4\ C_2\ i\ 2S_4\ \sigma_h$	8
	D_4	4 2 2	4 2 2	$E\ 2C_4\ C_2\ 2C_2'\ 2C_2''$	8
	C_{4v}	$4mm$	$4mm$	$E\ 2C_4\ C_2\ 2\sigma_v\ 2\sigma_d$	8
	D_{2d}	$\bar{4}2m$	$\bar{4}2m$	$E\ C_2\ 2C_2'\ 2\sigma_d\ 2S_4$	8
	D_{4h}	$(4/m)(2/m)(2/m)$	$4/mmm$	$E\ 2C_4\ C_2\ 2C_2'\ 2C_2''\ i\ 2S_4\ \sigma_h\ 2\sigma_v\ 2\sigma_d$	16
三 角	C_3	3	3	$E\ 2C_3$	3
(Trigonal)	S_6	$\bar{3}$	$\bar{3}$	$E\ 2C_3\ i\ 2S_6$	6
	D_3	32	32	$E\ 2C_3\ 3C_2'$	6
	C_{3v}	$3m$	$3m$	$E\ 2C_3\ 3\sigma_v$	6
	D_{3d}	$\bar{3}(2/m)$	$\bar{3}m$	$E\ 2C_3\ 3C_2'\ i\ 2S_6\ 3\sigma_v$	12

（续表）

晶 系	熊夫利符号	国际符号 全称	国际符号 简称	对 称 元 素	群元素数
六 角 (Hexagonal)	C_6	6	6	$E\ 2C_6\ 2C_3\ C_2$	6
	C_{3h}	$\overline{6}$	$\overline{6}$	$E\ 2C_3\ \sigma_h\ 2S_3$	6
	C_{6h}	$6/m$	$6/m$	$E\ 2C_6\ 2C_3\ C_2\ i\ 2S_3\ 2S_6\ \sigma_h$	12
	D_6	6 2 2	6 2 2	$E\ 2C_6\ 2C_3\ C_2\ 3C_2'\ 3C_2''$	12
	C_{6v}	$6mm$	$6mm$	$E\ 2C_6\ 2C_3\ C_2\ 3\sigma_v\ 3\sigma_d$	12
	D_{3h}	$\overline{6}m2$	$\overline{6}m2$	$E\ 2C_3\ 3C_2'\ \sigma_h\ 2S_3\ 3\sigma_v$	12
	D_{6h}	$(6/m)(2/m)(2/m)$	$6/mmm$	$E\ 2C_6\ 2C_3\ C_2\ 3C_2'\ 3C_2''\ i\ 2S_3\ 2S_6\ \sigma_h\ 3\sigma_v\ 3\sigma_d$	24
立 方 (Cubic)	T	23	23	$E\ 8C_3\ 3C_2$	12
	T_h	$(2/m)\overline{3}$	$m3$	$E\ 8C_3\ 3C_2\ i\ 8S_6\ 3\sigma_h$	24
	O	4 3 2	4 3 2	$E\ 8C_3\ 3C_2\ 6C_2\ 6C_4$	24
	T_d	$\overline{4}3m$	$\overline{4}3m$	$E\ 8C_3\ 3C_2\ 6\sigma_d\ 6S_4$	24
	O_h	$(4/m)\overline{3}(2/m)$	$m3m$	$E\ 8C_3\ 3C_2\ 6C_2\ 6C_4\ i\ 8S_6\ 3\sigma_h\ 6\sigma_d\ 6S_4$	48

群的元素是对称操作.在对称操作中保持不动的轴、面或点，习惯称为群的对称元素(symmetry element).表2.1中对称元素的标记还需说明如下：

C_n'，C_n''，表示转动轴并非主轴(principal axis).主轴是晶体中对称性最高的转动轴，相应的对称操作多于其他轴，例如4重轴对称性高于2重轴.主轴常记为 c 轴或 z 轴.

σ_h 反映面含原点并垂直于主轴.下标h表示水平面(horizontal plane)的意思.

σ_v，反映面含主轴，称为垂直面(vertical plane).

σ_d，反映面含主轴并平分与主轴垂直的两2重轴间的夹角.

S_n，转动 $2\pi/n$ 后接着做水平面反映，称为非正常转动(improper rotation).

表2.1中还给出了32个点群相应的国际符号，以及常用的简写形式.国际点群符号列在表2.2中.n/m 代表有一垂直于 C_n 轴的水平反映面(σ_h)，因此 $C_{4h}\to 4/m$.两个 m，或三个 m 连写，即 mm，或 mmm 表示有两组或三组不等价的反映面.对立方晶系，$T\to 23$，表示有一组等价的 C_3 轴，一组等价的 C_2 轴，为和 D_3 区分，不写成32.$T_h\to m3$，有一组等价的 C_3 轴和一组等价的 σ 面(σ_h).$O\to 432$，有等价的 C_4，C_3，C_2 轴.$T_d\to\overline{4}3m$，有一组等价的 S_4 轴，一组等价的 C_3 轴和一组等价的 σ 面(σ_d).$O_h\to m3m$，表示有一组等价的 C_3 轴和两组不等价的 σ 面(σ_h，σ_d).习惯写成 $m3m$，不写成 $3mm$.其他群的符号参照表2.1中的对称元素和表2.2中的规定不难理解.

表 2.2　点群国际符号

转　动　轴	符号
n 重转动轴	n
非正常 n 重转动轴	$\overline{n}$
转动轴加与之垂直的水平反映面	$\overline{m}$
n 垂轴加与之垂直的 2 重轴	$n2$
n 重轴加含 n 重轴的垂直反映面	nm
非正常转动轴加与之垂直的 2 重轴	$\overline{n}2$
非正常转动轴加含轴垂直反映面	$\overline{n}m$
转动轴加垂直反映面以及一组含轴反映面	$\frac{n}{nm}$或$\frac{n}{m}m$

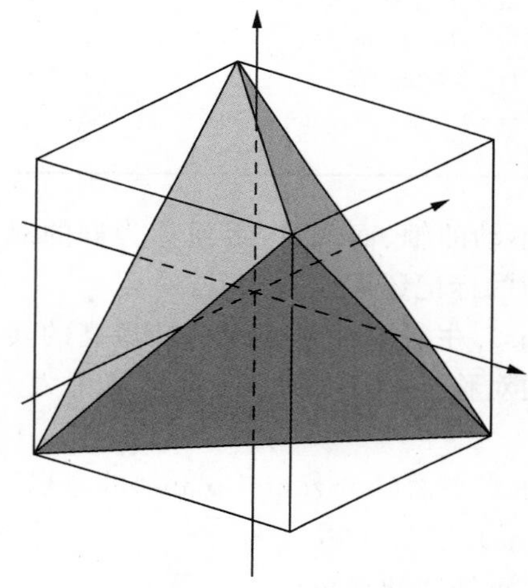

图 2.9　立方体相隔的四个顶点联结起来成正四面体.图中标出 3 个 2 重轴.立方体的 4 个体对角线为 3 重轴

为了对点群有更具体的了解,特举立方晶系 T 群为例. T 群亦称为四面体群,包含了四面体全部的对称操作,图 2.9 中标出 3 个 2 重轴(虚线),共 3 个对称操作;绕 4 条体对角线,转 $2\pi/3$,$4\pi/3$ 为对称操作,共 8 个,加不动操作,一共 12 个对称操作. 即群的元素有 12 个.

2.2.2　7 个晶系

现在要问,按照点群对称性来分类,有几种不同的布拉维格子? 或具有一定的点群对称的布拉维格子,其基矢 $\boldsymbol{a}_1$,$\boldsymbol{a}_2$,$\boldsymbol{a}_3$ 的大小及夹角必须满足怎样的要求? 答案是只有 7 种不同的布拉维格子.

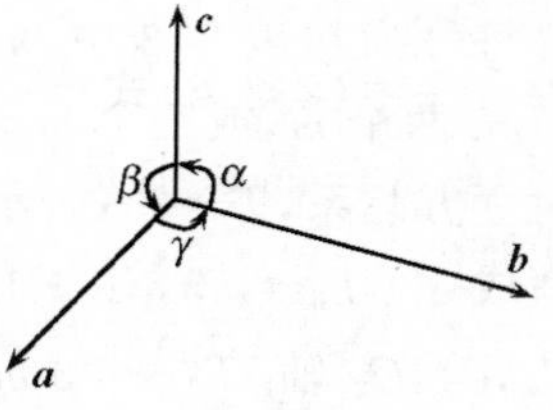

图 2.10　基矢 $\boldsymbol{a},\boldsymbol{b},\boldsymbol{c}$ 及其夹角

前面已讲过,布拉维格子的平移对称性,对可能的点对称操作有很强的限制,如只能有 $n=1,2,3,4$ 和 6 重轴. 同样,对能够用以描述其对称性的点群也有很强的限制. 如一定要包含反演操作(i),因为按布拉维格子的定义,$\boldsymbol{R}_n$ 为格矢时,$-\boldsymbol{R}_n$ 一定是格矢. 还可证明如有高于 2 重的转动轴,一定同时有 σ_v 或 σ_d. 这样,从表 2.1 给出的点群对称元素看,32 个点群中,合适的只有 7 个,即 S_2,C_{2h},D_{2h},D_{4h},D_{3d},D_{6h}和 O_h. 其他点群分别是这 7 个点群的子群,即只包含其中部分的对称元素. 这 7 种情况,通常称为 7 个晶系(crystal system),晶系的基矢习惯用 $\boldsymbol{a},\boldsymbol{b},\boldsymbol{c}$ 表示,相互的夹角记为 α,β 和 γ(图 2.10). 不同晶系基矢的特性列在表 2.3 中.

布拉维格子可看做基元具有球对称性的实际晶体. 在每个晶系中,具有最高的点群对称性. 实际晶体,基元未必具有球对称性,因而对称性降低,用晶系所属其他点群描述. 因此,在 7 个晶系下,总共有 32 个晶类. 表 2.1 中,属于每个晶系的第 1 个点群,对称性最低,这是晶系基矢所应满足的最低要求. 对称性再降低,则不再属于这一晶系. 如单斜晶系中的 C_2 群,有两个对称元素 E 和 C_2,如去掉 C_2,只剩 E,这种不动操作对基矢没有任何要求,应属对称性更低的三斜晶系.

2.2.3 空间群和 14 个布拉维格子

晶体与其他凝聚态物质,如液体、玻璃等根本不同处是它具有用布拉维格子表征的平移(translation)对称性. 平移布拉维格子的任一格矢

$$\boldsymbol{R}_n = n_1\boldsymbol{a}_1 + n_2\boldsymbol{a}_2 + n_3\boldsymbol{a}_3, \tag{2.2.2}$$

晶体与自身重合,称为平移对称操作. 布拉维格子所有格矢所对应的平移对称操作的集合,称为平移群. 使晶体复原的全部平移和点对称操作的集合,构成空间群.

空间群分为两类:一类称为简单(symmorphic)空间群,由一个平移群和一个点群的全部对称操作组合而成,共 73 个. 一类称为复杂(nonsymmorphic)空间群,群中可包含 n 重螺旋轴(screw axis),即转动后再沿平行于转动轴方向平移分数格矢长度,和滑移面(glide plane),即反映操作后再沿平行该面的某个方向平移分数格矢长度. 复杂空间群中的平移不一定是布拉维格子的格矢. 空间群的总数为 230 个.

按空间群分类,一共有 14 个布拉维格子. 一个晶系中,可以有不只一个布拉维格子.

下面以单斜晶系为例加以说明. 按点群分类,只有一个布拉维格子,其对称性由点群 C_{2h} 描述. 问题是,进一步按空间群分类,即考虑由(2.2.2)式给出的平移对称性的不同,在这一晶系中是否有新的布拉维格子出现?

C_{2h} 点群有 4 个对称元素,除 E, i 外,还有一 2 重轴(C_2),以及与之垂直的反映面(σ_h). 取 C_2 轴与 σ_h 面的交点为坐标原点(图 2.11). 设单斜晶系布拉维格子所有格矢组成的平移群记为 T,如格矢 $\boldsymbol{R}_n \in T$,由于 σ_h 为对称操作,$\sigma_h\boldsymbol{R}_n \in T$,因而 $\sigma_h\boldsymbol{R}_n + \boldsymbol{R}_n$ 一定平

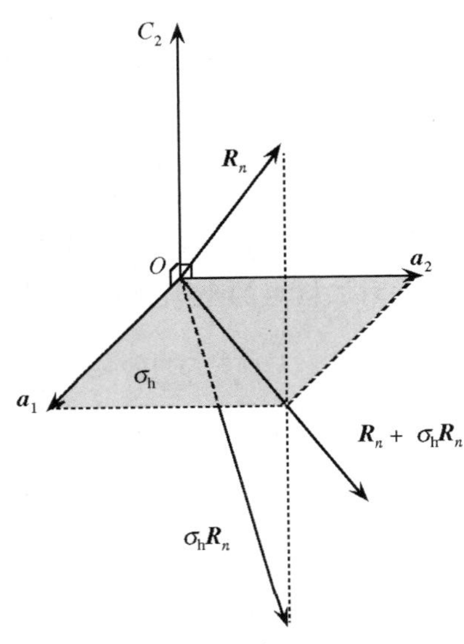

图 2.11 C_2 轴及与之垂直的 σ_h 面

行于σ_h面并落在σ_h面上，落在σ_h面上所有格矢构成群 T 的平移子群. 取其基矢为$\boldsymbol{a}_1,\boldsymbol{a}_2$. $\boldsymbol{a}_1,\boldsymbol{a}_2$ 与 C_2 轴垂直. 布拉维格子的第三个基矢，取为

$$\boldsymbol{a}_3=\boldsymbol{a}_{/\!/}+\boldsymbol{a}_{\perp}, \tag{2.2.3}$$

其中 $\boldsymbol{a}_{/\!/}$和 $\boldsymbol{a}_{\perp}$ 分别为 $\boldsymbol{a}_3$ 在 C_2 轴上及与之垂直的σ_h面上的投影.

由于

$$\boldsymbol{a}_3-C_2\boldsymbol{a}_3=2\boldsymbol{a}_{\perp}$$

为σ_h面上的格矢，因而

$$2\boldsymbol{a}_{\perp}=m_1\boldsymbol{a}_1+m_2\boldsymbol{a}_2,\quad m_1,m_2\text{ 为整数.}$$

这样，(2.2.3)式可写成

$$\boldsymbol{a}_3=\boldsymbol{a}_{/\!/}+\frac{1}{2}m_1\boldsymbol{a}_1+\frac{1}{2}m_2\boldsymbol{a}_2. \tag{2.2.4}$$

由于基矢应为最短格矢，$\boldsymbol{a}_3$ 的取法只有 4 种可能：

(1) $\boldsymbol{a}_3=\boldsymbol{a}_{/\!/}$，即(2.2.4)式中 $m_1=m_2=0$；

(2) $\boldsymbol{a}_3=\boldsymbol{a}_{/\!/}+\frac{1}{2}\boldsymbol{a}_1,\quad m_1=1,m_2=0$；

(3) $\boldsymbol{a}_3=\boldsymbol{a}_{/\!/}+\frac{1}{2}\boldsymbol{a}_2,\quad m_1=0,m_2=1$；

(4) $\boldsymbol{a}_3=\boldsymbol{a}_{/\!/}+\frac{1}{2}\boldsymbol{a}_1+\frac{1}{2}\boldsymbol{a}_2,\quad m_1=m_2=1$.

事实上，后 3 种是相互等价的，均表示 $\boldsymbol{a}_3$ 的垂直分量 $\boldsymbol{a}_{\perp}$ 应为σ_h面上某一基矢的一半，这一基矢可记做 $\boldsymbol{a}_1$，或 $\boldsymbol{a}_2$，也可取做 $\boldsymbol{a}_1+\boldsymbol{a}_2$. 不等价的只有两种. 一种是 $\boldsymbol{a}_3=\boldsymbol{a}_{/\!/}$，在主轴($C_2$ 轴)方向，这是只用点群分类所得到的 7 种布拉维格子之一，称做简单单斜(simple monoclnic)布拉维格子. 一种是 $\boldsymbol{a}_3$ 除平行分量外，还有垂直分量，称做底心单斜(centered monoclinic)布拉维格子.

另一种分析的办法是在与 7 个晶系相对应的简单布拉维格子的基础上，增加一些格点，看看是否能出现新的布拉维格子. 由于布拉维格子的每个格点周围环境都应相同，附加格点如前面刚讨论过的情况一般应为体心、面心等. 取晶系的基矢为单位，附加格点的坐标和相应的国际符号为

I 体心　$\left(\frac{1}{2},\frac{1}{2},\frac{1}{2}\right)$

F 面心　$\left(\frac{1}{2},\frac{1}{2},0\right)$，$\left(\frac{1}{2},0,\frac{1}{2}\right)$和$\left(0,\frac{1}{2},\frac{1}{2}\right)$

底心：

C　$\left(\frac{1}{2},\frac{1}{2},0\right)$

B　$\left(0,\frac{1}{2},\frac{1}{2}\right)$

A　$\left(\frac{1}{2},0,\frac{1}{2}\right)$

R 菱心 $\left(\frac{2}{3},\frac{1}{3},\frac{1}{3}\right)$和$\left(\frac{1}{3},\frac{2}{3},\frac{2}{3}\right)$.

图 2.12 给出刚讨论过的单斜晶系的情况. 在简单单斜布拉维格子的任何一个面上加心格点(底心),均可得到具有平移对称性的布拉维格子. 图 2.12(b)表示加 C 心不能得到新的布拉维格子. 因为取虚线标记的原胞,基矢满足单斜晶系的基本条件,$\boldsymbol{a}\neq\boldsymbol{b}\neq\boldsymbol{c}$,$\alpha=\beta=\pi/2\neq\gamma$. B 心或 A 心,如图 2.12(c)所示,则给出新的格子,这正是刚刚讨论过的 $\boldsymbol{a}_3$ 除有与 C_2 轴平行的分量外,还有垂直分量的情形. 如要求 $\boldsymbol{a}_3$ 与 C_2 轴平行,满足单斜晶系基矢的基本要求,原胞体积趋于无穷大,这是不可能的.

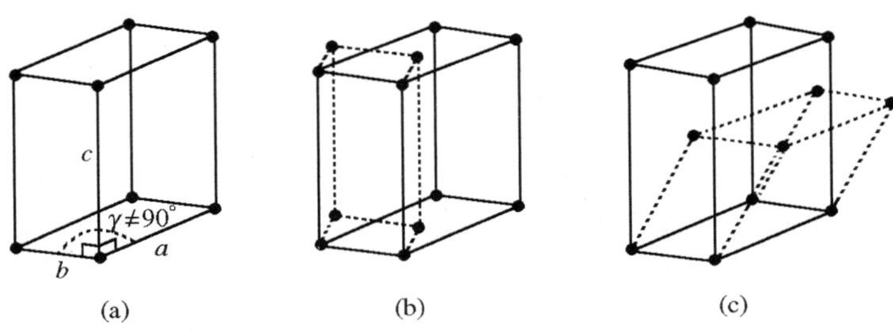

图 2.12 (a) 简单单斜格子;(b) 加 C 心与(a)相同;
(c) 加 A 心(或 B 心)成为底心单斜格子

对 7 个晶系做类似的分析,可以理解 14 种布拉维格子的存在. 本节讲到 7 个晶系 14 种布拉维格子,32 个点群 230 个空间群,实际上,为什么只能有这么多种并不重要,也很难在短的篇幅内讲清楚. 能够搞清为什么有不同的种类,它们之间的关系,是哪 7 个晶系,哪 14 个布拉维格子就足够了.

14 个布拉维格子和相应的空间群在表 2.3 中给出. 空间群国际符号的第一个字母表示布拉维格子的类型,是体心的还是面心的等. 简单格子用 P 表示,P 是 Primitive lattice(初基格)的第一个字母. 其后是点群符号. 图 2.13 给出从 7 个晶系得到的 14 个布拉维格子的图示.

表 2.3 7 个晶系,14 个布拉维格子和 73 个简单空间群

晶 系	单胞基矢特性	布拉维格子	空间群
三 斜	$a\neq b\neq c$ $\alpha\neq\beta\neq\gamma$	简单三斜(P)	P1, P$\bar{1}$
单 斜	$a\neq b\neq c$ $\alpha=\beta=90°\neq\gamma$	简单单斜(P) 底心单斜(B 或 A)	P2, Pm, P2/m B2, Bm, B2/m
正 交	$a\neq b\neq c$ $\alpha=\beta=\gamma=90°$	简单正交(P) 底心正交(C,A 或 B) 体心正交(I) 面心正交(F)	P222, Pmm2, Pmmm C222, Cmm2, Amm2, Cmmm I222, Imm2, Immm F222, Fmm2, Fmmm

（续表）

晶 系	单胞基矢特性	布拉维格子	空间群
四 方	$a=b\neq c$ $\alpha=\beta=\gamma=90°$	简单四方(P) 体心四方(I)	P4，P$\bar{4}$，P4/m，P422，P4mm，P$\bar{4}$2m，P$\bar{4}m$2，P4/mmm I4，I$\bar{4}$，I4/m，I422，I4mm，I$\bar{4}$2m，I$\bar{4}m$2，I4/mmm
三 角	$a=b=c$ $\alpha=\beta=\gamma<120°$ $\neq 90°$	三角(R,P)	R3，R$\bar{3}$，R32，R3m，R$\bar{3}m$ P3，P$\bar{3}$，P312，P321，P3m1 P31m，P$\bar{3}$1m，P$\bar{3}m$1
六 角	$a=b\neq c$ $\alpha=\beta=90°$； $\gamma=120°$	六角(P)	P6，P$\bar{6}$，P6/m，P622，P6mm，P$\bar{6}m$2，P$\bar{6}$2m，P6/mmm
立 方	$a=b=c$ $\alpha=\beta=\gamma=90°$	简单立方(P) 体心立方(I) 面心立方(F)	P23，Pm3，P432，P$\bar{4}$3m，Pm3m I23，Im3，I432，I$\bar{4}$3m，Im3m F23，Fm3，F432，F$\bar{4}$3m，Fm3m

表 2.3 中，三角晶系有两种(P,R)布拉维格子，六角晶系有一种(P)，合起来只算两种. 原因是两种晶系的点群对称性实际上对基矢有同样的要求，即 $a=b\neq c$，$\alpha=\beta=90°$，$\gamma=120°$，称为六角格子. 加 R 心后得到的菱面体格子，只有 C_3 对称性，不再具有 C_6 对称性，成为另一种不等价的布拉维格子，其基矢如表中三角晶系栏给出.

2.2.4　单胞或惯用单胞

晶体学中，习惯用晶系基矢 $\boldsymbol{a},\boldsymbol{b},\boldsymbol{c}$ 构成的平行六面体作为周期性重复排列的最小单元，称为单胞(unit cell)或惯用单胞(conventional unit cell). 原胞只含一个格点，是体积最小的周期性重复单元，单胞则不同，可含一个或数个格点，体积是原胞的一倍或数倍. 例如简单立方与体心、面心立方单胞相同，均为立方体，包含的格点数分别为 1,2 和 4. 布拉维格子的单胞，强调其晶系归属，以及所应有的点群对称性.

单胞的边长称为晶格常数(lattice constant). 立方晶系晶体的晶格常数可用单一数 a 表示.

晶面、晶向和基元位置的标记，在实际工作中，通常以单胞为准. 例如对面心立方格子，⟨100⟩方向是单胞立方边方向，而不是以原胞为准，从原点到最近面心点的最短格矢方向. {100}面是以原胞为准的{110}面. 对六角格子，晶体学家们则常用 4 个指数来表示其晶面，即在原六角底面上再添加一新轴，和原 a,b 轴等长，相互夹角为 120°，与 c 轴一起构成 4 轴体系，记为 a_1,a_2,a_3 及 c 轴(参见图 2.18)，晶面在此基础上按原规则标记.

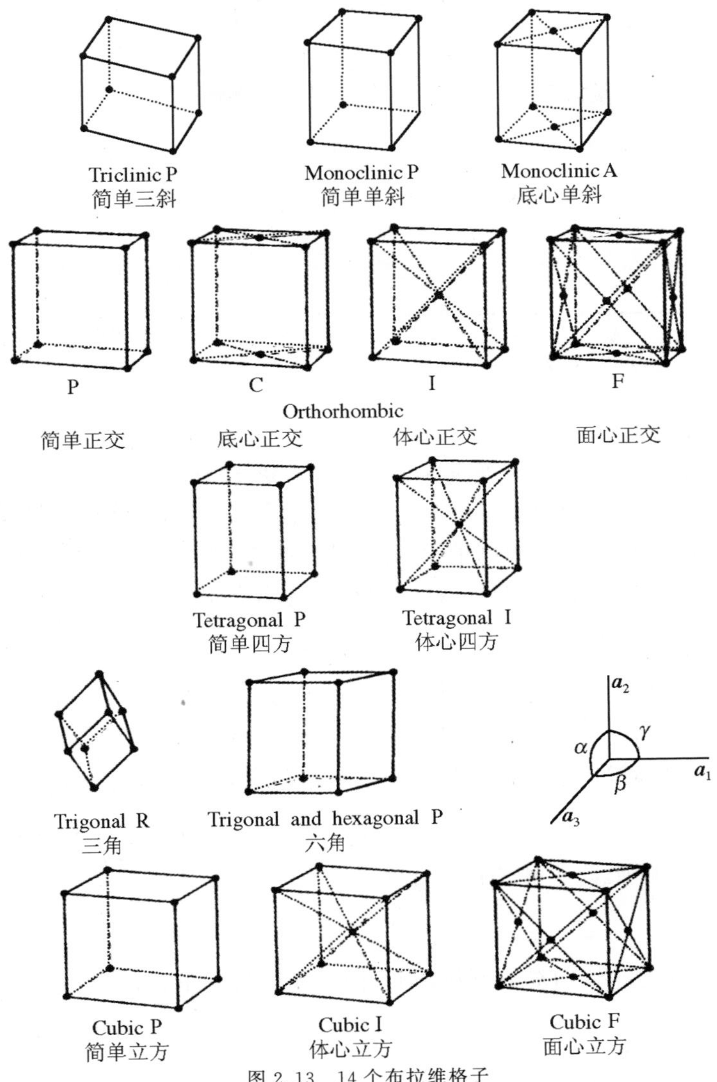

图 2.13 14 个布拉维格子

2.2.5 二维情形

二维格子的点对称操作有两种，绕与二维平面垂直的 n 重轴的转动，$n=1,2,3,4,6$，以及镜面反映，反映面与 2 维平面垂直. 在此基础上可组成 10 个点群，对应于 4 个晶系 5 种布拉维格子. 详见表 2.4. 点群用国际符号，mm 表示有两个相互垂直的镜面(也可称做镜面轴，指镜面与二维平面的交线).

表 2.4 二维晶格的晶系，布拉维格子和所属点群

晶系	基矢特性	布拉维格子	所属点群(国际符号)
斜方 (Oblique)	$a\neq b,\gamma\neq 90°$	简单斜方(P)	1,2
长方 (Rectangular)	$a\neq b,\gamma=90°$	简单长方(P) 中心长方(C)	$1m,2mm$
正方 (Square)	$a=b,\gamma=90°$	简单正方(P)	$4,4mm$
六角 (Hexagonal)	$a=b,\gamma=120°$	简单六角(P)	$3,3m,6,6mm$

2.2.6 点群对称性和晶体的物理性质

物体的物理性质，常通过两个可测物理量之间的关系来定义. 如物体的密度 $\rho_{\rm m}$，电导率 σ，介电常数 ϵ，分别通过 $M=\rho_{\rm m}V$，$\boldsymbol{j}=\sigma\boldsymbol{E}$ 和 $\boldsymbol{D}=\epsilon\epsilon_0\boldsymbol{E}$ 来定义，其中 $\boldsymbol{D}$ 是电位移矢量. 晶体的很多物理性质是各向异性的(anisotropic)，即依赖于测量方向与晶轴的相对取向. 在上面举的例子中，除 $\rho_{\rm m}$ 是各向同性的(isotropic)外，σ，ϵ 均依赖于测量方向. 在数学表达上，要写成张量形式，如对介电常数有

$$D_i = \epsilon_0 \sum_j \epsilon_{ij} E_j. \tag{2.2.5}$$

表征晶体对称性和其物理性质对称性之间关系的是 Neumann 原理：晶体的任一宏观物理性质一定具有它所属点群的一切对称性.

如某一点对称操作使坐标系从 $x_i(i=1,2,3)$ 变到 x_i'，

$$x_i' = \sum_j \Gamma_{ij} x_j. \tag{2.2.6}$$

有 9 个分量的二阶张量 T 相应的变化为

$$T_{ij}' = \sum_{mn} \Gamma_{im}\Gamma_{jn} T_{mn}. \tag{2.2.7}$$

由于我们讨论的是晶体的对称操作，操作前后晶体自身重合，应有

$$T' = T. \tag{2.2.8}$$

因而，(2.2.7)式变为

$$T_{ij} = \sum_{mn} \Gamma_{im}\Gamma_{jn} T_{mn}. \tag{2.2.9}$$

这要求张量 T 的分量间存在一定的关系. 因而，晶体的点群对称性大大减少了独立分量的数目. 通常，这通过选择坐标轴为主轴，使张量对角化来达到.

例如，六角晶系晶体，取 6 重轴为 z 轴，介电常数

$$\epsilon = \begin{pmatrix} \epsilon_\perp & 0 & 0 \\ 0 & \epsilon_\perp & 0 \\ 0 & 0 & \epsilon_{/\!/} \end{pmatrix}. \tag{2.2.10}$$

下标⊥，∥分别表示与 6 重轴垂直或平行. 对于具有立方对称的晶体，则

$$\epsilon_{ij} = \epsilon\delta_{ij}, \tag{2.2.11}$$

只有非零、且相等的对角分量.

2.3　几种常见的晶体结构

实际晶体的结构，可由给出其所属布拉维格子加上在格点上重复排列的基元来说明(2.1 节). 本节讲述一些简单的常见的晶体结构，有助于对更复杂结构的了解.

2.3.1　CsCl 结构和立方钙钛矿结构

这两种结构同属 $Pm3m$ 空间群. 相应的布拉维格子是简单立方.

CsCl 的单胞如图 2.14(a)所示. 晶体由 Cs^+ 和 Cl^- 离子构成. 顶角为一种离子，体心位置为另一种离子. 基元及其位置为

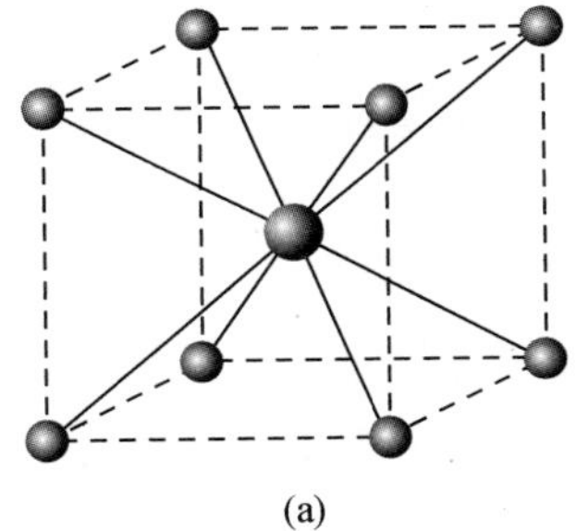

(a)

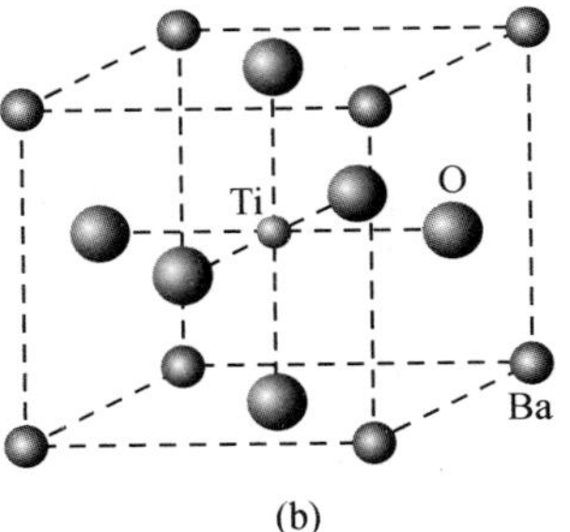

(b)

图 2.14　(a) CsCl 结构；(b) $BaTiO_3$ 结构

Cs：(0,0,0)，

Cl：$\left(\frac{1}{2},\frac{1}{2},\frac{1}{2}\right)$，

或两者位置交换.

每种离子的最近邻是另一种离子，配位数(最近邻数)均为 8，大约有 1/4 的碱卤化合物属于这种结构.

立方钙钛矿(cubic perovskite)结构要复杂一些(图 2.14(b)). 有很多 ABO_3 化合物属于这种结构. 但相对于立方单胞，常有畸变，因而对称性降低，属于不同的空间群. 作为这种结构名称的 $CaTiO_3$ 就属这种情况. 图 2.14(b)给出的是立方 $BaTiO_3$ 的结构示意. 基元为

Ba：(0,0,0)，

Ti：$\left(\frac{1}{2},\frac{1}{2},\frac{1}{2}\right)$，

O：$\left(0,\frac{1}{2},\frac{1}{2}\right)$；$\left(\frac{1}{2},0,\frac{1}{2}\right)$；$\left(\frac{1}{2},\frac{1}{2},0\right)$.

配位数对 Ba，Ti 和 O 分别为 12,6 和 2. Ba 离子周围有 12 个 O 离子，Ti 离子周围有 6 个氧离子，O 离子周围有 2 个 Ti 离子.

2.3.2 NaCl 和 CaF_2 结构

同属空间群 F$m3m$，布拉维格子是面心立方格子. 结构见图2.15.

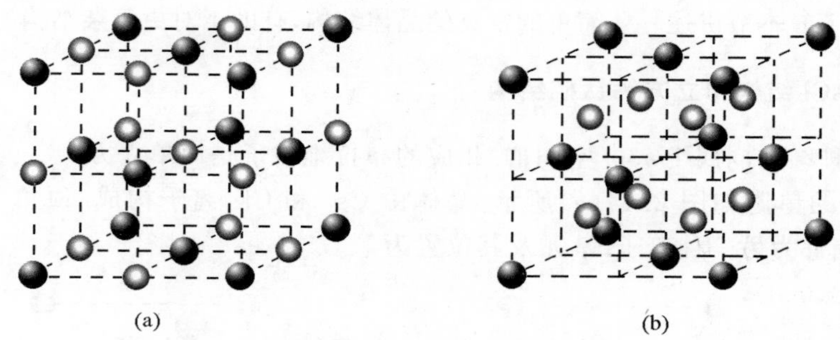

图 2.15 (a) NaCl 结构；(b) CaF_2 结构

Na：(0,0,0)，

Cl：$\left(\frac{1}{2},\frac{1}{2},\frac{1}{2}\right)$，

或位置相互交换. Na 离子和 Cl 离子互为最近邻. 配位数均为 6. Li，Na，K，Rb 和 F，Cl，Br，I 等元素结合的化合物晶体属这种结构.

CaF_2 的基元是

Ca：(0,0,0)，

F：$\left(\frac{1}{4},\frac{1}{4},\frac{1}{4}\right)$；$\left(\frac{3}{4},\frac{3}{4},\frac{3}{4}\right)$.

配位数对 Ca 离子为 8，F 离子为 4.

2.3.3 金刚石和闪锌矿结构

同属立方晶系. 图 2.16(a)给出金刚石结构的示意. 所属布拉维格子为面心立方. 基元是

C：(0,0,0)；$\left(\frac{1}{4},\frac{1}{4},\frac{1}{4}\right)$.

所属空间群为 F$d3m$，为复杂空间群. 有一 4 重螺旋轴，平行于 z 轴，在 xy 平面上的坐标为$\left(\frac{1}{2},\frac{1}{4}\right)$. 转动 $2\pi/4$，沿轴方向平移 1/4 单胞边长为对称操作. 每个碳原

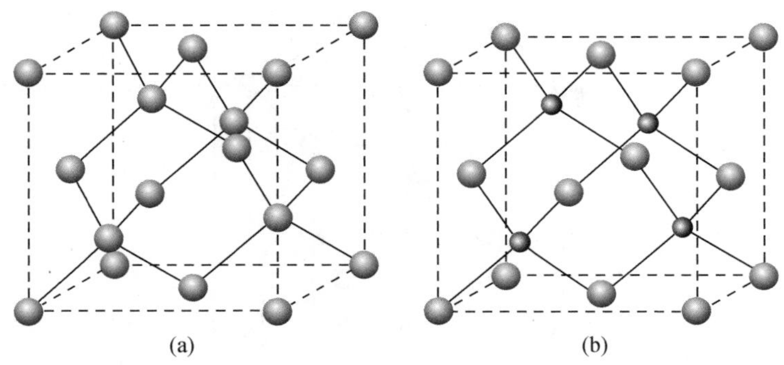

图 2.16　(a) 金刚石结构；(b) 闪锌矿结构示意

子的配位数为 4. 重要的半导体元素 Si,Ge 以及灰 Sn 为这种结构.

ZnS,GaAs 等很多二元化合物有闪锌矿(Zine blende)结构(图 2.16(b)). 布拉维格子为面心立方. 基元为

Zn：(0,0,0)，

S：$\left(\frac{1}{4},\frac{1}{4},\frac{1}{4}\right)$，

或相反. 配位数亦为 4. 所属空间群为 $F\bar{4}3m$，是简单空间群. 这种结构可看做金刚石结构，只是基元的两个位置上放置了不同的离子，因而在对称元素中，不再包括螺旋轴.

2.3.4　六角密堆积结构

在 2.1.3 小节中，讲到密堆积结构. 在二维平面上，直径相等的刚球密排成三角格子(图 2.17). 第二层可堆积在第一层的球隙上，同样是三角格子，但相对第一层位置有所移动. 如把第一层刚球的位置叫做 A 位置. 如图所示，第二层可堆在 B 位或 C 位，有两种选择. 如一直按 $ABABAB\cdots$ 顺序密堆积，得到的是六角密堆积(hexagonal close-packed)结构，简称 hcp，见图 2.18. Be,Cd,Mg,Ni,Zn 等金属具有这种结构.

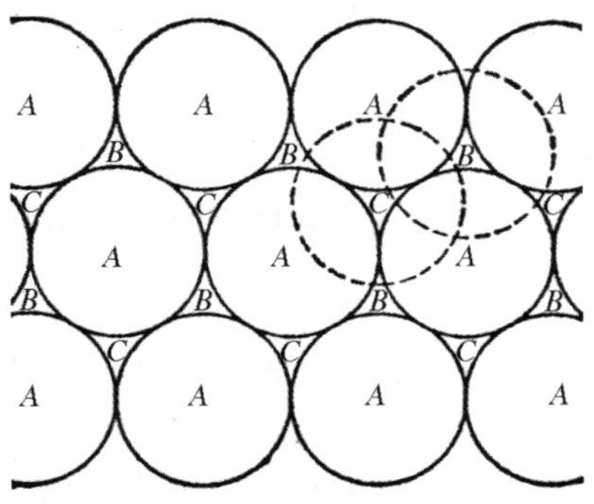

图 2.17　刚球的密堆积. 第二层可占据 B 位或 C 位

六角密堆积结构相应的格子是六角布拉维格子. 基元由两个原子组成，位置在(0,0,0)及(1/3,1/3,1/2). 所属空间群为 $P6_3/mmc$，6_3 表示有 6 重螺旋轴，沿 c 轴方向平移量为 $3c/6$，mmc 中的 c，表示有轴向滑移面. 对于同直径刚球密堆，配位数为 12. 轴长比

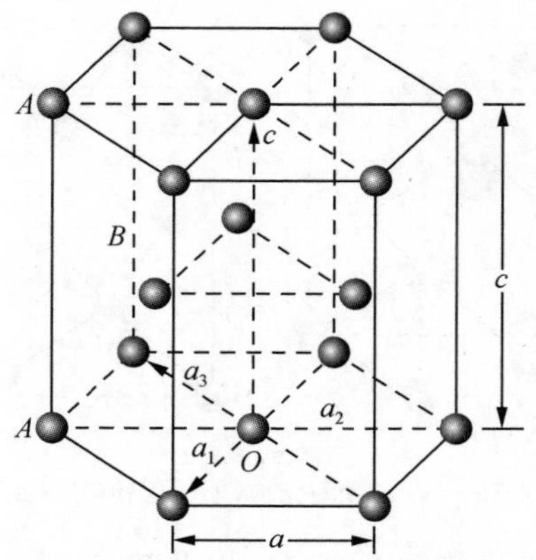

图 2.18 六角密堆积结构示意

$$\frac{c}{a}=\sqrt{\frac{8}{3}}=1.633 \tag{2.3.1}$$

称为理想的 c/a 比. 实际金属, c/a 比在 Be 的 1.566 到 Cd 的1.885 之间.

如按 $ABCABC\cdots$顺序密堆积,得到立方密堆积结构,也就是面心立方结构. 密堆积平面为{111}面. Ag,Al,Au,Co,Cu,Ni,Pd,Pt 等金属具有这种结构.

除去上述两种自然界中最常见的密堆积方式外,实际上,重复周期大于 3 层的密堆积方式有无穷多种. 常称长重复周期的堆积方式为多型性(polytypism). 例如 SiC,PbI_2 和 CdI_2,可有多种不同堆积顺序的样品,可观察到同种材料多种不同的多型体(polytype). 这些材料,一般有层状结构,层间键合远弱于层内,不同的堆积方式能量差别很小.

2.3.5 实例,正交相 $YBa_2Cu_3O_{7-\delta}$

对于一个新的材料,结构方面的研究对了解其物理是极端重要的,为此需要熟悉晶体学家们在报告材料结构时所用的基本语言. 这里以 1987 年发现的转变温度为 90 K 的 $YBa_2Cu_3O_{7-\delta}$氧化物高温超导材料为例,简单加以说明.

晶体的结构常用表给出,对室温附近的 $YBa_2Cu_3O_{6.91}$,结构见表 2.5. 单胞中原子的相应排列在图 2.19 中给出.

表 2.5 中第一行给出材料所属晶系,空间群符号,括弧中注明在 230 个空间群中它的排序. 第二行给出晶格常数,$Z=1$ 表示单胞中只含一个 $YBa_2Cu_3O_{6.91}$. 位置的标注中第一个数字代表位置数,接着的字母是标注位置惯用的 Wyckoff 符号,如 a 常表示(0,0,0),q 表示$(0,0,z)$等. 对称性一栏给出的是点对称性(point symmetry)或座对称性(site symmetry),即该位置保持不动的点对称性. 原子的一组坐标在 x,y,z 栏中具体给出. 这些是最基本的信息,由此不难得到图 2.19(读者可作为

练习试做)，以及各离子间的键长. 座对称性的重要性当然不仅在此，一个原子在晶体中的状态，如它的电子能级分裂的情况，往往主要决定于它看到的对称性，而不是晶体的对称性. 表 2.5 最后给出该位置的占据率. 在做元素替换、掺杂时，对某一元素在某位置及其占据率的了解是很重要的.

表 2.5 $YBa_2Cu_3O_{6.91}$的结构

正交晶系 P*mmm* (No. 47)

$a=3.812$ ·， $b=3.884$ ·， $c=11.683$ ·， $Z=1$

原子	位置	对称性	x	y	z	占据率
Y	1*h*	*mmm*	0.5	0.5	0.5	1
Ba	2*t*	*mm*	0.5	0.5	0.184	1
Cu1	1*a*	*mmm*	0	0	0	1
Cu2	2*q*	*mm*	0	0	0.355	1
O1	1*e*	*mmm*	0	0.5	0	0.91
O2	2*s*	*mm*	0.5	0	0.378	1
O3	2*r*	*mm*	0	0.5	0.378	1
O4	2*q*	*mm*	0	0	0.159	1

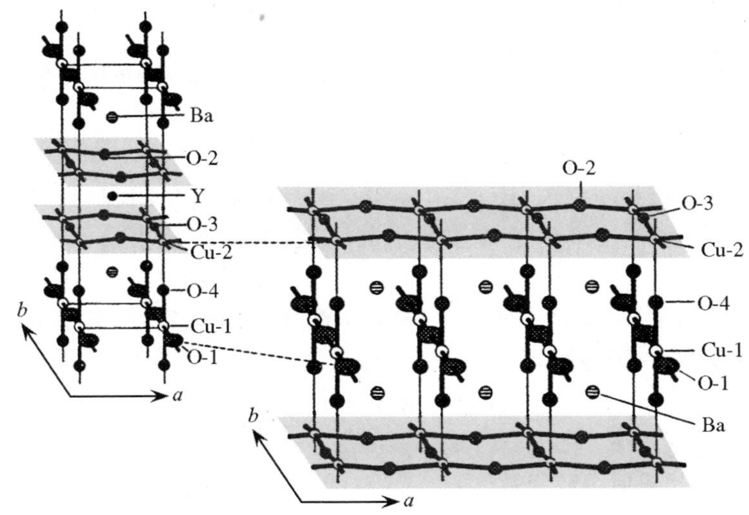

图 2.19 左图为 $YBa_2Cu_3O_{6.91}$结构示意；右图显示 Cu—O 面的存在

结构的研究揭示，$YBa_2Cu_3O_{7-\delta}$中有 Cu-O 面存在，这是所有氧化物高温超导材料共有的结构特征. 同时，还有独特的沿 b 方向的 Cu-O 链，其作用为人们所关注.

2.3.6 简单晶格和复式晶格

基元中原子数 $p=1$ 的晶格称为简单晶格，$p\geqslant 2$ 的称为复式晶格. 复式晶格常可看成 2 套或多套简单晶格，通常称为子格子(sublattice)的相互穿套. 如金刚石结构，相当于 2 套面心立方格子，沿体对角线方向，相对平移 1/4 对角线长.

2.4 倒 格 子

2.4.1 概念的引入

在讨论完布拉维格子的分类和晶格结构的一些实例后，本节回到与布拉维格子主要特征——平移对称性有关问题的讨论上.

按照定义，布拉维格子是格点的集合(2.1.1 小节)，体积 V 内 $\boldsymbol{R}_m$ 处的格点对 $\boldsymbol{r}$ 处格点密度的贡献为 $\delta(\boldsymbol{r}-\boldsymbol{R}_m)$，因为在 $\boldsymbol{R}_m$ 格点以外区域均为零，且有 $\int\delta(\boldsymbol{r}-\boldsymbol{R}_m)\mathrm{d}\boldsymbol{r}=1$. 如体积中有 N 个这样的格点，$\boldsymbol{r}$ 处的总格点密度可写为

$$\rho(\boldsymbol{r})=\sum_{\boldsymbol{R}_m\in V}\delta(\boldsymbol{r}-\boldsymbol{R}_m). \tag{2.4.1}$$

类似地，$\boldsymbol{r}+\boldsymbol{R}_n$ 处的格点密度可写为 $\rho(\boldsymbol{r}+\boldsymbol{R}_n)=\sum_{\boldsymbol{R}_m\in V}\delta(\boldsymbol{r}-(\boldsymbol{R}_m-\boldsymbol{R}_n))$，$(\boldsymbol{R}_m-\boldsymbol{R}_n)$是以 $\boldsymbol{R}_n$ 为原点的布拉维格子的格矢. 考虑到体系足够大，布拉维格子实际上可看做是无限扩展的，原点的这种改变并不影响计算的结果，即

$$\rho(\boldsymbol{r}+\boldsymbol{R}_n)=\rho(\boldsymbol{r}) \tag{2.4.2}$$

对所有属于布拉维格子格矢(Bravais lattice vector，简写为 BLV)的 $\boldsymbol{R}_n$ 成立，$\rho(\boldsymbol{r})$ 为周期函数，平移布拉维格子的任意格矢不变，具有布拉维格子应有的平移对称性.

除 $\rho(\boldsymbol{r})$外，晶体的其他一些性质，如质量密度，电子云密度，离子实产生的势场等亦为周期函数. 一般地可写为

$$F(\boldsymbol{r}+\boldsymbol{R}_n)=F(\boldsymbol{r}), \tag{2.4.3}$$

对所有属于 BLV 的 $\boldsymbol{R}_n$ 成立.

将 $F(\boldsymbol{r})$展开成傅里叶级数

$$F(\boldsymbol{r})=\sum_{\boldsymbol{g}}A(\boldsymbol{g})\mathrm{e}^{\mathrm{i}\boldsymbol{g}\cdot\boldsymbol{r}}, \tag{2.4.4}$$

其中系数

$$A(\boldsymbol{g})=\frac{1}{\Omega}\int_{\Omega}F(\boldsymbol{r})\mathrm{e}^{-\mathrm{i}\boldsymbol{g}\cdot\boldsymbol{r}}\mathrm{d}\boldsymbol{r}, \tag{2.4.5}$$

Ω 代表原胞体积. (2.4.3)式意味着，对布拉维格子的所有格矢，应有

$$A(\boldsymbol{g})=\frac{1}{\Omega}\int_{\Omega}F(\boldsymbol{r}+\boldsymbol{R}_n)\mathrm{e}^{-\mathrm{i}\boldsymbol{g}\cdot\boldsymbol{r}}\mathrm{d}\boldsymbol{r}. \tag{2.4.6}$$

引入 $\boldsymbol{r}'=\boldsymbol{r}+\boldsymbol{R}_n$，(2.4.6)式化为

$$A(\boldsymbol{g}) = \frac{1}{\Omega}\int_{\Omega} F(\boldsymbol{r}')\mathrm{e}^{-\mathrm{i}\boldsymbol{g}\cdot\boldsymbol{r}'}\mathrm{d}\boldsymbol{r}' \cdot \mathrm{e}^{\mathrm{i}\boldsymbol{g}\cdot\boldsymbol{R}_n} = A(\boldsymbol{g})\mathrm{e}^{\mathrm{i}\boldsymbol{g}\cdot\boldsymbol{R}_n},$$

即

$$A(\boldsymbol{g})[1 - \mathrm{e}^{\mathrm{i}\boldsymbol{g}\cdot\boldsymbol{R}_n}] = 0. \tag{2.4.7}$$

或对所有的 $\boldsymbol{g}$,$A(\boldsymbol{g})=0$,这相当于 $F(\boldsymbol{r})=0$,不是我们所要的结果;或存在某些 $\boldsymbol{g}$,对布拉维格子的所有格矢,$\mathrm{e}^{\mathrm{i}\boldsymbol{g}\cdot\boldsymbol{R}_n}=1$.

定义:对布拉维格子中所有格矢$\boldsymbol{R}_n$,满足

$$\mathrm{e}^{\mathrm{i}\boldsymbol{G}_\mathrm{h}\cdot\boldsymbol{R}_n} = 1, \tag{2.4.8}$$

或

$$\boldsymbol{G}_\mathrm{h}\cdot\boldsymbol{R}_n = 2\pi m, \quad m \text{ 为整数} \tag{2.4.9}$$

的全部 $\boldsymbol{G}_\mathrm{h}$ 端点的集合,构成该布拉维格子,称为正格子(direct lattice)的倒格子(reciprocal lattice).

因此,与布拉维格子有相同平移对称性(或周期性)的物理量的傅里叶展开中,只存在波矢为倒格矢的分量,其他分量的系数为零.即满足(2.4.3)式的函数 $F(\boldsymbol{r})$ 的展开式为

$$F(\boldsymbol{r}) = \sum_{\boldsymbol{G}_\mathrm{h}} A(\boldsymbol{G}_\mathrm{h})\mathrm{e}^{\mathrm{i}\boldsymbol{G}_\mathrm{h}\cdot\boldsymbol{r}}, \tag{2.4.10}$$

$$A(\boldsymbol{G}_\mathrm{h}) = \frac{1}{\Omega}\int_{\Omega} F(\boldsymbol{r})\mathrm{e}^{-\mathrm{i}\boldsymbol{G}_\mathrm{h}\cdot\boldsymbol{r}}\mathrm{d}\boldsymbol{r}. \tag{2.4.11}$$

2.4.2 倒格子是倒易空间中的布拉维格子

将 $\boldsymbol{R}_n=n_1\boldsymbol{a}_1+n_2\boldsymbol{a}_2+n_3\boldsymbol{a}_3$ 代入(2.4.9)式,得

$$n_1\boldsymbol{G}_\mathrm{h}\cdot\boldsymbol{a}_1 + n_2\boldsymbol{G}_\mathrm{h}\cdot\boldsymbol{a}_2 + n_3\boldsymbol{G}_\mathrm{h}\cdot\boldsymbol{a}_3 = 2\pi m. \tag{2.4.12}$$

由于(2.4.12)式对任意整数 n_1, n_2 和 n_3 成立,要求

$$\boldsymbol{G}_\mathrm{h}\cdot\boldsymbol{a}_1 = 2\pi h_1, \quad \boldsymbol{G}_\mathrm{h}\cdot\boldsymbol{a}_2 = 2\pi h_2, \quad \boldsymbol{G}_\mathrm{h}\cdot\boldsymbol{a}_3 = 2\pi h_3,$$
$$h_1, h_2, h_3 \text{ 为整数}. \tag{2.4.13}$$

这样,可把倒格矢写为

$$\boldsymbol{G}_\mathrm{h} = h_1\boldsymbol{b}_1 + h_2\boldsymbol{b}_2 + h_3\boldsymbol{b}_3, \quad h_1, h_2, h_3 \text{ 为整数}, \tag{2.4.14}$$

且

$$\boldsymbol{b}_i\cdot\boldsymbol{a}_j = 2\pi\delta_{ij}. \tag{2.4.15}$$

由于 $\boldsymbol{a}_1, \boldsymbol{a}_2, \boldsymbol{a}_3$ 互不共面,条件(2.4.15)保证在倒格子空间,或倒易空间(reciprocal space)中 $\boldsymbol{b}_1, \boldsymbol{b}_2, \boldsymbol{b}_3$ 亦不共面.因此,倒格子是倒易空间中以 $\boldsymbol{b}_1, \boldsymbol{b}_2, \boldsymbol{b}_3$ 为基矢的布拉维格子.(2.4.14)和(2.4.15)式亦可看做以 $\boldsymbol{a}_1, \boldsymbol{a}_2, \boldsymbol{a}_3$ 为基的某一布拉维格子的倒格子的定义.

条件(2.4.15)保证了 $\boldsymbol{b}_1$ 和 $\boldsymbol{a}_2, \boldsymbol{a}_3$ 垂直,可写成

$$\boldsymbol{b}_1 = \eta_1\boldsymbol{a}_2\times\boldsymbol{a}_3. \tag{2.4.16}$$

代入(2.4.15)式,可求出系数 η_1,

$$\eta_1 = 2\pi \frac{1}{\boldsymbol{a}_1 \cdot (\boldsymbol{a}_2 \times \boldsymbol{a}_3)} = \frac{2\pi}{\Omega}, \tag{2.4.17}$$

其中 $\Omega \equiv \boldsymbol{a}_1 \cdot (\boldsymbol{a}_2 \times \boldsymbol{a}_3)$ 为布拉维格子的原胞体积. 类似的可求出 $\boldsymbol{b}_2, \boldsymbol{b}_3$,倒格子的三个基矢为

$$\begin{cases} \boldsymbol{b}_1 = 2\pi \dfrac{\boldsymbol{a}_2 \times \boldsymbol{a}_3}{\boldsymbol{a}_1 \cdot (\boldsymbol{a}_2 \times \boldsymbol{a}_3)}, \\ \boldsymbol{b}_2 = 2\pi \dfrac{\boldsymbol{a}_3 \times \boldsymbol{a}_1}{\boldsymbol{a}_1 \cdot (\boldsymbol{a}_2 \times \boldsymbol{a}_3)}, \\ \boldsymbol{b}_3 = 2\pi \dfrac{\boldsymbol{a}_1 \times \boldsymbol{a}_2}{\boldsymbol{a}_1 \cdot (\boldsymbol{a}_2 \times \boldsymbol{a}_3)}. \end{cases} \tag{2.4.18}$$

易于证明,倒格子的原胞体积 Ω^* 与相应正格子的原胞体积成反比,即

$$\Omega^* = \boldsymbol{b}_1 \cdot [\boldsymbol{b}_2 \times \boldsymbol{b}_3] = \frac{(2\pi)^3}{\Omega}. \tag{2.4.19}$$

倒格子空间中的 WS 原胞称为第一布里渊区(first Brillouin zone),后面常常要用到.

上面均通过正格子来定义倒格子. 反过来也可从倒格子定义正格子. 事实上它们互为倒易格子.

例:对原胞边长为 a 的二维正方格子

$$\boldsymbol{a}_1 = a\hat{x}, \quad \boldsymbol{a}_2 = a\hat{y}, \tag{2.4.20}$$

利用(2.4.15)式,可得

$$\boldsymbol{b}_1 = \frac{2\pi}{a}\hat{x}, \quad \boldsymbol{b}_2 = \frac{2\pi}{a}\hat{y}. \tag{2.4.21}$$

倒格子也是正方格子,原胞边长为 $2\pi/a$,第一布里渊区的边界在 $\pm\frac{\pi}{a}\hat{x}$ 和 $\pm\frac{\pi}{a}\hat{y}$ 处.

三维情况,可用(2.4.18)式计算,简单立方格子的倒格子仍为简单立方. 类似于二维,原胞边长从 a 变为 $2\pi/a$. 对于立方单胞边长为 a 的体心立方格子,用其基矢(2.1.4),及 (2.4.18)式,可得

$$\boldsymbol{b}_1 = \frac{2\pi}{a}(\hat{y} + \hat{z}), \quad \boldsymbol{b}_2 = \frac{2\pi}{a}(\hat{z} + \hat{x}), \quad \boldsymbol{b}_3 = \frac{2\pi}{a}(\hat{x} + \hat{y}), \tag{2.4.22}$$

这恰好是面心立方格子的基矢(见 2.1.5 式),只是立方单胞边长变为 $4\pi/a$. 类似地,面心立方格子的倒格子为体心立方格子,立方单胞边长同样从 a 变到 $4\pi/a$.

易于证明简单六角布拉维格子的倒格子仍为简单六角,晶格常数从 c 和 a 变到 $4\pi/c$ 和 $4\pi/\sqrt{3}a$. 倒格子相对于正格子绕 c 轴旋转 30°.

2.4.3 倒格矢与晶面

倒格矢 $\boldsymbol{G}_\mathrm{h} = h_1\boldsymbol{b}_1 + h_2\boldsymbol{b}_2 + h_3\boldsymbol{b}_3$ 垂直于米勒指数为(h_1, h_2, h_3)的晶面系. 因为

按米勒指数定义，$\frac{1}{h_1}\boldsymbol{a}_1-\frac{1}{h_2}\boldsymbol{a}_2$ 为正格子(h_1,h_2,h_3)晶面上的矢量. 但

$$\boldsymbol{G}_{\mathrm{h}}\cdot\left(\frac{1}{h_1}\boldsymbol{a}_1-\frac{1}{h_2}\boldsymbol{a}_2\right)=\boldsymbol{b}_1\cdot\boldsymbol{a}_1-\boldsymbol{b}_2\cdot\boldsymbol{a}_2=0, \tag{2.4.23}$$

$\boldsymbol{G}_{\mathrm{h}}$ 与之垂直. 同样可证 $\boldsymbol{G}_{\mathrm{h}}$ 与面上另一矢量$\frac{1}{h_1}\boldsymbol{a}_1-\frac{1}{h_3}\boldsymbol{a}_3$ 垂直，因而 $\boldsymbol{G}_{\mathrm{h}}$ 与该平面垂直.

如正格子(h_1,h_2,h_3)晶面系的面间距为 d，可证明倒格矢 $\boldsymbol{G}_{\mathrm{h}}=h_1\boldsymbol{b}_1+h_2\boldsymbol{b}_2+h_3\boldsymbol{b}_3$ 的长度为 $2\pi/d$.

设 $\hat{\boldsymbol{n}}$ 为垂直于晶面系的单位矢量，则 $h_1^{-1}\boldsymbol{a}_1\cdot\hat{\boldsymbol{n}}$ 为面间距. 现在

$$\hat{\boldsymbol{n}}=\frac{\boldsymbol{G}_{\mathrm{h}}}{|\boldsymbol{G}_{\mathrm{h}}|}, \tag{2.4.24}$$

因而面间距

$$d=\frac{1}{h_1}\boldsymbol{a}_1\cdot\hat{\boldsymbol{n}}=\frac{\boldsymbol{G}_{\mathrm{h}}\cdot\boldsymbol{a}_1}{h_1|\boldsymbol{G}_{\mathrm{h}}|}=\frac{2\pi}{|\boldsymbol{G}_{\mathrm{h}}|}, \tag{2.4.25}$$

这就是所要的结果.

总之，对任一倒格矢，总有一组晶面与之垂直，与该倒格矢平行的最短倒格矢的长度为 $2\pi/d$，d 为面间距，在倒易空间的坐标数为该晶面系的米勒指数.

2.4.4 倒格子的点群对称性

同一晶格的正格子和倒格子有相同的点群对称性.

设 α 为正格子的一个点群对称操作，即当$\boldsymbol{R}_n$为一正格矢时，$\alpha\boldsymbol{R}_n$ 亦为正格矢. 由于群中必有 α 的逆操作 α^{-1}，$\alpha^{-1}\boldsymbol{R}_n$ 也应为正格矢. 由(2.4.9)式，应有

$$\boldsymbol{G}_{\mathrm{h}}\cdot\alpha^{-1}\boldsymbol{R}_n=2\pi m. \tag{2.4.26}$$

由于点对称操作是硬操作或正交变换，即保持空间两点距离不变的变换，两矢量同受一点群对称操作作用，其点乘保持不变，上式可化为

$$\alpha\boldsymbol{G}_{\mathrm{h}}\cdot\boldsymbol{R}_n=2\pi m. \tag{2.4.27}$$

这样，对群中任一 α 而言，$\alpha\boldsymbol{G}_{\mathrm{h}}$ 以及类似地 $\alpha^{-1}\boldsymbol{G}_{\mathrm{h}}$ 亦为倒格矢，表明正格子和倒格子有相同的点群对称性.

WS 原胞是布拉维格子的对称化原胞(2.1 节)，具有布拉维格子的全部点群对称性. 因此，第一布里渊区也具有晶格点群的全部对称性.

2.5 晶体结构的实验确定

按晶体的对称群分类，只存在 14 种布拉维格子，是布拉维(A. Bravais)在 1845 年得到的. 很长一段时间，晶体点阵结构的地位仅是为解释宏观晶体外形几何规则

性，如晶面间有固定夹角等所提出的一个合理的假说. 晶体结构的实验研究始于1912年劳厄(M. von Laue)等有关晶体X射线衍射的工作，以后人们又相继发展了电子衍射和中子衍射方法. 1950年代至1980年代，开始出现了直接观察原子排列和晶格结构的方法，如高分辨电子显微术，场离子显微术和扫描隧穿显微镜等，尽管往往只能看到表面的或局部的原子排列，但无论如何这是一种直接的观察，一种对原子规则的周期排列的直接的证实. 此外，还特别有利于对结构缺陷的研究.

本节将着重讲述X射线衍射方法，不仅因为我们有关晶体在 10^{-1} nm尺度结构的知识主要来源于此，而且因为如本章前言所述，它涉及本课程讨论的中心——在周期晶格中传播的波. 本节末将简要介绍扫描隧穿显微镜方法. 有关晶体结构，晶体表面结构分析方面更多的知识，可在相应的教科书或专著中找到.

2.5.1 X射线衍射

1. 劳厄条件和布拉格条件

X射线光子能量与波长 λ 的关系为 $\varepsilon=hc/\lambda$，其中 h 为普朗克常数(Plank constant)，c 为光速. 这相当于

$$\varepsilon(\text{keV})=\frac{1.24}{\lambda(\text{nm})}. \tag{2.5.1}$$

为探测晶体结构，波长尺度应与原子间距(～0.1 nm)相当，要求光子能量约为 10^4 eV. 此时，X射线对材料的穿透深度在几个 μm左右，从而可提供材料体结构的信息.

温度 $T\neq0$ 时，晶体中的原子围绕其平衡位置做小的热振动(第五章)，导致对X射线的非弹性散射. 由于所引起的能量变化约10 meV，与 10^4 eV相比甚小，此处忽略这部分变化，相当于假定晶体中所有的原子固定不动，只考虑晶体几何结构的影响，晶体对X射线的散射是弹性的或准弹性的. 如入射波波矢和散射波波矢分别为 $\boldsymbol{k}$ 和 $\boldsymbol{k}'$，有

$$|\boldsymbol{k}|=|\boldsymbol{k}'|. \tag{2.5.2}$$

相应的分析可称为几何理论.

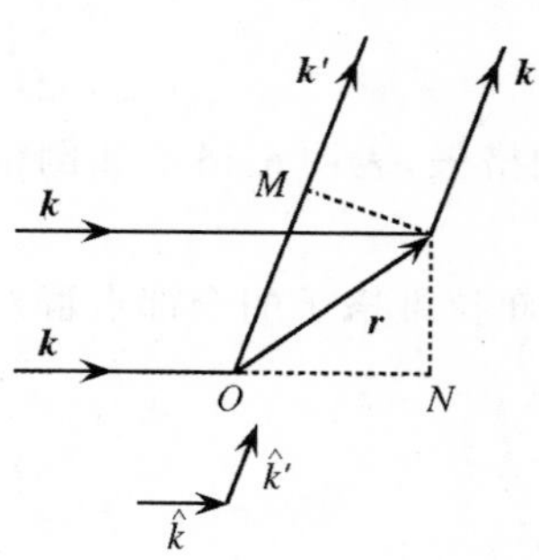

图2.20 X射线衍射相距 $\boldsymbol{r}$ 两点光程差示意

作为电磁波的入射X射线实际上是与晶体中的芯电子相作用，晶体中 $\boldsymbol{r}$ 处对X射线的散射，在 $\boldsymbol{k}'$ 方向(由探测器位置定)散射波的振幅正比于 $n(\boldsymbol{r})\mathrm{d}\boldsymbol{r}$，$n(\boldsymbol{r})$ 是 $\boldsymbol{r}$ 处的电子浓度. 在散射波叠加时，还应考虑与参考点 O 相比，散射束之间的相位差因子.

从图2.20可见，光程差为

$$ON-OM=\boldsymbol{r}\cdot\hat{\boldsymbol{k}}-\boldsymbol{r}\cdot\hat{\boldsymbol{k}}', \tag{2.5.3}$$

$\hat{\boldsymbol{k}}$ 和 $\hat{\boldsymbol{k}}'$分别是 $\boldsymbol{k}$ 和 $\boldsymbol{k}'$方向的单位矢量. 因而相位差为

$$\boldsymbol{r}\cdot(\hat{\boldsymbol{k}}-\hat{\boldsymbol{k}}')\frac{2\pi}{\lambda}=\boldsymbol{r}\cdot(\boldsymbol{k}-\boldsymbol{k}'). \tag{2.5.4}$$

晶体在 $\boldsymbol{k}'$方向总的散射振幅由积分

$$A_{\text{tot}}=\int n(\boldsymbol{r})\mathrm{e}^{-\mathrm{i}(\boldsymbol{k}'-\boldsymbol{k})\cdot\boldsymbol{r}}\mathrm{d}\boldsymbol{r} \tag{2.5.5}$$

决定. A_{tot}实际上是 $n(\boldsymbol{r})$的傅里叶变换. 由于 $n(\boldsymbol{r})$的周期性,即

$$n(\boldsymbol{r}+\boldsymbol{R}_n)=n(\boldsymbol{r}). \tag{2.5.6}$$

类似于 2.4.1 小节,易于说明,仅当

$$\boldsymbol{k}'-\boldsymbol{k}=\boldsymbol{G}_{\text{h}} \tag{2.5.7}$$

时 $A_{\text{tot}}\neq 0$. 即散射前后波矢的改变 $\boldsymbol{k}'-\boldsymbol{k}$ 为倒格矢时,才能在 $\boldsymbol{k}'$方向观察到 X 射线的相长干涉. 这就是有关 X 射线衍射的劳厄条件(Laue condition).

由于倒格子也是布拉维格子,(2.5.7)式亦可写成 $\boldsymbol{k}-\boldsymbol{k}'=\boldsymbol{G}_{\text{h}}$ 的形式. $\boldsymbol{k}$ 和 $\boldsymbol{k}'$ 大小相等,因而有

$$k=|\boldsymbol{k}-\boldsymbol{G}_{\text{h}}|. \tag{2.5.8}$$

两边取平方,得

$$\boldsymbol{k}\cdot\hat{\boldsymbol{G}}_{\text{h}}=\frac{1}{2}G_{\text{h}}. \tag{2.5.9}$$

劳厄条件相当于入射波矢 $\boldsymbol{k}$ 在倒格矢 $\boldsymbol{G}_{\text{h}}$ 方向上的投影应为 $\boldsymbol{G}_{\text{h}}$ 长度的一半,即 $\boldsymbol{k}$ 的端点应落在 $\boldsymbol{G}_{\text{h}}$ 的垂直平分面上(图 2.21). k 空间中,连接原点和某一倒格点的倒格矢 $\boldsymbol{G}_{\text{h}}$ 的垂直平分面称为布拉格平面(Bragg plane).

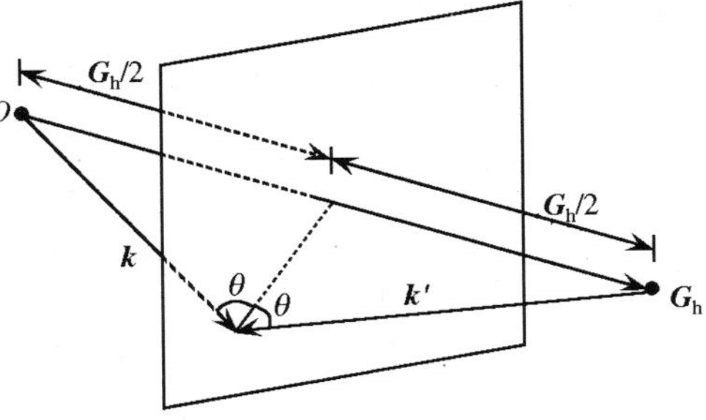

图 2.21 劳厄条件示意. 图中平面为布拉格平面

当 $\boldsymbol{k}$,$\boldsymbol{k}'$满足劳厄条件时,由于它的长短相同(2.5.2 式),因而与布拉格平面有相同的夹角(图 2.21). 相干劳厄衍射条件形式上可看做正格子中与 $\boldsymbol{G}_{\text{h}}$ 垂直的一组晶面对 X 射线的布拉格反射,布拉格角(Bragg angle)为 θ. (2.5.9 式)可写成

$$G_{\text{h}}=2k\sin\theta. \tag{2.5.10}$$

假定 $\boldsymbol{G}_{\text{h}}$ 方向最短倒格矢为 $\boldsymbol{G}_0$,由于倒格子是倒格子空间的布拉维格子,$\boldsymbol{G}_{\text{h}}=n\boldsymbol{G}_0$,$n$ 为整数. 注意 $|\boldsymbol{G}_0|=2\pi/d$,$d$ 为面间距,$k=\dfrac{2\pi}{\lambda}$,(2.5.10)式可改写为

$$n\lambda=2d\sin\theta, \tag{2.5.11}$$

此即布拉格条件(Bragg condition). n 称为 X 射线衍射的级数.

对于给定的正格子,得到相应的倒格子远比搞清所有可能的晶面系容易. 因

此，实际上用劳厄条件来分析X射线的衍射要更方便一些.

2. 几何结构因子和原子形状因子

当基元中原子数 $p>1$ 时，对X射线衍射的讨论，需引进几何结构因子(geometrical structure factor)，或简称结构因子. 当基元中原子种类不同时，要考虑不同原子对X射线散射强弱的差异，要引进原子形状因子(atomic form factor).

对有 N 个原胞的晶体，采用劳厄条件，散射振幅(2.5.5)式可写成

$$A_{\text{tot}}(\boldsymbol{G}_{\text{h}}) = N\int_{\text{cell}} n(\boldsymbol{r})\mathrm{e}^{-\mathrm{i}\boldsymbol{G}_{\text{h}}\cdot\boldsymbol{r}}\mathrm{d}\boldsymbol{r}, \tag{2.5.12}$$

其中，下标cell代表原胞. 取原胞某一角处 $\boldsymbol{r}=0$，相对于此，基元中 p 个原子的位置为 $\boldsymbol{d}_j$，$j=1,2,\cdots,p$. $\boldsymbol{r}$ 处电子浓度为基元中所有原子贡献的总和，即

$$n(\boldsymbol{r}) = \sum_{j=1}^{p} n_j(\boldsymbol{r}-\boldsymbol{d}_j). \tag{2.5.13}$$

引入相对坐标

$$\boldsymbol{\eta} = \boldsymbol{r}-\boldsymbol{d}_j, \tag{2.5.14}$$

(2.5.12)式可写成

$$A_{\text{tot}}(\boldsymbol{G}_{\text{h}}) = N\sum_j \mathrm{e}^{-\mathrm{i}\boldsymbol{G}_{\text{h}}\cdot\boldsymbol{d}_j}\int n_j(\boldsymbol{\eta})\mathrm{e}^{-\mathrm{i}\boldsymbol{G}_{\text{h}}\cdot\boldsymbol{\eta}}\mathrm{d}\boldsymbol{\eta}. \tag{2.5.15}$$

由于某一原子的电子浓度，在原子尺度处随距离的增加指数衰减，(2.5.15)式中的积分范围无需标出.

定义：取原子或离子实的中心为 $\boldsymbol{r}=0$，与某一倒格矢相联系的原子形状因子为

$$f_j(\boldsymbol{G}_{\text{h}}) = \int n_j(\boldsymbol{r})\mathrm{e}^{-\mathrm{i}\boldsymbol{G}_{\text{h}}\cdot\boldsymbol{r}}\mathrm{d}\boldsymbol{r}, \tag{2.5.16}$$

晶体的几何结构因子为

$$S_{\boldsymbol{G}_{\text{h}}} = \sum_j f_j(\boldsymbol{G}_{\text{h}})\mathrm{e}^{-\mathrm{i}\boldsymbol{G}_{\text{h}}\cdot\boldsymbol{d}_j}. \tag{2.5.17}$$

概括起来讲，对于一个晶体，衍射束的方向由劳厄条件给出，决定于晶体所属的布拉维格子. 衍射束的相对强度比例于 $|S_{\boldsymbol{G}_{\text{h}}}|^2=S^*_{\boldsymbol{G}_{\text{h}}}\cdot S_{\boldsymbol{G}_{\text{h}}}$，依赖于原胞中基元原子的种类和相对排列. 结构因子为零时，相应的衍射峰消失.

在晶体的X射线衍射结果分析中，晶体学家们一般采用晶体学单胞作为基础. 如把体心立方，面心立方布拉维格子看成是在简单立方格子上加基元的结果，因而衍射谱有所差别.

对于边长为 a 的简单立方格子，倒格矢可写成(2.4.2小节)

$$\boldsymbol{G}_{\text{h}} = h_1\boldsymbol{b}_1+h_2\boldsymbol{b}_2+h_3\boldsymbol{b}_3 = \frac{2\pi}{a}(h_1\hat{x}+h_2\hat{y}+h_3\hat{z}). \tag{2.5.18}$$

参照简单立方单胞，体心立方格子基元含两个同种原子，位置分别为 $\boldsymbol{d}_1=0$，$\boldsymbol{d}_2=$

$\frac{1}{2}a(\hat{x}+\hat{y}+\hat{z})$.(2.5.17)式成为

$$S_{G_h}=f[1+e^{i\pi(h_1+h_2+h_3)}]=f[1+(-1)^{h_1+h_2+h_3}]$$
$$=\begin{cases}0, & \text{当 } h_1+h_2+h_3=\text{奇数}, \\ 2f, & \text{当 } h_1+h_2+h_3=\text{偶数}.\end{cases} \tag{2.5.19}$$

这里,$f_1=f_2=f$.衍射谱不包括(100),(300)或(111)之类的谱线.

面心立方格子的基元含 4 个同种原子,位置分别为 $\boldsymbol{d}_1=0$,$\boldsymbol{d}_2=\frac{1}{2}a(\hat{x}+\hat{y})$,$\boldsymbol{d}_3=\frac{1}{2}a(\hat{y}+\hat{z})$和 $\boldsymbol{d}_4=\frac{1}{2}a(\hat{x}+\hat{z})$.几何结构因子

$$S_{G_h}=f[1+e^{-i\pi(h_1+h_2)}+e^{-i\pi(h_2+h_3)}+e^{-i\pi(h_1+h_3)}], \tag{2.5.20}$$

h_1,h_2 和 h_3 全部为奇数或偶数时 $S_{G_h}=4f$,否则为零.即观察不到(100),(110),(221)之类的谱线,但存在(111),(200),(222),(311)等谱线.

3. 实验方法简述

引入 Ewald 球的概念,有助于了解不同的实验方法.

在 k 空间中,让入射波矢 $\boldsymbol{k}$ 的端点 O 落在任一倒格点上(图 2.22),以其起点 C 为球心,$CO=2\pi/\lambda$ 为半径作球,称为 Ewald 球.若球面恰好通过某一倒格点 P,则 PO 为倒格矢,CP 即为与之相联系的,满足劳厄条件的 $\boldsymbol{k}'$,在 CP 的延长方向可观察到衍射峰.

一般地讲,球面常常并不通过其他倒格点,表明如不做特别的考虑,往往观察不到 X 射线的布拉格反射峰.对于非 X 射线衍射学专业的人员,常碰到的解决方法有三种.

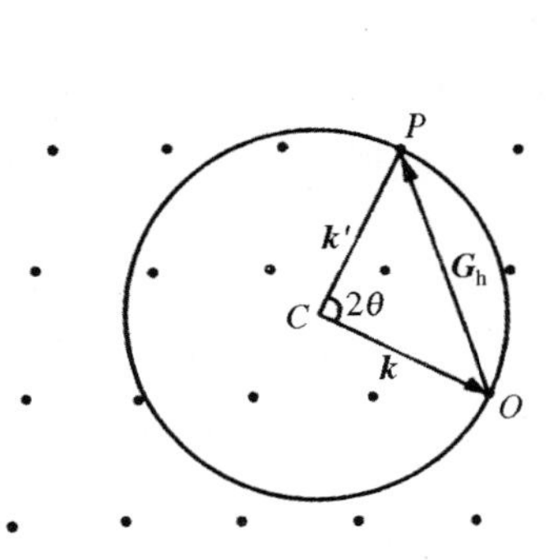

图 2.22 Ewald 球构造示意

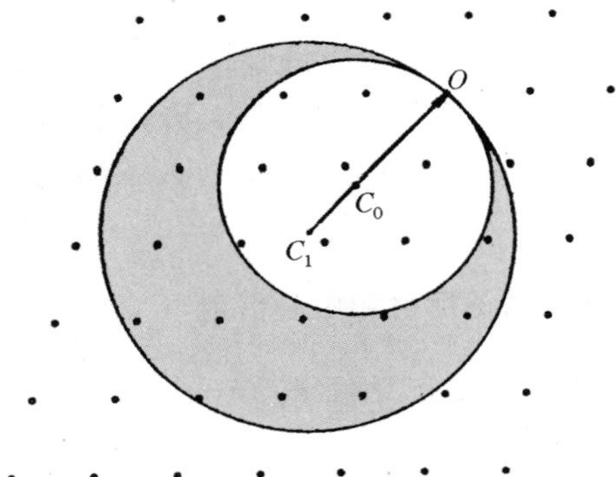

图 2.23 劳厄法原理示意.图中 $C_0O=k_0$,$C_1O=k_1$

1. 劳厄法(Laue method)

相对于入射 X 射线方向,晶体取向固定.采用波长在 λ_1 和 λ_0 之间连续变化的

入射 X 射线，此时，Ewald 球扩展成在半径分别为 $k_0=2\pi/\lambda_0$ 和 $k_1=2\pi/\lambda_1$ 的两个球之间的一个区域(图 2.23). 对于区内的倒格点，可观察到相应的布拉格峰. λ_1 和 λ_0 的选择，要使区内有倒格点存在，但又不要太多.

人们常研究已知结构的晶体，劳厄法的重要用途是确定单晶样品的取向. 如 X 射线沿晶体某一对称轴入射，衍射斑点将按相应的对称性排列.

2. 转动晶体法(rotating-crystal method)

用单色 X 射线，但晶体绕固定轴旋转. 晶体旋转时，它的倒格子也绕同一对称轴旋转. 每一倒格点的轨迹为以旋转轴为心，在垂直轴平面上的圆. 当它与固定的 Ewald 球相交时，产生布拉格反射.

3. 粉末法或德拜法(powder or Debye method)

样品为多晶样品或粉末. 等价于转动晶体方法，不过此时转动轴可有各种不同的取向. 每个倒格点在 k 空间的轨迹为一球，如和 Ewald 球相交，交线为圆. 布拉格反射发生在相交圆对 Ewald 球球心所张的圆锥面方向上.

粉末法常用来定晶格常数，确定合金的相及研究相变等.

对于未知晶体结构的分析，上述三种方法还过于简单. 更多的讲述已超出本书范围.

在 X 射线衍射方法诸多进步中，这里提一下有关 X 射线源的问题. 1895 年伦琴(W. C. Röntgen)发现 X 射线后，在前 80 年中，X 射线基本上是由加速电子轰击金属靶产生的. 电子在靶上的减速给出一宽的连续谱，电子使靶中离子实内壳层电子激发到高能态，以及随后的向下跃迁产生叠加在连续谱上强的单色谱线. 例如铜的 $K\alpha_1$ 线，波长为 0.15404 nm. 在这期间，X 射线源的亮度提高了不到 100 倍. 1970 年代中期出现的同步辐射 X 射线源极大地提高了源的亮度，到 1980 年代中期，亮度已比传统方法高出 10^6 倍，大大地缩短了测量时间，例如从数十小时缩短到秒的数量级. 同时，也使小样品的测量成为可能，这对新材料的研究无疑是十分重要的. 此外，同步辐射 X 射线源还有平行度和偏振性好，具有宽的连续谱，波长可选择等优点. 对 X 射线衍射学及其在固体物理中的应用有重要的影响.

2.5.2　电子衍射和中子衍射

电子的德布罗意(de Broglie)波长 $\lambda=h/p$，p 是它的动量，与能量的关系为 $\varepsilon=p^2/2m$，因而

$$\lambda(\mathrm{nm}) \approx \frac{1.2}{[\varepsilon(\mathrm{eV})]^{1/2}}. \tag{2.5.21}$$

波长与晶格常数可比时，如波长 $\lambda\approx 0.1$ nm 相应的能量 $\varepsilon\approx 150$ eV，因此适合于晶体结构研究的是能量在 20～250 eV 范围的低能量电子束. 和 X 射线不同的是由于

电子带电，和固体中的原子核和电子有很强的相互作用，穿透深度很短，约几个原子层间距的量级. 因此，低能电子衍射(Low Energy Electron Diffraction，简称LEED)主要用于晶体表面结构的研究. 1960年代，由于实验上的两个障碍被克服，一是高真空技术的进步使检测时样品表面状况保持稳定，一是衍射图形低的强度靠加速衍射电子得到增加，LEED技术有很大的发展.

用高能电子束(50～100 keV)缩短电子的德布罗意波长，可提高电子显微术的分辨率. 加速电压在几十 keV 以上，计算波长时需考虑相对论修正，代替(2.5.21)式，有

$$\lambda = \frac{h}{\left[2m_0\varepsilon(\mathrm{eV})\left(1+\frac{\varepsilon(\mathrm{eV})}{2m_0c^2}\right)\right]^{1/2}}, \tag{2.5.22}$$

其中 m_0 为电子的静止质量，c 为光速. 100 keV 的高能电子的波长为 0.0037 nm. 在此基础上构造了高分辨电子显微镜，其分辨率可达 0.1～0.2 nm. 采用很薄的样品，例如 5 nm 厚，如果由原子单层相叠而成，则垂直于原子平面作透射观察，可直接得到层内原子排列的图像，并可从已知的放大倍数推断相应的结构参数.

将高能电子束掠入射到样品表面，研究其反射信号的方法称为反射高能电子衍射(Reflection High Energy Electron Diffraction，简称 RHEED). 高能电子的平均自由程要比低能情形长很多. 但由于掠入射，在垂直表面方向对样品的穿透深度与 LEED 相近. RHEED 非常敏感于表面形貌的变化，常用于研究表面成核、生长等.

中子德布罗意波长与其能量的关系为

$$\lambda(\mathrm{nm}) \approx \frac{0.028}{[\varepsilon(\mathrm{eV})]^{1/2}}. \tag{2.5.23}$$

$\lambda\approx 0.1$ nm 相应的能量 $\varepsilon\approx 0.08$ eV，与室温下的 k_BT 值(≈ 0.025 eV)同数量级，通常称为热中子.

中子无电荷，与固体中的原子核通过强的短程核力相互作用. 表 2.6 给出一些元素的中子散射长度(scattering length)b，b 和散射截面 σ 的关系为 $\sigma=4\pi b^2$. 可见和 X 射线被电子散射，散射振幅近似比例于原子序数十分不同. 一方面相互作用的强弱随原子序数有很不规则的变化，在结构研究中，特别适合于对原子序数相近原子(如 MnNi 合金中的 Mn 和 Ni)以及同位素(如 ^{60}Ni 和 ^{62}Ni)的区分. 另一方面，不同原子序数的原子，其散射强弱又大体相近. 中子衍射对轻原子(从 H 到 C)的分辨率远高于 X 射线，可弥补 X 射线在这方面的不足.

表 2.6 一些元素的中子散射长度 b

核	原子序数	$b/10^{-12}$ cm
H	1	−0.37
D		0.67
He	2	0.30
C	6	0.67
N	7	0.94
O	8	0.58
Al	13	0.35
Mn	25	−0.39
Ni	28	1.03
^{60}Ni		0.28
^{62}Ni		−0.87
Cu	29	0.76
Zr	40	0.71
Ba	56	0.52
Pb	82	0.94

中子独特之处在于它有磁矩,和固体中的原子磁矩有强的相互作用,在研究磁性材料的磁结构,即原子磁矩的相互取向、排列,以及磁相变等方面,中子衍射往往是不可替代的的工具.

热中子的能量特别适合于对固体中晶格振动的研究,这将在第四章中讲述.

2.5.3 扫描隧穿显微镜

扫描隧穿显微镜(Scanning Tunnelling Microscope,简称 STM)出现于 1982 年,其操作依赖于量子力学的隧穿效应.按照量子力学教科书中对方势垒穿透的讨论,如势垒高度为 Φ,厚度为 d,两电极间附加偏置电压 V 时,隧穿电流密度

$$j \propto V\exp\left[-\frac{2d}{\hbar}(2m\Phi)^{1/2}\right]. \tag{2.5.24}$$

在 Φ 为 4.5 eV 时,$(2m\Phi)^{1/2}/\hbar$ 约为 11 nm^{-1}.这意味着电极间距离变化 0.1 nm 将导致隧穿电流密度大小一个数量级的改变.隧穿电流对电极间距离的极端灵敏是 STM 工作的基础.

在 STM 装置中样品是一个电极,另一个电极是 STM 针尖状的探针(图 2.24).如果样品表面由同一种原子组成,由于隧穿电流与间距成指数关系,当针尖在样品表面做恒高度模式的平面扫描时,即使表面仅有原子尺度的起伏,电流却会有成十倍的变化,由此可得到样品表面的 STM 图像.这种模式可有较快的扫描速度,但当样品表面起伏较大时,由于针尖与样品的距离为纳米数量级,容易与表面撞击造成损坏.STM 工作的另一种方式是恒电流模式.在扫描中,针尖随表面起伏

上下移动，保持隧穿电流不变。控制间距的压电陶瓷上的电压 V_z 变化反映出表面的起伏。目前 STM 多采用这种工作模式。图2.25 给出这两种模式的示意。

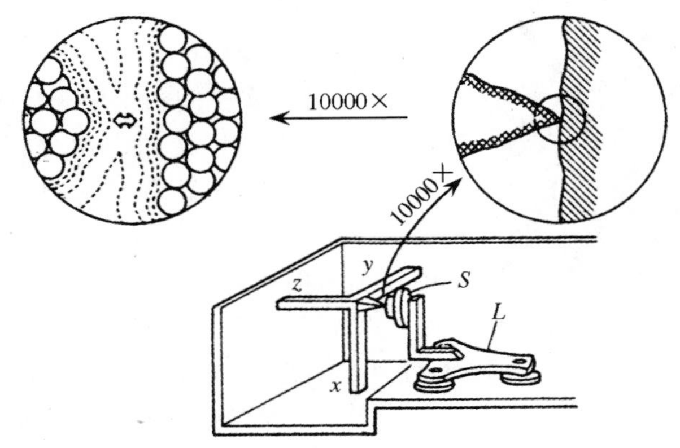

图 2.24 STM 装置示意。S 为样品，探针在 x,y,z 方向的位置用压电陶瓷控制。探针和样品间的细部在插图中放大显示

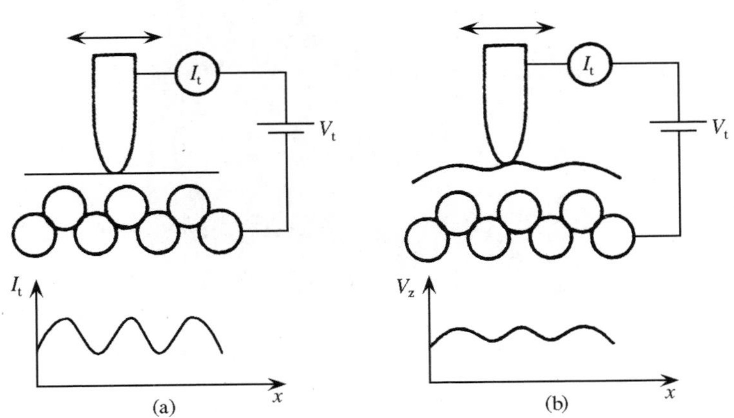

图 2.25 STM 工作的(a) 恒高度模式和 (b) 恒电流模式示意。I_t 为隧穿电流，V_z 为控制探针高度加在压电陶瓷上的电压

图 2.26 给出 Si(313)表面在恒电流模式下得到的 STM 图像。可以看到硅原子(图中亮点)周期性的排列，以及局部缺陷的存在。注意，这一排列与体内不同。对于表面上的原子，这种重构现象是常见的。

STM 还有一种扫描隧穿谱仪(Scanning Tunneling Spectroscope，简称 STS)的工作方式。事实上，针尖和样品间的隧穿电流大小还和两者的电子能态密度有关。对于电子从针尖隧穿到样品的情形，针尖材料在费米能处的态密度决定着参与隧穿的电子数，而样品表面针尖所在处相应能量的态密度决定着可容纳到达电子的空态的多少。如针尖的态密度已知，或至少保持常数，对于正常金属这是很好的

图 2.26 Si(313)12×1 表面 STM 图像
尺寸，15.4 nm×15.4 nm
（照片由北京大学物理系盖峥提供）

假定，则从所得到的隧穿电流随偏置电压变化的 I-V 曲线，可以得到样品表面针尖所在处局域态密度在 eV 范围内随能量变化的信息．这种能量分辨的测量通常称为谱测量．

STM 可在实空间获得原子尺度分辨的表面信息，在多方面得到广泛的应用．同时，与此相关，发展了多种扫描探针显微术，如原子力显微术（Atomic Force Microscopy，AFM），图 2.27 给出本书中将多次提到的石墨中原子层的 AFM 图像，可清晰地看到碳原子（图中亮斑）呈六角蜂房格子排列，此外还有磁力显微术（Magnetic Force Microscopy，MFM）等．这些方法均用探针来研究表面，但利用了不同的相互作用性质．

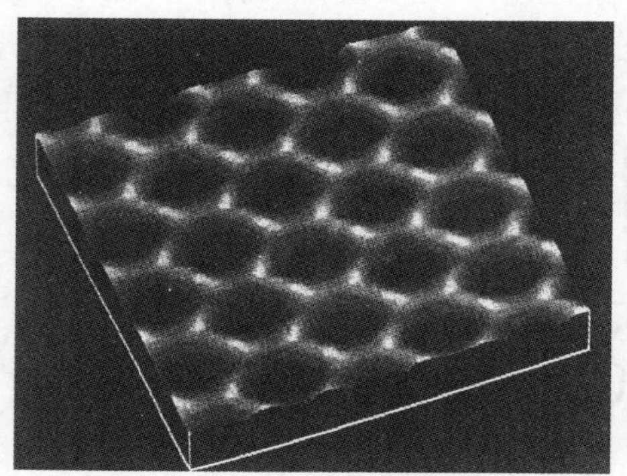

图 2.27 选用特殊的针尖，AFM 可以显示石墨中碳原子的排列
（引自 Phys，Today，43(1990)，Oct. 26）

2.6 准　　晶

1984 年 D. Shechtman 等[①]用制作非晶态合金常用的熔态旋凝法（melting-spinning method），将熔融状态的合金倒到快速旋转的金属轮子上，使之急冷，制作了 Al-Mn 合金，在其电子衍射的劳厄像中却观察到布拉格反射的存在及 5 重对称的斑图．图 2.28 给出与之类似的，在高品质 Al-Pd-Mn 合金中观察到的 X 射线衍射劳厄斑图．这些结果动摇了之前对晶态物质的理解，因为明锐衍射斑的出现说明

① D. Shechtman et al., Phys. Rev. Lett. 53 (1984), 1591.

体系具有长程序，但按 2.2.1 小节的讲述，平移对称性和 5 重轴的存在却是不相容的. 进一步的研究肯定了 Shechtman 等发现的这类材料是一种新的固体结构类型，命名为准晶(quasicrystal). 1992 年国际晶体联合会属下新成立的非周期晶体委员会(Commission on Aperiodic Crystals)更颁布了对晶体的新定义：晶体为呈分立衍射斑图的任何固体. 定义排除了原子排列存在平移对称的必要性，"准晶"的命名得到肯定，准晶是具有长程准周期序的固态有序相. 下面通过一些实例对此加以说明.

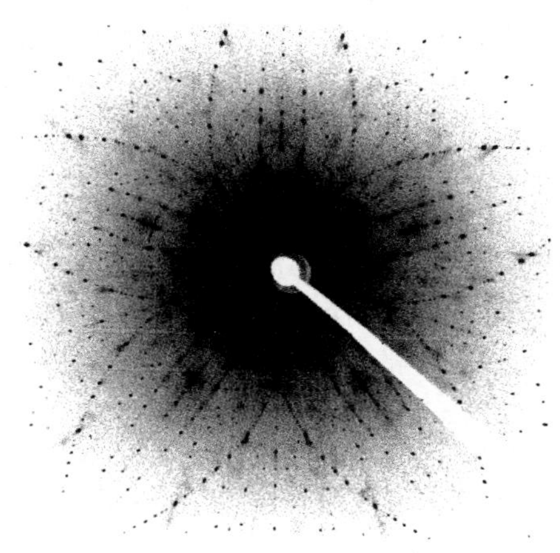

图 2.28　高品质二十面体准晶 AlPdMn 的 X 射线衍射劳厄斑图
(引自 Encyclopedia of Condensed Matter Physics，F. Bassani et al.，eds.，Oxford：Elsevier Academic Press，2005)

Fibonacci 序列是最著名的一维准晶模型. 可从长短两个线段出发构造，分别用 L，S 标记，满足

$$\frac{L}{S}=\tau=1+\frac{1}{\tau}=1.618\cdots \tag{2.6.1}$$

的要求，其中 τ 为黄金分割无理数. 序列产生的迭代规律为 $L\to LS$，$S\to L$，如从 L 出发，序列按如下方式生长

$$\begin{aligned}L\to LS\to LSL\to LSLLS\to LSLLSLSL\\ \to LSLLSLSLLS\to\cdots,\end{aligned}$$

依此可得到越来越长的序列. 在线段结点上放置相同的原子(基元)(图 2.29)，则得到相应的一维原子链. 链中原子或格点与原点的间距可写为

$$R_n=\sum_n\left\{n+(\tau-1)\mathrm{int}\left[\frac{n+1}{\tau}\right]\right\}, \tag{2.6.2}$$

int 表示方括弧内只取整数部分，$n=0,1,2,3,4,5,6$ 时，$\mathrm{int}\left[\frac{n+1}{\tau}\right]=0,1,1,2,3,$

3,4.

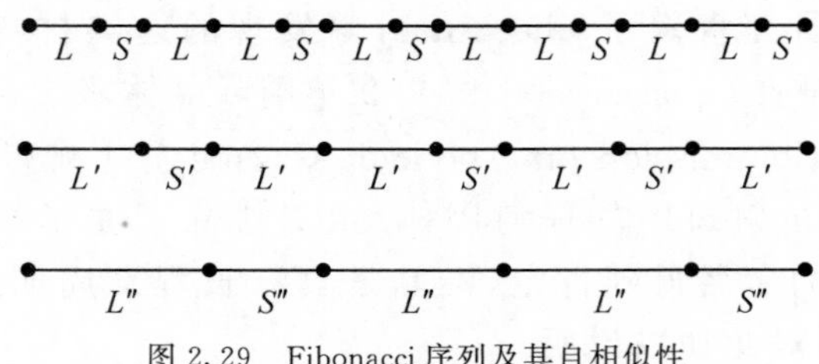

图 2.29 Fibonacci 序列及其自相似性

(2.6.2)式为两项相加的求和,第一项相应序列的周期为 1,第二项的周期为 $(\tau-1)$,这是 $\mathrm{int}\left[\frac{n+1}{\tau}\right]$ 增加 1 时的改变量,(2.6.2)式因而是两个非公度周期函数的叠加,数学上称为准周期函数,准晶的"准"字由此得名,为具有准周期平移序列的晶体.

准周期序的另一特点是在尺度放大或缩小时表现出自相似性(self-similarity).如图 2.29 所示,将 L 加大为初始的 L,S 之和,即 $L'=L+S$,S 加大为初始的 L,即 $S'=L$,仍有 $L'/S'=\tau$,一维链依然为 Fibonassi 序列.

准晶可具有非晶体学旋转对称性的长程取向序,如有 5 重轴存在,通过二维 Penrose 拼图模型可得到理解.用一种拼块显然不行,Penrose 拼图由锐内角分别为 $2\pi/5(72°)$ 和 $2\pi/10(36°)$ 的胖瘦两种菱形拼块构成(图 2.30a),拼图可按照一维 Fibonacci 序列的方式,从胖的或瘦的菱形开始,按图 2.30b 的迭代规则,即一个胖块用 3 个胖块和 2 个瘦块替代,而一个瘦块用 2 个胖块和 2 个瘦块替代,得到的拼图如图 2.30c 所示.尽管拼图是非周期性的,但每个有限大的区块在拼图的不同处会有无穷多次重复,也可直观地看到 5 重对称的图形普遍的存在,以及图形的自相似性.值得注意的还有,Penrose 拼块特征长度的不可公度性,设拼块的边长为 1,胖块长对角线的长度为 τ,瘦块短对角线的长度为 $1/\tau$.

实验上发现的二维准晶均为金属合金,结构上主要是二十面体准晶.金属倾向于形成密堆积结构(参见 7.4.3 小节),在晶态情形,如 2.3.4 小节所述,每个原子有 12 个最近邻,取面心立方密堆积,或六角密堆积结构.实际上,假如我们将 12 个刚球放到 1 个刚球的周围,最对称的方式是图 10.20 给出的 Mackay 二十面体的形式.由于有 6 个 5 重旋转的对称轴,并不能将其作为原胞平移,均匀地填满整个空间.准晶相可以理解为材料实现二十面体对称性的另一种原子的排列方式.

早期对准晶的定义,除长程准周期平移序外,还附加了具非晶体学旋转对称性的长程取向序的要求.随着 1990 年代立方准晶及六角准晶相继的发现,排斥晶体学对称性的限制已显得过于严苛.

对准晶的定义和理解,值得提及的是从对高维空间晶体切割的角度得到的认识.这种高维描述也是准晶结构分析最好的方法.

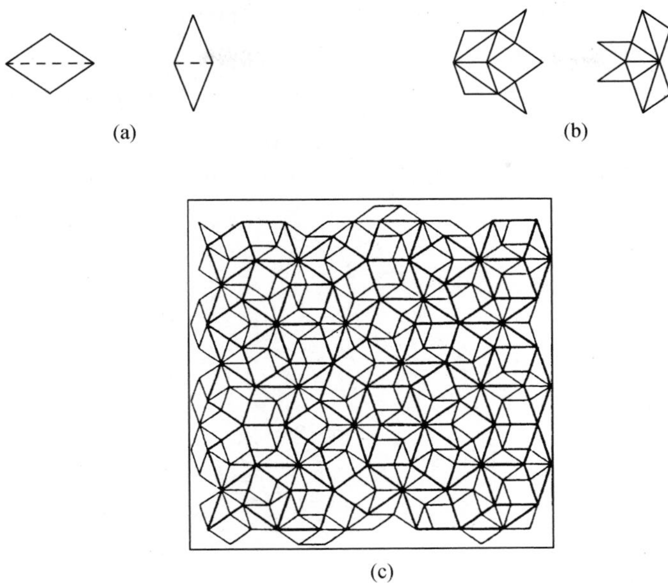

图 2.30　(a) 二维 Penrose 拼图的胖菱形和瘦菱形;(b) 迭代规则;(c) 产生的拼图局部

仍以 Fibonacci 链为例,相应的高维空间晶体为二维正方格子.将其分解成两个子空间:物理空间,亦称为平行空间($E_{/\!/}$),和垂直空间($E_{\perp}$,图 2.31).物理空间相对于正方格子的斜率为无理数,$\tan\alpha=1/\tau$.每个格点上缀饰一条与 $E_{\perp}$ 平行的线段,长度为方格子原胞在 $E_{\perp}$ 的投影,在 $E_{/\!/}$ 和这些缀饰线段的每个相交处放置一个原子,从图可见,得到的是 Fibonacci 链.类似地,二维平面上的准周期结构对应于四维超立方格子,三维二十面体准晶则可用六维超立方点阵描述.

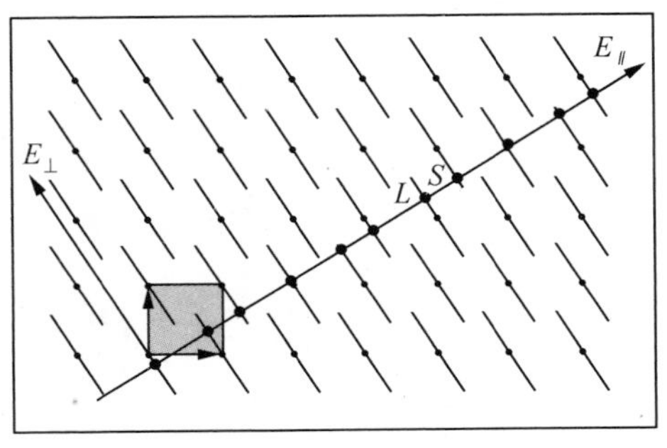

图 2.31　一维 Fibonacci 链的二维描述示意

这种对准晶的高维描述，由于基础是具有平移对称性的周期点阵，无论是从已知准晶结构出发计算其衍射斑图，或反过来从衍射斑图推断其结构，均可借助晶体学中成熟的方法处理. 其次，也提供了一个定义准晶的新的角度：凡是由具无理数斜率的 d 维物理空间切割高维空间晶体点阵得到的，呈准周期性序的材料均为准晶，这一定义不排斥立方准晶及六角准晶的存在.

对准晶进一步的了解，可参阅周公度、郭可信[①]和王仁卉等[②]的著作.

① 周公度，郭可信. 晶体和准晶的衍射. 北京：北京大学出版社，1999.

② 王仁卉，胡承正，桂嘉年. 准晶物理学. 北京：科学出版社，2004.

第三章　能　带　论

本章讨论在周期结构中，即离子实排列成晶体格子时价电子的状态，相应的能量本征值和波函数. 假定在体积 $V=L^3$ 中有 N 个带正电荷 Ze 的离子实，相应地有 NZ 个价电子，简称为电子. 如电子和离子实的位置矢量分别用 $\boldsymbol{r}_i$ 和 $\boldsymbol{R}_n$ 来表示，由于静电库仑力是固体中粒子间基本的相互作用形式，体系的哈密顿量为

$$
\begin{aligned}
\hat{H} = & -\sum_{i=1}^{NZ} \frac{\hbar^2}{2m}\nabla_i^2 + \frac{1}{2}\sum_{i,j}{}' \frac{1}{4\pi\epsilon_0}\frac{e^2}{|\boldsymbol{r}_i-\boldsymbol{r}_j|} - \sum_{n=1}^{N}\frac{\hbar^2}{2M}\nabla_n^2 \\
& + \frac{1}{2}\sum_{n,m}{}' \frac{1}{4\pi\epsilon_0}\frac{(Ze)^2}{|\boldsymbol{R}_n-\boldsymbol{R}_m|} - \sum_{i=1}^{NZ}\sum_{n=1}^{N}\frac{1}{4\pi\epsilon_0}\frac{Ze^2}{|\boldsymbol{r}_i-\boldsymbol{R}_n|} \\
= & \hat{T}_{\rm e} + V_{\rm ee}(\boldsymbol{r}_i,\boldsymbol{r}_j) + \hat{T}_n + V_{nm}(\boldsymbol{R}_n,\boldsymbol{R}_m) + V_{\rm en}(\boldsymbol{r}_i,\boldsymbol{R}_n).
\end{aligned} \tag{3.0.1}
$$

哈密顿量中第 1,2 项分别是 NZ 个电子的动能 $\hat{T}_{\rm e}$ 和库仑相互作用能 $V_{\rm ee}(\boldsymbol{r}_i,\boldsymbol{r}_j)$. 第 3,4 项是 N 个离子实的动能 $\hat{T}_n$ 和库仑相互作用能 $V_{nm}(\boldsymbol{R}_n,\boldsymbol{R}_m)$. 最后一项是电子和离子实之间的库仑相互作用能 $V_{\rm en}(\boldsymbol{r}_i,\boldsymbol{R}_n)$. 这里略去了涉及自旋及粒子磁矩的相互作用项. $\sum\limits_{i,j}{}'$表示求和时 $i\neq j$. 描写体系运动的薛定谔方程为

$$
\hat{H}\Psi(\boldsymbol{r},\boldsymbol{R}) = \mathscr{E}\Psi(\boldsymbol{r},\boldsymbol{R}), \tag{3.0.2}
$$

其中 $\boldsymbol{r}$ 代表 $\boldsymbol{r}_1,\boldsymbol{r}_2,\cdots,\boldsymbol{r}_{NZ}$，$\boldsymbol{R}$ 代表 $\boldsymbol{R}_1,\boldsymbol{R}_2,\cdots,\boldsymbol{R}_N$. 这是一个 N 的数量级为 $10^{23}/\mathrm{cm}^3$ 的 $NZ+N$ 体问题，无法直接求解. 需要做一些假设和近似. 主要有三点：

首先，采用 M. Born 和 J. R. Oppenheimer 在讨论分子中电子状态时引入的绝热近似，或称为 Born-Oppenheimer 近似. 基于电子和离子实在质量上的巨大差别，假定在离子实运动的每一瞬间，电子的运动都快到足以调整其状态到离子实瞬时分布情况下的本征态. 这样，当我们只关注电子体系的运动时，可以认为离子实固定在其瞬时位置上. 电子体系的哈密顿量为

$$
\hat{H}_{\rm e} = \hat{T}_{\rm e} + V_{\rm ee}(\boldsymbol{r}_i,\boldsymbol{r}_j) + V_{\rm en}(\boldsymbol{r}_i,\boldsymbol{R}_n), \tag{3.0.3}
$$

离子实的瞬时位置 $\boldsymbol{R}_n$ 是其中的一个参量.

一般温度下，离子实总是围绕其平衡位置作小的振动，称为晶格振动. 零级近似下，所有的 $\boldsymbol{R}_n$ 用相应的平衡位置 $\boldsymbol{R}_n^0$ 代替，即忽略晶格振动的影响，只讨论离子实固定在平衡位置情形下电子体系的问题. 为简单起见，在本章后面的书写中，略去上标“0”，将 $\boldsymbol{R}_n$ 理解为 $\boldsymbol{R}_n^0$. 晶格振动及其影响将在第五，六章中讨论.

其次，如第一章末所述，采用单电子近似. 具体的做法是用平均场来替代(3.0.3)式中的 $V_{\rm ee}$ 项，这一项使电子运动彼此关联，难于处理. 这样，

$$V_{\mathrm{ee}}(\boldsymbol{r}_i,\boldsymbol{r}_j)=\frac{1}{2}\sum_{i=1}^{NZ}\sum_{j\neq i}\frac{1}{4\pi\epsilon_0}\frac{e^2}{|\boldsymbol{r}_i-\boldsymbol{r}_j|}=\sum_{i=1}^{NZ}v_{\mathrm{e}}(\boldsymbol{r}_i). \tag{3.0.4}$$

电子体系的哈密顿量(3.0.3)可写成

$$\hat{H}_{\mathrm{e}}=\sum_{i=1}^{N}\left[-\frac{\hbar^2}{2m}\nabla_i^2+v_{\mathrm{e}}(\boldsymbol{r}_i)-\sum_{\boldsymbol{R}_n}\frac{1}{4\pi\epsilon_0}\frac{e^2}{|\boldsymbol{r}_i-\boldsymbol{R}_n|}\right], \tag{3.0.5}$$

这里为简单,将 NZ 个电子写成了 N 个电子. 相应地,在电子和离子实的相互作用能中取 $Z=1$. (3.0.5)式中,总的 $\hat{H}_{\mathrm{e}}$ 是 N 个单电子哈密顿量之和,N 体问题简化成单体问题. 在很多情况下,这是一个很好的近似. 同时,将单电子近似的结果与实验比较,可揭示所忽略的多体效应的相对大小及是否重要. 单电子哈密顿量的含意,在 3.4 节中有简略的讲述. 在 12.1 节中,还将对单电子近似的物理基础作进一步的讨论.

第三个近似是周期场近似(periodic potential approximation). 即不管(3.0.5)式中单电子势

$$V(\boldsymbol{r})=v_{\mathrm{e}}(\boldsymbol{r})-\sum_{\boldsymbol{R}_n}\frac{1}{4\pi\epsilon_0}\frac{e^2}{|\boldsymbol{r}-\boldsymbol{R}_n|} \tag{3.0.6}$$

的具体形式如何,假定它具有和晶格同样的平移对称性,即对所有属于 BLV 的 $\boldsymbol{R}_n$,

$$V(\boldsymbol{r}+\boldsymbol{R}_n)=V(\boldsymbol{r}) \tag{3.0.7}$$

成立. 这是晶体中单电子势最本质的特点,它使单电子薛定谔方程

$$\left[-\frac{\hbar^2}{2m}\nabla^2+V(\boldsymbol{r})\right]\psi=\varepsilon\psi \tag{3.0.8}$$

的本征函数取布洛赫波函数(Bloch wave function)的形式(3.1 节),并使单电子能谱呈能带结构(energy band structure). 在本章 3.2 节和 3.3 节中,还将进一步从弱周期场和紧束缚两个极限情形出发,了解晶体中电子能带结构的起源.

从理论上得到材料的能带结构,以及相关的费米面、能态密度和电子云的分布,或笼统地简称为材料的能带结构或电子结构,需要大量的数值计算. 这方面的进步既依赖于理论方法上的发展,也很强地依赖于计算机技术的革新. 在理论方面,最重要的无疑是密度泛函理论和以此为基础的局域密度近似方法,其原理将在 12.1.3 小节中讲述,在本章 3.4 节中略有提及. 得益于计算机技术的长足进步,从材料的原子构成出发,不借助任何经验的和实验的导出量,对材料能带结构的从头计算(*ab initio* calculation)或第一性原理方法(first-principle method),已从已往的多用于解释实验结果发展到有可能可靠地预言材料的许多性质,并在某些情形下导致实验方面的重要发现的状况. 能带结构的计算同时也成为一个专门的领域. 读者一般可不必过分关心计算的细节,而应多着眼于读懂计算所提供的信息,了解他们的表达方法. 这些内容将在 3.4,3.5 节中讲述.

3.1 布洛赫定理及能带

在对单电子势 $V(\boldsymbol{r})\neq 0$ 情形作具体讨论之前，本节特别强调单电子势具有晶体的平移对称性时所导致的重要结果——使单电子波函数具有布洛赫波的形式.

3.1.1 布洛赫定理及证明

定理 对于周期性势场，即

$$V(\boldsymbol{r}+\boldsymbol{R}_n)=V(\boldsymbol{r}), \tag{3.1.1}$$

其中 $\boldsymbol{R}_n$ 取布拉维格子的所有格矢，单电子薛定谔方程

$$\hat{H}\psi(\boldsymbol{r})=\left[-\frac{\hbar^2}{2m}\nabla^2+V(\boldsymbol{r})\right]\psi(\boldsymbol{r})=\varepsilon\psi(\boldsymbol{r}) \tag{3.1.2}$$

的本征函数是按布拉维格子周期性调幅的平面波，即

$$\psi_{\boldsymbol{k}}(\boldsymbol{r})=\mathrm{e}^{\mathrm{i}\boldsymbol{k}\cdot\boldsymbol{r}}u_{\boldsymbol{k}}(\boldsymbol{r}), \tag{3.1.3}$$

且

$$u_{\boldsymbol{k}}(\boldsymbol{r}+\boldsymbol{R}_n)=u_{\boldsymbol{k}}(\boldsymbol{r}) \tag{3.1.4}$$

对 $\boldsymbol{R}_n$ 取布拉维格子的所有格矢成立.

从(3.1.3),(3.1.4)式易于看出，布洛赫定理亦可表述为对上述薛定谔方程(3.1.2)的每一本征解，存在一波矢 $\boldsymbol{k}$，使得

$$\psi(\boldsymbol{r}+\boldsymbol{R}_n)=\mathrm{e}^{\mathrm{i}\boldsymbol{k}\cdot\boldsymbol{R}_n}\psi(\boldsymbol{r}) \tag{3.1.5}$$

对属于布拉维格子的所有格矢 $\boldsymbol{R}_n$ 成立.

遵从周期势单电子薛定谔方程的电子，或用布洛赫波函数描述的电子通常称为布洛赫电子(Bloch electron).

定理的证明如下：

引入平移算符 $\hat{T}_{\boldsymbol{R}_n}$，$\boldsymbol{R}_n$ 是布拉维格子的任一格矢，其定义是 $\hat{T}_{\boldsymbol{R}_n}$ 作用在任意函数 $f(\boldsymbol{r})$上，使矢量 $\boldsymbol{r}$ 平移 $\boldsymbol{R}_n$，即

$$\hat{T}_{\boldsymbol{R}_n}f(\boldsymbol{r})=f(\boldsymbol{r}+\boldsymbol{R}_n). \tag{3.1.6}$$

由于微分算符与坐标原点的平移无关，以及势场的周期性，(3.1.2)式中哈密顿量具有平移对称性 $\hat{H}(\boldsymbol{r}+\boldsymbol{R}_n)=\hat{H}(\boldsymbol{r})$，与 $\hat{T}_{\boldsymbol{R}_n}$ 对易，即

$$\hat{T}_{\boldsymbol{R}_n}\hat{H}=\hat{H}\hat{T}_{\boldsymbol{R}_n}, \tag{3.1.7}$$

意思是作用在任一函数 $\psi(\boldsymbol{r})$上，有相同的结果，

$$\begin{aligned}\hat{T}_{\boldsymbol{R}_n}\hat{H}\psi(\boldsymbol{r})&=\hat{H}(\boldsymbol{r}+\boldsymbol{R}_n)\psi(\boldsymbol{r}+\boldsymbol{R}_n)\\&=\hat{H}(\boldsymbol{r})\psi(\boldsymbol{r}+\boldsymbol{R}_n)=\hat{H}\hat{T}_{\boldsymbol{R}_n}\psi(\boldsymbol{r}).\end{aligned} \tag{3.1.8}$$

按照量子力学的一般原理，两对易算符有共同的本征函数. 因而，对 $\hat{H}$ 本征函

数的讨论,可代之以对 $\hat{T}_{\boldsymbol{R}_n}$ 本征函数的讨论.

如 $\psi(\boldsymbol{r})$是 $\hat{T}_{\boldsymbol{R}_n}$ 和 $\hat{H}$ 的共同本征函数,有

$$\hat{T}_{\boldsymbol{R}_n}\psi(\boldsymbol{r}) = \lambda_{\boldsymbol{R}_n}\psi(\boldsymbol{r}), \tag{3.1.9}$$

$\lambda_{\boldsymbol{R}_n}$ 是相应的本征值. 根据平移算符的定义(3.1.6),

$$\psi(\boldsymbol{r}+\boldsymbol{R}_n) = \lambda_{\boldsymbol{R}_n}\psi(\boldsymbol{r}). \tag{3.1.10}$$

波函数的归一性,

$$\int |\psi(\boldsymbol{r})|^2 \mathrm{d}\boldsymbol{r} = \int |\psi(\boldsymbol{r}+\boldsymbol{R}_n)|^2 \mathrm{d}\boldsymbol{r} = 1$$

要求

$$|\lambda_{\boldsymbol{R}_n}|^2 = 1. \tag{3.1.11}$$

$\lambda_{\boldsymbol{R}_n}$ 可写成

$$\lambda_{\boldsymbol{R}_n} = \mathrm{e}^{\mathrm{i}\beta_{\boldsymbol{R}_n}} \tag{3.1.12}$$

的形式,即 $\psi(\boldsymbol{r}+\boldsymbol{R}_n)$和 $\psi(\boldsymbol{r})$仅相差一相位因子.

另外,平移算符的本征值间有一定的关系. 如

$$\hat{T}_{\boldsymbol{R}_n}\hat{T}_{\boldsymbol{R}_m}\psi = \hat{T}_{\boldsymbol{R}_n}\lambda_{\boldsymbol{R}_m}\psi = \lambda_{\boldsymbol{R}_m}\lambda_{\boldsymbol{R}_n}\psi. \tag{3.1.13}$$

这样的两次相继的平移,相当于一次平移 $\boldsymbol{R}_n+\boldsymbol{R}_m$,即

$$\hat{T}_{\boldsymbol{R}_n}\hat{T}_{\boldsymbol{R}_m}\psi = \hat{T}_{\boldsymbol{R}_n+\boldsymbol{R}_m}\psi = \lambda_{\boldsymbol{R}_n+\boldsymbol{R}_m}\psi, \tag{3.1.14}$$

因而平移算符的本征值必须满足关系

$$\lambda_{\boldsymbol{R}_n+\boldsymbol{R}_m} = \lambda_{\boldsymbol{R}_m}\lambda_{\boldsymbol{R}_n}. \tag{3.1.15}$$

将(3.1.12)代入上式,两边取对数,得

$$\beta_{\boldsymbol{R}_n+\boldsymbol{R}_m} = \beta_{\boldsymbol{R}_n} + \beta_{\boldsymbol{R}_m}, \tag{3.1.16}$$

上式仅当 β 与 $\boldsymbol{R}_n$ 之间呈线性关系才能得到满足. 取 $\beta_{\boldsymbol{R}_n}=\boldsymbol{k}\cdot\boldsymbol{R}_n$,则

$$\lambda_{\boldsymbol{R}_n} = \mathrm{e}^{\mathrm{i}\boldsymbol{k}\cdot\boldsymbol{R}_n}. \tag{3.1.17}$$

这样,由于 $\hat{H}$ 具有平移对称性,对任意布拉维格子的格矢 $\boldsymbol{R}_n$,这里证明了其本征函数满足

$$\hat{T}_{\boldsymbol{R}_n}\psi(\boldsymbol{r}) = \psi(\boldsymbol{r}+\boldsymbol{R}_n) = \lambda_{\boldsymbol{R}_n}\psi(\boldsymbol{r}) = \mathrm{e}^{\mathrm{i}\boldsymbol{k}\cdot\boldsymbol{R}_n}\psi(\boldsymbol{r}), \tag{3.1.18}$$

这正是写成(3.1.5)形式的布洛赫定理.

3.1.2 波矢 $\boldsymbol{k}$ 的取值与物理意义

波矢 $\boldsymbol{k}$ 的取值由边条件定. 与 1.1 节相同,取周期性边条件,但不仅限于边长为 L 的立方体. (1.1.14)的周期性边条件推广为

$$\begin{aligned}
\psi(\boldsymbol{r}+N_1\boldsymbol{a}_1) &= \psi(\boldsymbol{r}),\\
\psi(\boldsymbol{r}+N_2\boldsymbol{a}_2) &= \psi(\boldsymbol{r}),\\
\psi(\boldsymbol{r}+N_3\boldsymbol{a}_3) &= \psi(\boldsymbol{r}),
\end{aligned} \tag{3.1.19}$$

其中 $\boldsymbol{a}_i(i=1,2,3)$是布拉维格子的三个基矢. $N=N_1N_2N_3$ 是晶体中的原胞总数，N_i 是数量级为 $N^{1/3}$的整数.

在1.1节中,我们强调周期性边条件是对有限大的晶体,为得到体性质所采取的数学处理上最简便的边条件.这里要附加说明的是,周期性边条件去掉了表面对平移对称性的破坏,使有限大的晶体具有了完全的平移对称性.

将布洛赫定理(3.1.5)用于(3.1.19)式,得

$$\psi(\boldsymbol{r}+N_i\boldsymbol{a}_i)=\mathrm{e}^{\mathrm{i}N_i\boldsymbol{k}\cdot\boldsymbol{a}_i}\psi(\boldsymbol{r}),\quad i=1,2,3, \tag{3.1.20}$$

这要求

$$\mathrm{e}^{\mathrm{i}N_i\boldsymbol{k}\cdot\boldsymbol{a}_i}=1,\quad i=1,2,3, \tag{3.1.21}$$

或等价地

$$N_i\boldsymbol{k}\cdot\boldsymbol{a}_i=2\pi l_i,\quad l_i\text{ 为整数},\quad i=1,2,3. \tag{3.1.22}$$

将波矢 $\boldsymbol{k}$ 用相应倒格子的基矢 $\boldsymbol{b}_i(i=1,2,3)$表示,即

$$\boldsymbol{k}=k_1\boldsymbol{b}_1+k_2\boldsymbol{b}_2+k_3\boldsymbol{b}_3. \tag{3.1.23}$$

代入(3.1.22)式,并利用正格子、倒格子基矢间的正交关系(2.4.15)式 $\boldsymbol{a}_i\cdot\boldsymbol{b}_j=2\pi\delta_{ij}$,得

$$\boldsymbol{k}=\frac{l_1}{N_1}\boldsymbol{b}_1+\frac{l_2}{N_2}\boldsymbol{b}_2+\frac{l_3}{N_3}\boldsymbol{b}_3, \tag{3.1.24}$$

即许可的布洛赫波矢 $\boldsymbol{k}$ 可看成是在倒格子空间中,以 $\boldsymbol{b}_i/N_i(i=1,2,3)$为基矢的布拉维格子的格矢.

每个许可的 $\boldsymbol{k}$ 值由上述布拉维格子的格点表示.在 k 空间中所占体积

$$\Delta\boldsymbol{k}=\frac{\boldsymbol{b}_1}{N_1}\cdot\left(\frac{\boldsymbol{b}_2}{N_2}\times\frac{\boldsymbol{b}_3}{N_3}\right)=\frac{1}{N}\boldsymbol{b}_1\cdot(\boldsymbol{b}_2\times\boldsymbol{b}_3). \tag{3.1.25}$$

由于 $\boldsymbol{b}_1\cdot(\boldsymbol{b}_2\times\boldsymbol{b}_3)$是倒格子原胞的体积,因此,倒格子空间一个原胞中许可的 $\boldsymbol{k}$ 的数目等于实空间中晶体的总原胞数.

倒格子原胞体积为$(2\pi)^3/\Omega$(2.4.19式),Ω 是正格子的原胞体积,$N\Omega=V$,这样,$\boldsymbol{k}$ 空间中许可态的态密度

$$\frac{1}{\Delta\boldsymbol{k}}=\frac{V}{8\pi^3}, \tag{3.1.26}$$

与自由电子情形相同(1.1.17式).同样,在涉及 $\boldsymbol{k}$ 的计算中,求和过渡到积分的规则亦与(1.1.23)式相同.

对于用平面波描述的自由电子(第一章),$\hbar\boldsymbol{k}$ 是电子的动量.但对布洛赫电子,波矢 $\boldsymbol{k}$ 并不比例于电子的动量.动量算符 $\hat{p}=-\mathrm{i}\hbar\nabla$ 作用在布洛赫波(3.1.3)上,

$$-\mathrm{i}\hbar\nabla\psi_{\boldsymbol{k}}=-\mathrm{i}\hbar\nabla(\mathrm{e}^{\mathrm{i}\boldsymbol{k}\cdot\boldsymbol{r}}u_{\boldsymbol{k}}(\boldsymbol{r}))=\hbar\boldsymbol{k}\psi_{\boldsymbol{k}}-\mathrm{i}\hbar\mathrm{e}^{\mathrm{i}\boldsymbol{k}\cdot\boldsymbol{r}}\nabla u_{\boldsymbol{k}}(\boldsymbol{r}), \tag{3.1.27}$$

并不能简单地写成一常数乘以 $\psi_{\boldsymbol{k}}$,$\psi_{\boldsymbol{k}}$并不是动量算符的本征函数.

在第四章讨论布洛赫电子对外电磁场的响应时,可以看到电子好像有动量$\hbar\boldsymbol{k}$,

一般称为电子的晶体动量(crystal momentum). 现在只需认为,波矢 $\boldsymbol{k}$ 是标志电子在具有平移对称性的周期场中不同状态的量子数,在这点上,类似于在具有完全平移对称性的自由空间中,作为不同状态标志的量子数的动量 $\boldsymbol{p}$.

3.1.3　能带及其图示

将布洛赫波形式的解(3.1.3)代入单电子薛定谔方程 (3.1.2),得

$$\hat{H}_{k}u_{k}(\boldsymbol{r}) = \left[\frac{\hbar^{2}}{2m}\left(\frac{1}{\mathrm{i}}\nabla+\boldsymbol{k}\right)^{2}+V(\boldsymbol{r})\right]u_{k}(\boldsymbol{r}) = \varepsilon_{k}u_{k}(\boldsymbol{r}), \qquad (3.1.28)$$

边条件为

$$u_{k}(\boldsymbol{r}+\boldsymbol{R}_{n}) = u_{k}(\boldsymbol{r}). \qquad (3.1.29)$$

周期性边条件(3.1.29)意味着(3.1.28)式实际上是限制在晶体一个原胞的有限区域内的厄米本征值问题. 实空间限域体积的减小,一般导致本征值分立程度的增加,这里对于 $\hat{H}_k$ 中每一参数 $\boldsymbol{k}$,应有无穷个分立的本征值 $\varepsilon_1(\boldsymbol{k}),\varepsilon_2(\boldsymbol{k}),\cdots,\varepsilon_n(\boldsymbol{k}),\cdots$. 布洛赫电子状态的标记,因而除用波矢 $\boldsymbol{k}$ 外,还要附加一量子数 n,相应的能量和波函数应写为 $\varepsilon_n(\boldsymbol{k})$ 和 $\psi_{nk}(\boldsymbol{r})$.

晶体的平移对称性,要求 $\exp(\mathrm{i}\boldsymbol{G}_{\mathrm{h}}\cdot\boldsymbol{R}_n)=1$(2.4.8 式). 这样波矢 $\boldsymbol{k}$ 和相差任意倒格矢 $\boldsymbol{G}_{\mathrm{h}}$ 的 $\boldsymbol{k}'$实际上是等效的,即

$$\boldsymbol{k}' = \boldsymbol{k}+\boldsymbol{G}_{\mathrm{h}}. \qquad (3.1.30)$$

将相应的布洛赫函数 $\psi_{nk}(\boldsymbol{r})$ 和 $\psi_{nk'}(\boldsymbol{r})$ 代入平移算符的本征方程(3.1.9),有相同的本征值 $\exp(\mathrm{i}\boldsymbol{k}\cdot\boldsymbol{R}_n)$,它们描写同一状态,即

$$\psi_{n,\boldsymbol{k}+\boldsymbol{G}_{\mathrm{h}}}(\boldsymbol{r}) = \psi_{nk}(\boldsymbol{r}). \qquad (3.1.31)$$

相应地有

$$\varepsilon_n(\boldsymbol{k}+\boldsymbol{G}_{\mathrm{h}}) = \varepsilon_n(\boldsymbol{k}). \qquad (3.1.32)$$

上式说明,对确定的 n 值,$\varepsilon_n(\boldsymbol{k})$是 $\boldsymbol{k}$ 的周期函数,只能在一定的范围内变化,有能量的上、下界,从而构成一能带(energy band). 不同的 n 代表不同的能带,量子数 n 称为带指标(band index). $\varepsilon_n(\boldsymbol{k})$的总体称为晶体的能带结构(band structure). 在 3.2, 3.3 节中,将对能带的形成做更具体的讨论.

由于 $\boldsymbol{k}$ 和 $\boldsymbol{k}+\boldsymbol{G}_{\mathrm{h}}$ 是等价的,可把 $\boldsymbol{k}$ 的取值限制在第一布里渊区内(2.4.2 小节),在此区内任意两波矢之差均小于一个最短的倒格矢. 将所有的能带 $\varepsilon_n(\boldsymbol{k})$绘于第一布里渊区内的图示方法称为简约布里渊区图式(reduced zone scheme). 第一布里渊区也常称为简约布里渊区. 由于 $\varepsilon_n(\boldsymbol{k})$的周期性,也可允许 $\boldsymbol{k}$ 的取值遍及全 k 空间,有时这样做对问题的处理更方便一些,这种图示方式称为重复布里渊区图式(repeated zone scheme). 当然,也可将不同的能带绘于 k 空间中不同的布里渊区中,这种做法称为扩展布里渊区图式(extended zone scheme). 具体的例子将在下一节中给出.

3.2 弱周期势近似

上节从晶格周期势所具有的平移对称性出发，得到了一些有关电子本征能量和本征波函数的普遍结果. 本节讨论弱周期势（或近自由电子）情形，一方面，可显示对于自由电子气体，引入周期势后带来的变化，对上节一般性的结论有具体的了解；另一方面，对相当多的价电子为 s 电子和 p 电子的金属，这是很好的近似. 在具体的计算上，弱周期势可看做微扰，采用量子力学中标准的微扰论方法处理.

3.2.1 一维情形

讨论一长度 $L=Na$ 的一维晶体，N 为长度为 a 的原胞总数. 单电子哈密顿量

$$\hat{H}=\hat{H}_0+\hat{H}', \tag{3.2.1}$$

其中

$$\hat{H}_0=-\frac{\hbar^2}{2m}\nabla^2, \tag{3.2.2}$$

为自由电子的单电子哈密顿量，相应的本征函数和本征能量为

$$\psi_k^{(0)}(x)=\frac{1}{\sqrt{L}}\mathrm{e}^{\mathrm{i}kx}, \tag{3.2.3}$$

$$\varepsilon_k^{(0)}=\frac{\hbar^2k^2}{2m}. \tag{3.2.4}$$

上标(0)表示这是零级近似解.

(3.2.1)式中 $\hat{H}'$ 为微扰势. 因其周期性，可做傅氏展开

$$\hat{H}'=V(x)=\sum_n{}'V_n\mathrm{e}^{\mathrm{i}2\pi\frac{n}{a}x}. \tag{3.2.5}$$

展开式中仅波矢为倒格矢的项存在，求和号加撇表示不包括 $n=0$ 的项，傅里叶系数 V_n 一般为复数，为简单起见，假定

$$V_n^*=V_n,\quad V_n=V_{-n}, \tag{3.2.6}$$

以保证 $V(x)$ 为实数.

计算到一级修正，波函数可写成

$$\psi_k(x)=\psi_k^{(0)}(x)+\psi_k^{(1)}(x)=\psi_k^{(0)}(x)+\sum_{k'}{}'\frac{H'_{kk'}}{\varepsilon_k^{(0)}-\varepsilon_{k'}^{(0)}}\psi_{k'}^{(0)}(x), \tag{3.2.7}$$

其中，

$$H'_{kk'}=\langle k'\mid V(x)\mid k\rangle=\frac{1}{L}\int_0^L\mathrm{e}^{-\mathrm{i}(k'-k)x}V(x)\mathrm{d}x, \tag{3.2.8}$$

为 $V(x)$ 傅氏展开的系数. 由于 $V(x)$ 的周期性，仅当

$$k'-k=G_n=2\pi\frac{n}{a} \tag{3.2.9}$$

时不为零(2.4 节),此时

$$H'_{kk'}=\langle k'|V(x)|k\rangle=V_n. \tag{3.2.10}$$

(3.2.7)式波函数

$$\begin{aligned}\psi_k(x)&=\frac{1}{\sqrt{L}}e^{ikx}+\sum_n{}'\frac{V_n}{\frac{\hbar^2}{2m}\left[k^2-\left(k+2\pi\frac{n}{a}\right)^2\right]}\frac{1}{\sqrt{L}}e^{i\left(k+2\pi\frac{n}{a}\right)x}\\&=\frac{1}{\sqrt{L}}e^{ikx}\left\{1+\sum_n{}'\frac{V_n}{\frac{\hbar^2}{2m}\left[k^2-\left(k+2\pi\frac{n}{a}\right)^2\right]}e^{i2\pi\frac{n}{a}x}\right\}.\end{aligned} \tag{3.2.11}$$

由于求和号内的指数函数在 x 改变 a 的任意整数倍时都不改变,花括弧内是具有晶格平移对称性的周期函数.这样,考虑了弱周期势的微扰,计算到一级修正,显示了波函数从自由电子的平面波向布洛赫波的过渡.

对能量的一级修正为

$$\varepsilon_k^{(1)}=H'_{kk}=\langle k\mid V(x)\mid k\rangle=\frac{1}{L}\int_0^L V(x)\mathrm{d}x, \tag{3.2.12}$$

这是势场的平均值.在(3.2.5)的展开式中,不包括 $n=0$ 的项,相当于取 $V(x)$ 的平均值为零.弱周期势对本征能量的影响,要计算到二级修正,才可看出.

$$\varepsilon_k=\varepsilon_k^{(0)}+\varepsilon_k^{(2)}=\varepsilon_k^{(0)}+\sum_{k'}{}'\frac{|H'_{kk'}|^2}{\varepsilon_k^{(0)}-\varepsilon_{k'}^{(0)}}. \tag{3.2.13}$$

从(3.2.4),(3.2.9),(3.2.10)式,上式可写为

$$\varepsilon_k=\frac{\hbar^2k^2}{2m}+\sum_n{}'\frac{|V_n|^2}{\frac{\hbar^2}{2m}\left[k^2-\left(k+2\pi\frac{n}{a}\right)^2\right]}. \tag{3.2.14}$$

对于一般的 k 值,$k^2\neq(k+2\pi n/a)^2$,由于周期势很弱,$|V_n|^2$ 很小,ε_k 与 $\varepsilon_k^{(0)}$(自由电子)相差不大,周期势场的效应可忽略.但当

$$k^2=\left(k+2\pi\frac{n}{a}\right)^2, \tag{3.2.15}$$

或

$$\varepsilon_k^{(0)}=\varepsilon_{k'}^{(0)} \tag{3.2.16}$$

时,二级修正发散,$\varepsilon_k^{(2)}$ 趋于无穷.简单的微扰展开(3.2.13)不再能用,需改用简并微扰的方法.

3.2.2 能隙和布拉格反射

当条件(3.2.16)满足时,简并微扰的处理相当于在波函数的展开式(3.2.7)

中，除 $\psi_k^{(0)}(x)$外，仅保留与其简并的 $\psi_{k'}^{(0)}(x)$. 波函数

$$\psi(x) = a\psi_k^{(0)}(x) + b\psi_{k'}^{(0)}(x). \tag{3.2.17}$$

代入哈密顿量为(3.2.1)的薛定谔方程，注意到 $\hat{H}_0$ 的本征函数，本征值为(3.2.3)，(3.2.4)式，将得到的方程分别左乘 $\psi_k^{(0)*}(x)$和 $\psi_{k'}^{(0)*}(x)$并积分，可得 a，b 必须满足的关系式，

$$\begin{cases}(\varepsilon_k^{(0)} - \varepsilon)a + V_n b = 0, \\ V_n a + (\varepsilon_{k'}^{(0)} - \varepsilon)b = 0.\end{cases} \tag{3.2.18}$$

上式推导中用到了条件(3.2.6)，a，b 有解的条件为

$$\begin{vmatrix}\varepsilon_k^{(0)} - \varepsilon & V_n \\ V_n & \varepsilon_{k'}^{0} - \varepsilon\end{vmatrix} = 0. \tag{3.2.19}$$

由此得

$$\varepsilon_{\pm} = \frac{1}{2}\{(\varepsilon_k^{(0)} + \varepsilon_{k'}^{(0)}) \pm [(\varepsilon_k^{(0)} - \varepsilon_{k'}^{(0)})^2 + 4 \mid V_n \mid^2]^{\frac{1}{2}}\}. \tag{3.2.20}$$

当 k 的取值满足条件(3.2.15)或(3.2.16)，即

$$k = -\frac{\pi}{a}n, \quad n \text{ 取整数} \tag{3.2.21}$$

时，

$$\varepsilon_{\pm} = \frac{\hbar^2 k^2}{2m} \pm \mid V_n \mid. \tag{3.2.22}$$

这样，弱周期势使自由电子具有抛物线形式的 $\varepsilon_k^{(0)}$ 在波矢 $k = \frac{1}{2}G_n = \frac{\pi}{a}n$，即布拉格点(一维体系的布拉格平面)处断开，能量的突变为 $2|V_n|$，如图 3.1 所示. 这种断开使准连续的电子能谱出现能隙(energy gap). 在能隙范围内没有许可的电子态，电子能级分裂成一系列的能带. 图中，在布拉格平面附近，$\varepsilon(k)$曲线画成水平的，即 $\partial\varepsilon/\partial k = 0$，其原因在稍后的 3.5.2 小节中讲述.

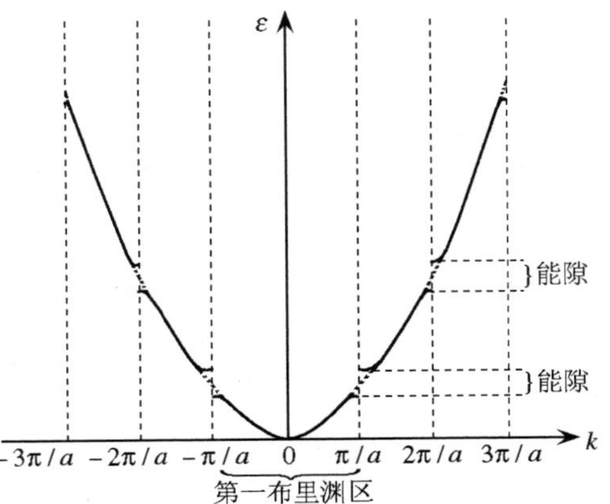

图 3.1 自由电子(虚线)和近自由电子的 $\varepsilon(k)$函数. 在 $k = \frac{\pi}{a}n$，$n = \pm 1, \pm 2, \cdots$处出现能隙

一维情形得到的主要结果，可推广到二维和三维情形. 如果从 k 空间中原点出发，沿某一特定方向，考察 $\varepsilon(\boldsymbol{k})$的变化. 在弱周期场情形，它将像自由电子一样，比例于 k^2，呈抛物线形

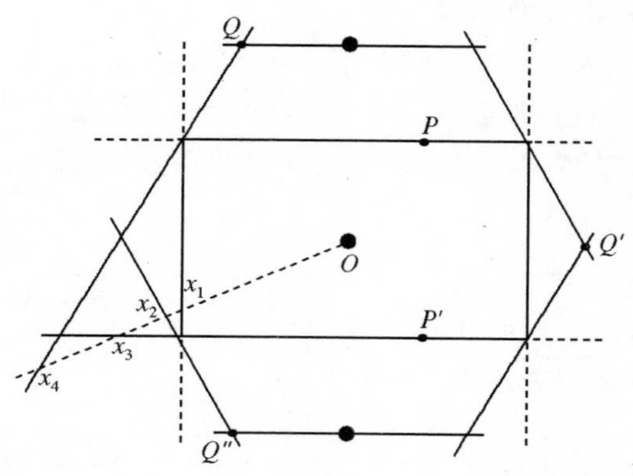

图 3.2 二维长方倒格子的第一布里渊区和一些布拉格线的示意

式变化. 但在跨越第一布里渊区边界和其他布拉格平面时,发生能量的跳变. 例如对二维长方格子,沿某一接近第一布里渊区角的方向(图 3.2), $\varepsilon(\boldsymbol{k})$ 在 x_1, x_2, x_3, x_4 等处发生跃变. 如区边界或布拉格平面是某一倒格矢 $\boldsymbol{G}_{\mathrm{h}}$ 的垂直平分面,则能量跃变的大小约为 $2|V_{\boldsymbol{G}_{\mathrm{h}}}|$ 的数量级. $V_{\boldsymbol{G}_{\mathrm{h}}}$ 是弱周期势傅氏展开中与 $\boldsymbol{G}_{\mathrm{h}}$ 相联系项的系数. 具体的计算仍要用简并微扰论方法,需要考虑波矢相差一倒格矢,在自由电子情形能量简并的态. 如对图 3.2 中的 P 态,需要考虑和 P' 态的混合. 为得到在 Q 点的能量跃变,则需考虑和 Q', Q'' 态的混合,与(3.2.19)式对应的是 3×3 的行列式.

在三维情形,与(3.2.15)式对应的是 $|\boldsymbol{k}|=|\boldsymbol{k}+\boldsymbol{G}_{\mathrm{h}}|$,等价的也可写成

$$|\boldsymbol{k}|=|\boldsymbol{k}-\boldsymbol{G}_{\mathrm{h}}|, \tag{3.2.23}$$

这相当于

$$\boldsymbol{k}\cdot\hat{\boldsymbol{G}}_{\mathrm{h}}=\frac{1}{2}G_{\mathrm{h}}. \tag{3.2.24}$$

与第二章(2.5.9)式相比,这正是发生布拉格反射的劳厄条件. 在(3.2.17)式中涉及的两个波函数分别为 $\frac{1}{\sqrt{L}}\mathrm{e}^{\mathrm{i}\pi nx/a}$ 和 $\frac{1}{\sqrt{L}}\mathrm{e}^{-\mathrm{i}\pi nx/a}$,相当于沿一个方向行进的波受到布拉格反射,然后向相反方向传播. 能隙的形成来源于这两个波的叠加——相加或相减,可构成两个不同的驻波. $n=1$ 时,相当于电子电荷聚集在带正电荷的离子实上或离子实之间,因而具有不同的势能值. 在第二章对 X 射线衍射的讨论中,已经知道布拉格反射是晶体中波传播的特征性质,这里,进一步给出在电子波矢接近出现布拉格反射的区域时,弱周期势有明显作用,导致能隙的出现,因而准连续的 $\varepsilon(\boldsymbol{k})$ 分裂成能带,这是晶体中电子结构重要的基本性质. 金属、半导体的很多特性与此有关.

3.2.3 复式晶格

对于基元中原子数 $p>1$ 的复式晶格(2.3.6 小节),周期势可看成是 p 套子格子相应的周期势之和,即

$$V(\boldsymbol{r}) = \sum_{j=1}^{p} V(\boldsymbol{r} - \boldsymbol{d}_j), \tag{3.2.25}$$

其中 $\boldsymbol{d}_j$ 是基元中第 j 个原子在一个原胞中的位置矢量. 子格子的周期势可展开成傅里叶级数

$$V_j(\boldsymbol{r} - \boldsymbol{d}_j) = \sum_{\boldsymbol{G}_{\mathrm{h}}} V_j(\boldsymbol{G}_{\mathrm{h}}) \mathrm{e}^{\mathrm{i}\boldsymbol{G}_{\mathrm{h}} \cdot (\boldsymbol{r} - \boldsymbol{d}_j)}. \tag{3.2.26}$$

代入(3.2.25)式,得

$$V(\boldsymbol{r}) = \sum_{\boldsymbol{G}_{\mathrm{h}}} V(\boldsymbol{G}_{\mathrm{h}}) \mathrm{e}^{\mathrm{i}\boldsymbol{G}_{\mathrm{h}} \cdot \boldsymbol{r}}, \tag{3.2.27}$$

其中,

$$V(\boldsymbol{G}_{\mathrm{h}}) = \sum_{j} V_j(\boldsymbol{G}_{\mathrm{h}}) \mathrm{e}^{-\mathrm{i}\boldsymbol{G}_{\mathrm{h}} \cdot \boldsymbol{d}_j}. \tag{3.2.28}$$

假如基元由同种原子构成,所有的 $V_j(\boldsymbol{G}_{\mathrm{h}})$ 相同,取为 $V_1(\boldsymbol{G}_{\mathrm{h}})$,则

$$V(\boldsymbol{G}_{\mathrm{h}}) = V_1(\boldsymbol{G}_{\mathrm{h}}) \sum_{j} \mathrm{e}^{-\mathrm{i}\boldsymbol{G}_{\mathrm{h}} \cdot \boldsymbol{d}_j}. \tag{3.2.29}$$

对比于第二章讨论 X 射线衍射时引入的几何结构因子(2.5.17 式),对于同种原子组成的基元,

$$S_{\boldsymbol{G}_{\mathrm{h}}} = f \sum_{j} \mathrm{e}^{-\mathrm{i}\boldsymbol{G}_{\mathrm{h}} \cdot \boldsymbol{d}_j}. \tag{3.2.30}$$

(3.2.29)式可写成

$$V(\boldsymbol{G}_{\mathrm{h}}) = V_1(\boldsymbol{G}_{\mathrm{h}}) S_{\boldsymbol{G}_{\mathrm{h}}} / f. \tag{3.2.31}$$

(3.2.31)式说明,对于复式晶格的某一倒格矢 $\boldsymbol{G}_{\mathrm{h}}$,如结构因子为零,来源于相应布拉格平面的 X 射线衍射峰消失,则周期势相应的傅里叶分量亦为零,在该布拉格平面处,没有周期势微扰产生的能量间断.

3.3 紧束缚近似

本节换一角度,考虑将孤立原子放到布拉维格子的格点上,形成晶格时,单电子态发生的变化. 为处理方便,仅讨论近邻原子的电子波函数相互交叠相当小,即电子紧束缚在原子上的情形,重在强调交叠引起的变化. 本节的目的,除去从另一角度将 3.1 节的一般讨论具体化外,其物理图像及结果较适用于过渡族金属中的 $3d$ 电子,及固体中的其他内层电子.

3.3.1 模型及计算

假定 $\varphi_i(\boldsymbol{r})$ 是孤立原子与本征能量 ε_i 对应的单电子本征态,即

$$\hat{H}_{\mathrm{at}} \varphi_i = \left[-\frac{\hbar^2}{2m} \nabla^2 + V_{\mathrm{at}}(\boldsymbol{r}) \right] \varphi_i = \varepsilon_i \varphi_i, \tag{3.3.1}$$

其中 $V_{at}(\boldsymbol{r})$ 是单原子势场，i 代表原子中的某一量子态. 假定 $\varphi_i(\boldsymbol{r})$ 是归一化的，为简单起见，也是非简并的.

紧束缚近似的出发点是将晶体中的单电子波函数看成是 N 个(晶体中的格点数)简并的原子波函数的线性组合，即

$$\psi(\boldsymbol{r}) = \sum_{\boldsymbol{R}_m} a_m \varphi_i(\boldsymbol{r} - \boldsymbol{R}_m), \tag{3.3.2}$$

且近似地认为

$$\int \varphi_i^*(\boldsymbol{r} - \boldsymbol{R}_n)\varphi_i(\boldsymbol{r} - \boldsymbol{R}_m)\mathrm{d}\boldsymbol{r} = \delta_{nm}, \tag{3.3.3}$$

即同一格点上的 φ_i 归一，不同格点上的 φ_i，因交叠甚小而正交.

(3.3.2)式波函数的取法，相当于在每个格点附近，$\psi(\boldsymbol{r})$ 近似为该处的原子波函数. 此法也称为原子轨道线性组合法(Linear Combination of Atomic Orbitals，简称 LCAO)，即晶体中共有化的轨道由原子轨道 $\varphi_i(\boldsymbol{r}-\boldsymbol{R}_m)$ 的线性组合构成.

$\psi(\boldsymbol{r})$ 应为布洛赫波函数，这要求(3.3.2)式中

$$a_m = \frac{1}{\sqrt{N}} \mathrm{e}^{\mathrm{i}\boldsymbol{k}\cdot\boldsymbol{R}_m}. \tag{3.3.4}$$

这样，(3.3.2)式的 $\psi(\boldsymbol{r})$ 可用波矢 $\boldsymbol{k}$ 标记，即

$$\psi_{\boldsymbol{k}}(\boldsymbol{r}) = \frac{1}{\sqrt{N}} \sum_{\boldsymbol{R}_m} \mathrm{e}^{\mathrm{i}\boldsymbol{k}\cdot\boldsymbol{R}_m} \varphi_i(\boldsymbol{r} - \boldsymbol{R}_m), \tag{3.3.5}$$

且

$$\begin{aligned}
\psi_{\boldsymbol{k}}(\boldsymbol{r} + \boldsymbol{R}_n) &= \frac{1}{\sqrt{N}} \mathrm{e}^{\mathrm{i}\boldsymbol{k}\cdot\boldsymbol{R}_n} \sum_{\boldsymbol{R}_m} \mathrm{e}^{\mathrm{i}\boldsymbol{k}\cdot(\boldsymbol{R}_m - \boldsymbol{R}_n)} \varphi_i(\boldsymbol{r} - (\boldsymbol{R}_m - \boldsymbol{R}_n)) \\
&= \frac{1}{\sqrt{N}} \mathrm{e}^{\mathrm{i}\boldsymbol{k}\cdot\boldsymbol{R}_n} \sum_{\boldsymbol{R}_l} \mathrm{e}^{\mathrm{i}\boldsymbol{k}\cdot\boldsymbol{R}_l} \varphi_i(\boldsymbol{r} - \boldsymbol{R}_l) = \mathrm{e}^{\mathrm{i}\boldsymbol{k}\cdot\boldsymbol{R}_n} \psi_{\boldsymbol{k}}(\boldsymbol{r})
\end{aligned}$$

满足布洛赫定理. 上式中 $\boldsymbol{R}_l = \boldsymbol{R}_m - \boldsymbol{R}_n$.

(3.3.4)式中的 $1/\sqrt{N}$ 是归一化因子，利用(3.3.3)式，易于得到证明.

将波函数(3.3.5)代入晶体中的薛定谔方程(3.1.2)，得

$$\sum_{\boldsymbol{R}_m} \mathrm{e}^{\mathrm{i}\boldsymbol{k}\cdot\boldsymbol{R}_m} \left[-\frac{\hbar^2}{2m}\nabla^2 - \varepsilon(\boldsymbol{k}) + V(\boldsymbol{r}) \right] \varphi_i(\boldsymbol{r} - \boldsymbol{R}_m) = 0. \tag{3.3.6}$$

利用(3.3.1)式，得

$$\sum_{\boldsymbol{R}_m} \mathrm{e}^{\mathrm{i}\boldsymbol{k}\cdot\boldsymbol{R}_m} [\varepsilon_i - \varepsilon(\boldsymbol{k}) + V(\boldsymbol{r}) - V_{at}(\boldsymbol{r} - \boldsymbol{R}_m)] \varphi_i(\boldsymbol{r} - \boldsymbol{R}_m) = 0. \tag{3.3.7}$$

左乘 $\varphi_i^*(\boldsymbol{r})$ 并积分，并利用 φ_i 的正交归一性(3.3.3)，得

$$\varepsilon_i - \varepsilon(\boldsymbol{k}) + \int \Delta V(\boldsymbol{r}, 0) \mid \varphi_i(\boldsymbol{r}) \mid^2 \mathrm{d}\boldsymbol{r}$$

$$+\sum_{\boldsymbol{R}_m\neq 0}\mathrm{e}^{\mathrm{i}\boldsymbol{k}\cdot\boldsymbol{R}_m}\int\varphi_i^*(\boldsymbol{r})\Delta V(\boldsymbol{r},\boldsymbol{R}_m)\varphi_i(\boldsymbol{r}-\boldsymbol{R}_m)\mathrm{d}\boldsymbol{r}=0,\tag{3.3.8}$$

由此可得到 $\varepsilon(\boldsymbol{k})$. 式中

$$\Delta V(\boldsymbol{r},\boldsymbol{R}_m)=V(\boldsymbol{r})-V_{\mathrm{at}}(\boldsymbol{r}-\boldsymbol{R}_m),\tag{3.3.9}$$

是晶格周期势和格点 $\boldsymbol{R}_m$ 处原子势之差. 图 3.3 给出 $\boldsymbol{R}_m=0$ 时 $\Delta V(\boldsymbol{r},0)$ 的示意.

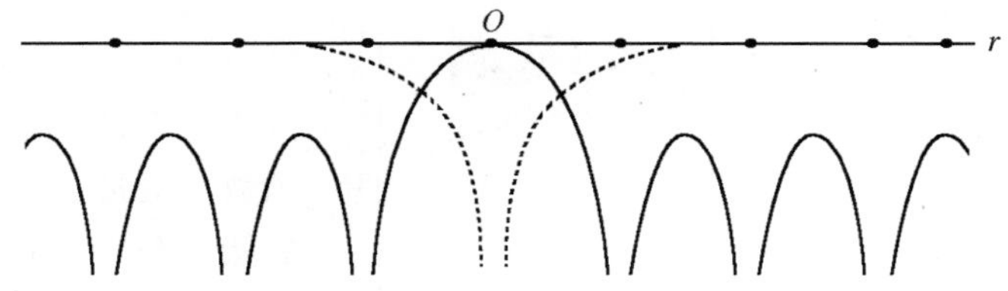

图 3.3 $\Delta V(\boldsymbol{r},0)=V(\boldsymbol{r})-V_{\mathrm{at}}(\boldsymbol{r})$示意,其中虚线为 $V_{\mathrm{at}}(\boldsymbol{r})$

从(3.3.8)式,

$$\varepsilon(\boldsymbol{k})=\varepsilon_i-J(0)-\sum_{\mathrm{n.n.}}J(\boldsymbol{R}_m)\mathrm{e}^{\mathrm{i}\boldsymbol{k}\cdot\boldsymbol{R}_m},\tag{3.3.10}$$

式中 $\sum\limits_{\mathrm{n.n.}}$ 表示求和只涉及最近邻(nearest neighbours) 项,

$$-J(0)=\int\Delta V(\boldsymbol{r},0)\ |\varphi_i(\boldsymbol{r})|^2\mathrm{d}\boldsymbol{r}.\tag{3.3.11}$$

$J(0)$一般大于零且数值不大,这是因为 $\Delta V(\boldsymbol{r},0)$一般为负(图 3.3), 且在 $\boldsymbol{R}_m=0$ 附近, $|\varphi_i(\boldsymbol{r})|^2$ 较大处,$\Delta V(\boldsymbol{r},0)$接近于零. 后面可以看到,这一项相当于能带的中心相对于原子能级 ε_i 有一小的平移.

$$-J(\boldsymbol{R}_m)=\int\varphi_i^*(\boldsymbol{r})\Delta V(\boldsymbol{r},\boldsymbol{R}_m)\varphi_i(\boldsymbol{r}-\boldsymbol{R}_m)\mathrm{d}\boldsymbol{r},\tag{3.3.12}$$

仅当相距为 $\boldsymbol{R}_m$ 的两格点上原子波函数有所交叠时才不为零,因而称为交叠积分或重叠积分. 紧束缚近似下,只考虑最近邻的交叠.

对于简单立方晶格中原子的 s 态,波函数 $\varphi_s(\boldsymbol{r})$是球对称的,对 6 个距离均为 a 的最近邻,交叠积分相同,取为 J_1. 同时,由于 s 态波函数具有偶宇称 $\varphi_s(\boldsymbol{r})=\varphi_s(-\boldsymbol{r})$,因而 $J_1>0$. 将近邻格矢 $(\pm a,0,0)$, $(0,\pm a,0)$,$(0,0,\pm a)$代入(3.3.10)式,得

$$\varepsilon(\boldsymbol{k})=\varepsilon_s-J_0-2J_1(\cos k_xa+\cos k_ya+\cos k_za),\tag{3.3.13}$$

其中 J_0 是 $J(0)$的简写.

从上面的讨论可见,在 N 个原子相距较远时,电子处在孤立的原子能级$\varphi_i(\boldsymbol{r})$上,整个体系的单电子态是 N 重简并的. 当把它们放到一起形成晶格时,由于最近邻原子波函数的交叠,N 重简并解除,单电子能级展宽成能带,包含 N 个由不等价的 $\boldsymbol{k}$ 标记的扩展态. 在简单立方晶格 s 态的例子中,ε_s 扩展成带宽为 $12J_1$ 的能带(3.3.13 式中每个余弦项变化范围为 -1 到 $+1$). 一般地,当晶格具有对称中心

时,(3.3.10)式的求和中,每一对取向相反的最近邻格点的贡献为 $-2J_1\cos(\boldsymbol{k}\cdot\boldsymbol{a})$,$\boldsymbol{a}$ 是连接最近邻格点的矢量.相应的能带宽度为 $2zJ_1$,z 为晶格的配位数(2.1.3 小节).图 3.4 给出这种演化的示意.

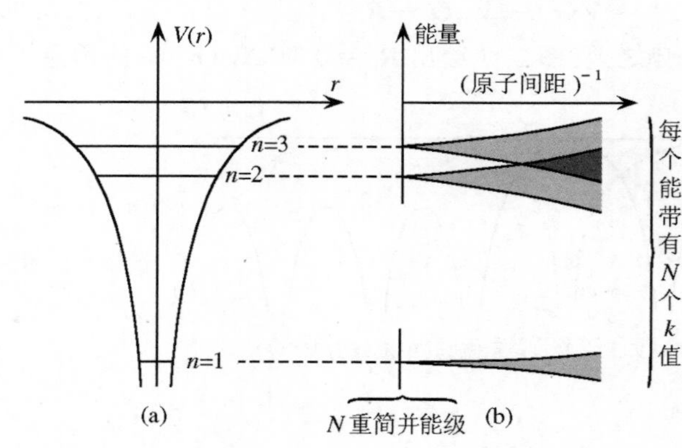

图 3.4 (a) 原子势中非简并电子能级示意;(b) 在晶体中过渡为能带

由于能带从原子能级演化而来,能带常用原子能级的量子数标记,如 3s,3p 或 3d 带等.原子的内层电子,如过渡族元素的 d 电子,其轨道波函数与最近邻交叠甚少,形成的能带较窄,比较确定,这种分类特别合适.外层电子的波函数,相互交叠较多,相应的能带较宽.有时,不同的能带间有所重叠,原子能级与能带之间的对应会变得比较复杂.

在原子能级简并时,如 p 态是三重简并的,d 态是五重简并的,非简并情形的紧束缚波函数(3.3.5)应做推广,计入各简并轨道的线性组合.

$$\psi_k(\boldsymbol{r})=\frac{1}{\sqrt{N}}\sum_{\boldsymbol{R}_m}\sum_l \mathrm{e}^{\mathrm{i}\boldsymbol{k}\cdot\boldsymbol{R}_m}c_l\varphi_{il}(\boldsymbol{r}-\boldsymbol{R}_m),\tag{3.3.14}$$

l 指标不同的 φ_{il},对应于单原子的同一本征能级 ε_i.

3.3.2 万尼尔函数

由于波矢 $\boldsymbol{k}$ 和 $\boldsymbol{k}+\boldsymbol{G}_\mathrm{h}$ 的等价,布洛赫波函数是 k 空间的周期函数(3.1.31 式),可按正格矢展开为傅里叶级数

$$\psi_{nk}(\boldsymbol{r})=\frac{1}{\sqrt{N}}\sum_{\boldsymbol{R}_m}a_n(\boldsymbol{R}_m,\boldsymbol{r})\mathrm{e}^{\mathrm{i}\boldsymbol{k}\cdot\boldsymbol{R}_m},\tag{3.3.15}$$

系数 $a_n(\boldsymbol{R}_m,\boldsymbol{r})$ 称为万尼尔函数(Wannier function).

利用

$$\frac{1}{N}\sum_{\boldsymbol{k}\in\mathrm{BZ}}\mathrm{e}^{\mathrm{i}\boldsymbol{k}\cdot(\boldsymbol{R}_m-\boldsymbol{R}_l)}=\delta_{ml},\tag{3.3.16}$$

其中 $\boldsymbol{k}\in\mathrm{BZ}$ 表示取布里渊区中所有 $\boldsymbol{k}$,可得

$$a_n(\boldsymbol{R}_m,\boldsymbol{r})=\frac{1}{\sqrt{N}}\sum_{\boldsymbol{k}\in\mathrm{BZ}}\mathrm{e}^{-\mathrm{i}\boldsymbol{k}\cdot\boldsymbol{R}_m}\psi_{nk}(\boldsymbol{r}).\tag{3.3.17}$$

采用布洛赫定理,上式可写成

$$a_n(\boldsymbol{R}_m,\boldsymbol{r}) = \frac{1}{\sqrt{N}}\sum_{\boldsymbol{k}\in \mathrm{BZ}}\psi_{n\boldsymbol{k}}(\boldsymbol{r}-\boldsymbol{R}_m) = a_n(\boldsymbol{r}-\boldsymbol{R}_m). \tag{3.3.18}$$

说明万尼尔函数仅依赖于 $\boldsymbol{r}-\boldsymbol{R}_m$，因而常写成 $a_n(\boldsymbol{r}-\boldsymbol{R}_m)$ 的形式. 每个万尼尔函数均以一个格点为中心.

利用布洛赫波函数的正交性，易于证明万尼尔函数的正交性.

$$\begin{aligned}\int a_n^*(\boldsymbol{r}-\boldsymbol{R}_m)a_{n'}(\boldsymbol{r}-\boldsymbol{R}_l)\mathrm{d}\boldsymbol{r} &= \frac{1}{N}\sum_{\boldsymbol{k}}\sum_{\boldsymbol{k}'}\mathrm{e}^{\mathrm{i}\boldsymbol{k}\cdot\boldsymbol{R}_m-\mathrm{i}\boldsymbol{k}'\cdot\boldsymbol{R}_l}\int\psi_{n\boldsymbol{k}}^*(\boldsymbol{r})\psi_{n'\boldsymbol{k}'}(\boldsymbol{r})\mathrm{d}\boldsymbol{r}\\ &= \frac{1}{N}\sum_{\boldsymbol{k}\in \mathrm{BZ}}\mathrm{e}^{\mathrm{i}\boldsymbol{k}\cdot(\boldsymbol{R}_m-\boldsymbol{R}_l)}\delta_{n,n'} = \delta_{n,n'}\delta_{m,l}.\end{aligned} \tag{3.3.19}$$

万尼尔函数的线性叠加(3.3.15)与紧束缚波函数(3.3.5)的相似，以及不同格点的万尼尔函数彼此正交，说明了它的局域特性，即 $\boldsymbol{r}-\boldsymbol{R}_m$ 远大于晶格常数时，$a_n(\boldsymbol{r}-\boldsymbol{R}_m)$ 小到可以忽略. 紧束缚近似实际上是在近邻原子相互影响很小时，用原子波函数来近似万尼尔函数.

万尼尔函数与布洛赫函数等价，但它是局域的，提供了研究晶体中电子行为的另一个表象，比较适合于讨论电子空间局域性起重要作用的问题.

3.4　能带结构的计算

前面两节分别以弱周期势为微扰，或近邻原子波函数有所交叠出发，说明了固体中能带的形成. 具体的能带计算的出发点仍然是晶体中的单电子薛定谔方程，

$$\left[-\frac{\hbar^2}{2m}\nabla^2 + V(\boldsymbol{r})\right]\psi_{\boldsymbol{k}}(\boldsymbol{r}) = \varepsilon(\boldsymbol{k})\psi_{\boldsymbol{k}}(\boldsymbol{r}), \tag{3.4.1}$$

其中 $V(\boldsymbol{r})=V(\boldsymbol{r}+\boldsymbol{R}_n)$，具有晶格的平移对称性. 这里为简单起见，略去了波函数中的带指标.

为求出方程(3.4.1)的解，需要知道势场 $V(\boldsymbol{r})$. 按本章前言中的讲述，$V(\boldsymbol{r})$ 包括离子实产生的势场，以及所有其他电子产生的平均库仑势场，这种借助平均库仑势将多电子问题转化为单电子问题的方法，正是量子力学中熟知的处理多电子问题的哈特里(Hartree)近似.

在哈特里近似中，电子系统的基态波函数取为正交归一化的单电子波函数的乘积，

$$\Psi(\boldsymbol{r}_1,\boldsymbol{r}_2,\cdots,\boldsymbol{r}_N) = \psi_1(\boldsymbol{r}_1)\psi_2(\boldsymbol{r}_2)\cdots\psi_N(\boldsymbol{r}_N). \tag{3.4.2}$$

这一波函数并不具备全同费米子波函数应满足的粒子交换的反对称性，泡利不相容原理反映在每个许可的 $\boldsymbol{k}$ 态只能由自旋取向相反的两个电子占据上. 每个电子(设处于 $\boldsymbol{k}$ 态)感受到的是其他 $N-1$ 个电子产生的平均库仑势场，

$$v_{\mathrm{e}} = \frac{1}{4\pi\epsilon_0}\sum_{\boldsymbol{k}'\neq\boldsymbol{k}}\int\frac{e^2\,|\,\psi_{\boldsymbol{k}'}(\boldsymbol{r}')\,|^2}{|\,\boldsymbol{r}-\boldsymbol{r}'\,|}\mathrm{d}\boldsymbol{r}'. \tag{3.4.3}$$

为避免有很多因 $\boldsymbol{k}$ 不同而稍有不同的势出现，常略去这种细微的差别. 引入电子密度

$$n(\boldsymbol{r}) = \sum_{\boldsymbol{k}} |\psi_{\boldsymbol{k}}(\boldsymbol{r})|^2, \tag{3.4.4}$$

求和对所有占据态进行，平均库仑势可写成

$$v_{\mathrm{e}} = \frac{1}{4\pi\epsilon_0}\int \frac{e^2}{|\boldsymbol{r}-\boldsymbol{r}'|} n(\boldsymbol{r}')\mathrm{d}\boldsymbol{r}'. \tag{3.4.5}$$

由于得到电子密度的单电子波函数 $\psi_{\boldsymbol{k}}(\boldsymbol{r})$ 同样要由方程(3.4.1)决定，方程的求解只能用自洽的计算方法处理.

在 12.1.1 小节中将讲到波函数满足粒子交换反对称性要求的哈特里-福克(Hartree-Fock)近似方法，其单电子势除库仑项外还要增加一交换项，见(12.1.6)式.

近代的能带计算建立在密度泛函理论(density functional theory)基础之上，理论的依据是非均匀相互作用电子系统的基态能量仅由基态电子密度确定，是基态电子密度 $n(\boldsymbol{r})$ 的泛函. 证明将在 12.1.3 小节中给出. 在该小节中，同时还将给出在局域密度近似(local density approximation)下得到的单电子薛定谔方程(12.1.53式)

$$\left\{-\frac{\hbar^2}{2m}\nabla^2 - \frac{1}{4\pi\epsilon_0}\sum_{\boldsymbol{R}_n}\frac{e^2}{|\boldsymbol{r}-\boldsymbol{R}_n|} + \frac{1}{4\pi\epsilon_0}\int\frac{e^2}{|\boldsymbol{r}-\boldsymbol{r}'|}n(\boldsymbol{r}')\mathrm{d}\boldsymbol{r}' + v_{\mathrm{ex}}(n(\boldsymbol{r})) + v_{\mathrm{corr}}(n(\boldsymbol{r}))\right\}\psi_i(\boldsymbol{r}) = \varepsilon_i\psi_i(\boldsymbol{r}), \tag{3.4.6}$$

其中 v_{ex} 和 v_{corr} 分别是交换势和关联势(correlation potential)项，近似为局域密度 $n(\boldsymbol{r})$ 的函数. v_{ex} 的表达式参见(12.1.18)及(12.1.54)式及相关的讨论.

关联势 v_{corr} 是在库仑相互作用电子系统中，除直接库仑项和交换项以外，未能包括的相互作用势的其余部分.

对方程(3.4.6)的求解，同样要采用自洽的计算方法，借助于计算机进行. 首先根据晶体的结构，以及价电子的电荷分布，确定初始的单电子势，解单电子薛定谔方程，求出 ε_{nk} 和 $\psi_{nk}(\boldsymbol{r})$，从电子对能带的填充情况，按(3.4.4)式算出 $n(\boldsymbol{r})$，从而得到改进的单电子势，再进行计算，直到 $n+1$ 次计算得到的 $n_{n+1}(\boldsymbol{r})$ 和单电子势 $V_{n+1}(\boldsymbol{r})$ 与第 n 次的 $n_n(\boldsymbol{r})$ 和 $V_n(\boldsymbol{r})$ 在所要求的精度范围内相等为止(图 3.5).

3.4.1 近似方法

密度泛函理论方法以体系的三维尝试电子数密度 $n(\boldsymbol{r})$ 为出发点，计算量远小于传统的以 $3N$ 维尝试电子波函数为出发点的方法. 但如 12.1.3 小节所述，密度

泛函理论从原则上讲，只是相应体系基态行为的精确理论. 为得到体系的能带结构，除去密度泛函理论方法的进一步发展外，以传统能带计算方法为基础的处理方式仍有一定的地位. 不同方法的差别体现在单电子有效势和波函数形式的选取两个方面，这里简单地介绍其中的两类.

(1) 缀加平面波和糕模势

基于晶格的周期性，只需知道电子在一个原胞内感受到的有效势场. 在第一个认真的能带计算（原胞法，1933 年）中，E. Wigner 和 F. Seitz 将晶体原胞近似为等体积的球，假定势场具有球对称性，即 $V(\boldsymbol{r})=V(r)$，波函数为中心力场薛定谔方程标准解的线性组合，边条件为

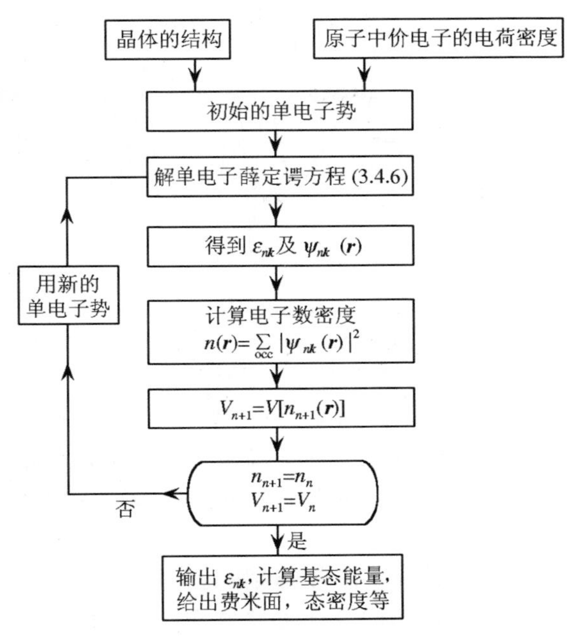

图 3.5 能带结构计算自洽迭代过程示意，其中 $\sum_{occ}$ 表示对所有的占据态(occupied states)求和

$$\left(\frac{\partial\psi_k(r)}{\partial r}\right)_{r_0}=0, \tag{3.4.7}$$

其中 r_0 是球的半径，这一方法在碱金属能带计算上取得了很大的成功.

将原胞简化成球，结果仅依赖于每个原子平均占据的体积，忽略了实际晶体结构的影响. 但是，假如采用真实的多面体 WS 原胞，为在表面上满足边界条件，计算会十分困难；同时，也会导致中心力场在原胞边界上导数不连续. 为克服这些困难，也由于实际上在原胞边界附近，势场变化已十分平缓，人们发展了缀加平面波方法(Augmented Plane-Wave method，简称 APW 方法). APW 方法采用糕模势(muffin-tin potential)，将多面体 WS 原胞分成两部分. 第一部分是半径 r_i 的球形中心区. r_i 小于最近邻距的一半，此处与原胞法相同，用球对称势 $V(r)$，波函数用径向波函数和球谐函数的乘积来展开. 中心区以外为第二部分，取 $V(r)=0$，波函数为平面波. 这样，在 WS 原胞多面体边界上势场平缓，平面波自动满足边界条件. 在 WS 原胞内，波函数的衔接，只需在球面上，而不是多面体上实现. APW 方法用于金属的能带计算相当成功.

图 3.6 给出 APW 波函数的示意. 本章前面两节分别强调了单电子波函数 $\psi_k(\boldsymbol{r})$自由电子平面波和束缚电子原子轨道波函数两个方面. 晶体中实际的单电子

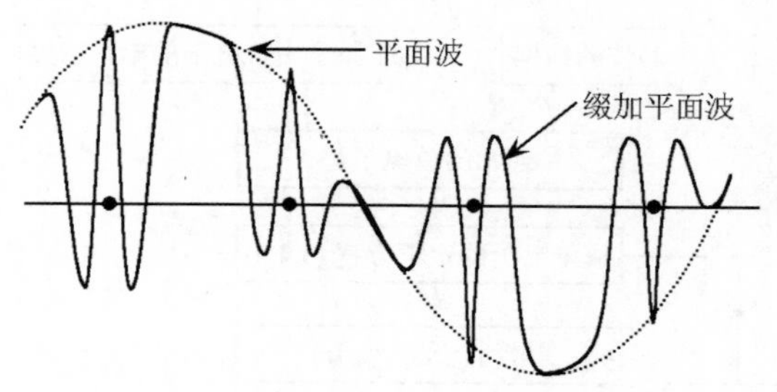

图 3.6 缀加平面波函数示意

波函数比较复杂，一般言，在离子实附近，势场为具有 $-Ze^2/r$ 奇异性的局域势，波函数应类似于原子波函数，但在离子实之间，应缓慢变化，接近于平面波.

(2) 正交化平面波和赝势

在弱周期场近似中，波函数由平面波叠加而成. 要使波函数在离子实附近有急剧振荡的特性，平面波的展开式中要有较多的短波成分. 平面波展开收敛很慢，使它难于成为能带计算的实用方法. 正交化平面波方法(Orthogonalized Plane-Wave method，简称 OPW 方法)取波函数为平面波与紧束缚波函数的线性组合，并要求与离子实不同壳层紧束缚波函数正交，从而自然兼顾了波函数在离子实附近和在它们之间所应有的特性. 实际应用中，往往只要取几个正交化平面波，结果就很好了.

价电子波函数在离子实附近的振荡，等价于感受到一排斥势. 因为按 OPW 方法，这种振荡来源于波函数必须与离子实的芯态波函数正交，其作用是使电子远离离子实. 这种排斥势对离子实强吸引势的抵消，使价电子感受到的势场等价于一弱的平滑势——赝势(pseudopotential，简称 PP). 赝势法的基本精神是适当选取一平滑势，波函数用少数平面波展开，使算出的能带结构与真实的接近. 赝势方法除去在能带计算上取得很大成功外，也从理论上回答了尽管在晶体中，电子和离子实的相互作用很强，相互作用能是里德伯(Rydberg，～13 eV)的量级，近自由电子模型在很多情形下还十分成功的原因.

能带计算的其他方法还有 KKR(Korringa-Kohn-Rostoker)法. 此法与 APW 方法类似，同样采用糕模势，但在计算上用格林函数方法，更完备一些. 广泛采用的还有线性化糕模轨道(LMTO)法，线性化缀加平面波(LAPW)法，它们分别是 KKR 法和 APW 法的线性化形式. 主要优点是避免了计算上的复杂性，比较适用于原胞内含多个原子的复杂系统的研究.

3.4.2 $\varepsilon_n(\boldsymbol{k})$的对称性

(1) $\varepsilon_n(\boldsymbol{k})=\varepsilon_n(\boldsymbol{k}+\boldsymbol{G}_{\mathrm{h}})$ (3.4.8)

在 3.1.3 小节中对此已有说明. $\varepsilon_n(\boldsymbol{k})$在 k 空间中的对称性，使能带结构计算可限制在一个原胞内. 原胞可有不同的选取方法，标准的做法是取以 $\boldsymbol{k}=0$ 为中心的 WS 原胞，即第一布里渊区.

(2) $\varepsilon_n(\boldsymbol{k})=\varepsilon_n(\alpha\boldsymbol{k})$ (3.4.9)

α 代表晶体所属点群中的任一操作. 如果 $\psi_{n\boldsymbol{k}}(\boldsymbol{r})$是(3.4.1)式本征值为 $\varepsilon_n(\boldsymbol{k})$的本征函数,由于晶体在所属点群操作下保持不变,点群操作的结果,

$$\phi_n(\boldsymbol{r}) = \psi_{n\boldsymbol{k}}(\alpha\boldsymbol{r}), \tag{3.4.10}$$

应为具有同样本征值的另一本征函数. 标记 $\phi_n(\boldsymbol{r})$的波矢,可通过布洛赫定理(3.1.5)式得到,即

$$\psi_{n\boldsymbol{k}}(\alpha\boldsymbol{r} + \alpha\boldsymbol{R}_n) = e^{i\boldsymbol{k}\cdot\alpha\boldsymbol{R}_n}\psi_{n\boldsymbol{k}}(\alpha\boldsymbol{r}). \tag{3.4.11}$$

由于 $\boldsymbol{k}\cdot\alpha\boldsymbol{R}_n=\alpha^{-1}\boldsymbol{k}\cdot\boldsymbol{R}_n$(见 2.4.4 小节),有

$$\phi_n(\boldsymbol{r} + \boldsymbol{R}_n) = e^{i\alpha^{-1}\boldsymbol{k}\cdot\boldsymbol{R}_n}\phi_n(\boldsymbol{r}). \tag{3.4.12}$$

这样,$\phi_n(\boldsymbol{r})$用 $\alpha^{-1}\boldsymbol{k}$ 标记,可以写成 $\psi_{n\alpha^{-1}\boldsymbol{k}}(\boldsymbol{r})$,从(3.4.10)式得

$$\psi_{n\alpha^{-1}\boldsymbol{k}}(\boldsymbol{r}) = \psi_{n\boldsymbol{k}}(\alpha\boldsymbol{r}), \tag{3.4.13}$$

因而

$$\varepsilon_n(\alpha^{-1}\boldsymbol{k}) = \varepsilon_n(\boldsymbol{k}), \tag{3.4.14}$$

这就是我们所要的结果,因为 α^{-1}同样包括了点群中所有的对称操作.

$\varepsilon_n(\boldsymbol{k})$函数的对称性,使在能带计算中,可将第一布里渊区分成若干等价的小区域. 而只需讨论其中的一个. 这一小区域的体积占第一布里渊区体积的 $1/f$,其中 f 是晶体点群的元素(对称操作)数. 如对二维正方格子,$f=8$,三维立方晶体,$f=48$. 通常也只沿某些高对称方向进行计算.

(3) $\varepsilon_n(\boldsymbol{k})=\varepsilon_n(-\boldsymbol{k})$ (3.4.15)

由于晶体中单电子薛定谔方程(3.4.1)中哈密顿量是实的,若 $\psi_{n\boldsymbol{k}}(\boldsymbol{r})$为解,则 $\psi^*_{n\boldsymbol{k}}(\boldsymbol{r})$亦为解,且有相同的本征值. 又由于波函数的 $\boldsymbol{k}$ 依赖关系由布洛赫定理决定,

$$\hat{T}_{\boldsymbol{R}_n}\psi^*_{n\boldsymbol{k}}(\boldsymbol{r}) = e^{-i\boldsymbol{k}\cdot\boldsymbol{R}_n}\psi^*_{n\boldsymbol{k}}(\boldsymbol{r}), \tag{3.4.16}$$

与

$$\hat{T}_{\boldsymbol{R}_n}\psi_{n-\boldsymbol{k}}(\boldsymbol{r}) = e^{-i\boldsymbol{k}\cdot\boldsymbol{R}_n}\psi_{n-\boldsymbol{k}}(\boldsymbol{r}) \tag{3.4.17}$$

相同,即 $\psi^*_{n\boldsymbol{k}}(\boldsymbol{r})$与 $\psi_{n-\boldsymbol{k}}(\boldsymbol{r})$是相同的,因而 $\psi_{n\boldsymbol{k}}(\boldsymbol{r})$与 $\psi_{n-\boldsymbol{k}}(\boldsymbol{r})$简并,(3.4.15)得证.

如晶体点群对称操作中包括中心反演,则(3.4.15)包含在 (3.4.9) 之中. 从上面的证明看,(3.4.15)并不依赖于晶体的点群对称性,是 $\varepsilon_n(\boldsymbol{k})$函数所应满足的附加的对称性.

3.4.3 $\varepsilon_n(\boldsymbol{k})$和 $n(\boldsymbol{r})$的图示

能带计算的结果 $\varepsilon_n(\boldsymbol{k})$,常以图示的形式在第一布里渊区中一些高对称性的点、线上给出. 高对称性的点、线,有时也称为特殊的点、线,满足条件

$$\alpha\boldsymbol{k} = \boldsymbol{k} + \boldsymbol{G}_h, \tag{3.4.18}$$

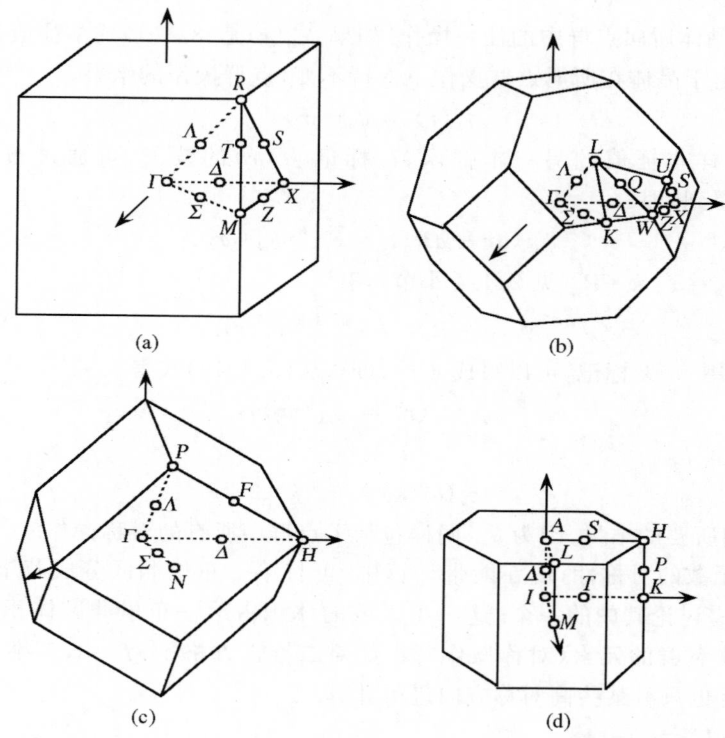

图 3.7　(a) 简单立方；(b) 面心立方；(c) 体心立方；(d) 六角格子第一布里渊区中的特殊点、线及其惯用符号

其中 α 所代表的晶体点群操作数应大于 1.(3.4.18)式表示在 α 操作下，$\boldsymbol{k}$ 或回到原位($\boldsymbol{G}_{\mathrm{h}}=0$)，或变到等价的位置($\boldsymbol{G}_{\mathrm{h}}\neq 0$). 在图 3.7 中，对 4 个最重要的布拉维格子的第一布里渊区，给出这些特殊点、线的惯用符号.

下面以面心立方格子空晶格模型(empty-lattice model)的能带结构为例简单说明.

空晶格模型假定晶格周期势 $V(\boldsymbol{r})=0$，电子是完全自由的，但薛定谔方程

$$-\frac{\hbar^2}{2m}\nabla^2\psi_{n\boldsymbol{k}}(\boldsymbol{r})=\varepsilon_n(\boldsymbol{k})\psi_{n\boldsymbol{k}}(\boldsymbol{r}) \tag{3.4.19}$$

的解应受晶格对称性的约束. 因而，其通解为自由电子布洛赫函数

$$\begin{aligned}\psi_{n\boldsymbol{k}}(\boldsymbol{r})&=\mathrm{e}^{\mathrm{i}\boldsymbol{k}\cdot\boldsymbol{r}}u_{n\boldsymbol{k}}(\boldsymbol{r}),\\ u_{n\boldsymbol{k}}(\boldsymbol{r})&=\mathrm{e}^{\mathrm{i}\boldsymbol{G}_{\mathrm{h}}\cdot\boldsymbol{r}}.\end{aligned} \tag{3.4.20}$$

如在 3.2 节中所述，倒格矢 $\boldsymbol{G}_{\mathrm{h}}$ 在这里起带指标 n 的作用. 相应的能量本征值为

$$\varepsilon_n(\boldsymbol{k})=\frac{\hbar^2}{2m}(\boldsymbol{k}+\boldsymbol{G}_h)^2. \tag{3.4.21}$$

面心立方格子的倒格子是体心立方,第一布里渊区如图 3.7(b)所示. 图 3.8 给出沿 Δ 轴([100]方向)空晶格近似得到的 $\varepsilon_n(\boldsymbol{k})$ 函数. 图中的数字给出相应的简并度. $\varepsilon_1(\boldsymbol{k})$,$\varepsilon_4(\boldsymbol{k})$ 和 $\varepsilon_6(\boldsymbol{k})$ 是非简并的,与图 3.1 相似,来源于在 Δ 轴方向空晶格能带简约布里渊区图式的表示. Γ 点($\boldsymbol{k}=0$)的第 2 个能级,对应于将 8 个最近邻倒格点移到 Γ 点位置,(3.4.21)式中 $\boldsymbol{G}_h=\frac{2\pi}{a}(\pm1,\pm1,\pm1)$,因而能量为 $3\times\frac{1}{2m}\left(\frac{2\pi\hbar}{a}\right)^2$,同时是 8 重简并的. $\varepsilon_2(\boldsymbol{k})$ 和 $\varepsilon_3(\boldsymbol{k})$ 的区别来源于,当把 $-k_y$ 方向的 4 个最近邻格点移到与 Γ 点重合时,与 X 点重合的点距 $\boldsymbol{k}=0$ 点较近,因而能量低一些. 反之,对于 $+k_y$ 方向的 4 个最近邻点,平移到 Γ 点时,与 X 点重合的点距原点更远,因而能量更高. $\varepsilon_2(\boldsymbol{k})$ 和 $\varepsilon_3(\boldsymbol{k})$ 均为 4 重简并. Γ 点的第 3 个能级,与其 6 个次近邻倒格点有关,为 6 重简并,其中 $\varepsilon_5(\boldsymbol{k})$,来源于在 $k_y=0$ 平面上的 4 个次近邻,为 4 重简并. 可见,简并来源于 Δ 轴是高对称性的线,其上的点往往与不止一个倒格点有相等的距离①. 晶格周期场一般会使简并度降低,具体的要用群论方法确定,此处从简.

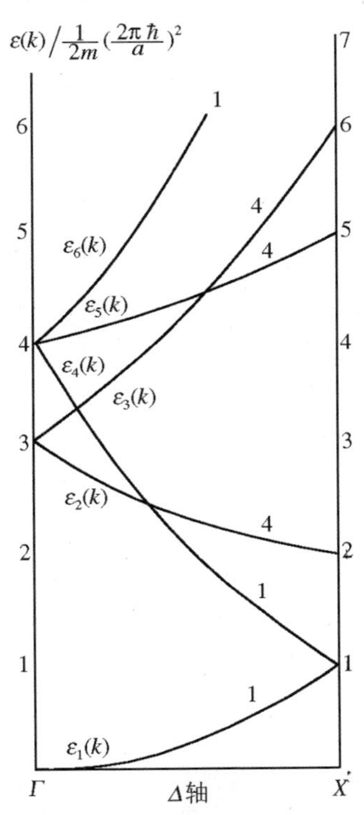

图 3.8 设 Δ 轴空晶格近似的 $\varepsilon_n(k)$

作为实例,图 3.9 给出面心立方金属铝能带计算的结果,作为比较,同时画出空晶格近似的能带结构(虚线). 可见,除了在布里渊区边界附近,以及晶格周期场使某些简并解除外,两者非常相近. 在下一章中,还会讲到,角分辨光电子谱的测量表明,将铝看成近自由电子金属基本上是正确的,因此,空晶格近似作为参照,在讨论金属和半导体能带结构中是十分有用的.

$n(\boldsymbol{r})$ 常以等电荷密度线的形式在实空间中给出. 从实空间电子云的分布,可了解键合的特点以及一些相关的物理性质. 图 3.10 给出 C_{60} 以及 K_3C_{60} 价电子电荷的密度分布. 电荷密度一般以每$(0.1\ \text{nm})^3$ 中的电子数做单位. 在所给图中,每条等

① 详见黄昆,韩汝琦:《固体物理学》,第 178~184 页,北京:高等教育出版社,1988.

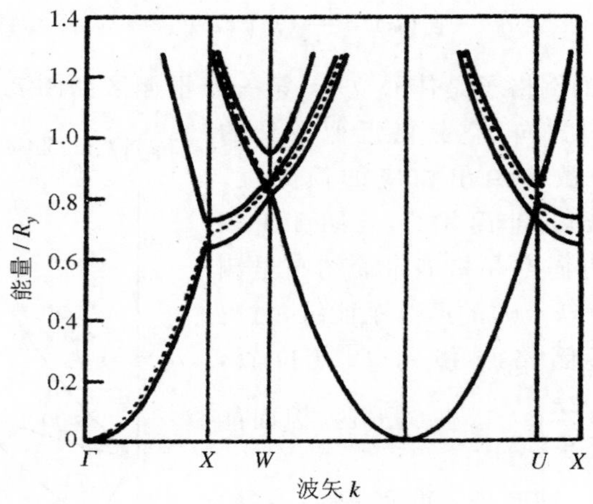

图 3.9 铝的能带结构计算结果和空晶格模型(虚线)的比较
(引自 W. A. Harrison, Solid State Theory,
New York: McGraw-Hill, 1969)

密度线所表示的电荷密度是相邻线的一倍或一半. 从图 3.10(a)可见,相邻 C_{60} 分子的电子波函数交叠甚少,这与固体 C_{60} 有高的电阻率($10^8 \sim 10^{10}\ \Omega \cdot \mathrm{cm}$)一致. 碱金属 K 的掺入(图 3.10(b)),大大地增加了这种交叠,从而使电阻率大大下降,对 K_3C_{60},约为 $10^{-3} \sim 10^{-2}\,\Omega \cdot \mathrm{cm}$. 有关 C_{60} 的讨论参见 10.3.4 小节.

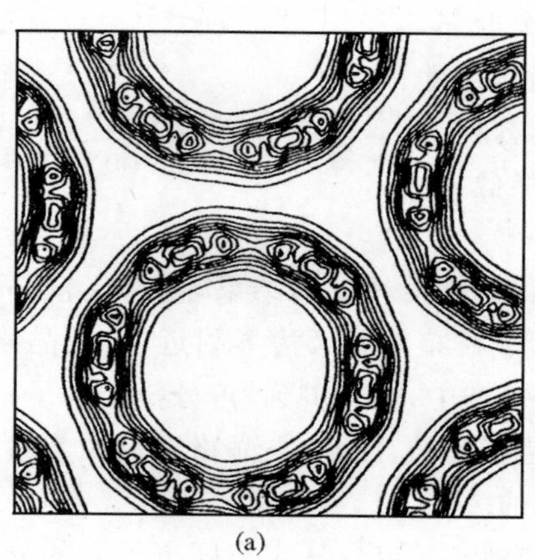

(a)

(b)

图 3.10 (a) C_{60} 和(b) K_3C_{60} 价电子的电荷密度分布
(分别引自 M. A. Schlüter et. al. Material Sci. and Eng., B19(1993), 129.
及 A. Oshiyama et. al. J. Phys. Chem. Solids, 53(1992) 1457)

3.5 费米面和态密度

在第一章自由电子模型中，我们讨论过费米面.它的重要性在于仅只费米面附近的电子参与热激发和输运过程.本节将着眼于晶格势场的影响，再次讨论费米面及相关的态密度，这些也是能带计算要给出的主要结果.

3.5.1 高布里渊区

晶格周期场存在时，费米面意义依旧，是在基态情形下，k 空间中单电子占据态和非占据态的分界面，但在简约布里渊区中表示时，形状有时会很复杂.除第一布里渊区外，引入第二，第三等高布里渊区的概念，有助于问题的讨论.

将 2.4.2 小节中第一布里渊区的定义改成在倒格子空间中，从 $\boldsymbol{k}=0$ 的原点出发，不经过任何布拉格平面所能到达的所有点的集合，则很容易推广到第 n 个布里渊区.第 n 个布里渊区是从第 $n-1$ 个布里渊区出发，只经过一个布拉格平面，除进入 $n-2$ 区外，所能到达的所有点的集合.图 3.11 给出二维正方格子第一到第四布里渊区的示意.这是由选择一倒格点作为原点，做它和附近倒格点连线的垂直平分线(二维布拉格面)所分割出来的.

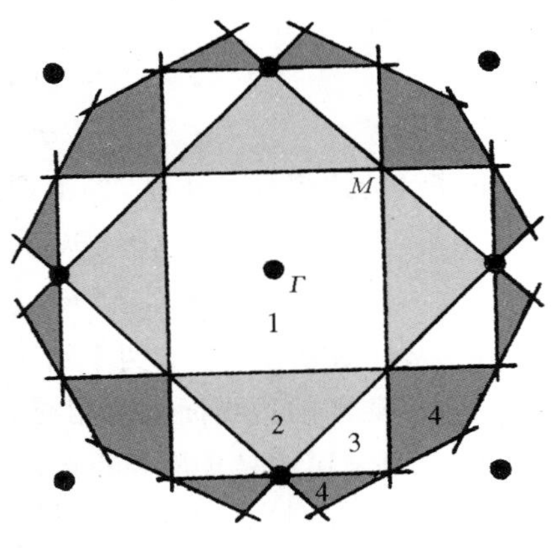

图 3.11 二维正方格子的头 4 个布里渊区.黑圆点为倒格点，第一布里渊区的中点和角点分别用 Γ,M 标记

除第一布里渊区外，高布里渊区均由一些分立的小块组成，但重要的是每个布里渊区的总体积相等，均为倒格子空间中一个原胞的体积.将第 n 个布里渊区的一些小块，平移适当的倒格矢 $\boldsymbol{G}_h$ 于第一布里渊区，会刚好填满第一布里渊区，没有交叠，也没有遗漏.例如第二布里渊区，由于和 $\boldsymbol{k}=0$ 点只隔一个布拉格平面，是倒格子空间中所有以原点为次近邻的点的集合.由于倒格子空间中任何一点，当然，除布拉格平面上的点外，只有唯一的一个倒格点作为它的次近邻，属于以这一倒格点为中心的第二布里渊区，因而，将第二布里渊区平移所有倒格矢，将填满整个倒格子空间，没有交叠，其体积为原胞大小.类似地可说明其他高布里渊区的体积，亦为原胞大小.

3.5.2 费米面的构造

仍以二维正方格子为例. 首先,假定晶格周期势非常弱,在空晶格近似下,费米面应为圆形. 考虑每个 $\boldsymbol{k}$ 态可容纳 2 个电子,根据每个原子的价电子数,可算出 k_F. 设每个原子有 Z 个价电子,$Z=1,2$ 和 4 时相应的费米圆如图 3.12(a)所示. 对比图 3.11,可知 $Z=4$ 时,费米圆和 4 个布里渊区的边界相交. 其次,过渡到近自由电子近似,并考虑晶格周期势的影响. $Z=1$ 时,费米圆稍有畸变,$Z=2$ 和 4 情形则主要表现在布里渊区边界处出现能隙,费米圆分成段,端部与布里渊区边界垂直相交,不再保持连续(图 3.12(b)). 但费米圆(或面)所包围的总面积(或体积)保持不变,仅依赖于电子密度.

按照 3.4.2 小节对 $\varepsilon_n(\boldsymbol{k})$ 对称性的讲述,省去带指标 n,从 $\varepsilon(\boldsymbol{k})=\varepsilon(-\boldsymbol{k})$ 和 $\varepsilon(\boldsymbol{k})=\varepsilon(\boldsymbol{k}+\boldsymbol{G}_h)$,分别可得

$$(\partial\varepsilon/\partial k)_{\boldsymbol{k}}=-(\partial\varepsilon/\partial k)_{-\boldsymbol{k}}. \tag{3.5.1}$$

$$(\partial\varepsilon/\partial k)_{\boldsymbol{k}}=(\partial\varepsilon/\partial k)_{\boldsymbol{k}+\boldsymbol{G}_h}. \tag{3.5.2}$$

在布里渊区的边界,$\boldsymbol{k}=\pm\boldsymbol{G}_h/2$,上两式导致不同的结果,

$$(\partial\varepsilon/\partial k)_{\frac{1}{2}\boldsymbol{G}_h}=-(\partial\varepsilon/\partial k)_{-\frac{1}{2}\boldsymbol{G}_h}. \tag{3.5.3}$$

$$(\partial\varepsilon/\partial k)_{\frac{1}{2}\boldsymbol{G}_h}=+(\partial\varepsilon/\partial k)_{-\frac{1}{2}\boldsymbol{G}_h}. \tag{3.5.4}$$

只有在边界上$(\partial\varepsilon/\partial k)=0$,两个结果才能相容. 这样就一般性地说明了等能面几乎总是和布里渊区的边界面垂直相交的事实.

图 3.12 采用的是扩展布里渊区图式. 回到简约布里渊区图式,$z=4$ 时费米面如图 3.13 所示. 图中(a)和(b)分别是空晶格近似和近自由电子情形. 可以看出差别在于前者的尖角均因等能面在布里渊区边界的垂直效应而被钝化了. 第一区(第一个能带)完全被电子填满,没有费米面出现,第二区(第二个能带)中的费米面变成连通的(图 3.13 左),包围着空态,因此也称为空穴型费米面,此时电子填充在费米面之外. 第三、四区(第三、四带)移到第一区中是分置在 4 个角点处的小块. 图 3.13 中、右给出的是以角点 M 为中心的简约布里渊区情形. 此时电子只占据很小的区域,常称做电子袋(pocket of electrons). 对于空穴只占很小区域的情形,类似地称为空穴袋(pocket of holes).

从上述例子,可以理解在三维情况,对于多价金属,如费米面用简约布里渊区,或周期布里渊区图式表示形状的复杂性. 费米面常因其形状得到诸如怪物(monsters),宝冠(coronet),雪茄,蝴蝶,帽子等名称.

3.5.3 态密度

在第一章自由电子气情形,对态密度已有定义(1.1.2 小节). 如第 n 个能带的

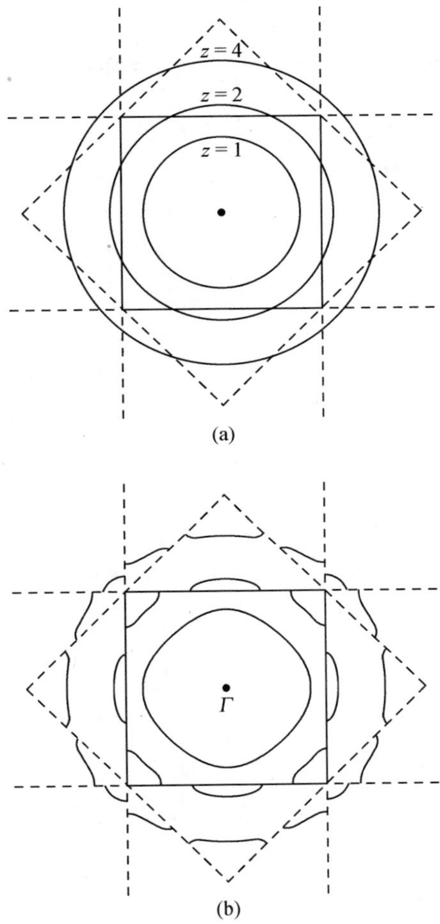

图 3.12 二维正方格子，在扩展布里渊区图式中，(a) 空晶格近似，$Z=1,2$ 和 4 时的费米圆；(b) 晶格周期势影响后的变化

态密度为 $g_n(\varepsilon)$，则单位体积内，能量从 ε 到 $\varepsilon+\mathrm{d}\varepsilon$，计及自旋不同的电子态数为 $g_n(\varepsilon)\mathrm{d}\varepsilon$. 总的态密度

$$g(\varepsilon)=\sum_n g_n(\varepsilon). \tag{3.5.5}$$

对于 $g_n(\varepsilon)$，与 1.1.2 小节类似，可通过在 k 空间第一布里渊区内，计算 $\varepsilon\leqslant\varepsilon_n(\boldsymbol{k})\leqslant\varepsilon+\mathrm{d}\varepsilon$ 等能面壳层中许可波矢数来确定. 假定 $S_n(\varepsilon)$ 是等能面 $\varepsilon_n(\boldsymbol{k})=\varepsilon$ 在第一布里渊区内的部分，$\mathrm{d}S$ 是其上的面元，$\delta k(\boldsymbol{k})$ 是在点 $\boldsymbol{k}$ 处等能面 $S_n(\varepsilon)$ 和 $S_n(\varepsilon+\mathrm{d}\varepsilon)$ 之间的垂直距离，则

$$g_n(\varepsilon)\mathrm{d}\varepsilon=\frac{2}{V}\cdot\frac{V}{8\pi^3}\int_{S_n(\varepsilon)}\delta k(\boldsymbol{k})\mathrm{d}S. \tag{3.5.6}$$

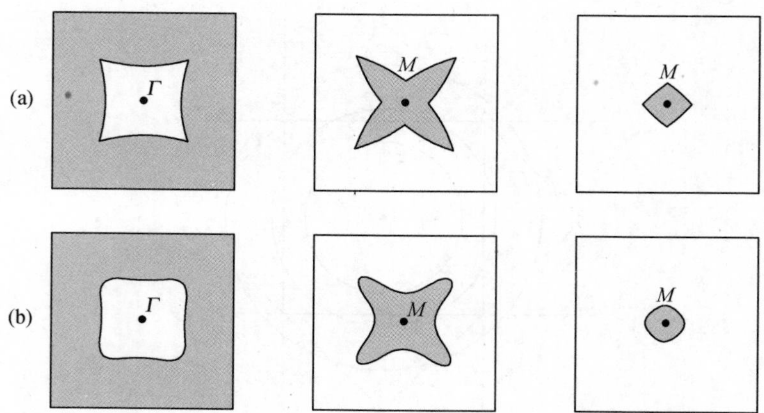

图 3.13 在简约布里渊区内表示图 3.12 中 $Z=4$ 时的费米面(b).
作为对比,同时给出空晶格近似的结果(a)

因子 2 来源于每个 $\boldsymbol{k}$ 态可容纳自旋取向相反的两个电子.由于

$$\mathrm{d}\varepsilon = | \nabla_{\boldsymbol{k}} \varepsilon_n(\boldsymbol{k}) | \delta k(\boldsymbol{k}), \tag{3.5.7}$$

从(3.5.6)得

$$g_n(\varepsilon) = \int_{S_n(\varepsilon)} \frac{1}{| \nabla_{\boldsymbol{k}} \varepsilon_n(\boldsymbol{k}) |} \frac{\mathrm{d}S}{4\pi^3}. \tag{3.5.8}$$

由此,可通过能带结构 $\varepsilon_n(\boldsymbol{k})$ 计算态密度.

由于 $\varepsilon_n(\boldsymbol{k})$ 是倒格子空间的周期函数,因此,在每个原胞中总有一些 $\boldsymbol{k}$ 值处 $|\nabla_{\boldsymbol{k}}\varepsilon|=0$,这导致(3.5.8)式被积函数的发散.三维情形仍可积,给出有限大小的 $g_n(\varepsilon)$,但斜率 $\mathrm{d}g_n(\varepsilon)/\mathrm{d}\varepsilon$ 发散. $g_n(\varepsilon)$ 的这种奇异,称为 van Hove 奇异(van Hove singularity).

具体的,设在 $\boldsymbol{k}=0$ 处 $\varepsilon(\boldsymbol{k})$ 极小, $\nabla_{\boldsymbol{k}}\varepsilon(\boldsymbol{k})=0$,则在这一点附近有 $\varepsilon\propto k^2$,这意味着被积函数 $|\nabla_{\boldsymbol{k}}\varepsilon_n(\boldsymbol{k})|^{-1}$ 有 k^{-1} 的奇异性,但在等能面上积分后可得到对 k 的线性依赖关系,即 $g_n(\varepsilon)\propto\sqrt{\varepsilon}$(与(1.1.28)式一致),斜率 $\mathrm{d}g_n(\varepsilon)/\mathrm{d}\varepsilon\propto\varepsilon^{-1/2}$ 发散.

一般地,设在能量为 ε_c 的 $\boldsymbol{k}_c$ 处 $\nabla_{\boldsymbol{k}}\varepsilon(\boldsymbol{k})=0$,则在这一点附近近似有

$$\varepsilon(\boldsymbol{k}) = \varepsilon_c + \alpha_1(k_x - k_{cx})^2 + \alpha_2(k_y - k_{cy})^2 + \alpha_3(k_z - k_{cz})^2. \tag{3.5.9}$$

进一步可分为 4 种情形,

(1) $\alpha_1,\alpha_2,\alpha_3>0$, $\varepsilon(\boldsymbol{k})$ 在 ε_c 处极小,

(2) $\alpha_1,\alpha_2,\alpha_3<0$, $\varepsilon(\boldsymbol{k})$ 极大,

(3) $\alpha_1,\alpha_2>0,\alpha_3<0$ 及下标轮换情形, $\varepsilon(\boldsymbol{k})$ 有第Ⅰ类鞍点,

(4) $\alpha_1,\alpha_2<0,\alpha_3>0$ 及下标轮换情形, $\varepsilon(\boldsymbol{k})$ 有第Ⅱ类鞍点.

奇异点附近态密度的变化如图 3.14 所示.

van Hove 奇异来源于晶态材料特有的对称性. 在晶格振动(第五章)声子态密度中同样存在.

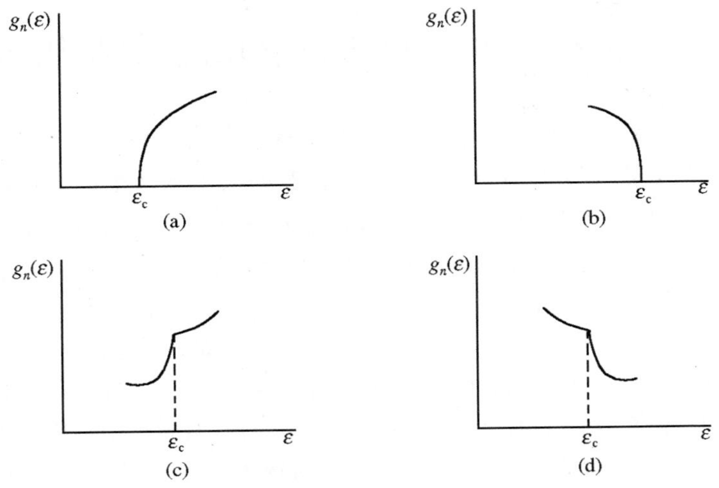

图 3.14 态密度的 van Hove 奇异,分别对应于
(a) 能量极小;(b) 能量极大;(c) 第Ⅰ类鞍点及(d) 第Ⅱ类鞍点

第四章　布洛赫电子的动力学及能带结构的测量

第三章在单电子近似下讨论了晶格周期场对电子态的影响. 和自由电子模型相比，准连续的 $\varepsilon(\boldsymbol{k})$ 分裂成能带，描述电子状态的波函数从平面波过渡到布洛赫波，相应的量子数，除自旋以外，从单一的波矢 $\boldsymbol{k}$ 改为除波矢 $\boldsymbol{k}$ 外还需附加带指标 n，且 $\hbar\boldsymbol{k}$ 的含意从电子的动量转变为电子的晶体动量.

本章 4.1 及 4.2 节将讨论布洛赫电子的动力学行为，将自由电子论中的准经典模型（1.4.1 小节）推广为半经典模型，引入有效质量、空穴等重要概念，并从能带论的角度讲述金属、半导体和绝缘体的区别. 4.1 节中还将对半经典模型的合理性做一些说明，但在这两节的讲述中，更多的是强调模型的应用和所带来的结果.

4.3 和 4.4 节将分别介绍费米面和能带结构主要的实验研究方法，分别是德哈斯-范阿尔芬(de Haas-van Alphen)效应方法和角分辨光电子谱技术. 前者发现于 1930 年，以成熟的费米面学(fermiology)的形式完善于 1970 年代；后者则随高温超导体等一系列新材料的出现兴起于 1980 年代，几乎是测量晶体中公有化电子 $\varepsilon_n(\boldsymbol{k})$ 关系的唯一方法. 这些实验测量，对了解晶体的电子结构和检验理论的正确性，无疑是十分重要的.

4.5 节将对一些常见金属元素固体的能带结构做简略的叙述，在实际工作中，也许这方面的知识会更有用一些.

4.1　电子运动的半经典模型

不难证明，处在布洛赫态

$$\psi_{n\boldsymbol{k}}(\boldsymbol{r}) = \mathrm{e}^{\mathrm{i}\boldsymbol{k}\cdot\boldsymbol{r}} u_{n\boldsymbol{k}}(\boldsymbol{r}) \tag{4.1.1}$$

的电子的平均速度，或速度的期待值

$$\boldsymbol{v}_n(\boldsymbol{k}) = \frac{1}{\hbar}\nabla_{\boldsymbol{k}}\,\varepsilon_n(\boldsymbol{k}). \tag{4.1.2}$$

按速度期待值的定义，将(4.1.1)代入，

$$\boldsymbol{v}_n(\boldsymbol{k}) = \frac{1}{m}\langle\psi_{n\boldsymbol{k}}(\boldsymbol{r}) \mid \hat{\boldsymbol{p}} \mid \psi_{n\boldsymbol{k}}(\boldsymbol{r})\rangle = \frac{1}{m}\int u_{n\boldsymbol{k}}^{*}(\boldsymbol{r})(\hat{\boldsymbol{p}} + \hbar\boldsymbol{k})u_{n\boldsymbol{k}}(\boldsymbol{r})\mathrm{d}\boldsymbol{r}. \tag{4.1.3}$$

从(3.1.28)式知 $u_{n\boldsymbol{k}}(\boldsymbol{r})$ 满足的方程为

$$\hat{H}_{\boldsymbol{k}} u_{n\boldsymbol{k}}(\boldsymbol{r}) = \varepsilon_n(\boldsymbol{k}) u_{n\boldsymbol{k}}(\boldsymbol{r}), \tag{4.1.4}$$

其中

$$\hat{H}_k = \frac{(\hat{\boldsymbol{p}} + \hbar \boldsymbol{k})^2}{2m} + V(\boldsymbol{r}). \tag{4.1.5}$$

由于 $\boldsymbol{k}$ 有准连续的取值，对(4.1.4)式等号两边同时取 $\nabla_k = \frac{\partial}{\partial \boldsymbol{k}}$，得

$$\frac{\hbar}{m}(\hat{\boldsymbol{p}} + \hbar \boldsymbol{k}) u_{nk}(\boldsymbol{r}) + \hat{H}_k \nabla_k u_{nk}(\boldsymbol{r}) = [\nabla_k \varepsilon_n(\boldsymbol{k})] u_{nk}(\boldsymbol{r}) + \varepsilon_n(\boldsymbol{k}) \nabla_k u_{nk}(\boldsymbol{r}). \tag{4.1.6}$$

对上式左乘 $u_{nk}^*(\boldsymbol{r})$ 再对 $\boldsymbol{r}$ 作积分得

$$\frac{\hbar}{m}\int u_{nk}^*(\boldsymbol{r})(\hat{\boldsymbol{p}} + \hbar \boldsymbol{k}) u_{nk}(\boldsymbol{r}) \mathrm{d}\boldsymbol{r} + \int u_{nk}^*(\boldsymbol{r}) \hat{H}_k \nabla_k u_{nk}(\boldsymbol{r}) \mathrm{d}\boldsymbol{r}$$

$$= \nabla_k \varepsilon_n(\boldsymbol{k}) \int u_{nk}^*(\boldsymbol{r}) u_{nk}(\boldsymbol{r}) \mathrm{d}\boldsymbol{r} + \varepsilon_n(\boldsymbol{k}) \int u_{nk}^*(\boldsymbol{r}) \nabla_k u_{nk}(\boldsymbol{r}) \mathrm{d}\boldsymbol{r}. \tag{4.1.7}$$

算符 $\hat{H}_k$ 的厄米性，使等式左右第二项相消. $\psi_{nk}(\boldsymbol{r})$ 的归一性，使等式右边第一项中的积分为 1. 等式左边第一项恰好为 $\hbar \boldsymbol{v}_n(\boldsymbol{k})$((4.1.3)式)，由此 (4.1.2) 式得证.

(4.1.2)式是一个非常值得注意的结果. 由于布洛赫态是与时间无关的定态，尽管电子和周期排列的离子实相互作用，但其平均速度将永远保持，不会衰减. 换言之，一个理想的晶体金属，将有无穷大的电导.

事实上，由于晶体结构上的不理想性，存在杂质缺陷，同时离子实有以平衡位置为中心的热振动，电子总会受到散射. 因此，关于电子的运动有两方面的问题，即 (1) 散射产生的原因和性质，(2) 两次散射之间布洛赫电子的运动. 半经典模型主要回答第 2 个问题.

4.1.1 模型的表述

半经典模型对外电场、磁场用经典的方式处理，对晶格周期场沿用能带论量子力学的处理方式. 具体表述如下：

每个电子具有确定的位置 $\boldsymbol{r}$，波矢 $\boldsymbol{k}$ 和能带指标 n，对于给定的 $\varepsilon_n(\boldsymbol{k})$，在外电场 $\boldsymbol{E}(\boldsymbol{r},t)$ 和外磁场 $\boldsymbol{B}(\boldsymbol{r},t)$ 作用下，位置、波矢、能带指标随时间的变化遵从如下规则：

1. 能带指标 n 是运动常数，电子总待在同一能带中，忽略带间跃迁的可能性；
2. 电子的速度

$$\dot{\boldsymbol{r}} = \boldsymbol{v}_n(\boldsymbol{k}) = \frac{1}{\hbar} \nabla_k \varepsilon_n(\boldsymbol{k}); \tag{4.1.8}$$

3. 波矢 $\boldsymbol{k}$ 随时间的变化

$$\hbar \dot{\boldsymbol{k}} = -e[\boldsymbol{E}(\boldsymbol{r},t) + \boldsymbol{v}_n(\boldsymbol{k}) \times \boldsymbol{B}(\boldsymbol{r},t)]. \tag{4.1.9}$$

注意，在半经典模型中，波矢 $\boldsymbol{k}$ 和 $\boldsymbol{k} + \boldsymbol{G}_{\mathrm{h}}$ 仍然是等价的. $\hbar \boldsymbol{k}$ 如 3.1.2 小节所

述，是电子的晶体动量.

(4.1.8)和(4.1.9)式是电子的运动方程. 对晶格周期场的量子力学处理的结果全部概括在 $\varepsilon_n(\boldsymbol{k})$ 函数中. 半经典模型使能带结构与输运性质，即电子对外场的响应相联系，提供了从能带结构推断输运性质，或反过来从输运性质的测量结果推断能带结构的理论基础.

4.1.2 模型合理性的说明

(4.1.9)式的正当性并不显而易见. 对自由电子言，$\hbar\boldsymbol{k}$ 为其动量，(4.1.9)式自然成立. 但此处为布洛赫电子，$\hbar\boldsymbol{k}$ 为晶体动量，布洛赫电子的运动不仅受外加场的影响，还受晶格周期场的作用.

严格讲，外场作用下晶体中电子的行为应从相应的含时间薛定谔方程中得到. 方程为

$$\left[\frac{1}{2m}(\hat{\boldsymbol{p}}+e\boldsymbol{A})^2+V(\boldsymbol{r})-e\phi\right]\psi(\boldsymbol{r},t)=\mathrm{i}\,\hbar\dot{\psi}(\boldsymbol{r},t), \tag{4.1.10}$$

其中 $\boldsymbol{A}$ 和 ϕ 分别是和磁场及电场联系的矢量势及标量势. 类似于在第一章 1.4.1 小节对准经典模型物理基础的阐述，半经典模型相当于外场变化缓慢时，方程(4.1.10)取波包解，从而过渡到经典情形.

由于 $\varepsilon_n(\boldsymbol{k})$ 是在 k 空间中的周期函数，可以展开成傅里叶级数

$$\varepsilon_n(\boldsymbol{k})=\sum_m \varepsilon_{nm}\mathrm{e}^{\mathrm{i}\boldsymbol{R}_m\cdot\boldsymbol{k}}. \tag{4.1.11}$$

将 $\varepsilon_n(\boldsymbol{k})$ 中的 $\boldsymbol{k}$ 替换成 $-\mathrm{i}\nabla$，形式上可引进一算符 $\varepsilon_n(-\mathrm{i}\,\nabla)$，其性质如下：

$$\begin{aligned}\varepsilon_n(-\mathrm{i}\,\nabla)\psi_n(\boldsymbol{k},\boldsymbol{r})&=\sum_m \varepsilon_{nm}\mathrm{e}^{\boldsymbol{R}_m\cdot\nabla}\psi_n(\boldsymbol{k},\boldsymbol{r})\\&=\sum_m \varepsilon_{nm}\left[1+\boldsymbol{R}_m\cdot\nabla+\frac{1}{2}(\boldsymbol{R}_m\cdot\nabla)^2+\cdots\right]\psi_n(\boldsymbol{k},\boldsymbol{r})\\&=\sum_m \varepsilon_{nm}\psi_n(\boldsymbol{k},\boldsymbol{r}+\boldsymbol{R}_m)=\sum_m \varepsilon_{nm}\mathrm{e}^{\mathrm{i}\boldsymbol{R}_m\cdot\boldsymbol{k}}\psi_n(\boldsymbol{k},\boldsymbol{r})\\&=\varepsilon_n(\boldsymbol{k})\psi_n(\boldsymbol{k},\boldsymbol{r}).\end{aligned} \tag{4.1.12}$$

即布洛赫波函数 $\psi_n(\boldsymbol{k},\boldsymbol{r})$ 是算符 $\varepsilon_n(-\mathrm{i}\nabla)$ 本征值为 $\varepsilon_n(\boldsymbol{k})$ 的本征函数.

半经典模型和 1.4.1 小节讲述的准经典模型相同，在涉及电子对外加电磁场的影响时，视电子为波包，在波包尺度(约数个原胞大小)内，外场应有缓慢的变化. 在仅有外加电场情况下，考虑方程(4.1.10)由布洛赫波构成的波包解，即

$$\psi(\boldsymbol{r},t)=\sum_{\boldsymbol{k}} C_n(\boldsymbol{k})\psi_n(\boldsymbol{k},\boldsymbol{r})\mathrm{e}^{-\frac{i}{\hbar}\varepsilon_n(\boldsymbol{k})t}=\sum_{\boldsymbol{k}} C_n(\boldsymbol{k},t)\psi_n(\boldsymbol{k},\boldsymbol{r}). \tag{4.1.13}$$

这里，假定了电子只处在一个能带中. 代入方程(4.1.10)，

$$\sum_{\boldsymbol{k}} C_n(\boldsymbol{k},t)\left[-\frac{\hbar^2}{2m}\nabla^2+V(\boldsymbol{r})-e\phi\right]\psi_n(\boldsymbol{k},\boldsymbol{r})=\mathrm{i}\,\hbar\dot{\psi}(\boldsymbol{r},t), \tag{4.1.14}$$

采用(4.1.12)式引进的算符,上式可写成

$$[\varepsilon_n(-\mathrm{i}\nabla) - e\phi]\sum_{\boldsymbol{k}} C_n(\boldsymbol{k},t)\psi_n(\boldsymbol{k},\boldsymbol{r}) = \mathrm{i}\hbar\dot{\psi}(\boldsymbol{r},t). \tag{4.1.15}$$

与初始的薛定谔方程相比,电子在晶格周期场中运动的哈密顿量 $\hat{H}_0 = -\frac{\hbar^2}{2m}\nabla^2 + V(\boldsymbol{r})$ 被一不显含 $V(\boldsymbol{r})$ 的哈密顿量 $\varepsilon_n(-\mathrm{i}\nabla)$ 代替. 这样,如已知能带 n 中的 $\varepsilon_n(\boldsymbol{k})$,在讨论缓慢变化的外场的动力学效应时,可以忽略晶格周期场的存在,把电子看成自由的,仅将动能算符改成 $\varepsilon_n(-\mathrm{i}\nabla)$ 即可. 但当 $\varepsilon_n(\boldsymbol{k})$ 是 $\boldsymbol{k}$ 的复杂函数时,(4.1.15) 仍难于求解. 此时可用量子力学和经典力学的对应原理,从对应的经典哈密顿量得到的粒子运动方程,方程同时描述了薛定谔方程波包解的运动. (4.1.15)对应的经典哈密顿量为

$$\mathscr{H}(\boldsymbol{r},\boldsymbol{p}) = \varepsilon_n(\boldsymbol{p}/\hbar) - e\phi. \tag{4.1.16}$$

相应的运动方程为

$$\dot{\boldsymbol{r}} = \frac{\partial\mathscr{H}}{\partial\boldsymbol{p}},\quad \dot{\boldsymbol{p}} = -\frac{\partial\mathscr{H}}{\partial\boldsymbol{r}}. \tag{4.1.17}$$

上式中第一个方程给出速度

$$\boldsymbol{v}_n(\boldsymbol{p}) = \frac{\partial\varepsilon_n(\boldsymbol{p}/\hbar)}{\partial\boldsymbol{p}}. \tag{4.1.18}$$

取

$$\boldsymbol{p} = \hbar\boldsymbol{k} \tag{4.1.19}$$

时,得到(4.1.8)式. 由此可见 $\hbar\boldsymbol{k}$ 起的作用类似于经典动量. 实际上,它是标记波包态的量子数,波包(4.1.13)中的系数 $C_n(\boldsymbol{k})$,只在以 $\boldsymbol{k}$ 为中心,$\Delta\boldsymbol{k} \ll$ 布里渊区尺度范围内不为零. (4.1.8)式,或(4.1.18)式给出的是波包的群速度.

(4.1.17)式中第二个方程可写成

$$\hbar\dot{\boldsymbol{k}} = -\frac{\partial\mathscr{H}}{\partial\boldsymbol{r}} = -e(-\nabla\phi). \tag{4.1.20}$$

由于 $-\nabla\phi = \boldsymbol{E}$,这就是(4.1.9)式仅当电场存在时的形式.

从上面的讨论可知,关键在于外场缓变时将电子视为波包. 晶格周期场变化的尺度远小于波包的大小,必须用量子力学处理,得到 $\varepsilon_n(\boldsymbol{k})$,由此用(4.1.8)式可算出电子的速度,外场则可做经典的处理. 磁场亦包括在外场中,电子还将受到洛伦兹力的作用. 对于磁场影响进一步的讨论,此处略去. 本书更多的是强调半经典模型的应用,适用的范围以及得到的主要结果.

4.1.3　有效质量

从半经典模型的两个基本公式出发,可计算电子的加速度.

$$\dot{\boldsymbol{v}}=\frac{\partial}{\partial t}\left[\frac{1}{\hbar}\nabla_{\boldsymbol{k}}\,\varepsilon(\boldsymbol{k})\right]=\frac{1}{\hbar}\nabla_{\boldsymbol{k}}\left[\frac{1}{\hbar}\nabla_{\boldsymbol{k}}\,\varepsilon(\boldsymbol{k})\right]\frac{\hbar\partial\boldsymbol{k}}{\partial t}=\frac{1}{\hbar^2}\nabla_{\boldsymbol{k}}\nabla_{\boldsymbol{k}}\,\varepsilon(\boldsymbol{k})\cdot\boldsymbol{F}_{\mathrm{ext}}.\tag{4.1.21}$$

这里省略了带指标，并用 $\boldsymbol{F}_{\mathrm{ext}}$ 代表作用在电子上的外电、磁场力. 和牛顿方程 $m\dot{\boldsymbol{v}}=\boldsymbol{F}$ 相比，可引入电子的有效质量(effective mass)，或有效质量张量

$$\left[\frac{1}{m^*}\right]_{ij}=\frac{1}{\hbar^2}\frac{\partial^2\varepsilon_n(\boldsymbol{k})}{\partial k_i\partial k_j}.\tag{4.1.22}$$

由于微商可交换次序，这是对称张量. 晶体的点群对称性，使张量的独立分量数减少(2.2.6 小节)，通常，用通过选择坐标轴于主轴方向，使之对角化的方式来达到. 设 k_x,k_y,k_z 轴为主轴，

$$\frac{1}{m_\alpha^*}=\frac{1}{\hbar^2}\frac{\partial^2\varepsilon_n(\boldsymbol{k})}{\partial k_\alpha^2},\quad \alpha=x,y,z.\tag{4.1.23}$$

有效质量可不同于裸质量，其作用体现在它概括了晶格内部周期场的作用，使我们能简单地由外场力决定电子的加速度.

对于简单立方晶体紧束缚近似下的 s 能带，(3.3.13)式给出

$$\varepsilon(\boldsymbol{k})=\varepsilon_s-J_0-2J_1(\cos k_xa+\cos k_ya+\cos k_za).\tag{4.1.24}$$

按有效质量的定义(4.1.23)式，可算出在能带底，即 $\boldsymbol{k}=(0,0,0)$ 点，有效质量张量约化为一标量，

$$m_x^*=m_y^*=m_z^*=m^*=\frac{\hbar^2}{2aJ_1}\tag{4.1.25}$$

有大于零的正值，而在能带顶，即 $\boldsymbol{k}=\left(\pm\frac{\pi}{a},\pm\frac{\pi}{a},\pm\frac{\pi}{a}\right)$点，

$$m_x^*=m_y^*=m_z^*=m^*=-\frac{\hbar^2}{2aJ_1}\tag{4.1.26}$$

取负值. 这里，在能带底和顶，有效质量的各向同性来源于晶格的立方对称性. 但在能带底附近，有效质量为正，能带顶附近，有效质量为负，具有普遍性，因为能带底和能带顶分别对应于 $\varepsilon_n(\boldsymbol{k})$ 函数的极小或极大，具有正值的或负值的二级微商.

一般地讲，对于宽的能带，能量随波矢 $\boldsymbol{k}$ 的变化较剧烈，有效质量小，而对于窄的能带，应有大一些的有效质量. 从紧束缚近似的角度，后者相当于相邻原子电子波函数交叠甚少，相对言，局域性要更强一些.

知道材料的能带结构，可以按定义计算有效质量. 实际工作中，常通过电子比热系数用下式定有效质量，

$$\frac{\gamma_{\mathrm{exp}}}{\gamma_0}=\frac{m^*}{m},\tag{4.1.27}$$

其中 γ_0 是自由电子气体的理论值，γ_{exp} 是实验测量值. 这是由于 γ 比例于费米面上

的态密度 $g(\varepsilon_F)$(1.2.22 式),而后者比例于电子质量(1.1.30 式).这样定出的 m^*,有时称为热有效质量.

有一类材料,如 UBe_{13},UPt_3,$CeAl_2$ 等,从低温电子比热数据推算出的有效质量,是自由电子质量的 100~1000 倍,称为重费米子(heavy fermion)材料.m^* 很高,意味着反常高的 $g(\varepsilon_F)$,从而有很窄的能带.从刚讲到过的紧束缚近似的观点,电子应十分局域,但实际上并非如此,如 UBe_{13},UPt_3 的基态为巡游电子特有的超导态,且具有和普通超导体十分不同的超导态特性,是非常规超导电性很好的研究对象.

4.1.4 半经典模型的适用范围

首先要求外场的波长 λ 远大于晶格常数 a,即

$$\lambda \gg a, \tag{4.1.28}$$

这是将外场作用下的电子理解成波包所必需的.

半经典模型禁止带间跃迁.外场频率必须满足

$$\hbar\omega \ll \varepsilon_g, \tag{4.1.29}$$

否则单个光子有足够的能量使电子跃迁到上一能带.

当外加电场沿 x 方向时,电子在能带中的能量需附加静电势能 $-eEx$,能带发生倾斜(图 4.1).电子到达 B 点后,除被反射回原能带外,还有一定的概率隧穿过带隙,到达 C 点,隧穿概率显然依赖于 BC 的距离 d.BC 的增加对应于 ε_g 的增加,以及电场强度 E 的减小.此处不加证明,仅给出场致隧穿可忽略的条件

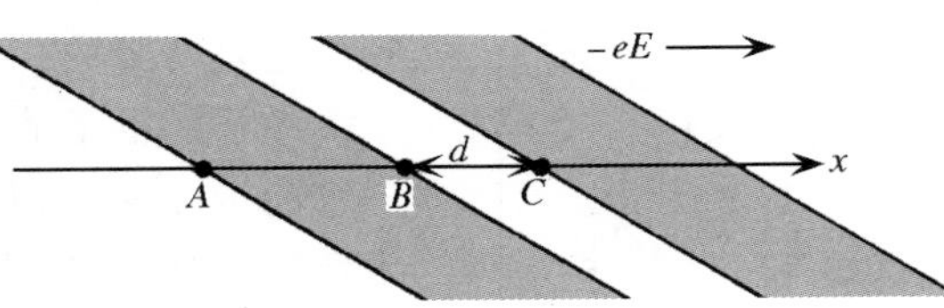

图 4.1 电场使能带发生倾斜

$$eEa \ll \frac{[\varepsilon_g(\boldsymbol{k})]^2}{\varepsilon_F}, \tag{4.1.30}$$

其中 a 为晶格常数.对金属,上述条件一般能满足,对绝缘体,或某些导电性差的半导体,体内有可能建立强场,导致带间隧穿.这种现象称为电击穿(electric breakdown),或齐纳击穿(Zener breakdown).

外加磁场同样可以导致带间的隧穿,称为磁击穿(magnetic breakdown).与条件 (4.1.30)相当的是

$$\hbar\omega_c \ll \frac{[\varepsilon_g(\boldsymbol{k})]^2}{\varepsilon_F}, \tag{4.1.31}$$

其中 ω_c 是角回旋频率,将在下一节中讲述.对于 1 T 的磁场,$\hbar\omega_c$ 约 10^{-4} eV,由于 ε_F 为 10^0 eV 的数量级,ε_g 小到 10^{-2} eV 时(例如在金属 Mg 中),条件(4.1.31)将不能满足.条件 (4.1.31)远不如(4.1.30)宽松.在研究高磁场下的电性时,常要考虑

到磁击穿的可能性.

在本章第 3 节中,会讨论外加磁场作用下,当电子在 k 空间轨道闭合时的量子力学效应,这自然已超出半经典模型适用的范围.

4.2　恒定电场、磁场作用下电子的运动

4.2.1　恒定电场作用下的电子

在恒定电场 $\boldsymbol{E}$ 作用下,半经典运动方程(4.1.9)简化成

$$\hbar\dot{\boldsymbol{k}} = -e\boldsymbol{E}. \tag{4.2.1}$$

其解为

$$\boldsymbol{k}(t) = \boldsymbol{k}(0) - \frac{e\boldsymbol{E}t}{\hbar}, \tag{4.2.2}$$

即每个电子的波矢 $\boldsymbol{k}$ 均以同一速率改变.

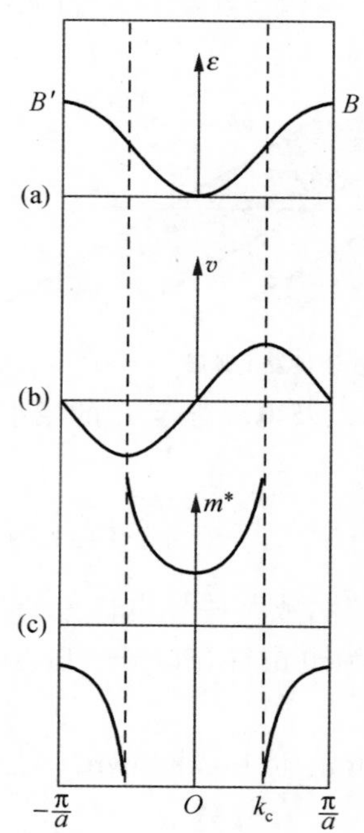

图 4.2　(a) 带结构;(b) 速度随 k 的变化;(c) 有效质量随 k 的变化,图中 k_c 是转折点

对于自由电子,如电场使 $\boldsymbol{k}$ 增加,由于 $\hbar\boldsymbol{k}$ 是电子的动量,电子将不断被加速. 实际上,因为受到散射,这种加速是有限的.

布洛赫电子的行为则完全不同,图 4.2 给出一个一维能带 $\varepsilon(k)$, 以及相应的 $v(k)$, $m^*(k)$的示意. 如果电场方向使 k 不断增加,在 $k=0$ 附近,$\varepsilon(k)\propto k^2$, $v(k)\propto k$,同时 m^* 有常数值,且大于 0,类似于自由电子,电子被加速. 当 k 增加,$\varepsilon(k)$偏离平方关系时,m^* 不再为常数. 在接近布里渊区边界, 速度达到极大值后, $m^*<0$, k 增加时速度反而减小,以致电子的加速度方向与电场力方向相反. 这种特别的行为实际上是晶格周期场的作用,使电子在布里渊区边界受到布拉格反射的结果. 在半经典模型中,这种晶格场力隐含在 $\varepsilon(k)$ 函数中.

当电子到达区边界(图 4.2(a)中 B 点)后,在电场作用下,k 继续增加,将进入第二布里渊区(重复布里渊区图式). 在简约布里渊区图式中,这等价于从 B'点进入第一布里渊区. 电子在 k 空间的循环运动,相应的速度随时间在$\pm v_{\max}$之间周期性改变,意味着电子在实空间位置的振荡,直流的外加电场有可能产生交变的电流,这种效应称为布洛赫振荡(Bloch oscillation). 实际上,由于散射的存在,两次散

射间电子在 k 空间移动的距离与布里渊区尺度相比甚小，一般情况下，难于观察到.

4.2.2 满带不导电

能带中每个电子对电流密度的贡献为 $-e\boldsymbol{v}(\boldsymbol{k})$，带中所有电子的贡献为

$$\boldsymbol{J} = (-e)\int_{\text{occ}} \boldsymbol{v}(\boldsymbol{k})\,\frac{\mathrm{d}\boldsymbol{k}}{4\pi^3}, \tag{4.2.3}$$

其中 occ 表示对占据态积分. 由于 $\varepsilon_n(\boldsymbol{k})$ 函数的对称性（3.4.3 小节），$\varepsilon_n(\boldsymbol{k}) = \varepsilon_n(-\boldsymbol{k})$，从（4.1.8）式得

$$\boldsymbol{v}_n(\boldsymbol{k}) = -\boldsymbol{v}_n(-\boldsymbol{k}), \tag{4.2.4}$$

即处在 $\boldsymbol{k}$ 态和 $-\boldsymbol{k}$ 态的电子，对电流密度的贡献恰好相消. 对于填满的能带，外加电场时，每个电子的波矢 $\boldsymbol{k}$ 随时间改变. 但如4.2.1 小节所述，由于 $\boldsymbol{k}$ 和 $\boldsymbol{k}+\boldsymbol{G}_{\mathrm{h}}$ 等价，满带的状况并不改变，因而 $\boldsymbol{J}=0$，即满带电子不参与导电，电导仅来源于部分填满的能带中电子的贡献. 如 1.4.3 小节对自由电子气体电导的讨论，在外加电场和电子所受散射的共同作用下，电子对给定未满能带在 k 空间的占据是非对称的，对总电流密度的贡献不能完全相抵消.

4.2.3 近满带中的空穴

对于接近电子满占据的近满带，对电流密度的贡献同样由（4.2.3）式给出. 利用满带不导电的事实，有

$$\boldsymbol{J} + (-e)\int_{\text{unocc}} \boldsymbol{v}(\boldsymbol{k})\,\frac{\mathrm{d}\boldsymbol{k}}{4\pi^3} = 0, \tag{4.2.5}$$

其中，下标 unocc 表示积分只涉及未占据态（unoccupied level）. 这样，近满带对电流密度的贡献可等价地写成

$$\boldsymbol{J} = e\int_{\text{unocc}} \boldsymbol{v}(\boldsymbol{k})\,\frac{\mathrm{d}\boldsymbol{k}}{4\pi^3}. \tag{4.2.6}$$

相当于将所有的电子占据态看成是空态，而将所有的未占据态看成是被电荷为 $+e$ 的粒子所占据. 因此，尽管电荷仅被电子传输，但可引入一种假想的，带正电荷 e，填满带中所有电子未占据态的粒子. 这种假想的粒子，称为空穴（hole）. 对于近满带，带中大量电子的行为可简化成少数空穴的效应，这样做是十分方便的.

在外加电磁场中，未占据态的运动应和周围的占据态相同，同样用半经典模型描述.（4.1.21）式可写成

$$\dot{\boldsymbol{v}}_n(\boldsymbol{k}) = \frac{1}{m^*}(-e)[\boldsymbol{E} + \boldsymbol{v}_n(\boldsymbol{k}) \times \boldsymbol{B}]. \tag{4.2.7}$$

未占据态一般在带顶，带顶附近，m^* 有负值，上式等价于

$$\boldsymbol{v}_n(\boldsymbol{k}) = \frac{1}{|m^*|} e[\boldsymbol{E} + \boldsymbol{v}_n(\boldsymbol{k}) \times \boldsymbol{B}], \tag{4.2.8}$$

即近满带顶的空穴，除带正 e 电荷外，还有正的有效质量 $m_h^* = |m^*|$，速度仍为 $\boldsymbol{v}_n(\boldsymbol{k})$.

注意，对某一固定能带，如认为电流为空穴所携带，则应把电子的占据态看成是空穴的未占据态，电子没有贡献. 如认为电流来源于占据态上的电子，则空穴没有贡献. 但对不同的能带，可以对某些带用电子的图像，另外一些用空穴的图像，决定于哪一种更方便一些.

空穴概念的引入，立即解决了自由电子气体模型在解释某些金属，如 Be，Zn，Cd 等正霍尔系数(1.6 节)时所遇到的困难. 从能带论的角度，带正电荷载流子的存在易于理解. 在半导体中，常碰到价带顶的空穴. 在半金属中，由于能带交叠，同时有空穴、电子存在. 对它们的了解，空穴的概念均十分重要.

4.2.4　导体、半导体和绝缘体的能带论解释

由于部分填充的能带，在外电场作用下可以产生电流，在导体中，除去能量较低的被填满的满带外，存在部分被填充的能带，费米能量 ε_F 在未满带内(图 4.3(a)).

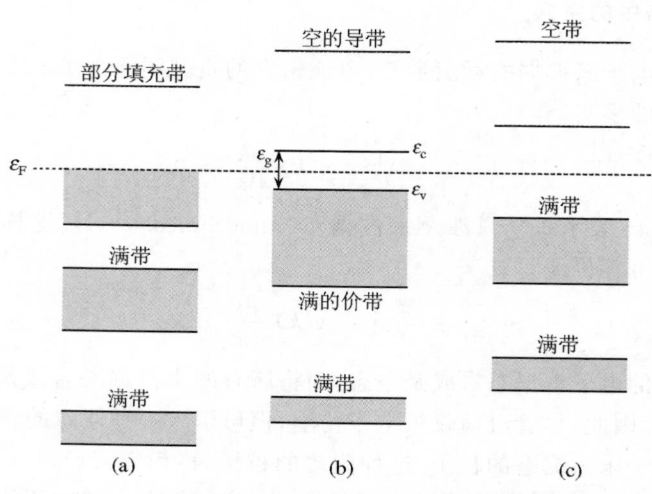

图 4.3　(a) 金属；(b) 半导体；(c) 绝缘体的能带示意图

如果电子恰好填满能量低的一系列能带，能量再高的各带全部是空的，由于满带不导电，这些材料是非导体. 如能量最高的满带和空带之间的带隙 ε_g 较小，约 0～2 eV，材料称为半导体(semiconductor)(图 4.3(b)). 温度 $T=0$ 时，自然是绝缘体(insulator)，但在有限温度，满带，在半导体物理中通常称为价带(valence band)

顶部的电子受到热激发，进入空带，称为导带(conduction band)，从而具有一定的导电能力. 半导体的导电性往往由于存在杂质而有很大的改变，如果材料，或晶体很纯，杂质的贡献可以忽略，这种半导体称为本征半导体(intrinsic semiconductor). 相反的，如杂质贡献明显，称为非本征(extrinsic)半导体，或杂质(impurity)半导体(8.2.2 小节).

对于本征半导体，导带中的电子密度 n_c 显然与价带中的空穴密度 p_v 相等，即

$$n_c(T) = p_v(T), \tag{4.2.9}$$

其中，

$$n_c(T) = \int_{\varepsilon_c}^{\infty} g_c(\varepsilon)\, \frac{1}{e^{(\varepsilon-\mu)/k_B T}+1} d\varepsilon, \tag{4.2.10}$$

$$p_v(T) = \int_{-\infty}^{\varepsilon_v} g_v(\varepsilon)\left(1-\frac{1}{e^{(\varepsilon-\mu)/k_B T}+1}\right) d\varepsilon = \int_{-\infty}^{\varepsilon_v} g_v(\varepsilon)\, \frac{1}{e^{(\mu-\varepsilon)/k_B T}+1} d\varepsilon, \tag{4.2.11}$$

这里，ε_c 和 ε_v 分别是导带底和价带顶的能量，$g_c(\varepsilon)$和 $g_v(\varepsilon)$分别是导带和价带的态密度，μ 为体系的化学势. 当条件

$$\varepsilon_c - \mu \gg k_B T, \quad \mu - \varepsilon_v \gg k_B T \tag{4.2.12}$$

满足时，(4.2.10)及(4.2.11)式过渡到

$$n_c(T) = N_c(T) e^{-(\varepsilon_c-\mu)/k_B T}, \tag{4.2.13}$$

$$p_v(T) = P_v(T) e^{-(\mu-\varepsilon_v)/k_B T}, \tag{4.2.14}$$

其中

$$N_c(T) = \int_{\varepsilon_c}^{\infty} g_c(\varepsilon) e^{-(\varepsilon-\varepsilon_c)/k_B T} d\varepsilon, \tag{4.2.15}$$

$$P_v(T) = \int_{-\infty}^{\varepsilon_v} g_v(\varepsilon) e^{-(\varepsilon_v-\varepsilon)/k_B T} d\varepsilon \tag{4.2.16}$$

是温度 T 的缓变函数. 从(4.2.9)，(4.2.13)及(4.2.14)式，可得

$$\mu = \frac{\varepsilon_c+\varepsilon_v}{2} + \frac{1}{2} k_B T \ln \frac{P_v}{N_c}. \tag{4.2.17}$$

$T=0$ 时，$\mu=\frac{1}{2}(\varepsilon_c+\varepsilon_v)$，精确地在禁带的中间. $T\neq 0$ 时，由于 $\ln(P_v/N_c)$ 的数量级约为 1，化学势位置的改变不超过 $k_B T$ 的量级. 常常习惯上也把半导体的化学势称为费米能级，标记为 ε_F. 但与金属不同，这里并没有单电子能级在费米能级上，它也不是将占据态和非占据态分开的唯一能量.

对于实际的本征半导体，在低温或室温下，ε_g 均远大于 $k_B T$，因而条件(4.2.12)总能满足. (4.2.10)及(4.2.11)式中分布函数的分母中可只保留指数项，从而过渡到经典的玻尔兹曼分布函数，导带中的电子和价带中的空穴遵从经典统计规则，是

非简并的(nondegenerate),相应的半导体称为非简并半导体. 同时,由于 $\varepsilon_g \gg k_B T$,载流子浓度(n_c 或 p_v)亦很低. 如 Si,$\varepsilon_g = 1.12$ eV,室温附近 n_c 约 $10^{10}/\text{cm}^3$. 在这方面与金属中高浓度($n \sim 10^{22}/\text{cm}^3$)、高度简并的电子气体十分不同.

从能带论的角度,绝缘体和半导体的差别在于,对绝缘体而言,满带和空带之间的带隙要大得多(图 4.3(c)). 当 $\varepsilon_g \gg 5$ eV 时,0 K 以上仍为绝缘体. 在后面的章节中,还会讲到由于电子间的强关联,或结构上的强无序造成的绝缘体,相对于此,常把在单电子近似,能带论图像下的绝缘体称为能带绝缘体(band insulator).

4.2.5 恒定磁场作用下电子的准经典运动

只有恒定的均匀磁场存在时,半经典方程为

$$\dot{\boldsymbol{r}} = \boldsymbol{v}(\boldsymbol{k}) = \frac{1}{\hbar}\nabla_k \varepsilon(\boldsymbol{k}), \tag{4.2.18}$$

$$\hbar\dot{\boldsymbol{k}} = (-e)\boldsymbol{v}(\boldsymbol{k}) \times \boldsymbol{B}. \tag{4.2.19}$$

易于看出,在 k 空间中,波矢 $\boldsymbol{k}$ 的变化总是

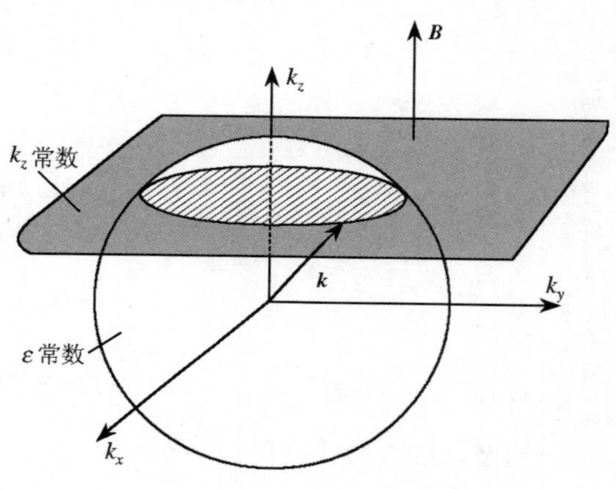

图 4.4 磁场作用下电子在 k 空间的运动轨道

(1) 垂直于 $\boldsymbol{B}$ 的方向. 假定 $\boldsymbol{B}$ 在 z 方向,从(4.2.19)得$\hbar\dot{\boldsymbol{k}} \cdot \boldsymbol{B} = 0$,即 $\mathrm{d}k_z/\mathrm{d}t = 0$,$k_z$ 保持为常量.

(2) 垂直于 $\boldsymbol{v}$ 的方向,即$\hbar\dot{\boldsymbol{k}} \cdot \boldsymbol{v}(\boldsymbol{k}) = 0$. 由(4.2.18)式,可见这相当于 $\mathrm{d}\varepsilon(\boldsymbol{k})/\mathrm{d}t = 0$.

因此,电子总是沿着垂直于 $\boldsymbol{B}$ 的平面和等能面的交线运动. 对于自由电子,等能面为球形,轨道为圆,如图 4.4 所示. 如电子不受散射,圆周运动的周期(为简单,取 $k_z = 0$,结果与此无关)

$$T = \frac{\oint \mathrm{d}k}{\mathrm{d}k/\mathrm{d}t} = \frac{2\pi\hbar k}{evB} = \frac{2\pi m}{eB}, \tag{4.2.20}$$

角频率为

$$\omega_c = \frac{2\pi}{T} = \frac{eB}{m}, \tag{4.2.21}$$

通常称为回旋频率(cyclotron frequency). 对于布洛赫电子,闭合轨道并非一定是圆形,形式上可写成

$$\omega_c = \frac{eB}{m_c^*}, \tag{4.2.22}$$

其中 m_c^* 称为回旋有效质量(cyclotron effective mass). 类似于(4.2.20)式,并用(4.2.19)式,有

$$T(\varepsilon,k_z) = \frac{2\pi}{\omega_c} = \oint \frac{\mathrm{d}k}{|\dot{\boldsymbol{k}}|} = \frac{\hbar}{eB}\oint \frac{\mathrm{d}k}{|\boldsymbol{v}_\perp|}, \tag{4.2.23}$$

其中 $\boldsymbol{v}_\perp$ 是电子速度在磁场垂直方向的分量. 假定 $\boldsymbol{\Delta}(\boldsymbol{k})$ 是在轨道平面上在 $\boldsymbol{k}$ 点与轨道垂直并连接 $\boldsymbol{k}$ 点和同一平面上能量为 $\varepsilon+\Delta\varepsilon$ 的等能轨道的矢量(图 4.5), 由于 $\boldsymbol{\Delta}(\boldsymbol{k})$ 和 $\boldsymbol{v}_\perp$ 在同一方向, 由(4.2.18)式得

$$\Delta\varepsilon = \hbar\,|\boldsymbol{v}_\perp|\,\boldsymbol{\Delta}(\boldsymbol{k}), \tag{4.2.24}$$

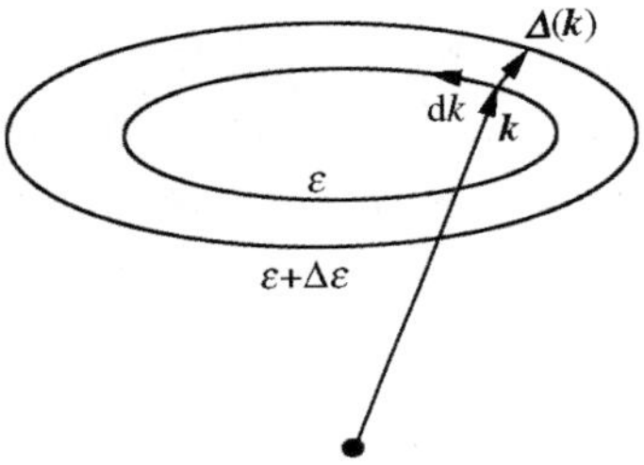

(4.2.23)可改写成

$$\frac{2\pi}{\omega_c} = \frac{\hbar^2}{eB}\oint \frac{\Delta(\boldsymbol{k})\,\mathrm{d}k}{\Delta\varepsilon} = \frac{\hbar^2}{eB}\frac{\partial}{\partial\varepsilon}A(\varepsilon,k_z) \tag{4.2.25}$$

图 4.5 能量为 ε 和 ε+Δε 的两条轨道. 图中标出了 dk 和 $\boldsymbol{\Delta}(\boldsymbol{k})$

$A(\varepsilon,k_z)$是用 ε,k_z 标记的轨道在 k 空间所围的面积,而$\oint\Delta(\boldsymbol{k})\mathrm{d}k$ 正是 $A(\varepsilon+\Delta\varepsilon,k_z)-A(\varepsilon,k_z)$. 与(4.2.22)式相比,

$$m_c^* = \frac{\hbar^2}{2\pi}\frac{\partial}{\partial\varepsilon}A(\varepsilon,k_z). \tag{4.2.26}$$

m_c^* 与 4.1.3 小节引入的 m^* 不一定相同,m_c^* 是一个轨道的性质,并不单纯地只与一个特定的电子态相关联.

用磁场方向的单位矢量 $\hat{\boldsymbol{B}}$ 叉乘(4.2.19)式两边,可得

$$\frac{\mathrm{d}}{\mathrm{d}t}\boldsymbol{r}_\perp = -\frac{\hbar}{eB}\hat{\boldsymbol{B}}\times\frac{\mathrm{d}}{\mathrm{d}t}\boldsymbol{k}, \tag{4.2.27}$$

其中 $\boldsymbol{r}_\perp$ 是电子在实空间位置矢量在垂直磁场方向的投影. 积分后得

$$\boldsymbol{r}_\perp(t)-\boldsymbol{r}_\perp(0) = -\frac{\hbar}{eB}\hat{\boldsymbol{B}}\times[\boldsymbol{k}(t)-\boldsymbol{k}(0)]. \tag{4.2.28}$$

因此,电子在实空间的轨道可由在 k 空间的轨道绕磁场轴旋转 90°,并乘以因子 $\hbar/eB$ 得到. 如电子在 k 空间做回旋运动,则在实空间亦做回旋运动,磁场越强,轨道半径越小.

沿磁场方向(z 方向),有

$$z(t) = z(0) + \int_0^t v_z(t)\,\mathrm{d}t, \quad v_z = \frac{1}{\hbar}\frac{\partial\varepsilon}{\partial k_z}, \tag{4.2.29}$$

对自由电子，v_z 为常数，沿磁场方向作匀速直线运动. 对布洛赫电子，尽管 k_z 固定，但 v_z 未必一定不变，运动不一定是匀速的.

4.3 费米面的测量

金属材料中的物理过程，主要由费米面附近电子的行为决定，因此，费米面的实验测定无疑是十分重要的，同时也为以单电子近似出发的能带结构计算提供了实验的检验. 有关费米面几何的知识，主要来源于基于德哈斯-范阿尔芬效应(de Haas-van Alphen effect)的实验，这是本节讨论的重点.

在 1.8 节结尾处曾提到，当外加磁场强到 $\omega_c\tau\gg1$ 时需要用量子力学处理. 这里更进一步涉及在晶格周期场中的布洛赫电子，严格地应从薛定谔方程(4.1.10)出发(取 $\phi=0$)讨论. 由于求解的困难，本节先给出磁场中自由电子的结果，这些结果可在标准的量子力学教科书中找到，然后推广到布洛赫电子的情形.

4.3.1 均匀磁场中的自由电子

对于边长为 L，分别平行于 x,y,z 轴的立方体中的电子，在沿 z 方向加有均匀磁场 B，并略去电子自旋和磁场的相互作用的情形下，求解相应的薛定谔方程，得到本征能量由量子数 ν 和 k_z 决定，

$$\varepsilon(k_z,\nu)=\frac{\hbar^2}{2m}k_z^2+\left(\nu+\frac{1}{2}\right)\hbar\omega_c,\quad \nu=0,1,2,\cdots \tag{4.3.1}$$

其中，ω_c 为 4.2.5 小节中提到的回旋频率，

$$\omega_c=\frac{eB}{m}, \tag{4.3.2}$$

k_z 取值与无磁场时相同(1.1.16 式)，

$$k_z=\frac{2\pi}{L}n_z,\quad n_z\text{ 为整数}. \tag{4.3.3}$$

这是合理的，因为电子沿磁场方向(z 方向)运动，洛伦兹力为零，能量并不改变. 这一量子力学问题，最早由朗道(L. D. Landau)在 1930 年解决，文献上因此将磁场中以$\hbar\omega_c$ 为单位量子化的能级称为朗道能级(Landau level).

在垂直于磁场的方向，无磁场时的动能$\hbar^2(k_x^2+k_y^2)/2m$，按(4.3.1)式将以$\hbar\omega_c$ 为单位量子化，简并到朗道能级$\left(\nu+\frac{1}{2}\right)\hbar\omega_c$ 上. 这样，在 k 空间中，许可态的代表点将简并到朗道管(Landau tube)上，其截面为朗道环(Landau ring)，如图 4.6 所示.

相邻两个朗道环间的面积为

$$\Delta A=\pi\Delta(k_x^2+k_y^2)=\frac{2\pi m\Delta\varepsilon}{\hbar^2}=\frac{2\pi m\hbar\omega_c}{\hbar^2}=\frac{2\pi eB}{\hbar},\tag{4.3.4}$$

是一个正比于外加磁场 B 的常量. 在 k_z 固定的平面中,态密度为 $L^2/4\pi^2$,在磁场未强到自旋简并解除的情形,每个朗道能级,或朗道环上的简并度为

$$p=\frac{2e}{h}BL^2.\tag{4.3.5}$$

在 1 T 磁场下,对于 $L=1$ cm 的样品,简并度约为 10^{11},每个朗道能级都是高度简并的.

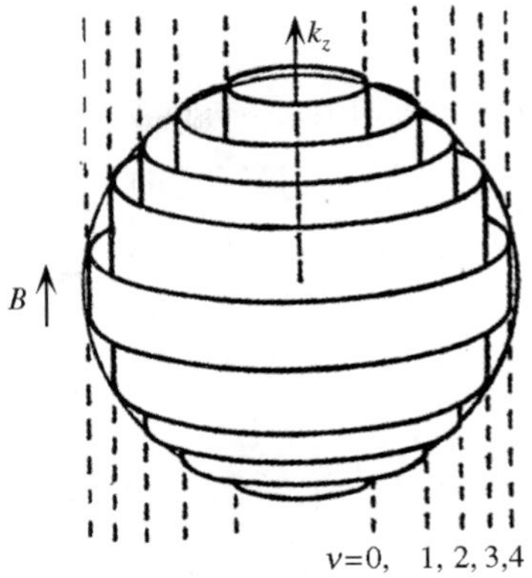

图 4.6 自由电子气有球形费米面. 在强场中,占据态简并到朗道管上

4.3.2 布洛赫电子的轨道量子化

金属的 ε_F 约数个 eV 的数量级,在 1 T 磁场下,$\hbar\omega_c$ 约 10^{-4} eV 大小,相应的朗道能级量子数 ν 约 10^4,属高量子数情形. L. Onsager(1952 年)和 E. M. Lifshitz(也许更早一些)独立地建议,对布洛赫电子,按照量子力学和经典力学的对应原理,此时仍可采用老的量子理论处理,即电子的闭合轨道将按玻尔-索末菲条件,即

$$\oint \boldsymbol{p}\cdot \mathrm{d}\boldsymbol{r}=(\nu+\gamma)2\pi\hbar\tag{4.3.6}$$

量子化,其中 ν 为整数,$\gamma(0\leqslant\gamma\leqslant1)$是一相位常数,自由电子情形为 1/2. 按照半经典模型的精神,(4.3.6)式中的 $\boldsymbol{p}$ 应取为电子的正则动量,除(4.1.19)式给出的 $\boldsymbol{p}=\hbar\boldsymbol{k}$ 外,还应有磁场的贡献,即

$$\boldsymbol{p}=\hbar\boldsymbol{k}-e\boldsymbol{A}.\tag{4.3.7}$$

对(4.2.19)式做积分处理,并注意 $\boldsymbol{B}$ 在 z 方向,有

$$\hbar\boldsymbol{k}=-e(\boldsymbol{r}\times\boldsymbol{B})=-e(y\hat{x}-x\hat{y})B.\tag{4.3.8}$$

这相当于

$$\nabla\times\hbar\boldsymbol{k}=2e\boldsymbol{B}.\tag{4.3.9}$$

由于$\nabla\times\boldsymbol{A}=\boldsymbol{B}$,因此(4.3.6)可化成为

$$\oint(\hbar\boldsymbol{k}-e\boldsymbol{A})\cdot\mathrm{d}\boldsymbol{r}=\iint e\boldsymbol{B}\cdot\mathrm{d}\boldsymbol{S}=eBA_r,\tag{4.3.10}$$

其中 A_r 是电子轨道在实空间所围的面积. 对比(4.3.6)式得

$$A_r=\frac{2\pi\hbar}{eB}(\nu+\gamma).\tag{4.3.11}$$

从(4.2.28)式知,A_r 和电子轨道在 k 空间所围面积 $A_\nu(k_z)$相差因子$(eB/\hbar)^2$,因而

$$A_{\nu}(k_z) = \frac{2\pi eB}{\hbar}(\nu + \gamma), \tag{4.3.12}$$

即闭合轨道在 k 空间所围面积与自由电子情况的(4.3.4)式相同,仍然是以 $2\pi eB/\hbar$ 为单位量子化的.

将(4.2.25)中 $\partial A(\varepsilon, k_z)/\partial\varepsilon$ 取为

$$[A_{\nu+1}(k_z) - A_{\nu}(k_z)]/[\varepsilon_{\nu+1}(k_z) - \varepsilon_{\nu}(k_z)],$$

并用(4.3.12)式,有

$$\varepsilon_{\nu+1}(k_z) - \varepsilon_{\nu}(k_z) = \hbar\omega_c, \tag{4.3.13}$$

即相邻闭合轨道能量差为普朗克常数与在该轨道上半经典运动回旋频率的乘积.

4.3.3　德哈斯-范阿尔芬效应

1930 年德哈斯(W. J. de Haas)和范阿尔芬(P. M. van Alphen)在 14.2 K 测铋金属单晶样品的高磁场磁化率,发现磁化率随磁场的改变而振荡;1939 年 D. Shoenberg 做了更仔细的测量,结果表明温度下降时振荡幅度急剧增加(图 4.7).到 1960 年左右,已对很多金属仔细地做了这类测量,逐渐发展成研究费米面的有效工具.这种振荡具有明显的规则性,如果对磁场的倒数 $1/B$ 作图,可以清晰地看到磁化率周期性变化,有时可有两个或多个周期叠加在一起.

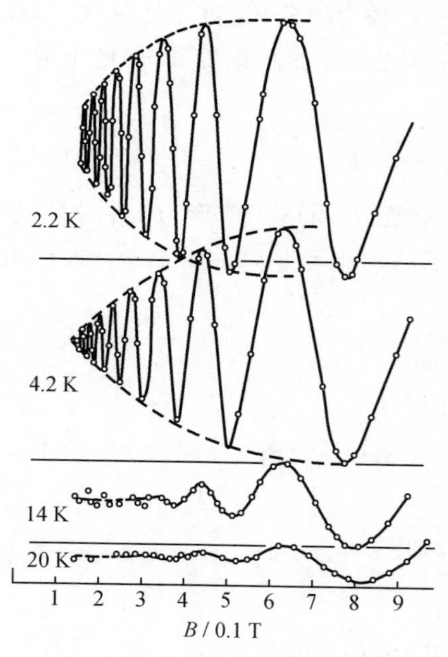

图 4.7　几个温度下铋单晶样品德哈斯-范阿尔芬效应的测量结果

(引自 D. Shoenberg. Proc. R. Soc. A170(1939),341)

由于体系的磁矩 M 和体系自由能 F 的关系为

$$M(B) = -\frac{\partial F}{\partial B}, \tag{4.3.14}$$

因此,磁化率 $\chi = \mu_0 M/B$ 随磁场的振荡,依赖于自由能随磁场的变化关系.为简单起见,讨论 $T=0$ 情形.假如费米能 ε_F 恰好在两个朗道能级之间(图 4.8(a)),电子体系的总能量将低于零外磁场情况,相当于费米能附近的每个电子能量降低约 $\frac{1}{2}\hbar\omega_c$.外场 B 增加时,按(4.3.12)式,朗道能级包围的面积加大,填有电子的最上一朗道能级向费米能靠近(图 4.8(b)),体系能量逐渐增加到极大.朗道能级通过费米能 ε_F 后,体系能量逐渐下降,在 ε_F 处在两个朗道能级正中间

时达到极小.由此,电子体系的能量周期性变化,其周期由(4.3.12)式取 $A_\nu(k_z)=A(\varepsilon_F,k_z)$决定.当同时考虑多个朗道管的贡献时,它们和费米面交线所围面积不同,或等价地,对一特定的朗道管,磁场增加时,朗道管扩大,和费米面交线所围面积也在改变.事实上,当朗道管与费米面的交线仅在管上向上或向下移动时,体系能量几乎没有变化,仅当整个朗道管完全通过费米面时,如刚刚分析过的(图 4.8),体系能量才有明显的改变.因此,决定周期的是费米面上的极端轨道(extremal orbit)所围的面积.当磁场沿 z 方向,极端轨道由条件

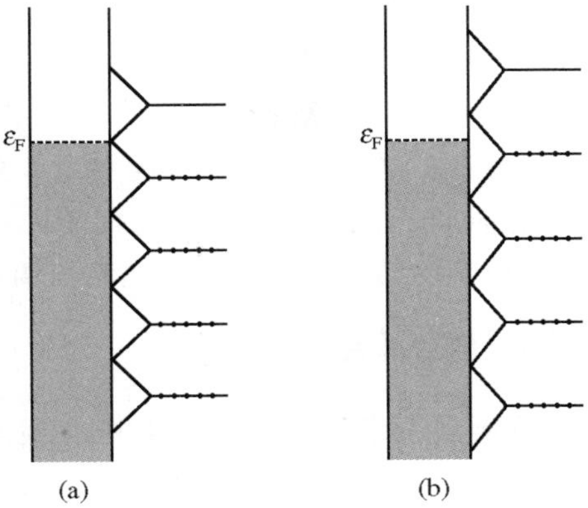

$$\frac{\partial A(\varepsilon_F,k_z)}{\partial k_z}=0 \tag{4.3.15}$$

决定,即相应截面积或为极大,或为极小,统一记做 $A_e(\varepsilon_F,k_z)$.由此,德哈斯-范阿尔芬效应的振荡周期为

$$\Delta\left(\frac{1}{B}\right)=\frac{2\pi e}{\hbar}\frac{1}{A_e(\varepsilon_F,k_z)}. \tag{4.3.16}$$

(a) (b)

图 4.8 朗道能级填充状况随磁场的变化从(a)到(b),磁场 B 加大,填有电子的最高朗道能级向费米能靠近图中还显示出零外场下准连续的单电子能级向朗道能级的简并

这样,改变磁场的方向,可得到费米面所有的极端截面积,从而构造出费米面实际的形状.实际上,在某一方向可能有不止一个极端轨道,或不止一个带部分填满,情况要复杂很多.参照能带结构近似计算的结果,有助于对所得数据的理解.

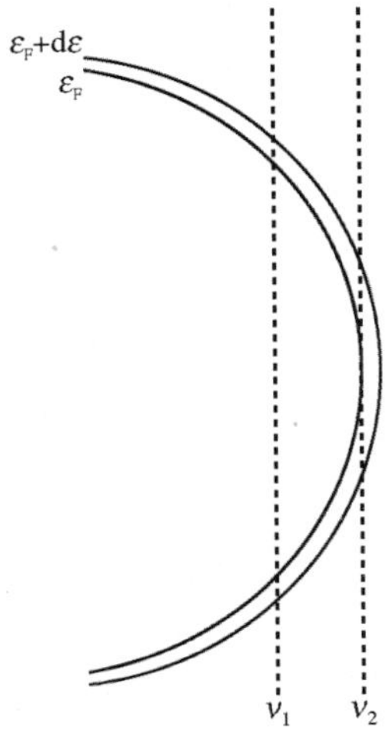

类似于对体系能量的讨论,可以考察每个朗道管对费米面附近态密度 $g(\varepsilon_F)\mathrm{d}\varepsilon$ 的贡献.这比例于朗道管在等能面 ε_F 和 $\varepsilon_F+\mathrm{d}\varepsilon$ 之间的部分.从图 4.9 可见,当能量 ε_F 的极端轨道在朗道管上时,管上对 $g(\varepsilon_F)\mathrm{d}\varepsilon$ 有贡献的部分大大增加.这导致态密度,从而一些与此有关的物理量随磁场的振荡,其中电导率的振荡称为 de Haas-Shubnikov 效应,常用于样品室中没有足够的空间设置磁化率测量线圈的情形.

图 4.9 极端轨道不在朗道管上(ν_1)与在朗道管上(ν_2)的对照

在非零温度,金属的物理性质决定于 ε_F 附近 k_BT

范围内电子的贡献,如这个范围宽到使(4.3.16)式中极端截面积不够确定,则 $1/B$ 振荡的结构会被抹平.一般要求 $k_{B}T$ 小于相邻朗道管间的能量间隔,即

$$k_{B}T < \hbar\omega_{c}. \tag{4.3.17}$$

对于自由电子气体,磁场为 1 T 的数量级时,要求温度低到几个 K.同时,为了有长的弛豫时间 τ,从而有很确定的回旋频率 ω_{c},样品要是单晶,且很纯,没有应变.当然,要使实验结果与确定的极端截面相对应,样品必须是单晶.

4.3.4 回旋共振方法

在金属费米面的实验研究中,回旋共振(cyclotron resonance)是一个常用的方法.在平行于金属表面的外加磁场 B 作用下,电子做回旋运动,频率为 ω_{c}(图 4.10),同时在表面加频率为 ω 的高频电磁场,电子仅当进入厚度为 δ 的高频电磁场穿透层时,才能受到交变场的作用.当

$$\omega = n\omega_{c}, \quad n = 1, 2, 3, \cdots \tag{4.3.18}$$

时,发生共振.一般是固定 ω,改变 B,直到满足共振条件,由此定 ω_{c},并按(4.2.25)式,得到 $\partial A/\partial\varepsilon$.

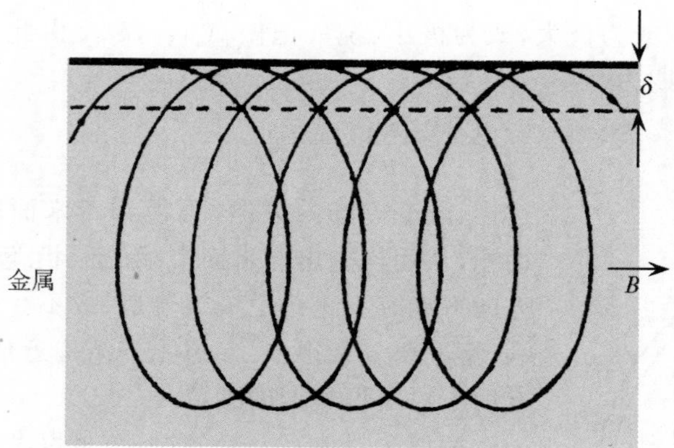

图 4.10 当磁场平行于金属表面时,电子回旋运动进入表面穿透层

与 4.3.3 小节类似,费米面上不同处的电子,可有不同的 ω_{c},但支配共振吸收的是极端轨道.

此外,传统的费米面研究手段还有超声吸收,反常趋肤效应等方法.

4.4 用光电子谱术研究能带结构

光电子谱术(photoemission spectropy)是研究物质电子结构的重要手段,其实质是将一单色光入射到样品上,同时测量光发射电子的能量分布,由此获得样品内

离子实芯能级上电子和价电子束缚能的信息. 已往常按光源的种类进一步加以区分. 用 X 射线作为光源,光子能量$\hbar\omega\gtrsim 1$ keV,称做 X 射线光电子谱术(X-ray Photoemission Spectropy,简称 XPS),它能探测芯电子的束缚能,并作元素分析. 另外芯电子的束缚能受"化学位移"的影响,而"化学位移"本身可给出原子化学态的信息,在化学分析中有广泛应用. X 射线源常采用 Mg K_α 发射 (~1254 eV)和 Al K_α 发射(~1486 eV). 入射光为紫外光,$\hbar\omega\lesssim 40$ eV,称为紫外光电子谱术(Ultraviolet Photoemission Spectropy,简称 UPS). 常用氦灯作为光源(He Ⅰ: $\hbar\omega=21.22$ eV, He Ⅱ: $\hbar\omega=40.8$ eV). 同步辐射源的应用,由于光子能量从几个 eV 到几个千 eV 能量连续可调,极大地拓宽了光电子谱术的应用范围. 本节将简要地介绍用光电子谱实验对固体能带结构的研究.

4.4.1 态密度分布曲线

用已知能量为$\hbar\omega$ 的光束照射样品,可导致离子实中芯能级上及价带中电子的光发射. 光电子谱实验测量这些光电子动能的分布. 按照能量守恒的原则,光电子的动能 ε_{kin} 由下式给出:

$$\varepsilon_{\text{kin}} = \hbar\omega - \varepsilon_{\text{B}} - \phi. \tag{4.4.1}$$

如图 4.11 所示,其中 ϕ 是晶体的功函数(work function),这是真空能级和费米能级的能量差,是电子离开样品需要克服的表面能量势垒的高度,一般在 2~5 eV 的数量级. ε_{B} 是电子的结合能,一般相对于费米能量计算,并取正值. 由图可立即看出光电子谱的功效,与晶体中电子能带对应的是一宽的连续谱. 由于费米能 ε_{F} 以上的态,没有或很少电子占据,相应的光电子强度陡降,称为费米截止(Fermi cut-off). 因此,实验提供了一个直接测量电子态密度的方法,同时,还可得到有关离子实芯电子能级和表面吸附态等的信息.

对于光电子的激发过程,多认为由相继的三步构成:

(1) 光激发,将电子从能量为 $\varepsilon_{\text{i}}(\boldsymbol{k})$的初态,激发到非占据的终态 $\varepsilon_{\text{f}}(\boldsymbol{k})$,有

$$\varepsilon_{\text{f}}(\boldsymbol{k}) - \varepsilon_{\text{i}}(\boldsymbol{k}) = \hbar\omega. \tag{4.4.2}$$

在 UPS 能量范围内,光子波长在 30 nm 以上,远大于晶格常数,其动量可以忽略. 因此,在 k 空间中,光激发电子从初态到终态的跃迁是垂直跃迁(图 4.13),波矢 $\boldsymbol{k}$ 守恒.

(2) 光激发电子从终态传输到样品表面.

(3) 逃离表面.

这一看法,常称为三步模型(three-step model). 第一步的跃迁概率比例于跃迁矩阵元绝对值的平方$|H'_{\text{fi}}|^2$,一般在传统能带论的基础上计算. 因此,这一模型也

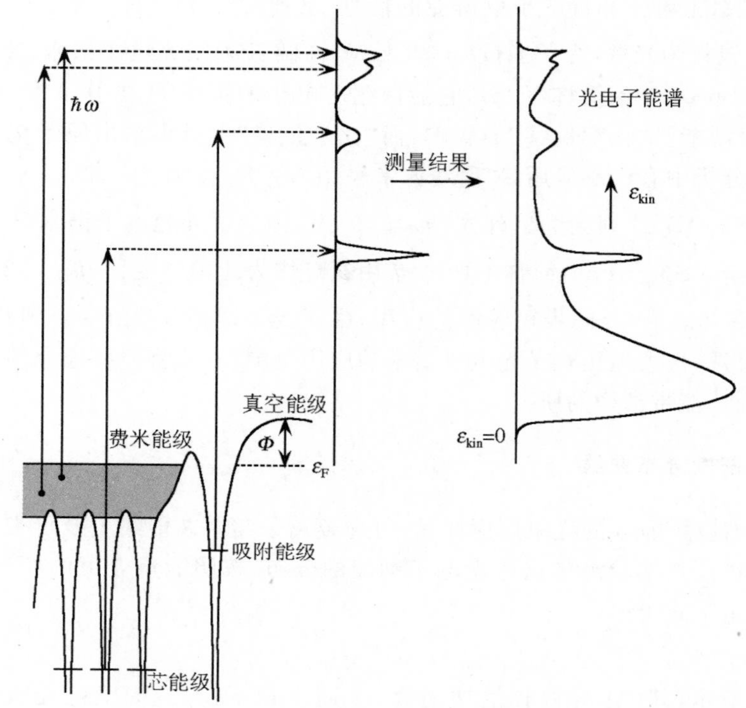

图 4.11　光电子谱术原理示意

常称为三步体能带结构模型(three-step bulk band structure model).

按照三步模型,实验得到的光电子能量分布谱线同时涉及初态及终态,从态密度的角度,严格说应更接近于初态和终态联合态密度的能量分布曲线.但是,人们通常认为当入射光子能量足够高,如大于 35 eV 时,实验谱线主要反映了初态的态密度分布曲线.粗略地可认为这源于光电子的末态波函数类似于平面波,可很好地用自由电子气体模型近似,态密度变化十分平缓.图 4.12 给出金价带的光电子能谱,d 带在费米能 ε_F 以下 -2 至 -8 eV 处,和理论计算得到的态密度曲线很接近.从 ε_F 到 -2 eV,光电子发射的强度低,这来源于金的 s 带.

图 4.11 测量得到的光电子谱中在低能量处达到峰值、缓变的本底,来源于受到非弹性散射、能量发生变化的光电子.由于光电子非弹性散射的平均自由程很短,仅受弹性散射、提供有用信息的光电子来自样品表层(1～1.5 nm),实验对样品表面要求很高,一般要维持在超高真空(约 133×10^{-11} Pa)条件下,且对样品的制备要极为小心.同时在实验结果的解释上,也要注意到表面电子结构和体内可能的差异.

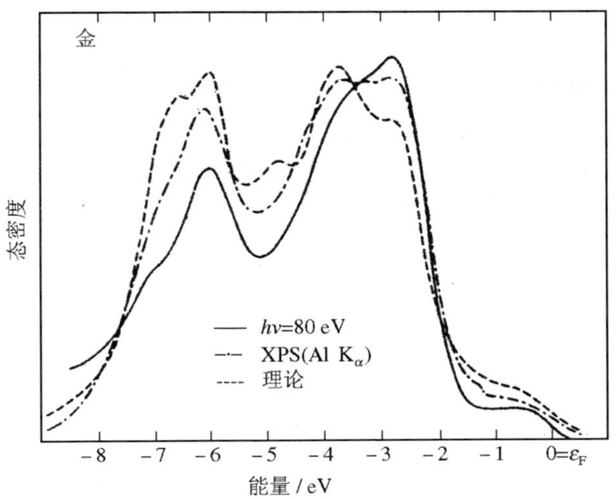

图 4.12 金的光电子谱以及态密度的理论计算结果
(引自 D. E. Eastman, in Proc. of the Ⅳ Int. Conf. on Vacuum Ultraviolet Radiation Physics, E. E. Koch et al., eds., Pergaman-Vieweg, pp. 417—449, 1975)

4.4.2 角分辨光电子谱测定 $\varepsilon_n(\boldsymbol{k})$

在研究晶体能带结构 $\varepsilon_n(\boldsymbol{k})$方面,最重要的手段是角分辨光电子谱(Angle-Resolved Photoemission Spectropy)实验,简称 ARPES. ARPES 是对单晶样品表面被打出的光电子,用角分辨的电子能量分析探测器进行测量的方法. 这一想法最早在 1964 年提出,从 1970 年代中期实际用以确定能带结构,到 1980 年代初,逐渐发展成一成熟的实验手段.

下面以近自由电子金属铝为例加以说明. 前面讲到,由于光子动量可以忽略,在第一步的跃迁过程中,电子的晶体动量守恒,在简约布里渊区图式中

$$\boldsymbol{k}_{\mathrm{f}} = \boldsymbol{k}_{\mathrm{i}} \tag{4.4.3}$$

是垂直跃迁. 角分辨光电子谱实验一个简单的做法是只收集垂直样品表面发射的光电子. 由于在 k 空间中,总有一倒格矢与实空间中一组晶面垂直(2.4.3 小节),因此,这种做法可研究 k 空间中特定方向的能带结构. 铝的晶格结构为面心立方,倒格子为体心立方,第一布里渊区为截角正八面体. 如所研究的晶面为(100)面,并将与表面垂直的方向定义为 z 轴,则 $\boldsymbol{k}_{\mathrm{i}}$ 限制在$\frac{2\pi}{a}(00\bar{1})-\frac{2\pi}{a}(001)$以内,$a$ 为立方单胞边长. 从图 3.7(b)看,在 Δ 轴方向(从 Γ 到 X 点),角分辨光电子谱收集到的

光电子动量为 $\boldsymbol{k}_i+\boldsymbol{G}_h$，$\boldsymbol{G}_h$ 在 z 方向. 与此有关的空晶格能带，如图 4.13 所示，仅为图 3.8 的一部分. 图中还给出了 $\hbar\omega=52$ eV 所涉及的垂直跃迁，初态为占据态，在费米能级 ε_F 以下约 10 eV 处，终态要有同样的约化波矢，与初态的能量间隔为光子能量. 从图 4.13 还可看出，当光子能量再增加时，跃迁发生的 k 值增加，初态能量向费米能靠近. 光子能量减小时，k 值降低，初态能量远离 ε_F. 在 Γ 点处，垂直跃迁相应的光子能量为 $\hbar\omega=[\hbar^2/2m]\cdot[2(2\pi/a)]^2=37$ eV，初态束缚能达到极大. 光子能量减小到 37 eV 以下，随着能量的进一步减小，初态能量将再回过来向费米能级靠近. 由于在光电子发射过程中，光电子在通过表面势垒时要传递给晶体一定的垂直方向的动量，垂直于表面的动量并不精确守恒，仅平行分量守恒. 这种观察到的束缚能的极值与布里渊区中高对称点的对应，可用以准确地定出相应的 $\boldsymbol{k}$ 值，作为确定能带结构的参考点.

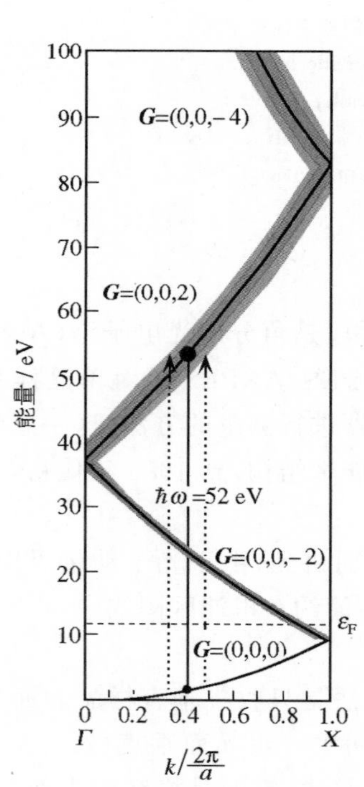

图 4.13　金属铝沿 ΓX 方向的空晶格能带. 图中并给出末态能量的不确定以及对观察到的峰宽的影响

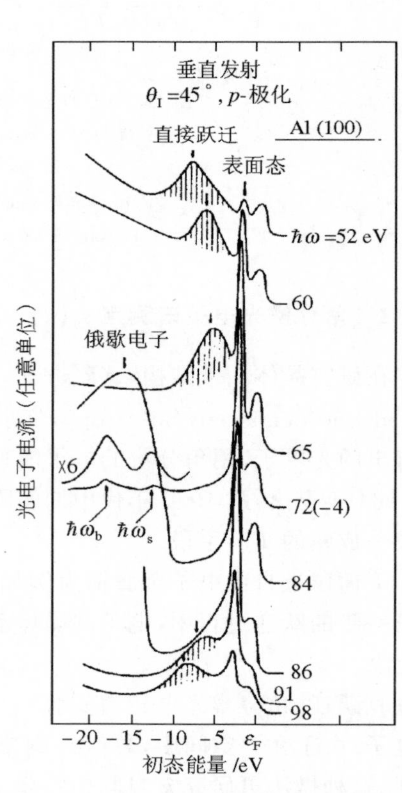

图 4.14　垂直铝(100)面得到的角分辨光电子谱(引自 H. J. Levinson et al. Phys. Rev. B27 (1983) 727)

图 4.14 给出采用不同光子能量实验得到的光电子谱. 横坐标是初态能量 ε_i，与(4.4.1)式中的 $-\varepsilon_B$ 相当，因而

$$\varepsilon_i=\varepsilon_{kin}+\phi-\hbar\omega. \tag{4.4.4}$$

由于光电子强度比例于 $|H'_{fi}|^2$，垂直跃迁与光电子谱中画斜线的峰对应. 峰有一定的宽度，除实验测量方面的原因外，主要来源于被激发的电子在终态上有限寿命导致的能量展宽，图 4.13 上用虚线箭头表示了这对观察到的峰宽的影响. 比较 $\hbar\omega=52, 60$ 和 65 eV 的谱线，可明显地看到 $\hbar\omega$ 增加时，垂直跃迁峰向费米能级的靠近. 对更高的光子能量(91，98 eV)，峰远离费米能级. 如4.4.1小节所述，实际的谱线还包括其他过程的贡献，除背景发射外，还有在 −2.75 eV 处与表面态对应的峰等，这也是在 72～86 eV 段垂直跃迁难于分辨的原因.

从图 4.14 的原始结果，可得到与不同的 $\hbar\omega$ 相应的 ε_i 值. 一般讲，无须做进一步的数据分析，已能提供不少有关能带结构，如带宽、带隙大小等的信息. 为得到沿 Δ 轴占据态的 $\varepsilon(\boldsymbol{k})$ 关系，还需要确定每个 ε_i 对应的 k 值. 常用的方法是假定终态能带是近自由电子的，弱周期势的选取使在 ε_i 取极值处与实验结果一致. 用类似方法得到的铝在 ΓX 方向的 $\varepsilon(\boldsymbol{k})$ 函数见图 4.15. 图中还同时给出空晶格能带和拟合费米面数据得到的近自由电子能带的 $\varepsilon(\boldsymbol{k})$ 函数作为比较. 可以看出，将铝看成是近自由电子金属基本上是正确的. 如果用近自由电子 $\varepsilon=\hbar k^2/2m^*$ 拟合，得到 $m^*=1.1m$. 同时，占据态能带的带宽也要比近自由电子带宽小 1.2 eV. 光电子谱的结果也给出在近布里渊区边界处(X 点)，$\varepsilon(\boldsymbol{k})$ 函数呈抛物线形式，并在 X 点处有宽为 1.68 eV 的能隙存在，这一数值和由费米面测量得到的一致. 但具体的位置，计算出来的能隙离 ε_F 要远 0.5 eV.

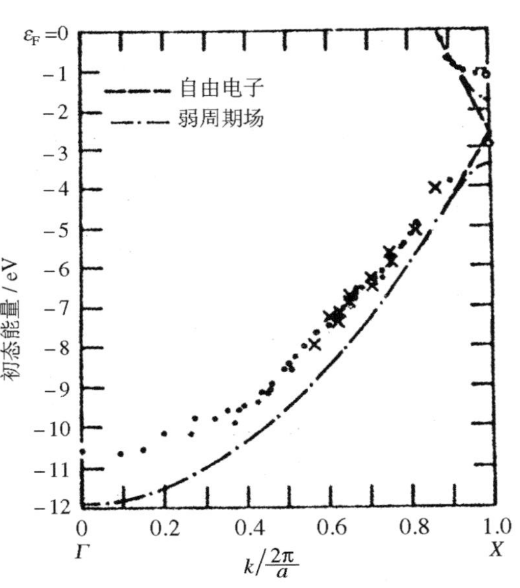

图 4.15　金属铝在 ΓX 方向的 $\varepsilon(\boldsymbol{k})$，虚线表示自由电子(空晶格近似)情形，点画线是拟合费米面数据得到的近自由电子的结果

(引自 H. J. Levinson et al. Phys. Rev. B27 (1983), 727)

在接收器能分辨自旋向上和向下两个不同取向时，可以对铁磁材料的能带结构进行研究. 以同步辐射为光源的光电子谱是一个范围很广发展很快的领域. 进一

步的了解可参阅有关的评述文章.

有关角分辨光电子谱,特别是改变收集发射光子的角度以控制在 k 空间中研究路线的部分,这里就从略了.

4.5 一些金属元素的能带结构

本节将简单讲述一些金属元素能带结构的主要特点,以便对其物理性质有更好的了解.

4.5.1 简单金属

简单金属是指价电子仅来源于 s 壳层和 p 壳层的金属.共同的特点是对其价电子的行为,近自由电子是很好的近似.

一价碱金属 Li,Na,K,Rb 和 Cs,均为体心立方结构,价电子是一个 s 电子.形成固体时,s 态展宽成能带,半满占据,是为金属.实验测量表明,其费米面非常接近理想的球形.对于 Na,K,偏离仅在千分之一左右.在所有金属中,碱金属是唯一的费米面完全在一个布里渊区内,且近似为球形的金属,是避开能带结构带来的各种复杂性,研究金属中电子行为极有价值的对象.

立方晶系的二价金属 Ca,Sr(fcc),Ba(bcc),每个原胞有两个 s 价电子.由于费米球和第一布里渊区等体积,因而如图 3.12 所示,和区界面相交.这些元素为金属,表明晶格周期场在区界面处产生的能隙并未大到使价电子刚好填满一个能带,全部在第一布里渊区内,而是有一部分填到第二区下一个能带中,形成电子袋.

对于六角密堆积结构的二价金属 Be,Mg,Zn,Cd,每个原胞有 2 个原子,共 4 个价电子.由于在第一布里渊区六角面上结构因子为零,弱周期场在此不产生带隙.仅当考虑二级效应,如自旋轨道耦合时才能解除简并.从这一角度,Be 由于自旋轨道耦合最弱,情况最简单.这些金属的费米面可由作自由电子球,考虑被布里渊区边界切割,并将高布里渊区部分移到第一布里渊区得到.会有一些奇怪的形状.如 3.5.2 小节中提到的空穴宝冠、电子雪茄等.

三价金属 Al 有面心立方结构,价电子为 $3s^2 3p^1$,共 3 个.在 3.4.3 小节图 3.9 中,给出了 Al 的能带结构计算结果和空晶格能带的比较.在 4.4.2 小节中讲述了用角分辨光电子谱研究的结果.这些结果表明 Al 的价电子的行为与近自由电子十分接近.按3.5.2 小节费米面的构造方式,费米面应到达第四布里渊区,实际上由于弱周期场导致的带隙的出现,第四区中的电子袋并不存在.

三价金属 In,有面心立方结构,但沿一立方轴稍有拉长,它的费米面相对于 Al 言应稍有不同.Tl 是六角密堆积结构中最重的金属,有最强的自旋轨道耦合,费米面类似自由电子球,但在布里渊区边界六角面上有能隙.

用角分辨光电子谱方法对简单金属能带结构的研究,除肯定其近自由电子行为外,也揭示出一些理论与实验不符之处. 如对 Na 占据带的测量给出带宽为 2.5 eV①,小于近自由电子近似得到的 3.2 eV,表明必须考虑多体效应带来的修正.

4.5.2 一价贵金属

包括 Cu,Ag 和 Au,均为面心立方结构. 比较 K 和 Cu 的原子结构,分别是 $[Ar]4s^1$ 和 $[Ar]3d^{10}4s^1$. 差别在于,对贵金属言,s 轨道附近还有 d 轨道. 按紧束缚近似,形成固体时,s 轨道由于交叠积分大,演变成宽的 s 带,d 轨道则因交叠积分小,变成一窄的 d 带. s 带覆盖 d 带(图 4.16),11 个电子将 d 带填满,s 带填了一半. 费米面在 s 带中,但 d 带与 ε_F 离得不远,使波函数和纯的 s 态差别较大. 图 4.12 给出了 Au 的态密度曲线. Cu 的与此类似. 只是 d 带要更窄一些,约从 −2 eV 到 −5 eV. s 带从 −9 eV 一直延伸到 ε_F 以上 7 eV 处.

按近自由电子模型计算,费米面应为球形,完全在第一布里渊区内. k_F 与布里渊区中心到边界最短距 ΓL(图 3.7(b))的比值 $k_F/\Gamma L=0.91$. 但实验测量表明贵金属费米面在 ΓL 方向上有所伸长,并和布里渊区边界接触,因此费米面基本上是自由电子的球形,但有 8 个"脖颈",伸到布里渊区的六边形界面上. 在周期布里渊区图式中,成为许多连通着的球,可导致复杂的输运行为. 尽管如此,仍是除碱金属外,唯一的单带金属.

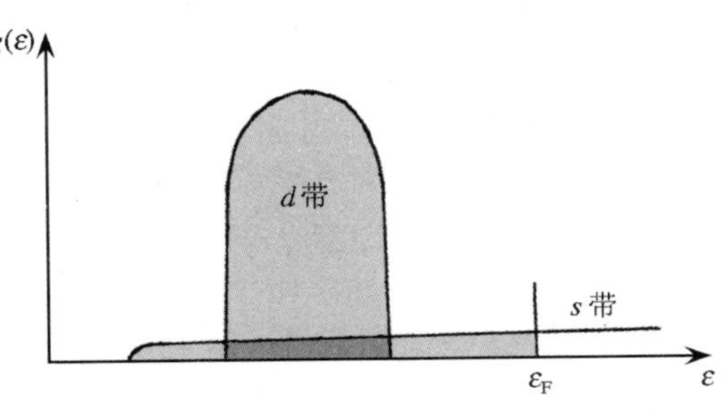

图 4.16 贵金属态密度构成示意

在有关金属光学性质的 1.5 节中,曾提到自由电子气体模型无法解释铜、银和金等具有的特殊金属光泽. 究其原因是模型仅提供了单一的能量吸收机制,即电子和光子间的碰撞,缺乏个体间的重要差异. 对于布洛赫电子,能带的出现提供了另一个不能忽视的机制,即电子可吸收光子能量,跃迁到能量较高的空态.

在涉及贵金属的研究中,常常要记得离 ε_F 不远处(约 2 eV)存在着填满的 d 带. Cu 和 Au 的情形比较单纯,在 2 eV 处光吸收急剧增加,这是 d 带电子吸收光子能量激发到导带的贡献,是它们特有的金属光泽的物理来源. Ag 的情形要复杂

① E. Jensen and E. W. Plummer, Phys. Rev. Lett. 55(1985),1912.

一些，d 带的激发和 $\hbar\omega_p$ 均在 4 eV 附近，导致可见光范围(约 1.6～3 eV)有较均匀的反射率，这是它呈白色的原因.

4.5.3　四价金属和半金属

四价金属 Sn 有两种结构，白锡属体心四方，基元有两个原子，为金属. 灰锡有金刚石结构，为半导体. Pb 与 Al 类似，同为面心立方结构，只是每个原子有 4 个价电子，费米球要更大一些. 第四区的电子袋同样因周期场的存在而消失. 但第三区有两种载流子，电子和空穴，比 Al 复杂一些.

石墨结构的碳和五价元素 As，Sb，Bi 均为半金属(semi- metal). 半金属仍为金属，但载流子浓度要比金属的典型值($10^{22}/cm^3$)小几个数量级.

石墨的布拉维格子是简单六角格子，每个原胞含 4 个碳原子，结构如图 4.17(a)所示. 在与 c 轴垂直的层内，原子呈六角蜂房格子(图 2.1 及图 2.27)排列. 每个碳原子有 4 个价电子. 其中 3 个参与波函数经 sp^2 杂化形成的共价键(7.2 节)，与层内 3 个近邻碳原子键合. 另一价电子处于 $2p_z$ 态，电子云呈哑铃状，轴线(z 轴)沿晶体的 c 轴方向，石墨的导电性来源于 $2p_z$ 态电子云的交叠. 石墨的原子层间靠弱的范德瓦尔斯相互作用结合，层间距 0.335 nm，远大于层内最近邻原子间距 0.142 nm，是典型的层状化合物，电导率等物理性质有很强的各向异性. 在讨论石墨的电子结构和层方向电导率等物性时，粗略地可略去层间相互作用的影响，图 4.17(b)给出用紧束缚近似计算的石墨单层的能带结构，价带和导带仅在第一布里渊区 6 个顶点 $K(K')$处简并. 这里要附带说明的是，对于六角蜂房格子，在实空间的每个原胞中有 2 个不等价的原子(图 2.1 中 A 和 B)，相应的，属于第一布里渊区(倒格子空间的原胞)的不等价的顶点也只有 2 个，可以是图 4.17(b)中的 K 及 K' 点. 在 10.3.4 小节中要用到这一结果. 石墨的多层结构仅有次要的影响. 石墨的载流子浓度约为 $n_e=n_h=3\times10^{18}/cm^3$，为半金属. 将碱金属、氧化物等插入石墨的层间，形成各种插层化合物是从基础到应用均引人注目的研究领域.

元素 As，Sb，Bi 晶格结构相同，均有三角布拉维格子. 基元包括 2 个原子，因而有 10 个价电子，本应为绝缘体，但能带的少许交叠使它们有少量的载流子. As，Sb，Bi 的载流子浓度分别约为 $2\times10^{20}/cm^3$，$5\times10^{19}/cm^3$ 和 $3\times10^{17}/cm^3$，和第一章中基于其价电子数的计算值相去甚远. 半金属有较高的电阻率. 由于有效质量的减小，电阻率的增加并不只与载流子浓度的减小有关. 少量载流子在 k 空间形成小的电子袋或空穴袋，意味着费米能处小的态密度，因而电子比热也远低于自由电子气数值.

4.5.4　过渡族金属和稀土金属

过渡族金属元素，原子的 d 壳层是未满的. 在周期表中一共有 3 族，处在 d 壳

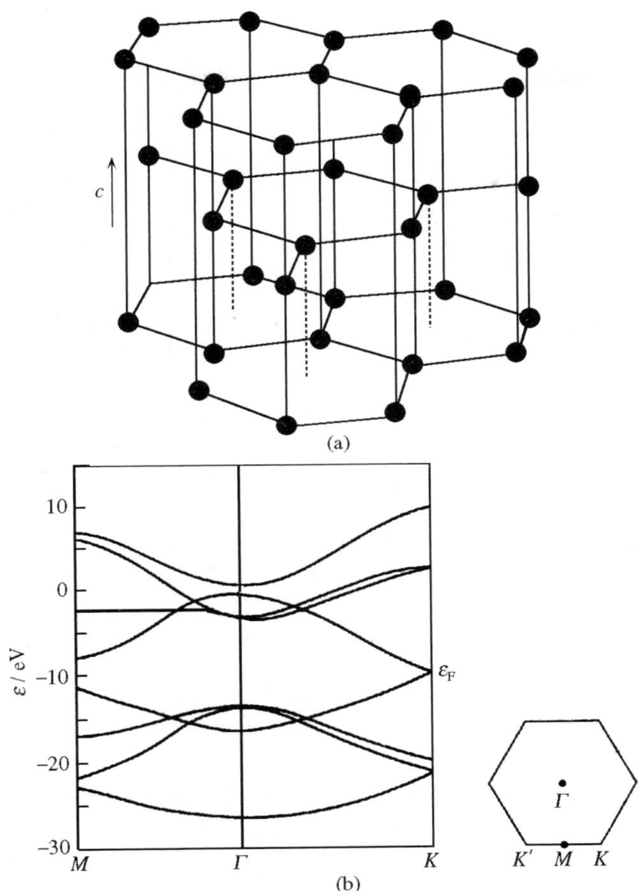

图 4.17 (a) 石墨晶格结构示意;(b) 石墨单层的能带结构

层全空的碱土金属(Ca,Sr,Ba)和 d 壳层全满的贵金属(Cu,Ag,Au)之间. d 电子一般比较紧的,但并不是完全地束缚在离子实上,在对其能带的了解方面,简单地可用紧束缚近似作为出发点. d 带要容纳每个原子 10 个价电子,且带宽较窄(约 5 ± 2 eV),因而有高的平均态密度,比简单金属高约 5 至 10 倍. 由于它由 5 个相互交叠的窄带构成,态密度有强的起落变化. 和图 4.16 所示贵金属情形不同,过渡族金属的费米面在 d 带中,其性质在相当程度上由 d 电子所支配.

d 带态密度的特点,反映在不同的物理性质上. 如电子比热比例于费米面上的态密度(1.2.2 小节). 表 1.2 中数据表明,过渡族金属的电子比热确实远高于简单金属,且从一个元素到另一个元素,有较大的起落变化. 图 4.18 给出从电子比热得到的态密度,更形象地表现出这一特性.

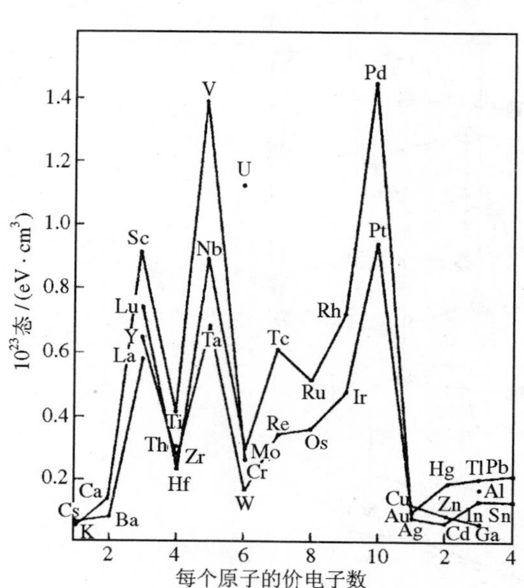

图 4.18　从电子比热测量得到的态密度

（引自 G. Gladstone et al. in Superconductivity, vol. 2, R. D. Parks, ed., New York: M. Dekker, 1969, p. 493）

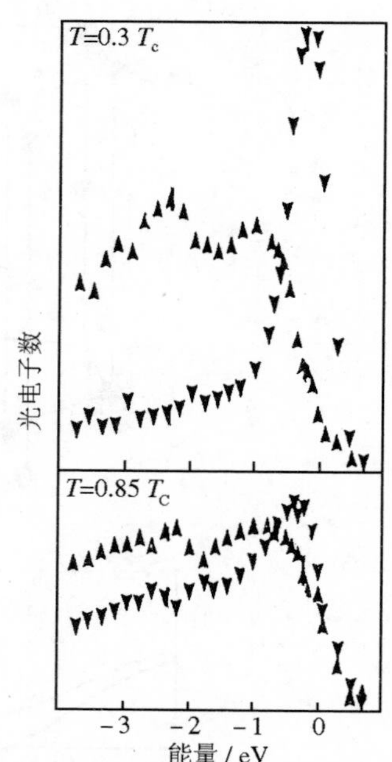

图 4.19　Fe(100)面自旋极化角分辨光电子谱

▲为自旋向上的电子　▼为自旋向下的电子

（引自 E. Kisker et al. Phys. Rev. B31 (1985), 329）

过渡族金属的研究常因部分填满的 d 壳层导致令人注目的磁性而变得复杂，其中 Fe，Co，Ni 具有铁磁性，而 Cr 和 Mn 表现出反铁磁性. 图 4.19 给出 Fe{100} 表面自旋极化角分辨光电子谱的结果. 光电子数目大体比例于占据态的能态密度. 可见在铁磁材料中，实际上 d 带可分成两组，一组对应于自旋取向向上的多数态电子，另一组对应于自旋取向向下的少数态电子. 在温度远低于居里点 T_C 时，前者远多于后者，材料有净的磁化强度. 当温度趋于居里点 T_C 时，自旋向上、向下两条谱线的结构渐趋模糊，曲线下的面积也渐趋相等，铁磁性逐渐减弱，并在 T_C 以上消失.

d 电子的行为实际上比较复杂. 既不像自由电子，又不像芯电子，具有居中的特性. 其行为往往是巡游性与高度局域化的结合. 常常难于协调这两个特性，而过多的强调某一方面.

稀土金属典型的原子位形是[Xe]$4f^n5d^{(1\text{ or }0)}6s^2$，特点是有未满的 $4f$ 壳层，从 La，$4f^05d^16s^2$ 开始，到 Lu，$4f^{14}5d^16s^2$ 结束. 它们可有多种晶体结构，室温下多见的是六角密堆积结构.

图 4.20 给出稀土金属原子电子电荷密度的分布. $4f$ 壳层的轨道半径很小，

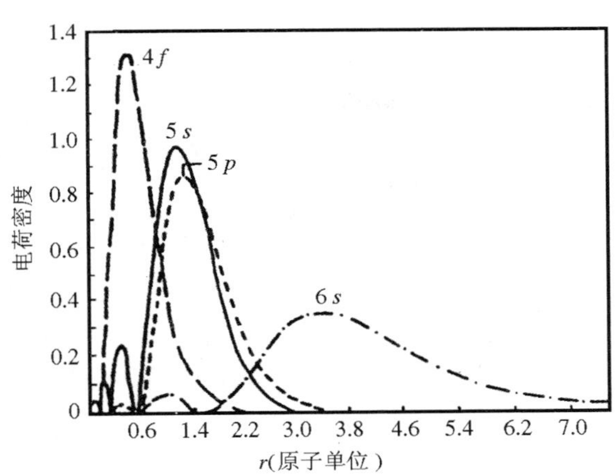

图 4.20 稀土金属原子中电子电荷密度的分布(大多数无 5d 电子)

大约是 $5d$ 和 $6s$ 壳层决定的原子半径的 1/4～1/5. 在形成金属时，通常的处理是 $5d$，$6s$ 电子退局域形成导带. 价电子数与其标称化学价相等. 除 Eu，Yb 一般为 2 价，Ce 有时为 4 价外，其他元素均为 3 价. $4f^n$ 电子基本保持孤立原子时的状态，近邻原子的 $4f$ 波函数几乎不发生重叠，$4f$ 态的能量远在 ε_F 之下，并未混入导带，传导电子和 $4f$ 电子可分开来处理. 未满的 $4f$ 壳层，使稀土离子具有磁矩. 稀土金属原子磁矩非常接近于其离子的或自由原子的磁矩，也是 $4f$ 电子具有类原子特征的证明.

实际上，这一图像有时过于简单，例如在含稀土元素的混价(mixed valence)系统中，情况就很不相同. 在这类系统中，稀土离子有两种不同的价位形，如 Ce 的 $4f^0$ 和 $4f^1$，两者能量差很小，并接近费米能级，这时可发生 f 电子从 $4f^1$ 态跳到导带留下 $4f^0$ 态，或反过来，费米能级附近的一个导带电子跳到 $4f^0$ 态，使之变为 $4f^1$ 态. 这一过程，使 Ce 的两种价态 $4f^0$(+4 价)与 $4f^1$(+3 价)发生混合，表现出介于+3 和+4 之间的非整数价态. 上述过程也可看成电子在两种价态之间的量子涨落，因而也称为价涨落(valence fluctuation)现象.

稀土元素化学性质相近，难于得到纯的样品，长期以来，影响着能带结构的实验测定，和对能带结构计算结果可信度的判断. 现在样品制备逐步得到解决，实验提供的信息鼓励人们做更精确的理论计算. 怎样处理 $4f$ 电子，以及它与导带电子的交互作用是人们关注的重要问题.

第五章　晶格振动

到目前为止,我们主要关注电子的运动.对于晶体中的离子实,仅在第二章中讨论了它们的几何结构.本章主要讨论晶格的动力学,即晶体中离子实或原子围绕其平衡位置的振动,以及这种振动对固体性质的影响.

静止晶格的模型,从前面的章节看,在解释金属主要由导电电子决定的平衡态性质和输运性质方面,相当成功.但要对金属进一步的了解,以及对绝缘体哪怕是最基本的了解,都需要对离子实的运动加以考虑.例如,在理想周期势中运动的电子不受散射,相应的电导和热导趋于无穷.实际上,离子实围绕其平衡位置的热振动导致晶格对理想周期性的偏离,是金属中电子所受散射的主要来源,导致金属电导率随温度的变化(第六章).对于绝缘体,除非提供足够的能量,使最高满带顶的电子越过带隙激发到空带中,否则,它是电惰性的.因此,如果不考虑晶格的振动,将无法解释绝缘体丰富多样的物理性质.

在第三章的前言中已给出体系的总哈密顿量(3.0.1式),写为

$$\hat{H} = \hat{H}_{\mathrm{e}} + \hat{T}_{\mathrm{n}} + V_{nn}(\boldsymbol{R}) + V_{\mathrm{en}}(\boldsymbol{r},\boldsymbol{R}) - V_{\mathrm{en}}(\boldsymbol{r},\boldsymbol{R}_n), \tag{5.0.1}$$

其中,$\boldsymbol{r}$ 代表所有价电子的坐标,$\boldsymbol{R}$ 代表所有离子实的坐标,$\boldsymbol{R}_n$ 是相应的平衡位置.式中 $\hat{H}_{\mathrm{e}}$ 的定义与(3.0.3)式同,简写为

$$\hat{H}_{\mathrm{e}} = \hat{T}_{\mathrm{e}} + V_{\mathrm{ee}}(\boldsymbol{r}) + V_{\mathrm{en}}(\boldsymbol{r},\boldsymbol{R}_n). \tag{5.0.2}$$

按照绝热近似的精神,系统总的波函数应写成电子部分 $\psi(\boldsymbol{r},\boldsymbol{R}_n)$ 和离子实部分 $\chi(\boldsymbol{R})$的乘积,即

$$\Psi(\boldsymbol{r},\boldsymbol{R}) = \psi(\boldsymbol{r},\boldsymbol{R}_n)\chi(\boldsymbol{R}). \tag{5.0.3}$$

代入薛定谔方程

$$\hat{H}\Psi(\boldsymbol{r},\boldsymbol{R}) = \mathscr{E}\Psi(\boldsymbol{r},\boldsymbol{R}), \tag{5.0.4}$$

左乘 $\psi^*(\boldsymbol{r},\boldsymbol{R}_n)$,并对电子坐标积分,得

$$\left\{\hat{T}_{\mathrm{n}} + V_{nn}(\boldsymbol{R}) + \mathscr{E}^{\mathrm{e}} + \int \psi^*(\boldsymbol{r},\boldsymbol{R}_n)\left[V_{\mathrm{en}}(\boldsymbol{r},\boldsymbol{R}) - V_{\mathrm{en}}(\boldsymbol{r},\boldsymbol{R}_n)\right]\psi(\boldsymbol{r},\boldsymbol{R}_n)\mathrm{d}\boldsymbol{r}\right\}\chi(\boldsymbol{R}) = \mathscr{E}\chi(\boldsymbol{R}), \tag{5.0.5}$$

其中 $\mathscr{E}^{\mathrm{e}}$是电子系统哈密顿量 $\hat{H}_{\mathrm{e}}$ 的本征值.

将体系的总能量写成电子部分 $\mathscr{E}^{\mathrm{e}}$和离子实部分 $\mathscr{E}^{\mathrm{n}}$之和,即

$$\mathscr{E} = \mathscr{E}^{\mathrm{e}} + \mathscr{E}^{\mathrm{n}}, \tag{5.0.6}$$

则从(5.0.5)式可得到离子实部分,即晶格的薛定谔方程,

$$[T_{\mathrm{n}}+V(\boldsymbol{R})]\chi(\boldsymbol{R})=\mathscr{E}^{\mathrm{n}}\chi(\boldsymbol{R}), \tag{5.0.7}$$

其中，

$$V(\boldsymbol{R})=V_{nm}(\boldsymbol{R})+\int\psi^{*}(\boldsymbol{r},\boldsymbol{R}_n)[V_{\mathrm{en}}(\boldsymbol{r},\boldsymbol{R})-V_{\mathrm{en}}(\boldsymbol{r},\boldsymbol{R}_n)]\psi(\boldsymbol{r},\boldsymbol{R}_n)\mathrm{d}\boldsymbol{r}, \tag{5.0.8}$$

即离子实之间的相互作用势，除去离子实之间直接的库仑相互作用 $V_{nm}(\boldsymbol{R})$ 项外，还有电子的贡献.

求解薛定谔方程(5.0.7)的困难和在能带论中碰到的相同，来源于粒子(这里是离子实)间的相互作用，使之彼此关联，成为一个多体问题. 本章将利用离子实对平衡位置的瞬时偏离很小这一事实，将离子实之间的相互作用能对这种偏离做级数展开，首先只保留第一个非零项(2 次项)，这种做法称为简谐近似(harmonic approximation). 由于简谐近似下的小振动，作为经典力学问题可有精确解，量子力学的处理相当于这种经典运动模式能量的量子化，本章将从简谐晶体的经典运动讨论起(5.1 节)，建立离子实的运动方程，得到晶格振动"简正模"(normal mode)的能量和频率. 在描述这些简正模的色散关系，即能量或频率随波矢的变化时，会再次碰到前几章用过的倒格子、布里渊区等概念和其他一些处理方法，因为所面对的同样是在周期体系中传播的波.

在 5.2 节对简谐晶体的量子力学处理中，将强调引进简正坐标将多体问题化为单体问题的方法，并建立声子(phonon)的概念. 在此基础上，讨论晶格系统的平衡态性质——晶格比热以及相关的近似模型.

有关晶格振动谱的实验测定将在 5.3 节中讲述.

离子实相互作用势对瞬时位移展开式中的高次项，称为非简谐项(anharmonic term). 本章最后，在 5.4 节中将在简谐晶体的基础上，讨论非简谐项带来的物理效应. 主要涉及晶体的热膨胀和热导率.

5.1 简谐晶体的经典运动

在前面的章节中，假定晶体中离子实不动，并有周期性的规则排列，其结构用布拉维格子加基元来描述. 本章将采用更实际的物理图像：

1. 仍然假定晶体中的离子实可用布拉维格子的格矢 $\boldsymbol{R}_n$ 标记，但将 $\boldsymbol{R}_n$ 理解为离子实平均的平衡位置. 原因是，尽管离子实不再静止，但对晶体结构的实验观察表明，布拉维格子依然存在.

2. 离子实围绕其平衡位置做小的振动，其瞬时位置对平衡位置的偏离远小于离子间距. 如本章前言所述，这简化了对晶格振动的理论处理.

5.1.1 简谐近似

假定晶体中离子实或原子(以后简称为原子)任一时刻的位置为

$$\boldsymbol{R}(\boldsymbol{R}_n) = \boldsymbol{R}_n + \boldsymbol{u}(\boldsymbol{R}_n), \tag{5.1.1}$$

其中 $\boldsymbol{u}(\boldsymbol{R}_n)$是对平衡位置 $\boldsymbol{R}_n$ 的偏离.

如果将两个原子之间的相互作用势能写成 $\phi[\boldsymbol{R}(\boldsymbol{R}_n) - \boldsymbol{R}(\boldsymbol{R}_{n'})]$,并考虑到(5.1.1)式,(5.0.7)式中晶体总的势能为

$$V = \frac{1}{2}\sum_{\boldsymbol{R}_n,\boldsymbol{R}_{n'}}{}' \phi[\boldsymbol{R}(\boldsymbol{R}_n) - \boldsymbol{R}(\boldsymbol{R}_{n'})] = \frac{1}{2}\sum_{\boldsymbol{R}_n,\boldsymbol{R}_{n'}}{}' \phi[\boldsymbol{R}_n - \boldsymbol{R}_{n'} + \boldsymbol{u}(\boldsymbol{R}_n) - \boldsymbol{u}(\boldsymbol{R}_{n'})]. \tag{5.1.2}$$

由于$|\boldsymbol{u}(\boldsymbol{R}_n) - \boldsymbol{u}(\boldsymbol{R}_{n'})| \ll |\boldsymbol{R}_n - \boldsymbol{R}_{n'}|$,可将相互作用势能在其平衡值处作泰勒展开,

$$V = \frac{1}{2}\sum_{\boldsymbol{R}_n,\boldsymbol{R}_{n'}}{}' \phi(\boldsymbol{R}_n - \boldsymbol{R}_{n'}) + \frac{1}{2}\sum_{\boldsymbol{R}_n,\boldsymbol{R}_{n'}}{}' [\boldsymbol{u}(\boldsymbol{R}_n) - \boldsymbol{u}(\boldsymbol{R}_{n'})] \cdot \nabla \phi(\boldsymbol{R}_n - \boldsymbol{R}_{n'}) + \frac{1}{4}\sum_{\boldsymbol{R}_n,\boldsymbol{R}_{n'}}{}' \{[\boldsymbol{u}(\boldsymbol{R}_n) - \boldsymbol{u}(\boldsymbol{R}_{n'})] \cdot \nabla\}^2 \phi(\boldsymbol{R}_n - \boldsymbol{R}_{n'}) + \cdots \tag{5.1.3}$$

上式右边第一项,是晶体中每个原子都处在平衡位置时的相互作用能,这是一常数,在讨论动力学问题时通常可略去. 第二项,即位移的线性项,由于原子处在平衡位置对应于相互作用能的极值而消失. 对平衡势能第一个非零的改正项是位移的二次项,在总势能中仅保留这一项称为简谐近似. 在直角坐标系中写成分量的形式为

$$V = \frac{1}{4}\sum_{\substack{\boldsymbol{R}_n\boldsymbol{R}_{n'}\\ \mu,\nu=x,y,z}}{}' \{[u_\mu(\boldsymbol{R}_n) - u_\mu(\boldsymbol{R}_{n'})]\phi_{\mu\nu}(\boldsymbol{R}_n - \boldsymbol{R}_{n'})[u_\nu(\boldsymbol{R}_n) - u_\nu(\boldsymbol{R}_{n'})]\}, \tag{5.1.4}$$

其中

$$\phi_{\mu\nu}(\boldsymbol{r}) = \frac{\partial^2 \phi(\boldsymbol{r})}{\partial r_\mu \partial r_\nu}. \tag{5.1.5}$$

在(5.1.3)式中,对平衡势能的其他改正项,主要是位移的 3 次项,4 次项,称为非简谐项. 对于热传导,热膨胀等物理现象的了解,非简谐项至关重要.

5.1.2 一维单原子链,声学支

尽管相互作用中只保留简谐项的简谐晶体的晶格振动可用经典力学处理,这里,我们还是先研究最简单的每个原胞只有一个原子的一维单原子链,避免三维情形带来的复杂性,更多的注意问题的物理方面.

假定一维单原子链中每个原子的质量为 M,布拉维格子的格矢 $R_n = na$,总长为 $L = Na$,N 为原胞总数,a 为格点间距(图 5.1). 链上任一原子的运动方程为

$$M\ddot{u}(na)=-\frac{\partial V}{\partial u(na)},\tag{5.1.6}$$

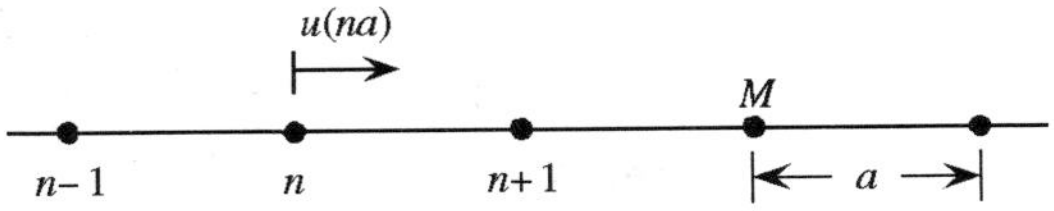

其中 $u(na)$ 为以 na 为中心振动的原子在沿链方向对其平衡位置的偏离.

图 5.1 一维单原子链示意

为简单起见,仅考虑最近邻原子间的相互作用,此时(5.1.4)成为

$$\begin{aligned}V&=\frac{1}{4}\sum_{R_n,R_{n'}}{}'[u(R_n)-u(R_{n'})]^2\phi_{xx}(R_n-R_{n'})\\&=\frac{1}{2}\sum_{n}\beta[u(na)-u((n+1)a)]^2,\end{aligned}\tag{5.1.7}$$

其中 β 按(5.1.5)式为

$$\beta=\phi_{xx}(a)=\frac{\mathrm{d}^2\phi(x)}{\mathrm{d}x^2}.\tag{5.1.8}$$

(5.1.7)式中系数从 1/4 到 1/2 的变化,来源于按后面的求和方式每对近邻的相互作用只计算了一次,而不是两次.

将(5.1.7)式代入(5.1.6)式,运动方程为

$$M\ddot{u}(na)=\beta[u((n+1)a)+u((n-1)a)-2u(na)].\tag{5.1.9}$$

这正是原子之间用力常数为 β 的无质量弹簧连接起来的链的运动方程. 由于原子之间的关联,解应具有波的形式,又由于运动方程具有平移不变性,解应满足布洛赫定理,即每一解均由一特定波矢 $\boldsymbol{q}$ 标记,按(3.1.5)式,使得

$$u(na,t)=\mathrm{e}^{\mathrm{i}qna}u(0,t).\tag{5.1.10}$$

这里,按照习惯将晶格振动的波矢取成 $\boldsymbol{q}$,以和电子的波矢 $\boldsymbol{k}$ 相区别,两者均为同一倒格子空间中的矢量.

解(5.1.10)式意味着各原胞中原子的振幅相等,并有按 $\mathrm{e}^{\mathrm{i}qna}$ 变化的一定的相位关系. 这样,每一确定 q 的解代表波长为 $2\pi/|q|$ 的集体运动,称为格波(lattice wave),也称为晶格振动的一个简正模,或简正模式,令 $u(0,t)$ 取 $A\mathrm{e}^{-\mathrm{i}\omega t}$ 的形式,即

$$u(na,t)=A\mathrm{e}^{\mathrm{i}(qna-\omega t)},\tag{5.1.11}$$

代入运动方程(5.1.9),得

$$\begin{aligned}-M\omega^2A\mathrm{e}^{\mathrm{i}(qna-\omega t)}&=-\beta[2-\mathrm{e}^{-\mathrm{i}qa}-\mathrm{e}^{\mathrm{i}qa}]A\mathrm{e}^{\mathrm{i}(qna-\omega t)}\\&=-2\beta[1-\cos qa]A\mathrm{e}^{\mathrm{i}(qna-\omega t)},\end{aligned}\tag{5.1.12}$$

即对给定的 q,相应的频率为

$$\omega(q)=\sqrt{\frac{2\beta(1-\cos qa)}{M}}=2\sqrt{\frac{\beta}{M}}\left|\sin\frac{1}{2}qa\right|,\tag{5.1.13}$$

这称为格波的色散关系.

q 的取值由边条件定，采用周期性边条件，即

$$u(na) = u(na + Na). \tag{5.1.14}$$

这要求

$$e^{iqNa} = 1, \tag{5.1.15}$$

相当于

$$q = \frac{l}{N}\frac{2\pi}{a}, \quad l \text{ 取整数}. \tag{5.1.16}$$

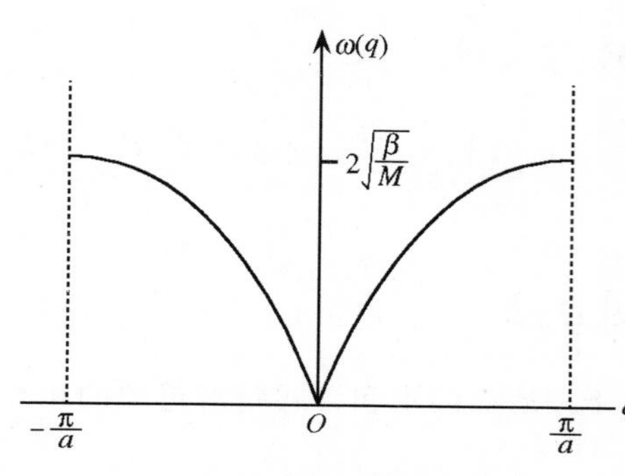

图 5.2　仅考虑最近邻相互作用的单原子链的色散关系

类似于 3.1.2，3.1.3 小节的讨论，在 q 空间中，许可波矢的态密度为 $L/2\pi$，不等价的 q 限制在第一布里渊区中. 由于布里渊区尺度为 $2\pi/a$，从(5.1.16)式，不等价的 q 的数目恰好为晶格原胞数. 图 5.2 在第一布里渊区内给出单原子链的色散关系(5.1.13)式. 最大振动频率为 $\omega = 2(\beta/M)^{1/2}$，在布里渊区边界处，格波的群速度 $d\omega/dq = 0$，相当于受到布拉格反射，形成驻波. 在长波极限下，$qa \ll 1$，(5.1.13)式成为

$$\omega(q) \approx a\sqrt{\frac{\beta}{M}}\,|\,q\,|, \tag{5.1.17}$$

此时链中分立的原子结构可以忽略，色散关系与一维连续弹性介质中的声波或弹性波相同，系数 $a(\beta/M)^{1/2}$ 为声速，因此常把具有 $q\to 0, \omega\to 0$ 的色散关系称为声学支(acoustic branch). 每一组(ω, q)所对应的振动模式也相应地称为声学模(acoustic mode).

5.1.3　一维双原子链，光学支

在上一小节的讨论中，所有的原子是等价的，占据在布拉维格子的格点上，做同样的运动，相近的原子在同一时刻运动方向相同. 对于晶体基元中原子数大于 1 的情形，晶体或由不同种类的原子构成，或同样的原子占据不等价的位置，情况要复杂一些，晶格振动的主要特征可通过对一维双原子链的讨论得到.

图 5.3 所示一维双原子链，基元由质量分别为 M 和 m 的两个原子组成，原胞长仍为 a，链长 $L = Na$，N 为原胞总数. 链上的原子由其所属原胞数 n 及在基元中的序号 $p = 1, 2$ 来标记. 在图 5.3 所示的链中，基元中两原子的位置为 $d_1 = 0, d_2 = a/2$.

与单原子链情形类似，只考虑最近邻相互作用，运动方程为

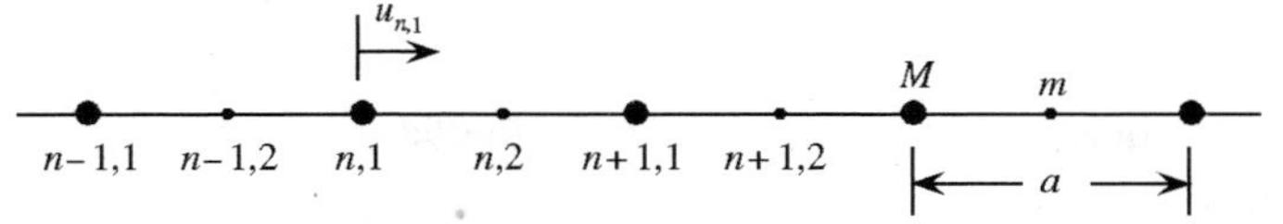

图 5.3 一维双原子链示意

$$\begin{cases} M\ddot{u}_{n,1} = \beta[u_{n,2} + u_{n-1,2} - 2u_{n,1}], \\ m\ddot{u}_{n,2} = \beta[u_{n+1,1} + u_{n,1} - 2u_{n,2}]. \end{cases} \tag{5.1.18}$$

类似于(5.1.10)及(5.1.11)式,取解的形式为

$$\begin{cases} u_{n,1} = A\mathrm{e}^{\mathrm{i}(qna-\omega t)}, \\ u_{n,2} = B\mathrm{e}^{\mathrm{i}(qna-\omega t)}, \end{cases} \tag{5.1.19}$$

代入运动方程(5.1.18)得

$$\begin{cases} (M\omega^2 - 2\beta)A + \beta(1+\mathrm{e}^{-\mathrm{i}qa})B = 0, \\ \beta(1+\mathrm{e}^{\mathrm{i}qa})A + (m\omega^2 - 2\beta)B = 0. \end{cases} \tag{5.1.20}$$

有解条件要求(5.1.20)的系数行列式为零,由此得

$$\omega_{\pm}^2 = \beta\frac{m+M}{mM}\left\{1 \pm \left[1 - \frac{4mM}{(m+M)^2}\sin^2\left(\frac{1}{2}qa\right)\right]^{\frac{1}{2}}\right\}. \tag{5.1.21}$$

式中正弦函数中的 1/2 因子,源于原胞尺寸仍为 a(图 5.3). 与单原子链色散关系(5.1.13)式明显不同之处在于,这里每个波矢 q 对应于两个频率不同的振动模式. 由于不等价的 q 的数目为晶格原胞数 N,因此,双原子链总共有 $2N$ 个不同的振动模式.

(5.1.21)式给出的 $\omega(k)$ 画在图 5.4 中. 其中频率较低的一支(ω_-),与单原子链类似,当 $q\to 0$ 时,

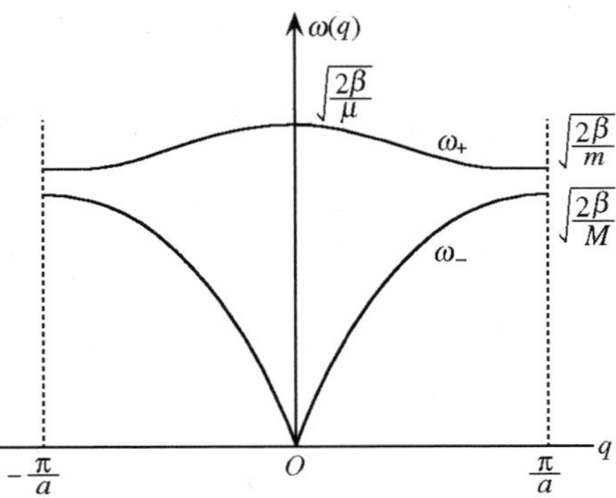

图 5.4 一维双原子链的色散关系

$$\omega \approx a\left(\frac{2\beta}{m+M}\right)^{\frac{1}{2}} |q|, \quad \frac{A}{B} \approx 1, \tag{5.1.22}$$

称为声学支. 当 $m=M$ 时,回到(5.1.17)式单原子链情形.

对于 ω_+ 一支,当 $q\to 0$ 时,

$$\omega \approx \left(\frac{2\beta}{\mu}\right)^{\frac{1}{2}}, \quad \frac{A}{B} \approx -\frac{m}{M}, \tag{5.1.23}$$

ω 近似为常数,与 q 无关,其中

$$\mu \equiv \frac{mM}{m+M}, \tag{5.1.24}$$

称为约化质量(reduced mass). 这一支称为光学支(optic branch). 在声学支中 $A \approx B$,同一原胞中轻重原子运动相位相同,而在光学支中 $MA=-mB$,轻重原子的运动相位相反. 如果质量为 m 和 M 的原子恰好如在离子晶体中那样带相反的电荷,这种运动相当于长波长的振荡电偶极矩,可以和同频率的电磁波有很强的相互作用. 在实际的离子晶体中,导致强烈的远红外光吸收. 这也是 ω_+ 一支得名为光学支的原因.

在第一布里渊区的边界,$q=\pi/a$,

$$\begin{cases} \omega_- = (2\beta/M)^{1/2}, & A/B = \infty, \quad 即\ B = 0, \\ \omega_+ = (2\beta/m)^{1/2}, & A/B = 0, \quad 即\ A = 0, \end{cases} \tag{5.1.25}$$

其中一种原子静止不动,频率由动的原子的质量决定.

5.1.4 三维情形

对于基元含 p 个原子的三维晶体,类似于(5.1.9),(5.1.18)的运动方程数为 $3p$,3 来自于每个原子在空间的运动有 3 个自由度. 相应的格波解有 $3p$ 个,

$$u_{np\alpha} = A_{p\alpha} \mathrm{e}^{\mathrm{i}(\boldsymbol{q}\cdot\boldsymbol{R}_n - \omega t)}, \quad \alpha = x, y, z. \tag{5.1.26}$$

按照周期性边条件,不等价的 $\boldsymbol{q}$ 有 N 个,N 为晶体的原胞数,总的不等价的振动模式数为 $3pN$ 个,与体系总的自由度数相等. $\boldsymbol{q}$ 的取值,与(3.1.24)式类似:

$$\boldsymbol{q} = \frac{l_1}{N_1}\boldsymbol{b}_1 + \frac{l_2}{N_2}\boldsymbol{b}_2 + \frac{l_3}{N_3}\boldsymbol{b}_3, \quad -\frac{N_i}{2} < l_i \leqslant \frac{N_i}{2}, \quad i = 1,2,3, \tag{5.1.27}$$

其中 N_1, N_2, N_3 为晶体在 3 个方向上的原胞数,$N=N_1N_2N_3$,$\boldsymbol{b}_i$ $(i=1,2,3)$为相应倒格子的基矢,l_i 取整数. 在 q 空间许可态的态密度同样为

$$\frac{1}{\Delta \boldsymbol{q}} = \frac{V}{8\pi^3}, \tag{5.1.28}$$

V 为晶体的体积.

对于 $p=1$ 的简单晶格,与一维单原子链类似,只有声学支. 不同处在于,在一维单原子链中,只有 1 个自由度,相应于 1 个声学支,原子振动的方向与波传播的方向一致,称为纵声学支(Longitudinal Acoustic branch,简写为 LA). 现在除去纵波外,还可有两个原子振动方向与波传播方向垂直的横声学支(Transverse Acoustic branch,简写为 TA)存在. 由于对纵模和横模,原子间相互作用的力常数不同,LA 和 TA 通常并不简并. 对于单原子链,或实际晶体在某些对称方向,两支 TA 是简并的.

对于 $p>1$ 的复式晶格,类似于双原子链,除声学支外还有光学支,在 $q=0$ 处有非零的振动频率 ω. 自然除去纵光学支(Longitudinal Optic branch,简写为 LO)

外,还有横光学支(Transverse Optic branch,简写为 TO). 在 $3p$ 支中,除 3 个声学支外,其余 $3p-3$ 支均为光学支.

图 5.5 给出硅的格波谱,硅为金刚石结构,每个原胞含两个原子,$p=2$,除声学支外,还有光学支. 在图中所示的方向,TA 和 TO 都是两重简并的.

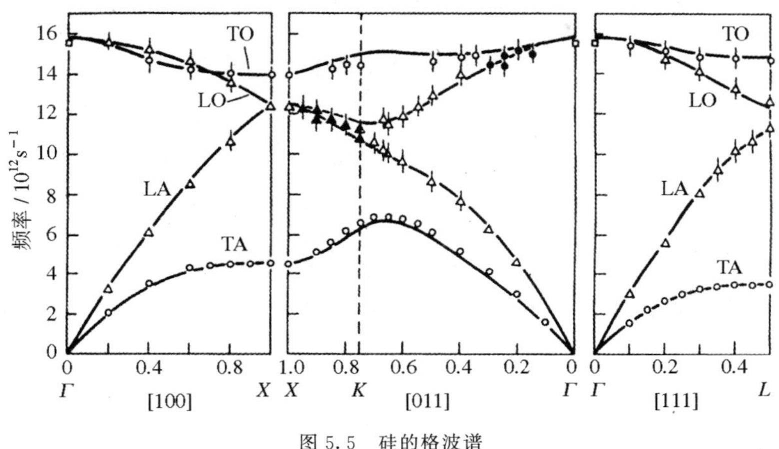

图 5.5 硅的格波谱

格波作为在周期晶格中传播的波和在第三章能带论中讨论的电子有很多相似之处. 类似于能带,这里同样存在许可的频率以及声学波和光学波之间禁止的频率. 由于晶格的对称性,类似于3.4.3小节中讨论的 $\varepsilon_n(\boldsymbol{k})$ 的对称性,这里同样有

$$\omega(\boldsymbol{q}) = \omega(\boldsymbol{q}+\boldsymbol{G}_{\mathrm{h}}), \tag{5.1.29}$$

相差倒格矢 $\boldsymbol{G}_{\mathrm{h}}$ 的波矢是等价的,倒格子空间的每一原胞包含同样的信息;

$$\omega(\boldsymbol{q}) = \omega(\alpha\boldsymbol{q}), \tag{5.1.30}$$

α 代表晶体所属点群的任一操作;以及

$$\omega(\boldsymbol{q}) = \omega(-\boldsymbol{q}), \tag{5.1.31}$$

即相反方向传播的波有相同的色散关系,这源于过程的时间反演对称性. 这些对称关系易于理解,这里就不另外证明了.

5.2 简谐晶体的量子理论

5.2.1 简正坐标

按照(5.0.7)和(5.1.4)式,简谐晶体晶格振动部分的哈密顿量为

$$H = \frac{1}{2M}\sum_{\substack{\boldsymbol{R}_n\\ \mu}} P_\mu(\boldsymbol{R}_n)P_\mu(\boldsymbol{R}_n) + \frac{1}{4}\sum_{\substack{\boldsymbol{R}_n,\boldsymbol{R}_{n'}\\ \mu,\nu}}{}' \{[u_\mu(\boldsymbol{R}_n) - u_\mu(\boldsymbol{R}_{n'})]$$

$$\times \phi_{\mu\nu}(\boldsymbol{R}_n - \boldsymbol{R}_{n'})[u_\nu(\boldsymbol{R}_n) - u_\nu(\boldsymbol{R}_{n'})]\}. \tag{5.2.1}$$

求解相应薛定谔方程的困难在于势能项中原子间的相互关联.处理这类多体问题的一个标准做法是设法找到一个正交变换,将 $3N$ 个原子位移坐标 $u_\mu(\boldsymbol{R}_n)$ 变换到 $3N$ 个简正坐标(normal coordinate) Q_j, $j=1,2,\cdots,3N$,从而使(5.2.1)的哈密顿量写成

$$H = \sum_{j=1}^{3N} H(Q_j) \tag{5.2.2}$$

的形式,将多体问题化解成单体问题.

为简单起见,以一维单原子链为例,只考虑近邻相互作用,参照(5.1.7)式,其哈密顿量为

$$H = \frac{1}{2M}\sum_{R_n} P(R_n)P(R_n) + \frac{1}{4}\beta \sum_{R_n, R_{n'}}{}' [u(R_n) - u(R_{n'})]^2, \tag{5.2.3}$$

已知其晶格振动由简正模表示,易于找到相应的简正坐标.位置在 R_n 处原子 t 时刻的总位移为

$$u(R_n, t) = \frac{1}{\sqrt{NM}}\sum_q Q_q \mathrm{e}^{\mathrm{i}qR_n}, \tag{5.2.4}$$

其中

$$Q_q = \sqrt{NM} A_q \mathrm{e}^{-\mathrm{i}\omega t} \tag{5.2.5}$$

为所要的简正坐标.由于位移 $u(R_n, t)$ 为实量,附加条件

$$Q_q^* = Q_{-q}. \tag{5.2.6}$$

对于(5.2.3)式中的动能项

$$T = \frac{1}{2}M\sum_{R_n}\dot{u}(R_n)\dot{u}(R_n) = \frac{1}{2}\sum_{q,q'}\dot{Q}_q\dot{Q}_{q'}\delta_{q',-q} = \frac{1}{2}\sum_q \dot{Q}_q^*\dot{Q}_q, \tag{5.2.7}$$

其中利用了(5.2.6)式,以及当波矢限制在一个布里渊区内时,

$$\frac{1}{N}\sum_{R_n}\mathrm{e}^{\mathrm{i}(q-q')R_n} = \delta_{q',q}. \tag{5.2.8}$$

类似地,可得到势能项

$$V = \frac{\beta}{M}\sum_q Q_q^* Q_q(1-\cos qa). \tag{5.2.9}$$

由动能和势能公式可写出拉格朗日函数 $L=T-V$,求出 Q_q 的正则动量

$$P_q = \frac{\partial L}{\partial \dot{Q}_q} = \dot{Q}_q^*. \tag{5.2.10}$$

这样,哈密顿量(5.2.3)可写成

$$H = \frac{1}{2}\sum_q [P_q^* P_q + \omega^2(q) Q_q^* Q_q], \tag{5.2.11}$$

且

$$M\omega^2(q)=2\beta(1-\cos qa). \tag{5.2.12}$$

至此,采用简正坐标,哈密顿量(5.2.3)已表示为 N 个独立项之和.由(5.2.11)式可得

$$\dot{P}_q=-\frac{\partial H}{\partial Q_q}=-\omega^2(q)Q_q^*. \tag{5.2.13}$$

因而简正坐标 Q_q 满足的方程为

$$\ddot{Q}_q+\omega^2(q)Q_q=0. \tag{5.2.14}$$

这正是频率为 $\omega(q)$ 的谐振子的运动方程.由于(5.2.12)式的限制,$\omega(q)$ 和 5.1.2 小节给出的结果相同,有同样的色散关系.对于三维情形,同样可借助简正坐标,将由 N 个相互耦合关联的原子组成的晶格的振动转化为 $3N$ 个独立的谐振子的简谐振动.

利用正交条件(5.2.8),作(5.2.4)式的逆变换,得

$$Q_q=\sqrt{\frac{M}{N}}\sum_{R_n}u(R_n,t)\mathrm{e}^{-\mathrm{i}qR_n}, \tag{5.2.15}$$

简正坐标 Q_q 与 $u(R_n,t)$ 不同,不再只和个别的原子相联系,而是代表 N 个原子的集体运动,是一种集体坐标(collective coordinate).

5.2.2 声子

将(5.2.11)式中的 P_q,Q_q 看成是算符,即可过渡到对晶格振动的量子力学处理.但从(5.2.6)及(5.2.10)式可见,(5.2.11)式实际上是

$$\hat{H}=\frac{1}{2}\sum_q[P_{-q}P_q+\omega^2(q)Q_{-q}Q_q], \tag{5.2.16}$$

仍有 q 项和 $-q$ 项的混杂,并不完全对应于量子力学中简谐振子的哈密顿量.

严格的处理,需要通过线性变换引进新的算符,使哈密顿量成为不含 q 与 $-q$ 交叉项的对角形式.这可在一般的固体理论教科书中查到.但其结果易于理解,相当于简正坐标运动方程(5.2.14)描述的简谐振子能量以 $\hbar\omega(q)$ 为单位的量子化.一维单原子链晶格振动的总能量为

$$\mathscr{E}=\sum_q\left(n_q+\frac{1}{2}\right)\hbar\omega(q),\quad n_q=0,1,2,\cdots \tag{5.2.17}$$

不等价 q 的取值数为 N,等于原胞数.

对于三维情形,总能同样为所有简正模能量之和

$$\mathscr{E}=\sum_{\boldsymbol{q}s}\left(n_{\boldsymbol{q}s}+\frac{1}{2}\right)\hbar\omega_s(\boldsymbol{q}),\quad n_{\boldsymbol{q}s}=0,1,2,\cdots \tag{5.2.18}$$

$\boldsymbol{q}$ 的取值为原胞数 N,$s=1,2,\cdots,3p$,p 为晶格基元中的原子数.

由于格波的能量是以 $\hbar\omega_s(\boldsymbol{q})$ 为单位量子化的,通常把这个能量量子称为声子

(phonon). 波矢为 $\boldsymbol{q}$ 的第 s 支格波处在第 n_{qs} 激发态，可简单地描述为晶体中有 n_{qs} 个波矢为 $\boldsymbol{q}$，s 类型的声子. 某一振动模式从 n_{qs} 态过渡到 $n_{qs}+1$ 态，视为产生了一个相应的声子，n_{qs} 过渡到 $n_{qs}-1$，相当于一个声子的湮灭.

由于对每个声子能级 $\hbar\omega_s(\boldsymbol{q})$，声子的占据数没有限制，声子遵从玻色统计，为玻色子(boson). 对 $\hbar\omega_s(\boldsymbol{q})$ 能级的平均占据数由普朗克(Plank)公式给出：

$$n_s(\boldsymbol{q}) = \frac{1}{e^{\beta\hbar\omega_s(\boldsymbol{q})}-1}, \quad \beta = \frac{1}{k_B T}. \tag{5.2.19}$$

采用声子的语言，对于处理固体中的相互作用问题，如声子-声子，电子-声子，光子-声子等是十分方便的. 但要注意，声子并不是真正的粒子，声子可以产生和湮灭，有相互作用时声子数不守恒；$\hbar\omega_s(\boldsymbol{q})$ 为声子的能量，$\hbar\boldsymbol{q}$ 称为声子的晶体动量(crystal momentum)，与布洛赫电子类似，这并非通常意义下的动量. 稍后在 5.3 节中会看到，其守恒律不同于一般粒子；同时，声子不能脱离固体单独存在. 声子只是晶格中原子集体运动的激发单元，格波激发的量子，通常将这种集体运动的产物称为元激发(elementary excitation)，又因其具有粒子性状，也称为准粒子(quasiparticle).

5.2.3 晶格比热

按照(5.2.18)及(5.2.19)式，简谐晶体在温度 T 时的能量密度为

$$u = u^{eqm} + \frac{1}{V}\sum_{qs}\frac{1}{2}\hbar\omega_s(\boldsymbol{q}) + \frac{1}{V}\sum_{qs}\frac{\hbar\omega_s(\boldsymbol{q})}{e^{\beta\hbar\omega_s(\boldsymbol{q})}-1}, \tag{5.2.20}$$

其中 V 为晶体的体积，u^{eqn} 为原子均处在平衡位置上静止不动时的能量密度. 上式第二项为量子力学处理得到的简正模的零点振动能. 仅第三项与温度有关. 晶格定容比热按定义为

$$c_V = \frac{1}{V}\sum_{qs}\frac{\partial}{\partial T}\frac{\hbar\omega_s(\boldsymbol{q})}{e^{\beta\hbar\omega_s(\boldsymbol{q})}-1}. \tag{5.2.21}$$

高温情形：

当 $k_B T \gg \hbar\omega_s$ 时，$\beta\hbar\omega_s(\boldsymbol{q})$ 为小量，(5.2.21)式可展开. 若只取第一项 $e^x-1\approx x, x\ll 1$，则

$$c_V = \frac{1}{V}\sum_{qs}k_B = \frac{1}{V}3pNk_B = 3nk_B, \tag{5.2.22}$$

其中 n 为单位体积的原子数，每个原子对比热的贡献为 $3k_B$，此即经典的杜隆-珀蒂定律(Dulong-Petit law). 如在展开式中取更高次项，可给出对杜隆-珀蒂定律的高温量子力学改正.

低温情形：

$\hbar\omega_s(\boldsymbol{q}) \gg k_B T$ 的模式对比热的贡献可忽略不计. 因而对复式晶格($p>1$)，在很

低的温度下，可略去光学支. 在 $k_B T/\hbar$ 远小于声学支色散曲线明显偏离其长波长线性行为的频率时，三个声学支的 $\omega_s(\boldsymbol{q})$ 可用线性行为 $c_s(\hat{q})q$ 来近似. $\hat{q}$ 是 $\boldsymbol{q}$ 方向的单位矢量. 这样，类似于(1.1.23)式，在将(5.2.21)式中对 $\boldsymbol{q}$ 的求和改成积分后，

$$c_V = \frac{\partial}{\partial T}\sum_s \int \frac{\hbar c_s(\hat{q})q}{e^{\hbar c_s(\hat{q})q/k_B T} - 1}\frac{d\boldsymbol{q}}{8\pi^3}, \tag{5.2.23}$$

积分范围限在第一布里渊区. 事实上，在很低温度下，$\hbar c_s(\hat{q})q \gg k_B T$ 部分对(5.2.23)式中积分的贡献小到可以忽略，积分可视为在整个 q 空间中进行.

采用球坐标 $d\boldsymbol{q} = q^2 dq d\Omega$，且引入变量 $x = \beta\hbar c_s(\hat{q})q$，

$$c_V = \frac{\partial}{\partial T}\frac{(k_B T)^4}{\hbar^3}\sum_s \int \frac{1}{c_s(\hat{q})^3}\frac{d\Omega}{(2\pi)^3} \cdot \int_0^\infty \frac{x^3 dx}{e^x - 1}. \tag{5.2.24}$$

引进平均声速 c，使

$$\frac{1}{c^3} = \frac{1}{3}\sum_s \int \frac{1}{c_s(\hat{q})^3}\frac{d\Omega}{4\pi}, \tag{5.2.25}$$

且注意

$$\int_0^\infty \frac{x^3 dx}{e^x - 1} = \frac{\pi^4}{15}, \tag{5.2.26}$$

低温比热

$$c_V \approx \frac{\partial}{\partial T}\frac{\pi^2}{10}\frac{(k_B T)^4}{(\hbar c)^3} = \frac{2\pi^2}{5}k_B\left(\frac{k_B T}{\hbar c}\right)^3, \tag{5.2.27}$$

随温度的 T^3 变化.

中间温度：

将(5.2.21)式对 $\boldsymbol{q}$ 的求和改成积分，并采用球坐标，经对温度的微商得

$$c_V = \frac{k_B}{2\pi^2}\sum_s \int_{FBZ} \frac{[\beta\hbar\omega_s(\boldsymbol{q})]^2 e^{\beta\hbar\omega_s(\boldsymbol{q})}}{[e^{\beta\hbar\omega_s(\boldsymbol{q})} - 1]^2} q^2 dq. \tag{5.2.28}$$

对于中间温度，一方面要考虑所有的 $\omega_s(\boldsymbol{q})$，同时第一布里渊区(FBZ)为多面体，上式中的积分难于精确计算. 通常需要近似处理.

最常用的是德拜(Debye)近似.

首先将晶格的 $\omega_s(\boldsymbol{q})$ 简化成三个具有线性色散关系的声学支，且进一步忽略它们之间的差别，取色散关系为

$$\omega = cq. \tag{5.2.29}$$

其次，将第一布里渊区的积分改成对半径为 q_D 的球的积分，q_D 的选择应使球内刚好包含全部应计入的 $3pN$ 个简正模式. 对简单格子，$p=1$，球体积与第一布里渊区体积相等，包含 N 个许可的波矢. 对复式格子，则应为第一布里渊区体积的 p 倍. 由于在 q 空间中每个波矢所占体积为 $(2\pi)^3/V$((5.1.28)式的倒数)，$pN\times(2\pi)^3/V$ 应与 $4\pi q_D^3/3$ 相等，则

$$q_D^3 = 6\pi^2 n, \tag{5.2.30}$$

其中 $n = pN/V$，是单位体积的原子数.

采用这两个近似，(5.2.28)式成为

$$c_V = \frac{3k_B}{2\pi^2}\int_0^{q_D} \frac{(\beta\hbar cq)^2 e^{\beta\hbar cq}}{(e^{\beta\hbar cq}-1)^2} q^2 dq. \tag{5.2.31}$$

由下式定义德拜温度(Debye temperature)Θ_D，

$$k_B\Theta_D = \hbar c q_D = \hbar\omega_D, \tag{5.2.32}$$

其中

$$\omega_D = cq_D \tag{5.2.33}$$

称为德拜频率(Debye frequency)，q_D 为德拜波矢(Debye wave vector). ω_D 大体为最高声子频率的量度，因而温度 $T > \Theta_D$ 时，所有的声子模式均被激发，$T < \Theta_D$ 时，部分模式开始被冻结. 令 $\beta\hbar cq = x$，同时用(5.2.30)式，(5.2.31)式可写成

$$c_V = 9nk_B\left(\frac{T}{\Theta_D}\right)^3\int_0^{\Theta_D/T} \frac{x^4 e^x dx}{(e^x-1)^2}. \tag{5.2.34}$$

常将上式简写成

$$c_V = 3nk_B f_D\left(\frac{\Theta_D}{T}\right) \tag{5.2.35}$$

的形式，其中

$$f_D(x) = \frac{3}{x^3}\int_0^x \frac{y^4 e^y dy}{(e^y-1)^2}, \tag{5.2.36}$$

称为德拜比热函数.

低温下，Θ_D/T 很大，$f_D(x)$ 近似为 $4\pi^4/5x^3$，比热

$$c_V = \frac{12\pi^4}{5}nk_B\left(\frac{T}{\Theta_D}\right)^3, \tag{5.2.37}$$

比例于 T^3 变化，称为德拜 T^3 定律(Debye's T^3-law). 易于检验，这与(5.2.27)式相同. 温度远高于 Θ_D 时，(5.2.34)式被积函数中 x 为小量，回到杜隆-珀蒂的结果. 在这种意义下，德拜温度在晶格振动理论中起的作用与金属电子理论中的费米温度相同，两者均为低温区需用量子统计和高温区经典统计适用的分界线，不同处是在电子情形，实际温度常远低于 T_F，而 Θ_D 一般为 10^2 K 数量级，与实际温度较为接近.

图 5.6 给出一些材料 c_V 随约化温度 T/Θ_D 的变化. 实线是公式(5.2.34)计算的结果. 只需一个参数 Θ_D 就可得到整个温度范围的 c_V，且大体正确，是德拜近似突出的优点. 如果理论完全正确，从不同温度下比热的实验数据反推出来的 Θ_D，对同一材料，应为不随温度变化的常数. 实际上，主要在中间温度，Θ_D 常有 10%或更多的变化. 原因是德拜近似的色散关系(5.2.29)，相当于把晶体看成是连续介质，

忽略了实际晶体结构中原子的分立性.

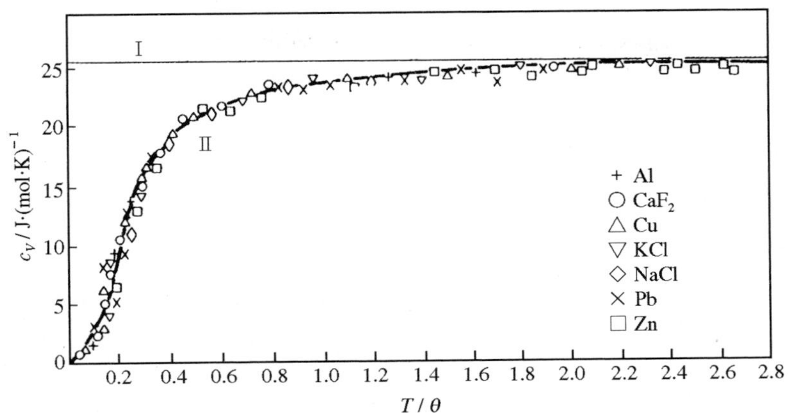

图 5.6 一些材料定容比热 c_V 随温度的变化

水平线 I 是杜隆-珀蒂值,曲线 II 是德拜理论给出的结果

表 5.1 给出一些元素从比热测量得到的德拜温度. 从 $T\approx\Theta_D/2$ 处定出的记为 Θ_D,从低温下 T^3 定律区定出的记为 Θ_{D0}.

表 5.1 一些元素的德拜温度(单位:K)

元素	Θ_D	Θ_{D0}	元素	Θ_D	Θ_{D0}
Li	337	370	Ge	370	370
Na	150	158	Pb	85	108
K	100	91	Bi	120	118
Cu	310	348	Zn	250	310
Ag	220	225	Hg	100	72
Au	180	164	Cr	430	585
Mg	330	342	Mn	420	450
Ca	230	229	Fe	460	464
Al	385	426	Co	440	443
C(金刚石)	2050	2200	Ni	440	440
Si	630	640	Pt	225	221

由(5.2.32)式,$\Theta_D\propto c$,对一维单原子链,$c\propto(\beta/M)^{1/2}$,(5.1.17 式),与晶体中原子间的相互作用力有关. 这可粗略地理解金刚石 C 有很高的 Θ_D,而 Hg 的 Θ_D 很低的原因.

对于 $p>1$ 的复式晶格,更好的做法是只用德拜近似处理$\omega_s(\boldsymbol{q})$中的声学支,德拜球与第一布里渊区的体积相等,而用爱因斯坦模型(Einstein model)近似光学

支,相当于把所有的光学支近似为常数频率——爱因斯坦频率 ω_E. 按(5.2.21)式,相应的比热为

$$c_V^{\text{optic}} = \frac{1}{V}\sum_s\sum_{\boldsymbol{q}} \frac{\partial}{\partial T}\frac{\hbar\omega_s(\boldsymbol{q})}{e^{\beta\hbar\omega_s(\boldsymbol{q})}-1} \simeq \frac{(3p-3)N}{V}\frac{\partial}{\partial T}\frac{\hbar\omega_E}{e^{\beta\hbar\omega_E}-1}$$
$$= (3p-3)\frac{N}{V}k_B\left(\frac{\hbar\omega_E}{k_BT}\right)^2\frac{e^{\hbar\omega_E/k_BT}}{(e^{\hbar\omega_E/k_BT}-1)^2}. \tag{5.2.38}$$

通常引入爱因斯坦函数(Einstein function)

$$f_E(x) = x^2\frac{e^x}{(e^x-1)^2}, \tag{5.2.39}$$

高温 $k_BT \gg \hbar\omega_E$ 时,$f_E \to 1$,每个光学模对比热的贡献为 k_B/V,与经典杜隆-珀蒂定律一致. 低温下,$k_BT \ll \hbar\omega_E$,$f_E(x)$ 指数减小,相当于光学模难于被激发,从而对比热的贡献可忽略.

晶体总的比热为声学支与光学支贡献之和,即

$$c_V = c_V^{\text{acoustic}} + c_V^{\text{optic}} = 3\frac{N}{V}k_Bf_D\left(\frac{\Theta_D}{T}\right) + (3p-3)\frac{N}{V}k_Bf_E\left(\frac{\Theta_E}{T}\right), \tag{5.2.40}$$

其中,$\Theta_E = \hbar\omega_E$,称为爱因斯坦温度,N 为晶格原胞数.

5.2.4 声子态密度

在将(5.2.21)式中的求和变成积分时,引入单位体积简正模的密度 $g(\omega)$,或称为频谱密度(spectral density),对频率积分往往更为方便. $g(\omega)\mathrm{d}\omega$ 为频率 ω 和 $\omega+\mathrm{d}\omega$ 之间的总模式数除以晶体体积. 类似于 3.5.3 小节的讨论,

$$g(\omega) = \sum_s\int\frac{1}{\nabla\omega_s(\boldsymbol{q})}\frac{\mathrm{d}S}{(2\pi)^3}, \tag{5.2.41}$$

积分在第一布里渊区中 $\omega_s(\boldsymbol{q}) \equiv \omega$ 的表面上进行. 和(3.5.8)式相比,系数因子差"2",原因是对于电子的每个允许的 $\boldsymbol{k}$ 值,可以容纳两个自旋相反的电子态,而在频谱的每一支中,每个 $\boldsymbol{q}$ 只对应一个声子态.

借助(5.2.41)式,对任意函数 $F(\omega_s(\boldsymbol{q}))$ 有

$$\frac{1}{V}\sum_{\boldsymbol{q}s}F(\omega_s(\boldsymbol{q})) = \sum_s\int F(\omega_s(\boldsymbol{q}))\frac{\mathrm{d}\boldsymbol{q}}{(2\pi)^3}$$
$$= \int F(\omega)g(\omega)\mathrm{d}\omega. \tag{5.2.42}$$

类似于电子情形,由于 $\omega_s(\boldsymbol{q})$ 在倒格子空间的周期性,在某些 $\boldsymbol{q}$ 值处 $|\nabla\omega_s(\boldsymbol{q})|=0$,导致态密度的 van Hove 奇异. 图 5.7 给出和图 5.5 中硅的 $\omega_s(\boldsymbol{q})$ 相应的声子态密度.

在德拜近似(5.2.29)下,由(5.2.41)式,易于算出

$$g(\omega) = \frac{3}{2\pi^2c^3}\omega^2, \tag{5.2.43}$$

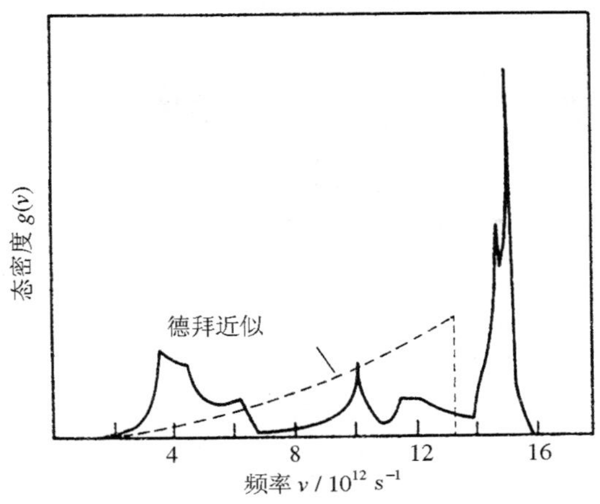

图 5.7 硅的声子态密度，其中 $\nu=\omega/2\pi$

态密度随 ω^2 变化，与实际晶格频率很低时的行为一致. 中间频率则相差较多，导致德拜近似得到的晶格比热值与实验测量结果间的偏离.

5.3 晶格振动谱的实验测定

晶格振动谱或声子谱 $\omega_s(\boldsymbol{q})$ 一般通过中子、光子、X 射线与晶格的非弹性散射实验来测定，其中最常用的方法是中子的非弹性散射. 对于这类相互作用的讨论，用声子的语言十分方便. 为简单起见，这里仅涉及单声子过程.

如入射粒子能量为 ε，和晶体相互作用后能量为 ε'，能量守恒律要求

$$\varepsilon' = \varepsilon \pm \hbar\omega_{qs}. \tag{5.3.1}$$

加号相当于入射粒子经过晶体时吸收了一个声子，减号相当于放出一个声子.

相互作用还需遵循晶体动量守恒律

$$\boldsymbol{p}' = \boldsymbol{p} \pm \hbar\boldsymbol{q} + \hbar\boldsymbol{G}_h, \tag{5.3.2}$$

其中 $\boldsymbol{p},\boldsymbol{p}'$ 为入射粒子的初、末态动量. 如 5.2.2 小节所述，$\hbar\boldsymbol{q}$ 是声子的晶体动量，仅为 $\hbar$ 乘以声子的波矢，并不代表晶体的任何真实动量. 把 $\hbar\boldsymbol{q}$ 称为晶体动量，是因为在(5.3.2)式中它的作用与动量十分类似.

我们熟悉的动量守恒律来源于空间完全的平移对称性，(5.3.2)式特殊的形式，联系于晶体布拉维格子特有的平移对称性.

2.5 节中讨论的 X 射线衍射，是 X 射线和静止晶格的弹性散射($\varepsilon'=\varepsilon$)，也称为零声子散射，既不吸收也不放出声子. 将(5.3.2)式中 $\boldsymbol{p}'$ 和 $\boldsymbol{p}$ 分别写成 $\hbar\boldsymbol{k}'$，$\hbar\boldsymbol{k}$，取 $\boldsymbol{q}=0$，即得到劳厄条件(2.5.7)式. 现在要讨论的是入射波或粒子和振动的晶格的

相互作用，总散射振幅(2.5.5)式可写成

$$A_{\text{tot}} = A\mathrm{e}^{-\mathrm{i}\omega t}\int\rho(\boldsymbol{r})\mathrm{e}^{-\mathrm{i}(\boldsymbol{k}'-\boldsymbol{k})\cdot\boldsymbol{r}}\mathrm{d}\boldsymbol{r}, \tag{5.3.3}$$

ω 为入射波的频率. 为简单起见，仅考虑简单格子，并假定原子为点状散射中心，位置为 $\boldsymbol{R}_n(t)$. 这样

$$\rho(\boldsymbol{r}) \propto \sum_n \delta(\boldsymbol{r}-\boldsymbol{R}_n(t)), \tag{5.3.4}$$

$$A_{\text{tot}} \propto \mathrm{e}^{-\mathrm{i}\omega t}\sum_n \mathrm{e}^{-\mathrm{i}(\boldsymbol{k}'-\boldsymbol{k})\cdot\boldsymbol{R}_n(t)}. \tag{5.3.5}$$

类似于(5.1.1)式，将 $\boldsymbol{R}_n(t)$写成

$$\boldsymbol{R}_n(t) = \boldsymbol{R}_n + \boldsymbol{u}_n(t) \tag{5.3.6}$$

可得

$$A_{\text{tot}} \propto \sum_n \mathrm{e}^{-\mathrm{i}(\boldsymbol{k}'-\boldsymbol{k})\cdot\boldsymbol{R}_n}\mathrm{e}^{-\mathrm{i}(\boldsymbol{k}'-\boldsymbol{k})\cdot\boldsymbol{u}_n(t)}\mathrm{e}^{-\mathrm{i}\omega t}. \tag{5.3.7}$$

由于 $\boldsymbol{u}_n(t)$为小量，上式可展开

$$A_{\text{tot}} \propto \sum_n \mathrm{e}^{-\mathrm{i}(\boldsymbol{k}'-\boldsymbol{k})\cdot\boldsymbol{R}_n}[1-\mathrm{i}(\boldsymbol{k}'-\boldsymbol{k})\cdot\boldsymbol{u}_n(t)-\cdots]\mathrm{e}^{-\mathrm{i}\omega t}, \tag{5.3.8}$$

按(5.1.26)式，波矢为$\pm\boldsymbol{q}$ 的第 s 支格波的 $\boldsymbol{u}_n(t)$一般可写成

$$\boldsymbol{u}_n(t) = \boldsymbol{u}_{0s}\mathrm{e}^{\pm\mathrm{i}(\boldsymbol{q}\cdot\boldsymbol{R}_n-\omega_{\mathrm{s}}(\boldsymbol{q})t)}. \tag{5.3.9}$$

代入(5.3.8)式，与非弹性散射有关的振幅

$$A_{\text{tot}}^{\text{inel}} \propto \sum_n \mathrm{e}^{-\mathrm{i}(\boldsymbol{k}'-\boldsymbol{k}\mp\boldsymbol{q})\cdot\boldsymbol{R}_n}(\boldsymbol{k}'-\boldsymbol{k})\cdot\boldsymbol{u}_{0s}\mathrm{e}^{-\mathrm{i}(\omega\pm\omega_{\mathrm{s}}(\boldsymbol{q}))t}. \tag{5.3.10}$$

因此，散射波的频率 ω'与入射波的差别为格波的频率，乘以$\hbar$后，有

$$\hbar\omega' = \hbar\omega \pm \hbar\omega_{\mathrm{s}}(\boldsymbol{q}), \tag{5.3.11}$$

此即(5.3.1)式. 由于晶格的平移对称性，(5.3.10)式中的求和，仅当波矢之和为倒格矢时才不为零，因而有

$$\hbar\boldsymbol{k}' = \hbar\boldsymbol{k} \pm \hbar\boldsymbol{q} + \hbar\boldsymbol{G}_{\mathrm{h}}, \tag{5.3.12}$$

此即(5.3.2)式. 以上是从对晶格振动经典处理的角度对守恒律(5.3.1)和(5.3.2)的简单说明.

5.3.1　中子的非弹性散射

从(5.3.1)及(5.3.2)式可见，为测量晶格的 $\omega_{\mathrm{s}}(\boldsymbol{q})$，入射粒子的能量和动量应和声子的相近，这样吸收或放出一个声子，入射粒子的能量和动量才有易于测量的明显的变化. 从 2.5.2 小节的讨论，在这方面，热中子是最合适的.

从散射前后中子动量的变化 $\boldsymbol{p}'-\boldsymbol{p}$，(5.3.2)式可得到相关声子的波矢 $\boldsymbol{q}$，并附加一倒格矢 $\boldsymbol{G}_{\mathrm{h}}$. 由于 $\omega_{\mathrm{s}}(\boldsymbol{q})$的周期性，

$$\omega_{\mathrm{s}}(\boldsymbol{q}\pm\boldsymbol{G}_{\mathrm{h}}) = \omega_{\mathrm{s}}(\boldsymbol{q}), \tag{5.3.13}$$

(5.3.2)式得到的结果代入能量守恒律(5.3.1)式时,可略去倒格矢 $\boldsymbol{G}_h$,有

$$\frac{p'^2}{2M_n} = \frac{p^2}{2M_n} \pm \hbar\omega_s\left(\frac{\pm(\boldsymbol{p}'-\boldsymbol{p})}{\hbar}\right), \tag{5.3.14}$$

+,-号分别对应于吸收和放出一个声子,M_n 是中子的质量.

在给定的实验中,入射中子的能量和动量通常是已知的.选择任一特定方向对散射中子进行测量,会得到一些分立的 p' 值,相应于具有分立的能量 $\varepsilon'=p'^2/2M_n$.由此可以得到晶体具有频率为$(\varepsilon'-\varepsilon)/\hbar$的简正模,相应的波矢为$\pm(\boldsymbol{p}'-\boldsymbol{p})/\hbar$,从而测量到晶体声子谱中的一点.改变入射中子的能量,晶体的取向,探测的方向,最终可测出晶体的整个声子谱.图 5.5 中硅声子谱的数据点就是这样得到的.

在上述测量中,需要能有效地区分单声子过程和其他如两声子过程——吸收或放出两个声子,或吸收 1 个放出另一个.实际上,在给定方向,单声子过程如前述,给出分立的中子能量,在散射中子的能量分布中对应于分立的尖峰.两声子过程或多声子过程,即使一个声子能量确定,另一声子的能量有多种可能,在给定方向散射中子的能量分布中与连续的背景相对应,表现是十分不同的.

X 射线如 2.5 节所述,有合适的波矢,但 X 射线光子能量过大,典型值为 10^3 eV,在实验上要精确分辨吸收或放出声子所引起的能量改变,一般为几个 meV,最多 10^2 meV,是相当困难的.尽管用 X 射线方法研究晶格振动谱的工作有很多发展,但迄今为止,人们对晶体 $\omega_s(\boldsymbol{q})$的知识,主要来自非弹性中子散射.

5.3.2 可见光的非弹性散射

可见光的波矢约 $10^5\ \mathrm{cm}^{-1}$,和布里渊区尺度 $10^8\ \mathrm{cm}^{-1}$相比是小量.在和声子散射时,晶体动量守恒律(5.3.2)仅当 $\boldsymbol{G}_h=0$,$\boldsymbol{q}$ 很小时才能满足,从而只能得到布里渊区中心 $\boldsymbol{q}=0$ 附近声子谱的信息.当吸收或放出的声子为声学(支)声子时,过程称为布里渊散射(Brillouin scattering),当声子为光学(支)声子时,过程称为拉曼散射(Raman scattering).

观察到的散射信号,除去频率仍为 ω,来自弹性散射的贡献外,按(5.3.11)式,还包括 $\omega\pm\omega_s(\boldsymbol{q})$的信号(图 5.8).在散射强度谱中频率为 $\omega-\omega_s(\boldsymbol{q})$的线称为斯托克斯线(Stokes line),$\omega+\omega_s(\boldsymbol{q})$线称为反斯托克斯线(anti-Stokes line),后者的信号一般要弱一些.原因是 $\omega+\omega_s(\boldsymbol{q})$线相当于吸收一个声子,强度应比例于晶体中这类声子的平均数$\langle n_s\rangle$,而 $\omega-\omega_s(\boldsymbol{q})$相当于放出一个声子,概率比例于$\langle n_s\rangle+1$,按(5.2.19)式

$$\frac{\langle n_s\rangle}{\langle n_s\rangle+1} = \mathrm{e}^{-\hbar\omega_s/k_B T}. \tag{5.3.15}$$

在很低温度下,信号强弱可相差甚多.

斯托克斯线的相对频移 $\Delta\omega/\omega$,对布里渊散射,约为声速与光速之比,$\Delta\omega/\omega\lesssim$

10^{-5}，拉曼散射涉及光学声子，相对频移要大 2 个数量级. 散射信号很弱，和 ω 信号的强度比一般约在 $10^{-4}\sim10^{-8}$ 范围，有时甚至低到 10^{-12}. 仅在 1960 年代，激光技术和探测技术的进步，才使固体中这些散射的研究得到很快的发展. 激光的单色性，满足了实验中高分辨率的需要. 激光的高强度，可以有效地提高散射信号的强度.

作为实例，图 5.8 给出液体 CCl_4 的实测拉曼光谱. 按照惯例，频率用波数，即波长的倒数 $1/\lambda$（单位为 cm^{-1}）表示，并将入射光频率定为横轴零点，且将斯托克斯线置于右侧. 光谱图上标记的散射光频率常称为拉曼频率，或拉曼频移. 从图上可清楚地看到斯托克斯线和反斯托克斯线位置的对称性. 也因此，文献上往往只给出强度高的斯托克斯线的结果.

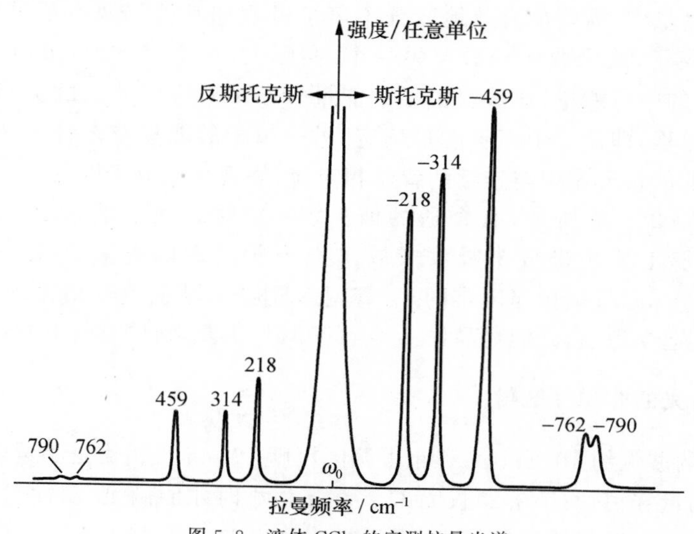

图 5.8　液体 CCl_4 的实测拉曼光谱

（引自张树霖，拉曼光谱学与低维纳米结构，北京：科学出版社，2008 年）

5.4　非简谐效应

到目前为止，我们一直在简谐近似下讨论晶格的运动，其主要优点是可以将晶格的运动分解成一些独立的简正坐标的简谐振动，并在此基础上引进了声子的概念. 缺点是固体的一些重要物理性质在这一近似下无法得到说明. 例如热膨胀，对一严格的简谐晶体，原子的平衡位置并不依赖于温度，晶体体积与温度无关. 在简谐晶体中，声子态是定态，携带热流的声子分布一旦建立，将不随时间变化，这意味着有无限大的热导率，也与实际情况不符.

在晶体势能的展开式(5.1.3)中计入非简谐项后，晶体的振动无法再像简谐情形那样可分解成独立的运动，做精确的处理. 非简谐项小时，一般仍然以简谐晶体的声子解作为出发点,在此基础上做些修改.这种处理方法,可称为准简谐近似.

5.4.1 热膨胀

长度为 l 的样品的线热膨胀系数定义为

$$\alpha_l = \frac{1}{l}\left(\frac{\partial l}{\partial T}\right)_p. \tag{5.4.1}$$

对于各向同性的立方晶体,α_l 为体膨胀系数的 1/3,即

$$\alpha_l = \frac{1}{3V}\left(\frac{\partial V}{\partial T}\right)_p. \tag{5.4.2}$$

由于

$$\left(\frac{\partial V}{\partial T}\right)_p = -\frac{(\partial p/\partial T)_V}{(\partial p/\partial V)_T}, \tag{5.4.3}$$

其中 p 为压强,且

$$K = -V\left(\frac{\partial p}{\partial V}\right)_T \tag{5.4.4}$$

为体积弹性模量(bulk modulus).因而(5.4.2)可写成

$$\alpha_l = \frac{1}{3K}\left(\frac{\partial p}{\partial T}\right)_V. \tag{5.4.5}$$

压强 p 可通过体系的自由能 F 计算

$$p = -\left(\frac{\partial F}{\partial V}\right)_T, \tag{5.4.6}$$

F 按定义与体系的配分函数 Z 相联系

$$F = -k_{\mathrm{B}}T\ln Z. \tag{5.4.7}$$

对于简谐晶体,总能量

$$\mathscr{E} = U^{\mathrm{eqn}} + \sum_{\boldsymbol{q}s}\left(n_{\boldsymbol{q}s} + \frac{1}{2}\right)\hbar\omega_s(\boldsymbol{q}), \tag{5.4.8}$$

由此易于得到

$$F = U^{\mathrm{eqn}} + \sum_{\boldsymbol{q}s}\left[\frac{1}{2}\hbar\omega_s(\boldsymbol{q}) + k_{\mathrm{B}}T\ln\left(1 - \mathrm{e}^{-\hbar\omega_s(\boldsymbol{q})/k_{\mathrm{B}}T}\right)\right], \tag{5.4.9}$$

因而

$$p = -\frac{\partial}{\partial V}\left[U^{\mathrm{eqn}} + \sum_{\boldsymbol{q}s}\frac{1}{2}\hbar\omega_s(\boldsymbol{q})\right] + \sum_{\boldsymbol{q}s}\left[-\frac{\partial}{\partial V}\hbar\omega_s(\boldsymbol{q})\right]\frac{1}{\mathrm{e}^{\hbar\omega_s(\boldsymbol{q})/k_{\mathrm{B}}T} - 1}. \tag{5.4.10}$$

压强对温度的依赖仅决定于简正模频率 $\omega_s(\boldsymbol{q})$ 是否随晶体平衡体积变化.在简谐近似下,$\omega_s(\boldsymbol{q})$ 与体积无关,因为简谐运动的频率除去和原子质量有关外,还决定于相互作用的力常数.从(5.1.8)式看,力常数随原子平均距离的变化 $\partial\beta/\partial x$ 联系于相

互作用势的3次或更高次微商，在简谐近似中，恰好略去不计，因而无热膨胀.

准简谐近似的处理，假定体系能量依然由(5.4.8)式给出，非简谐效应体现在$\omega_s(\boldsymbol{q})$可以随晶体的平衡体积变化. 从(5.4.5)，(5.4.10)式有

$$\alpha_l = \frac{1}{3K}\sum_{\boldsymbol{q}s}\left[-\frac{\partial}{\partial V}\hbar\omega_{\boldsymbol{q}s}\right]\cdot\frac{\partial}{\partial T}n_{\boldsymbol{q}s} = \frac{1}{3K}\sum_{\boldsymbol{q}s}\frac{\hbar\omega_{\boldsymbol{q}s}}{V}\left(\frac{\partial}{\partial T}n_{\boldsymbol{q}s}\right)\left(-\frac{\partial\ln\omega_{\boldsymbol{q}s}}{\partial\ln V}\right). \tag{5.4.11}$$

$n_{\boldsymbol{q}s}$为$\hbar\omega_{\boldsymbol{q}s}$能级的平均占据数，按(5.2.21)式，

$$c_V = \sum_{\boldsymbol{q}s}\frac{\hbar\omega_{\boldsymbol{q}s}}{V}\left(\frac{\partial}{\partial T}n_{\boldsymbol{q}s}\right) \tag{5.4.12}$$

为晶格定容比热，假定

$$\gamma = -\frac{\partial\ln\omega_{\boldsymbol{q}s}}{\partial\ln V} \tag{5.4.13}$$

是一与$\omega_{\boldsymbol{q}s}$无关的常数，通常称为格林艾森常数(Grüneisen constant)，(5.4.11)式可简单地写成

$$\alpha_l = \frac{\gamma c_V}{3K}. \tag{5.4.14}$$

由于体积弹性模量K对温度的依赖很弱，热膨胀系数随温度的变化，大体与$c_V(T)$相似. $T\gg\Theta_D$时，α_l为常数，在很低温度下，α_l比例于T^3变化.

对于金属，在计算p时，还须考虑自由电子气体的贡献，导致在(5.4.14)式分子上，还要加上电子比热项. 从1.2.2小节的讨论知，电子比热仅在10 K左右或更低温度下重要，此时应有$\alpha_l\propto T$变化，这已为实验所证实.

5.4.2　晶格热导率

在准简谐近似的框架内，可将相互作用势中小的非简谐项理解为量子力学的微扰，导致声子态之间的跃迁，例如$n_{\boldsymbol{q}_1s_1}\to n_{\boldsymbol{q}_1s_1}-1$，$n_{\boldsymbol{q}_2s_2}\to n_{\boldsymbol{q}_2s_2}+1$，以及$n_{\boldsymbol{q}_3s_3}\to n_{\boldsymbol{q}_3s_3}+1$，相当于1个波矢为$\boldsymbol{q}_1$的$s_1$类声子衰变成两个波矢和类型分别为$\boldsymbol{q}_2s_2$，$\boldsymbol{q}_3s_3$的声子. 又如$n_{\boldsymbol{q}_1s_1}\to n_{\boldsymbol{q}_1s_1}-1$，$n_{\boldsymbol{q}_2s_2}\to n_{\boldsymbol{q}_2s_2}-1$，$n_{\boldsymbol{q}_3s_3}\to n_{\boldsymbol{q}_3s_3}+1$，以及$n_{\boldsymbol{q}_4s_4}\to n_{\boldsymbol{q}_4s_4}+1$，两个声子转变成两个另外的声子. 类似的3声子，4声子过程在图5.9中给出. 这种声子态间的跃迁常称为声子-声子相互作用，或声子之间的碰撞或散射.

声子之间的碰撞要遵从能量守恒律

$$\sum_{\boldsymbol{q}s}\hbar\omega_s(\boldsymbol{q})n_{\boldsymbol{q}s}^{\mathrm{i}} = \sum_{\boldsymbol{q}s}\hbar\omega_s(\boldsymbol{q})n_{\boldsymbol{q}s}^{\mathrm{f}}, \tag{5.4.15}$$

其中$n_{\boldsymbol{q}s}^{\mathrm{i}}$和$n_{\boldsymbol{q}s}^{\mathrm{f}}$分别为碰撞前后的声子占据数. 类似于(5.3.2)式，由于晶体的平移对称性，还应遵从晶体动量守恒律

$$\sum_{\boldsymbol{q}s}\boldsymbol{q}n_{\boldsymbol{q}s}^{\mathrm{i}} = \sum_{\boldsymbol{q}s}\boldsymbol{q}n_{\boldsymbol{q}s}^{\mathrm{f}} + \boldsymbol{G}_{\mathrm{h}}. \tag{5.4.16}$$

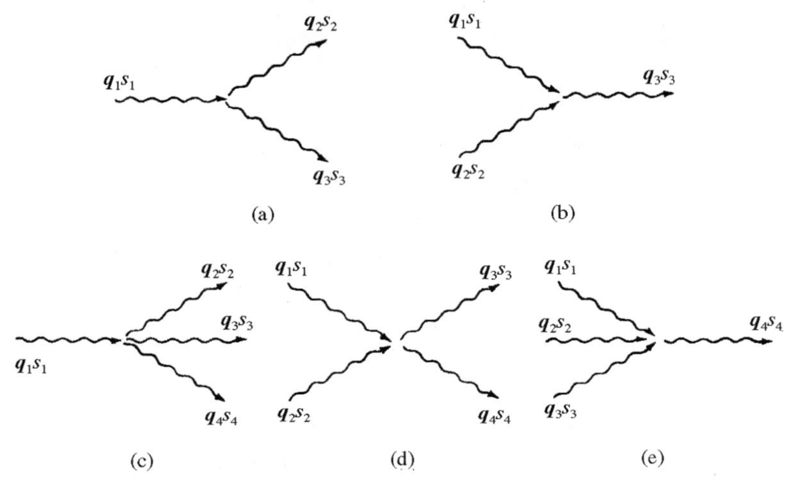

图 5.9 3 声子和 4 声子过程示意

晶格的热传导可看做是在温度梯度推动下声子气体的扩散，声子间碰撞的频度与电子情形相似，用弛豫时间 τ 描述. 类似于普通物理气体分子运动论的讨论，可得热导率

$$\kappa = \frac{1}{3}c_V c l = \frac{1}{3}c_V c^2 \tau. \tag{5.4.17}$$

平均自由程 $l=c\tau$. c 为声速，在德拜模型中是与温度无关的常数，在更精确的模型中，对 κ 随温度的变化也不起重要作用.

温度高($T\gg\Theta_D$)时，热平衡的声子占据数

$$n_{\boldsymbol{q}s} = \frac{1}{e^{\hbar\omega_{\boldsymbol{q}s}/k_B T}-1} \approx \frac{k_B T}{\hbar\omega_{\boldsymbol{q}s}}. \tag{5.4.18}$$

因此，晶体中的总声子数比例于温度 T. 声子总数越多，声子受到的碰撞亦越频繁，弛豫时间 τ 大体比例于 $1/T$ 变化. 由于此时声子比热 c_V 遵从杜隆-珀蒂定律与温度无关，热导率

$$\kappa \propto \frac{1}{T}. \tag{5.4.19}$$

在低温下，$T\ll\Theta_D$，晶体中的声子 $\omega_s(\boldsymbol{q})\ll\omega_D$，相应的波矢亦较小，$q\ll q_D$. 如初终态的波矢均远小于 q_D，则晶体动量守恒的(5.4.16)式中 $\boldsymbol{G}_h=0$. 这种在声子碰撞中初终态总晶体动量严格相等的过程称为正常过程(normal process)，或 N 过程(N-process). 这是在很低温度下，声子碰撞的主要过程.

在热平衡状态，由于 $\omega_s(\boldsymbol{q})=\omega_s(-\boldsymbol{q})$，声子总波矢为零，没有热流. 当体系由于温度梯度的存在而处于非平衡状态时，声子的分布有非零的总晶体动量

$\sum_{q s} \boldsymbol{q} n_s(\boldsymbol{q})$，相应的有热流存在. 仅有正常过程，由于无法改变总晶体动量，晶体将有无穷大的热导率. 即使去掉温度梯度，系统也无法回到平衡态.

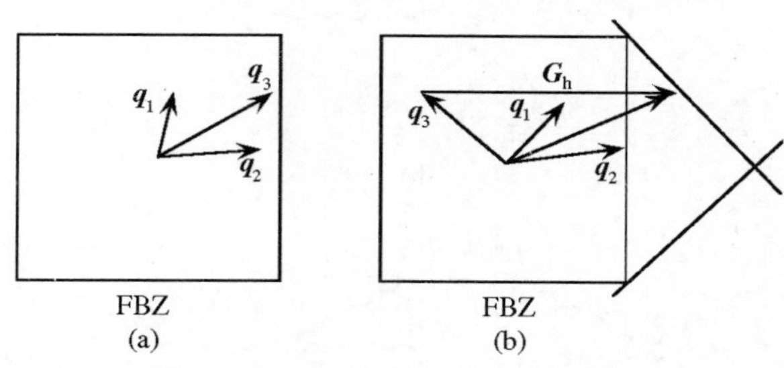

图 5.10　(a) N 过程；(b) U 过程示意

晶体动量守恒式中 $\boldsymbol{G}_h \neq 0$ 的过程称为 U 过程(Umklapp process，简称 U-process). 图 5.10(b)给出了声子 U 过程的示意，U 过程要求 $\boldsymbol{q}_1+\boldsymbol{q}_2$ 在第一布里渊区外，$\boldsymbol{q}_3=\boldsymbol{q}_1+\boldsymbol{q}_2-\boldsymbol{G}_h$，与之相差一倒格矢. 这样 $\boldsymbol{q}_3$ 的方向几乎与 $\boldsymbol{q}_1+\boldsymbol{q}_2$ 相反. 显然，这种过程在降低热导率方面是十分有效的.

由于在 U 过程中总格波波矢的改变等于一非零倒格矢，这要求在 3 声子或 4 声子的碰撞中，至少有一个声子 $\boldsymbol{q}$ 的大小应与 $\boldsymbol{q}_D$ 可比，其能量应接近于$\hbar\omega_D$，在低温($T \ll \Theta_D$)下，这种声子数

$$n_s(\boldsymbol{q})=\frac{1}{e^{\hbar\omega_{qs}/k_B T}-1} \approx \frac{1}{e^{\Theta_D/T}-1} \approx e^{-\Theta_D/T}, \qquad (5.4.20)$$

随着温度的降低指数减少. 相应地，弛豫时间由于 U 过程的冻结而指数增加. 可以写成

$$\tau \propto e^{T_0/T} \qquad (5.4.21)$$

的形式. T_0 为数量级与 Θ_D 相近的参数，这导致温度降低时热导率的指数增加. 在图 5.11 所给出的蓝宝石(Sapphire, Al_2O_3)晶体热导率的实验结果中，100 K 以下到峰值前表现出这种行为.

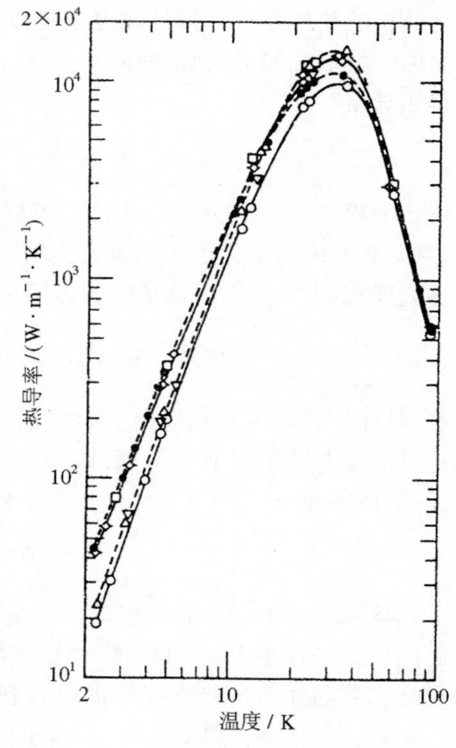

图 5.11　表面状况不同的 Al_2O_3 晶体的低温热导率

对于结构完整的理想晶体，当平均自由程增加到与样品尺寸相当时，即为样品尺寸所限，不再随温度变化. 热导率的温度行为由比热的变化决定，在低温下比例于 T^3 变化. 图 5.11 中的峰值对应于热阻从来源于 U 过程到由边界散射决定的过

渡.在峰值附近及峰值以下,表面状况不同的样品的热导率开始显现出差别,在低温区有 T^3 行为.

类似于金属中的布洛赫电子,当晶体结构有缺陷或杂质存在时,声子也会受到散射,产生热阻.对于金属材料,声子的热导除去声子之间的散射外,还要考虑声子和电子的散射.这些将在本书其他地方讨论或指出.这里主要讨论的是相互作用势中非简谐项产生的热阻,这是热阻的本征来源,无法借助于制作更大更好的晶体而减小.

最后,需要指出的是在讨论晶格热传导,声子气体的热扩散时,对声子的描述已从波的语言过渡到粒子的语言,认为声子有一定的位置,局域在晶体的某一区域.而如前所述,确定波矢 $\boldsymbol{q}$ 的简正模涉及晶体中所有原子的运动,并不给出晶体局域的扰动.这里对声子作为粒子的理解,类似于在 1.4.1 小节,以及 4.1.2 小节中对输运现象中金属中电子的讨论,可以看成是在有温度梯度存在时问题的波包解.波包的群速度 $\boldsymbol{v}=\nabla\omega_s(\boldsymbol{q})$.当 $\boldsymbol{q}$ 的不确定度远小于布里渊区尺度时,其位置的不确定度将比格点间距大很多.在这种不确定度远小于声子的平均自由程,或样品尺寸时,粒子的语言是对过程很好的描述.

第六章 输运现象

在第三、四章中，讨论了在理想周期排列的静止离子实阵列中的电子. 电子作为准粒子，占据能带中用布洛赫波函数描述的单电子态. 在第五章中，讨论了晶格振动，得到在简谐近似下，其集体运动可以很好地用声子的语言描述. 本章将进一步讨论电子-声子的相互作用. 电子系统面对的不再是静止的晶格，它们之间可有能量和动量的交换.

当固体中的电子被外电场加速，电子从外场中吸收的能量将以发射声子，亦即激发晶格振动的形式传递给晶格. 当电场的加速和发射声子造成的减速相平衡时，如 1.4.3 小节所述的非平衡稳态建立，相应地有非零的稳定电流. 去掉外场后，这种过程保证电子系统回到平衡态. 因此，在固体物理中，电子-声子相互作用最重要地表现在外场作用下固体的行为，即固体的输运性质中，这是本章要讨论的内容. 自然，除电场外，外场还包括磁场及温度梯度. 电子除受声子散射外，在实际晶体中还会受到杂质、缺陷或表面的散射，为完整起见，本章也略有提及.

对固体中电子输运的了解，除载流子所受的散射外，还需知道在外场作用下载流子的运动规律，以及外场和碰撞散射同时作用对输运性质产生的影响. 前者在第四章 4.1 节"外场作用下布洛赫电子的半经典运动"中已有讨论，后者归结到对载流子分布函数的影响. 如果已知给定动量 $\boldsymbol{k}$，在给定位置 $\boldsymbol{r}$ 的电子数随时间 t 的变化，易于得到相应的电流或热流.

非平衡分布函数 $f_n(\boldsymbol{r},\boldsymbol{k},t)$ 的定义是，对于单位体积的样品，$f_n(\boldsymbol{r},\boldsymbol{k},t)\mathrm{d}\boldsymbol{r}\mathrm{d}\boldsymbol{k}/8\pi^3$ 为时刻 t，在第 n 个能带中，在 $\boldsymbol{r},\boldsymbol{k}$ 处 $\mathrm{d}\boldsymbol{r}\mathrm{d}\boldsymbol{k}$ 相空间体积内一种自旋的平均电子数. 在本章中，为简单起见，仅考虑一个能带，即导带中的电子，通常去掉带指标 n. 借助于分布函数，电流密度为

$$\boldsymbol{J}=-\frac{1}{4\pi^3}\int e\boldsymbol{v}_k f\,\mathrm{d}\boldsymbol{k}, \tag{6.0.1}$$

每个电子对电流密度的贡献为 $-e\boldsymbol{v}_k$.

外场和碰撞所引起的分布函数的变化，遵从玻尔兹曼方程(Boltzmann equation)，本章的讨论即由此开始(6.1 节). 然后是金属的电导率(6.2 节)，着重在电子-声子相互作用的机制下讨论电导率随温度的变化. 温度梯度的存在，会导致电子对热量的传输，以及产生热电势等热电效应，这是本章 6.3 节的内容. 最后将讨论加磁场情形下的输运现象(6.4 节)，着重在霍尔系数及磁电阻效应. 在所有各节

讨论中，均以金属为主，对半导体略有提及.

电子-声子相互作用的另一个重要方面是以此为媒介，导致电子-电子间附加的相互作用. 在某些情形下，通常是电子-声子相互作用较强时，这种相互作用是吸引的，致使费米面附近自旋和波矢相等相反的电子配对（库珀对，Cooper pair）凝聚，呈现超导电性（superconductivity）. 这方面的讨论，未包括在本书范围内.

6.1 玻尔兹曼方程

在热平衡情况下，即温度均匀且无外场作用，电子系统的分布函数（平衡分布函数）为费米分布函数（1.2 节）

$$f_0(\varepsilon_{\boldsymbol{k}}) = \frac{1}{e^{(\varepsilon_{\boldsymbol{k}}-\mu)/k_B T}+1}. \tag{6.1.1}$$

由于体系均匀，f_0 与 $\boldsymbol{r}$ 无关. 偏离平衡状态时，假定在比原子间距大许多的小区域有局域的平衡，非平衡分布函数 $f(\boldsymbol{r},\boldsymbol{k},t)$ 随空间位置 $\boldsymbol{r}$ 和时间 t 变化. 电子的 $\boldsymbol{r}$ 和 $\boldsymbol{k}$ 可因外场的作用，以及碰撞的存在而改变.

如果不存在碰撞，t 时刻 $\boldsymbol{r},\boldsymbol{k}$ 处的电子必来自 $t-\mathrm{d}t$ 时刻 $\boldsymbol{r}-\dot{\boldsymbol{r}}\mathrm{d}t,\boldsymbol{k}-\dot{\boldsymbol{k}}\mathrm{d}t$ 处，应有

$$f(\boldsymbol{r},\boldsymbol{k},t) = f(\boldsymbol{r}-\dot{\boldsymbol{r}}\mathrm{d}t,\boldsymbol{k}-\dot{\boldsymbol{k}}\mathrm{d}t,t-\mathrm{d}t). \tag{6.1.2}$$

实际上，由于碰撞的存在，$\mathrm{d}t$ 时间内从 $\boldsymbol{r}-\dot{\boldsymbol{r}}\mathrm{d}t,\boldsymbol{k}-\dot{\boldsymbol{k}}\mathrm{d}t$ 出发的电子并不都能到达 $\boldsymbol{r},\boldsymbol{k}$；$t$ 时刻在 $\boldsymbol{r},\boldsymbol{k}$ 处的电子也并不都来自 $\boldsymbol{r}-\dot{\boldsymbol{r}}\mathrm{d}t,\boldsymbol{k}-\dot{\boldsymbol{k}}\mathrm{d}t$ 处. 如将碰撞引起的 f 的改变写成 $(\partial f/\partial t)_{\mathrm{coll}}$，(6.1.2)式应改为

$$f(\boldsymbol{r},\boldsymbol{k},t) = f(\boldsymbol{r}-\dot{\boldsymbol{r}}\mathrm{d}t,\boldsymbol{k}-\dot{\boldsymbol{k}}\mathrm{d}t,t-\mathrm{d}t) + \left(\frac{\partial f}{\partial t}\right)_{\mathrm{coll}}\mathrm{d}t. \tag{6.1.3}$$

将上式右边第一项展开，保留到 $\mathrm{d}t$ 的线性项，有

$$\frac{\partial f}{\partial t} + \dot{\boldsymbol{r}}\cdot\frac{\partial f}{\partial \boldsymbol{r}} + \dot{\boldsymbol{k}}\frac{\partial f}{\partial \boldsymbol{k}} = \left(\frac{\partial f}{\partial t}\right)_{\mathrm{coll}}. \tag{6.1.4}$$

对于稳态情形，$\partial f/\partial t=0$，得

$$\dot{\boldsymbol{r}}\cdot\frac{\partial f}{\partial \boldsymbol{r}} + \dot{\boldsymbol{k}}\cdot\frac{\partial f}{\partial \boldsymbol{k}} = \left(\frac{\partial f}{\partial t}\right)_{\mathrm{coll}}, \tag{6.1.5}$$

此即电子系统的玻尔兹曼方程. 等号左边的两项称为漂移项（drift term），右边的项称为碰撞项（collision term）或散射项（scattering term）. 按照半经典模型（4.1.1 小节），$\dot{\boldsymbol{k}}$ 与外电磁场相关，$\dot{\boldsymbol{r}}=(1/\hbar)\partial\varepsilon_n(\boldsymbol{k})/\partial\boldsymbol{k}$，决定于体系的能带结构. 玻尔兹曼方程则将这些，以及碰撞的作用与分布函数相联系，成为处理固体中输运现象的出发点.

类似地可建立声子系统的玻尔兹曼方程，以处理声子的输运现象. 声子分布函数的平衡值 g_0 为玻色子气体遵从的普朗克公式(5.2.19). 温度梯度存在时，分布函数随 $\boldsymbol{r}$ 变化，$g=g(\boldsymbol{r},\boldsymbol{q},t)$. 由于 $\partial g/\partial \boldsymbol{r}$ 是声子运动的唯一推动力，玻尔兹曼方程为

$$\dot{\boldsymbol{r}}\cdot\frac{\partial g}{\partial \boldsymbol{r}}=\left(\frac{\partial g}{\partial t}\right)_{\text{coll}}. \tag{6.1.6}$$

通过声子的群速度 $\dot{\boldsymbol{r}}=\nabla_q\omega(\boldsymbol{q})$，方程和晶格振动的声子谱相联系. 由于本章主要讨论电子系统，有关声子系统的讲述到此为止.

回到方程(6.1.5)，通常假定非平衡的稳态分布相对于平衡分布偏离甚少，即将 f 写成

$$f=f_0+f_1, \tag{6.1.7}$$

f_1 为小量. 从 1.4.3 小节对电导的讨论，可知这是对的.

在仅有电场 $\boldsymbol{E}$ 和温度梯度 ∇T 的情形，(6.1.5)式中的漂移项可写成

$$\dot{\boldsymbol{r}}\cdot\left(\frac{\partial f_0}{\partial T}\nabla T+\frac{\partial f_0}{\partial \mu}\nabla\mu\right)-\frac{e\boldsymbol{E}}{\hbar}\cdot\frac{\partial f_0}{\partial \boldsymbol{k}} \tag{6.1.8}$$

的形式，这里略去了 f_1 随 $\boldsymbol{r}$(或温度、化学势)，和 $\boldsymbol{k}$ 的变化. 在外加磁场 $\boldsymbol{B}$ 的情形

$$\dot{\boldsymbol{k}}\cdot\frac{\partial f}{\partial \boldsymbol{k}}=-\frac{e}{\hbar}(\boldsymbol{v}_k\times\boldsymbol{B})\cdot\left(\frac{\partial f_0}{\partial \boldsymbol{k}}+\frac{\partial f_1}{\partial \boldsymbol{k}}\right). \tag{6.1.9}$$

由于 f_0 只通过能量与 $\boldsymbol{k}$ 有关，$\partial f_0/\partial\boldsymbol{k}=(\partial f_0/\partial\varepsilon)(\partial\varepsilon/\partial\boldsymbol{k})=\hbar(\partial f_0/\partial\varepsilon)\boldsymbol{v}_k$，而$(\boldsymbol{v}_k\times\boldsymbol{B})\cdot\boldsymbol{v}_k=0$，磁场的影响反映在(6.1.9)式右边第二项上，与小量 f_1 相关，这和在输运现象中磁效应的观察往往需要较强的磁场一致，即如要产生和电场 $\boldsymbol{E}$ 相仿的影响，磁场 $\boldsymbol{B}$ 的大小一般要满足条件

$$|\boldsymbol{v}_{\text{F}}\times\boldsymbol{B}|\gg|\boldsymbol{E}|. \tag{6.1.10}$$

对于碰撞项，沿用 1.4 节中的弛豫时间近似，该处弛豫时间是作为碰撞的概率，或相继两次碰撞间的平均时间引进的. 这里从分布函数的角度切入：如外场使电子系统进入非平衡态，外场去掉后，碰撞使系统恢复平衡. 在对平衡态的偏离较小时，可以合理地假定恢复的快慢$(\partial f/\partial t)$比例于系统偏离平衡态的程度$(f-f_0)$以及碰撞的频度$(1/\tau)$，即

$$\frac{\partial f}{\partial t}=-\frac{f-f_0}{\tau}, \tag{6.1.11}$$

负号来源于偏离随时间的增加而减小. 上式的解为

$$f-f_0=f_1=f_1(t=0)\mathrm{e}^{-t/\tau}, \tag{6.1.12}$$

即恢复平衡的弛豫过程随时间以指数形式变化，弛豫时间为这一过程的时间常数.

对比(6.1.4)式，在弛豫时间近似下，(6.1.11)式相当于将玻尔兹曼方程中的碰撞项写为

$$\left(\frac{\partial f}{\partial t}\right)_{\text{coll}} = -\frac{f-f_0}{\tau} = -\frac{f_1}{\tau}, \tag{6.1.13}$$

这一做法,大大地简化了对玻尔兹曼方程的求解.

在有电场、磁场和碰撞同时存在的情况下,从(6.1.8)、(6.1.9)及(6.1.13)式,玻尔兹曼方程的形式为

$$\dot{\boldsymbol{r}} \cdot \frac{\partial f_0}{\partial \boldsymbol{r}} - \frac{e\boldsymbol{E}}{\hbar} \cdot \frac{\partial f_0}{\partial \boldsymbol{k}} = -\frac{f_1}{\tau} + \frac{e}{\hbar}(\boldsymbol{v}_k \times \boldsymbol{B}) \cdot \frac{\partial f_1}{\partial \boldsymbol{k}}. \tag{6.1.14}$$

对碰撞项更细致的考虑超出弛豫时间近似.描述电子碰撞过程的是在单位体积样品中,单位时间内,由于碰撞电子从 $\boldsymbol{k}$ 态散射到 $\boldsymbol{k}'$ 态的概率 $w_{\boldsymbol{k},\boldsymbol{k}'}$.这样,碰撞项可写成

$$\left(\frac{\partial f(\boldsymbol{r},\boldsymbol{k},t)}{\partial t}\right)_{\text{coll}} = \sum_{\boldsymbol{k}'}\{w_{\boldsymbol{k}',\boldsymbol{k}} f(\boldsymbol{k}')[1-f(\boldsymbol{k})] - w_{\boldsymbol{k},\boldsymbol{k}'} f(\boldsymbol{k})[1-f(\boldsymbol{k}')]\}. \tag{6.1.15}$$

从 $\boldsymbol{k}'$ 散射到 $\boldsymbol{k}$ 的过程使 $f(\boldsymbol{r},\boldsymbol{k},t)$ 增加,这一过程的概率还依赖于 $\boldsymbol{k}'$ 态已被占据的概率 $f(\boldsymbol{k}')$,和 $\boldsymbol{k}$ 态未被占据的概率 $[1-f(\boldsymbol{k})]$,即初态有电子及末态有空位的概率.$\boldsymbol{k}$ 到 $\boldsymbol{k}'$ 的反过程使 $f(\boldsymbol{r},\boldsymbol{k},t)$ 减小,同样要乘以 $f(\boldsymbol{k})[1-f(\boldsymbol{k}')]$ 的因子.然后对所有可能的 $\boldsymbol{k}'$ 求和.

对(6.1.15)式的进一步简化,首先利用当系统处在平衡态,碰撞不改变平衡分布函数的事实,有

$$w_{\boldsymbol{k}',\boldsymbol{k}} f_0(\boldsymbol{k}')[1-f_0(\boldsymbol{k})] = w_{\boldsymbol{k},\boldsymbol{k}'} f_0(\boldsymbol{k})[1-f_0(\boldsymbol{k}')], \tag{6.1.16}$$

$f_0(\boldsymbol{k})$ 为平衡分布函数.将(6.1.1)式代入,得

$$w_{\boldsymbol{k}',\boldsymbol{k}}\, \mathrm{e}^{\varepsilon_{\boldsymbol{k}}/k_{\mathrm{B}}T} = w_{\boldsymbol{k},\boldsymbol{k}'}\, \mathrm{e}^{\varepsilon_{\boldsymbol{k}'}/k_{\mathrm{B}}T}. \tag{6.1.17}$$

然后假定电子所经历的碰撞为弹性散射,散射前后能量相等 $\varepsilon_{\boldsymbol{k}}=\varepsilon_{\boldsymbol{k}'}$,仅波矢的方向有所改变.这时

$$w_{\boldsymbol{k}',\boldsymbol{k}} = w_{\boldsymbol{k},\boldsymbol{k}'}, \tag{6.1.18}$$

从而(6.1.15)式中分布函数相乘的 2 次项相消,碰撞项与分布函数的关系得以线性化.采用(6.1.7)式,

$$\left(\frac{\partial f}{\partial t}\right)_{\text{coll}} = \sum_{\boldsymbol{k}'} w_{\boldsymbol{k},\boldsymbol{k}'}[f_1(\boldsymbol{k}') - f_1(\boldsymbol{k})], \tag{6.1.19}$$

与(6.1.13)式相比,得

$$\frac{1}{\tau} = \sum_{\boldsymbol{k}'} w_{\boldsymbol{k},\boldsymbol{k}'}\left[1 - \frac{f_1(\boldsymbol{k}')}{f_1(\boldsymbol{k})}\right], \tag{6.1.20}$$

这是对弛豫时间做进一步计算的出发点.

6.2 电 导 率

本节主要讨论金属的电导率,着重于从电子-声子相互作用的角度解释电阻率

随温度的变化.

6.2.1 金属的直流电导率

在 1.4.3 和 4.2.1 小节中已分别在自由电子和能带论的基础上讨论了恒定电场作用下电子的半经典运动. 按照玻尔兹曼方程(6.1.14), 此时

$$-\frac{e\boldsymbol{E}}{\hbar}\cdot\frac{\partial f_0}{\partial \boldsymbol{k}}=-\frac{f-f_0}{\tau}, \tag{6.2.1}$$

相当于(6.1.7)式中

$$f_1=\frac{e\tau}{\hbar}\boldsymbol{E}\cdot\frac{\partial f_0}{\partial \boldsymbol{k}}. \tag{6.2.2}$$

在 f_1 为小量时, (6.2.1)式可等价地写成

$$f(\boldsymbol{k})=f_0\left(\boldsymbol{k}+\frac{e\tau}{\hbar}\boldsymbol{E}\right). \tag{6.2.3}$$

这给出在 1.4.3 小节中所描述的, 在恒定电场作用下, 在 k 空间中, 非平衡分布相当于费米球刚性平移($-e\tau\boldsymbol{E}/\hbar$)的结果.

由于平衡分布对总电流没有贡献, 即 $\int e\boldsymbol{v}_k f_0 \mathrm{d}\boldsymbol{k}\equiv 0$, (6.0.1) 式可写成

$$\boldsymbol{J}=-\frac{e}{4\pi^3}\int f_1\boldsymbol{v}_k\mathrm{d}\boldsymbol{k}. \tag{6.2.4}$$

将(6.2.2)式中对 $\boldsymbol{k}$ 的微商改为对能量的微商, 即 $\partial f/\partial\boldsymbol{k}=(\partial f/\partial\varepsilon)(\partial\varepsilon/\partial\boldsymbol{k})$. 并利用 3.5.3 小节计算态密度时, 将对 k 空间中体积的积分改成在等能面上积分的技巧, 注意电子速度和 $\partial\varepsilon/\partial\boldsymbol{k}$ 的关系(4.1.8)式, 上式可写为

$$\boldsymbol{J}=\frac{e^2}{4\pi^3}\iint\tau\boldsymbol{v}_k(\boldsymbol{v}_k\cdot\boldsymbol{E})\left(-\frac{\partial f_0}{\partial\varepsilon}\right)\frac{\mathrm{d}S}{\hbar v_k}\mathrm{d}\varepsilon. \tag{6.2.5}$$

如 1.2.1 小节所述, ($-\partial f_0/\partial\varepsilon$)的行为像费米能处的 δ 函数, 上述积分只需在费米面上进行, 即

$$\boldsymbol{J}=\left[\frac{1}{4\pi^3}\frac{e^2}{\hbar}\int\tau\frac{\boldsymbol{v}_k\boldsymbol{v}_k}{v_k}\mathrm{d}S_{\mathrm{F}}\right]\cdot\boldsymbol{E}. \tag{6.2.6}$$

相当于电导率

$$\sigma=\frac{1}{4\pi^3}\frac{e^2}{\hbar}\int\tau\frac{\boldsymbol{v}_k\boldsymbol{v}_k}{v_k}\mathrm{d}S_{\mathrm{F}}. \tag{6.2.7}$$

σ 为张量, 写成分量的形式, 为

$$\sigma_{\alpha\beta}=\frac{1}{4\pi^3}\frac{e^2}{\hbar}\int\tau\frac{v_{k\alpha}v_{k\beta}}{v_k}\mathrm{d}S_{\mathrm{F}}. \tag{6.2.8}$$

将弛豫时间 τ 放在积分号内是因为一般情况下 τ 有可能依赖于 $\boldsymbol{k}$.

对于立方晶体, 如 2.2.6 小节所述, 电导率张量简化为标量, 假如 $\boldsymbol{E}$ 和 $\boldsymbol{J}$ 均沿

立方边(取为 x 方向),则

$$\sigma_{xx}=\frac{1}{4\pi^3}\frac{e^2}{\hbar}\int\tau\frac{v_{kx}^2}{v_k}\mathrm{d}S_{\mathrm{F}}. \tag{6.2.9}$$

由于对称性,

$$\sigma=\sigma_{xx}=\sigma_{yy}=\sigma_{zz}=\frac{1}{3}(\sigma_{xx}+\sigma_{yy}+\sigma_{zz}). \tag{6.2.10}$$

可得

$$\sigma=\frac{1}{12\pi^3}\frac{e^2}{\hbar}\int\tau v_{\boldsymbol{k}}\mathrm{d}S_{\mathrm{F}}=\frac{1}{12\pi^3}\frac{e^2}{\hbar}\int l(\boldsymbol{k})\mathrm{d}S_{\mathrm{F}}, \tag{6.2.11}$$

其中 l 为平均自由程.

对于各向同性情形,并假定导电电子可用单一有效质量 m^* 描述,则 $\tau(\boldsymbol{k})$与 $\boldsymbol{k}$ 的方向无关,

$$v_{k_{\mathrm{F}}}=\frac{\hbar k_{\mathrm{F}}}{m^*}, \tag{6.2.12}$$

利用 $k_{\mathrm{F}}^3=3\pi^2 n$ 的关系,从(6.2.11)式可得

$$\sigma=\frac{ne^2\tau(\varepsilon_{\mathrm{F}})}{m^*}. \tag{6.2.13}$$

这一公式与第一章金属自由电子气体模型中得到的(1.4.10)式有相同的形式.但自由电子的质量 m 为有效质量 m^* 所代替,弛豫时间更准确地表述为费米面上电子的 $\tau(\varepsilon_{\mathrm{F}})$.两个公式中均有传导电子总的数密度 n,这来源于(6.2.11)式中在 k 空间费米面上的积分,并非如经典的 Drude 模型所述,所有的电子都参与电荷的输运.这种形式上的相似,解释了(1.4.10)式在很多情况下给出满意结果的原因.

6.2.2 电子和声子的相互作用

为了解金属电导率随温度的变化,只需考虑 $\tau(\varepsilon_{\mathrm{F}})$对温度的依赖,因为 n 与温度无关.按 6.1 节中的讲述,要对电子所受散射做具体的分析.在结构完整的理想晶体中,电子主要受声子的散射.在将电子和晶格系统分开处理的绝热近似的基础上,他们之间的相互作用应看做微扰,引起态间的跃迁.

如将静止的理想晶体中单电子势写成在每个离子实附近的局域势之和,即

$$V(\boldsymbol{r})=\sum_{\boldsymbol{R}_n}V_L(\boldsymbol{r}-\boldsymbol{R}_n), \tag{6.2.14}$$

那么在有晶格振动时,对单电子态的微扰势为

$$\hat{H}'=\sum_{\boldsymbol{R}_n}[V_L(\boldsymbol{r}-\boldsymbol{R}_n-u(\boldsymbol{R}_n))-V_L(\boldsymbol{r}-\boldsymbol{R}_n)], \tag{6.2.15}$$

$\boldsymbol{u}(\boldsymbol{R}_n)$为 $\boldsymbol{R}_n$ 格点上离子实对平衡位置的偏离.在小位移假定下,

$$\hat{H}' = -\sum_{\boldsymbol{R}_n} \boldsymbol{u}(\boldsymbol{R}_n) \cdot \nabla V_L(\boldsymbol{r}-\boldsymbol{R}_n), \tag{6.2.16}$$

相当于将 V_L 在$(\boldsymbol{r}-\boldsymbol{R}_n)$附近按 $\boldsymbol{u}(\boldsymbol{R}_n)$作级数展开,只保留一级项.

为简单起见,只考虑简单格子,此时仅有声学支.将波矢 $\boldsymbol{q}$、频率 ω 的简正模引起的原子位移写成实数形式,

$$\boldsymbol{u}(\boldsymbol{R}_n) = A\boldsymbol{e}\cos(\boldsymbol{q}\cdot\boldsymbol{R}_n - \omega t) = \frac{1}{2}A\boldsymbol{e}\,\mathrm{e}^{\mathrm{i}(\boldsymbol{q}\cdot\boldsymbol{R}_n-\omega t)} + \frac{1}{2}A\boldsymbol{e}\,\mathrm{e}^{-\mathrm{i}(\boldsymbol{q}\cdot\boldsymbol{R}_n-\omega t)}, \tag{6.2.17}$$

其中 A 为振幅,$\boldsymbol{e}$ 为振动方向上的单位矢量,$\boldsymbol{e}\perp\boldsymbol{q}$ 为横波,$\boldsymbol{e}\parallel\boldsymbol{q}$ 为纵波.将(6.2.17)式代入(6.2.16)式,可得一个格波模对微扰势的贡献.

$$\hat{H}' = \mathrm{e}^{-\mathrm{i}\omega t}s_+ + \mathrm{e}^{\mathrm{i}\omega t}s_-, \tag{6.2.18}$$

其中

$$s_\pm = -\frac{1}{2}A\sum_{\boldsymbol{R}_n}\mathrm{e}^{\pm\mathrm{i}\boldsymbol{q}\cdot\boldsymbol{R}_n}\boldsymbol{e}\cdot\nabla V_L(\boldsymbol{r}-\boldsymbol{R}_n), \tag{6.2.19}$$

因而这里碰到的是量子力学中含时间的周期性微扰,从 $\boldsymbol{k}$ 到 $\boldsymbol{k}'$态,单位时间的跃迁概率为

$$w_{\boldsymbol{k},\boldsymbol{k}'} = \frac{2\pi}{\hbar}\left[|\langle\psi_{\boldsymbol{k}'}|s_+|\psi_{\boldsymbol{k}}\rangle|^2\delta(\varepsilon_{\boldsymbol{k}'}-\varepsilon_{\boldsymbol{k}}-\hbar\omega) + |\langle\psi_{\boldsymbol{k}'}|s_-|\psi_{\boldsymbol{k}}\rangle|^2\delta(\varepsilon_{\boldsymbol{k}'}-\varepsilon_{\boldsymbol{k}}+\hbar\omega)\right], \tag{6.2.20}$$

δ 函数保证过程是能量守恒的,即

$$\begin{cases}\varepsilon_{\boldsymbol{k}'} = \varepsilon_{\boldsymbol{k}} + \hbar\omega, \\ \varepsilon_{\boldsymbol{k}'} = \varepsilon_{\boldsymbol{k}} - \hbar\omega,\end{cases} \tag{6.2.21}$$

+,一号分别相应于吸收或放出一个声子.由于声子的能量和费米面上的电子相比很小,例如当 $\Theta_\mathrm{D}\approx 300$ K 时,$\hbar\omega\leqslant 1/40$ eV,而 ε_F 一般是几个 eV,这种散射可近似地看成是弹性散射.涉及光学声子时会有所不同;但在低温下,电子吸收光学声子,跃迁到能量较高的状态的概率很小.

散射矩阵元

$$\langle\psi_{\boldsymbol{k}'}|s_\pm|\psi_{\boldsymbol{k}}\rangle = -\frac{1}{2}A\sum_{\boldsymbol{R}_n}\mathrm{e}^{\pm\mathrm{i}\boldsymbol{q}\cdot\boldsymbol{R}_n}\langle\psi_{\boldsymbol{k}'}|\boldsymbol{e}\cdot\nabla V_L(\boldsymbol{r}-\boldsymbol{R}_n)|\psi_{\boldsymbol{k}}\rangle. \tag{6.2.22}$$

利用布洛赫波函数的特性(3.1.5)式

$$\psi_{\boldsymbol{k}}(\boldsymbol{r}+\boldsymbol{R}_n) = \mathrm{e}^{\mathrm{i}\boldsymbol{k}\cdot\boldsymbol{R}_n}\psi_{\boldsymbol{k}}(\boldsymbol{r}), \tag{6.2.23}$$

可将(6.2.22)式右边被积函数坐标原点平移 $\boldsymbol{R}_n$,这样

$$\langle\psi_{\boldsymbol{k}'}|s_\pm|\psi_{\boldsymbol{k}}\rangle = -\frac{1}{2}A\sum_{\boldsymbol{R}_n}\mathrm{e}^{\mathrm{i}(\boldsymbol{k}-\boldsymbol{k}'\pm\boldsymbol{q})\cdot\boldsymbol{R}_n}\langle\psi_{\boldsymbol{k}'}|\boldsymbol{e}\cdot\nabla V_L(\boldsymbol{r})|\psi_{\boldsymbol{k}}\rangle. \tag{6.2.24}$$

与 5.3 节讨论中子和声子的散射类似,由于晶格的平移对称性,上式求和仅当波矢之和为倒格矢时方不为零,从而给出晶体动量守恒关系

$$\boldsymbol{k}' = \boldsymbol{k} \pm \boldsymbol{q} + \boldsymbol{G}_{\mathrm{h}}, \tag{6.2.25}$$

其中 $\boldsymbol{G}_{\mathrm{h}}=0$ 的过程称为 N 过程，$\boldsymbol{G}_{\mathrm{h}}\neq 0$ 的称为 U 过程.

总的微扰势应考虑所有格波的贡献.(6.2.17)式中的 $A\boldsymbol{e}$ 应写成 $A_q\boldsymbol{e}_s$ 的形式，$s=1,2,3$ 分别代表 1 个纵波和 2 个横波，A_q 是相应波矢为 $\boldsymbol{q}$ 时的振幅. 在(6.2.22)式中，除对 $\boldsymbol{R}_n$ 求和外，还应对 $\boldsymbol{q}$，s 求和.

6.2.3 电阻率随温度的变化

金属的电阻率 $\rho=1/\sigma$，从(6.2.13)式，比例于 $1/\tau$ 变化. 后者按(6.1.20)式，与 $w_{\boldsymbol{k},\boldsymbol{k}'}$ 及 f_1 有关.

对外加电场情形，(6.2.2)式 f_1 可写成

$$f_1 = e\tau\frac{\partial f_0}{\partial\varepsilon}\boldsymbol{v}_k\cdot\boldsymbol{E}. \tag{6.2.26}$$

简单地假定电子系统有球形费米面，则 $\boldsymbol{v}_k=\hbar\boldsymbol{k}/m^*$，如取电场方向为 $\boldsymbol{k}$ 方向，则(6.1.20)式为

$$\frac{1}{\tau} = \sum_{\boldsymbol{k}'} w_{\boldsymbol{k},\boldsymbol{k}'}(1-\cos\theta), \tag{6.2.27}$$

θ 为 $\boldsymbol{k}$ 和 $\boldsymbol{k}'$ 之间的夹角. 将求和改为积分，有

$$\frac{1}{\tau} = \frac{1}{(2\pi)^3}\int w_{\boldsymbol{k},\boldsymbol{k}'}(1-\cos\theta)\mathrm{d}\boldsymbol{k}', \tag{6.2.28}$$

这样，电子所受散射的频度 $1/\tau$，不仅与从 $\boldsymbol{k}$ 到 $\boldsymbol{k}'$ 的跃迁概率有关，还涉及$(1-\cos\theta)$的权重因子. 小角度的散射，一般而言，对产生电阻几乎没有贡献，因为并未明显改变波矢方向，电子沿电场方向的定向运动基本保留. 起重要作用的是大角度散射，它使电子沿电场方向的速度有大的改变.

从上小节的讨论，如(6.2.20)及(6.2.24)式，电子和格波一个简正模的相互作用导致的 $w_{\boldsymbol{k},\boldsymbol{k}'}$，比例于该格波振幅的平方. 对于(6.2.17)式描述的格波模，晶格中每个原子的振动动能为

$$\frac{1}{2}M\mid\dot{\boldsymbol{u}}\mid^2 = \frac{1}{2}MA^2\omega^2\sin^2(\boldsymbol{q}\cdot\boldsymbol{R}_n-\omega t), \tag{6.2.29}$$

其中 M 为原子的质量. 由于正弦项对时间的平均为 1/2，晶体中 N 个原子参加的这一集体运动模式总的振动动能为

$$\frac{1}{4}NMA^2\omega^2. \tag{6.2.30}$$

因此，振幅的平方与相应格波模的能量相联系. 用声子的语言，则是比例于相应的声子数 $n_s(\boldsymbol{q})$. 对 $w_{\boldsymbol{k},\boldsymbol{k}'}$ 的计算，最终要考虑所有格波模的贡献，对 $\boldsymbol{q}$ 和 s 求和，大体相当于 $w_{\boldsymbol{k},\boldsymbol{k}'}$ 将比例于总声子数变化.

在低温下($T\ll\Theta_{\mathrm{D}}$)，声子比热与 T^3 成正比，相当于声子系统能量比例于 T^4，

如声子平均能量为 $k_B T$，则相当于总声子数比例于 T^3 变化. 由此得到电子-声子散射的弛豫时间

$$\frac{1}{\tau} \propto T^3, \quad T \ll \Theta_D. \tag{6.2.31}$$

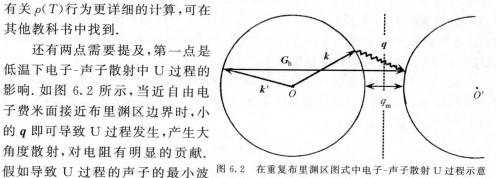

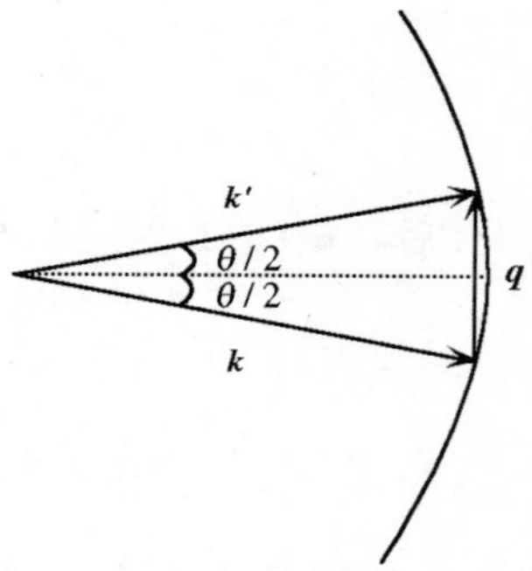

由于此时声子能量远小于 $\hbar\omega_D$，电子-声子间的散射非常接近于弹性散射，同时涉及的声子波矢亦较小，需要考虑(6.2.28)式中 $(1-\cos\theta)$ 因子的影响. 从图 6.1 可得 $\sin(\theta/2)=q/2k_F$，因而 $1-\cos\theta=2\sin^2(\theta/2)=\frac{1}{2}(q/k_F)^2$. 由于 $q\approx k_B T/\hbar c$，$(1-\cos\theta)$ 因子比例于 T^2 变化. 这样，由于温度下降，小角度散射份额的增加，最终电阻率将比例于 T^5 变化，即

$$\rho \propto T^5, \quad T \ll \Theta_D. \tag{6.2.32}$$

图 6.1 费米面上的小角度散射，$k\approx k'\approx k_F$

文献上习惯称此为布洛赫-格林艾森 T^5 定律(Bloch-Grüneisen T^5 law).

高温时 $(T\gg\Theta_D)$，如 5.4.2 小节所述，晶格中总声子数比例于 T 变化. 且涉及的声子波矢约为 q_D 大小，(6.2.28)式中 $(1-\cos\theta)$ 因子与温度无关，电阻率随温度线性变化.

$$\rho \propto T, \quad T \gg \Theta_D. \tag{6.2.33}$$

有关 $\rho(T)$ 行为更详细的计算，可在其他教科书中找到.

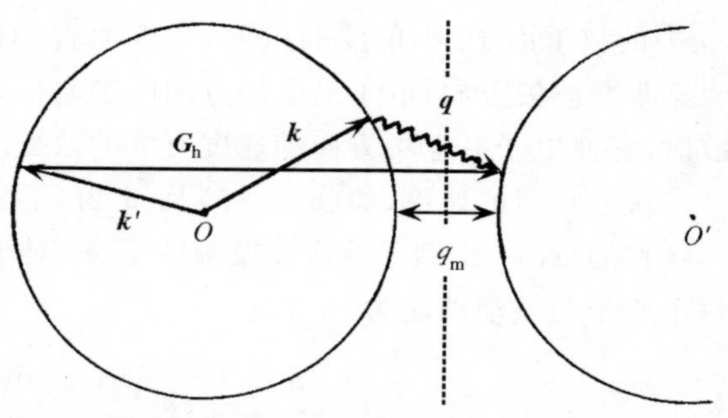

图 6.2 在重复布里渊区图式中电子-声子散射 U 过程示意

还有两点需要提及，第一点是低温下电子-声子散射中 U 过程的影响. 如图 6.2 所示，当近自由电子费米面接近布里渊区边界时，小的 $\boldsymbol{q}$ 即可导致 U 过程发生，产生大角度散射，对电阻有明显的贡献. 假如导致 U 过程的声子的最小波矢为 q_m，相应的声子能量为 $\hbar\omega_m$，当 $k_B T\ll\hbar\omega_m$ 时，类似于 5.4.2 小节对声子-声子散射 U 过程的讨论，这种声子数将随温度的下降指数减少，即比例于 $e^{-\hbar\omega_m/k_B T}$，这会使电阻的下降比 T^5 更快. 这一现象已在碱金属中观察到，在 4.2 K 到 2 K 的温度区间，电阻的下降确实要更快一些.

第二点需要提及的是在对 $1/\tau$ 进行计算的(6.2.28)式中，在 k 空间费米面上积分的体积元

$$\mathrm{d}\boldsymbol{k}' = 2\pi\sin\theta\mathrm{d}\theta k'^2\mathrm{d}k'. \tag{6.2.34}$$

对 k' 的积分可改成对能量的积分，即

$$k^2\mathrm{d}k = k^2\left(\frac{\mathrm{d}\varepsilon}{\mathrm{d}k}\right)^{-1}\mathrm{d}\varepsilon, \tag{6.2.35}$$

这里为简单，去掉了加撇的上标. 对球形费米面情形，能态密度

$$g(\varepsilon) = \frac{1}{4\pi^3}\frac{4\pi k^2\mathrm{d}k}{\mathrm{d}\varepsilon} = \frac{k^2}{\pi^2}\left(\frac{\mathrm{d}\varepsilon}{\mathrm{d}k}\right)^{-1}.$$

与(6.2.35)式相比，可见 $1/\tau$ 比例于费米面处的能态密度. 由此可理解过渡族金属电阻率一般较高的事实. 过渡族金属 d 带很窄，d 电子有效质量大，可动性差，因而导电主要靠 s 电子. s 电子可以被散射到 s 带，也可被散射到 d 带，由于 d 带态密度远高于 s 带，电阻主要来源于 s 带到 d 带的 s-d 散射，并有较高的数值. 过渡族金属一般有磁性，还有其他一些原因，情况较复杂，此处不再做过多的讨论.

6.2.4 剩余电阻率

在实际样品中，电子还将受到杂质原子的散射. 这种散射是弹性的，源于杂质原子基态和最低激发态之间的能量间隔，一般为数个电子伏的数量级，远大于 $k_{\mathrm{B}}T$. 这样，几乎没有杂质原子处于激发态，从而在散射中能给予电子能量，同时，如果电子给杂质原子能量，电子能量将失去过多，以致费米球内没有空态许可这些电子进入.

假如电子和杂质原子之间的散射势为 $U(\boldsymbol{r})$，例如这可来源于杂质原子和基质原子离子实所带电荷不同而附加的势场. 当杂质原子浓度 n_i 很低，低到可以认为电子每次只和一个杂质原子作用时，按照量子力学微扰论的“黄金定则”(golden rule)，

$$w_{\boldsymbol{k},\boldsymbol{k}'} = \frac{2\pi}{\hbar}n_i \mid \langle \psi_{\boldsymbol{k}'} \mid U(\boldsymbol{r}) \mid \psi_{\boldsymbol{k}} \rangle \mid^2 \delta(\varepsilon_{\boldsymbol{k}} - \varepsilon_{\boldsymbol{k}'}), \tag{6.2.36}$$

由于 n_i，$U(\boldsymbol{r})$ 均不随温度变化，电子和杂质原子散射产生的电阻与温度无关.

在有两种散射机制的情况下，如电子被杂质原子和声子散射，假如两种机制相互独立，总散射概率可表达为两种机制分别作用之和，即

$$w_{\boldsymbol{k},\boldsymbol{k}'} = w_{\boldsymbol{k},\boldsymbol{k}'}^{(1)} + w_{\boldsymbol{k},\boldsymbol{k}'}^{(2)}.$$

这意味着

$$\frac{1}{\tau} = \frac{1}{\tau^{(1)}} + \frac{1}{\tau^{(2)}}.$$

如果对每种机制，弛豫时间均与 $\boldsymbol{k}$ 无关，则由(6.2.13)式，

$$\rho = \frac{m^*}{ne^2\tau} = \frac{m^*}{ne^2}\left(\frac{1}{\tau^{(1)}} + \frac{1}{\tau^{(2)}}\right) = \rho^{(1)} + \rho^{(2)}, \tag{6.2.37}$$

即在几种不同的散射机制存在时，电阻率为各机制单独存在时电阻率之和.这一表述称为马西森定则(Matthiessen's rule).

按照这一定则，金属的电阻率一般写为

$$\rho = \rho_r + \rho_i(T), \tag{6.2.38}$$

ρ_i 来自电子-声子散射，与温度有关.对于结构完整的理想晶体，ρ_i 亦存在，常称为理想电阻率(ideal resistivity). ρ_r 来源于电子-杂质原子的散射，与温度无关.在低温下，当 $\rho_i(T)$ 很小时，ρ_r 成为电阻率中的主要部分，一般称为剩余电阻率(residual resistivity).

在很多情况下，对材料的电阻率行为，马西森定则给出大体正确的描述，是有价值的.但也常常观察到对这一定则的偏离，需加以留心.

6.2.5 近藤效应

当杂质原子具有局域磁矩时，如在非磁性的简单金属和贵金属中掺少量过渡族或稀土元素杂质原子的情形，电阻率随温度的变化与前述温度下降因电子-声子散射的减弱，电阻率单调下降，随后过渡到由杂质散射决定的常数剩余电阻率不同，一般在 10～20 K 温区内有极小，此后，温度下降时电阻率按对数规律比例于 $\ln T$ 上升，最终过渡到与温度无关的常数值.作为例证，在图 6.3 中给出少量 Fe 掺入 Cu，Au 和 $Cu_{95}Au_5$ 中电阻率随温度的变化.纵坐标用 $\Delta\rho/n_i$ 表示，意味着未掺杂时材料的电阻率已被扣除，图中给出的仅为掺杂的贡献，并标度到单位(1%)浓度，杂质浓度用 n_i 表示.这一反常现象在实验上早有观察，多年来一直是金属研究中的一个疑难问题. 1964 年近藤(J. Kondo)首先对电阻极小给出了正确的理论解释.从此，稀磁合金中电阻极小，以及与此关联的一系列低温反常现象，通称为近藤效应(Kondo effect).

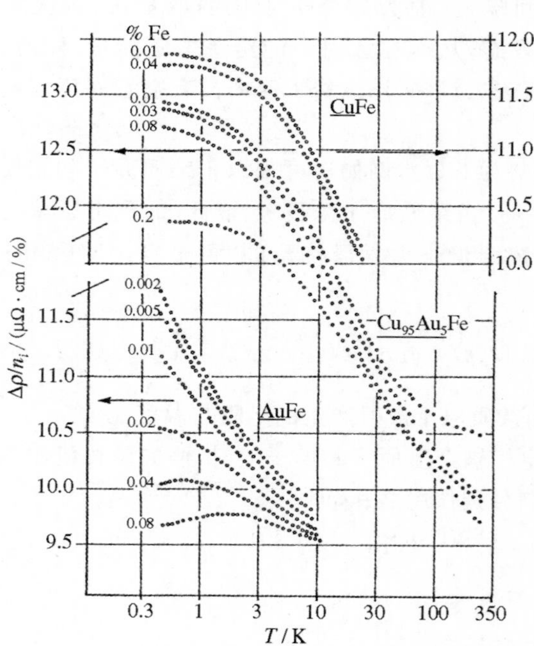

图 6.3 少量 Fe 掺入 Cu，$Cu_{95}Au_5$ 和 Au 中附加的电阻率改变随温度的变化

(引自 A. J. Heeger, Solid State Phys. 23(1969), 283)

由于在观察到电阻极小的同

时，可测出金属中有局域杂质磁矩存在，说明电阻反常源于杂质磁矩．杂质浓度很低（$<10^{-6}$杂质原子）时，亦可观察到反常现象，说明反常是传导电子与孤立磁性杂质间相互作用特征的反映，与磁性杂质之间的相互作用无关．近藤采用传导电子和磁性杂质间有交换相互作用来描述稀磁合金问题．相互作用能

$$U = -J\boldsymbol{s}\cdot\boldsymbol{\sigma}, \tag{6.2.39}$$

其中 J 为交换积分，量度相互作用强度．$\boldsymbol{s}$ 和 $\boldsymbol{\sigma}$ 分别是杂质原子自旋和传导电子的自旋．由于$|J|$的大小一般远小于传导电子的费米能量 ε_F，近藤将交换项(6.2.39)作为微扰项处理．

计算到一级微扰，类似于(6.2.36)式，同样给出与温度无关的电阻修正．计算到二级微扰，给出磁性杂质原子对电阻率的贡献为

$$\Delta\rho = n_i\rho_m[1 + 4Jg(\varepsilon_F)\ln(k_BT/D)], \tag{6.2.40}$$

其中 D 为导带半宽度．对于能带半填满的金属，D 近似等于费米能量 ε_F．当 $J<0$ 时，(6.2.40)式给出温度下降时随温度对数式增加的杂质电阻率，与比例于 T^5 的理想电阻率组合，很好地说明了电阻率极小的物理原因．

对近藤效应理论定量的介绍，超出本书范围．这里只想提及的是，二级微扰计算涉及的电子从初态，如($\boldsymbol{k}\uparrow$)到终态($\boldsymbol{k}'\uparrow$)的散射，要经过一中间态．(6.2.40)式中与温度有关的改正来源于自旋倒逆(spin-flip)中间散射过程．当中间态 $\boldsymbol{k}''$未占据时，过程为($\boldsymbol{k}\uparrow$)→($\boldsymbol{k}''\downarrow$)→($\boldsymbol{k}'\uparrow$)．磁性杂质的自旋，设为 $s=1/2$，相应的发生↓→↑→↓的变化．对于中间态已有电子占据情形，则是($\boldsymbol{k}''\downarrow$)电子先跃迁到终态($\boldsymbol{k}'\uparrow$)，然后($\boldsymbol{k}\uparrow$)电子跃迁到($\boldsymbol{k}''\downarrow$)态．磁性杂质自旋先下降↑→↓再上升↓→↑．

温度下降时电阻率从 $\ln T$ 反常逐渐过渡到常数值，来源于杂质原子有效磁矩的趋于消失．反铁磁的耦合使磁性杂质原子被自旋取向相反的传导电子所包围，从而对杂质磁矩起屏蔽抵消作用，这种作用随温度的降低、热涨落的减小而增大，最终在 $T\to0$ 时形成一个由杂质原子和聚集在其周围的自旋反向的传导电子形成的组合状态，总自旋为零，称为近藤单态(Kondo singlet)，它对电阻行为的影响与上一小节讨论的非磁性外来原子相同．这一图像已为磁化率、比热等实验所证实．

人们对近藤效应感兴趣，一方面是因为它涉及对金属中局域磁矩形成的了解，以及在近藤系统中发生的一些独特的物理现象，另一方面是因为它是一个真正的多体问题．第一个电子和杂质原子散射时，杂质原子的自旋状态要发生变化，这种变化直接影响到第二个电子在此杂质上散射，从而造成相继两个散射电子间的关联，或间接相互作用．低温下热涨落减小，关联增强，最终任何一个电子的散射都和系统中所有其他电子的运动相关．为解决这一困难的多体问题所发展起来的理论

方法,可以用到其他方面.更多的请参阅李正中发表在《物理》杂志上的文章①.

6.2.6 半导体的电导率

对于半导体材料,仍可用(6.2.4)式表示电场 $\boldsymbol{E}$ 作用下相应的电流密度,但在其后的计算中,由于化学势在禁带中,载流子一般是非简并的(4.2.4 小节),不能利用$(-\partial f_0/\partial\varepsilon)$类 δ 函数的特性.假定 τ 是能量的函数,载流子服从经典的玻尔兹曼统计,易于证明,电导率仍可写成(6.2.13)式的形式,只需将 τ 理解成对能量的平均值.对于半导体材料,习惯上将(6.2.13)式写成

$$\sigma = ne\mu_{\mathrm{e}} \tag{6.2.41}$$

的形式,其中

$$\mu_{\mathrm{e}} = \frac{e\tau}{m^*} \tag{6.2.42}$$

称为载流子的迁移率(mobility).将 $\boldsymbol{J}=\sigma\boldsymbol{E}$ 写成 $\boldsymbol{J}=ne\mu\boldsymbol{E}$ 的形式,可以看出迁移率表示单位电场下载流子的平均漂移速度.半导体中往往同时有电子和空穴两种载流子,

$$\sigma = ne\mu_{\mathrm{e}} + pe\mu_{\mathrm{h}}, \tag{6.2.43}$$

其中 n,p 和 $\mu_{\mathrm{e}},\mu_{\mathrm{h}}$ 分别为电子、空穴的浓度和迁移率.

半导体电导率随温度的变化与金属十分不同.对于金属,如前述,载流子浓度不变,随温度的变化主要反映在 $\tau(T)$ 中.半导体中的 τ,也与温度有关.实验或理论计算表明 $\mu_{\mathrm{e,h}}\propto T^n$,$n$ 在± 2之间,即$-2<n<2$.但载流子浓度往往随温度以指数函数的形式变化(4.2.13 及 4.2.14 式),成为 $\sigma(T)$关系中的决定因素.对于本征半导体,有

$$\rho = C\mathrm{e}^{\varepsilon_{\mathrm{g}}/2k_{\mathrm{B}}T}, \tag{6.2.44}$$

即温度下降时电阻率指数上升.在 8.2.2 小节中对这方面会有进一步的讨论.

6.3 热导率和热电势

如除电场外,样品上还有温度梯度,玻尔兹曼方程中漂移项取(6.1.8)式的形式.将 f_0 的表达式(6.1.1)代入,易于得到与温度有关部分为

$$\dot{\boldsymbol{r}}\cdot\left(\frac{\partial f_0}{\partial T}\nabla T + \frac{\partial f_0}{\partial\mu}\nabla\mu\right) = \left(-\frac{\partial f_0}{\partial\varepsilon}\right)\dot{\boldsymbol{r}}\cdot\left[\frac{\varepsilon_k-\mu}{T}\nabla T + \nabla\mu\right], \tag{6.3.1}$$

因而玻尔兹曼方程可写为

$$\left(-\frac{\partial f_0}{\partial\varepsilon}\right)\boldsymbol{v}_k\cdot\left[\frac{\varepsilon_k-\mu}{T}\nabla T + e\left(\boldsymbol{E}+\frac{1}{e}\nabla\mu\right)\right] = -\frac{f_1}{\tau}. \tag{6.3.2}$$

① 李正中,物理,11(1982),101.

由此可得 f_1，代入(6.2.4)中计算电流密度，采用得到(6.2.5)式的处理方法

$$\boldsymbol{J}=\frac{1}{4\pi^3}\frac{e^2\tau}{\hbar}\left[\iint \boldsymbol{v}_k\boldsymbol{v}_k\left(-\frac{\partial f_0}{\partial \varepsilon}\right)\frac{\mathrm{d}S}{v_k}\mathrm{d}\varepsilon\right]\cdot\left(\boldsymbol{E}+\frac{1}{e}\nabla\mu\right)$$

$$+\frac{1}{4\pi^3}\frac{e\tau}{\hbar}\left[\iint \boldsymbol{v}_k\boldsymbol{v}_k\left(\frac{\varepsilon-\mu}{T}\right)\left(-\frac{\partial f_0}{\partial \varepsilon}\right)\frac{\mathrm{d}S}{v_k}\mathrm{d}\varepsilon\right]\cdot(\nabla T). \tag{6.3.3}$$

上式表明仅有温度梯度时，也可产生电流，导致热电效应的出现.

从(6.3.3)式还可看出，化学势梯度 $\nabla\mu$ 的作用与外场等价. 在实际测量中，测得的电场已包括这一效应. 当把电场强度 $\boldsymbol{E}$ 理解为观察值时，(6.3.3)中 $\nabla\mu/e$ 项可去掉.

温度梯度更重要的作用是产生热流，处在 $\boldsymbol{k}$ 态的电子所携带的热量为 $\varepsilon_k-\mu$，是和化学势相比额外的部分，因而，热流密度为

$$\boldsymbol{J}_Q=\frac{1}{4\pi^3}\int(\varepsilon_k-\mu)\boldsymbol{v}_k f_1\,\mathrm{d}\boldsymbol{k}, \tag{6.3.4}$$

由(6.3.2)式得

$$\boldsymbol{J}_Q=-\frac{1}{4\pi^3}\frac{e\tau}{\hbar}\left[\iint \boldsymbol{v}_k\boldsymbol{v}_k(\varepsilon_k-\mu)\left(-\frac{\partial f_0}{\partial \varepsilon}\right)\frac{\mathrm{d}S}{v_k}\mathrm{d}\varepsilon\right]\cdot\boldsymbol{E}$$

$$-\frac{1}{4\pi^3}\frac{\tau}{\hbar}\left[\iint \boldsymbol{v}_k\boldsymbol{v}_k\frac{(\varepsilon_k-\mu)^2}{T}\left(-\frac{\partial f_0}{\partial \varepsilon}\right)\frac{\mathrm{d}S}{v_k}\mathrm{d}\varepsilon\right]\cdot\nabla T. \tag{6.3.5}$$

(6.3.3)和(6.3.5)式中，$\boldsymbol{E}$ 和 ∇T 项前的系数均为张量，为简单起见，假定样品有最常见的立方结构，因而系数成为标量. 与 6.2.1 小节的处理方式相同，被积函数中 $\boldsymbol{v}_k\boldsymbol{v}_k/v_k=v_k/3$. 这样(6.3.3)和(6.3.5)可写成比较普通的输运方程的形式，

$$\boldsymbol{J}=e^2\mathscr{K}_0\boldsymbol{E}-\frac{e}{T}\mathscr{K}_1(-\nabla T), \tag{6.3.6a}$$

$$\boldsymbol{J}_Q=-e\mathscr{K}_1\boldsymbol{E}+\frac{1}{T}\mathscr{K}_2(-\nabla T), \tag{6.3.6b}$$

其中输运系数

$$\mathscr{K}_n\equiv\frac{1}{12\pi^3}\frac{\tau}{\hbar}\iint v_k(\varepsilon_k-\mu)^n\left(-\frac{\partial f_0}{\partial \varepsilon}\right)\mathrm{d}S\mathrm{d}\varepsilon. \tag{6.3.7}$$

对金属言，$(-\partial f_0/\partial\varepsilon)$ 为 $\mu\approx\varepsilon_F$ 附近 k_BT 范围内的 δ 函数. 由于 $n\neq0$ 时，$\varepsilon_k=\mu$ 使被积函数为零，对 $\mathscr{K}_n$ 的估算要用到 1.2.2 小节中的公式(1.2.10)及(1.2.14)，即

$$\int Q(\varepsilon)\left(-\frac{\partial f_0}{\partial \varepsilon}\right)\mathrm{d}\varepsilon=Q(\mu)+\frac{\pi^2}{6}(k_BT)^2Q''(\mu), \tag{6.3.8}$$

并取

$$Q(\varepsilon) = \frac{1}{12\pi^3}\frac{\tau}{\hbar}\int v_k(\varepsilon_k - \mu)^n \mathrm{d}S. \tag{6.3.9}$$

对于 $\mathcal{K}_0$，取 $n=0$，并在(6.3.8)式的展开中只取首项，得

$$\mathcal{K}_0 = \frac{1}{12\pi^3}\frac{\tau}{\hbar}\int v_k \mathrm{d}S_{\mathrm{F}}. \tag{6.3.10}$$

与上节(6.2.11)式相比，有

$$\sigma = e^2\mathcal{K}_0, \tag{6.3.11}$$

即 $\mathcal{K}_0$ 可通过 σ 的测量值来确定.

将 $\mathcal{K}_0$ 写为 $\mathcal{K}_0(\varepsilon)$，即将(6.3.10)式的表述扩展到费米面附近的等能面上，则 $\mathcal{K}_1$ 相应的 $Q(\varepsilon)=(\varepsilon-\mu)\mathcal{K}_0(\varepsilon)$. 代入(6.3.8)式，微商后，取 $\varepsilon=\mu$ 可以得到

$$\mathcal{K}_1 = \frac{1}{3}\pi^2(k_{\mathrm{B}}T)^2\left[\frac{\partial}{\partial\varepsilon}\mathcal{K}_0(\varepsilon)\right]_{\varepsilon=\mu}. \tag{6.3.12}$$

类似地，对 $\mathcal{K}_2$，$Q(\varepsilon)=(\varepsilon-\mu)^2\mathcal{K}_0(\varepsilon)$，有

$$\mathcal{K}_2 = \frac{1}{3}\pi^2(k_{\mathrm{B}}T)^2\mathcal{K}_0(\mu). \tag{6.3.13}$$

这样，$\mathcal{K}_1$，$\mathcal{K}_2$ 均通过 $\mathcal{K}_0$ 与电导率 σ 相联系. (6.3.6)及相关的公式是讨论电子对热电效应贡献的基本方程. 在非立方对称及多带时也正确，只要将 σ 看成张量，并计及所有未满带的贡献.

6.3.1 热导率

金属的热导率如 1.7 节所述主要来源于费米面附近传导电子的贡献，晶格热导是第二位的. 实验上，测量热导率时样品处于开路，无电流流过，$\boldsymbol{J}=0$. 从(6.3.6a)式，

$$\boldsymbol{E} = -\frac{1}{eT}\frac{\mathcal{K}_1}{\mathcal{K}_0}\nabla T. \tag{6.3.14}$$

这一电场来源于在开路样品中，温度梯度导致的电荷流动，恰好为电荷因此在样品端部积累所建立的电场抵消. 在热流计算中应计入这一电场. 将上式代入(6.3.6b)式，得

$$\boldsymbol{J}_Q = \frac{1}{T}\left(\mathcal{K}_2 - \frac{\mathcal{K}_1^2}{\mathcal{K}_0}\right)(-\nabla T). \tag{6.3.15}$$

按热导率定义(1.7.1)式，热导率

$$\kappa = \frac{1}{T}\left(\mathcal{K}_2 - \frac{\mathcal{K}_1^2}{\mathcal{K}_0}\right). \tag{6.3.16}$$

$\mathcal{K}_1$ 涉及对 $\mathcal{K}_0$ 的微商，与 $\mathcal{K}_0$ 和 $\mathcal{K}_2$ 相比均为小量. 由于 $\mathcal{K}_0$ 比例于 σ(6.3.11 式)，如果认为 τ 为常数，则 $\mathcal{K}_0'/\mathcal{K}_0=\sigma'/\sigma\approx\Delta n/n\Delta\varepsilon$，能量改变 $k_{\mathrm{B}}T$，载流子的变化 Δn 与 n 的比值约为 $k_{\mathrm{B}}T/\mu$，这大约是 $\mathcal{K}_1$ 与 $\mathcal{K}_0$，$\mathcal{K}_2$ 相比数量级上的差别. 因而

$$\kappa \approx \frac{1}{T}\mathcal{K}_2. \tag{6.3.17}$$

由(6.3.11)及(6.3.13)式,可得维德曼-弗兰兹定律

$$\frac{\kappa}{\sigma T} = \frac{1}{3}\left(\frac{\pi k_{\mathrm{B}}}{e}\right)^2, \tag{6.3.18}$$

这与(1.7.4)式相同.

这一结果是从建立在半经典方程和玻尔兹曼方程基础上,比较普遍的输运方程推导得到的. 定律的成立要求散射是弹性的,因为此时散射仅改变电子波矢 $\boldsymbol{k}$ 的方向,对电流和热流有同样的影响. 而当散射为非弹性时,散射可以使电子的能量改变$\sim k_{\mathrm{B}}T$(吸收或放出一个声子),但基本上不改变 $\boldsymbol{k}$ 的方向,从而导致热流的减弱,但对电流没有什么影响. 非弹性散射对电流和热流十分不同的作用,导致电导率和热导率之间不再遵从简单的维德曼-弗兰兹定律.

弹性散射要求电子经受散射能量的改变远小于 $k_{\mathrm{B}}T$. 在高温下,电子主要受声子散射,$k_{\mathrm{B}}T \gg \hbar\omega_{\mathrm{D}}$ 时满足这一要求. 此时 $\sigma=1/\rho$比例于 $1/T$ 变化,因而 κ 不随温度改变. 低温下电子主要受杂质原子散射,如 6.2.4 小节所述,这是弹性散射,此时电导率不随温度变化,κ 比例于 T,有线性行为. 在中间温度(约 10 到数百 K),可观察到对维德曼-弗兰兹定律的偏离.

6.3.2 热电势

样品上加有温度梯度 ∇T 并处于开路 $\boldsymbol{J}=0$ 情形,在样品上可观察到热电动势,称为泽贝克效应(Seebeck effect),相应的电场强度

$$\boldsymbol{E} = S\,\nabla T. \tag{6.3.19}$$

和(6.3.14)式相比,有

$$S = -\frac{1}{eT}\frac{\mathcal{K}_1}{\mathcal{K}_0}, \tag{6.3.20}$$

称为材料的绝对热电势(absolute thermoelectric power),或简称热电势(thermopower). 由(6.3.11),(6.3.12)式得

$$S = -\frac{\pi^2}{3}\frac{k_{\mathrm{B}}^2 T}{e}\left[\frac{\partial \ln\sigma(\varepsilon)}{\partial\varepsilon}\right]_{\varepsilon=\varepsilon_{\mathrm{F}}}, \tag{6.3.21}$$

因而决定热电势的是金属电导率 σ 在费米能 ε_{F} 附近随能量的变化. 从(6.2.11)式,

$$\sigma(\varepsilon) \propto \int \tau(\varepsilon)v(\varepsilon)\mathrm{d}S, \tag{6.3.22}$$

$\tau(\varepsilon)$,$v(\varepsilon)$分别为能量为 ε 的电子的弛豫时间和电子速度,$\mathrm{d}S$ 为能量为 ε 的等能面(面积为 A)上的面元. 因而

$$S = -\frac{\pi^2}{3}\frac{k_{\mathrm{B}}^2 T}{e}\left(\frac{\partial \ln\langle\tau(\varepsilon)\rangle}{\partial\varepsilon} + \frac{\partial \ln\langle v(\varepsilon)\rangle}{\partial\varepsilon} + \frac{\partial \ln A(\varepsilon)}{\partial\varepsilon}\right)_{\varepsilon=\varepsilon_{\mathrm{F}}}, \tag{6.3.23}$$

〈 〉符号表示在等能面上的平均. 对于自由电子气体,$v(\varepsilon)\propto k(\varepsilon)\propto \varepsilon^{1/2}$,$A(\varepsilon)\propto k^2\propto \varepsilon$,因而

$$S=-\frac{\pi^2}{3}\frac{k_B^2 T}{e}\left(\frac{3}{2\varepsilon_F}+\frac{\partial \ln\langle\tau(\varepsilon)\rangle}{\partial\varepsilon}\bigg|_{\varepsilon=\varepsilon_F}\right). \tag{6.3.24}$$

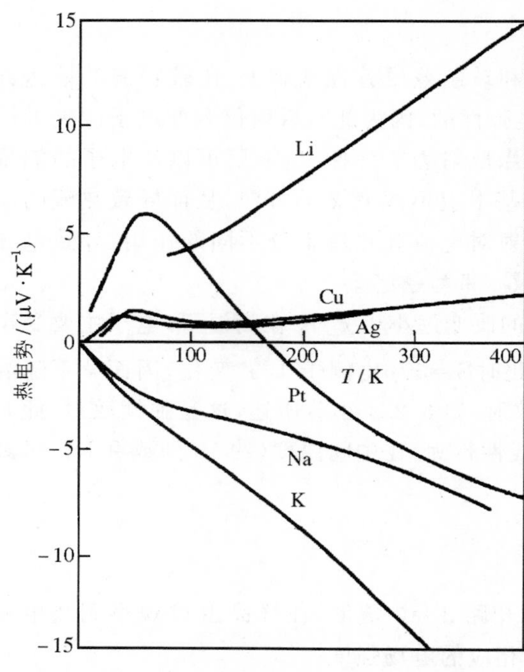

图 6.4 一些金属热电势随温度的变化

对大多数金属,均需考虑对自由电子行为的偏离. 在(6.3.23)式括弧中的 3 项中,最难估算的是 $\tau(\varepsilon)$项. 如果弛豫时间对能量的依赖不重要,(6.3.24)式给出负的,比例于 T 的热电势行为. 这正是图 6.4 中金属 K,Na 在约 150 K 以上的行为. 在金属 Cu 和 Ag 中,导电电子的行为在某些方面相当接近于自由电子,尽管热电势在温度较高时也有比例于 T 的线性行为,但符号为正,说明问题并不如此简单.

上面讨论的热电势,来源于温度梯度引起的电子的扩散,因而常称为扩散热电势(diffusion thermopower),记做 S_d. 温度梯度同时会导致声子的定向扩散,由于电子和声子之间的相互作用,会使电子产生附加的定向运动,这种效应称为声子曳引(phonon drag),相应的热电势称为声子曳引热电势(phonon-drag thermopower),或热电势的声子曳引分量,记为 S_g. 总热电势

$$S=S_g+S_d. \tag{6.3.25}$$

这种效应在低温下较强,在高温下由于声子间的散射加剧而消失,这是在图 6.4 中,低温下热电势峰出现的原因.

对于半导体材料,情况有所不同. 如 6.2.6 小节中所述,不能利用$(-\partial f_0/\partial\varepsilon)$类 δ 函数的特性来计算输运方程中的系数 $\mathscr{K}_n$. 此时,按照(6.3.7)式的定义,相应的 $\mathscr{K}_n$ 为

$$\mathscr{K}_n=\frac{1}{4\pi^3}\tau\int(\varepsilon_{\boldsymbol{k}}-\mu)^n \boldsymbol{v}_{\boldsymbol{k}} f_1\,\mathrm{d}\boldsymbol{k}, \tag{6.3.26}$$

代入(6.3.20)式,假定载流子集中在导带底,$\varepsilon_{\boldsymbol{k}}\approx\varepsilon_c$,有

$$S \approx -\frac{k_{\mathrm{B}}}{e} \cdot \frac{\varepsilon_{\mathrm{c}} - \varepsilon_{\mathrm{F}}}{k_{\mathrm{B}} T} \tag{6.3.27}$$

由于 $k_{\mathrm{B}}/e \approx 86\ \mu\mathrm{V/K}$，半导体材料通常有较高的热电势. 对半导体中的空穴，有类似的结果. 在两种载流子同时存在时，要同时考虑电子负的贡献和空穴正的贡献，依其对总电流的贡献加权平均.

对热电势的测量，通常采用如图 6.5(a)所示的由 A，B 两种材料构成的回路，A 为待测材料. A，B 的两个结点温度不同，由于温差引起的电势差在 T_0（如室温）下测量.

$$\begin{aligned}
\Delta V_{AB} &= V_4 - V_1 = V_4 - V_3 + V_3 - V_2 + V_2 - V_1 \\
&= -\int_3^4 E_B \mathrm{d}x - \int_2^3 E_A \mathrm{d}x - \int_1^2 E_B \mathrm{d}x \\
&= -\int_3^4 S_B \frac{\partial T}{\partial x} \mathrm{d}x - \int_2^3 S_A \frac{\partial T}{\partial x} \mathrm{d}x - \int_1^2 S_B \frac{\partial T}{\partial x} \mathrm{d}x \\
&= \int_2^3 S_B \mathrm{d}T - \int_2^3 S_A \mathrm{d}T = \int_T^{T+\Delta T} (S_B - S_A) \mathrm{d}T \\
&= (S_B - S_A)\Delta T,
\end{aligned} \tag{6.3.28}$$

这里用到了 $\boldsymbol{E} = -\nabla V$ 以及第 1 及第 4 点等温的条件. 如令

$$S_{AB} = \frac{\Delta V_{AB}}{\Delta T}, \tag{6.3.29}$$

则

$$S_{AB} = S_B - S_A. \tag{6.3.30}$$

B 材料常用铜线，已知 S_B 时，可得到 S_A. 某些书中给出 $S_{AB} = S_A - S_B$，这来源于对 ΔV_{AB} 正负规定上的差别.

如在与图 6.5(a)类似的回路（图 6.5(b)）上，保证无温度梯度，即 $\nabla T = 0$，从输

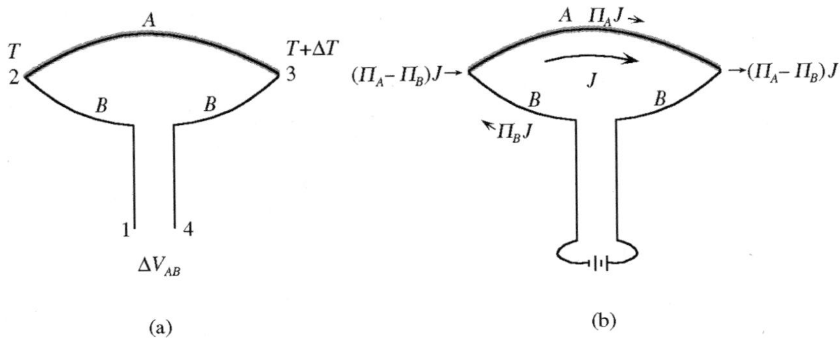

图 6.5 (a) 泽贝克效应(Seebeck effect)示意；(b) 佩尔捷效应(Peltier effect)示意

运方程(6.3.6)得

$$J_Q = -\frac{1}{e}\frac{\mathscr{K}_1}{\mathscr{K}_0}J = \Pi J. \tag{6.3.31}$$

当有电流 J 流过时，在材料 A，B 中，分别有热流 $\Pi_A J$ 和 $\Pi_B J$. 在一个结点处将放热 $(\Pi_A - \Pi_B)J$，在另一结点处将吸热，因而两个结点一个变得较热，另一个较冷. 这种在温度均匀的材料中，与电流相伴的热流导致的效应称为佩尔捷效应(Peltier effect)，Π 称为材料的佩尔捷系数(Peltier coefficient). 将(6.3.31)与(6.3.20)式相比，得到与热电势的简单关系

$$\Pi = ST, \tag{6.3.32}$$

这常称为开尔文关系(Kelvin relation).

6.4 霍尔系数和磁阻

从玻尔兹曼方程(6.1.14)出发，考虑同时加有 $\boldsymbol{E}$，$\boldsymbol{B}$，但无温度梯度($\nabla T=0$)的情形，此时 $\partial f_0/\partial \boldsymbol{r}$ 项消失，

$$-\frac{e}{\hbar}\boldsymbol{E}\cdot\frac{\partial f_0}{\partial \boldsymbol{k}} = -\frac{f_1}{\tau} + \frac{e}{\hbar}(\boldsymbol{v_k}\times\boldsymbol{B})\cdot\frac{\partial f_1}{\partial \boldsymbol{k}}. \tag{6.4.1}$$

类比于仅加电场的情形，与(6.2.2)式相似，设上式解为

$$f_1 = \frac{e\tau}{\hbar}\boldsymbol{D}\cdot\frac{\partial f_0}{\partial \boldsymbol{k}} = e\tau\boldsymbol{v}_k\cdot\boldsymbol{D}\frac{\partial f_0}{\partial \varepsilon}, \tag{6.4.2}$$

$\boldsymbol{D}$ 为待定矢量. 将(6.4.2)式代入(6.4.1)式，并假定讨论的是自由电子情形，即

$$m^*\boldsymbol{v_k} = \hbar\boldsymbol{k}, \tag{6.4.3}$$

有

$$\boldsymbol{v_k}\cdot\boldsymbol{E} = \boldsymbol{v_k}\cdot\boldsymbol{D} - \frac{e\tau}{m^*}(\boldsymbol{v_k}\times\boldsymbol{B})\cdot\boldsymbol{D}. \tag{6.4.4}$$

应用矢量混积的轮换性于等式右方第二项，可见上式对任意 $\boldsymbol{v_k}$ 成立，要求

$$\boldsymbol{E} = \boldsymbol{D} - \frac{e\tau}{m^*}\boldsymbol{B}\times\boldsymbol{D}. \tag{6.4.5}$$

相应的稳态电流密度，按(6.2.4)式为

$$\boldsymbol{J} = -\frac{e}{4\pi^3}\int f_1\boldsymbol{v_k}\mathrm{d}\boldsymbol{k} = \frac{e^2}{4\pi^3}\iint\tau\boldsymbol{v_k}(\boldsymbol{v_k}\cdot\boldsymbol{D})\left(-\frac{\partial f_0}{\partial\varepsilon}\right)\frac{\mathrm{d}S_\mathrm{F}}{\hbar v_k}\mathrm{d}\varepsilon. \tag{6.4.6}$$

与(6.2.6)式相比，上式简化为

$$\boldsymbol{J} = \sigma_0\boldsymbol{D}, \tag{6.4.7}$$

σ_0 是无外加磁场时的电导率. 相应的电阻率为 $\rho_0 = 1/\sigma_0$，将(6.4.7)式代入(6.4.5)式，待定矢量 $\boldsymbol{D}$ 可消去，得到

$$\boldsymbol{E} = \rho_0\boldsymbol{J} - \frac{e\tau}{m^*}\rho_0\boldsymbol{B}\times\boldsymbol{J}, \tag{6.4.8}$$

即电场有两个分量. 沿着电流 $\boldsymbol{J}$ 的方向,即沿着金属线或条的方向,

$$E_{/\!/}=\rho_0 J, \tag{6.4.9}$$

磁场不改变样品的电阻,磁阻为零.

如 $\boldsymbol{B}$ 与 $\boldsymbol{J}$ 垂直,横向霍尔电场为电场的另一分量,

$$E_{\mathrm{H}}=-\frac{e\tau}{m^*}\rho_0 BJ, \tag{6.4.10}$$

相应的霍尔系数为

$$R_{\mathrm{H}}=-\frac{e\tau}{m^*}\rho_0=-\frac{1}{ne}. \tag{6.4.11}$$

这是 1.6 节中给出的结果. ρ_0 也采用了自由电子的表达式.

霍尔角 θ_{H} 的正切函数定义为霍尔电场 E_{H} 与沿电流方向电场 $E_{/\!/}$ 之比,

$$\tan\theta_{\mathrm{H}}\equiv\frac{E_{\mathrm{H}}}{E_{/\!/}}=-\frac{e\tau}{m^*}B. \tag{6.4.12}$$

上面讲到的,对于金属的各向同性单带自由电子模型下磁阻为零的结果易于理解. 这是由于此时只有速度等于费米速度的电子才参与导电,它们感受到同样的洛伦兹力,这种洛伦兹力作用下电子轨道的偏转,恰好为霍尔场的作用所抵消,结果相当于磁场并不存在.

实际上,金属的磁阻并不为零. 一方面,即使对最简单的情形,如碱金属,费米面亦非严格球形,因而电子的速度,有效质量与方向及能量有关. 仅部分电子的运动满足洛伦兹力与霍尔场力的平衡. 其余电子的轨迹发生了变化. 另一方面,如输运特性由几个未满能带决定,简单地假定有两个各向同性的能带,这样就有两组不同有效质量,不同速度的载流子. 霍尔场取某一平均值,对两组载流子洛伦兹力均未被完全抵消.

按照两带模型,总电流

$$\boldsymbol{J}=\boldsymbol{J}_1+\boldsymbol{J}_2=\sigma_1\boldsymbol{D}_1+\sigma_2\boldsymbol{D}_2, \tag{6.4.13}$$

$\boldsymbol{J}_i$, σ_i 和 $\boldsymbol{D}_i$ ($i=1,2$) 是相应的电流密度、电导率和 $\boldsymbol{D}$ 矢量. 讨论磁场 $\boldsymbol{B}$ 垂直于 $\boldsymbol{E}$, $\boldsymbol{J}$ 和 $\boldsymbol{D}$ 的情形,从有关 $\boldsymbol{D}$ 的矢量方程 (6.4.5),设 $\boldsymbol{D}=a\boldsymbol{E}+b(\boldsymbol{B}\times\boldsymbol{E})$,代入后可得到

$$\boldsymbol{D}=\frac{1}{1+\omega_c^2\tau^2}\boldsymbol{E}+\frac{e\tau/m^*}{1+\omega_c^2\tau^2}\boldsymbol{B}\times\boldsymbol{E}, \tag{6.4.14}$$

式中各矢量之间的关系在图 6.6 中给出,因而

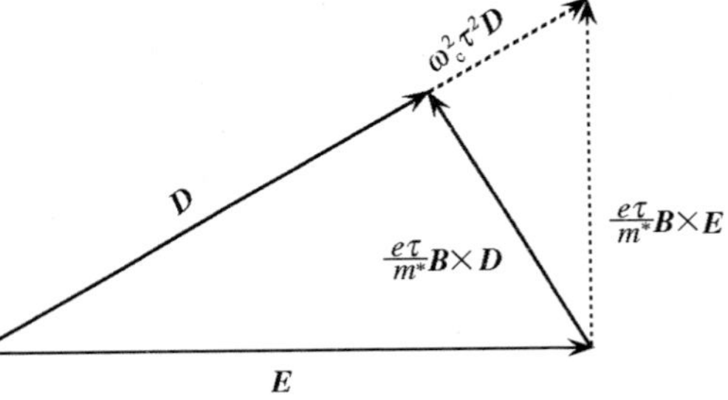

图 6.6 与(6.4.5)及(6.4.14)式有关的各矢量的几何关系

$$\boldsymbol{J}=\left(\frac{\sigma_{10}}{1+\omega_{c1}^2\tau_1^2}+\frac{\sigma_{20}}{1+\omega_{c2}^2\tau_2^2}\right)\boldsymbol{E}+\left(\frac{\sigma_{10}e\tau_1/m_1^*}{1+\omega_{c1}^2\tau_1^2}+\frac{\sigma_{20}e\tau_2/m_2^*}{1+\omega_{c2}^2\tau_2^2}\right)\boldsymbol{B}\times\boldsymbol{E},$$

(6.4.15)

其中 $\omega_{ci}=eB/m_i^*$ 为第 $i=1,2$ 种载流子的回旋频率. 为求霍尔系数,取 $\boldsymbol{B}$ 的方向为 z 方向,有

$$J_x=\left(\frac{\sigma_{10}}{1+\omega_{c1}^2\tau_1^2}+\frac{\sigma_{20}}{1+\omega_{c2}^2\tau_2^2}\right)E_x-\left(\frac{\sigma_{10}\omega_{c1}\tau_1}{1+\omega_{c1}^2\tau_1^2}+\frac{\sigma_{20}\omega_{c2}\tau_2}{1+\omega_{c2}^2\tau_2^2}\right)E_y,$$

(6.4.16a)

$$J_y=\left(\frac{\sigma_{10}\omega_{c1}\tau_1}{1+\omega_{c1}^2\tau_1^2}+\frac{\sigma_{20}\omega_{c2}\tau_2}{1+\omega_{c2}^2\tau_2^2}\right)E_x+\left(\frac{\sigma_{10}}{1+\omega_{c1}^2\tau_1^2}+\frac{\sigma_{20}}{1+\omega_{c2}^2\tau_2^2}\right)E_y.$$

(6.4.16b)

要求 $J_y=0$,可得到 E_y 及 J_x 的表达式. 任意场强时公式很复杂,在低场下,即 $\omega_{ci}\tau_i\ll1$, $i=1,2$,按霍尔系数定义 $R_H=E_y/BJ_x$,可得

$$R_H=\frac{\sigma_{10}^2R_{H1}+\sigma_{20}^2R_{H2}}{(\sigma_{10}+\sigma_{20})^2},\tag{6.4.17}$$

这里用到了 $\boldsymbol{R}_{Hi}=-1/n_ie$, $\sigma_{i0}=n_ie^2\tau_i/m_i^*$, $i=1,2$. 如两种载流子分别为电子和空穴,则 R_{H1} 和 R_{H2} 有不同的符号,测量到的是它们以对电导率贡献为权重的平均.

电导率亦依赖于磁场. 同样,由 $J_y=0$ 从(6.4.16b)可得到 E_y,代入(6.4.16a)中得 J_x 与 E_x 的关系,其系数为加场下的电导率 σ,相应的磁电导 $\Delta\sigma$ 为

$$\frac{\Delta\sigma}{\sigma}=\frac{\sigma-\sigma_0}{\sigma_0}=\frac{\sigma-(\sigma_{10}+\sigma_{20})}{\sigma_{10}+\sigma_{20}},\tag{6.4.18}$$

在低场下得到的结果为

$$\frac{\Delta\sigma}{\sigma_0}=\frac{-\sigma_{10}\sigma_{20}}{(\sigma_{10}+\sigma_{20})^2}(\omega_{c1}\tau_1-\omega_{c2}\tau_2)^2.\tag{6.4.19}$$

首先,可见磁电导 $\Delta\sigma<0$,即磁电阻

$$\frac{\Delta\rho}{\rho_0}=\frac{\rho(B)-\rho(0)}{\rho(0)}\tag{6.4.20}$$

总是正的. 磁场总是使电阻增加,除非 $\omega_{c1}\tau_1=\omega_{c2}\tau_2$,回到近自由电子单带情形,磁阻为零. 当然,实验上也观察到负磁阻的情形,但来源于不同的机制. 例如 9.3.2 小节中将讲述的弱局域化磁阻,来自磁场对载流子相位相干的破坏.

其次,由于 $\omega_c\propto B$,而 $\Delta\rho/\rho_0=-\Delta\sigma/\sigma_0$,因而在低场下,$\Delta\rho$ 比例于 B^2 变化.

第三,由于 ω_c 和 τ 以乘积形式出现,对某一材料言,磁阻仅为 $B\tau$ 的函数,而 τ 与 ρ_0 成反比,因而有

$$\frac{\Delta\rho}{\rho_0}=F\left(\frac{B}{\rho_0}\right),\tag{6.4.21}$$

F 函数的行为仅依赖于材料的本性. 这一规律常称为科勒定则(Kohler's rule). 这一定则显示出在低温下进行磁阻测量的好处,此时 ρ_0 较小,因而相同的磁场会引起电阻率较大的变化. 科勒定则是对金属磁阻行为的一种概括,当某种散射机制对不同的载流子影响不同时,将导致对这一定则的偏离.

第七章　固体中的原子键合

在前面的章节中，我们对固体性质的物理解释基于整体的考虑，强调原子排列成规则的周期结构是其最主要的特征，这导致价电子的状态用布洛赫波描述，本征能量分裂成能带，以及晶格振动不简单地是单个原子振动的总和，而是涉及所有原子的简谐格波的叠加. 固体的这种周期结构使电子及声子的波矢为好量子数，在 k 空间中是局域的，许可态可用一代表点表示. 但在实空间中，由于电子态和声子态扩展到整个固体，是一种非局域的描述.

本章将从另一角度了解固体，即着眼于构成固体的单个原子，将固体中的现象看成是发生在单个原子上的局域过程，这些原子由于处在晶体中，自然也要受到周围环境的影响. 这种做法常称为对固体的局域的描述. 对于本章要讨论的固体中原子间的键合，这种描述要更方便一些.

本章 7.1 节将从作为晶体中原子键合基础的化学键理论的讲述开始，并从键的性质出发将固体分类，同时引进固体结合能的概念. 随后几节将分别对共价晶体，离子晶体，分子晶体等进行讨论. 对比于第二章中从晶体结构几何对称性出发的分类，从键的性质出发，更有助于对晶体结构形成的原因，以及对结构和物理性质关系的了解. 此外本书前面的章节讨论金属较多，这一章的另一目的是增加读者对非金属、半导体的了解.

局域的描述在本书后面的章节中还会出现. 8.2 节涉及与晶体中点缺陷相联系的局域态. 第九章讨论无序的影响，局域态是无序体系本质的表现. 12.2 节将给出电子之间强关联的影响，以及强关联导致的电子态的局域化. 其他有关局域态的讨论，本书就从略了.

7.1　概　　述

本节将着重介绍作为晶体中原子键合中心的化学键(chemical bond)的概念，并对晶体分类和晶体的结合能做一般性的讲述.

7.1.1　化学键

固体中的化学键涉及晶格中原子间的相互作用. 键的性质主要决定于自由原子的电子位形(价电子数、电子波函数的对称性)和在晶格中原子的周围环境(近邻原子类型，数目，几何位形）．如果价电子数与原子的最近邻数相等，最近邻原子间电子以对的形式成键，键是局域的．相反的，如原子的价电子数少于最近邻数，则价电子会与几个近邻原子的价电子相互作用，键是非局域的．

对局域单键的认识可从对双原子分子化学键的讨论开始，其中最简单的是氢分子 H_2．

在绝热近似下，氢分子中电子系统的哈密顿量易于写出：

$$\hat{H} = -\frac{\hbar^2}{2m}\nabla_1^2 - \frac{\hbar^2}{2m}\nabla_2^2 + V_{a1} + V_{a2} + V_{b1} + V_{b2} + V_{12}, \qquad (7.1.1)$$

两个原子分别标记为 a 和 b．V_a 和 V_b 为电子感受到的原子势场．V_{12} 为两个电子间的库仑相互作用势．这一四体问题，迄今还不能严格求解，需做近似处理．常用的比较成功的方法有二：分子轨道法（Molecular Orbital method，简写为 MO method），及价键法（Valence Bond method，简写为 VB method）．

在分子轨道法中，首先忽略电子-电子间的相互作用，使问题简化成单电子问题．其次，假定两个电子总的波函数 $\psi(\boldsymbol{r}_1,\boldsymbol{r}_2)=\psi_1(\boldsymbol{r}_1)\psi_2(\boldsymbol{r}_2)$．这样所要求解的是单电子薛定谔方程：

$$\hat{H}_i\psi_i \equiv \left(-\frac{\hbar^2}{2m}\nabla_i + V_{ai} + V_{bi}\right)\psi_i = \varepsilon_i\psi_i, \quad i = 1,2. \qquad (7.1.2)$$

对于 $\psi_i(\boldsymbol{r}_i)$，一般近似为原子轨道的线性组合（Linear Combination of Atomic Orbitals，简写为 LCAO），

$$\psi_i(\boldsymbol{r}_i) = N_i[\varphi_a(\boldsymbol{r}_i) + \lambda_i\varphi_b(\boldsymbol{r}_i)], \qquad (7.1.3)$$

其中 φ_a 和 φ_b 分别是原子 a 和 b 的相同状态（这里是 $1s$ 态）的轨道波函数．N_i 是归一化因子，λ_i 是变分计算的待定参数．

计算结果（可查阅量子力学教科书或自己计算）给出 $\lambda=\pm1$．本征函数 (7.1.3) 为

$$\psi_{\pm}(\boldsymbol{r}) = \frac{1}{\sqrt{2(1\pm S)}}[\varphi_a(\boldsymbol{r}) \pm \varphi_b(\boldsymbol{r})], \qquad (7.1.4)$$

其中 S 为重叠积分（overlap integral），量度 φ_a 和 φ_b 的交叠程度，

$$S = \int\varphi_a(\boldsymbol{r})\varphi_b(\boldsymbol{r})\mathrm{d}\boldsymbol{r}, \qquad (7.1.5)$$

这里，省略了 (7.1.3) 式中的下标 i．同时注意 $1s$ 波函数为实数．

$\psi_+(\boldsymbol{r})$ 和 $\psi_-(\boldsymbol{r})$ 称为分子轨道．在空间某一位置找到一个电子的概率为

$$|\psi_{\pm}(\boldsymbol{r})|^2 = \frac{1}{2(1\pm S)}(|\varphi_a|^2 + |\varphi_b|^2 \pm 2\varphi_a\varphi_b). \qquad (7.1.6)$$

图 7.1 在沿核 a，b 的连线方向给出这一函数的示意，ψ_- 态电子云在两核之间有分布概率为零的节点，而对 ψ_+ 态，电子云在两核之间的概率明显升高，大体是自由原子时的一倍．

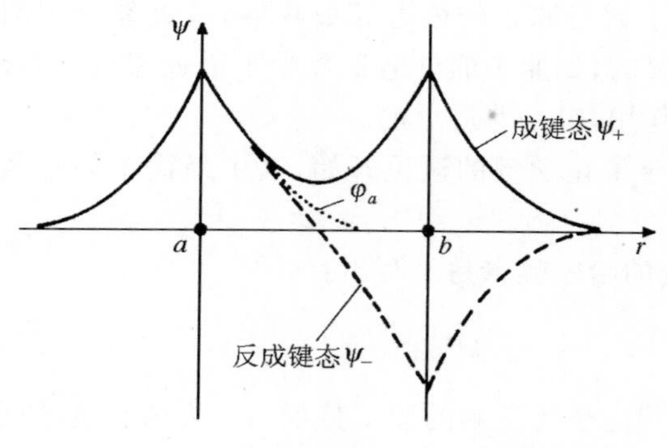

图 7.1　氢分子的成键态和反成键态波函数

ψ_+ 态波函数对交换电子是对称的,可填充两个自旋相反的电子,属自旋单重态. ψ_+ 态的能量亦低于自由氢原子 1s 态的能量. 原子间的键合可粗略理解为较多出现在两原子间的自旋反向电子对对带正电的核的吸引使体系能量降低的结果, ψ_+ 称为成键态(bonding state). 能量较高的 ψ_- 态则称为反成键态(antibonding state),由于 ψ_- 对交换电子是反对称的,填充的两个电子自旋平行排列,属自旋三重态. 电子处在 ψ_- 态时,能量高于自由原子情形,不利于原子间的键合.

当原子 a 和 b 不相同时,如 LiH 分子情形,(7.1.3)式中的 $\lambda\neq\pm1$,电子云在键上的分布相对于两个原子不再对称,靠近其中一个的概率更大一些, λ 因而常称为键的极性(polarity).

分子轨道亦可按对称性分类. 相对于键轴,即两核的连线旋转对称,且不存在平行通过键轴的节面的分子轨道态称为 σ 态,相应的键称为 σ 键. 节面是分子轨道值为零的平面. 存在一个包含键轴的节面的分子轨道态称为 π 态,相应的键称为 π 键. 图 7.2 给出 σ 键和 π 键波函数分布状况的示意. 此外还有 δ 键等. 总起来,分子轨道按其所源的原子轨道,对称性及成键或反成键来标记,反成键一般加上标 * 号. 图 7.1 中的两个轨道因而分别标记为 1$s\sigma$ 和 1$s\sigma^*$.

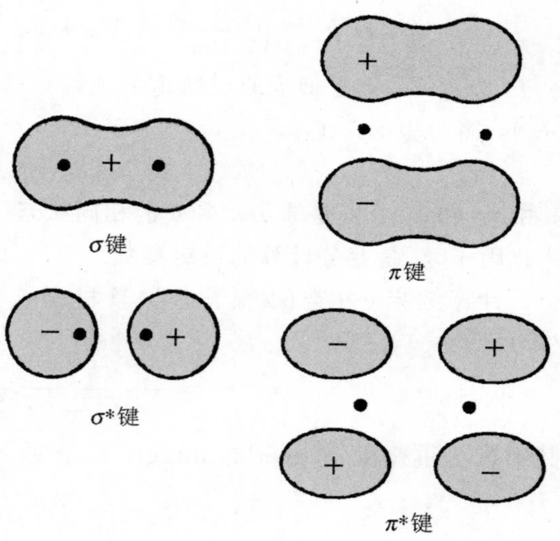

图 7.2　双原子分子中 σ 键和 π 键电子云分布示意

和分子轨道法从单电子态出发不同,价键法同时考虑两个电子在可能的原子轨道上的分布. 有可能一个电子在 a 原子轨道上,一个在 b 原子轨道上,波函数的空间部分为

$$\psi(ab)=\varphi_a(\boldsymbol{r}_1)\varphi_b(\boldsymbol{r}_2)\pm\varphi_b(\boldsymbol{r}_1)\varphi_a(\boldsymbol{r}_2),\tag{7.1.7}$$

也有可能两个电子均在原子 a 或 b 上,相当于原子处于离子态,相应波函数为

$$\psi(aa)=\varphi_a(\boldsymbol{r}_1)\varphi_a(\boldsymbol{r}_2);\quad \psi(bb)=\varphi_b(\boldsymbol{r}_1)\varphi_b(\boldsymbol{r}_2).\tag{7.1.8}$$

尝试波函数为这三部分的线性组合

$$\psi(\boldsymbol{r}_1,\boldsymbol{r}_2)=N[\psi(ab)+\lambda_1\psi(aa)+\lambda_2\psi(bb)]. \tag{7.1.9}$$

对于氢分子,略去离子态的存在,仅留下 $\psi(ab)$部分,得到与分子轨道法一致的结果.

两个相同的原子靠共有一自旋相反电子对的键合类型称为共价键(covalent bond). 当 a,b 两原子为异类原子时,共价键中包含有离子键的成分. 从分子轨道法的观点,这反映在(7.1.3)中 $\lambda\neq\pm1$,从而电子在 a,b 原子上的概率 P_a 和 P_b 不再相同,分别为

$$P_a=\frac{1}{1+\lambda^2}, \tag{7.1.10}$$

$$P_b=\frac{\lambda^2}{1+\lambda^2}. \tag{7.1.11}$$

共价结合中离子性的成分可用电离度(ionicity) f_{i} 描述,

$$f_{\mathrm{i}}=\frac{P_a-P_b}{P_a+P_b}=\frac{1-\lambda^2}{1+\lambda^2}. \tag{7.1.12}$$

完全的共价结合,$\lambda=1$,$f_{\mathrm{i}}=0$. 当 f_{i} 数值增大时,离子性加强,$\lambda=0$ 时 $f_{\mathrm{i}}=1$,为完全的离子键结合. 此时价电子不再为两个原子所共有,而是像 NaCl 分子中那样,Na 中一个价电子完全转移到 Cl 原子上,形成各自均为满壳层结构的 Na^+,Cl^- 离子,靠库仑吸引作用相互结合.

按照价键理论,波函数(7.1.9)可改写成

$$\psi=c\psi_{\mathrm{cov}}+d\psi_{\mathrm{ion}}, \tag{7.1.13}$$

其中 ψ_{cov}和 ψ_{ion}分别由(7.1.7)式和(7.1.8)式给出,d/c 给出键的离子性程度.

纯共价键和纯离子键之间的中间情形称为混合键. 从共价键出发,可理解为键向一端的极化. 从离子键出发,可理解为满电子壳层向另一端的极化. 也常常从另一角度,把混合键看成是在共价键和离子键两种极端状态间的共振,是一种共振价键态(resonant valence state).

7.1.2 晶体的分类

从化学键的角度,晶体可看做很多原子键合而成的大分子. 将分子轨道方法推广到晶体,正是能带论中的紧束缚近似(3.3 节). 布洛赫波函数是"晶体分子"的分子轨道. 双原子分子中的成键态和反成键态对应于不同的能带. 用价键法的语言,价电子将组成对以键合最近邻原子. 在离子键情形,电子对也可只属于单个原子. 电子对在键及单个原子上的分派方式称为价结构(valence structure). 可能的价结构常常并不唯一. 用变分法计算时,尝试波函数要取为所有可能价结构波函数的线性组合. 如果从基态能量极小的条件出发,得到只有一种价结构是最主要的,相应的键必定是局域的,共价键和离子键是其极端情形. 相反的,如很多价结构都同等

重要,键是非局域的,金属键属于这种情形.

根据键的性质,晶体可分成共价晶体、离子晶体及金属.此外还有分子晶体和氢键晶体.在分子晶体中,满壳层电子结构的惰性气体元素的原子间靠范德瓦尔斯(van der Waals)力结合,相应的键称为分子键(molecular bond),或范德瓦尔斯键.当氢原子和其他原子结合时,由于氢原子的特点,会形成特殊类型的键,称为氢键(hydrogen bond).

当然,还有很多晶体属于中间情形,或同时涉及不只一种类型的键合方式.

7.1.3　晶体的结合能

与原子间键合性质有关的物理问题是晶体结合能(binding energy)或内聚能(cohesive energy)的计算.晶体结合能定义为

$$U = \mathscr{E}_N - \mathscr{E}_0, \tag{7.1.14}$$

其中 $\mathscr{E}_N$ 是组成晶体的 N 个原子处在自由状态的总能量,$\mathscr{E}_0$ 是所组成的晶体的总能量,因此,结合能 U 是将晶体拆散成自由原子所需的能量.通常取 $\mathscr{E}_N=0$,因而

$$U = -\mathscr{E}_0. \tag{7.1.15}$$

常略去负号,并以平均到每个原子、每个分子或每个键的形式来表达.

对于 $\mathscr{E}_0$ 的计算,本章将限制在温度 $T=0$,即只考虑体系的基态能量,同时将离子实看成是经典粒子,忽略量子力学零点动能的影响.从 7.4.2 小节的讨论可知,在普通晶体中,这个效应很小,一般只占 1%或更小.因而对离子实言,只需计算其相互作用的势能.

对于本章讨论的离子晶体和分子晶体,价电子局域在离子或分子上,晶体总能中不必考虑它们的贡献.假定晶体中有 N 个原胞,每个原胞中只有一个原子(离子实),原子位置用 $\boldsymbol{R}_j$ 表示,如处于坐标原点上的原子和 $\boldsymbol{R}_j$ 处原子的相互作用势能为 $\phi(\boldsymbol{R}_j)$,则

$$U = \frac{1}{2}N\sum_{\boldsymbol{R}_j\neq 0}\phi(\boldsymbol{R}_j), \tag{7.1.16}$$

其中 1/2 因子来源于当求和被 N 乘后,实际上每对原子的相互作用势能均被计算了两遍.这一公式还暗含着假定所有 N 个原子相互等价,忽略了晶体表层原子和内层的差别.实际上,表层原子所占比例甚小,引起的误差不大.

早期人们对结合能的研究很重视.希望能了解晶体结构的稳定性,同时由结合能出发计算晶体的一些平衡态性质.现在,在新材料的研究中,通过结合能的计算对可能的结构进行判断仍颇受关注,同时,基于密度泛函理论和高性能计算机应用的计算材料科学的发展,也使对共价晶体和金属结合能的计算更为准确.但总起来讲,人们更多的关注材料的能带结构、非平衡性质、光学吸收特性等,结合能的研究不再像早期那样重要.

7.2 共价晶体

相邻原子靠共价键结合的晶体称为共价晶体(covalent crystal).最典型的是周期表中具有金刚石结构的Ⅳ族固体:碳、硅、锗和灰锡,其中硅、锗是重要的半导体材料.

在金刚石结构(2.3.3小节)中,每个原子有4个最近邻,处在以该原子为中心的正四面体的4个顶角处(图7.3).Ⅳ族元素原子满壳层外只有两个p电子,无法组成4个共价键,需要考虑和能量相近的s轨道的杂化,一般称为sp^3杂化(sp^3 hybrid).

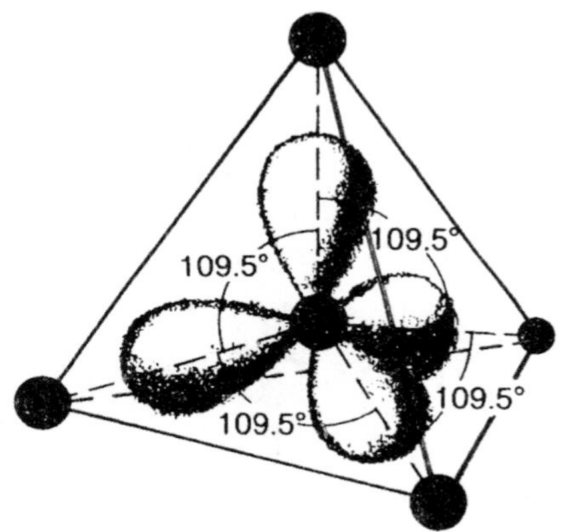

图7.3 金刚石结构晶体中原子的4个最近邻排在正四面体的4个顶角处

原子的ns轨道和3个np轨道杂化,形成4个线性组合:

$$
\begin{aligned}
|h_1\rangle &= \frac{1}{2}(|s\rangle + |p_x\rangle + |p_y\rangle + |p_z\rangle),\\
|h_2\rangle &= \frac{1}{2}(|s\rangle + |p_x\rangle - |p_y\rangle - |p_z\rangle),\\
|h_3\rangle &= \frac{1}{2}(|s\rangle - |p_x\rangle + |p_y\rangle - |p_z\rangle),\\
|h_4\rangle &= \frac{1}{2}(|s\rangle - |p_x\rangle - |p_y\rangle + |p_z\rangle).
\end{aligned}
\tag{7.2.1}
$$

这里简单地用$|s\rangle$和$|p_i\rangle$代表Ⅳ族元素原子外层的ns和np轨道波函数.上述4个轨道杂化的组合,使电子云倾向于分布在四面体的4个顶角方向(图7.3),称为四面体杂化轨道(tetrahedral hybrid orbital).原来在ns和np轨道上的4个电子,分别处在这4个杂化轨道上,成为未配对电子,和顶角原子相应的电子形成共价键.一般地讲,同种原子间形成共价键,除去与各个最近邻原子等距外,最重要的特点是键的方向性,即有固定的键角,这里给出的是一个实例.

从原子s,p轨道的杂化到能带的形成示意在图7.4中.杂化态不是单原子的能量本征态,处在这一状态的电子的平均能量称为杂化能(hybrid energy),

$$\varepsilon_{\mathrm{h}} = \frac{1}{4}(\varepsilon_s + 3\varepsilon_p), \tag{7.2.2}$$

其中ε_s和ε_p分别为s态和p态的能量.

共价晶体平均到每个键的结合能包括三部分.第一部分是轨道杂化造成的能量升高,称为晋升能(promotion energy),

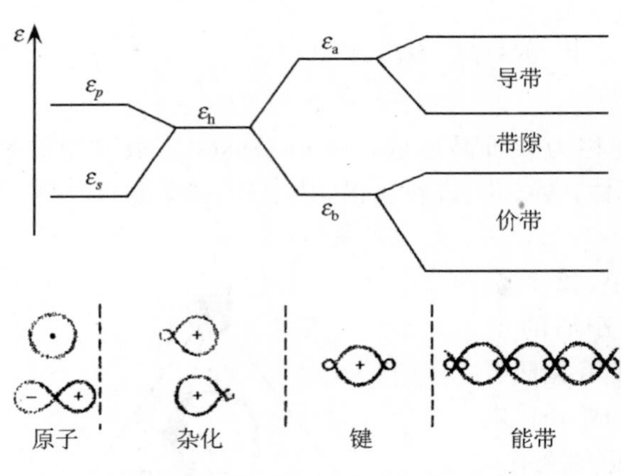

图 7.4 从原子 s,p 轨道到 sp^3 杂化，到键轨道，能带的演化示意

$$\varepsilon_{\text{pro}} = 4\varepsilon_{\text{h}} - 2(\varepsilon_s + \varepsilon_p) = \varepsilon_p - \varepsilon_s. \tag{7.2.3}$$

第二部分是成键后能量的下降，称为键形成能 $\varepsilon_{\text{bond}}$. 除去 7.1.1 小节中讲到的双原子分子中成键态导致的能量降低外，还要考虑晶体中键轨道演化成能带所导致的能量的进一步下降. 第三部分是两原子靠近时的近距排斥势能(7.3.1 小节)$\phi_0(d)$，d 是最近邻原子间距. 这样，平均到每个键的结合能为

$$u = -\varepsilon_{\text{pro}} + \varepsilon_{\text{bond}} - \phi_0(d). \tag{7.2.4}$$

对于金刚石碳、硅、锗，每个键平均的结合能分别约为 3.68，2.32，1.94 eV，结合很强，材料有高的熔点，如金刚石熔点为 3280 K. 由于键间夹角固定(109°28′)，且难于改变，材料一般硬且脆.

在材料半导体性方面，最重要的是能隙宽度 ε_g. 用化学键的语言，是将电子从局域的键中解脱出来所要的能量. 从金刚石碳到硅到锗，键的强度依次减弱，能隙值也依次减小.

图 7.5 给出晶格常数与能带结构关系的示意. 晶格常数足够大时，原子轨道间没有交叠，原子中的 s 能级和 p 能级保持孤立原子时的状态. 晶格常数减小时，s 能级和 p 能级演化成能带. 晶格常数再减小，s 带和 p 带彼此交叠，混合成价带和导带. 能量低的价带与从 sp^3 杂化成键轨道演化出来的 4 个能带相对应. 由于金刚石结构是基元中原子数为 2 的面心立方格子，每原胞两个原子，总共 8 个价电子恰好将价带中 4 个能带填满. 能量高的导带与反成键轨道相联系，也由 4 个能带构成. 金刚石碳的晶格常数最小，有大的带隙(约 7 eV). 硅和锗的晶格常数较大，禁带宽度相应较窄. 灰锡的晶格常数最大，常隙已接近于零.

由于硅、锗是重要的半导体材料，对其能带结构从理论到实验都有很仔细的研究. 作为例子，在图 7.6 中给出硅的能带结构. 价带顶在第一布里渊区的中心 Γ 点处. 价带中的 3 个能带在此简并. 实际上由于自旋轨道耦合，其中一个能带的能量稍有降低. 剩下的两个能带由于在 Γ 点处有不同的曲率，导致有“轻空穴”和“重空穴”两种空穴存在. 在 ΓL 方向，有效质量分别为 $0.15m$ 和 $0.71m$，m 是自由电子的质量. 硅的导带底在布里渊区接近 X 点处. $T=0$ 时的带隙约为 1.17 eV. 由于价

带顶和导带底的 $\boldsymbol{k}$ 值不同，将电子从价带顶光激发到导带底不是垂直跃迁，需要声子的参与. 相应的守恒律为

$$\varepsilon_{\mathrm{f}}-\varepsilon_{\mathrm{i}}=\hbar\omega+\hbar\omega_{\boldsymbol{q}}, \quad \boldsymbol{k}_{\mathrm{f}}-\boldsymbol{k}_{\mathrm{i}}=\boldsymbol{q}. \tag{7.2.5}$$

其中 $\omega_{\boldsymbol{q}}$ 和 $\boldsymbol{q}$ 是声子的频率和波矢. 这种非直接的，或声子协助的跃迁和直接的垂直跃迁比产生的光吸收要弱得多. 锗和硅类似，价带顶亦在 Γ 点处，沿 ΓL 方向，轻重空穴的有效质量分别为 $0.04\ m$ 和 $0.5\ m$. 导带底在布里渊区边界 L 点处. $T=0$ 时带隙大小为 0.744 eV.

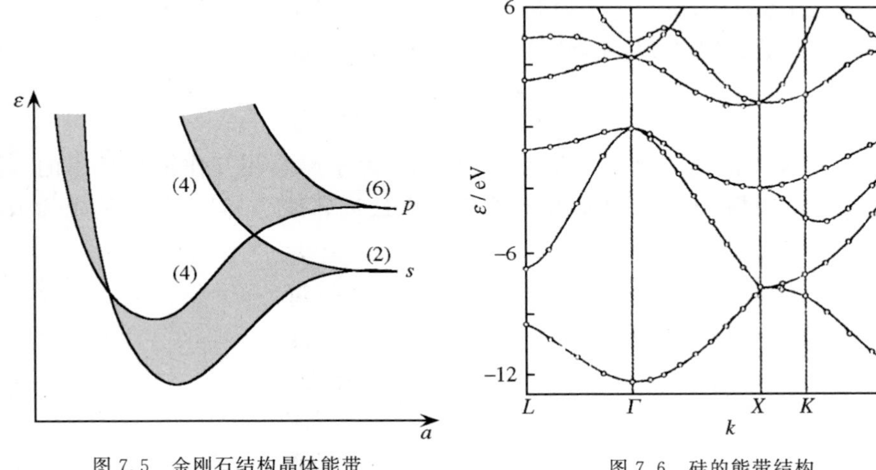

图 7.5 金刚石结构晶体能带随晶格常数 a 的变化

图 7.6 硅的能带结构
（引自 J. P. Chelikowsky and M. L. Cohen, Phys. Rev. B14 (1976), 556）

对于金刚石结构材料，基于杂化轨道、键轨道的能带计算的基础知识，可参阅 W. A. Harrison 关于电子结构的专著①.

7.3 离子晶体

离子晶体由正、负离子相间排列构成. NaCl 是典型的离子晶体，其中 Na 原子的一个价电子完全转移到相邻的 Cl 原子上，生成 Na^{+} 离子和 Cl^{-} 离子，电离度 $f_{\mathrm{i}}=1$(7.1.12 式).

7.3.1 结合能

离子晶体的结合来源于正负离子间的库仑相互作用. 将具有满壳层电子结构

① W. A. Harrison, Electronic Structure and the Properties of Solids, San Francisco: W. H. Freeman and Company, 1980.

的离子看做点电荷，一对离子间的库仑相互作用静电能为$\pm e^2/4\pi\epsilon_0 R$，R是这对离子的相互距离. $\pm$号依赖于两离子电荷同号还是异号.

离子间距离近时，电子云的交叠会产生强烈的排斥作用. 因为此时第一个离子的外电子要占据第二个原子的电子态，但第二个原子的外电子壳层已填满，多余电子只能填到更高能态上去，这导致体系能量急剧的上升. 对这种近距排斥势的描述，常用的有刚球模型，即当距离r小于某一尺度r_0时，势$\phi(r)=\infty$；幂函数形式，即比例于r^{-n}，n一般较大，对NaCl大约为8，还有指数函数形式，即$\phi(r)=Ce^{-r/r_0}$.

以NaCl晶体为例，由于每个原胞内含1个分子，平均到每个分子的结合能u相当于(7.1.16)式乘以$2/N$. 在近距排斥作用采用幂函数形式时，

$$u=\sum_{R_j\neq 0}\left[\frac{b}{R_j^n}\pm\frac{e^2}{4\pi\epsilon_0 R_j}\right], \tag{7.3.1}$$

R_j是处在坐标原点的离子到第j个离子的距离. 由于库仑相互作用是长程的，随距离的增加衰减很慢，因此求和运算不能仅考虑最近邻离子. 假定最近邻距为R，R_j可表达为

$$R_j=P_jR \tag{7.3.2}$$

的形式. 这样，(7.3.1)式可改写为

$$u=\frac{B}{R^n}-\alpha\frac{e^2}{4\pi\epsilon_0 R}, \tag{7.3.3}$$

其中

$$B=\sum_j{}'\frac{b}{P_j^n}, \tag{7.3.4}$$

$$\alpha=-\sum_j{}'\left(\pm\frac{1}{P_j}\right), \tag{7.3.5}$$

求和号加撇表示做求和运算时$j=0$除外，按定义$P_0=0$. α称做马德隆常数(Madelung constant)，是一个无量纲的常数，仅与离子晶体的晶格结构有关. (7.3.5)式的求和，由于随着P_j的增加，$1/P_j$项正负交替变化，和式收敛很慢，计算并非易事. 现在，对常见的离子晶体结构，α值已有表可查. 如

NaCl结构 $\alpha=1.748$　　ZnS结构 $\alpha=1.638$

CsCl结构 $\alpha=1.763$　　CaF_2结构 $\alpha=5.039$.

对于分子式为$A_{n_1}B_{n_2}$的离子晶体，如所带电荷分别为e的Z_1和Z_2倍，电中性条件要求$n_1Z_1=n_2Z_2$. 与(7.3.3)式等号右边第二项对应的，平均到每个分子的静电能形式上可写成

$$\varepsilon_{\text{electro}}=-\alpha\frac{n_1+n_2}{2}\frac{Z_1Z_2e^2}{4\pi\epsilon_0 R}, \tag{7.3.6}$$

其中R仍为离子间的最近邻距，式中α是推广到这种情形的马德隆常数.

回到 NaCl 晶体的简单情形，这相当于 $n_1=n_2=1$，$Z_1=Z_2=1$. 离子间的平均相互作用势能随离子间距的变化如图 7.7 所示. 相距甚远时，是分散的原子，相互作用

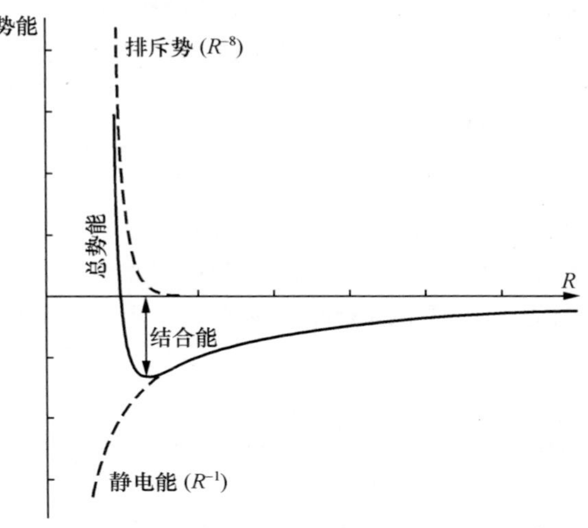

图 7.7 离子间平均相互作用势随距离 R 变化的示意

势为零. 近距时，强烈的排斥作用使势能急剧上升. 平衡时，结合能最大，离子间距由

$$\left(\frac{\mathrm{d}u}{\mathrm{d}R}\right)_{R_0}=0 \tag{7.3.7}$$

决定. 将(7.3.3)式代入，可得

$$B=\frac{\alpha e^2}{4\pi\epsilon_0 n}R_0^{n-1}. \tag{7.3.8}$$

相应的

$$u_0=-\frac{\alpha e^2}{4\pi\epsilon_0 R_0}\left(1-\frac{1}{n}\right), \tag{7.3.9}$$

R_0 可由实验测定. 由于 n 一般与离子球的刚度相联系，通常通过体积弹性模量

$$K=-V\frac{\mathrm{d}p}{\mathrm{d}V} \tag{7.3.10}$$

决定. 其中 $-\mathrm{d}V/V$ 为相对体积变化，p 为压力. 由于 $\mathrm{d}U=-p\mathrm{d}V$，

$$K=\left(V\frac{\mathrm{d}^2U}{\mathrm{d}V^2}\right)_{V_0}, \tag{7.3.11}$$

U 为系统的内能，V_0 为平衡体积. 对于 NaCl 晶体，当离子间最近邻距为 R 时，$V=2NR^3$，且 $U=Nu$，u 由(7.3.3)式给出，N 为晶体中原胞数，由(7.3.11)式可算出

$$K=(n-1)\alpha\frac{e^2}{72\pi\epsilon_0 R_0^4}. \tag{7.3.12}$$

由此可定出 n 值. n 一般在 6～10 之间,NaCl 的 n 值为 7.77. 从(7.3.9)式可见,排斥力对 u_0 的贡献只占 $1/n$,通常为 10%左右. 因此,对于 u_0 的计算,n 取为整数是足够好的近似. 在 NaCl 情形,n 取为 8.

离子晶体的结合能高,对 NaCl,u_0 值为 7.95 eV. 一般的典型值为每对离子 5 eV 左右. 离子晶体因而有高的熔点,硬且脆,任何形状的改变都要受到很强的静电力的抵抗. 由于外层电子都局域在正负离子周围,离子晶体的导电性不好. 这方面的问题,还会在 8.1.3 小节中讨论.

在结构方面,由于靠库仑吸引作用,而库仑势又是长程势. 离子的空间排列要正负相间,并不要求有尽可能紧密的近邻排列. NaCl 晶体的配位数为 6,CaF_2 晶体中,Ca 离子的配位数为 8,F 离子的配位数为 4,均小于密排结构的配位数 12.

7.3.2 离子半径

近距排斥作用的存在,使离子像一个不可压缩的刚球. 严格讲这并不正确,因为电子云的空间分布并无确切的界线.

引入离子半径的依据是下述经验事实：如赋予每种离子一确定的半径,则可由此得到离子晶体中的离子间距.

离子半径大小的数值,并不唯一确定. 例如将正离子尺寸都加大一点,负离子的都减小一点,离子间距仍保持不变. 出于稍有不同的分析,离子半径有不同的取值. 最常用的是泡令(L. Pauling)给出的半径数值.

表 7.1 是有关碱金属和卤族元素离子晶体的简表. 括弧中给出他们的离子半径. 然后将离子半径之和 $r^- + r^+$ 与实验得到的离子间距 d 做比较. 大多数情形,符合程度在 2%左右,对 LiCl,LiBr 和 LiI 晶体,两者相差较大的原因,稍后解释.

表 7.1 碱金属—卤族元素离子晶体的离子间距及有关的离子半径

(单位：10^{-1} nm)

	Li^+(0.60)	Na^+(0.95)	K^+(1.33)	Rb^+(1.48)	Cs^+(1.69)
F^-(1.36)					
$r^- + r^+$	1.96	2.31	2.69	2.84	3.05
d	2.01	2.31	2.67	2.82	3.00
Cl^-(1.81)					
$r^- + r^+$	2.41	2.76	3.14	3.29	3.50
d	2.57	2.82	3.15	3.29	3.57
Br^-(1.95)					
$r^- + r^+$	2.55	2.90	3.28	3.43	3.64
d	2.75	2.99	3.30	3.43	3.71
I^-(2.16)					
$r^- + r^+$	2.76	3.11	3.49	3.64	3.85
d	3.00	3.24	3.53	3.67	3.95

引入离子半径的价值在于，人们可以从一些简单结构中定出离子半径，由此研究复杂结构中的离子排列. 在这方面，首先要考虑的是电荷因素，以期增加离子间库仑相互作用所产生的结合能. 泡令提出一法则：离子晶体中离子的排列应使从正离子出发的所有电场线，走过尽可能短的距离，全部被近邻负离子吸收. 这一法则在实际的离子晶体中被很好地遵从，这意味着一个离子总是被电荷相反的离子所围绕，从而可最好地利用库仑吸引作用. 其次要考虑几何的因素，周围电荷相反的离子数显然依赖于中心离子和外围离子半径的比例. 例如，对 NaCl 晶体，图 7.8(a)给出(100)面的离子分布示意，大的 Cl^- 离子仅和近邻小的 Na^+ 离子接触. 如果 r^+ 和 r^- 相差过大，会如图 7.8(b)所示，大小离子脱离接触，正负离子间距将从 $d=r^++r^-$ 变为 $d=\sqrt{2}r^-$，只由尺寸大的离子半径决定. 这正是 LiCl，LiBr 和 LiI 晶体的情况，改用 $\sqrt{2}r^-$ 计算 d，则和实验值有很好的符合. 对 d 采用两种不同算法的 r^+/r^- 的临界比值可由 $r^++r^-=\sqrt{2}r^-$ 求得，为 $r^+/r^-=\sqrt{2}-1=0.41$. 对 CsCl 结构，类似地可算出临界比值 $r^+/r^-=0.72$. 一般认为对 $0.41<r^+/r^-<0.72$，主要是 NaCl 结构，r^+/r^- 大于 0.72，则取 CsCl 结构，闪锌矿结构的 r^+/r^- 多小于 0.41，如 r^+/r^- 小于 0.22，晶格就不稳定了.

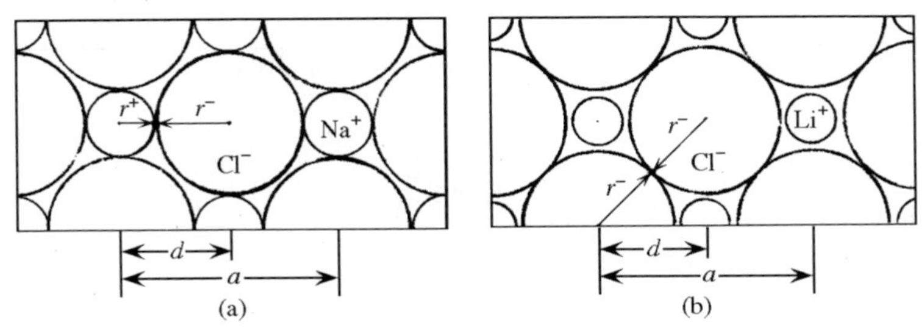

图 7.8 (a) NaCl 晶体[100]面离子分布示意；(b) 在同一晶面上，LiCl 晶体中的离子分布

7.3.3 部分离子部分共价的晶体

在 NaCl 晶体中，从 Na 原子到 Cl 原子转移的价电子的电荷密度 $\rho(\boldsymbol{r})$ 完全集中在 Cl 离子实周围，使之成为 Cl^- 离子. 对于Ⅳ族元素，如晶体 Ge，则 $\rho(\boldsymbol{r})$ 极大精确地在两近邻连线的中间. 它们分别是离子晶体和共价晶体的典型. Ⅱ-Ⅵ族，Ⅲ-Ⅴ族材料则属中间情形.

图 7.9 给出用赝势方法计算的 Ge，Ⅲ-Ⅴ族材料 GaAs 和Ⅱ-Ⅵ族 ZnSe 价电子电荷密度 $\rho(\boldsymbol{r})$ 在$(1\bar{1}0)$平面上的分布. 晶体 Ge 有金刚石的结构，其他两个有与之类似的闪锌矿结构(图 2.16). 每个原子都有 4 个最近邻，位置在以他为中心的

正四面体的 4 个顶角上. 每个原胞均有 2 个原子,共 8 个价电子. 在晶体 Ge 的情形,每个 Ge 原子提供 4 个价电子,对于 GaAs,3 个价电子来自 Ge 原子,5 个来自 As 原子. ZnSe 则为 2,6 之比. $(1\bar{1}0)$平面正好切过两个近邻原子. $\rho(\boldsymbol{r})$的单位为 e/Ω,$\Omega=a^3/4$ 为原胞体积,a 为晶格常数. $\rho(\boldsymbol{r})$的分布以等密度线的形式给出. Ge—Ge 键的共价性反映在电荷集中在两个 Ge 原子之间,$\rho(\boldsymbol{r})$的最高点和键中点重合. 对 GaAs,原子之间电荷分布的中心已向 As^{5+} 离子实偏移,具有离子键的成分. 对 ZnSe,电荷几乎都集中在 Se^{6+} 的周围,材料更像离子晶体,但键上仍有一些共价电荷. 从原子间的价电子电荷分布,可清楚地看到从 Ge 到 GaAs 到 ZnSe,共价键逐渐向离子键的演化.

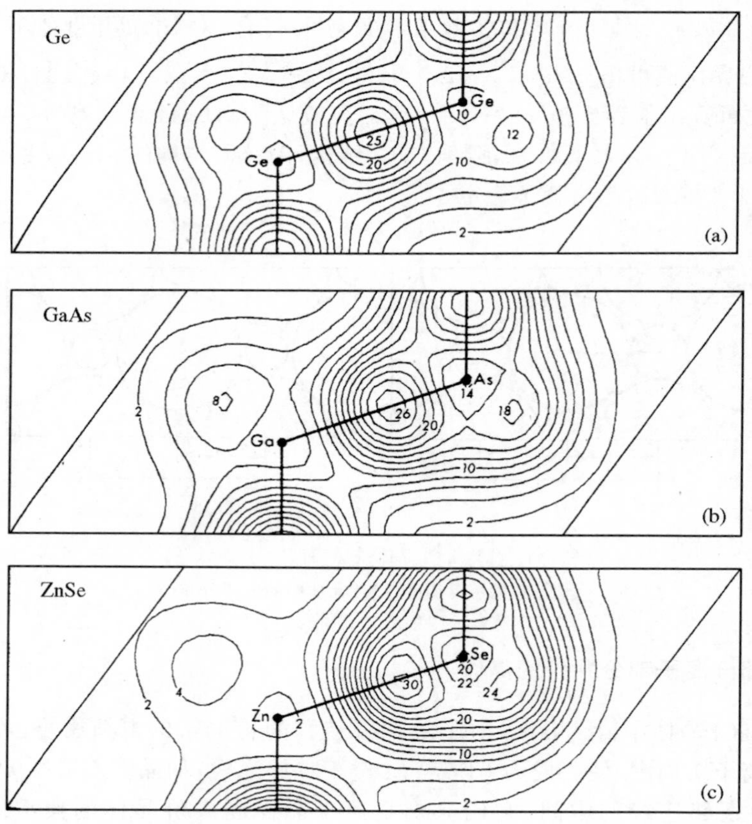

图 7.9　Ge,GaAs 和 ZnSe 在$(1\bar{1}0)$面上价电子的电荷密度

(引自 J. R. Chelikowsky and M. L. Cohen, Phys. Rev. B14 (1976), 556)

对于离子键和共价键混合的中间情形,按照(7.1.13)波函数的描述,可理解为是在两种极端形式,共价键和离子键之间的共振价键.采取这种键合的原因是,和极端形式相比,共振态的结合能更高.这种结合能的增加称为共振增强(resonance strengthening).

从Ⅰ-Ⅶ族典型的离子晶体到Ⅳ族典型的共价晶体的变化,还可通过周期表中不同原子得失电子的难易程度来说明.不同原子束缚电子的能力用其负电性(electronegativity)来表征.负电性 x 的定义为

$$x = 0.18(\varepsilon_{ion} + \varepsilon_{aff}), \tag{7.3.13}$$

其中 ε_{ion} 是该原子的电离能(ionazation energy),是使原子失去一个电子所必需的能量.ε_{aff} 是亲和能(affinity energy),即一个中性原子获得一个电子成为负离子时所放出的能量.负电性的增加,表示原子有更高的得到电子的倾向.系数 0.18 的选择是为使在 ε_{ion} 和 ε_{aff} 取 eV 做单位时,Li 的负电性为 1.表 7.2 给出周期表中一些元素原子负电性的数据.可以看出一个周期内从左到右负电性有不断增强的趋势,周期表愈往下,这种差别愈小.同一族元素,周期表由上到下,负电性逐渐减弱.Ⅰ族碱金属和Ⅶ族的卤族元素负电性差别最大,它们之间形成典型的离子晶体.Ⅱ-Ⅵ,Ⅲ-Ⅴ族,元素之间负电性差别减小,逐渐向共价结合过渡.

表 7.2 一些元素的原子负电性

H						
2.1						
Li	Be	B	C	N	O	F
1.0	1.5	2.0	2.5	3.0	3.5	4.0
Na	Mg	Al	Si	P	S	Cl
0.9	1.2	1.5	1.8	2.1	2.5	3.0
K	Ca	Sc	Ge	As	Se	Br
0.8	1.0	1.3	1.8	2.0	2.4	2.8
Rb	Sr	Y	Sn	Sb	Te	I
0.8	1.0	1.3	1.8	1.9	2.1	2.5

泡令根据实验数据,发现在共价键基础上,加入离子键的成分,a,b 两原子间结合能的共振增强

$$\Delta_{ab} \propto (x_a - x_b)^2, \tag{7.3.14}$$

由此得到另一种电离度的表达方式,

$$f_i = 1 - \exp[-(x_a - x_b)^2/4], \tag{7.3.15}$$

即电离度的大小依赖于负电性 x_a 和 x_b 之差,当差别很大时,$f_i \to 1$,a—b 之间的键接近于理想的离子键.

7.4 分子晶体、金属及氢键晶体

7.4.1 分子晶体

这是由具有稳固的电子结构的原子或分子，靠范德瓦尔斯力结合成的晶体. 在晶体中，它们基本上保持着原来的电子结构. 其典型是由满壳层电子结构的惰性气体元素，如 Ne，Ar 等构成的晶体.

对于电子云是球对称分布的惰性气体原子，原子的平均电偶极矩为零，但在某一瞬时，由于核周围电子运动的涨落，可以有瞬时电偶极矩. 设原子 1 的瞬时电偶极矩为 p_{e1}，在距离 R 处产生的电场 E 正比于 p_{e1}/R^3. 在这个电场作用下，另一原子(原子 2)被极化，感生电偶极矩为

$$p_{e2} = \alpha E = \frac{\alpha p_{e1}}{R^3}, \tag{7.4.1}$$

R 为原子 1，2 间的距离，α 为原子的极化率. 两偶极矩间的相互作用能为

$$\frac{p_{e1}p_{e2}}{R^3} = \frac{\alpha p_{e1}^2}{R^6}. \tag{7.4.2}$$

这就是范德瓦尔斯力的来源，是原子中电荷涨落产生的瞬时电偶极矩所导致的吸引相互作用.

一对原子间的相互作用势，最常采用的形式是

$$\phi(r) = 4\varepsilon\left[\left(\frac{\sigma}{R}\right)^{12} - \left(\frac{\sigma}{R}\right)^{6}\right], \tag{7.4.3}$$

称为勒纳-琼斯 6-12 势(Lennard-Jones 6-12 potential). 方括弧中第一项是近距排斥势，方次 12 的选择，除去一般应大于 6 外，主要为计算的方便.

对(7.4.3)式，$R=\sigma$ 时 $\phi(R)=0$，$R<\sigma$ 时，$\phi(R)$将很快上升，因此，σ 大致表征近距排斥力作用的范围，原子的刚球半径约为$\sigma/2$. $\phi(R)$取极小时，相应地平衡位置为 $R_0=1.12\sigma$，此时 $\phi(R_0)=-\varepsilon$. ε 大致表征一对原子间范德瓦尔斯相互作用的强度，对隋性气体元素，约在 0.01 eV 的量级.

晶体的结合能，平均到每个原子为

$$u = \frac{1}{2}4\varepsilon\sum_{R_j\neq 0}\left[\left(\frac{\sigma}{R_j}\right)^{12} - \left(\frac{\sigma}{R_j}\right)^{6}\right], \tag{7.4.4}$$

与离子晶体中的计算类似，设两个原子间最近距为 R，$R_j=P_jR$，(7.4.4)式可写成

$$u = 2\varepsilon\left[A_{12}\left(\frac{\sigma}{R}\right)^{12} - A_6\left(\frac{\sigma}{R}\right)^{6}\right], \tag{7.4.5}$$

其中

$$A_{12} = \sum_j{}' \frac{1}{P_j^{12}}, \tag{7.4.6}$$

$$A_6 = \sum_j{}' \frac{1}{P_j^6}, \tag{7.4.7}$$

是只与晶体结构有关的晶格求和常数. 惰性气体元素固体，一般为面心立方结构，$A_{12}=12.132$，$A_6=14.454$.

与 7.3.1 小节类似，对(7.4.5)式求极小值可确定晶格常数，由此定出结合能. 从势能函数还可计算体积弹性模量.

需要指出的是勒纳-琼斯势(7.4.3)仅适用于单原子分子晶体. 对其他情形，分子一般远非球形，情况比较复杂. 例如对 N_2 晶体，低温下为面心立方结构，分子轴规则取向，如图 7.10 所示. 温度高时，由于热运动的影响，分子近自由地转动，平均言与球形分子等价，结构也转变成六角密排(hcp). 这种分子轴从有序到无规取向的转变称为旋转相变(rotational phase transition)，是分子晶体有特色的、比较普遍的现象. 对 N_2 晶体，熔点为 63.13 K，旋转相变发生在 35.61 K. 其他的例子见表 7.3. 如果双原子分子中两个原子种类不同，分子可有永电偶极矩(permanet electric dipole moment)，结合能计算中要考虑偶极子-偶极子相互作用的贡献.

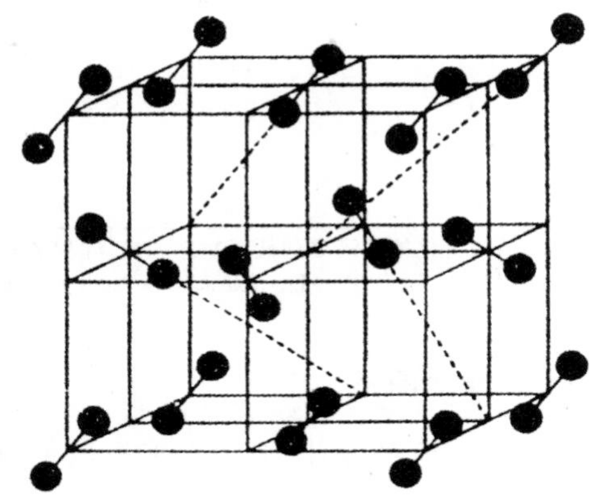

图 7.10 N_2 晶体的低温相

分子晶体总的讲结合能低，对惰性气体元素固体，平均每个原子 0.02～0.2 eV，因而熔点低，固体 Ne 为 25 K，固体 Xe 最高，为 161 K. 晶体的硬度也低，易于压缩. 在晶体结构方面，对于单原子分子晶体，由于吸引势无方向性，又比例于 $1/R^6$，能量最低的形式是刚球密堆积结构，有尽可能多的近邻原子. 实际上，分子晶体可由各种复杂的分子组成，可有不同类型的结构. 一般讲，晶体中分子的排列总是要尽量避免分子间近距排斥作用使能量增加，同时要尽可能地利用范德瓦尔斯相互作用，偶极子-偶极子相互作用等弱的相互作用力，使体系的能量降低. 因此在分子晶体中，一方面分子要堆积得尽可能紧密，另一方面，分子轴的排列要合适，使上述一般条件得以满足. 当分子结构复杂时，常常会有多种可能的能量相差甚少的结构相，随着温度的改变，相继发生相变.

从导电性的角度，分子晶体均为绝缘体，因为所有的电子均局域在分子内，参与分子内的键合.

表 7.3 双原子分子晶体中的相变[a]

	熔点 T_m/K	转动相变温度 T_c/K	结构变化
N_2	63.13	35.61	hcp—fcc
O_2	54.39	43.76	fcc—rho
		23.66	rho—mon
F_2	53.54	45.55	fcc—mon
正 H_2	13.96	2.9	hcp—fcc
仲 H_2	23.5	4.0	hcp—fcc
CO	68.09	61.57	hcp—fcc
HBr	186.28	116.9	fcc—tri

a 结构变化按从高温到低温次序列出. 除熟悉的符号外，rho 代表菱面体格子，mon 代表单斜格子，tri 代表三斜格子.（引自 T. Matsubara，The Structure and Properties of Matter，Berlin：Springer，1982）

7.4.2 量子晶体

对于通常的晶体，原子在平衡位置附近做小振动，可按其所属格点标识区分，在这种意义下，称为经典的固体. 对于固体氦，原子有很大的零点运动振幅，可以隧穿到邻近的格点上，在晶体中的位置发生退局域，从而不可分辨，称为量子固体.

量子效应的大小由无量纲参数 Λ 标记.

$$\Lambda \approx \overline{u_0^2}/a^2, \tag{7.4.8}$$

其中，$\overline{u_0^2}$是晶体中原子零点振动振幅的平方平均值，a 是晶格常数. 从量子力学中对一维谐振子的讨论知道

$$\overline{u_0^2} \approx \frac{\hbar}{m\omega}. \tag{7.4.9}$$

而频率 $\omega=(\beta/m)^{1/2}$，β 是刻画简谐作用力强度的参数. 原子之间的相互作用能可近似写为

$$U \approx \beta a^2, \tag{7.4.10}$$

因而

$$\Lambda \approx \frac{\hbar}{a}(mU)^{-1/2}. \tag{7.4.11}$$

Λ 一般称为德博尔量子参数(quantum parameter of de Boer). 将有关数值代入可得下面几种晶体的 Λ 值

晶体：	^{3}He	^{4}He	H_2	Ne
Λ 值：	～0.5	～0.4	～0.3	～0.1

对其他晶体，Λ 值非常小.

参照一维谐振子的基态波函数，可知在距离为 a 的相邻格点上找到该粒子的概率

$$W(a) \propto e^{-\frac{1}{\Lambda}}, \tag{7.4.12}$$

随 Λ 的减小指数下降，加之原子作为刚球，在晶体中相互的换位还要考虑自由空间的限制，因此只有 Λ 值最大的 ^{3}He, ^{4}He 晶体称为量子晶体，原子位置的退局域仅在这两种晶体中观察到.

对于量子晶体，在结合能计算时，零点运动能不能略去. 在晶格振动方面有很强的非简谐性，因而和经典固体相比，定量上有许多差别. 但人们最关心的还是原子位置退局域所产生的本质上是新的物理效应.

例如在 ^{4}He 晶体中的 ^{3}He 杂质原子，可通过隧穿与近邻的 ^{4}He 原子换位，从而退局域在 ^{4}He 晶体中运动. 在绝对零度附近，^{4}He 晶体有理想的周期性排列，加之，^{3}He 原子核自旋为 1/2，是费米子，因而情况完全类似于在金属周期场中运动的电子，波矢 $\boldsymbol{k}$ 是好量子数，本征能量形成能带，行为像准粒子，一般称为杂质子(impuriton). 可以想象，在 ^{3}He 杂质浓度很低时，可将晶体 ^{4}He 中的 ^{3}He 杂质看成是杂质子的气体，扩散系数将趋于无穷. 这种趋向已为实验所证实，大致肯定了在量子晶体中孤立的杂质子可自由运动的想法. 这和我们在第八章中要讨论的普通固体中杂质原子的行为是完全不同的.

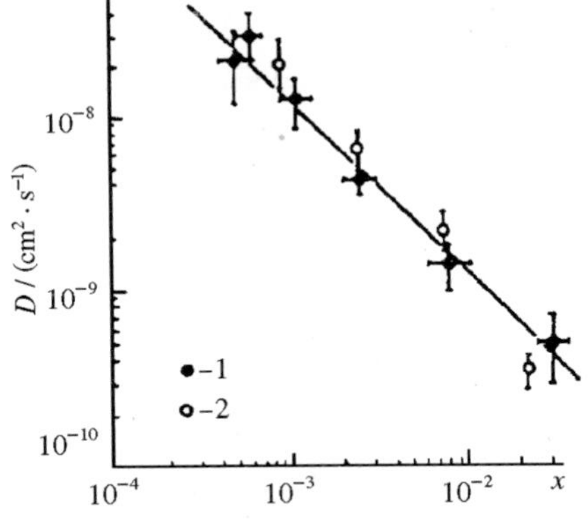

图 7.11 ^{3}He 杂质在 ^{4}He 晶体中的扩散系数 D 与浓度 x 的关系

(引自 A. F. Andreev in Progress in Low Temperature Physics, D. F. Brewer, ed., Amsterdam: North-Holland Pub. 1982, p. 83)

由于 ^{3}He 原子有核磁矩，扩散系数可用核磁共振技术测出. 实验证明在温度 $T<1.2$ K 时，扩散系数 D 与温度无关. 图 7.11 给出两个小组在这一温区测得的 D 随 ^{3}He 杂质浓度 x 的变化，证明 $D \propto 1/x$.

有关量子晶体更多的量子现象，限于篇幅，不再赘述.

7.4.3 金属

金属中最近邻原子数远大于价电子数，价电子是共有化的. 金属的结合作用可以认为来源于电子从束缚在某个原子上变成共有化时平均动能的降低. 按照不确定关系(uncertainty principle)，位置的不确定度增加后，动量的不确定度必然减

小.从能带论紧束缚近似的角度,如一个电子在原子中处在能量为 ε_a 的原子能级上,在金属中,原子能级演变成能带,电子处在布洛赫态.一般言,例如在能带半满情形,电子有更低的平均动能.

在金属中,正的离子实埋在自由电子的海洋中.如金属 Na, Na^+ 的离子半径为 0.095 nm,但在金属中,两相邻 Na^+ 间距的一半约为 0.183 nm,相对而言有较大的离子实间距.排斥作用主要来源于体积缩小,共有化电子密度增加导致的平均动能增加.对于自由电子气体,每个电子的平均动能为 $3\varepsilon_F/5$(1.1.25 式),ε_F 比例于 k_F^2,按 (1.1.19)式,k_F^2 比例于 $n^{2/3}=(N/V)^{2/3}$,N 为在体积 V 中的自由电子数,V 下降时,ε_F 是增加的.

金属的结合能由于电子的共有化,及电子之间的相互作用,计算是困难的.材料电子结构计算物理的发展,在金属结合能,以及相应的晶格常数,体积弹性模量的理论计算方面已取得很好的成绩.金属的结合能平均到每个原子在 1～5 eV 左右.不同金属的熔点,在很宽的范围内变化.由于金属键没有确定的方向性,金属一般而言延展性很好,可以经受相当大的范性形变,即原子排列上相当大的不规则性.金属的结合,从正离子实和负电子云库仑相互作用的角度,是一种使离子实聚合的体积效应,因而,很多金属采取配位数为 12 的密排结构(面心立方或六角密排).

7.4.4 氢键晶体

氢原子同时和其他两个原子键合,形成氢键(hydrogen bond).键的特点来源于氢原子的特性.首先,它的价电子(1s 电子)电离能反常地高,为 13.6 eV,作为对比,钠原子的为 5.14 eV,因此,它不能像碱金属那样失去电子成为离子晶体中的正离子,或价电子共有化成为金属.其次,它只有 1 个价电子,只能形成一个共价键,不能构成典型的共价晶体.最后,它的离子实很小,就是裸露的质子,比其他离子实小 10^5 倍,可以待在另一个负离子的表面,形成独特的结构.这样,当它和两个负电性强的原子,如氧原子键合时,会离其中一个较近,形成共价键,裸露的质子将作用于另一个负离子,或使另一原子极化而相互吸引,形成非对称键.

水和冰是氢键结构的典型.在蛋白质,脱氧核糖核酸(DNA)等有机分子的结合中,氢键也起相当重要的作用.

氢键较弱,平均到每个键的结合能为 0.1～0.5 eV.

除去上面讨论过的一些典型情况外,实际上更多的属于混合键或多种键同时存在的情形.

例如Ⅵ族元素 S,Se,Te,最外层有 $n=6$ 个电子(2 个 s 电子和 4 个 p 电子),可以和 $8-n=2$ 个近邻原子形成共价键,构成链状或螺旋状结构.图 7.12 给出 Se 晶体结构的示意.Se 原子构成键角约为 103°的螺旋链,链间是范德瓦尔斯键合.4.5.3 小节提到的石墨,层内是共价结合,层间是范德瓦尔斯力结合.

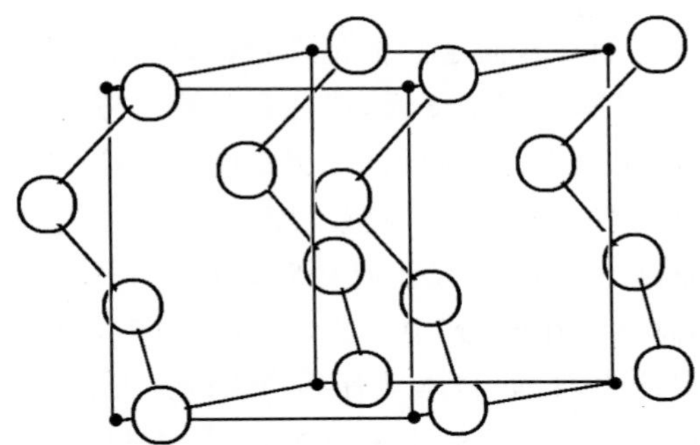

图 7.12 Se 的晶体结构示意

第八章 缺 陷

在前面的讨论中,我们一直假定晶体是理想的,即离子实或原子的排列具有严格的周期性,因此,晶体具有平移不变性,或称为长程有序(long-range order).理想晶体确实是一个很好的出发点.它不仅是理想化的物理模型,而且在很多高品质的晶体中,原子的几何排列在相当大(和原胞尺度比)的范围内确实是理想的,例如单晶硅,可以在 10^7 个原胞尺度内没有任何缺陷,每个原子都处在理想的格点位置上.但是,偏离和缺陷总是存在的,其中一些,之前已有涉及.首先,晶体在尺寸上是有限的,因而具有边界或表面.如晶体具有 N 个原胞,表面原子数与体原子数之比约为 $N^{-1/3}$,当 $N\approx10^{23}$时,这是一个非常小的数目.在讨论晶体的体效应时,可忽略表面的影响,我们一直是这样处理的.其次,晶格振动导致原子瞬时位置对平衡位置的偏离.但从时间的平均上看并不破坏晶体的长程有序,对晶格振动和格波的讨论仍以此为基础.在讨论对电子的作用时,则是将理想晶体中电子的本征态——布洛赫态作为零级近似,把晶格振动看成小的微扰,导致电子在不同布洛赫态间的跃迁.

本章将在理想晶体的基础上,进一步讨论静态缺陷的形式和影响.缺陷表征对晶体理想周期结构的任何形式的偏离.按其维度,可分为零维点缺陷,一维线缺陷及二维面缺陷.8.1 节主要讲述点缺陷以及与其相关的固体中的扩散和离子晶体的电导.8.2 节着重讨论与点缺陷相连系的电子局域态,并在此基础上讲述掺杂起主要作用的非本征半导体.8.2.3 小节扼要地介绍色心(color center)的概念,8.2.4 小节将简略提及晶格的局域振动.

实际上,缺陷普遍存在于任何有序介质之中.有序并非只是原子的规则排列,也可是磁性材料中自旋或磁矩的有序排列,或其他的有序形式.有序程度一般地可用一序参量在空间的变化来描述,缺陷对应于序参量函数的奇异,它破坏了序参量空间变化的均匀性.8.3 节将从这一角度引进拓扑缺陷的概念.对于不同的体系,拓扑缺陷常有不同的名字.如晶体中的位错,超流氦中的涡旋线,超导体中的磁通线等.拓扑学的应用使人们对不同系统的缺陷有了统一的描述.

将自由能相等,但序参量值不同的两部分分开的界面是另一类缺陷.在不同的体系中同样有不同的名称,统称为壁.这将在 8.4 节中讲述.

尽管从尺度和数量上衡量,缺陷也许并不重要,但却会导致材料的某些物理性质发生可观的变化,必需给以关注.缺陷物理早期主要为冶金学家们所关心.在

8.3.3 小节中会讲到晶体的位错对其力学性质的重要影响,8.4.3 小节中也会提到晶界与材料性质的密切关系.缺陷在决定磁性材料、超导体、超流液体,以及液晶等的物理性质方面同样重要,读者可参阅有关的教科书.本章除晶体结构缺陷外内容有所扩展,是希望读者对不同体系缺陷的共性有初步的了解.

8.1 点 缺 陷

8.1.1 点缺陷的种类

晶体中的零维缺陷,或点缺陷(point defect)是原子尺度的缺陷.对于没有杂质原子的理想晶体,点缺陷主要有三种:

1. 空位(vacancy)或肖脱基缺陷(Schottky defect),是晶体内部原子缺失留下的空格点.

2. 填隙原子(interstitial atom),是位于晶体中通常无占据的间隙位置上的原子.

晶体内部的原子,也可因热涨落跳进间隙位置,从而产生一个空位和一个填隙原子,这样一对缺陷常称为弗仑克尔缺陷(Frenkel defect).

3. 反位缺陷(antiside defect),出现在化合物晶体(如 GaAs)中,指其中一个原子占据了通常由另一元素原子占据的位置.

杂质原子(impurity),即理想晶体中出现的异类原子,是另一类主要的点缺陷.杂质原子可替代原有的原子,处在正确的格点位置上,称为替代杂质(substitutional impurity),或处在间隙位置上,称为填隙杂质(interstitial impurity).

图 8.1 给出几种点缺陷的示意.

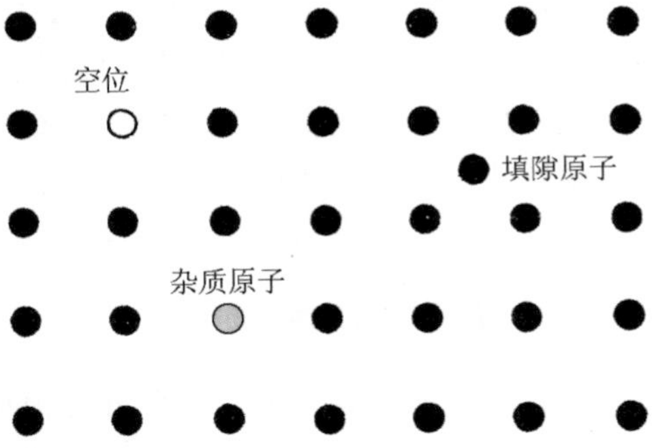

图 8.1 点缺陷示意

对于包含 N 个原子的理想晶体,如果将 n 个原子从内部移到表面,晶体的内能将增加

$$\Delta U = n\varepsilon_{\mathrm{v}}, \tag{8.1.1}$$

其中 ε_{v} 是生成一个空位所需的平均能量.当晶格中有 n 个空位时,整个晶体将包含 $N+n$ 个格点,n 个空位可能的排列方式为 $(N+n)!/N!\,n!$,这使晶体中原子排列的位形熵(configurational entropy)增加

$$\Delta S = k_{\mathrm{B}}\ln\frac{(N+n)!}{N!n!}. \tag{8.1.2}$$

总的自由能函数改变为

$$\Delta F = \Delta U - T\Delta S = n\varepsilon_v - k_B T\ln\frac{(N+n)!}{N!n!}. \tag{8.1.3}$$

应用有关阶乘的斯特令公式(Stirling's formula),对大的 X,

$$\ln X! \approx X(\ln X - 1), \tag{8.1.4}$$

可通过

$$\left(\frac{\partial \Delta F}{\partial n}\right)_T = 0 \tag{8.1.5}$$

计算温度 T 时空位的平衡浓度.得到

$$\frac{n}{N+n} = e^{-\varepsilon_v/k_B T}. \tag{8.1.6}$$

由于一般言 $N\gg n$,分母上的 n 可略去,或从晶体有 N 个格点,原子数为 $N-n$ 出发,均有

$$n = Ne^{-\varepsilon_v/k_B T}. \tag{8.1.7}$$

上面的讨论可同样用于填隙原子,只需将上式中 ε_v 改成 ε_i,即填隙原子形成的能量,将 N 理解为晶格中填隙原子可占据的总的间隙数.在金属中,ε_v 约为 1 eV 的量级,而 ε_i 要高得多,约 5 eV 大小,即将晶格中一个原子搬到间隙位置要困难得多.因此,在讨论热激活产生的缺陷时,常忽略填隙原子的存在.

(8.1.7)式给出的重要结果是晶体的无序从本质上讲是不可避免的.由于 ε_v 并非无穷大,在 $T\neq 0$ 的有限温度下,必定有空位或填隙原子存在,尽管其数目未必和统计平衡值一致.其次,利用这一规律,对材料中点缺陷数目可有一定程度的控制.例如从高温迅速冷到室温,可使高温下的点缺陷数“冻结”下来,数目远大于平衡值;通过适当升高温度的退火处理,可降低点缺陷的浓度,使之接近平衡值.在这方面,空位、填隙原子和杂质原子本质上不同,后者从原则上讲,可以完全从晶体中去除.

8.1.2 扩散的规律和机制

尽管空位和填隙原子的平衡浓度很低,但对固体中的扩散现象和离子电导却至关重要.例如在格点上试图向外扩散的原子,虽然不断尝试,但仅当有一空位出现在它的近邻时,它才实际有可能跳进这一空位从而移动一步.

晶体中空位、杂质原子等粒子的扩散,受其浓度 n 梯度的推动,在某一方向上的扩散流密度定义为单位时间通过该方向单位垂直截面的粒子数,一般有

$$\boldsymbol{J} = - D\nabla n. \tag{8.1.8}$$

式中 D 为扩散系数(diffusion constant),负号表示粒子由浓度高的区域向浓度低的区域扩散.(8.1.8)式常被称为菲克第一定律(Fick's first law).

在稳定的情况下,某一体积元内粒子浓度的变化将精确地被净流入,或流出该

体积元的粒子数所补偿,满足连续性方程

$$\frac{\partial n}{\partial t}+\nabla\cdot\boldsymbol{J}=0.\tag{8.1.9}$$

将(8.1.8)式代入(8.1.9)式,可得

$$\frac{\partial n}{\partial t}=D\,\nabla^2 n,\tag{8.1.10}$$

这一方程称为菲克第二定律(Fick's second law).

对于沿 x 方向单位截面的一维柱体.假定 $t=0$ 时,扩散物完全集中在 $x=0$ 的面上,数量为 N_i,t 时刻扩散物的分布 $n(x,t)$ 可由加限制条件

$$\int_{-\infty}^{\infty} n(x,t)\,\mathrm{d}x=N_i,\tag{8.1.11}$$

求解方程(8.1.10)得到,解的形式为

$$n(x,t)=\frac{N_i}{2\sqrt{\pi Dt}}\exp\left(-\frac{x^2}{4Dt}\right).\tag{8.1.12}$$

可以利用放射性示踪原子的扩散,测出 $n(x,t)$,与理论计算结果(8.1.12)式比较,得到扩散系数.实验得到扩散系数与浓度无关,但以热激活的形式依赖于温度,即

$$D=D_0\,\mathrm{e}^{-\varepsilon_a/k_B T},\tag{8.1.13}$$

其中 ε_a 为扩散的热激活能,可由实验测得的扩散系数 D,按 $\ln D$ 随 $1/T$ 的变化作图,从所得直线的斜率求出.对于空位及其热激活运动引起的扩散,通常称为自扩散(self-diffusion),导致元素固体中物质的传输,ε_a 通常在 1~3 eV 的范围. D_0 为一常数,不同的元素固体相差可在 10 倍以上.

在有关扩散现象简单的微观图像中,一般假定原子扩散的每一步都是无规的独立事件.不考虑它和前一步以及和其他缺陷运动的关联.原子做布朗运动(Browian motion),或无规行走(random walk),每一步在各个方向有相等的概率.设在 t 时刻,在距其出发点 x 处找到该原子,x 的平方平均值可由 $n(x,t)$ 求出,

$$\overline{x^2}=\frac{1}{N_i}\int_{-\infty}^{\infty} x^2 n(x,t)\,\mathrm{d}x=2Dt.\tag{8.1.14}$$

由于原子或空位所在位置,是格点的平衡位置,能量最低,原子跳到邻近的空位上,必须克服周围格点所造成的势垒(图 8.2).设势垒高度为 ε_m,则原子每秒越过势垒的次数为

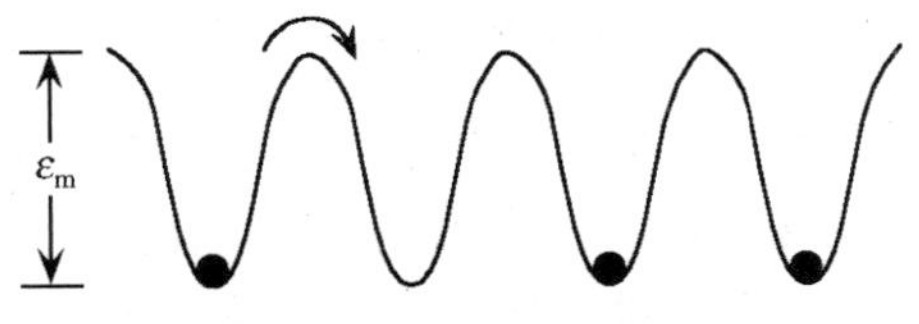

图 8.2 原子扩散示意

$$P=\frac{1}{z}\nu_0\,\mathrm{e}^{-\varepsilon_m/k_B T},\tag{8.1.15}$$

其中 z 是空位的最近邻格点数,在立方格子中为 6. ν_0 是原子的振动频率,或试图越过势垒的尝试频率,一般取为 10^{13}/s,约等于晶格振动的最高频率.

考虑在格点数为 N 的单位体积晶体内，两个间距为 a，相互平行的点阵平面，设沿垂直于平面的 x 方向有空位的密度梯度. 在 x 点处，在$a\times 1^2$的体积中有 an 个空位，在 $x+a$ 处有 $a(n+a\partial n/\partial x)$个. 从 x 到 $x+a$ 的粒子流量

$$J_+ = (N-n)aP\,\frac{n}{N}, \tag{8.1.16}$$

即决定于粒子数$(N-n)a$，跳跃概率 P，以及在相邻点阵平面上找到一个空位的概率 n/N. 类似地，由$(x+a)$到 x 的反向粒子流

$$J_- = \left[N-\left(n+a\,\frac{\partial n}{\partial x}\right)\right]aP\,\frac{n}{N}. \tag{8.1.17}$$

这样通过$(x+a/2)$处的粒子流量

$$J = J_+ - J_- = -a^2 P\,\frac{n}{N}\frac{\partial n}{\partial x}. \tag{8.1.18}$$

与(8.1.8)式相比，并将(8.1.7)及(8.1.15)式代入，得

$$D = \frac{1}{z}a^2\nu_0\,\mathrm{e}^{-(\varepsilon_\mathrm{v}+\varepsilon_\mathrm{m})/k_\mathrm{B}T}. \tag{8.1.19}$$

即(8.1.13)式中扩散的热激活能

$$\varepsilon_\mathrm{a} = \varepsilon_\mathrm{v} + \varepsilon_\mathrm{m}, \tag{8.1.20}$$

$$D_0 = \frac{1}{z}a^2\nu_0. \tag{8.1.21}$$

晶体中的扩散除空位机制外，还有填隙原子机制，即原子通过形成填隙原子而进行的扩散. 实际上，还有许多复杂的因素，例如，有可能存在一种缺陷(如杂质原子)的扩散依赖于另一种缺陷(如空位)的存在，或两个粒子一齐跳的关联事件；温度改变，由于热膨胀的存在导致 ε_a 的变化；晶体中其他缺陷，如位错、晶界等的存在，也都影响着晶体扩散行为. 外来杂质原子，如原子半径比基质原子小得多，如铁中的碳，总以填隙方式存在，并以填隙方式扩散，扩散系数比自扩散系数大得多. 替代式杂质原子，往往因原子半径的差别，引起周围晶格的畸变，近邻出现空位的概率增加，扩散系数也比自扩散系数大一些.

8.1.3 离子晶体的电导率

离子晶体尽管从价电子的分布上讲是绝缘体，但却有非零的电导率. 对于碱卤化合物晶体，依赖于温度和样品的纯度，典型的电阻率在 $10^2\sim10^8$ Ω·cm 之间. 由于导带底和价带顶之间的能隙很大，导电不可能像半导体那样，来源于电子的热激发. 在电极上淀积有数量比例于由电流运载的电荷的带电离子，表明电荷由离子本身输运，来源于外加电场在离子无规运动之上附加的定向漂移运动. 这种机制的实现完全取决于点缺陷的存在.

具体地考虑带电荷 q 的正离子通过空位机制的扩散. 外加电场为零时，它们做

无规布朗运动，不产生宏观电流. 如在 x 方向加电场 E，则在沿电场方向势垒高度要下降 $qEa/2$（图 8.3），跳跃概率为

$$P_{+}=\frac{1}{z}\nu_{0}\exp\left(-\frac{\varepsilon_{\mathrm{m}}-qEa/2}{k_{\mathrm{B}}T}\right). \tag{8.1.22}$$

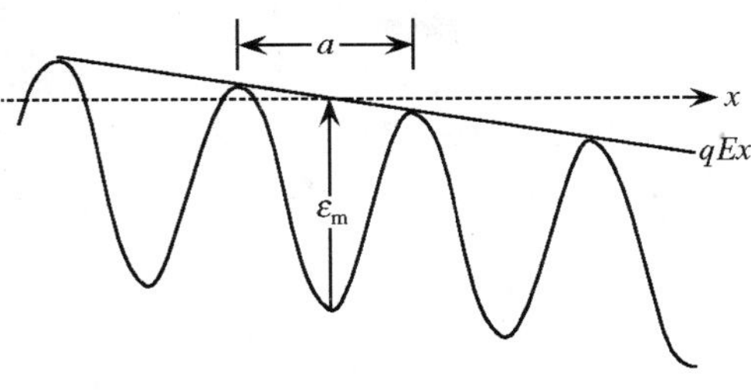

图 8.3 有外加电场时的离子势场

反方向势垒提高，跳跃概率为

$$P_{-}=\frac{1}{z}\nu_{0}\exp\left(-\frac{\varepsilon_{\mathrm{m}}+qEa/2}{k_{\mathrm{B}}T}\right). \tag{8.1.23}$$

类似于(8.1.16)式，两个方向的离子流密度为

$$J_{\pm}=q(N-n)aP_{\pm}\frac{n}{N},$$

此处 N 是正离子的浓度，n 仍为空位浓度. 由于 $n\ll N$，

$$J=J_{+}-J_{-}=qN\mathrm{e}^{-\varepsilon_{\mathrm{v}}/k_{\mathrm{B}}T}a(P_{+}-P_{-})=\frac{2}{z}a\nu_{0}qN\mathrm{e}^{-(\varepsilon_{\mathrm{v}}+\varepsilon_{\mathrm{m}})/k_{\mathrm{B}}T}\sinh(qEa/2k_{\mathrm{B}}T). \tag{8.1.24}$$

对于一般电场强度 $qEa\ll k_{\mathrm{B}}T$，上式可简化为

$$J=\left[\frac{1}{z}\frac{a^{2}q^{2}\nu_{0}}{k_{\mathrm{B}}T}N\mathrm{e}^{-(\varepsilon_{\mathrm{v}}+\varepsilon_{\mathrm{m}})/k_{\mathrm{B}}T}\right]\cdot E, \tag{8.1.25}$$

方括弧中系数为电导率

$$\sigma=\frac{1}{z}\frac{a^{2}q^{2}\nu_{0}}{k_{\mathrm{B}}T}N\mathrm{e}^{-(\varepsilon_{\mathrm{v}}+\varepsilon_{\mathrm{m}})/k_{\mathrm{B}}T}, \tag{8.1.26}$$

它以指数关系很强地依赖于温度. 与(8.1.19)式相比，得

$$\frac{\sigma}{D}=\frac{q^{2}N}{k_{\mathrm{B}}T}. \tag{8.1.27}$$

如果正离子的离子电导率用空位的浓度 n 和迁移率 μ 表示，则

$$\sigma=nq\mu. \tag{8.1.28}$$

代入(8.1.27)，可得到

$$\mu=\frac{q}{k_{\mathrm{B}}T}D_{\mathrm{d}}, \tag{8.1.29}$$

其中 D_{d} 是缺陷（空位）的扩散系数

$$D_{\mathrm{d}}=\frac{N}{n}D. \tag{8.1.30}$$

D_{d} 和 D 的差别来源于空位和离子迁移率的差别. 在(8.1.28)式中，如将空位浓度 n 改成离子浓度 N 时，迁移率相应地要减小 n/N 倍.

(8.1.29)式常称为爱因斯坦关系(Einstein relation)，它给出了扩散粒子（或缺

陷)迁移率和扩散系数的关系.实际上,忽略扩散粒子间的相互作用,在附加外场情形,这一关系可由菲克定律出发证明.实验上,通过电导率的测量,利用爱因斯坦关系确定扩散系数较为简便,也是这一关系的重要应用.

AgI 在 147℃以上,CuI 在 407℃以上有特殊的结构,Ag^+ 和 Cu^+ 离子占据的子格子无序化,呈液态状. Ag^+ 和 Cu^+ 离子因而可以像在液体电解质中那样,很快的扩散通过晶体,这种材料被称为快离子导体(fast ion conductor),或超离子导体(superionic conductor).这方面的研究由于有可能用于制作高效电池及固体离子器件而受到重视.

8.2 局 域 态

空位、填隙原子、杂质原子等点缺陷具有能束缚和释放电子的共性,因而在晶体中生成局域态.离子晶体中的色心源于点缺陷的存在,点缺陷还可影响晶格的振动,产生局域的晶格振动模.

8.2.1 杂质能级

能带论假定晶格有严格的周期性结构,在这种周期性受到一个点缺陷的破坏时,单电子薛定谔方程可写成

$$[\hat{H}_0 + U(\boldsymbol{r})]\psi = \varepsilon\psi, \tag{8.2.1}$$

其中 $U(\boldsymbol{r})$ 是缺陷的附加势,

$$\hat{H}_0\psi_n(\boldsymbol{k},\boldsymbol{r}) = \left[-\frac{\hbar^2}{2m}\nabla^2 + V(\boldsymbol{r})\right]\psi_n(\boldsymbol{k},\boldsymbol{r}) = \varepsilon_n(\boldsymbol{k})\psi_n(\boldsymbol{k},\boldsymbol{r}), \tag{8.2.2}$$

其中 $V(\boldsymbol{r})$ 是晶格周期势,$\psi_n(\boldsymbol{k},\boldsymbol{r})$ 为布洛赫波函数.

在 $U(\boldsymbol{r})$ 的具体形式未知时,难于做一般性的讨论.假定在由 n 价原子构成的共价键晶体中,我们考虑的点缺陷是一个 $n+1$ 价的替代杂质原子,这样,在满足和周围最近邻原子共价键合之需外,多一个电子,同时,离子实上也多一个正电荷,电子为正电荷所束缚.这种杂质类似于氢原子,常被称为类氢杂质. $U(\boldsymbol{r})$ 为附加正电荷所产生的势场,在电子与这一正电荷相距较远时,

$$U(\boldsymbol{r}) = -\frac{e^2}{4\pi\epsilon_0\epsilon r}, \tag{8.2.3}$$

相当于将作为背景的晶格简化成介电常数为 ϵ 的均匀介质.在势场 $U(\boldsymbol{r})$ 中运动的电子,类似于在外场作用下的电子,可用布洛赫波构成的波包描述.当电子在杂质上的束缚能远小于导带价带间的能隙 ε_g 时,可以只考虑导带波函数,从而在构成波包的求和中去掉带指标 n,(8.2.1)中

$$\psi = \sum_{k} c(\boldsymbol{k})\psi(\boldsymbol{k},\boldsymbol{r}). \tag{8.2.4}$$

在把晶格看成一具有给定介电常数的均匀介质时，已包含波包的空间尺度远大于晶格常数的假定，因而在 k 空间中的不确定度远小于布里渊区的尺度，在(8.2.4)的求和中，只需考虑导带底附近很小范围内的 k 值. 简单地，取导带底在 $\boldsymbol{k}=0$ 处. 布洛赫波函数 $\psi(\boldsymbol{k},\boldsymbol{r})=u(\boldsymbol{k},\boldsymbol{r})\exp(\mathrm{i}\boldsymbol{k}\cdot\boldsymbol{r})$ 的晶格周期部分是 $\boldsymbol{k}$ 的缓变函数，用 $u(0,\boldsymbol{r})$ 近似. (8.2.4)为

$$\psi = \sum_{k} c(\boldsymbol{k})u(0,\boldsymbol{r})\mathrm{e}^{\mathrm{i}\boldsymbol{k}\cdot\boldsymbol{r}} = \left[\sum_{k} c(\boldsymbol{k})\mathrm{e}^{\mathrm{i}\boldsymbol{k}\cdot\boldsymbol{r}}\right]\psi(0,\boldsymbol{r}) \equiv F(\boldsymbol{r})\psi(0,\boldsymbol{r}). \tag{8.2.5}$$

类似于 4.1.2 小节，对 $\hat{H}_0$，引入算符 $\varepsilon_n(-\mathrm{i}\nabla)$，去掉 n 指标，方程(8.2.1)可写成

$$[\varepsilon(-\mathrm{i}\nabla)+U]\psi = \varepsilon\psi. \tag{8.2.6}$$

将(8.2.5)代入，参照(4.1.12)式，

$$\begin{aligned}\varepsilon(-\mathrm{i}\nabla)F(\boldsymbol{r})\psi(0,\boldsymbol{r}) &= \sum_{m}\varepsilon_m F(\boldsymbol{r}+\boldsymbol{R}_m)\psi(0,\boldsymbol{r}+\boldsymbol{R}_m) = \psi(0,\boldsymbol{r})\sum_{m}\varepsilon_m F(\boldsymbol{r}+\boldsymbol{R}_m)\\ &= \psi(0,\boldsymbol{r})\sum_{m}\varepsilon_m \exp(\boldsymbol{R}_m\cdot\nabla)F(\boldsymbol{r}) = \psi(0,\boldsymbol{r})\varepsilon(-\mathrm{i}\nabla)F(\boldsymbol{r}),\end{aligned} \tag{8.2.7}$$

因而方程(8.2.6)成为

$$[\varepsilon(-\mathrm{i}\nabla)+U]F(\boldsymbol{r}) = \varepsilon F(\boldsymbol{r}). \tag{8.2.8}$$

(8.2.6)式中快变的函数 ψ 为一慢变的包络函数 $F(\boldsymbol{r})$ 所替代. 在导带底 $\varepsilon(\boldsymbol{k})$ 呈抛物线形式，$\varepsilon(-\mathrm{i}\nabla)$ 可写成

$$\varepsilon(-\mathrm{i}\nabla) = \varepsilon_c - \frac{\hbar^2}{2m^*}\nabla^2, \tag{8.2.9}$$

其中 ε_c 是导带底的能量，方程(8.2.8)成为

$$\left(-\frac{\hbar^2}{2m^*}\nabla^2 - \frac{e^2}{4\pi\epsilon_0\epsilon r}\right)F(\boldsymbol{r}) = (\varepsilon-\varepsilon_c)F(\boldsymbol{r}). \tag{8.2.10}$$

这是在介电常数 ϵ 的介质中，在一个正电荷的场中运动，有效质量为 m^* 的单电子薛定谔方程. 类比于氢原子问题，可得能量的本征值为

$$\varepsilon_l = \varepsilon_c - \frac{1}{l^2}\frac{e^4 m^*}{32\pi^2\epsilon_0^2\epsilon^2\hbar^2}, \quad l = 1,2,\cdots \tag{8.2.11}$$

基态的包络函数为

$$F(r) = \frac{1}{\sqrt{\pi a_0^{*3}}}\mathrm{e}^{-r/a_0^*}, \quad a_0^* = \frac{4\pi\epsilon_0\hbar^2}{me^2}\frac{m}{m^*}\epsilon. \tag{8.2.12}$$

可见电子形成束缚态，有与氢原子相似的能级分布，只是电子的质量改成有效质量 m^*，许可的能级在导带以下. 基态轨道的玻尔半径比自由氢原子的 0.053 nm 大 $\epsilon(m/m^*)$ 倍，对半导体材料，ϵ 值一般在 10 和 20 之间，有时可高达 100 或更高，m^*/m 一般约为 0.1 的数量级或更小，因而 a_0^* 一般在几个 nm 的数量级.

以上讨论的是 $U(\boldsymbol{r})<0$ 的情形，导致能带底分离出局域在缺陷附近的局域态。对 $U(\boldsymbol{r})>0$ 的情形，类似的讨论可得出局域态将从带顶分离出来，这相当于将导带中的电子改为价带中的空穴。$F(\boldsymbol{r})$ 是由价带态构成的波包的包络函数，类似于(8.2.11)的谱给出价带顶以上的一系列局域能级.

8.2.2 非本征半导体

在锗、硅、Ⅲ-Ⅴ族化合物等重要半导体材料中，加入多一个价电子的元素(如在锗、硅中加入磷、砷、锑；在Ⅲ-Ⅴ族化合物中加入Ⅵ族元素替代Ⅴ族元素)，杂质能级在导带底之下，电子摆脱杂质的束缚在导带中运动的电离能，从(8.2.11)可知为氢原子电离能 13.6 eV 的$(m^*/m)(1/\epsilon^2)$倍，对锗、硅分别约在 0.01 和 0.05 eV 的数量级，远小于价带和导带间的带隙宽度 ε_g. 因此，电子由杂质能级激发到导带远比从价带激发容易. 在半导体中，能向导带提供电子的杂质原子称为施主(donor).

在锗、硅中加入铝、镓、铟，在Ⅲ-Ⅴ族化合物中加入Ⅱ族元素代替Ⅲ族元素，即加入少一个价电子的元素，和基质离子实比，少一个正电荷，等效于杂质处多了一个负电荷，电子感受到的附加势 $U(\boldsymbol{r})>0$. 局域能级在价带顶以上，相当于束缚了一个空穴，易于接受从价带顶激发的电子. 或等价地，束缚的空穴易于电离到价带中. 能向价带提供空穴的杂质原子称为受主(acceptor).

在半导体中，除非杂质浓度非常低，相对于从价带顶到导带底的本征激发言，杂质激发是载流子的主要来源. 例如锗在 300 K 时本征激发的载流子浓度为 $5\times10^{13}\ \mathrm{cm^{-3}}$. 百万分之一的杂质浓度相当于每立方厘米有 $4.4\times10^{22}\times10^{-6}=4.4\times10^{16}$个杂质原子，其中 1%电离所提供的载流子数即比本征激发大一个数量级. 当载流子主要来源于杂质的贡献时，相应的半导体被称为非本征半导体(extrinsic semiconductor).

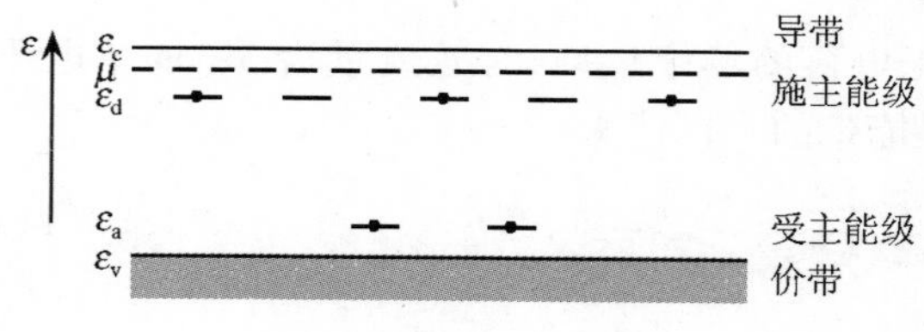

图 8.4 半导体中，$N_d>N_a$ 时，$T=0$ 的基态能级示意

考虑既有施主，同时也有受主存在的一般情形. 假定其浓度分别为 N_d 和 N_a，且 $N_d\geqslant N_a$. 在 $T=0$ 的基态情形，价带和受主能级，以及 N_d-N_a 个施主能级为电子所填满，导带是空的，如图 8.4 所示.

温度 $T\neq0$ 时，杂质能级受到热激发，导带中的电子数显然和 N_d-N_a 个施主能级热激发后剩余的空能级数相等. 即

$$n_c=(N_d-N_a)\left[1-\frac{1}{e^{(\varepsilon_d-\mu)/k_BT}+1}\right]=(N_d-N_a)\left[\frac{1}{1+e^{(\mu-\varepsilon_d)/k_BT}}\right]. \tag{8.2.13}$$

一般而言,μ 总是在提供电子的能级和接收电子的能级之间,如载流子主要由杂质支配,μ,或费米能级应在施主能级和导带底之间,即 $\mu-\varepsilon_d>0$. 在低温下,

$$n_c = (N_d - N_a)e^{-(\mu-\varepsilon_d)/k_BT}. \tag{8.2.14}$$

从 4.2.4 小节的讨论,当在低温下条件 $\varepsilon_c-\mu\gg k_BT$ 时,(4.2.13)式成立,有

$$n_c = N_c e^{-(\varepsilon_c-\mu)/k_BT}, \tag{8.2.15}$$

N_c 由(4.2.15)式给出,因而

$$N_c e^{-(\varepsilon_c-\mu)/k_BT} = (N_d - N_a)e^{-(\mu-\varepsilon_d)/k_BT}, \tag{8.2.16}$$

由此可得

$$\mu = \varepsilon_c - \frac{1}{2}(\varepsilon_c - \varepsilon_d) + \frac{1}{2}k_BT\ln\frac{N_d - N_a}{N_c}. \tag{8.2.17}$$

$T=0$ 时,费米能级在导带底和施主能级的 1/2 处. 由于 N_c 一般为 $10^{19}/\text{cm}^3$ 的数量级,N_d-N_a 依杂质浓度,在 $10^{16}\sim10^{19}/\text{cm}^3$ 范围,(8.2.17)式中与温度有关项小于零,因而温度升高时,μ 下移. 当 μ 移到 ε_d 以下,满足条件

$$\varepsilon_d - \mu \gg k_BT, \quad \mu - \varepsilon_a \gg k_BT \tag{8.2.18}$$

时,杂质能级因热激发而完全电离. 由于总电子数守恒,在导带和受主能级上的电子数必定等于在价带和施主能级上的空穴数,即

$$n_c + N_a = p_v + N_d, \tag{8.2.19}$$

导带中电子和价带中空穴的浓度差为

$$\Delta n = n_c - p_v = N_d - N_a. \tag{8.2.20}$$

这与只有本征激发时 $n_c=p_v=n_i$ 不同,n_i 称为本征载流子浓度. 由于有关 n_c 和 p_v 的(4.2.13)和(4.2.14)式对掺杂情形亦成立,两式相乘得

$$n_c p_v = n_i^2. \tag{8.2.21}$$

从上两式可解出

$$\left.\begin{matrix} n_c \\ p_v \end{matrix}\right\} = \frac{1}{2}[(N_d - N_a)^2 + 4n_i^2]^{1/2} \pm \frac{1}{2}(N_d - N_a). \tag{8.2.22}$$

对于低杂质浓度情形,$n_i\gg N_d-N_a$,由上式得

$$\left.\begin{matrix} n_c \\ p_v \end{matrix}\right\} \approx n_i \pm \frac{1}{2}(N_d - N_a), \tag{8.2.23}$$

载流子浓度相对于 n_i 只有小的改正.

对非本征半导体,一般而言,$n_i\ll N_d-N_a$,(8.2.22)式给出

$$n_c \approx N_d - N_a, \quad p_v \approx \frac{n_i^2}{N_d - N_a}, \tag{8.2.24}$$

即多数载流子为电子,称为 n 型半导体(n-type semiconductor).

温度再高,当载流子浓度完全由本征激发决定时,μ 与在本征半导体中相同,下移到带隙中央.

对于 $N_d < N_a$ 情形，当 $n_i \ll N_a - N_d$，杂质完全电离时，

$$n_c \approx \frac{n_i^2}{N_a - N_d}, \quad p_v \approx N_a - N_d, \tag{8.2.25}$$

多数载流子为空穴，称为 p 型半导体(p-type semiconductor). 相应的

$$\mu = \varepsilon_v + \frac{1}{2}(\varepsilon_a - \varepsilon_v) + \frac{1}{2}k_B T \ln \frac{P_v}{N_a - N_d}, \tag{8.2.26}$$

P_v 由(4.2.16)式给出. $T=0$ 时，在价带顶和受主能级之间 1/2 处，温度升高时上移，最终在本征激发为主时，移到带隙的中间.

对于本征半导体，如在 4.2.4 小节中所述，条件(4.2.12)，即 $\varepsilon_c - \mu \gg k_B T$，$\mu - \varepsilon_v \gg k_B T$ 一般满足，载流子的分布遵从经典统计，是非简并的. 对于非本征半导体，在高掺杂情形，$|N_d - N_a|$ 与 N_c 或 P_v 大小接近时，化学势 μ 可接近杂质能级，条件(8.2.18)不再成立，载流子的分布概率仍要用费米统计处理，导致载流子的简并化.

在 6.2.6 小节中，曾讨论过半导体材料的电导率. 对于导带中电子的贡献，有

$$\sigma = n_c e \mu_e, \tag{8.2.27}$$

其中 μ_e 为电子的迁移率，σ 随温度的变化主要决定于 n_c 因本征激发随温度以指数形式的改变，$\sigma \propto \exp(-\varepsilon_g / 2k_B T)$. 对于非本征半导体，在杂质激发区，由于 $(\mu - \varepsilon_d)$ 可写成 $[(\mu - \varepsilon_c) + (\varepsilon_c - \varepsilon_d)]$，由(8.2.16)及(8.2.14)式可得

$$n_c = N_c \left(\frac{N_d - N_a}{N_c}\right)^{1/2} e^{-(\varepsilon_c - \varepsilon_d)/2k_B T}. \tag{8.2.28}$$

热激活能从 $\varepsilon_g/2$ 下降为 $(\varepsilon_c - \varepsilon_d)/2$. 对 p 型半导体有类似的结果，热激活能为受主空穴电离能的一半，即 $(\varepsilon_a - \varepsilon_v)/2$. 由于杂质电离能远小于 ε_g(在室温下锗的 ε_g 为 0.67 eV，硅的为 1.12 eV)，在室温及室温以下看到的 $\sigma(T)$ 的指数变化，一般来源于杂质激发.

当温度趋于零时，几乎没有杂质被电离，导带中电子和价带中空穴的浓度亦趋于零，材料应为绝缘体，但实际上常观测到小的剩余电导率. 这是因为束缚在杂质上的电子(或空穴)的波函数有相当的空间延展度，即使在很低的杂质浓度下，相邻杂质上的波函数亦有可能交叠. 当这种交叠不可忽略时，电子有可能从一个杂质位置隧穿到另一个杂质位置，导致电荷的输运. 这种机制常称为杂质带电导，首先由洪朝生提出①. "带"的名称是类比紧束缚近似，原子能级因波函数交叠扩展成能带而得来. 但要注意，这里有很大的不同，因为杂质原子的排列是无序的.

当电子或空穴在杂质或缺陷上的束缚能(或电离能)较高时，在带隙中引入的能级较深，即远离导带底或价带顶，这些缺陷常称为深缺陷(deep defect)，相应的

① C. S. Hung, Phys. Rev. 79(1950), 727; C. S. Hung, and J. R. Gliessman, Phys. Rev. 96(1954), 1226.

能级称为深能级(deep level).深能级上的电子一般是强局域的,其附加势 $U(\boldsymbol{r})$ 往往不能看做小的微扰.理论分析要比已讨论过的类氢杂质复杂.

在实际半导体材料中,价带和导带往往由多个子能带构成.会出现杂质能级对其中一个子带而言处在带隙中,但仍在整个价带或导带范围内.这样,杂质态和非局域的布洛赫态简并,导致杂质态上电子寿命缩短,相应的杂质能级展宽.这种杂质态称为共振态(resonance state).

8.2.3 色心

理想的离子晶体属绝缘体,与半导体相似,在满带和空带间有带隙,在带隙中亦存在类似于杂质能级的缺陷态.不同处是离子晶体的能隙要大得多,隙间态几乎总是深缺陷态,相应的能级为深能级,通常温度下,不能向导带提供载流子.

典型的离子晶体,如 NaCl, KBr 等卤化碱晶体的带隙大于 5 eV.超过可见光的范围(1.6~3 eV),因此是透明的.假定一负离子,如 NaCl 晶体中的 Cl^- 缺失,等效于产生一带正电的空位,因而可俘获晶体中多余的一个电子,形成束缚态,与 8.2.1 小节的讨论相似,在能隙中生成束缚能级,这导致特定的光吸收,使束缚电子从基态跃迁到其激发态.由于过程发生在可见光区域,NaCl 晶体吸收峰相应的能量 ε_{abs} 为 2.77 eV,KBr 为 2.06 eV,结果是使晶体着色,NaCl 晶体从无色透明转为黄色,KBr 晶体则呈蓝色,这种空位缺陷因而称为色心,或 F 心,F 来源于德文颜色 Farbe 的字头.

处在激发态的缺陷,一般也会通过发射光子回到基态.但是由于激发态有一定的寿命,期间会通过电声子相互作用,使周围的原子弛豫到新的平衡位置,能量有所降低;跃迁回基态时也伴随有声子的发射,产生 5.3.2 小节所述的斯托克斯位移,总的结果是自发发射光子的能量(ε_{em})要远小于吸收光子的 ε_{abs},NaCl 晶体和 KBr 晶体的 ε_{em} 分别为 0.98 eV 和 0.92 eV,已在可见光区域之外,不影响晶体的着色.

色心有多种形式.两个相邻的 F 心合起来称为 M 心,三个相邻的在一起称为 R 心,相邻的一对负离子束缚一个空穴称为 V_k 心等.很多珍贵的宝石,作为绝缘体,由于天然存在的点缺陷,呈现出特有的光泽.红宝石激光器的发明即是对这些性质的研究所得到的一个重要成果.

8.2.4 局域晶格振动

类似于 8.2.1 小节中对能带模型中电子态的讨论,点缺陷同样影响晶格的振动,会在声学支和光学支之间的频带隙中,以及光学支以上产生局域态,但对声学支或光学支振动频带内的态影响很小.当然在带内也有可能出现共振态.

对于在5.1.2小节中讨论过的一维单原子链，其格波的色散关系为

$$\omega(q) = 2\sqrt{\frac{\beta}{M}}\left|\sin\frac{1}{2}qa\right|, \tag{8.2.29}$$

其中 M 为链上原子的质量，a 为原子间距，β 为近邻简谐相互作用的力常数. 振动频率从 0 到最大值 $\omega_{\mathrm{m}} = 2(\beta/M)^{1/2}$ 构成一个许可态的频带. 如果用一质量为 M' 的杂质原子替代链上的一个原子，在杂质原子稍轻时，即 $M' < M$，可以证明会出现一频率 ω_{l} 比 ω_{m} 高的局域振动模，以 M' 原子为中心，振幅随距离的增加而衰减. 假定

$$\delta = \frac{M - M'}{M}, \tag{8.2.30}$$

且取 M' 原子所在位置为 $n=0$. 具体计算结果为

$$\omega_{\mathrm{l}}^2 = \frac{\omega_{\mathrm{m}}^2}{1-\delta}, \tag{8.2.31}$$

$$u_n = u_0(-1)^n\left(\frac{1-\delta}{1+\delta}\right)^{|n|}, \tag{8.2.32}$$

其中 u_n 为第 n 个原子因晶格振动对平衡位置的偏离. 由(8.2.32)式可见，相邻原子振动方向相反，但位移随 $|n|$ 的增加而减小，是局域的. 具体的计算可参阅本书后面主要参考书目 2，第 390 至 393 页.

局域晶格振动的频率一般在红外区，可在晶体的红外吸收谱中观察到. 这对分析缺陷的存在是重要的.

8.3 拓扑缺陷

缺陷是相对于有序而言的. 对于有序相，如本章前言所述，可引进一序参量(order parameter)来刻画，以区别于无序相. 例如对铁磁材料，序参量可取为体系的自发磁化强度 $\boldsymbol{M}$. 在温度 T 高于居里温度 T_{c} 时，在决定体系状态的自由能函数 $F = \mathscr{E} - TS$ 中，TS 项起主导作用，热扰动强烈，原子磁矩在各个方向有相同的取向概率，平均磁化强度为零，体系处在磁矩排列无序的顺磁态. $T < T_{\mathrm{c}}$ 时，自由能中导致原子磁矩间平行排列的交换作用能项占主导，开始有非零的自发磁化强度值，其大小反映了体系的有序程度. 对于缺陷的讨论，需要关注序参量的空间变化. 可将有序体系，或有序介质(ordered medium)看做用序参量函数 $f(\boldsymbol{r})$ 描述的实空间的一个区域. 如 $f(\boldsymbol{r})$ 为常数，即各点序参量值相同，介质是一致的，或均匀的(uniform). 一般言，$f(\boldsymbol{r})$ 可在空间连续变化，介质是非一致或非均匀的(nonuniform). 缺陷是序参量函数 $f(\boldsymbol{r})$ 出现奇异的低维区域. 对于三维有序介质，奇异可发生在孤立点、线或面上，分别称为点缺陷、线缺陷或面缺陷. 本节将从一简单的例子，二维面自旋体系讲起，并由此引入拓扑缺陷(topological defect)的概念.

依体系而异，序参量可以简单的为一标量，也可以是一复数，需要用它的实部和虚部，或模和相角两个实数来表达. 对于刚提到的自发磁化强度 $\boldsymbol{M}$，则有 3 个独立的参量. 超流 ^{3}He 体系和某些其他体系，情况要更复杂一些. 序参量的独立分量数目，一般用 n 表示，称为序参量的内部自由度数目. 在 11.2 节中，会讲到对二维体系，序参量内部自由度 $n=1$ 和 $n=2$ 情形在行为上本质的差别.

8.3.1 二维面自旋体系

从一简单的平面自旋体系，也称为 xy 模型讨论起，设想一二维正方格子，每个格点上有一自旋 $\boldsymbol{S}$，最近邻间以海森伯交换作用 $-J\boldsymbol{S}_i\cdot\boldsymbol{S}_j$ 相互关联，其中 J 为交换积分，取为正值，i,j 格点为最近邻. 模型要求自旋的取向限制在 x-y 平面内. 一般为了简单，取 $|\boldsymbol{S}|=1$，序参量可写为二维空间矢量，

$$\boldsymbol{S}(\boldsymbol{r}) = \hat{x}\cos\theta(\boldsymbol{r}) + \hat{y}\sin\theta(\boldsymbol{r}), \tag{8.3.1}$$

其中 $\hat{x}$ 和 $\hat{y}$ 是平面内相互垂直的一对单位矢量. 序参量还可写成复数形式，即

$$S(\boldsymbol{r}) = S_0 \mathrm{e}^{\mathrm{i}\theta(\boldsymbol{r})}, \tag{8.3.2}$$

便于将所讨论的结果推广到超流和超导态的情形(8.3.2 小节).

假如 $\boldsymbol{S}(\boldsymbol{r})$ 如图 8.5 所示，除在中心点 O 外，在其他区域均连续，同时给出与点 O 距离 d 以外区域 $\boldsymbol{S}(\boldsymbol{r})$ 的表达式，能否从远处 $\boldsymbol{S}(\boldsymbol{r})$ 的分布判断 O 点的奇异呢？答案是肯定的.

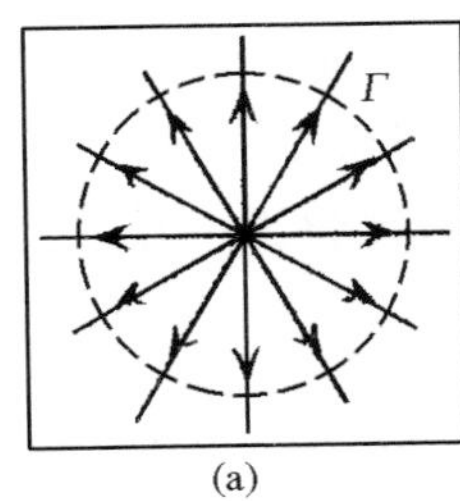

(a)

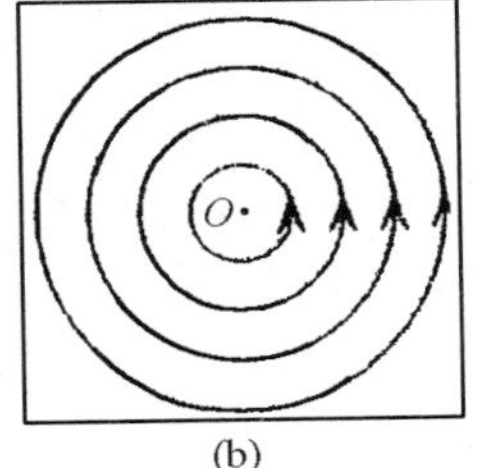

(b)

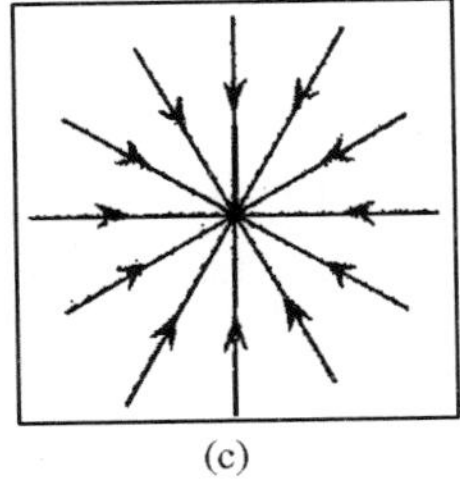
(c)

图 8.5 环绕数 $n=1$ 自旋的三种空间排列

(a) $\theta(\boldsymbol{r})=\phi$；(b) $\theta(\boldsymbol{r})=\phi+\pi/2$；(c) $\theta(\boldsymbol{r})=\phi+\pi$

考虑一个以 O 点为心，半径远大于 d 的圆 Γ. 很容易计算沿着这一圆周走一圈，相对于某一固定方向，$\boldsymbol{S}(\boldsymbol{r})$ 旋转角度的变化. 一般规定逆时针方向行走，自旋取向角度增加为正，顺时针方向行走，自旋取向角度增加为负. 由于在圆周上 $\boldsymbol{S}(\boldsymbol{r})$ 是连续变化的，没有跳跃，行走一圈总的角度变化应为 2π 的整数倍. 即

$$\oint_\Gamma \mathrm{d}\theta = \oint_\Gamma \nabla\theta\cdot\mathrm{d}\boldsymbol{l} = 2\pi n, \quad n = 0, \pm 1, \pm 2, \cdots \tag{8.3.3}$$

其中 $\mathrm{d}\boldsymbol{l}$ 是所选圆周 Γ 上的线元. 整数 n 称为环绕数(winding number). 图 8.5 所示均属 $n=1$ 情形. $\theta(\boldsymbol{r})$ 可写成

$$\theta(\boldsymbol{r}) = \phi + \theta_0 \tag{8.3.4}$$

的形式.对图 8.5(a),(b)和(c),θ_0 分别为 0,$\pi/2$ 和 π.显然,对环绕 O 点不同半径的闭合回路,所得到的环绕数 n 都和初始选择的圆 Γ 一样.这相当于(8.3.3)式中

$$\nabla\theta = \frac{n}{r}\boldsymbol{e}_\phi, \tag{8.3.5}$$

其中 $\boldsymbol{e}_\phi$ 是极坐标 ϕ 方向的单位矢量.$n\neq 0$ 时,$\nabla\theta$ 在原点发散,故可通过环绕数的计算,从 $\boldsymbol{S}(\boldsymbol{r})$ 远处的分布来判断在原点的奇异性.

拓扑学是研究几何形体连续变化的数学学科.在某一类问题中,重要的是要找到合适的不变量以鉴别不同几何图形的异同,并加以分类.对于我们在这里讨论的问题,环绕数是合适的不变量.环绕数 $n\neq 0$ 的缺陷,不能通过序参量的任何连续形变而消失,称为拓扑缺陷.在这种意义下,这种缺陷是拓扑稳定的.拓扑缺陷通常由一小尺度的芯区(core region)和芯外的远场区(far-field region)构成,在芯区中序参量为零,避免了 $r\to 0$ 时 $\nabla\theta$ 的发散,在远场区,$|\nabla\theta|\propto 1/r$ 衰减.其他例子将在后面两小节中给出.

引入序参量空间(order parameter space)的概念,连续变化下保持不变的陈述易于得到了解.序参量所有许可值构成的空间称为序参量空间.例如,对于我们所讨论的二维自旋,序参量空间是一单位圆周,对三维自旋,是单位球的表面.

图 8.6 左侧给出实空间中一圆形路径上自旋分布的位形.在(a)情形中,自旋取向相同,是一致的,在序参量空间仅用一点表达(图 8.6(a)右侧图).这种将实空间中沿某一路径序参量的变化表述在序参量空间的过程称为映射(mapping).(b)情形中自旋取向是非一致的,但与(a)相同,环绕数 n 同为零.反映到序参量空间,映射为一闭合回路.这一闭合回路可通过逐渐收缩连续变化为一点,因而从拓扑的角度(a),(b)没有差别.(c)情形的环绕数 $n=2$,其映射绕序参量空间单位圆周两圈.类似在一圆筒上绕了两圈的橡皮筋,无论如何变形,都不可能变到 $n\neq 2$ 的情形.

这样,奇异性或奇异点可按环绕数 n 来分类.同一类的奇异性或奇异点是拓扑等价的.对属于同一类的奇异点,环绕它们的路径在序参量空间的映射,相互可连续变化.例如图 8.7(a)和(b)如前述均属 $n=1$ 的拓扑缺陷,但在实空间中自旋排列的位形不同.图 8.7(c)显示的是自旋的排列在外部有(b)的位形,而在中心点附近按(a)位形排列,两者之间可连续过渡.在序参量空间中,这种过渡相应于从(a)位形的映射到(b)位形的映射的连续变化.n 值相同的缺陷,从一种结构到另一种的过渡没有拓扑壁垒.

对于 $n=0$ 情形,假定自旋排列一致,只在 0 点奇异,只需在 0 点附近任意小的区域调整一下自旋的排列,奇异即可去除.因此,$n=0$ 类型的奇异性或点缺陷是可消除的,或拓扑不稳定的.而对 $n\neq 0$ 情形,如要消除其奇异性,则要涉及离奇异点

任意远的、大范围的自旋排列的变化,因而是拓扑稳定的.

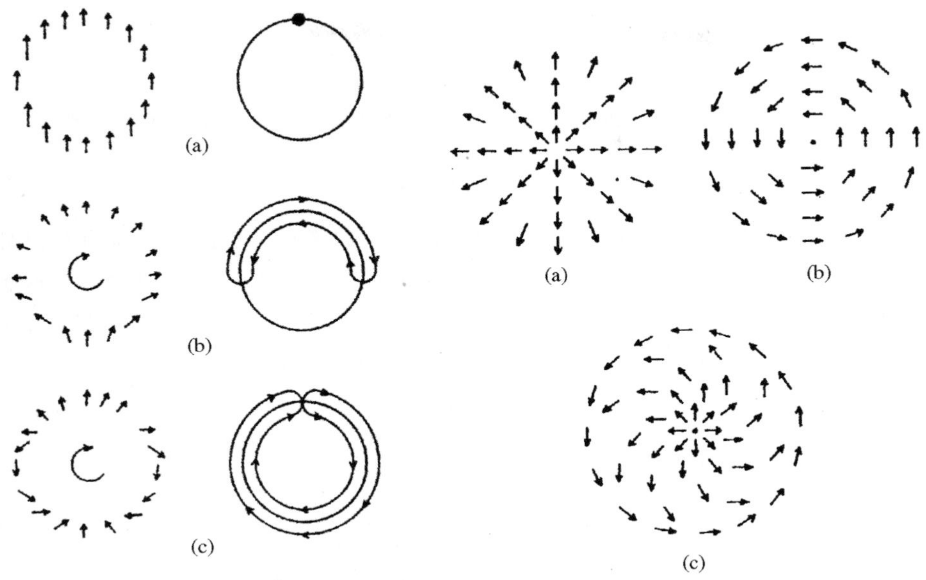

图 8.6　自旋分布及在序参量空间的映射,(a),(b),(c)见正文说明(引自 N. D. Mermin. Rev. Mod. Phys. 51 (1979), 591)

图 8.7　(a),(b)均属 $n=1$ 情形,(c) 显示中心区为(a)情形向(b)情形的连续过渡(引自 N. D. Mermin. Rev. Mod. Phys. 51 (1979), 591)

拓扑稳定是一个数学概念,它和物理上的稳定是有区别的,后者依赖于不同位形的自由能的差别. 如果从拓扑不稳定的奇异性过渡到没有奇异性的位形,所经过的中间位形有较高的自由能,这种拓扑不稳定的奇异性,从物理上讲,事实上是亚稳的. 然而,一般讲拓扑稳定的奇异,在物理上也是稳定的. 因为如前述,它的改变涉及大范围位形的变化,局部位形的涨落不足以做到这一点.

8.3.2　涡旋线和磁通线

超导电性和超流动性均为宏观量子现象. 处在超导态的超导体和处在超流态的液体氦,尽管有宏观的尺度,但其状态仍可用一波函数,通常称为宏观波函数描述. 在简单情形下,如对常规超导体和超流 ^{4}He,宏观波函数可写为

$$\psi(\boldsymbol{r}) = \psi_0 e^{i\theta(\boldsymbol{r})}. \tag{8.3.6}$$

由于在正常相 $\psi(\boldsymbol{r})=0$,$\psi(\boldsymbol{r})$的出现标志着有序相的建立,$\psi(\boldsymbol{r})$是超导相或超流相的序参量函数. 与(8.3.2)相比,它们有同样的形式. 可直接搬用 8.3.1 小节的结果,是 xy 模型的具体实例.

将粒子的动量算符作用于波函数(8.3.6)，得

$$\hat{p}\psi = -\mathrm{i}\hbar\nabla\psi = \hbar\nabla\theta\cdot\psi, \tag{8.3.7}$$

即动量算符的本征值为

$$\boldsymbol{p} = \hbar\nabla\theta. \tag{8.3.8}$$

在超流^{4}He中，如超流速度为$\boldsymbol{v}_s$，则粒子的动量为$m\boldsymbol{v}_s$，与(8.3.8)式相比，得

$$\boldsymbol{v}_s = \frac{\hbar}{m}\nabla\theta, \tag{8.3.9}$$

即超流速度由宏观波函数的相位梯度决定. (8.3.3)式在这里的物理含意是沿环绕一拓扑缺陷的任意闭合回路一周，宏观波函数的相位变化是2π的整数倍. 这正是波函数单值性所要求的. (8.3.3)式的直接结果是与拓扑缺陷相关的环量(circulation)量子化. 如Γ是环绕某拓扑缺陷的闭合回路，环量定义为

$$\kappa = \oint_\Gamma \boldsymbol{v}_s\cdot\mathrm{d}\boldsymbol{l}. \tag{8.3.10}$$

将(8.3.9)式代入，由(8.3.3)式得

$$\kappa = n\frac{h}{m},\quad n = 0, \pm 1, \pm 2, \cdots, \tag{8.3.11}$$

$h = 2\pi\hbar$，h/m称为环量量子. 数值为1.0×10^{-3} $\mathrm{cm^2/s}$. (8.3.11)式表明超流氦中拓扑缺陷的环量只能是h/m的整数倍. 考虑到$\nabla\theta$与$\boldsymbol{v}_s$的关系，(8.3.5)式相当于

$$v_s(r) = \frac{\kappa}{2\pi r}, \tag{8.3.12}$$

即拓扑缺陷外的超流环流的速度，随距离的增加，按$1/r$关系衰减.

超流^{4}He中的拓扑缺陷称为涡旋线(vortice). 芯区中序参量为零，是正常(非超流)的. 芯区半径为ξ_0，称为相干长度(coherence length)，粗略地可理解为序参量从平衡值过渡到零所需的最短空间尺度. 超流^{4}He的ξ_0，约为0.03～0.4 nm. 芯区外的远场区为环绕它按$1/r$关系衰减的超流环流. 图8.8给出涡旋线结构的示意. (8.3.11)式中n为正值的涡旋线称为正涡旋线，n为负时称为反涡旋线(antivortice). 在11.2.3小节中将涉及正、反涡旋线构成的涡旋对，以及它们在二维体系相变中的重要作用. 对于平面自旋体系中的拓扑缺陷，习惯上也沿用涡旋线的名称.

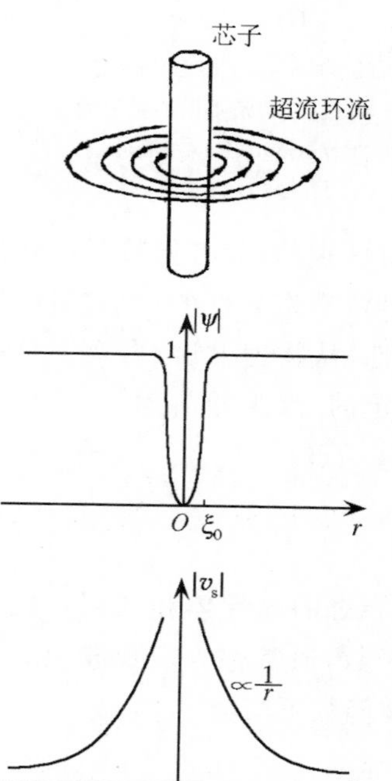

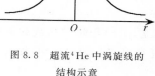

图8.8　超流^{4}He中涡旋线的结构示意

在超导体中,相应的拓扑缺陷是磁通线(flux line),同样由一个正常态的芯子和芯外的超导电流环流构成.超导电流环流由电子对,即库珀对(Cooper pair)承载.设其质量为 m^*,电荷为 q.在与磁场关联的矢势 $\boldsymbol{A}$ 中运动时,(8.3.9)式应改为[①]

$$m^* \boldsymbol{v}_s = \hbar \nabla \theta - q\boldsymbol{A}. \tag{8.3.13}$$

由于电流 $\boldsymbol{J} = n_s q \boldsymbol{v}_s$,其中 n_s,$\boldsymbol{v}_s$ 分别是库珀对的密度和速度.因而

$$\nabla \theta = \frac{1}{\hbar}\left(\frac{m^*}{n_s q}\boldsymbol{J} + q\boldsymbol{A}\right). \tag{8.3.14}$$

考虑到 q 为两倍的电子电荷,(8.3.3)式的结果是

$$\frac{m^*}{4n_s e^2}\oint \boldsymbol{J}_s \cdot \mathrm{d}\boldsymbol{l} + \iint \boldsymbol{B} \cdot \mathrm{d}\boldsymbol{S} = \frac{h}{2e} n. \tag{8.3.15}$$

其中用到了 $\oint \boldsymbol{A} \cdot \mathrm{d}\boldsymbol{l} = \int \nabla\theta \times \boldsymbol{A} \cdot \mathrm{d}\boldsymbol{S} = \iint \boldsymbol{B} \cdot \mathrm{d}\boldsymbol{S}$,$\mathrm{d}\boldsymbol{S}$ 是回路所围面的面元.由于 $\iint \boldsymbol{B} \cdot \mathrm{d}\boldsymbol{S}$ 是通常熟悉的磁通量,因此等式左边称为类磁通(fluxoid).(8.3.15)表明在超导体中类磁通是量子化的,只能是

$$\Phi_{s0} = \frac{h}{2e} = 2.0679 \times 10^{-7}\ \mathrm{G \cdot cm^2} = 2.0679 \times 10^{-15}\ \mathrm{Wb} \tag{8.3.16}$$

的整数倍,Φ_{s0} 称为超导磁通量子(fluxon).通常一根磁通线只含一个磁通量子.

有关涡旋线和磁通线更详细的论述.请参阅有关超流氦和超导电性方面的教科书.

8.3.3 晶体中的位错

在晶体中,结构上的点缺陷是拓扑不稳定的,易于消除.因为只在点缺陷周围很小的范围内晶格排列受到影响,远处的排列依然规则,由此不能得到有关中心点缺陷的任何信息.如 8.3.1 小节所述,只要在点缺陷附近很小区域做一些变动即可消除.当然,点缺陷在物理上是稳定的(8.1 节),也十分重要.

晶体结构上的拓扑缺陷是位错(dislocation).主要有刃位错(edge dislocation)和螺位错(screw dislocation)两种.其形成如图 8.9 所示.可以想象沿某一晶面(x-z 平面)部分切割晶体,直到位错线处,切开的两部分相对位移 $\boldsymbol{b}$,然后再粘接在一起.$\boldsymbol{b}$ 沿 z 方向时得到螺位错,沿 x 方向得到刃位错.对于晶态材料,$\boldsymbol{b}$ 为正格矢时两部分才有理想的对接.和涡旋线、磁通线类似,位错也有一个芯区,即位错线附近很小的区域,该处原子的占位和理想的状况十分不同,丧失了晶格的规则排列.在芯区外,有一个随距离增加而减弱的应变场.远离芯区,局部的原子排列和理想晶

① 参见章立源等编著.超导物理.北京:电子工业出版社,1987 年,p.169.

体几乎没什么差别.

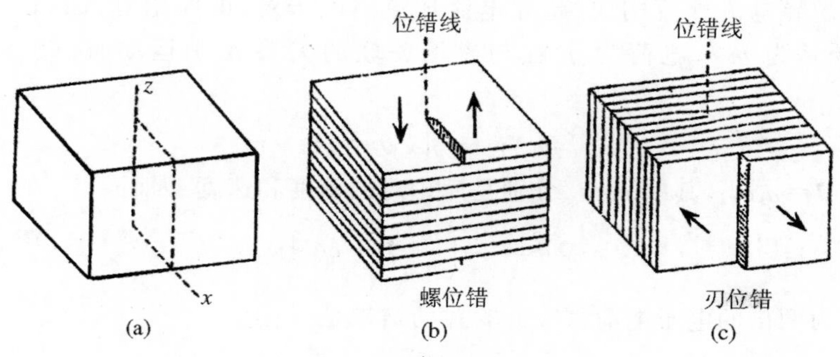

图 8.9　位错形成示意

对于晶体,序参量可取为原子相对于理想格点位置的偏离 $\boldsymbol{u}(\boldsymbol{r})$, $\boldsymbol{u}$ 取零值对应于理想的晶格排列. 这与一般有序相序参量有非零值的习惯取法不同,在 11.2.2 小节中有进一步的讨论. 与(8.3.3)式对应的、刻画位错的应为

$$\oint_{\Gamma} \mathrm{d}\boldsymbol{u} = \boldsymbol{b}, \tag{8.3.17}$$

其中 Γ 是环绕位错线的一个闭合回路. $\boldsymbol{b}$ 给出位错的强度,称为伯格斯矢量(Burgers vector). 从图 8.10 可以看出, $\boldsymbol{b}$ 即为刚才提到的两部分相对位移的大小. 图 8.10(a)表示从某一点 A' 出发,沿最近邻键环绕刃位错的一个闭合回路. (8.3.17)式定义的伯格斯矢量 $\boldsymbol{b}$,即总的位移,可由在无位错的理想晶体中,从某点 A 出发(见图 8.10(b)),沿同样的路径,即每个方向走同样多步求出,此时回路结束于 E 点,并未回到 A 点,显然 EA 为总的位移 $\boldsymbol{b}$,也是为造成这一位错两部分相对滑移的大小. 易于看出,伯格斯矢量的可能取值必为正格矢. 与(8.3.5)式中 $\nabla\theta$ 对应的,在这里是 $\nabla \boldsymbol{u}$,对应于晶体的应变(strain),即单位尺度上形变的大小,因而在位错芯子之外,应变场是按 $1/r$ 衰减的.

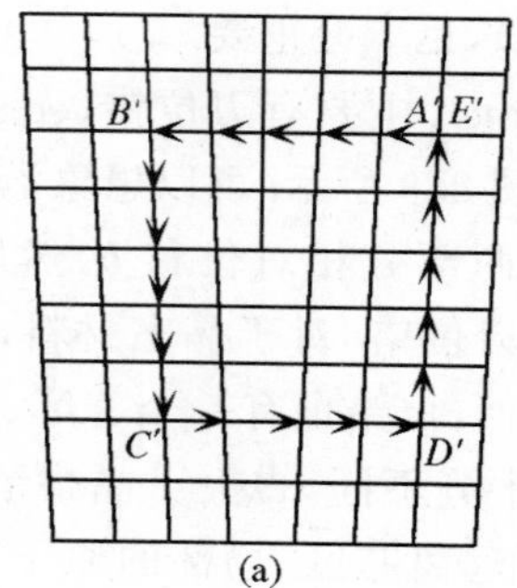

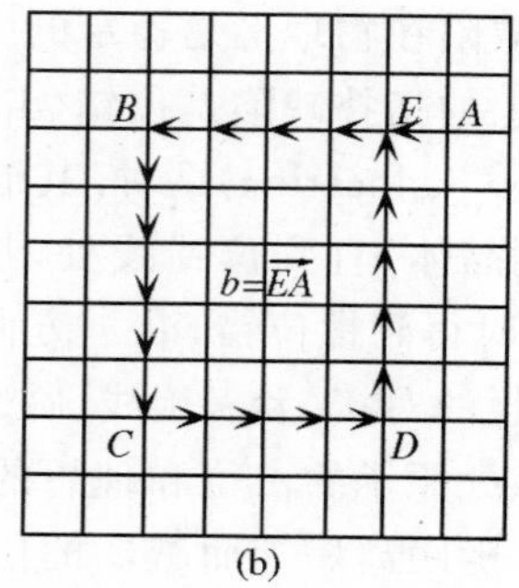

图 8.10　用走闭合回路的方法来确定伯格斯矢量

位错在决定材料的强度上极为重要. 施加在材料上单位面积的力称为应力(stress). 不导致断裂或晶面间滑移,材料能承受的最大应力称为屈服应力(yield stress),记为σ_Y. 理想晶体有非常高的屈服应力. 图 8.11 表示两层相对滑移的原子,x 和 d 分别表示相对移动的距离和两层原子的间距. 按照胡克定律(Hooke law),粗略地可估计所需切应力

$$\sigma \approx G\frac{x}{d}, \tag{8.3.18}$$

其中 G 为剪切模量(shear modulus). 发生滑移时 x 应为 $a/2$ 左右,粗略地 x/d 数量级为 1. 更精确的估计,屈服应力应在 $10^{-1}\ G$ 左右,但在实际材料中观察到的屈服应力远低于此值. 相当多的材料在 $10^{-4}\ G$ 的量级.

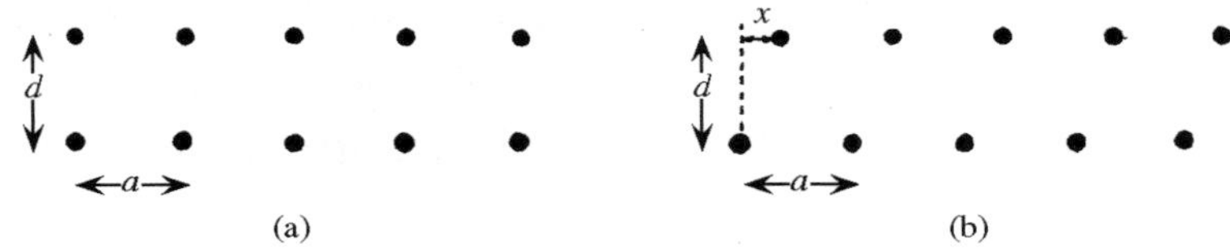

图 8.11 (a) 未滑移情形 (b) 相对滑移 x 情形

位错的作用易于从图 8.12 中看出,位错芯子沿伯格斯矢量 $\boldsymbol{b}$ 的方向从 A 移到 B,只需芯附近原子做微小的位移. 而且,这里的原子和正常格点上的不一样,处在相对很不稳定的状况,很小的切应力即可使位错移动. 晶体的滑移,实际上是位错在滑移面上的运动,使位错从晶体的一端移动到另一端,远比将晶体的整个上半部相对于下半部同时移动一个晶格间距来得容易. 具体的理论计算表明,晶面滑移的位错模型得到的屈服应力和实际值大体一致.

晶体的位错密度,即单位面积中位错芯子的数量,大约在 $10^4 \sim 10^{12}/\mathrm{cm}^2$. 要增加材料的强度,可设法减小位错密度,或妨碍位错的运动. 对于后者,常用的有两种方式,一种是引入第二相粒子,如在钢中渗碳,由此对位错的运动进行钉扎(pinning),这称做脱溶硬化(precipitation hardening). 另一种方法是加工硬化(work hardening),最熟悉的例子是反复弯折铁丝或铜丝,使之变硬,最终被折断. 这一过程实际上是在材料中产生越来越多的位错. 直至彼此妨碍,无法运动,晶体从而失去塑性形变(plastic deformation)的能力.

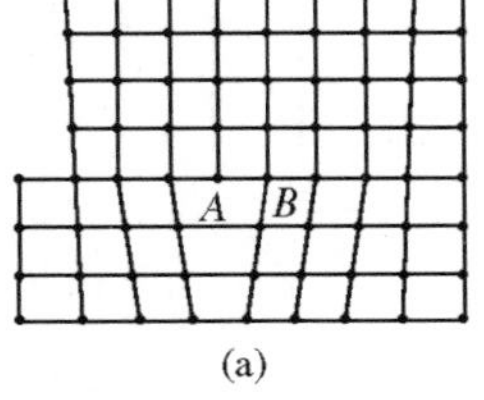

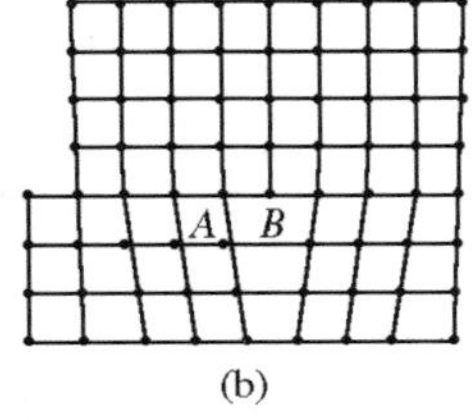

图 8.12 位错移动示意

位错在晶体生长中起重要作用. 如将一晶面暴露于同种原子的蒸气中以期进一步生长,气相中的原子容易凝结到晶面上近邻位置已有原子的格点上. 如果是一个理想

的平整晶面，则需靠涨落在晶面上成核后，才能沿其边缘继续生长. 如已有一晶面台阶，晶体生长要容易得多. 图 8.9 的螺位错在晶体表面上正好提供了一个天然的生长台阶，原子沿台阶凝结，使台阶不断向前移动，晶体得到生长. 用这种方式可生长出很长的、细的晶须(whisker)，只包含一个螺位错，其屈服强度与理想晶体模型得到的结果相近.

8.4 面缺陷，壁

面缺陷将晶体取向不同或结构有异的两部分分开. 更一般地，面缺陷是体系自由能相等，但序参量值不同的两部分之间的界面. 如果将面缺陷理解为比体系维度低一维的缺陷，有关讨论可涵盖低维系统. 面缺陷依不同的情况，有不同的名称，如晶界(grain boundary)，畴壁(domain wall)，扭折(kink)，孤子(soliton)等，统称为壁(wall). 壁的存在，使序参量的空间变化发生突变，视为缺陷.

8.4.1 扭折，孤子

从最简单的一维伊辛链(Ising chain)开始. 链格点上的自旋只能取向上和向下两个态，分别对应于自旋变数 σ 为 $+1$ 及 -1. 假定近邻自旋间有铁磁性的交换作用 $-J\sigma_i\sigma_j$，其中 $J>0$，为交换积分. 这样链有两个能量相等的基态：所有的自旋均向上，或向下. 壁处发生自旋反转，序参量从 $+1$ 到 -1 发生突变，这种缺陷称为扭折(图 8.13). 扭折可有正负号，一般规定自旋向上在右侧为正，在左侧为负，分别称为正、反扭折. 正反扭折相遇可以相互湮灭.

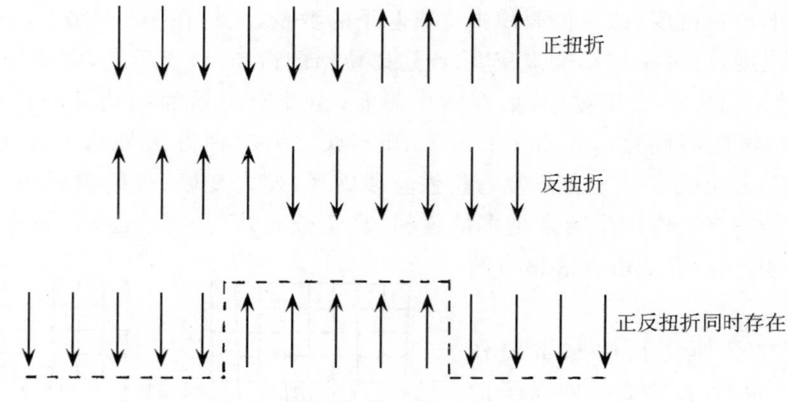

图 8.13 一维伊辛自旋链中的扭折

在温度 $T=0$ 时，扭折态有较高的能量. 在扭折处自旋反转，$\sigma_i\sigma_j=-1$，能量为

J,相对于基态情形,能量增加 $2J$. 在 $T>0$ 时,还要考虑扭折存在时体系熵的变化. 由于扭折可处在任何两个相邻自旋之间,如有 N 个格点,则熵为 $k_B\ln N$,因而导致体系自由能 $\mathscr{E}-TS$ 的降低. 由于单个扭折的存在破坏了长程有序,$T>0$ 时,伊辛链总是无序的(11.2.2 小节).

对于二维伊辛模型,扭折成为线缺陷,三维时,成为面缺陷,通常都称为畴壁. 对于边长为 $L=N_1a$ 的伊辛体系,其中 a 为格点间距,畴壁总能量为

$$\varepsilon = 2JN_1^{d-1} = \sigma L^{d-1}, \tag{8.4.1}$$

这里 σ 是畴壁单位面积的能量,称为畴壁能.

在二维、三维情形,畴壁不一定是平直的,可以弯折着从体系的一端到另一端,也可以是闭合的畴壁,围出自旋取向和外部相反的区域(图 8.14). 畴壁的弯折加长了其长度或面积,因而增加了体系的能量,但同时也使系统的熵增加,有可能在某一非零温度,弯折的畴壁比平直的从自由能的角度更有利一些.

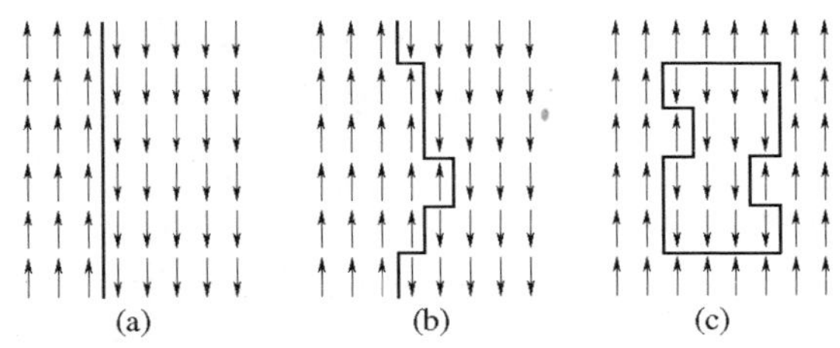

图 8.14 二维伊辛系统的畴壁

(a) 直壁; (b) 弯折壁; (c) 闭合壁

在第十一章中,会讲到一维聚合物聚乙炔$(CH)_x$,其反式结构有 A 相 B 相两种(图 11.35),由于互为镜反映,能量是相等的,其畴壁同样有正反之分,左边为 A 相时为正,右边为 A 相时为负(反). 仔细的分析表明这种畴壁的运动满足解为孤波(solitary wave)的非线性方程. 即畴壁可用一波包表示,在传播的过程中,以及和其他波包相碰撞时保持形状不变,仅相互通过而已. 这种特殊的孤波解通常称为孤子,详见 11.3.4 小节.

8.4.2 铁磁材料中的畴壁

铁磁材料为降低静磁能,会分割成磁化方向不同的磁畴,磁畴之间的界壁称为畴壁. 与前面讨论的简单的伊辛模型不同处在于,尽管在铁磁材料中自旋系统的能量依自旋相对于晶轴的绝对取向而变化,具有各向异性能,从而畴中自旋取向通常在各向异性能低的易磁化方向,但自旋的取向仍有三个自由度,只不过取向偏离易磁化方向时,各向异性能要高一些.

这种自旋取向自由度的放松,使畴壁具有一定的厚度. 以畴壁两边自旋取向相

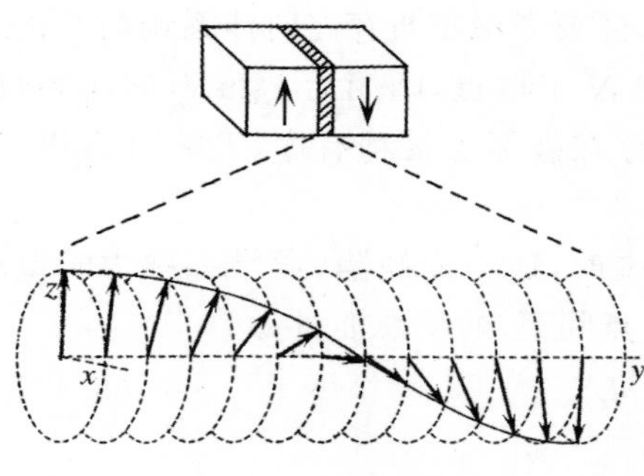

图 8.15 180°畴壁示意

差 π 角的 180°畴壁(也称为布洛赫壁,Bloch wall)为例. 从交换能的角度,畴壁有一定厚度显然更加有利,这样在壁中自旋可逐渐转向(图 8.15). 假定经过 n 个自旋实现反向,壁中近邻自旋取向角差 π/n,相应的交换能为 $-JS^2\cos(\pi/n)\approx -JS^2\times\left[1-\frac{1}{2}(\pi/n)^2\right]$,高于平行排列的最低值 $-JS^2$. 这样一条逐渐转向的自旋链对畴壁能的贡献为

$$\Delta\varepsilon = n\left[-JS^2\cos\left(\frac{\pi}{n}\right)-(-JS^2)\right]=\frac{\pi^2}{2n}JS^2, \tag{8.4.2}$$

比突然反转,零壁厚情形能量 $2JS^2$ 低 $\pi^2/4n$ 倍.

如只考虑这一因素,n 越大,即畴壁越厚从能量上讲越有利. 但如前述,还要考虑各向异性能的因素. 畴壁中自旋取向偏离易磁化方向,使各向异性能有所增加,平均讲每个自旋增加一个小的固定份额. 在畴壁厚度增加的过程中,各向异性能的增加最终将超过交换能的继续降低,壁厚由两者的平衡决定. 在磁性材料金属铁中,布洛赫壁典型的厚度约为 300 个原子间距. 磁性材料中有多种类型的畴壁,对其结构、性质,以及在外磁场作用下的运动,可参阅铁磁学教科书的有关章节.

在铁电材料电偶极矩取向不同的畴间,在第Ⅰ类超导体超导区和正常区间,以及在一些其他情形,均有畴壁存在. 畴壁的性质,及在外场作用下的运动,极大地影响着材料的性质和功能.

8.4.3 晶界

晶界的存在使原子空间有序的排列发生突变,常见的有以下一些类型:

小角度晶界(small angle boundary),两相邻晶粒相对取向差的角度较小,一般在 10°以下. 图 8.16(a)所示的称为倾侧晶界(tilt boundary),它可看成由一系列相隔一定距离的刃型位错垂直排列构成. 这已为实验观察所证明. 由于位错附近的点阵畸变以及杂质原子聚集等原因,在适当的浸蚀剂作用下,位错附近的浸蚀率通常比基体快,在其位置上产生蚀坑,在小角晶界处观察到了等间隔的一串蚀坑. 小角晶界还可是扭转晶界(twist boundary). 相当于将晶体沿某一平行于 x-y 平面的晶面切开,相对绕 z 轴转一小角,然后再会合在一起. 这里,旋转轴是和界面垂直的.

大角度晶界(large angle boundary),两晶粒间的相对取向差别在 15°以上. 晶界为约几个原子间距的薄层. 层中原子排列较疏松杂乱,但仍有一定的周期性. 总的讲,结构比较复杂.

孪晶界(twin boundary),指一个晶体的两部分沿一公共晶面构成镜面对称的取向关系(图 8.16(b)),此公共面称为孪晶面.面上原子同时位于两部分的晶体点阵的结点上,并为两部分晶体所共有,这种孪晶面称为共格孪晶面(coherent twin boundary),孪晶面不与孪晶界相重合时,晶界是非共格的(incoherent).

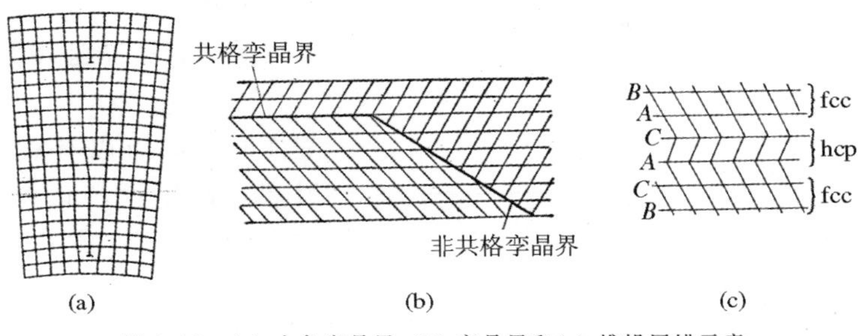

图 8.16 (a) 小角度晶界,(b) 孪晶界和(c) 堆垛层错示意

堆垛层错(stacking fault),是指构成晶体的原子平面堆垛时的错误.按 2.3.4 小节所述,如刚球按 $ABCABC$……的顺序密堆积,将得到面心立方结构(fcc),当如图 8.16(c)所示,从下堆起,A 层完了应堆垛 B 层时,错误地选择了 C 层,即造成堆垛层错.

晶界处原子排列与晶体内部不同,点阵畸变较大,因而自由能增加,这种额外的自由能称为晶界能.温度升高做热处理,使晶粒长大和使晶界平直化,是降低晶界总能量的过程.

在讨论位错时提到的晶体受力时发生的滑移,在多晶体情形,晶粒中的滑移将在晶界处受阻.这种阻碍来自晶界本身,也来自晶界另一边取向不同的相邻晶粒.在较低温度下使用的金属材料,常通过晶粒细化来提高强度.

晶界处原子排列往往偏离平衡位置,并有较多的空位、缺陷,原子扩散速度要比晶粒内部快得多.金属与合金的固态相变往往首先发生于晶界.金属在腐蚀介质中使用时,晶界的腐蚀速度一般都比晶粒内部快,也是由于晶界能量较高,原子处于不稳定状态的缘故.晶界的构造和特性的研究,具有重要的实际意义.

8.4.4 粗糙转变

最后,简单地讨论固—液的相界面.

从唯象的角度,晶面的存在及其形状是由表面能 σ,或 $T\neq 0$ 时的表面自由能随晶面取向 $\hat{n}$ 的函数关系确定的,$\hat{\boldsymbol{n}}$ 为表面法线方向的单位矢量.晶体总表面自由能为

$$F_s = \int_S \sigma(\hat{\boldsymbol{n}})\mathrm{d}S. \tag{8.4.3}$$

平衡时,晶体总体积不变,F_s 取极小,由此决定晶体的形状.一般讲,如 σ 随 $\boldsymbol{n}$ 连续光滑地变化,晶体就失去了棱角,没有晶面存在.实际上,$\sigma(\boldsymbol{n})$ 在某些特定方向有极小值,偏离这一方向时很快上升,导致晶面的存在.

考虑一个处在基态、能量极小的晶面,缺陷的存在总是使晶面能量增加.如 ε_0 是在给定晶面上增加一个缺陷附加的最小能量,温度下降到 $T \ll \varepsilon_0/k_B$ 时,缺陷浓度以指数形式减小.这样,在足够低的温度下,晶体的平衡表面总是在原子尺度上光滑的.

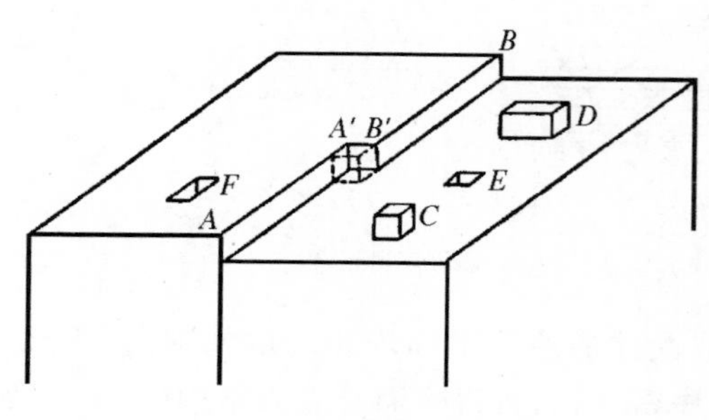

图 8.17 晶面上的缺陷

表面的缺陷可以有点缺陷,如图 8.17 中的吸附原子 C 和 D 及空位 F;线缺陷台阶(step),如图中的 AA' 和 BB'.台阶上还可有点缺陷扭折(kink),如图中的 $A'B'$.扭折同样可有正反之分.温度升高时,表面缺陷增多,温度升高到 T_R,表面长程序消失,发生粗糙转变(roughening transition),T_R 称为粗糙温度(roughening temperature).

粗糙转变是一种相变,在 T_R 附近,晶体的形状表现出临界行为.如实验观察到,温度 $T<T_R$ 时晶面曲率为零,温度升高到 T_R 处,曲率突然跃升到有限值.这种相变发生在表面上,很类似于第十一章中要讲到的二维 KT 相变,是人们关注的问题.

对于通常的晶体,T_R 附近的临界行为难于观察.主要是有很大的熔化潜热,这导致局部的温升,为达到平衡,热量需要通过液相或固相传走,这要很长的时间.在低温下研究晶体氦的表面有很大的优越性.一方面超流氦有极高的热导率,界面处产生的热可很快传走.另一方面,温度低于 1 K 时,液体氦和固体氦的熵相近,熔化潜热几乎为零.这样,在粗糙转变附近发生的真实过程,不会像在通常的晶体中那样,为热过程所掩盖.

目前在六角密堆积的晶体^{4}He上已在三种晶面,(0001),$(1\bar{1}00)$和$(1\bar{1}01)$上,分别在 1.28 K,1.0 K 和 0.36 K 观察到了粗糙转变.实验表明,在 0.1 K 以下,^{4}He晶体大部分表面都是光滑的.更低温度下^{4}He晶体表面的行为仍是人们关注的物理问题.

第二部分

无序、尺寸、维度和关联

第九章 无 序

本书第一部分集中于讨论理想晶体，原子长程有序的周期排列是我们的出发点，作为了解晶态固体物理性质基础的是布洛赫定理，晶体中的电子处于布洛赫态——被晶格周期性调制的平面波. 在这种框架下，弱的无序，静态的如少量杂质缺陷，动态的如晶格振动导致的原子排列对理想周期点阵的偏离，一般作为微扰处理，引起电子在布洛赫态之间的跃迁. 输运性质概括在经典的玻尔兹曼方程中. 这种布洛赫-玻尔兹曼理论体系取得很大的成功，以至于对浓合金等并不能看做弱无序的情形，人们也常赋予它们某种平均的或等效的周期性，纳入有序晶体的框架中处理.

1958 年安德森(P. W. Anderson)在其著名文章“某些无序晶格中扩散的消失”①中讨论了无序晶格中电子的运动，提出了强无序体系中电子局域化的新的概念，使人们认识到无序体系有本质上新的行为，并不能纳入原有的理论框架，人们开始用新的眼光审视无序的影响. 研究工作除物质的电子结构外，还扩展到其他领域，无序的物理逐渐成为凝聚态物理中人们关注的一个主题.

本章开始的两节主要涉及安德森局域化以及随后的发展. 局域化源于对无序体系电子量子力学行为的研究，是其波动性本质的反映. 在 9.3 节中将从这一角度讲述人们对弱无序体系中电子输运的新的认识. 1970 年代末到 1980 年代初的理论和实验工作证实电子经弹性散射仍保持波函数相位的记忆，表现为弱局域化行为. 这方面的研究直接导致 1980 年代初中期介观体系(mesoscopic system)物理的出现. 介观体系作为凝聚态物理中新的层次所表现出来的独特行为是无序体系中电子波动性带来新性质的最突出的范例，我们将在下一章中讲述.

上面的讲述已暗含了本章对晶格无序的定义. 无序限定在体系的性质不再能以长程有序的理想晶体作为零级近似，无序作为微扰来解释的情形，强调作为无序固体和有序固体电子态最主要的差别在于局域化的存在. 在 9.1～9.3 节的讲述中还会回答在第一部分讨论理想晶体时建立起来的一些概念，那些还适用于无序固体. 在 9.1.3 小节中特别强调平移对称性的消失，波矢 $\boldsymbol{k}$ 不再是好量子数. 由于单电子态仍存在，态密度的概念仍可保留，但其行为会有重要的变化. 读者自然还会关心通过局域态的输运与通过非局域态的有什么差别. 这方面的讨论放在 9.4 节中.

---

① P. W. Anderson, Phys. Rev. 109 (1958), 1492.

非晶态固体(amorphous solid)是重要的一类无序固体.粗略地可以看做冻结的液体,原子或分子有无规的排列,其结构特点可从与晶态材料的对比中看出.石墨中碳原子层的二维点阵呈六角蜂房结构(图 2.1,2.27,4.17(a)),图 9.1 是相应的非晶态排列,其特点是,首先原子排列不具有周期性,因而不再具有长程序.同时,尽管键间夹角大多在 120°左右,但如键角统计所示,有明显的分散,这在晶体中是不允许的.其次,原子排列的短程序基本保留,反映在每个原子仍为三重配位,键长(最近邻距)为常数或近似为常数.从无序的种类看,有几何排列位置的无序,还有规则晶格不再存在的拓扑无序.关于不同类型非晶态材料的结构,以及由于结构的亚稳性所导致的结构弛豫,在非晶态物理发展的早期是研究的重点.这方面有许多很好的著作,读者可以参考,本章不做过多的讲述.本章在 9.5 节中将讨论非晶态介电固体的比热和热导率行为,集中于说明在离子实系统方面和晶态固体相比,其行为的反常,以及所有非晶态固体在这方面表现出的共性,以此作为无序导致新的物理现象的另一例证.

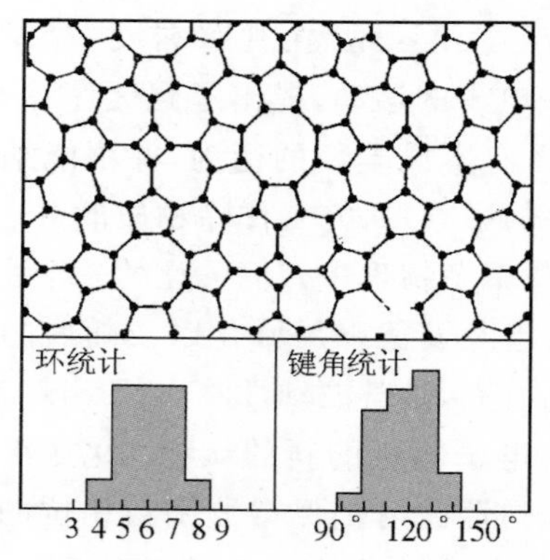

图 9.1 与二维六角点阵相对应的非晶态结构示意,以及环大小和键角的分布
(引自主要参考书目 13)

无规磁体(random magnet)包括自旋玻璃(spin glass)和无规场磁体(random-field magnet),即体系中自旋除交换作用外,还感受到一无规局域场的作用,以其相对简单的哈密顿量以及存在多个便于实验检验的实际对应物而成为无序物理中另一备受关注的领域.人们关注其平衡态性质,相变以及在这方面与常规磁性材料的差别,同时也关注其非平衡性质.在无序"冻结"温度以下,体系对外界条件变化的响应极慢,很多无序系统,在任何现实的时间尺度内不能达到平衡.这种慢的动力学或弛豫过程是无序体系的共性,也是无序物理研究的重要方面.无序体系研究得到的新的概念方法,也用于其他方面,如神经网络系统,多孔介质系统等,这些方面的研究除有重要的实用价值外,也在基础研究方面丰富了人们对无序体系的认

识.限于篇幅,本章将不涉及这些内容,读者可参阅杂志 Phys. Today 1988 年 12 月有关无序固体的专集.

9.1 无序导致的局域

在理想的周期系统中,电子的本征态是扩展的,是有确定波矢的布洛赫波,在晶体各原胞的等价点上有相同的概率幅.少量杂质的存在将使电子受到散射,产生能量相同的本征态之间的跃迁,经平均自由程 l 的长度相位有无规的改变(图 9.2(a)).但此时,波函数还是扩展的,范围仅受样品边界的限制.这里,扩展态的概念已有所推广,除布洛赫态外,还包括 $|\psi|^2$ 在空间可有相当明显的起伏变化的一类.无序的增强,仅使平均自由程变短,因而电导率下降,这是我们原有的物理图像.在这方面,新的认识主要有二,其一是电子经弹性散射,相位有确定的改变,当然,改变量依不同的散射而异.在这种意义下,电子保持着相位的记忆.这将在 9.3 节中讨论.其二,如无序足够强时,波函数可以是局域的,波函数的包络随距离的增加指数衰减(图 9.2(b)),即

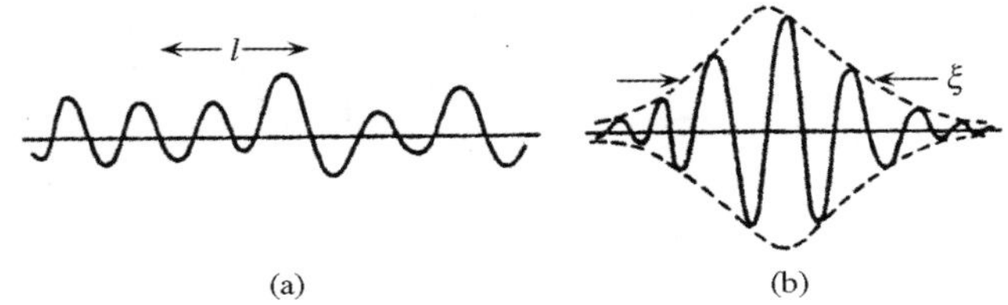

图 9.2 (a) 平均自由程为 l 的扩展态波函数示意;(b) 局域化长度为 ξ 的局域态波函数示意

$$|\psi(\boldsymbol{r})| \propto \exp(-|\boldsymbol{r}-\boldsymbol{r}_0|/\xi), \tag{9.1.1}$$

其中,ξ 称为局域化长度(localization length).如本章前言所述,这是 1958 年安德森最早指出的.

9.1.1 安德森局域

假定有一周期势如图 9.3(a)所示,每个原子由一方势阱表示并只有一个价电子,在孤立原子极限下占据在由图中原子势阱处水平短线表示的束缚能级 ε 上.在晶体中,这一原子能级因波函数的交叠关联展宽成带宽为 B 的能带.无序可以两种形式引入,一种是每一格点相对于平衡位置有一无规偏移,另一种是原子位置保持在格点上,势阱的深度、因而束缚能级 ε_i 从一个格点到另一格点无规变化(图 9.3(b)).安德森的讨论采用了后一种无序情形.

由于长程有序消失后求解单电子薛定谔方程的困难,在对无序体系的讨论中广泛采用紧束缚近似,赋予每个格点一能量 ε_i 和一原子轨道波函数 $\varphi(\boldsymbol{r}-\boldsymbol{R}_i)$,$\boldsymbol{R}_i$ 是格点 i 的格矢.用二次量子化形式写出的哈密顿量为

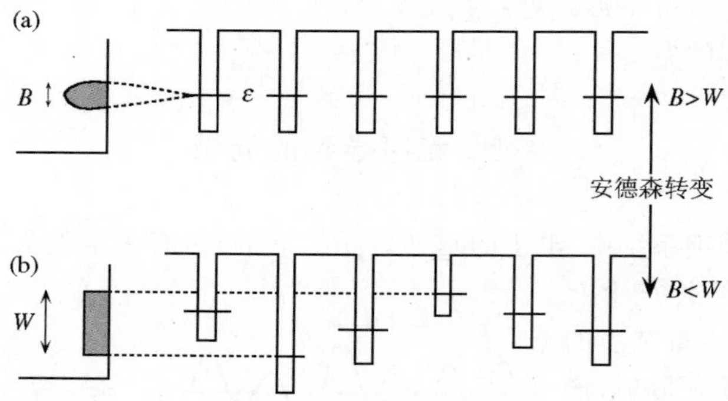

图 9.3 安德森局域的单电子紧束缚图像

$$\hat{H} = \sum_i \varepsilon_i C_i^+ C_i + \sum_{i \neq j} T_{ij} C_i^+ C_j, \tag{9.1.2}$$

其中 C_i^+ 和 C_i 分别代表电子在位置 i 上的产生和湮灭算符. 相应薛定谔方程的解为原子轨道波函数的线性组合

$$\psi(\boldsymbol{r}) = \sum_i a_i \varphi(\boldsymbol{r} - \boldsymbol{R}_i). \tag{9.1.3}$$

在安德森的模型中,无序反映在将对角元 ε_i 取为均匀分布的独立无规变量,在 $-\frac{1}{2}W$ 和 $\frac{1}{2}W$ 之间的分布概率 $P(\varepsilon)$ 为常数 W^{-1},此外为零. 非对角元,或跳迁矩阵元(hopping matrix element) T_{ij},当 i,j 为最近邻时取为常数 T,此外为零. 无序程度反映在 T 固定、W 的不同上.

在 $W \to 0$,ε_i 取常数值时,回到 3.3 节讨论过的理想晶体周期场情形,T 与该节中的 $-J_1$ 相当,也可称为交叠积分或重叠积分,决定着相应能带的带宽 $B = 2zT$,z 为格点的配位数.

安德森对扩展态和局域态具体的定义是:设时间 $t=0$ 时一个电子处在位置 n,即 $a_n(t=0)=1$,而 $i \neq n$ 的 $a_i(t=0)=0$,求解含时间薛定谔方程. 若 $a_n(t \to \infty) = 0$,表明电子离开了这一格点在系统中传播,处于扩展态;若 $a_n(t \to \infty)$ 有限,则表示电子在格点 n 附近形成稳定的局域态. 安德森将孤立格点系统看做零级,将 T 看做微扰,用格林函数方法得到,当 W/B 足够大时,全部电子态都是局域的.

对安德森原始文章详细的介绍超出本书范围. 粗略地可做如下理解:从 $T=0$ 的局域极限开始,考虑位置 i 处的一个未微扰的局域态 $a_i = 1$,$j \neq i$ 时 $a_j = 0$,然后加进格点间的关联. 一级微扰下相邻格点上的原子波函数将混入,

$$\psi(\boldsymbol{r}) = \varphi(\boldsymbol{r} - \boldsymbol{R}_i) + \sum_{n.n.} \frac{T}{\varepsilon_i - \varepsilon_j} \varphi(\boldsymbol{r} - \boldsymbol{R}_j), \tag{9.1.4}$$

求和只涉及最近邻态. 可见最近邻态混入的振幅,也是电子跳迁到最近邻格点的概率幅约为 $T/(\varepsilon_i - \varepsilon_j)$,高阶微扰项与此量的高次幂有关. 无序很强时,相邻格点间

尽管 T 有限大，但电子态的能量差 $\varepsilon_i-\varepsilon_j$ 过大；能量相近的电子态间，一般讲空间距离较远，波函数没有什么交叠，$T=0$，总起来无法导致扩展态的出现.

能量 ε_i 和 ε_j 均在能量宽度 W 内取值. 假定将 ε_i 放在分布的中心，z 个最近邻位置的 ε_j 值均匀分布在 W/z 个间隔内，$(\varepsilon_i-\varepsilon_j)$ 最小值典型的量级约为 $W/2z$，因而 $T/(\varepsilon_i-\varepsilon_j)$ 的最大值，也是起主导作用项的值为 $2zT/W$，微扰展开是 $(2zT/W)$ 的幂级数，级数收敛要求 $(2zT/W)<1$. 如果把收敛失效的情形视为退局域，则局域、退局域的转变出现在 $2zT=W$ 处，由于 $2zT$ 恰好是理想晶体中紧束缚近似算出的能带宽度 B，这样就很粗略地说明了无序引起局域的安德森判据

$$W>B. \tag{9.1.5}$$

计算机模拟、声波模拟可为安德森局域的出现提供非常直观的说明. 例如何善进(Shanjin He)和 Maynard①，他们在一根绷紧的细长钢丝上，每隔 15 cm 固定一个小铅块，总共 50 个，以此来模拟周期势. 在钢丝的一端用横波激励并进行扫频，在另一端接收整个系统的响应，可以得到类似于能带结构的结果，在体系中得以传输的本征频率构成导通的带(pass band)，带间有能隙存在. 图 9.4(a)和(b)是对两个许可态沿钢丝测量各点响应的结果，给出振幅随位置的变化，明显地为扩展态，定性地与布洛赫态一致. 无序可由挪动铅块位置产生. 图 9.4(c)～(g)给出铅块位置无规挪动，最大偏离在 $\pm0.02a$ 之内的结果，a 为周期排列的晶格常数. 图中可明显地看出无序导致的局域. 最局域的是(c)，这是出现在能隙中的态. (d)是带边的态，(e)～(g)是带内的态. 态(c)的局域化长度约为 $2.2a$. 图 9.4(h)是由于相互作用导致(c)(d)混合的结果，不属我们讨论的范围.

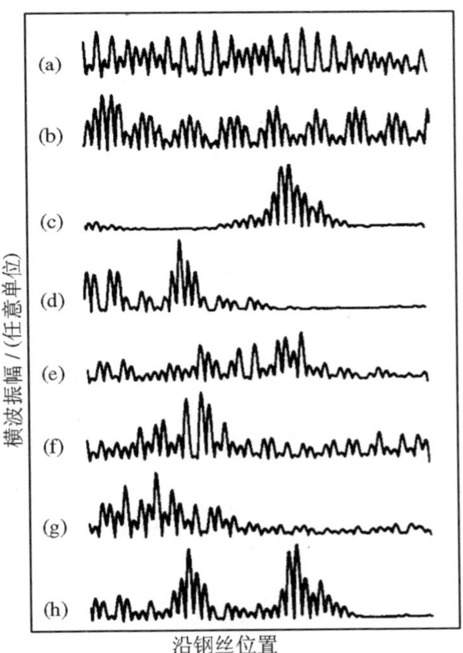

图 9.4 本征态振幅作为沿钢丝位置的函数
(a)，(b)为布洛赫态，(c)～(g)为 2%无序系统的本征态，(h)为 c 和 d 因相互作用导致的混合
(引自何善进和 J. D. Maynard，Phys. Rev. Lett. 57(1986)，3171)

① S. He and J. D. Maynard. Phys. Rev. Lett. 57(1986) 3171.

9.1.2 莫特迁移率边

安德森说明了当无序足够强时，价电子能带中所有的态都是局域的. 莫特进一步指出[①]，在中等无序程度时，带尾的态仍是局域的. 图 9.5 给出晶态和非晶态半导体电子态密度的示意图. 局域态处在价带顶和导带底处的能带尾部，图中用阴影区表示. ε_v 和 ε_c 是将局域态和扩展态分开的能量. 当费米面处于扩展态区时，材料有非零的电导. 费米面处在局域态区，绝对零度时电导率为零. 因此，莫特称 ε_v 或 ε_c 为迁移率边(mobility edge). 由于载流子浓度或无序程度的改变，把费米能级推过迁移率边时发生的金属↔绝缘体转变，或局域↔退局域转变，一般称为安德森转变.

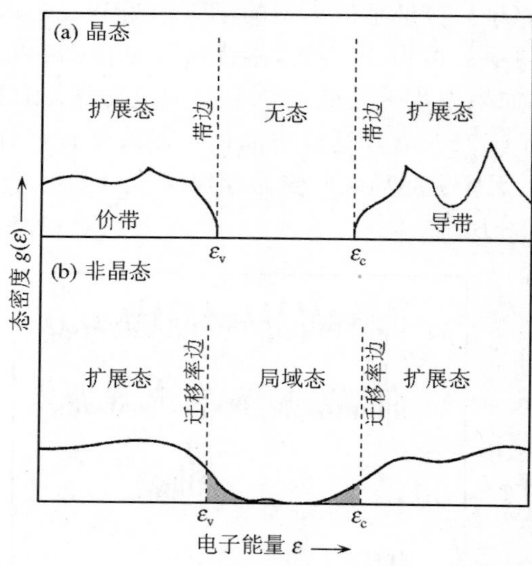

图 9.5 晶态和非晶态半导体电子态密度示意

沿用 9.1.1 小节对安德森局域的讨论，假定 ε_i 态处于态密度 $g(\varepsilon)$ 相当低的带尾，由于 $g(\varepsilon)$ 表征单位体积中单位能量间隔内许可的电子态数，因而 $1/g(\varepsilon)$ 大体是能量值相邻的两许可态间的能量间隔大小，这样，处于带尾的 i 格点和其最近邻 j 格点间的 $\Delta\varepsilon=\varepsilon_i-\varepsilon_j$ 因 $g(\varepsilon)$ 值低而一般有大的数值，不利于电子的跳迁，从而处在局域态. 相反地，对于处在能带中部态密度值高的格点电子态，则易于在最近邻格点找到与之能量相近的电子态，跳迁转移，形成扩展态.

带尾态局域的原因还可从 8.2.1 小节中对杂质态的讨论中得到了解. 单个杂质导致势场对周期场的偏离，8.2.1 小节中已证明，附加势 $U(\boldsymbol{r})<0$ 时，导带底处会分离出局域态，当 $U(\boldsymbol{r})>0$ 时，局域态将从价带顶分离出来. 杂质或缺陷数量增加时，带外局域态的数目增加，$U(\boldsymbol{r})$绝对值大小的不同，导致局域态能量高低的差异. 可以想象，晶格无序增加到一定程度时，能带上下边缘会出现局域态组成的带尾. 无序增强时，ε_v 或 ε_c 向能带中心移动，越来越多的态成为局域态. 当迁移率边从两个方向移到能带中心时，全部态局域. 这就是前述安德森局域的情形.

① N. F. Mott, Adv. Phys. 16(1967), 49.

9.1.3 态密度

在上面的讲述中，常用到态密度的概念，这里再做一些简短的说明.

在无序固体中，由于平移对称性不再存在，波矢 $\boldsymbol{k}$ 不再是好的量子数，因而也无法谈论能带结构函数 $\varepsilon(\boldsymbol{k})$. 相应地，本书第一部分给出的很多概念，如倒格子、布里渊区、晶体动量等都不再适用. 例如对于理想晶体，第一布里渊区尺度为 $2\pi/a$，a 为晶格常数，非晶材料对应于 $a\to\infty$，布里渊区缩小为一点. 但当单电子态，尽管它可能是局域的，有确切含意时，态密度(density of states)的概念仍然可用. 其定义为

$$g(\varepsilon) = \frac{1}{V}\sum_i \delta(\varepsilon - \varepsilon_i). \tag{9.1.6}$$

从图 9.5 晶态与非晶态半导体电子态密度示意图中，可以大体看出两者的异同.

如本章前言中所述，非晶态材料仍然保留有和晶态材料相同的、极为明显的短程序，而固体材料的性质很大程度上依赖于近邻原子间的关系. 这样，非晶态材料和相应的晶态材料有大体相近的性质，如金属、半导体材料成为非晶态材料时依然是金属或半导体，当然也会有新的性质出现. 因此首先，晶态和非晶态的态密度曲线有大体的相似性.

其次，两者有明显的差别. 第一，晶态态密度曲线上的一些结构，如 3.5.3 小节中讲述的 van Hove奇异被抹平了. van Hove奇异来源于在 k 空间某些点 $\nabla_k\varepsilon(\boldsymbol{k})$ 为零，这是晶体具有平移对称性的结果. 在非晶态材料中，这种长程序不复存在，结构细节被抹平，可定性的用不确定原理说明. 由于无序的存在，电子因频繁被散射，平均自由程 l 缩短，如 $l=1$ nm，费米速度为 $v_F\sim10^8$ cm/s，电子在某一特定态的时间，或寿命为 $\Delta t\sim l/v_F\sim10^{-15}$ s，代入不确定关系 $\Delta\varepsilon\Delta t\sim\hbar$，得到 $\Delta\varepsilon\sim1$ eV. 这远大于费米面附近态密度细节的宽度，一般大约为 0.2 eV. 第二，晶态材料有非常确定的带边，表现为态密度的平方根奇异(3.5.3 小节). 但如前述，无序的存在会将明锐的带边抹平为带尾. 实验表明(最早是通过光吸收实验揭示的)，带尾态密度是随能量指数衰减变化的. 两相邻带带尾之间没有许可态的区域称为带隙. 但有时，如图 9.5 的情形，带尾可交叠，带间态密度低的区域称为赝能隙(pseudogap). 第三，当然，非常重要的还有带尾态是局域的，存在迁移率边.

对于非晶态金属，半导体、半金属，依其态密度曲线，以及费米能级的位置，可以对其性质有大致的了解.

9.1.4　一维情形

莫特和 Twose[①] 首先指出，对于一维情形，不管无序有多弱，所有的电子态都是局域的.后来，对具有一维无规势场的薛定谔方程，和格点能量无规取值的紧束缚模型，从理论和数值计算方面，对上述结论，均有普遍的证明.详细的可阅读 Ishii 的评述文章[②].这里采用本书主要参考书目 12 中莫特的定性讨论，粗浅地说明如下：考虑一个一维晶格，其上无规地分布着一些散射中心.在这个体系中传播的波 e^{ikx}，经数个平均自由程后将成为

$$Ae^{ikx} + Be^{-ikx}, \tag{9.1.7}$$

同时 $|A| \approx |B|$.从粒子流守恒，可得到

$$|A|^2 - |B|^2 = 1. \tag{9.1.8}$$

$|A|$ 和 $|B|$ 的近似相等，意味着 $|A|$ 和 $|B|$ 均要较大.如将解写成实数形式 $A\sin(kx+\eta)$，其振幅 A 将随 x 的增加而增大，当然，这不是问题的本征解.除去一般地讲 x 增加时振幅会加大外，对特定的 η 值，也会出现 x 增加时振幅减小，这相当于入射到一维晶格上的电子束被完全反射的情形.

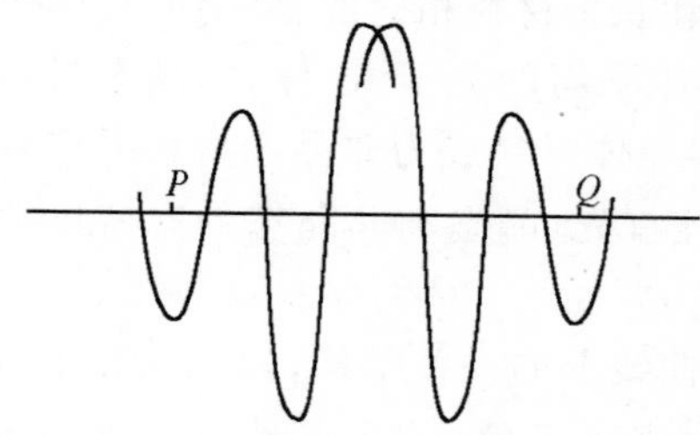

图 9.6　一维晶格非本征能量对应的波函数

考虑一维晶格中的一段 PQ，对解 $A\sin(kx+\eta)$ 的某一特定相位 η_1，振幅 A 在 PQ 右侧衰减，而对相位 η_2，A 在 PQ 左侧 x 减小时衰减，一般讲 $\eta_1 \neq \eta_2$，两个解在 PQ 段不能相配，如图 9.6 所示.仅当 $\eta_1 = \eta_2$，两个解在中间相配，波函数连续，才是问题的定态解，相应的能量是体系的本征能量，显然这个解是局域在 PQ 周围的.详细的讨论可说明解的包络具有(9.1.1)式指数衰减的形式.

9.1.5　最小金属电导率

在局域↔退局域转变处电导率如何变化是人们十分关心的问题.莫特 1970 年代初提出转变是不连续的，如图 9.7 所示.扩展态在迁移率边处有一最小金属电导率 $\sigma_{\min}$.

在金属电子输运的准经典模型(1.4.1 小节)和半经典模型(4.1 节)中，视电子为波包，有确定的波矢和坐标，这要求平均自由程 l 远大于数量级为原子间距的波包坐标的不确定度.平均自由程是电子波函数保持相位相干的尺度，波长是相位变

① N. F. Mott and W. D. Twose, Adv. Phys. 10(1961), 107.

② K. Ishii, Supp. Progr. Theor. Phys. 53(1973), 77.

化 2π 的距离，基于波长远大于平均自由程毫无意义的想法，Ioffe 和 Regel[①] 提出，对金属相而言应有

$$lk > 1, \tag{9.1.9}$$

文献上称为 Ioffe-Regel 判据(Ioffe-Regel criterion). 当然这并不是扩展态存在的充分条件，如前述，弱无序一维体系可以满足这一条件，但电子态是局域的. 这一判据也意味着在 $lk \lesssim 1$ 时，物理上应有本质的变化. 现在知道，这时对电子态的了解，安德森局域化是更合适的出发点. 莫特有关最小金属电导率的论断基于 Ioffe-Regel 判据. 金属中，波矢应用费米波矢 k_F，k_F^{-1} 的数量级为晶格常数. Ioffe-Regel 判据相当于金属中电子平均自由程的下限为原子间距.

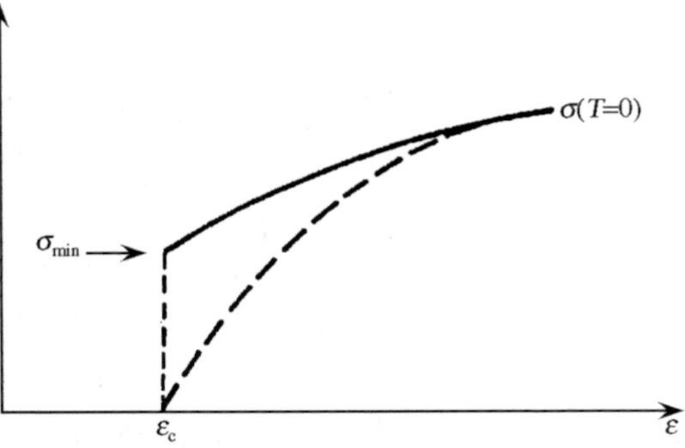

图 9.7 迁移率边 ε_c 处，局域↔退局域转变的可能形式

从玻尔兹曼方程出发，在弱散射情况下

$$\sigma = \frac{ne^2\tau}{m} = \frac{e^2}{\hbar}\frac{n}{k_F^2}k_F l. \tag{9.1.10}$$

考虑到 $k_F^3 = 3\pi^2 n$，以及 $k_F l \approx k_F a \approx 1$，$a$ 是一与晶格常数大体相近的微观尺度，可得在三维情况下，最小金属电导为

$$\sigma_{\min}^{3D} \approx \frac{1}{3\pi^2}\left[\frac{e^2}{\hbar}\right]\left[\frac{1}{a}\right]. \tag{9.1.11}$$

由于 $\hbar/e^2 \approx 4.1\ \mathrm{k\Omega}$，$a$ 为零点几个纳米的数量级. 从(9.1.11)可得最大金属电阻率约为 200 μΩ · cm. Mooij 1973 年曾对上百个无序体系导电行为的数据进行分析[②]，发现当材料的电阻率 ρ 大于 80～180 μΩ · cm 时，$d\rho/dT < 0$，不再有金属性的行为. 这常称为 Mooij 判据(Mooij criterion). 这里给出的 $\rho_{\max}$ 与 Mooij 值数量级相同.

对二维情形，类似地可算出

$$\sigma_{\min}^{2D} \approx \frac{e^2}{\hbar}, \tag{9.1.12}$$

这里，少了与材料有关的 $1/a$ 因子，结果是普适的. 仔细的理论计算给出二维体系"最大普适金属电阻"的数值约为 30 kΩ.

二维和三维体系中 $\sigma_{\min}$ 的概念提供了一个便于了解在相对较高温度下得到的

---

① A. F. Ioffe and A. R. Regel, Progr. Semiconductors 4(1960), 237.

② J. E. Mooij, Phys. Stat. Sol. A17(1973), 521.

实验数据的有用参数,但实验证据表明,这并不给出真正的低温极限.特别是二维情形,理论和实验方面当时都有更多的争论.

9.2 局域化的标度理论

标度理论(scaling theory)是在对相变临界现象的研究中发展起来的一种唯象理论.局域化的标度理论关注金属绝缘体转变,预言在三维体系中金属绝缘体转变是连续的,二维体系中所有的态本质上都是局域的,不支持$\sigma_{\min}$的存在.同时还给出在弱无序区域会出现载流子的弱局域化.

9.2.1 早期的工作

1970 年代中期,Thouless 等人开始提出局域化问题的标度描述[①],对后来的工作有重要的影响.他们考虑的是尺寸为 L 的 d 维立方体 L^d 和尺寸加倍,成为 $(2L)^d$ 立方体之间的联系.认为两者的本征态有所关联看来是合理的,问题是是否可通过一两个参数来给出这种关联.

$(2L)^d$ 块体的本征态可以看成是 L^d 块体本征态的线性组合.每个态在组合中的贡献大小,如 9.1.1 小节中提到的,依赖于交叠积分和态间的能量差值.能量差的典型值是 L^d 块体中的能级间隔 $\Delta\varepsilon$,如 N_0 是在费米面处单位体积的态密度(本书一直用符号 $g(\varepsilon)$表示态密度,为避免和稍后的无量纲电导混淆,暂时改用 N_0),

$$\Delta\varepsilon = (N_0 L^d)^{-1}. \tag{9.2.1}$$

交叠积分比例于电子在块体之间过渡的难易程度.假定电子在一个块体中的寿命为 τ_D,这大体相当于电子从块体一侧过渡到另一侧的时间,根据量子力学的不确定关系,与此相联系的能量为

$$\delta\varepsilon = \hbar/\tau_D, \tag{9.2.2}$$

交叠积分可用 $\delta\varepsilon$ 来量度.

小的 $\delta\varepsilon/\Delta\varepsilon$ 数值,意味着长的 τ_D,$(2L)^d$ 块体中的本征态将主要局域在一个 L^d 块体中.相反的,如 $\delta\varepsilon/\Delta\varepsilon$ 较大,$(2L)^d$ 块体中的本征态将波及所有的 L^d 块体,是扩展的.这样 $\delta\varepsilon/\Delta\varepsilon$ 像是控制体系尺寸加倍后本征态性质的单一无量纲参数.$\delta\varepsilon/\Delta\varepsilon$ 常称为 Thouless 比.

Thouless 进一步引入无量纲的电导

$$g = G/(e^2/\hbar), \tag{9.2.3}$$

其中 G 是 L^d 块体的电导,并认为 g 直接关联于 $\delta\varepsilon/\Delta\varepsilon$,从而使这个单一参数成为

① D. J. Thouless, Phys. Reports, 13(1974), 93;Phys. Rev. Lett. 39(1977), 1167.

物理上的可测量量.

g 与 $\delta\varepsilon/\Delta\varepsilon$ 之间的联系粗略论证如下：

如 D 为扩散系数，对于 $L\gg l$ 的情形，其中 l 为电子的平均自由程，按(8.1.14)式并参见习题 8.4，

$$\tau_{\mathrm{D}} \approx L^2/D. \tag{9.2.4}$$

将电导率 σ 写成 $\sigma=ne\mu$ 的形式，n 是单位体积中参与导电的载流子数，只须考虑费米面附近 $k_{\mathrm{B}}T$ 的能量范围，大致有 $n=N_0k_{\mathrm{B}}T$. 利用将迁移率 μ 和扩散系数联系起来的爱因斯坦关系(8.1.29)式，有

$$\sigma = e^2 DN_0, \tag{9.2.5}$$

(9.2.2)式可写为

$$\delta\varepsilon \approx (\sigma\hbar/e^2)(L^2N_0)^{-1}. \tag{9.2.6}$$

与(9.2.1)式联合，得

$$\frac{\delta\varepsilon}{\Delta\varepsilon} \approx \frac{\hbar}{e^2}\sigma L^{d-2}. \tag{9.2.7}$$

由于边长为 L 的 d 维立方体的电导

$$G = \sigma L^{d-2}, \tag{9.2.8}$$

按 g 的定义(9.2.3)式，立刻得到

$$g(L) \approx \frac{\delta\varepsilon(L)}{\Delta\varepsilon(L)}. \tag{9.2.9}$$

9.2.2　标度理论

已知某一小尺度 L_0 对应的 $g(L_0)$值，标度理论的目标是试图了解在不同维度的体系中，$g(L)$如何随 $g(L_0)$及标度因子 L/L_0 变化. Abrahams 等四人在 1979 年的文章[①]中引入参数

$$\beta(g) = \frac{\mathrm{d}\ln g(L)}{\mathrm{d}\ln L}, \tag{9.2.10}$$

并认为 β 仅为 g 的函数. 这样，体系尺寸改变时，电导的变化仅由前一尺寸下的电导决定，电导是对体系有效无序程度的唯一测量.

对于 $\beta(g)$曲线的形式，Abrahams 等人认为可通过 $g(L)\to\infty$ 和 $g(L)\to 0$ 这两个渐近极限下的物理性质确定，并假定在两极限之间，$\beta(g)$单调和光滑地变化，这是一个很聪明的猜测.

当 $g(L)$很大时，体系处于扩展态，欧姆定律正确，$\sigma(L)=$常数. 从 g 的定义(9.2.3)式及(9.2.8)式，可得

① E. Abrahams et al. Phys. Rev. Lett. 42(1979), 673.

$$g(L) = \frac{\hbar}{e^2}\sigma L^{d-2},\tag{9.2.11}$$

因而$\beta(g)$的渐近形式为

$$\beta(g) = d - 2,\tag{9.2.12}$$

$\beta(\infty)$在三维、二维和一维情形分别为$+1$,0,和-1,如图 9.8 右边所示.

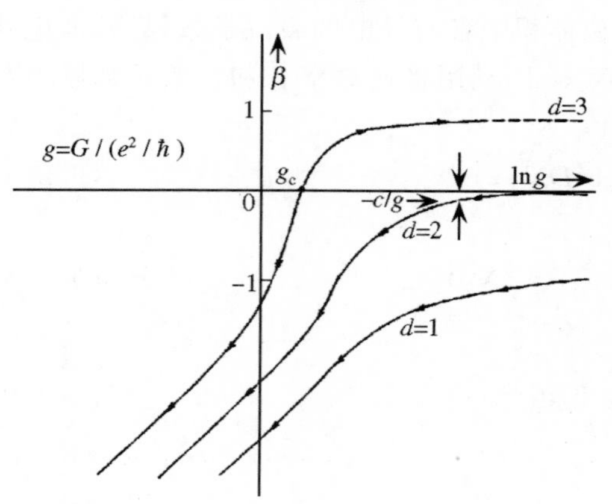

图 9.8　对 $d=1,2$ 和 3 维体系,标度理论给出的β随 $\ln g$ 的变化

当$g(L)$很小时,费米能ε_F附近的电子态是局域的. 9.4 节将讲到,直流电导来源于电子从占据态向能量相近的非占据态的跳迁. 但通常能量相近的局域态相距很远,之间的跳迁矩阵元,或隧穿概率按指数形式随距离的增加而减小,这里量度距离的尺度是局域化长度ξ,因此,在$L\gg\xi$时,温度$T=0$时的电导可写成

$$g(L) = g_d\exp(-L/\xi)\tag{9.2.13}$$

的形式. 因而

$$\beta(g) = \ln(g/g_d),\tag{9.2.14}$$

g_d是与维度有关的常数.

对于不同的维度,$d=1,2$ 和 3,β作为g的函数的定性行为表示在图 9.8 中.

在低温极限下($T=0$),标度理论的主要结果简述如下:

1. 三维体系

首先,有金属绝缘体转变存在. 这对应于g大时,$\beta=1$,g很小时,$\beta<0$,β作为$\ln g$的函数的曲线一定要过零. 设$\beta=0$时,$g=g_c$. 假定体系的无序程度相应于在某一小尺度上$g_0>g_c$,即初始状态在$\beta(g)$曲线的正半支上. 尺度增加时,状态代表点将沿标度曲线向上"流动",最终到达欧姆定律极限,体系为导体. 类似地,当$g_0<g_c$,体系尺度L加大时,状态代表点最终流到局域态区,体系为绝缘体. g_c是g的一个特殊值,如在某一尺度下$g=g_c$,则在任意尺度,包括$L\to\infty$,g仍等于g_c,因而在宏观极限下$\sigma\sim g_cL^{2-d}$为零. g_c点称为"不动点"(fixed point),但是是不稳定的不动点,很小的偏离会使体系进入完全不同的导电区. 按照这一简单理论,所有的材料,只要在我们感兴趣的尺度内均匀,均可按在某一微观尺度L_0下的电导值g_0在这一普适曲线上找到它的位置,$g_0>g_c$的是导体,$g_0<g_c$的是绝缘体.

不稳定不动点与迁移率边对应. 由于电流被费米面附近的电子传输,g_0是能量为ε_F的电子所产生的电导. 如果无序程度固定,改变费米能量ε_F,g_0将连续地

改变，迁移率边 ε_c 由

$$g_0(\varepsilon_c) = g_c \tag{9.2.15}$$

决定.

其次，标度理论给出三维体系中，金属绝缘体转变是连续的(如图 9.7 中虚线所示)，不存在金属最小电导率 $\sigma_{\min}$.

为得到迁移率边附近电导率的变化形式，通常用线性近似，假定在 $\beta(g_c)=0$ 的右侧，

$$\beta(g) = a[g(L) - g_c], \tag{9.2.16}$$

其中 a 为 g_c 处的斜率. 为符合 $g\to\infty$ 时 $\beta\to 1$ 的渐近关系，可把(9.2.16)式的形式改变为

$$\beta(g) = \frac{a[g(L) - g_c]}{1 + a[g(L) - g_c]}. \tag{9.2.17}$$

尽管这是一个可能的具体形式，但后面得到的结果与此无关，具有一般性.

我们所要计算的是，在某一小尺度 L_0 的 $g_0 = g(L_0)$ 趋近 g_c 时宏观尺度 L 电导率相应的变化. 将(9.2.17)式代入 β 的定义(9.2.10)式，并从某一宏观尺度 L 积分到尺度 L_0，得到

$$\left[\frac{g(L_0) - g_c}{g(L) - g_c} \cdot \frac{g(L)}{g(L_0)}\right]^{\nu} \frac{g(L_0)}{g(L)} = \frac{L_0}{L}, \tag{9.2.18}$$

其中，$\nu = 1/ag_c$.

对于宏观尺度 L，(9.2.11)式成立，有 $g(L) = (\hbar/e^2)\sigma L$，又由于 $g(L) \gg g_c$，可得

$$\sigma = \frac{e^2}{\hbar}\frac{g_0}{L_0}\left(1 - \frac{g_c}{g_0}\right)^{\nu}. \tag{9.2.19}$$

由于 ν 值为正，上式给出当 $g_0 \to g_c$ 时，电导率连续地趋于零. 由于电流由具有费米能量 ε_F 的电子传输，当 ε_F 与 ε_c 偏离很小时，有

$$g_0(\varepsilon_F) = g_c + (\varepsilon_F - \varepsilon_c)g_0', \tag{9.2.20}$$

其中 g_0' 是在 ε_c 处 g_0 对 ε 的微商. 这样上式可改写为

$$\sigma = \sigma_c\left(1 - \frac{\varepsilon_c}{\varepsilon}\right)^{\nu}, \tag{9.2.21}$$

其中 σ_c 取为常数.

现在人们相信，对非相互作用电子系统，金属—绝缘体转变是连续的想法是对的. 在分析物理过程是否发生某种重要变化时，仍常用最小金属电导率的概念. 临界指数 ν 的数值亦为人们所关注的，目前采用的数值为 1.5 ± 0.1.

2. 二维体系

二维体系的 $\beta(g)$ 总小于零. 这意味着如已知对某一小 L_0，$g(L_0) = g_0$，以此为

初条件解 $d\ln g/d\ln L=\beta(g)$，得到的结果总是 $L\to\infty$ 时 $g(L)\sim\exp(-L/\xi)$. 从图 9.8 看，g_0 在 $d=2$ 的曲线上由一代表点表示，L 增大时，代表点沿曲线只有向下一个流向，最终"流"到完全的局域区，$\beta(g)\propto\ln g$. 因此二维体系没有真正的扩展态. 局域化长度 ξ 是到达比例于 $\ln g$ 的线性区的 L 值. 当 g_0 很大时，β 值接近于零，标度尺寸加大时，g 下降得很慢，局域化长度 ξ 很长. 因此，宏观大的二维样品，在 $L<\xi$ 时，电子相对样品尺度言仍处于扩展态，可有较好的电导.

3. 一维体系

β 值小于零，且绝对值较大，因而尺寸增加时，很快进入局域范畴.

标度理论给出的另一非常重要的结果是弱局域现象的存在.

对于不同维度的体系，在 $g\gg1$ 的弱无序区域，近似有

$$\beta(g)=d-2-\frac{C}{g}, \tag{9.2.22}$$

其中 C 是数量级为 1 的常数. 将 β 的定义(9.2.10)式代入，从一小的尺度 L_0 到 L 做积分，$L\ll\xi$，得

$$g(L)=\frac{L}{L_0}(g_0-C)+C,\quad d=3, \tag{9.2.23a}$$

$$g(L)=g_0-C\ln\left(\frac{L}{L_0}\right),\quad d=2, \tag{9.2.23b}$$

$$g(L)=(g_0+C)\frac{L_0}{L}-C,\quad d=1, \tag{9.2.23c}$$

其中 g_0 为尺度 L_0 时的电导. 按(9.2.11)式，折算成电导率.

$$\sigma(L)=\sigma_0-\frac{e^2}{\hbar}C\left[\frac{1}{L_0}-\frac{1}{L}\right],\quad d=3, \tag{9.2.24a}$$

$$\sigma(L)=\sigma_0-\frac{e^2}{\hbar}C\ln\left(\frac{L}{L_0}\right),\quad d=2, \tag{9.2.24b}$$

$$\sigma(L)=\sigma_0-\frac{e^2}{\hbar}C(L-L_0),\quad d=1. \tag{9.2.24c}$$

其中 σ_0 是与 g_0 对应的电导率. 可见(9.2.22)式导致电导率对尺度 L 的依赖，这是在 $L\ll\xi$ 区的一种偏离 $\sigma(L)=$常数的非欧姆行为，是进入局域化($L>\xi$)的前兆，一般称为弱局域化(weak localization)，其物理内涵将在下一节讨论.

总之，标度理论是一个建立在良导体极限($g\gg1$)和局域的绝缘体极限($g\ll1$)间有单调连续内插行为基础上的理论，也是一个被人们普遍接受、非常成功的理论. 在和实验相比时要注意，首先，理论给出的是 $T=0$ 时体系的基态行为. 例如弱局域化来源于对经典扩散输运的量子力学改正(详见下节)，常温下一般观察不到，相反地会得到 $\sigma_{\min}$ 存在的结果，这是早期在 $\sigma_{\min}$ 是否存在有争议的原因. 其次，理论

着重于体系的无序程度，并未考虑电子间的相互作用. 1994～1997 年人们在高迁移率二维电子气系统中观察到的金属—绝缘体转变也许与此有关，详见 Kravchenko 和 Sarachik 的评述①. 最近 Carpena 等人有关在一维无序体系中存在关联导致金属—绝缘体转变的研究工作②，表明标度理论总结的一维体系行为，也许只适用于无关联的无序情形. 最后，理论亦未处理外加磁场的影响.

9.3 弱局域化

弱局域化发生在弹性散射平均自由程 l 远小于非弹性散射平均自由程 l_i 的金属扩散区，

$$l \ll l_i < L < \xi, \tag{9.3.1}$$

其中，L 为体系的尺度，ξ 是局域化长度. 弱局域化来源于对载流子输运过程的量子力学改正. 比较直观的是准经典的时间反演闭合路径相位相干的图像. 相对于本书第一章、第六章讨论过的准经典或半经典输运，弱局域化属于量子扩散输运的范畴.

9.3.1 相干背散射

在输运过程中，电子会经受两种类型的散射. 一类是电子和杂质（广义的是杂质原子和各种晶体缺陷）的弹性散射，它不改变电子的能量，只改变其晶体动量，使电子从波矢 $\boldsymbol{k}$ 标记的布洛赫态散射到 $\boldsymbol{k}'$ 态，τ_0 是相应的弛豫时间. 另一类是非弹性散射，如电子-声子之间的散射，电子吸收或放出声子，导致能量的改变，τ_i 是相应的弛豫时间. 尽管两类散射有不同的来源、不同的随温度的变化关系，但在使导电电子运动受到阻尼，从而产生电阻方面，认为它们的作用是一样的.

1970 年代末到 1980 年代初，弱局域化理论和实验研究的一个重要成果是使人们认识到两类散射更为深刻的差别.

弹性散射实际上是波和静态杂质势间的散射，入射波和出射波的相位有确定的关系，尽管因具体散射而异，且并不一定易于计算. 这种散射前后相位的确定关系，通常称为相位"记忆"，这种记忆还具有时间反演不变性. 设想让一电子重新从空间某处以同样的速度（包括大小、方向）和同样的相位出发，并走和上一次同样的路径，那么它会经历同样的散射，相位以同样的方式变化. 知道电子在一个地方的相位，不管中间经多少次弹性散射，原则上可以确定它在另一处的相位，在这种意义下，电子经弹性散射保持着相位的相干性. 电子和声子的非弹性散射则不同，尽

① S. V. Kravchenko and M. P. Sarachik, Rep. Prog. Phys. 37(2004), 1.

② P. Carpena et al. Nature 418(2002), 955.

管某一次具体的散射导致电子能量改变 $\Delta\epsilon$，因波函数的 $\exp(-\mathrm{i}\epsilon t/\hbar)$ 因子，相位有确定的变化，但让电子第二次走同一路径时，散射在何时何处发生，以及和何种声子作用（这涉及 $\Delta\epsilon$ 的大小），却是无规的．这种散射只能在统计意义上有所描述，因而它破坏了电子的相位记忆，或相位相干性．在液氦温度下，τ_i 可以比 τ_0 大几个数量级，电子被杂质散射很多次而不失去相位记忆的过程可以实际发生，两类散射的区分是重要的．

对于金属中的电子，这里采用准经典的描述方法，即把电子看做一个粒子，由于和杂质的散射，其轨道为经典的无规行走路径．量子力学的特性体现在要附加一相位因子上．

按照费曼（R. P. Feynman）对量子力学的表述①，粒子在两点间的过渡，要考虑所有可能的路径，各个路径对两点间总传播概率幅的贡献有相同的权重．但是当粒子的德布罗意波长，对于金属中的电子是费米波长 λ_F，比两点间距离 l 小很多时，可用经典方法处理．对于两点为两相邻杂质的情形，粒子在两点间自由飞行，轨道为直线．按照费曼的解释，经典路径是极值路径，即路径稍有变化，如某处稍有偏离时相位不变．经典轨道实际上是直径约为 λ_F 的直管（图 9.9），管内所有路径相位大体相同，概率幅相加时不会抵消掉．而管外路径，稍有差别的路径间相位有明显改变，总的贡献相消．准经典处理的合理性来源于在金属中，一般而言 $\lambda_F \ll l$．

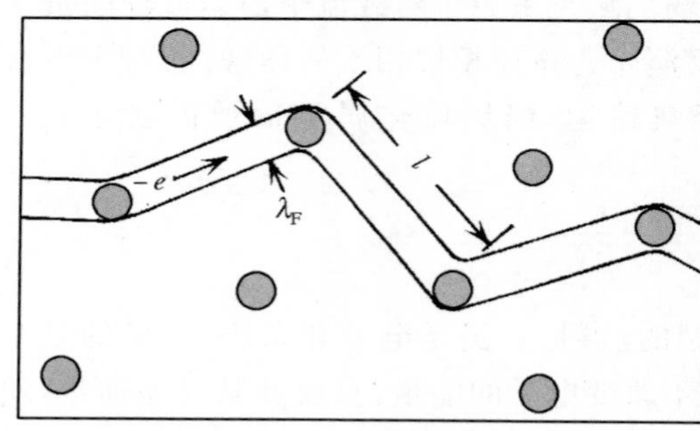

图 9.9　无规行走的费曼路径示意

在实际金属中，从 M 点到 N 点，电子可沿不同的无规行走路径到达（图 9.10(a)）．总的过渡概率 P 是所有可能路径概率幅相加的绝对值的平方

$$P = \left|\sum_i A_i\right|^2 = \sum_i |A_i|^2 + \sum_{i\neq j} A_i A_j^*, \tag{9.3.2}$$

其中，A_i 是第 i 条路径的概率幅．一般地可写成

$$A_i = |A_i| \mathrm{e}^{\mathrm{i}\varphi_i}, \tag{9.3.3}$$

其中 φ_i 是与第 i 条路径相关的相位因子．(9.3.2)式右边第一项给出从 M 到 N 经典的扩散概率．第二项是不同路径间的量子干涉．在宏观体系中，由于杂质无规分布，许可的路径数很多，路径的长度、走向又明显不同，概率幅的相位有显著的差

① R. P. Feynman and A. R. Hibbs, Quantum Mechanics and Path Integrals, New York: McGraw-Hill, 1965.

别，导致对所有路径求和时，干涉项因不同路径相位的非关联性而消失. 这就是在第一章金属自由电子论、第六章输运现象玻尔兹曼方程中均略去相位相干性、做经典处理的原因.

在图 9.10(a)中，还有一类自相交的路径. 处在图中 O 点的电子，可沿顺时针方向经多次散射，或沿反时针方向，如图(b)所示经同样的、但顺序相反的散射回到 O 点. 在 k 空间中，相当于处在 $\boldsymbol{k}$ 态的电子经时间反演对称的多次散射回到 $-\boldsymbol{k}$ 态的背散射. 如两种方式回到 O 点相应的概率幅分别为 A_+ 和 A_-，由于过程的随机性，概率幅应有相同的绝对值. 又由于所经受的均为弹性散射，每次散射所导致的相位变化具有时间反演对称性，概率幅的相位亦相同. 如在 O 点电子的相位为 φ_0，沿顺时针方向回到 O 点的相位为 $\varphi_0+\Delta\varphi=\varphi_0+\Delta\varphi_1+\Delta\varphi_2+\cdots+\Delta\varphi_8$，其中 $\Delta\varphi_i$ 是第 i 次散射所引起的相位改变，反时针方向行走显然有相同的相位 $\varphi_0+\Delta\varphi=\varphi_0+\Delta\varphi_8+\Delta\varphi_7+\cdots+\Delta\varphi_1$. 由于两个方向路程等长，这里省略了路程长短导致的相位变化. 这样，$A_+=A_-\equiv A$. 在点 O 找到电子的概率

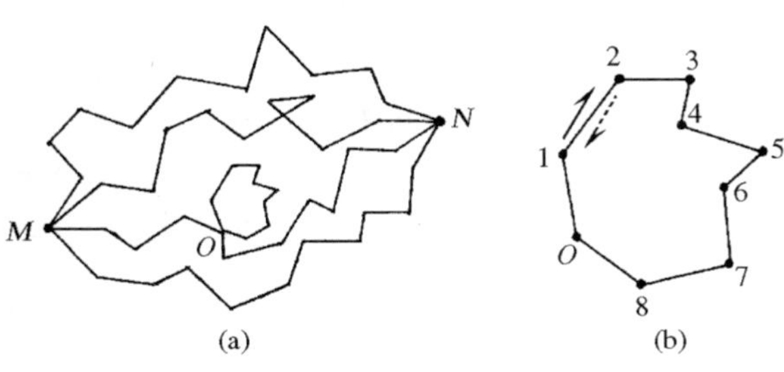

图 9.10 (a) 从 M 到 N 有多条无规行走路径；(b) 从 O 点出发的闭合路径

$$P(0)=|A_+|^2+|A_-|^2+2ReA_+A_-^*=4|A|^2, \tag{9.3.4}$$

是经典值 $2|A|^2$ 的二倍，表明电子有更高的概率回到 O 点，或换言之，降低了离开 O 点的概率. 在电子的扩散过程中，各散射点有相同的概率成为闭合路径的起点，相位相干的效果相当于降低了扩散系数，从(9.2.5)式，这导致电导率的减小或电阻率的增加. 弱局域化是对经典扩散输运的量子力学改正，是量子力学波函数叠加原理导致宏观可观察后果的独特范例.

弱局域化对经典电导率的修正，比例于无规行走路径发生闭合，或路径自相交的概率. 在 8.1 节中，曾讨论过一维扩散情形，t 时刻粒子回到出发点处的概率，可在(8.1.12)式中令 $x=0$，由 $n(0,t)/N$ 得到. 在 d 维情形，相应的概率为

$$P(r=0,t)=(4\pi Dt)^{-d/2}, \tag{9.3.5}$$

其中，D 为扩散系数. 在三维情形，熟知的结果是 $D=\frac{1}{3}v_{\mathrm{F}}l=\frac{1}{3}v_{\mathrm{F}}^2\tau_0$. 对 d 维体系

$$D=\frac{1}{d}v_{\mathrm{F}}^2\tau_0. \tag{9.3.6}$$

这样，电导率的量子力学改正为

$$\Delta\sigma \propto -\int_{\tau_0}^{\tau_\varphi} \frac{\mathrm{d}t}{(4\pi Dt)^{d/2}}, \tag{9.3.7}$$

负号表示弱局域化的改正总是使电导率减小.闭合路径有不同的形状和大小,反映在(9.3.7)式中积分时限的选择上.τ_0 和 τ_i 分别为需要考虑的最短和最长特征时间,将积分上限 τ_i 改写为 τ_φ,强调非弹性散射导致相位记忆的丧失,τ_φ 在文献上一般称为电子的退相位时间(dephasing time).由于 $\tau_\varphi \propto T^{-p}$,$p$ 的大小与散射机制、维度等有关,易于算出量子力学改正随温度的变化.对二维体系,应有比例于 $\ln T$ 的关系.从(9.3.7)式亦可看出,当温度高到 $\tau_\varphi \approx \tau_0$ 时,量子力学的改正消失.

直接从 9.2 节对弱局域区的讨论,知道对二维体系电导率与尺寸有关的改正(9.2.24b 式)为

$$\Delta\sigma = -\frac{e^2}{\pi^2 \hbar}\ln L, \tag{9.3.8}$$

其中用到了二维情形常数 C 严格计算的结果为 $1/\pi^2$.由于所计算的是量子效应导致的改正,这里的 L 应该是载流子在退相位时间 τ_φ 内扩散的距离,称为退相位长度(dephasing length).参照(9.2.4)式,退相位长度定义为

$$L_\varphi = (D\tau_\varphi)^{\frac{1}{2}}. \tag{9.3.9}$$

将 $\tau_\varphi \propto T^{-p}$ 代入,可得与温度有关的改正为

$$\Delta\sigma = \sigma_{00}\, p \ln T, \tag{9.3.10}$$

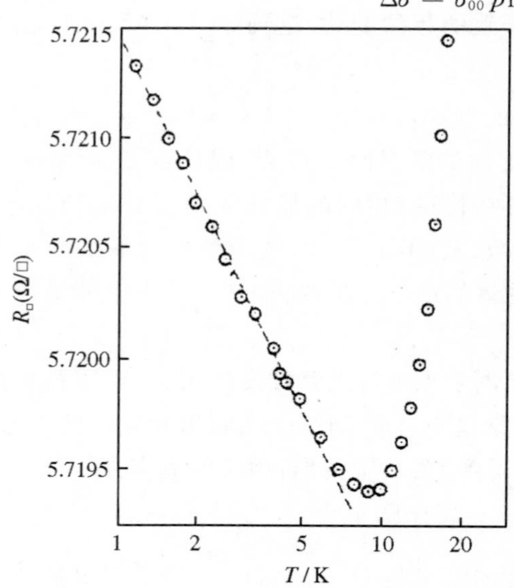

图 9.11 超薄铜膜在低温下电阻随温度的变化

(引自 L. van der Dries et al. Phys. Rev. Lett. 46(1981),565)

其中

$$\sigma_{00} = \frac{e^2}{2\pi^2 \hbar} \tag{9.3.11}$$

是常用的简略写法.

在实际测量中,常用方块电阻 $R_\square$ 描述二维体系的导电性.假定在两电压引线间二维膜的长度为 L,宽度为 W,膜厚为 δ,由于 $R = \rho L/W\delta$,ρ 为材料的电阻率,

$$R_\square = \frac{R}{L/W} = \frac{\rho}{\delta}, \tag{9.3.12}$$

即方块数由 L/W 决定.$R_\square$ 仅决定于膜的电阻率及膜厚,与 L 和 W 的具体大小无关.由于

$$\frac{\Delta R_\square}{R_\square} = -\frac{\Delta\sigma}{\sigma}, \tag{9.3.13}$$

弱局域化在 $R_{\square}(T)$中同样表现为比例于 $\ln T$ 的改正. 图 9.11 给出超薄铜膜(膜厚 11.9 nm)低温下 $R_{\square}(T)$的测量结果,与理论预期的行为相符.

从(9.2.24)式中给出的 $\sigma(L)$关系,类似于二维情形,易于得到三维、一维弱局域改正 $\Delta\sigma$ 的温度关系. 三维情形,$\Delta\sigma\propto 1/L$,相应于 $\Delta\sigma(T)\propto T^{p/2}$,一维情形,$\Delta\sigma\propto -L$ 给出 $\Delta\sigma(T)\propto -T^{-p/2}$.

这里还要指出的是在弱局域化问题中,体系的有效维度由特征长度 L_{φ} 决定. 当金属膜的厚度远大于 L_{φ} 时,扩散运动的电子在感觉到样品有限的厚度前已失去相位记忆,退相位过程是三维的. 当金属膜的厚度远小于 L_{φ} 时,退相位过程由三维降为二维,弱局域化的改正 $\sigma(L)$只发生在与厚度垂直的方向. 一维体系要求 L_{φ} 大于一维线的宽度和厚度. 这里的维度与(9.3.6)式中的不同,该处维度是由平均自由程 $l=v_{\mathrm{F}}\tau_0$ 与体系尺度相比来定的.

9.3.2 弱局域化磁阻

在 $L_{\varphi}\gg l$ 的低温条件下,弱局域化除去表现为温度关系依维度而异的电阻的增加,或电导的减小外,还突出地反映在相对较低的磁场即导致样品电阻显著减小上.

图 9.12 给出 8 nm 厚高度无序铜膜,外加磁场垂直于膜面,在不同温度下电阻随磁场变化的测量结果. 按照 6.4 节的讨论,磁场对电阻的影响比例于$(\omega_c\tau)^2$ 变化,所用铜膜的电子平均自由程很短,约 1 nm 数量级,在实验涉及的磁场范围内

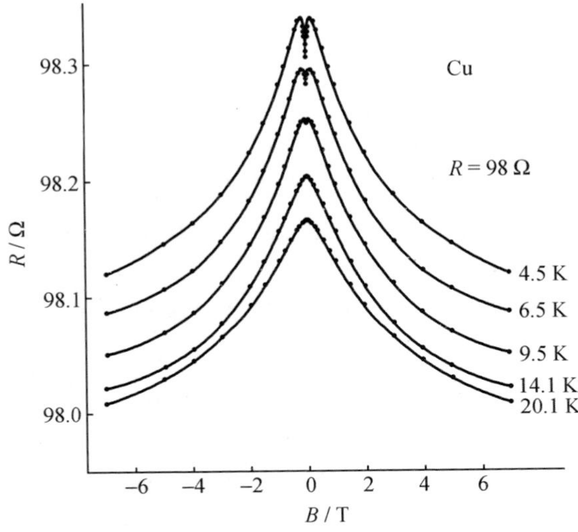

图 9.12 8 nm 厚铜膜($R_{\square}=98\ \Omega$)低温电阻随磁场 B 的变化

(引自 G. Begmann, Phys. Report 107(1984),1)

$(\omega_c\tau)^2$ 约 10^{-8} 数量级，从经典输运的角度，磁场的作用甚微，但测量结果却显示出磁场有很强的影响. 除去在较低温度下，零场附近小范围内磁场使电阻升高外（将在这一小节末做简单的说明），外加磁场的主要效果是使电阻降低，即有负的磁致电阻，特别突出的是在较低磁场下，效应即十分显著，这是弱局域电性在实验上的另一重要特征.

在磁场 $\boldsymbol{B}=\nabla\times\boldsymbol{A}$ 中，$\boldsymbol{A}$ 为矢势，单电子薛定谔方程的解可写成

$$\psi(\boldsymbol{r}) = \psi^{(0)}(\boldsymbol{r})\exp\left[-\frac{\mathrm{i}e}{\hbar}\int_{C(\boldsymbol{r})}\boldsymbol{A}(\boldsymbol{r}')\cdot\mathrm{d}\boldsymbol{r}'\right], \tag{9.3.14}$$

其中 $\psi^{(0)}(\boldsymbol{r})$ 是 $\boldsymbol{B}=0$ 时单电子薛定谔方程的解（参见习题 9.5）.（9.3.14）式表明磁场的影响可吸收在用沿经典路径 $C(\boldsymbol{r})$（端点在 $\boldsymbol{r}$ 点）的线积分表示的附加相位因子上.

对磁场中的一闭合路径，沿顺时针方向和反时针方向回到原点的概率幅将有相应的变化，取反时针方向为闭合路径积分的正方向，有

$$A_+ \to A_+\exp\left(-\mathrm{i}\frac{e}{\hbar}\oint_+\boldsymbol{A}\cdot\mathrm{d}\boldsymbol{l}\right) = A_+\exp\left(-\mathrm{i}\frac{e}{\hbar}\iint\boldsymbol{B}\cdot\mathrm{d}\boldsymbol{S}\right) = A_+\exp\left(-\mathrm{i}\frac{e}{\hbar}\Phi\right), \tag{9.3.15a}$$

$$A_- \to A_-\exp\left(-\mathrm{i}\frac{e}{\hbar}\oint_-\boldsymbol{A}\cdot\mathrm{d}\boldsymbol{l}\right) = A_-\exp\left(\mathrm{i}\frac{e}{\hbar}\iint\boldsymbol{B}\cdot\mathrm{d}\boldsymbol{S}\right) = A_-\exp\left(\mathrm{i}\frac{e}{\hbar}\Phi\right), \tag{9.3.15b}$$

这里，$\Phi=\iint\boldsymbol{B}\cdot\mathrm{d}\boldsymbol{S}$ 是闭合路经所包围的磁通量，按（9.3.2）式，返回原点的概率

$$P(0) = 2\mid A\mid^2[1+\cos(2\pi\Phi/\Phi_{s0})], \tag{9.3.16}$$

其中 $\Phi_{s0}=h/2e$，恰好与超导磁通量子（8.3.16 式）相同.

由于 $[1+\cos(2\pi\Phi/\Phi_{s0})]\leqslant 2$，与（9.3.4）式相比，可见磁场的作用由于破坏了闭合路径时间反演的对称性，降低了电子回到给定点的概率，因而相对于零场情形，是导致正磁导或负磁阻的. 这种效应在正常磁阻可以忽略的很弱的磁场下即可出现（参见习题 9.6），是弱局域化存在的重要证据.

沿同一闭合路径反时针和顺时针方向行走概率幅的相位差，从（9.3.15）式可知为

$$\Delta\varphi = 2\pi\Phi/\Phi_{s0} = 2\pi BS/\Phi_{s0}, \tag{9.3.17}$$

其中 S 为回路所包围的面积，这里简单地假定磁场 $\boldsymbol{B}$ 与回路平面垂直.（9.3.17）式表明，回路面积不同，相位差亦不同. 当回路尺度较大时，同样的尺度变化会引起回路面积、因而相位差较大的改变. 平均而言，回路面积大致使相位差为 1 以上时，不同回路的作用因相位的明显改变而相互抵消. 按（9.3.9）式，t 时间内电子扩散的距离为 $(Dt)^{1/2}$，闭合回路的面积可近似用 Dt 来表示. 这样，磁场的作用相当于引进

了一个由下式确定的磁弛豫时间 τ_B，

$$\Delta\varphi = \frac{2\pi BD\tau_B}{\Phi_{s0}} \approx 1. \tag{9.3.18}$$

严格的理论所采用的结果是

$$\tau_B = \frac{\hbar}{4eBD}, \tag{9.3.19}$$

与由(9.3.18)式定出的差 1/2 因子. 等价地可引入与外加磁场相关的磁特征长度

$$L_B = (D\tau_B)^{1/2}. \tag{9.3.20}$$

当 $\tau_B \ll \tau_\varphi$，或 $L_B \ll L_\varphi$ 时，称为强场情形，(9.3.7)式中的积分上限 τ_φ 要用 τ_B 代替. 在 $\Delta\sigma(L)$ 中，决定 L 的特征尺度为 L_B，尺度大于 L_B 的回路没有贡献. 易于看出，在二维情形

$$\Delta\sigma(B) = \sigma_{00}\ln B. \tag{9.3.21}$$

当 $\tau_B \gg \tau_\varphi$，或 $L_B \gg L_\varphi$ 时，称为弱场情形，起主要作用的仍为 τ_φ 或 L_φ. 磁场产生的对电导小的改正，由于和垂直于二维平面的磁场正负方向无关，比例于 B^2 变化.

除电子和杂质，以及电子和声子的散射外，实际上往往还有自旋-轨道散射和磁散射，这使磁阻行为变得复杂. 自旋-轨道散射是指电子自旋和散射产生的电子轨道运动间的相互作用. 其强弱用自旋轨道耦合系数 ε 描述. 当电子和原子序数为 Z 的类氢原子散射时

$$\varepsilon = \alpha Z^4, \tag{9.3.22}$$

其中 $\alpha = 1/137$ 为精细结构常数. 因此对于重的杂质原子，可有相当强的自旋-轨道相互作用. 如杂质原子有局域磁矩，电子还会受到磁散射. 在多种因素共同的作用下，弱局域化磁电导或磁电阻会有比较复杂的行为.

从图 9.12 可见，在比较高的温度(如 20.1 K)，磁场导致负的磁电阻，低场下比例于 B^2 变化，磁电阻的曲线形式较为简单. 在低温下，加场时电阻首先急速上升，呈现出正的磁电阻行为. 然后，随着磁场继续增加，电阻才随磁场的增加而减小. 这种复杂的变化形式，源于强的自旋-轨道散射的影响. 在较低的温度下，电子-声子散射减弱，τ_φ 加大，低场下有 $\tau_\varphi > \tau_B > \tau_{s0}$，起主要作用的是自旋-轨道散射，$\tau_{s0}$ 是相应的弛豫时间. 仔细的分析表明它导致正的磁电阻，常称做反弱局域化(weak anti-localization). 当磁场加大到 $\tau_B \approx \tau_{s0}$ 时，磁电阻改变符号. 温度升高时，当 τ_φ 减小到与 τ_{s0} 大体相等时，自旋-轨道散射导致的正磁电阻不再出现. 详细的讨论已超出本书范围，可参阅 Bergmann 的评述文章①.

① G. Bergmann, Phys. Rep. 107(1984) 1.

9.3.3　电子-电子相互作用

弱局域化对电导的改正来源于单电子的量子干涉效应. 事实上,导电电子的库仑相互作用也给出对电导的改正,且在二维体系中和弱局域化相似,改正项亦随温度以对数形式变化.

金属中电子之间有强的长程库仑相互作用,但大多数情况下,单电子近似仍是很好的近似,重要的原因是库仑相互作用受到电子云的屏蔽,这点将在第十二章中讨论. 在无序金属中情况有所不同,电荷分布的突然改变不能被立即屏蔽,原因是电子以扩散的方式运动,完成屏蔽需要时间. 这使电子之间的库仑相互作用变得重要. 对二维情形,严格的计算给出电导率的改正为

$$\Delta\sigma = \sigma_{00} p(1-F)\ln(T/T_0). \tag{9.3.23}$$

和(9.3.10)式相比,增加了因子$(1-F)$,F反映了电子-电子相互作用的强弱,在和实验比较时,常作为调节参数处理.

由于库仑相互作用效应对磁场不敏感,磁场较强时,弱局域化被抑制,得到的电导率的改正只来源于库仑相互作用的贡献.

总之,如9.2节所述,弱局域化发生在g相当大、理论上很适合于用微扰论处理的区域. 1980年代初期的实验工作表明,理论和实验相当好地符合,这使弱局域化成为研究金属中各种特征散射时间新的工具. 由于弱局域化对磁性杂质极为敏感,可检测到10^{-4}原子单层的表面$3d$磁性杂质,远比其他方法灵敏,近年来也被用来研究正常金属表面磁性原子间的相互作用及磁有序等. 温度$T\to 0$时退相位时间τ_φ的行为,是趋于有限值还是趋于无穷,由于涉及一些基本理论问题,成为近年来人们关注的焦点,详见林志忠和Bird的评述文章①.

特别值得强调的是,这方面的工作揭示出载流子保持相位记忆的尺度、或退相位长度L_φ的存在. 在第十章中将指出这正是介观体系的特征尺度. 从这一角度,弱局域化的理论和实验研究,在人们对无序体系的认识方面,有重要的地位.

9.4　跳 跃 电 导

当体系的尺寸L远大于局域化长度ξ,即$L\gg\xi$时,体系处于强局域区,许可的电子态均为局域态. 在能量上有宽的分布范围,相邻局域态间能量可十分不同, 定性地表示在图9.13中. 温度$T\to 0$时,体系的电导率$\sigma=0$,为绝缘体. 温度升高时,电子可因热激活,从一个局域位置跳到另一个,产生跳跃电导(hopping conduction).

① J. J. Lin and J. P. Bird, J. Phys.: Condens. Matter, 14(2002), R501.

考虑两分别位于 $\boldsymbol{R}_i$ 和 $\boldsymbol{R}_j$，能量分别为 ε_i 和 ε_j 的局域态，电子从一个态经距离 $R=|\boldsymbol{R}_j-\boldsymbol{R}_i|$ 隧穿到另一态的概率决定于两个态波函数的交叠. 对于局域态，由于 $\psi\propto\exp(-|\boldsymbol{r}-\boldsymbol{R}_i|/\xi)$ (9.1.1 式)，简单地假定两个态的局域化长度近似相同，则隧穿概率比例于 $\exp(-2R/\xi)$.

由于两局域态能量不同，能量差 $\Delta\varepsilon=\varepsilon_j-\varepsilon_i$，能量守恒定律要求，在跳跃过程中必然有声子被吸收(对于 $\Delta\varepsilon>0$)，或被发射(对于 $\Delta\varepsilon<0$). 在实际的跳跃导电过程中，能量升高的跳跃必然会发生，其概率比例于能量为 $\Delta\varepsilon$ 的热平衡声子数. 在足够低的温度下($k_\mathrm{B}T\ll\Delta\varepsilon$)，由玻尔兹曼因子 $\exp(-\Delta\varepsilon/k_\mathrm{B}T)$决定. 跃迁概率 P 比例于上述两因子的乘积

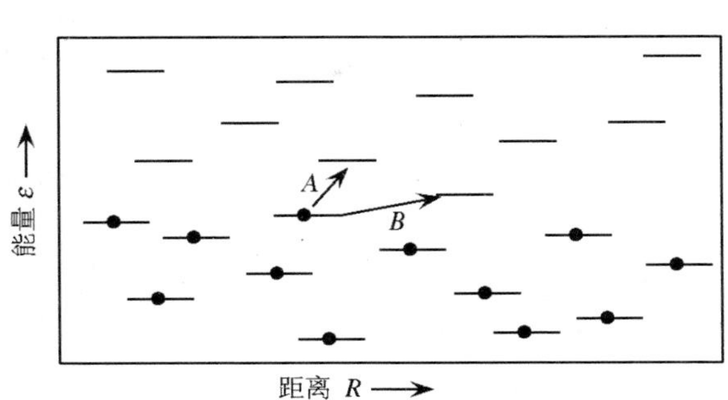

图 9.13 局域态间跳跃过程示意

$$P\propto\exp\left(-\frac{2R}{\xi}-\frac{\Delta\varepsilon}{k_\mathrm{B}T}\right),\ \text{对于}\ \Delta\varepsilon>0. \tag{9.4.1}$$

实际上，R 和 $\Delta\varepsilon$ 都不是固定的. 在导电过程中，电子从体系一端过渡到另一端，会经历很多不同的跳跃. 如在某一温度 T，平均的跳跃步长为 R，体系单位体积的能态密度为 $g(\varepsilon)$，则 $\Delta\varepsilon$ 的平均值可估计为

$$\Delta\varepsilon\sim\frac{1}{g(\varepsilon)R^d}, \tag{9.4.2}$$

其中，d 为体系的维度.

(9.4.1)和(9.4.2)式意味着跳跃过程的特征参数必然随温度变化. 当跳跃步长 R 较短时，终态在初态的附近，一般讲，$\Delta\varepsilon$ 较大，如图 9.13 中的 A 情形，通常发生在温度稍高，声子能提供足够的能量时. 温度降低到某一程度时，R 较大，$\Delta\varepsilon$ 较小的 B 情形的跳跃将有更大的概率. 尽管此时波函数的重叠因子 $\exp(-2R/\xi)$下降，但从声子因子 $\exp(-\Delta\varepsilon/k_\mathrm{B}T)$处得到更多的补偿. 即温度降低后，电子要在更大的范围内选择能量相近的终态，以使跳跃概率增加，最概然的跳跃距离可由条件

$$\frac{\mathrm{d}}{\mathrm{d}R}\left[\frac{2R}{\xi}+\frac{1}{g(\varepsilon)R^dk_\mathrm{B}T}\right]=0 \tag{9.4.3}$$

得到. 结果是

$$R_0\sim\left[\frac{\xi}{g(\varepsilon)k_\mathrm{B}T}\right]^{\frac{1}{d+1}}. \tag{9.4.4}$$

此式给出了跳跃步长如何随温度变化. 这种导电过程称为变程跳跃(variable range hopping). 上式中略去了数量级为 1 的常数. 假设最概然跳跃支配了跳跃电导率，

从(9.4.1)及(9.4.4)得

$$\sigma \propto \mathrm{e}^{-C(T_0/T)^{1/(d+1)}}, \tag{9.4.5}$$

其中 C 为无量纲的常数,温度 $T \ll T_0$,

$$k_B T_0 \sim \frac{1}{g(\varepsilon)\xi^d}. \tag{9.4.6}$$

特别要注意,这里对温度的依赖与体系的维度有关,对三维体系

$$\sigma \propto \mathrm{e}^{-C(T_0/T)^{1/4}}. \tag{9.4.7}$$

这常称为莫特 $T^{1/4}$ 定律(Mott's $T^{1/4}$ law). 二维和一维体系,相应的方次分别为 1/3 和 1/2.

当温度升高到 $T > T_0$ 时,变程跳跃过渡到最近邻局域态间的定程跳跃(fixed range hopping). 最近邻态间能量差的典型值为

$$\Delta\varepsilon_\xi \sim \frac{1}{g(\varepsilon)\xi^d}. \tag{9.4.8}$$

这时电导率主要由(9.4.1)中声子热激活部分决定,即

$$\sigma \propto \mathrm{e}^{-\Delta\varepsilon_\xi/k_B T}. \tag{9.4.9}$$

在费米能 ε_F 很接近迁移率边 ε_c,$(\varepsilon_c - \varepsilon_F) < \Delta\varepsilon_\xi$ 时,对 $T > T_0$ 的电导率言,起主要作用的是电子被热激活到 ε_c 以上. 此时

$$\sigma \propto \mathrm{e}^{-(\varepsilon_c - \varepsilon_F)/k_B T}. \tag{9.4.10}$$

在 $T < T_0$ 时,回到变程跳跃的机制.

以上是对跳跃电导的简单讨论,跳跃(hopping)实际上是指电子从一个局域态到另一局域态借助声子进行的量子力学隧穿过程(phonon-assisted quantum-mechanical tunneling). 在对跃迁概率(9.4.1)的讨论中,只涉及 $\Delta\varepsilon > 0$ 的情形. 对于能量减小的跃迁,与 $\Delta\varepsilon$ 有关的玻尔兹曼因子不出现. 实际上,像在 8.1.2 和 8.1.3 小节那样,计及初态的占据概率和末态的未占据概率后,能量减小的过程和能量增加的过程有相同的跃迁率(参阅习题 9.7). 电场的效果对沿场能降低方向局域态间的跳跃有利,$\Delta\varepsilon$ 要用 $\Delta\varepsilon - eER$ 代替,其中 E 是平行于 R 的电场分量.

变程跳跃的概念在 1960 年代末提出,得到实验测量的肯定. 图 9.14 是掺少量 Ni 的非晶态 Sb-Ni 合金电阻随 $T^{-1/4}$ 的变化,线性区源于变程跳跃. 在 11.1.1 小节中将谈到半导体二维电子气系统,加栅电极并改变栅压可控制载流子通道的宽窄. 图 9.15(a)是在 3 K 以下对硅反型层二维电子气系统的测量结果. 用(9.4.5)式,即 $\sigma = \sigma_0 \exp[-(T_0/T)^n]$ 拟合实验数据,温度指数 n 随栅电压的变化表示在图 9.15(b)中. 可见在栅电压小于和大于 6 V 时,温度指数分别为 1/2 或 1/3,表明变程跳跃维度从一维到二维的改变.

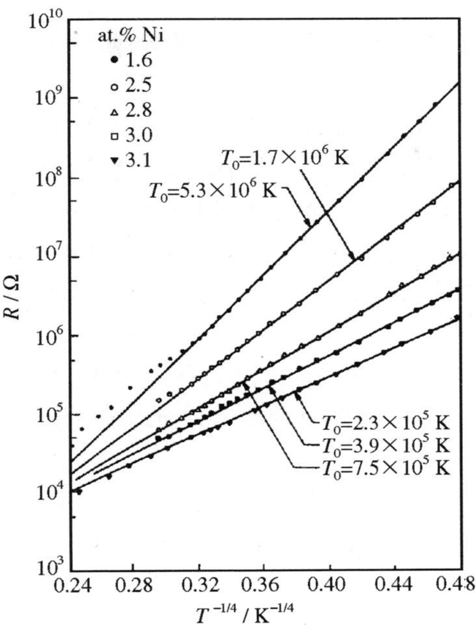

图 9.14　含不同浓度 Ni 的非晶态 Sb-Ni 合金电阻随温度的变化

（引自 J. J. Hauser，Phys. Rev. B11 (1975)，738）

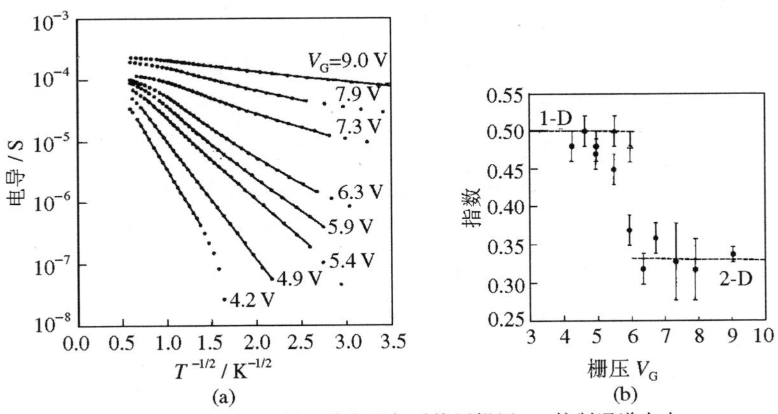

图 9.15　(a) 硅反型层二维电子气系统用栅压 V_G 控制通道大小，对数电导随 $T^{-1/2}$ 的变化；(b) 相应的温度指数

（引自 A. B. Fowler et al. Phys. Rev. Lett. 48(1982),196）

9.5 非晶态固体的比热和热导率

1970年代初，从非晶态固体比热的研究开始，人们逐渐认识到，几乎所有的非晶态固体约在1 K温度以下，有定性上相似的行为.包括随温度近线性变化的比热，大致比例于 T^2 的热导率，复杂的弛豫性质，以及至少在介电材料中观察到的一系列特征的非线性声学性质.值得指出的是，上面的某些共性也在一些无序晶体中观察到.而且，某些性质，如热导率在低温区以外，更宽的温度范围内至少是定性上表现出普适行为.

非晶态固体有多种形式：普通的玻璃和金属玻璃，非晶态半导体，非晶态聚合物等.这些材料在化学成分及微观物理结构方面均十分不同，因而这种行为的共性是让人吃惊的.

本节将限制在讨论非晶态介电固体的比热和热导率上，并对相关的两能级隧穿模型做简单的介绍.

9.5.1 低温比热和热导率

对于纯的介电晶体，在低温下对比热有贡献的仅是长波声子.这时，固体可看做连续的弹性介质，德拜模型是很好的近似，给出比热随温度变化的 T^3 关系.对所有纯的晶体，在温度 $T<\Theta_D/100$ 时，德拜模型给出的比热值与实验值的差别在百分之几以内.

在这样低的温度下，起主要作用的声子波长约为100 nm的数量级，已远大于非晶态固体中原子排列无序的尺度，因此，人们期待连续介质近似依然是好的近似.然而1971年C. Zeller和R. O. Pohl对晶态 SiO_2（石英）和非晶态 SiO_2 比热的测量表明低温下它们的行为十分不同.晶态 SiO_2 的比热与德拜模型给出的结果（图9.16中虚线）一致.非晶态 SiO_2 的弹性常数与晶态的相差甚微，本应有相近的晶格比热.但实际上，从图9.16可看出，比热数值明显高出，且在温度下降时，在1 K以下非晶态 SiO_2 比热的变化要比德拜的 T^3 律慢.在0.1 K到1 K之间，比热可以很好地表述为

$$c = c_1 T + c_3 T^3, \tag{9.5.1}$$

其中 c_3 要比德拜模型值大一些.在远低于1 K的温度，主要是第一项，比热随温度线性变化，随后发现这是非晶态固体普遍的性质.更准确一些，(9.5.1)中线性项应写成 $c_1 T^{1+\beta}$ 的形式，β 值依赖于材料，在0.1到0.3之间.比热的变化是近线性的，通常为简单，仍常用“线性的”说法.

晶态材料的晶格热导，按5.4.2小节的讨论，可写成

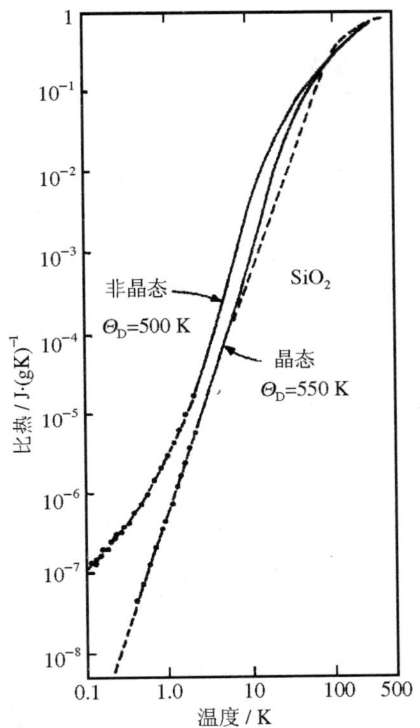

图 9.16 晶态和非晶态 SiO_2 的低温比热
(引自 R. C. Zeller and R. O. Pohl, Phys. Rev. B4 (1971),2029)

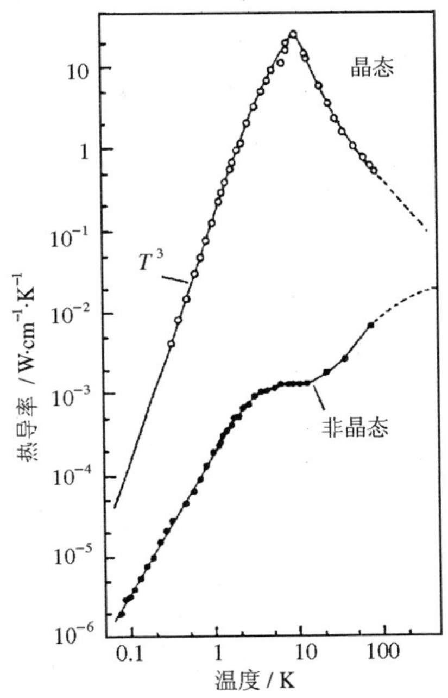

图 9.17 晶态和非晶态石英(SiO_2)的低温热导率
(引自 R. C. Zeller and R. O. Pohl, Phys. Rev. B4 (1971),2029)

$$\kappa = \frac{1}{3}cvl \tag{9.5.2}$$

的形式.在低温下,声子的平均自由程受样品尺寸限制,不随温度变化.v 为平均声速,对确定的材料亦为常数.热导率随温度的变化取决于比热 c,按德拜模型,应比例于 T^3.从图 9.17 可见,晶态石英热导率随温度的变化.在 10 K 以下,有很好的 T^3 行为.非晶态石英的热导率变化较缓,数据分析表明,其主要特征是低温下随温度按 T^2 规律变化.这同样出乎意料,也同样是非晶态固体的普遍行为.精确的测量表明 1 K 以下热导率随温度的变化应写成比例于 $T^{2-\beta'}$ 的形式.β' 与比热的指数 β 大小相近,但并不相等.图中非晶态石英的热导率在 1～10 K 有一"平台",即近似为常数.在更高的温度区间,比例于 T^n 变化,n 的数值非常接近于 1.下面会讲到,非晶态固体的热导率在更宽的温度范围内表现出行为的共性.

9.5.2 两能级隧穿模型

非晶态固体低温下比热、热导率反常行为的发现，导致对非晶态固体多方面的深入研究，也提出了多个理论模型. 其中发展得最好，且广为接受的是两能级隧穿系统模型(tunneling two-level system model).

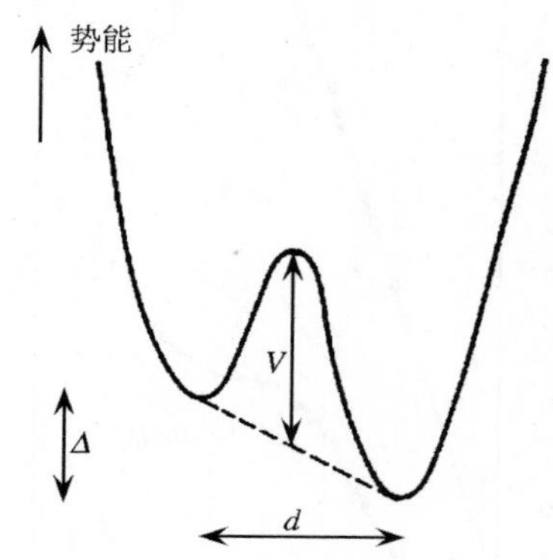

图 9.18 两能级隧穿模型中双势阱示意

在理想的晶体中，所有的原子或分子在晶格中占据确定的位置，只有一个许可的位形. 相反地，在非晶态固体中，与晶体格子对应的是无规的网络，可以有很多不同的位形. 两能级隧穿模型基本的假定是在非晶态固体中，某些原子，或一组原子至少有两个能量接近于简并的可能位形，且在两位形间有一定的隧穿概率. 形式上这等价于在双势阱中运动的粒子，如图 9.18 所示. 两势阱间小的能量差 Δ，称为非对称度(asymmetry). 隧穿参数 $\eta=d(2mV/\hbar^2)^{1/2}$ 反映了粒子在两势阱间隧穿的难易程度，其中，V 为势垒高度，d 是两势阱间的距离，m 为粒子的质量. 在非晶态固体中，隧穿系统的各参数并无确定值，相反地，会在宽的范围内变化. 两能级隧穿模型假定 Δ 和 η 是相互独立的，且单位体积两能级系统的态密度为常数，即

$$P(\Delta,\eta)d\Delta\,\mathrm{d}\eta=\bar{P}d\Delta\,\mathrm{d}\eta. \tag{9.5.3}$$

这是两能级隧穿模型中最重要的假定. 模型还假定，在无序固体中，两能级系统的密度很低，一般地不需要考虑它们的相互作用.

两能级隧穿模型是相当成功的模型，它不仅能解释 1 K 以下非晶态固体表现出的很多独特的共性行为，还预言了一些新的非线性声学效应. 下面我们略去 η 参数的影响，采用简化的两能级模型做粗略的讨论.

对一个能量分别为 0 和 Δ 的两能级系统，系统的能量为

$$\varepsilon=\frac{\Delta\mathrm{e}^{-\Delta/k_{\mathrm{B}}T}}{1+\mathrm{e}^{-\Delta/k_{\mathrm{B}}T}}, \tag{9.5.4}$$

因而，比热为

$$c=\frac{\partial\varepsilon}{\partial T}=\frac{\Delta^2}{k_{\mathrm{B}}T^2}\frac{\mathrm{e}^{-\Delta/k_{\mathrm{B}}T}}{(1+\mathrm{e}^{-\Delta/k_{\mathrm{B}}T})^2}. \tag{9.5.5}$$

总的比热要考虑所有可能的两能级系统的贡献，即

$$c=k_{\mathrm{B}}\int_0^{\infty}\bar{P}\left[\left(\frac{\Delta}{k_{\mathrm{B}}T}\right)^2\frac{\mathrm{e}^{-\Delta/k_{\mathrm{B}}T}}{(1+\mathrm{e}^{-\Delta/k_{\mathrm{B}}T})^2}\right]\mathrm{d}\Delta\approx\frac{\pi^2}{6}k_{\mathrm{B}}^2\bar{P}T. \tag{9.5.6}$$

可见比热对温度的线性依赖关系来源于两能级系统的贡献，并直接联系于 $\bar{P}$ 为常

数这一假定.

对于声子热导,假定声子气体的平均自由程主要受声子和两能级系统的共振散射决定.每个两能级系统不断的吸收和发射声子,共振散射发生在声子能量$\hbar\omega$和Δ相等时.单位体积声子系统的能量密度函数为$\rho(\hbar\omega)$,它与5.2.4小节中给出的声子谱密度函数$g(\omega)$的关系为

$$\rho(\hbar\omega)=\frac{\hbar\omega g(\omega)}{e^{\hbar\omega/k_BT}-1}. \tag{9.5.7}$$

在声子和两能级系统共振散射时,声子系统的能量密度函数发生变化,

$$\frac{\partial\rho(\hbar\omega)}{\partial t}=\hbar\omega\bar{P}\frac{\partial P_1}{\partial t}, \tag{9.5.8}$$

其中P_1是该两能级系统处在基态的概率.对P_1变化的讨论,可参阅量子力学中对原子光吸收与辐射的讲述①.P_1的变化,一方面来源于两能级系统吸收声子,跃迁到高能态,导致P_1的减小;另一方面也来源于处在高能态的两能级系统通过受激发射和自发发射声子回到基态,使P_1有所增加,即

$$\frac{\partial P_1}{\partial t}=-P_1B\rho(\hbar\omega)+P_2[A+B\rho(\hbar\omega)], \tag{9.5.9}$$

其中P_2是两能级系统处在高能态的概率,A是自发发射系数,B是低能态的吸收系数,也是高能态的受激发射系数(两者跃迁概率相同).类比于爱因斯坦对原子自发辐射的讨论,文献上常称这里的A,B为声子爱因斯坦系数.将(9.5.9)式代入(9.5.8)式,得

$$\frac{\partial\rho(\hbar\omega)}{\partial t}=\hbar\omega\bar{P}AP_2-(P_1-P_2)\hbar\omega\bar{P}B\rho(\hbar\omega). \tag{9.5.10}$$

当声子系统偏离平衡态时,等式右边使其恢复平衡,通常类似于在玻尔兹曼方程(6.1节)中对碰撞项的处理((6.1.11)式),写成$-[\rho(\hbar\omega)-\rho_0(\hbar\omega)]/\tau$的形式,由此可得到散射的弛豫时间,其中平衡时的$\rho_0(\hbar\omega)$可由$\partial\rho(\hbar\omega)/\partial t=0$求得.经过简单的计算,有

$$\frac{1}{\tau}=\hbar\omega\bar{P}B(P_1-P_2)=\hbar\omega\bar{P}B\frac{1-e^{-\hbar\omega/k_BT}}{1+e^{-\hbar\omega/k_BT}}=\hbar\omega\bar{P}B\tanh\frac{\hbar\omega}{2k_BT}. \tag{9.5.11}$$

在低温下,$\tanh\hbar\omega/2k_BT\approx1$,因而$\tau^{-1}\propto l^{-1}\propto\omega$.由于起主要作用的声子的能量比例于$T$,得到$l\propto T^{-1}$.从(9.5.2)式,鉴于声子气体的比热$c\propto T^3$,因而热导率$\kappa\propto T^2$.更仔细的计算,这里就从略了.

---

① 如曾谨言,量子力学导论,北京:北京大学出版社,1992年,§11.4.

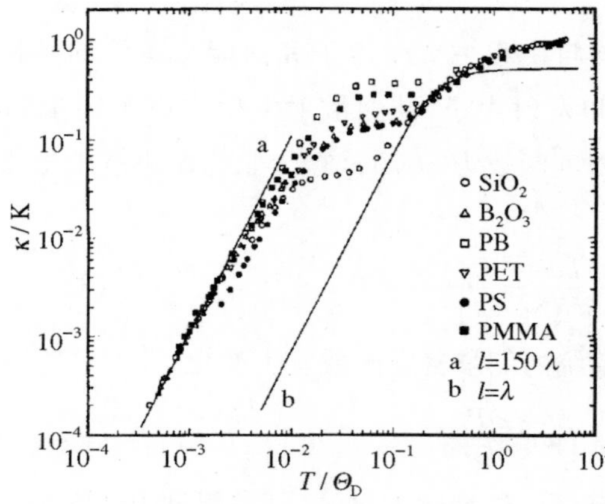

图 9.19 6 种非晶态介电材料热导率随温度的变化（引自 *J. J. Freeman and A. C. Anderson, Phys, Rev.* B34 (1986), 5684）

9.5.3 更宽温度范围的行为共性

事实上，人们发现非晶态固体行为的共性并不仅限于 1 K 以下. 图 9.19 是 6 种不同的非晶态介电材料（包括 SiO_2，B_2O_3 玻璃和聚合物 PB，PET，PS 以及 PMMA）热导率随温度的变化. 热导率和温度分别按 κ/K 和 T/Θ_D 标度，其中 Θ_D 是德拜温度，K 是一比例于 Θ_D^2/v（v 为声速）的量. 可见，不仅在 $T/\Theta_D \lesssim 10^{-2}$（大约在 1 K 以下），而且在 $10^{-1} < T/\Theta_D < 10$ 的温区，它们的行为都十分一致. 仅在平台区（$10^{-2} \lesssim T/\Theta_D \lesssim 10^{-1}$）依赖于具体的材料，数值有所不同. 后来发现其他非晶态介电材料也符合这一规律. 对非晶态金属，不同材料间行为的一致性尽管没有介电材料这样突出，却也十分明显. 如果认为热量主要由声子传输，图 9.19 还告诉我们，在 1 K 以下以及平台区以上，声子平均自由程 l 和声子波长 λ 的比值分别为 1 和 150，与具体的材料无关，是普适的.

这种普适行为在比热中亦有表现，如扣去德拜比热 c_D，作 $(c-c_D)/T$ 随 T 变化的图，对大多数非晶态材料，行为亦很相似，即在 1 K 以下，大体为水平线. 在 1～10 K 区间，很快上升，然后趋于水平，但数值要比低温值高 100 倍左右.

对于这种在更宽温度范围表现出的行为共性，也许要着眼于非晶态材料除结构为非晶外，不同于晶态及液态的共性特征，发展更普遍的理论. 详细的可参阅 A. J. Leggett 的文章①以及该文所引用的有关文献.

① A. J. Leggett, Physica B169 (1991) 322.

第十章　尺　　寸

本书一直讨论的是由大量粒子构成的宏观尺度的固体，即使在尺寸有限的情形下，仍借助周期性边界条件去除尺寸的影响，得到材料的体性质.从统计物理学的角度，所得到的应理解为材料的热力学极限，即体积 $V\to\infty$，总粒子数 $N\to\infty$，N/V 保持为常数时的行为.

固体的尺寸不断减小，如何从宏观体系过渡到少量原子分子组成的微观体系，是凝聚态物理的一个基本问题.一般讲，仅当体系尺寸远大于某一特征尺度时，才能称为是宏观的.

从单个原子或分子出发，逐渐增加原子或分子数，所得到的是将在 10.3 节中讨论的团簇(cluster).团簇尺寸增加到一定程度，原子或分子数再增加时，除表面结构稍有调整外，团簇的结构和性质不再发生显著的变化，展现出接近大块晶体的明显特征，由此得到的特征尺度，对于金属团簇而言，约为 1 nm 的数量级.团簇的物理是介乎原子、分子物理和宏观体系物理之间的一个新的研究层次.

在 10.2 节中讨论的纳米微粒，其性质与大块材料有明显的差异，为人们所关注.但在物理方面，仍可从大块材料的理论出发，引入尺寸效应，如尺寸限制导致电子能级的明显分立等而得到解决.

长时间以来，人们对无序体系中电子的研究(第九章)，特别是 1980 年代初期的实验工作肯定了弱局域化物理图像的正确性，使人们对宏观、微观体系之间的过渡有了新的认识，认识到存在一个新的和电子非弹性散射紧密关联的，电子保持相位记忆的特征尺度，或退相位长度 L_φ.文献上把尺度相当于或小于 L_φ 的小尺度体系称为介观体系(mesoscopic system)，表示中介于宏观体系与微观体系之间.介观体系从尺度上已是宏观的，但由于电子运动的相干性，会出现一系列新的与量子力学相位相联系的干涉现象，这方面又与微观体系相似.介观体系独特的行为和物理，是本章在 10.1 节中要着重讨论的.

本章最后一节将讨论在小体系中常碰到的由于库仑能增加对电子隧穿过程的库仑阻塞(Coulomb blockade)效应.

总起来讲，首先，对宏观世界和微观世界，人们已有较多的研究，理论上有比较成熟的处理方法，相对言，对居间的这些细小体系了解较少.其次，这些细小体系样品的制作和测量，已为实验可及.理论和实验可有很好的配合和互动.最后，重要的是已涉及电子器件小型化及其他多方面的实际应用.近年来的发展已表明，介观物理和传统的细小体系物理研究的进步和成熟，为了解新兴纳米结构中的输运性质、电子散射机制和电子-电子相互作用提供了非常有效的工具. 这一领域的研究有重要的基础研究价值，以及广阔的应用背景.

10.1 介观体系的物理

尺度 $L \lesssim L_\varphi$ 的体系称为介观体系. 本节限制在讨论正常金属弹性散射平均自由程 $l \ll L \lesssim L_\varphi$，即电子经多次弹性散射才失去相位记忆的扩散区情形. 在液氦温度，介观体系有 μm 尺度，已属宏观大小. 本节的讨论主要强调两点. 其一是介观体系表现出来的，与量子力学波函数相位相联系的新的物理现象. 其二是介观体系所表现出来的行为"个性". 每个介观尺度的样品有它独特的"指纹"(10.1.4 小节)，这与宏观体系总是显示出一种"自平均"的性质十分不同.

广义的对介观物理的了解，还应包括以半导体二维电子气系统为基础的量子力学效应突出的微结构体系. 这部分将留在 11.1 节中作为低维体系讨论.

对介观物理进一步的了解，可阅读本书主要参考书目的 14，16 及 19.

10.1.1 介观尺度

界定介观体系尺度的是与退相位时间 τ_φ 相联系的退相位长度 L_φ，对于尺度 $L \lesssim L_\varphi$ 的介观体系中的电子行为，相位、因而量子干涉效应是重要的. 由于相位的破坏和散射时能量的交换紧密相关，本书取 τ_φ 大体与非弹性散射弛豫时间 τ_i 相等，即 $\tau_\varphi \approx \tau_i$. 实际上在某些情形，如对于低维系统扩散区的电子-电子非弹性散射，两者有明显的不同①.

L_φ 和 τ_φ 的关系由(9.3.9)式给出，即 $L_\varphi = (D\tau_\varphi)^{1/2}$，对于 3 维体系，扩散系数 $D = v_F l/3$，l 为弹性散射平均自由程. 应该注意的是 L_φ 并不等于 $v_F\tau_i \approx v_F\tau_\varphi$. 对于在液体氦温度下的正常金属，一般地有 $l \approx 10^{-5}$ cm，由于电子-声子散射大大减弱，$v_F\tau_\varphi$ 可大到 0.1 cm 左右，但相应的 L_φ 仅约 10 μm，两者的差别是很大的. 差别的原因是，在相继两次非弹性散射间，电子经受多次，这里大约是 10^4 次弹性散射，曲折地无规行走，$v_F\tau_\varphi$ 相当于这一路径的总长度，L_φ 则是路径起点和终点间的直线距离，自然要短很多. 在 $\tau_\varphi \approx \tau_i$ 时，如果要将 L_φ 定义为非弹性散射的平均自由程，则应将后者理解为相继两次非弹性散射间的平均直线距离.

10.1.2 Landauer 类型的电导公式

对介观尺度样品电导行为的讨论，不能采用第六章中半经典的处理方法，在那

① B. L. Altshuler et al. Solid State Commun. 39(1981), 619.

里除晶格周期场的影响用量子力学处理外,载流子是完全经典的.现在面对的是小尺度体系的量子输运问题,由于体系中往往只存在弹性散射,不能像通常那样从能量损耗的角度定义电导,需要采用 Landauer 类型的公式,将输运视为载流子流入射到样品边界上的结果,通过透射率 T 和反射率 R 表述其电导.

首先讨论如图 10.1(a)所示两理想电子库间通过一理想导体相连结的情形.

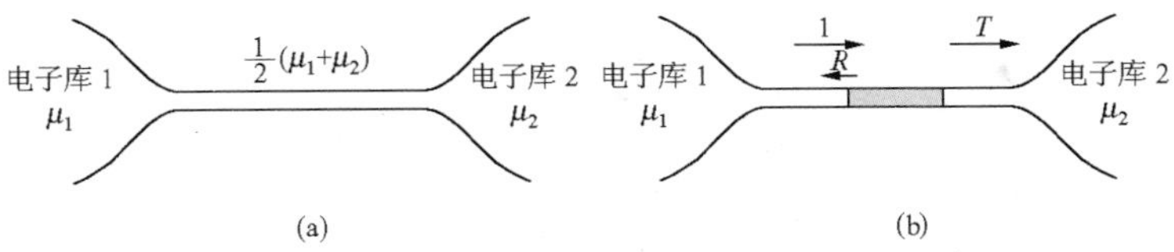

图 10.1 与电子库相连的两端导体示意

理想导体是指不含杂质,电子在其中不受散射的导体.由于尺寸的限制,电子能量分裂成一系列的一维子带(参见 11.1 节),带底能量为 $\varepsilon_n(n=1,2,3,\cdots)$,电子波在沿导体方向仍以行波方式传播.能量作为波矢 k 的函数可写为

$$\varepsilon_n(k) = \varepsilon_n + \frac{\hbar^2 k^2}{2m}. \tag{10.1.1}$$

这里为简单,假定理想导体是严格一维的,相当于上式中只能取 $n=1$,只有一个传播模式或通道.

理想电子库满足如下条件:

(1) 所有入射的电子,不管其能量与相位,均被库吸收;

(2) 在库的内部,电子处于热平衡状态,按费米统计分布.电子库能不断地提供能量低于其化学势 μ 的电子,这些电子的能量及相位与所吸收的电子无关.

理想电子库和理想导体间无反射地光滑连接.

讨论零温情形,设库 1 的化学势 μ_1 高过库 2 的 μ_2,即

$$\mu_1 = \mu_2 + eV, \tag{10.1.2}$$

其中 V 为电压差,由于化学势小于 μ_2,从库 1 向右和库 2 向左的电子对电流的贡献相互抵消,向右的净电流为

$$I = 2e\int_{\mu_2}^{\mu_1} v_k \frac{\mathrm{d}k}{\mathrm{d}\varepsilon_k}\frac{\mathrm{d}\varepsilon_k}{2\pi} = \frac{2e}{h}(\mu_1 - \mu_2), \tag{10.1.3}$$

推导中用到了 $v_k = \hbar^{-1}\mathrm{d}\varepsilon_k/\mathrm{d}k$,因子 2 来源于每个 k 态有两个电子.这样,两端单通道理想导体的电导为

$$G = \frac{I}{V} = \frac{2e^2}{h}. \tag{10.1.4}$$

这一结果在 11.1 节中还将用到.

理想导体上的化学势同等程度地受到两个电子库的控制,化学势为 $\mu=(\mu_1+$

$\mu_2)/2$，且沿理想导体并无电压降或化学势的变化. 电压降实际上均等地降在理想导体和左右两个电子库的接触区上，(10.1.4)式给出的电阻 $1/G$ 是接触电阻，在理想情形下，每一通道每个接触的电阻为 $h/4e^2$，约 6.5 kΩ.

现在在理想导体中间插入一段介观尺度的无序导体或器件(图 10.1(b)). 如入射电子的透射率 T 小于 1，(10.1.3)式给出的电流按比例减小，两端单通道器件电导

$$G=\frac{2e^2}{h}T. \tag{10.1.5}$$

这是 Landauer 类型公式之一，常称为 Büttiker 公式①.

扣除接触电阻后可得到样品或器件本身的电导，

$$G=\frac{2e^2}{h}\frac{T}{1-T}, \tag{10.1.6}$$

此即 Landauer 公式②.

按照我们原有的认识，有限大的电导或电阻总是和能量的损耗联系在一起的. 这里，样品或器件本身决定着电导或电阻的大小(10.1.6 式)，损耗或不可逆过程却发生在另外的地方——电子库中. 电子在电子库中受到非弹性散射，达到热平衡，非弹性散射同时也去掉了电子的相位记忆，这和原有的认识是十分不同的.

10.1.3　正常金属中的 Aharonov-Bohm(AB)效应

在经典电动力学中，场是有直接物理意义的物理量. 场所对应的标量势和矢量势是为计算方便所引进的辅助工具. 而在量子力学中，薛定谔方程的形式源于对经典运动方程的正则表述，标量势和矢量势无法从基本方程中去掉，是物理上的实在. 基于这种看法，1959 年 Aharonov 和 Bohm 建议了有关电子波干涉的实验③，示意在图 10.2 中. 电子束在左边窄缝处分成 1，2 两束，然后会聚到右边干涉屏上，磁通量完全限制在中心无限长的螺线管中. 从经典物理的观点，电子束通路上没有磁场，没有磁力作用在电子上，螺线管中磁场不会产生任何影响. 然而按照量子力学，电子将感受到与磁通量 Φ 相联系的矢势的存在，波函数将附加一与

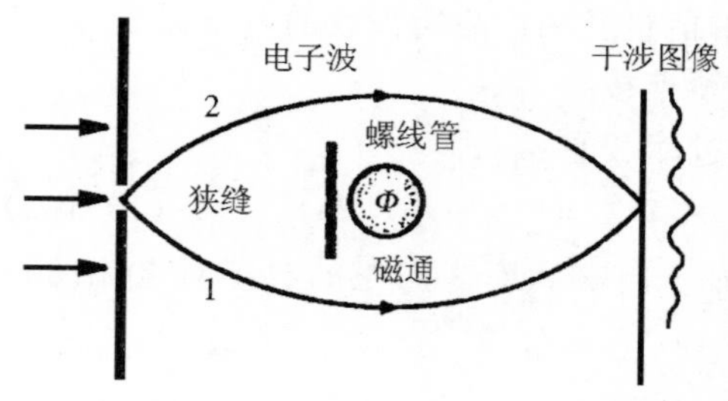

图 10.2　Aharonov-Bohm 效应示意

① M. Büttiker, Phys. Rev. Lett., 57(1986), 1761.

② R. Landauer, IBM J. Res. Dev. 1(1957), 233; 32(1988), 306.

③ Y. Aharonov and D. Bohm, Phys. Rev., 115(1959), 485.

矢势 **A** 有关、依赖于路径的相位(见 9.3.2 节). 在屏上两电子束的相位差为

$$\begin{aligned}\Delta\varphi = \varphi_1 - \varphi_2 &= -\frac{e}{\hbar}\int_1 \boldsymbol{A}\cdot \mathrm{d}\boldsymbol{l} + \frac{e}{\hbar}\int_2 \boldsymbol{A}\cdot \mathrm{d}\boldsymbol{l} \\ &= \frac{e}{\hbar}\oint \boldsymbol{A}\cdot \mathrm{d}\boldsymbol{l} = \frac{2\pi\Phi}{\Phi_0},\end{aligned} \tag{10.1.7}$$

其中 $\Phi_0 = h/e$ 是普通的磁通量子. 在屏上两电子束干涉图像的强度为

$$|\psi_1(\boldsymbol{r}_0) + \psi_2(\boldsymbol{r}_0)|^2 = 2|\psi_0(\boldsymbol{r}_0)|^2[1+\cos(2\pi\Phi/\Phi_0)], \tag{10.1.8}$$

其中 $\boldsymbol{r}_0$ 为屏所在位置, $\psi_j(\boldsymbol{r}_0) = \psi_0(\boldsymbol{r}_0)\exp(\mathrm{i}\varphi_j)$, $j=1,2$ 为两束电子在 $\boldsymbol{r}_0$ 处的波函数.

(10.1.8)式表明干涉图像的强度随磁通量 Φ 周期性变化,周期 Φ_0 为超导磁通量量子 $\Phi_{s0} = h/2e$ 的一倍. 这一现象简称为 AB 效应. 在电子束途中不受散射,相位相干性不受破坏的情形下,如在高真空中,或在超导体中,AB 效应已为实验所证实①. 但在正常金属扩散区,电子经多次散射,走着无规行走路径. 能否观察到 AB 效应,大多数人是持怀疑态度的.

实际上,在有关弱局域化的讨论中,从(9.3.16)式可见,如果做一薄壁正常金属圆筒,只要直径 $D \approx L_\varphi$,壁足够薄,则可观察到电阻随磁通量周期为 $\Phi_{s0} = h/2e$ 的振荡. 这是 1981 年 Altshuler 等人提出的,并在数月后为 Sharvin 父子的实验所证实②. 他们在细石英丝上蒸镀镁膜,形成直径约 1 μm,厚 20 nm 的圆筒,磁场加在石英丝方向,观察到清晰的周期为 $h/2e$ 的磁阻振荡. 这一实验,随后为其他实验室所证实. 这种周期为 $h/2e$,来源于时间反演闭合回路波函数干涉的磁阻振荡,文献上习惯地取最早从理论上预言这种振荡存在的 Altshuler 等三人姓的第一个字母,称为 AAS 效应. 图 10.3 给出在 Li 圆筒上磁阻的实验结果及与理论计算的比较. 磁场强度增加时振荡减弱来源于金属膜有一定的厚度,可能的闭合回路包围的面积并不严格相等,因而在磁场加强时,不同回路磁阻振荡的不同步性有所加剧.

Sharvin 父子的工作第一次从实验上证实了在无序材料中观察 AB 效应的可能性,这种效应并不为弹性散射所破坏. 其后,Webb 等以单个金环为基础,构造了如图 10.4 中插图所示的介观尺度样品,金环线条宽度为 40 nm. (10.1.8)式给出的屏上干涉图像的强度与电子从环的一端到另一端的透射率 T 相当,按照 Landauer 公式,磁场的变化将引起样品电阻的改变. 经过努力,他们终于在 1984 年观察到了周期为 h/e 的磁阻振荡. 图 10.4 给出在一小的磁场变化范围内的结果,叠加在一缓慢涨落背景上的 h/e 振荡清晰可见. 从电子显微镜观察,可定出环的面积,从而算出使通过环的磁通量变化 h/e 的磁场变化 $\Delta B = 0.0077$ T,磁阻数据的

① 如 A. Tonomura et al. Phys. Rev. Lett., 48(1982), 1443; 56(1986), 792.

② D. Yu. Sharvin and Yu. V. Sharvin, JETP Lett. 34(1981), 272.

傅里叶变换恰好在 $1/\Delta B = 130\ \mathrm{T}^{-1}$ 处有一尖峰(图 10.4(b)). 在 $1/\Delta B = 260\ \mathrm{T}^{-1}$ 的小峰表明同时有 $h/2e$ 振荡存在. 磁场加大到 8 T, 仍有 $h/2e$ 振荡存在, 表明并非来源于闭合回路的贡献. 如前述, 高场下 $h/2e$ 振荡如来自弱局域化效应, 应趋于消失.

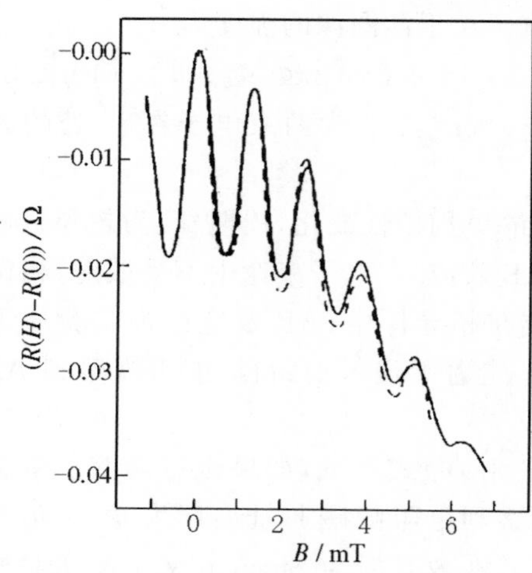

图 10.3 Li 圆筒的磁阻, 圆筒长 1 cm, 直径 1.1 μm, 厚 0.12 μm, 实线为实验曲线, 虚线为理论曲线 (引自 B. L. Altshuler et al. JETP Lett., 35(1982), 588)

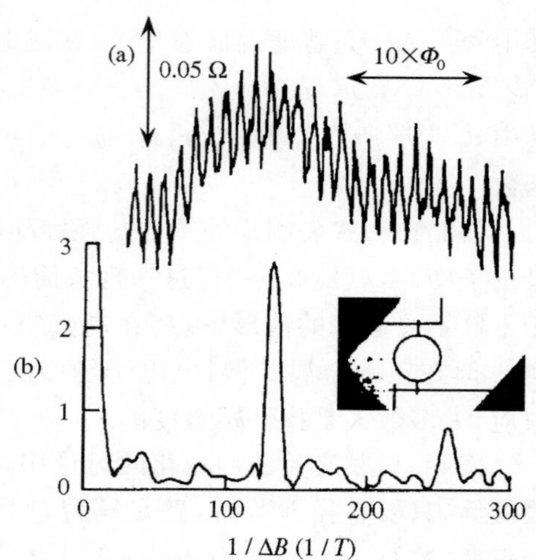

图 10.4 (a) 0.04 K 测得的金环磁阻; (b) 上述数据的傅里叶变换谱. 插图: 820 nm 直径金环示意 (引自 R. A. Webb et al. Phys. Rev. Lett., 54(1985), 2696)

从电路的角度, 这里的样品结构与并联电路相当, 实验结果突出地显示了, 当系统的尺寸为介观尺度($\lesssim L_\varphi$)时, 量子力学相位的重要性, 这时经典的电导相加法则是失效的. 还需附带说明的是, 在正常金属 AB 效应的实验中, 磁场一般并未受到屏蔽, 电子直接感受到磁场的作用, 但由于所观察到的振荡效应来源于矢势的存在, 仍称为 AB 效应.

10.1.4 普适电导涨落

宏观尺度材料的导电性, 可用扣除了形状尺度因素的电导率或电阻率来描述. 设想将材料分割成许多形状尺寸精确相同的小块样品, 并逐渐减小分割的尺度, 开始仍属宏观范畴, 样品因电导率相同而有相同的电导 G. 样品尺寸 L 小到一定程度后, 因杂质缺陷分布细节变得重要, 样品的电导会有涨落, 即

$$\Delta G = G - \langle G \rangle \tag{10.1.8}$$

有可测量的非零值, $\langle\ \rangle$ 表示对杂质系综(impurity ensemble)的平均. 杂质系综是

宏观参数(材料、形状、尺寸、杂质浓度等)相同，具有同样的平均无序程度，但杂质缺陷分布细节不同的全部样品的总和.

一般会认为系综中大多数样品的电导值应与平均值接近，偏离大者为少数，且具体的偏离状况会因情况而异. 但对处于金属扩散区，即 $\lambda_F \ll l \ll L \lesssim L_\varphi$ 的介观尺度样品，情况却完全不同，实验和理论证明涨落的大小在 $T=0$ 时为数量级 e^2/h 的普适量，与样品的材料、尺寸、无序程度无关，与样品的形状和空间维度只有微弱的关系. 即

$$\delta G = [\langle(\Delta G)^2\rangle]^{1/2} \approx \frac{e^2}{h}. \tag{10.1.9}$$

介观尺度样品的电导涨落，由于其普适性，被称为普适电导涨落(Universal Conductance Fluctuations，简写为 UCF).

由于磁场会改变电子的相位，等价于样品中杂质位形的变化，从实验的角度，相对于制作一系列宏观参数相同的样品，更方便的是用同一样品，研究电导涨落随磁场的变化. 改变通过样品的电流，也有同样的作用. 这类实验揭示出普适电导涨落的另一个主要特征是，宏观参数相同的样品有其自身特有的涨落图式，称为样品的“指纹”. 这种涨落是非周期性的，且在宏观条件保持不变的情况下，是可以重现的.

图 10.5(a)是金线的电导涨落，(b)是在准一维 Si MOSFET(11.1 节)中得到的数据. 这是两个完全不同的体系，平均电导差一个数量级，但涨落以 e^2/h 作单位，均有 1 的数量级. (c) 是数字模拟计算的结果，电导又下降一个数量级，但涨落大小依然不变.

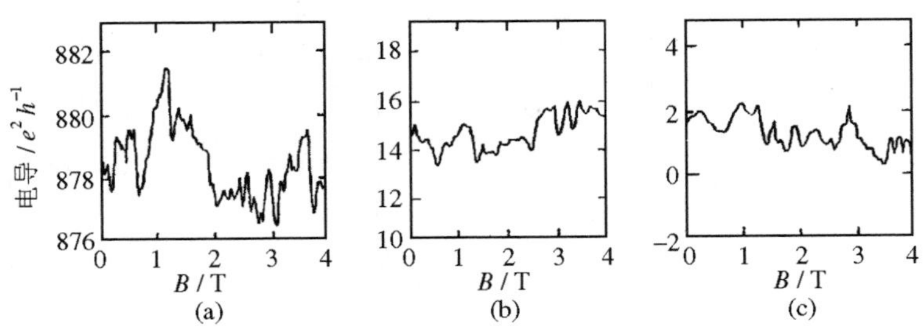

图 10.5 三个不同体系中的非周期磁电导涨落

图 10.6 是对细金属 Sb 线电导涨落随电流变化的测量结果，除去涨落的大小以 e^2/h 为单位同样有 1 的数量级外，还可看到 $R(I) \neq R(-I)$，电流反向时，电导的变化是不对称的. 这是一种对欧姆定律的明显偏离，来源于实际的无规杂质势相对于垂直于电流方向，通过样品中心的平面并无镜面对称性.

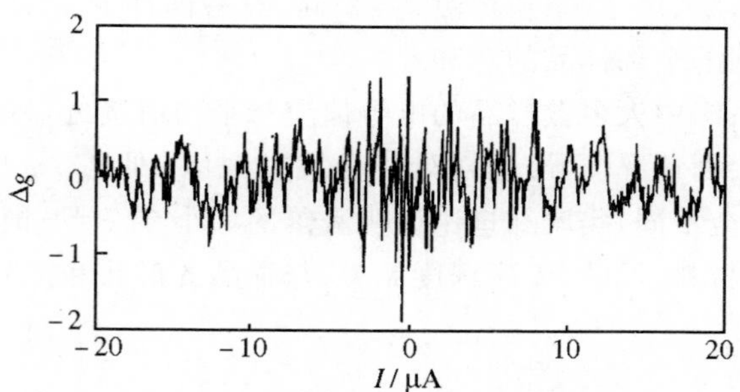

图 10.6　0.6 μm 长 Sb 线的电导涨落(T=0.01 K)，
Δg 是以 e^2/h 为单位，对欧姆定律值的偏离
(引自 R. A. Webb et al. Phys. Rev. B37(1988),8455)

图 10.7 给出栅压稍有不同的准一维 Si MOSFET 器件在不同温度下测量的结果.(a)图 0.50 K 的两条曲线是相隔 15 小时测的，可见涨落图式有很好的重现性.事实上，相隔再长的时间，只要测量条件不变，结果是一样的.图(a)和图(b)比较，可看出涨落图式的“指纹”特性.两个样品仅外加栅压 V_G 不同，导致样品细节稍有变化，同一温度下的结果完全不同.

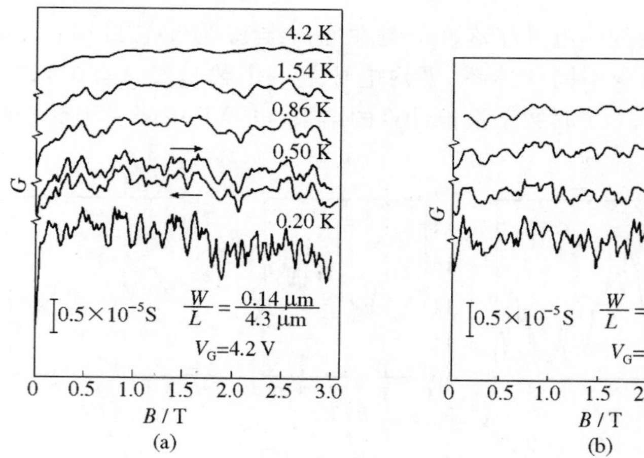

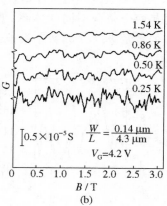

图 10.7　准一维 Si MOSFET 器件的普适电导涨落.
(a) 栅压 V_G=4.0 V；(b) V_G=4.2 V
(引自 J. Caro et al. in Quantum Coherence in Mesoscopic Systems. B. Kramer, ed., New York: Plenum Press, 1991, p. 405)

这里要特别指出的是，普适电导涨落的存在反映了介观体系和宏观体系本质上的差别.对于宏观尺度的样品，当样品尺度 L 增加时，样品间物理性质，包括电导 G 的典型差值会远小于系综平均值.按照统计力学，电导 G 的相对涨落为

$$\frac{\delta G}{G} \propto L^{-d/2}, \tag{10.1.10}$$

其中 d 为体系的维度.(10.1.10)式表明 $L \to \infty$ 时,G 的相对涨落趋于零.这一性质通常称为经典自平均(self-averaging)行为.

对于普适电导涨落,$\delta G \approx e^2/h$,电导的平均值满足欧姆定律 $\langle G \rangle = \sigma L^{d-2}$,

$$\frac{\delta G}{G} \propto L^{2-d}. \tag{10.1.11}$$

对于 $d<4$,与经典自平均行为不符.$d=2$ 时,(10.1.11)式给出电导的相对涨落与 L 无关.$d=1$ 时,电导的相对涨落甚至随 L 的增加而增加.介观体系不再具有宏观体系所表现出的自平均性.正是这种对自平均行为的偏离为人们所关注.

普适电导涨落来源于从样品的一端到另一端,电子无规行走费曼路径间的相位干涉,因此其行为十分敏感于杂质的位形.如果只移动一个杂质原子,和这一特定杂质原子散射的费曼路径的相位发生改变,设这类路径在总路径数中占的比例为 f.由于体系电导是各个路径贡献的总和,假定这些路径彼此独立,则引起的电导改变比例于 $f^{1/2}$,即

$$\delta G_1 \approx \frac{e^2}{h} f^{1/2}. \tag{10.1.12}$$

和一特定杂质原子散射的路径在总路径数中所占比例也就是一条路径"访问"过的杂质数在总杂质数中所占的比例.假定电子无规行走通过样品时经 N_s 次散射,则 $L=(DN_s\tau)^{1/2}$,τ 为弹性散射弛豫时间,考虑到扩散系数 $D=v_F l/d$,及 $l=v_F\tau$,得 $N_s \approx L^2/l^2$.费曼路径的截面积为 $\approx k_F^{-(d-1)}$,步长为 l,因此一条费曼路径所占的体积为 $V_1 \approx (L^2/l^2) l k_F^{-(d-1)}$.由于杂质数与所占体积成比例,

$$f = \frac{V_1}{L^d} \approx \frac{1}{(k_F l)^{d-1}} \left(\frac{l}{L}\right)^{d-2}.$$

代入(10.1.12)式,得

$$\delta G_1 \approx \frac{e^2}{h} \frac{1}{(k_F l)^{(d-1)/2}} \left(\frac{l}{L}\right)^{(d-2)/2}. \tag{10.1.13}$$

对二维体系,移动单个杂质引起的电导改变与体系尺寸,因而也与杂质总数无关.对于 $k_F l \approx 1$ 的情形,其效果与所有杂质都重新排列相当,电导的改变有相同的数量级.从上面的分析可知,这一令人吃惊的结果,原因在于在低维体系中,每一经典扩散路径均有相当高的概率"访问"样品中的任一散射中心,结果是单个散射中心的移动会影响大量的经典路径.这种对杂质位形改变的极端灵敏,可用以研究与此有关的物理现象,如无序金属中的 $1/f$ 噪声,自旋玻璃中的杂质弛豫,金属玻璃中的隧穿过程等.

附带提一点,从图 10.7 中还可看出温度升高时,普适电导涨落的幅度减小,其

中一个重要的原因是温度升高时 L_φ 减小，当样品尺寸 $L \gg L_\varphi$ 时，经典自平均行为恢复，导致涨落的减小.

普适电导涨落中样品行为的个性及重复性易于得到理解，这来源于样品间杂质位形的差异，以及宏观测量条件不变时杂质位形的稳定，因而费曼路径间的相位干涉给出独特且重复的结果. 需要特别解释的是其普适性. 由于无序导体并非一维，需要将单通道 Landauer 类型公式推广到多通道情形. 即参与导电的电子，因为样品有有限大小的截面积，并非仅有 $n=1$ 的模式(10.1.1 式). n 的取值可从 1 到 N_c，N_c 是总通道数. 公式(10.1.5)成为

$$G = \frac{2e^2}{h} \sum_{i,j=1}^{N_c} T_{ij}, \tag{10.1.14}$$

其中 T_{ij} 是从左边 j 通道入射，透射到右边 i 通道的透射率. 加起来是总的透射系数 T.

由于通过无序区的透射涉及大量的杂质散射，不同通道可能会同时经受一系列相同的散射，不同进出通道的透射率间的关联多半不能忽略. 比较适合的是采用反射率 R_{ij}，因为反射回电子库的过程可能主要由少数几次散射事件决定，因而不同通道的 R_{ij} 关联很弱. 这样，上式改写为

$$G = \frac{2e^2}{h}\Big(N_c - \sum_{i,j=1}^{N_c} R_{ij}\Big). \tag{10.1.15}$$

这里用到了粒子流守恒条件，当 $T_i = \sum_j T_{ij}, R_i = \sum_j R_{ij}$ 时，

$$\sum_i T_i = \sum_i (1-R_i). \tag{10.1.16}$$

对于无序导体的反射，可以合理地假定入射粒子反射到各通道的概率相同. 因此，R_{ij} 的大小约为 $1/N_c$.

电导的涨落为

$$\delta G = [\langle(\delta G)^2\rangle]^{1/2} = [\langle(G-\langle G\rangle)^2\rangle]^{1/2}. \tag{10.1.17}$$

将(10.1.15)式代入，假定 R_{ij} 与 R_{mn} 互不关联，得

$$\delta G = \frac{2e^2}{h}\Big[\sum_{i,j=1}^{N_c}(\langle R_{ij}^2\rangle - \langle R_{ij}\rangle^2)\Big]^{1/2}. \tag{10.1.18}$$

进一步可证明

$$\langle R_{ij}^2\rangle = 2\langle R_{ij}\rangle^2, \tag{10.1.19}$$

这样，由于 $R_{ij} \approx 1/N_c$，(10.1.18)式求和中每一项的大小 $\approx 1/N_c^2$，这意味着电导涨落为 e^2/h 的数量级. 仔细的计算给出 $\delta G = C(e^2/h)$，对一，二和三维导体，系数 C 分别为 0.73，0.86 和 1.09.

附录：(10.1.19)式的证明：

假定从左边 j 通道经第 α 条费曼路径反射到 i 通道的概率幅为 $(b_\alpha)^{1/2}\mathrm{e}^{\mathrm{i}\varphi_\alpha}$，则

$$R_{ij} = \left| \sum_{\alpha} (b_\alpha)^{1/2} e^{i\varphi_\alpha} \right|^2 = \sum_{\alpha,\beta} (b_\alpha b_\beta)^{1/2} \cos(\varphi_\alpha - \varphi_\beta) = \sum_{\alpha} b_\alpha + \sum_{\alpha \neq \beta} (b_\alpha b_\beta)^{1/2} \cos(\varphi_\alpha - \varphi_\beta). \quad (1)$$

对上式做系综平均时,如忽略弱局域化效应,右边第二项的平均为零,这样

$$\langle R_{ij} \rangle^2 = \left\langle \sum_{\alpha} b_\alpha \right\rangle^2 = \sum_{\alpha,\beta} \langle b_\alpha \rangle \langle b_\beta \rangle. \quad (2)$$

由(1)式

$$\begin{aligned} R_{ij}^2 &= \left[\sum_{\alpha,\beta} (b_\alpha b_\beta)^{1/2} \cos(\varphi_\alpha - \varphi_\beta) \right]^2 = \sum_{\alpha,\beta,\gamma,\delta} (b_\alpha b_\beta b_\gamma b_\delta)^{1/2} \cos(\varphi_\alpha - \varphi_\beta) \cos(\varphi_\gamma - \varphi_\delta) \\ &= \sum_{\alpha,\beta} b_\alpha b_\beta + 2 \sum_{\alpha \neq \beta} b_\alpha b_\beta \cos^2(\varphi_\alpha - \varphi_\beta) + 2 \sum_{\alpha \neq \beta \neq \gamma} (b_\alpha b_\beta)^{1/2} b_\gamma \cos(\varphi_\alpha - \varphi_\beta) \\ &\quad + 2 \sum_{(\alpha \neq \beta) \neq (\gamma \neq \delta)} (b_\alpha b_\beta b_\gamma b_\delta)^{1/2} \cos(\varphi_\alpha - \varphi_\beta) \cos(\varphi_\gamma - \varphi_\delta) \end{aligned} \quad (3)$$

做系综平均时,右边第三、四项为零,第二项中$\langle \cos^2(\varphi_\alpha - \varphi_\beta) \rangle = 1/2$,同时

$$\sum_{\alpha \neq \beta} b_\alpha b_\beta = \sum_{\alpha,\beta} b_\alpha b_\beta - \sum_{\alpha} b_\alpha^2 \approx \sum_{\alpha,\beta} b_\alpha b_\beta. \quad (4)$$

这是因为经不同费曼路径的 b_α 大致相等,因而 $\sum_{\alpha} b_\alpha^2$ 项与$\sum_{\alpha,\beta} b_\alpha b_\beta$ 项相比是数量级为 $1/N_f$ 的小量,可以略去,N_f 是费曼路径的总数. 从(3)式可得

$$\langle R_{ij}^2 \rangle \approx \left\langle 2 \sum_{\alpha,\beta} b_\alpha b_\beta \right\rangle = 2 \sum_{\alpha,\beta} \langle b_\alpha \rangle \langle b_\beta \rangle. \quad (5)$$

与(2)式相比,(10.1.19)式得证.

10.1.5 非局域效应

到达某一点的载流子在 L_φ 尺度内保持着相位记忆,使电阻具有非局域性,不能再在小于 L_φ 的尺度内定义. 用四引线方法测量,当电压引线间距小于 L_φ 时,L_φ 决定着样品实际的尺寸.

例如,对图 10.8(a)所示样品,测量得到的$(V_1 - V_2)$,虽然引线从电流通路上同一点连出,但所得的电压涨落的方均根值却和用通常的方式从$(V_3 - V_4)$测得的相同,只要电压引线 V_3, V_4 间距离小于或约等于 L_φ. 在图 10.8(b)所示的情形中,样品微加工成围绕一环有 6 个引线的形状,使电流流过任意两相邻引线,从环相对端两相邻引线测量电压,改变磁场时亦可观察到与环大小相应的 h/e 周期的电压振荡.

图 10.9 所示为在两个相同的 H 形状的四端引线样品上的测量结果,但在第二个右端 0.2 μm 处附加了一个小环. 小环在经典的电流通路之外,但在外加磁场下,第二个样品除有和第一个样品相同特征的无规电导涨落外,所得涨落信号的傅里叶变换表明还附加了周期为 h/e 的振荡,证实了在电压引线间的电子,有相当部分相位相干地绕过小环. 当环与经典电流通路的距离加大时,h/e 振荡的振幅指数衰减,衰减的特征尺度是相位相干长度 L_φ.

通常用四引线方法测量电阻,以避免接触电阻的影响,其基础是认为没有电流

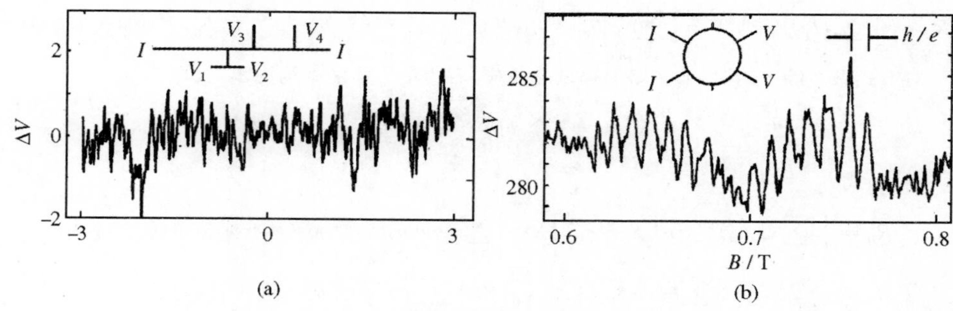

图 10.8 非局域涨落示意

(a)中 $\Delta V=V_1-V_2$

(引自 S. Washburn and R. A. Webb, Adv. in Phys. 35(1986), 375)

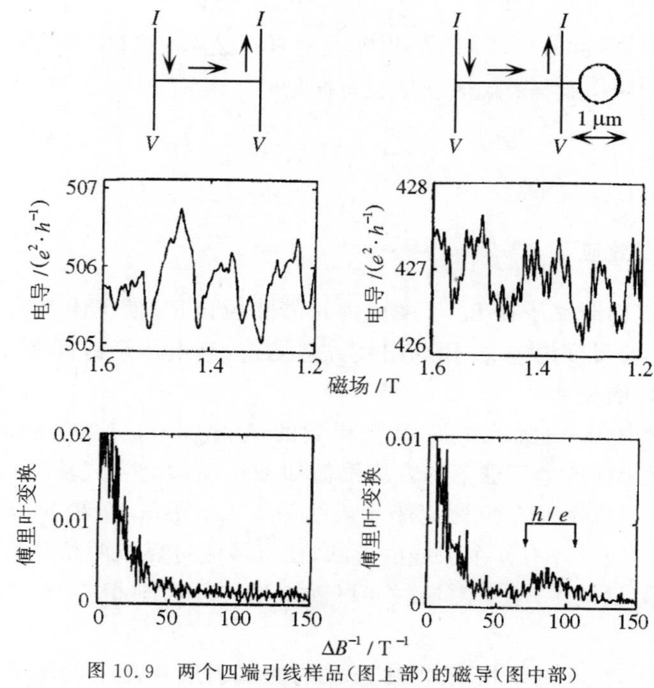

图 10.9 两个四端引线样品(图上部)的磁导(图中部)

及其傅里叶变换

(引自 C. P. Umbach et al. Appl. Phys. Lett. 50(1987), 1289)

流入或流出电压引线. 尽管没有净电流流过电压引线,但实际上并没有什么物理上的势垒限制电子无规行走路径深入到一定的距离,自由进出电压引线,如图 10.10 所示. 这种路径间的干涉,不但发生在我们认为是"样品"的部分,也发生在进入引线的部分,使测量结果依赖于电压电流引线的选择. 通常不用"样品电阻"这类比较

含混的说法，而是要说明样品的几何，电流电压引线具体的设置. 四引线电阻一般写成

$$R_{mn,ij}=\frac{V_i-V_j}{I_{m\to n}}. \qquad (10.1.20)$$

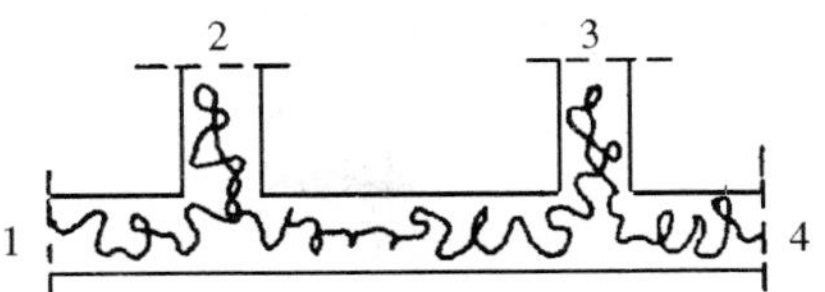

图 10.10 四端引线样品示意. 1,4 为电流端,2,3 为电压端

同样，在介观尺度，经典的纵向电阻率 ρ_{xx} 和横向电阻率 ρ_{xy} 也意义不明确，因为对 $\rho_{\alpha\beta}$ 不同的测量给出完全不一样的结果. 例如纵向电阻可以是 $R_{14,23}$，也可是 $R_{23,14}$，两者明显的不同. 这点清楚地表现在图 10.11 中.

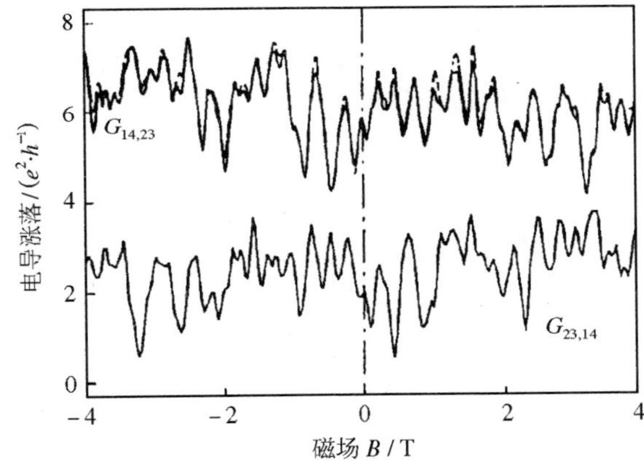

图 10.11 介观金线磁导四引线测量结果

(引自 R. A. Webb and S. Washburn. Phys. Today, Dec., 1988, 46)

另一个演示非局域效应的实验是测量电压涨落随样品长度的变化.

如在一细长金属线上通恒定电流 I，通过电压引线测量相距 L 的两点间电压降随磁场的变化. 电压涨落的方均根值 $\Delta V=IR^2\Delta G$，其中 R 是电压引线间样品经典的平均电阻值，ΔG 是电导涨落的方均根值. 当 $L>L_\varphi$ 时，可用经典的自平均处理，把样品分成长 L_φ，互不关联的小段，涨落的平方相加，有 $\Delta V/\Delta V_\varphi\propto(L/L_\varphi)^{1/2}$. 其中 $\Delta V_\varphi=IR_\varphi^2e^2/h$，$R_\varphi$ 是 L_φ 长样品段的电阻. 当 $L\approx L_\varphi$ 时，$\Delta G\approx e^2/h$，$\Delta V/\Delta V_\varphi\approx1$. 对于 $L<L_\varphi$ 的情形，从电导或电阻的非局域性，预期 $\Delta V/\Delta V_\varphi$ 将不随样品尺寸变化，显示出 L_φ 是最小的特征长度. 这已为实验所证实①.

10.1.6 正常金属环中的持续电流

超导环中可有持续电流存在已为人们所熟知. 这一小节涉及的是电阻值不为零的正常金属环，当环的周长 $L\lesssim L_\varphi$ 时也会有持续电流出现，将说明此时环中存在着确定的量子力学本征态，持续电流来源于占据这一本征态的电子有非零的速度，是体系的平衡态性质.

考虑一处于磁场 B 中，周长为 L，包围磁通量为 Φ 的正常金属环(图 10.12). 首先假定环是严格一维的理想导体，即在(10.1.1)式给出的 $\varepsilon_n(k)$ 中只有 $n=1$ 的

---

① A. Bnoit et al. Phys. Rev. Lett., 58(1987), 2343.

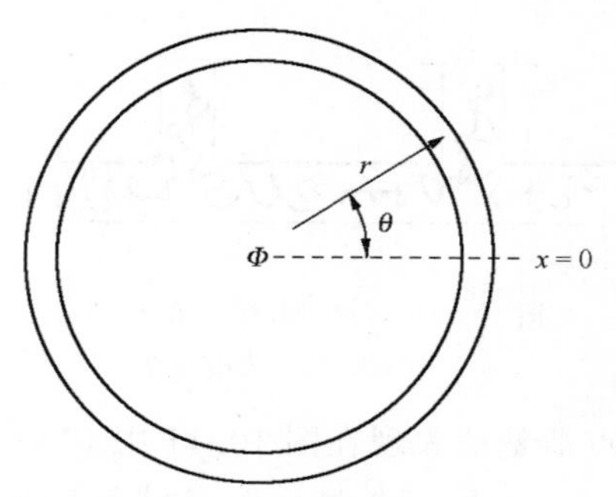

图 10.12 磁通 Φ 穿过中心区的一维金属环

子带被占据. 取 x 坐标沿环的方向，即 $x=r\theta$, θ 为极角，r 为环的半径. 零磁场时，单电子本征函数可写作

$$\psi^{(0)}(x)=\psi^{(0)}(0)\mathrm{e}^{\mathrm{i}kx}. \quad (10.1.21)$$

磁场 $B\neq 0$ 时，如 9.3.2 小节所述，单电子本征波函数要附加一与矢势 $\boldsymbol{A}$ 有关的用线积分表达的相位因子. 当电子从 $x=0$ 出发，绕环一周时，

$$\begin{aligned}\psi(L)&=\psi^{(0)}(L)\exp\left[-\mathrm{i}\frac{e}{\hbar}\oint \boldsymbol{A}_x\,\mathrm{d}x\right]\\&=\psi^{(0)}(0)\exp[\mathrm{i}kL-\mathrm{i}2\pi\Phi/\Phi_0],\end{aligned}$$

其中 $\Phi_0=h/e$ 为磁通量子. 波矢 k 的许可值由边条件

$$\psi(L)=\psi(0) \quad (10.1.22)$$

决定，即

$$k_nL-2\pi\frac{\Phi}{\Phi_0}=2\pi n, \quad (10.1.23)$$

n 为整数，由此得，

$$k_n=\frac{2\pi}{L}\left(n+\frac{\Phi}{\Phi_0}\right),\quad n=0,\pm 1,\pm 2,\cdots \quad (10.1.24)$$

能量本征值为

$$\varepsilon_n(\Phi)=\frac{\hbar^2k_n^2}{2m}=\frac{2\pi^2\hbar^2}{mL^2}\left(n+\frac{\Phi}{\Phi_0}\right)^2. \quad (10.1.25)$$

总起来讲，由于磁场的作用仅体现在电子绕环一周，波函数附加相位 $2\pi\Phi/\Phi_0$ 上，磁通量 Φ 和 $\Phi+n\Phi_0$，其中 n 为整数，是不可区分的. 体系的任何物理性质均应为 Φ 的周期函数，周期为 Φ_0. 对于(10.1.25)式给出的 $\varepsilon_n(\Phi)$，所有不等价的状态，类似于能带论中对空晶格近似的讨论(3.2 节及 3.4.3 小节)，可以表示在以 $\pm\Phi_0/2$ 为边界的第一布里渊区内(图 10.13 中虚线所示的能谱).

由于 $T=0$ 时体系的基态能量 $\mathscr{E}_0$，或 $T\neq 0$ 时体系的自由能 F 依赖于磁通量 Φ，环中存在电流

$$I(\Phi)=-\frac{\partial F(\Phi)}{\partial\Phi}. \quad (10.1.26)$$

$T=0$ 时

$$I(\Phi)=-\sum_{\varepsilon_n\leqslant\varepsilon_F}\frac{\partial\varepsilon_n(\Phi)}{\partial\Phi}=\sum_{\varepsilon_n\leqslant\varepsilon_F}I_n. \quad (10.1.27)$$

求和是对费米能以下各能带对应于同一磁通的所有占据态进行的. 在图 10.13 中，与某一磁通 Φ_1 对应的占据态用黑圆点标出.

环中电流的存在是一平衡态现象，只要 Φ 保持恒定，电流即不会衰减，因而称为持续电流（persistent current）.

由于对应于同一磁通，相邻能带的 $\partial\varepsilon_n/\partial\Phi$ 大小相近，符号相反，相互抵消，求和(10.1.27)式大致由 ε_F 附近的最后一项决定，其量级为

$$I_0 \approx \frac{ev_F}{L}. \tag{10.1.28}$$

对于一晶格常数为 $a\approx 2\times 10^{-8}$ cm，原子数为 10^4 的正常金属环，$I_0\approx 10^{-7}$ A.

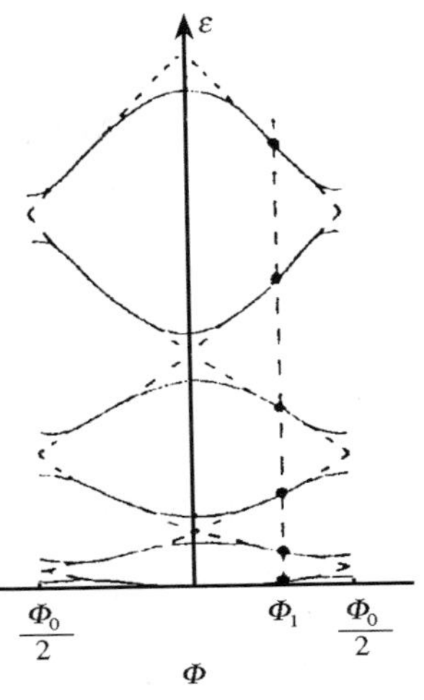

图 10.13 一维理想金属环的能谱

如磁通 Φ 随时间线性改变，即 $\Phi=\alpha t$，α 为常数，在环中会产生不随时间变化的直流感应电动势 $V=-(\mathrm{d}\Phi/\mathrm{d}t)=-\alpha$. 同时由于能带中电子态的代表点不断扫过第一布里渊区，持续电流发生振荡，振荡频率为

$$\omega = eV/\hbar. \tag{10.1.29}$$

这与超导材料中的 Josephson 振荡类似，只是相应的电荷不是 $2e$，而是单电子电荷. 当 Φ 的变化不足够慢时，有可能发生 Zener 型的带间跃迁.

与普适电导涨落类似，实际的环因有有限大小的截面积，参与导电的通道数 N_c 远大于 1，不能看做一维的. 设 A 为环的截面积，由于 k 空间许可态的态密度为 $A/4\pi^2$，$N_c=(A/4\pi^2)\cdot\pi k_F^2\sim Ak_F^2$ 的数量级，对于正常金属，N_c 可大到约 10^5（习题 10.3）. 粗略地可忽略通道间的关联，类似于对单通道情形的讨论，每个通道给出的持续电流均决定于费米面附近最高占据态的速度，在对通道数求和计算总电流时，同样有速度正负值相消的问题. 总电流最终由费米面附近具有最大动能的通道态决定，有和(10.1.28)式给出的 I_0 相同的量级.

此外，实际的环总是非理想的，有杂质缺陷存在，电子会感受到一非均匀势 $V(x)$ 的存在. 由于电子绕环运动时，重复地感受到同样的非均匀势的作用，$V(x)$ 为周期势，即

$$V(x+L) = V(x). \tag{10.1.30}$$

类似于一维能带问题，它的存在仅导致在布里渊区边界上能隙的形成. 无序存在时环的能带结构用实线表示在图 10.13 中. 尽管此时系统平衡态性质随磁通变化的周期性还存在，但由图可见，$\varepsilon(\Phi)$ 曲线变得平缓，系统对磁通变化的敏感程度下降，导致持续电流数值减小.

粗略地可将(10.1.28)式中 L/v_F，即电子绕环一周所要的时间用 L^2/D 代替，D 取一维体系的扩散系数 $D=v_F l$，得

$$I = I_0 \frac{l}{L}. \tag{10.1.31}$$

在实验方面,Lévy 等人 1990 年第一次从实验上证实了介观正常金属环中持续电流的存在①. 他们在低温下(7～300 mK)测量了 10^7 个彼此独立的方形铜环的总磁化强度,环的边长约 0.5 μm. 尽管每个环的持续电流大小、方向不同,仔细的分析表明,平均电流与单环电流可比. 这样,增加环的数目使总磁化强度加大,降低了测量的难度. 接着 1991 年 Chandrasekhar 等对尺寸大一些的单个金环进行了测量②,也给出了肯定的结果. 实验表明持续电流几乎在 1 s 的时间长度内没有衰减,相对于微观的时间尺度,例如一般的弹性散射弛豫时间 10^{-14} s 言,这已是"无限长"了. 突出的问题是实验得到的持续电流大小,要比理论值高 1 到 2 个数量级. 如第 2 个实验,在 4.5 mK 时测得的持续电流值为 0.3～2.0I_0,而样品的 l/L 值在 10^{-3} 的数量级.

由于实验和理论的差异,Mailly 等人改变了思路,着眼于考察尽可能接近理想一维情形的单环行为,为此选用了在 GaAs/GaAlAs 异质结二维电子气基础上构造的半导体单环,实验方法上也做了许多改进③. 他们的环,$l/L \approx 1.3$,$N_c = 4$,I_0 估计为 5 nA,持续电流的理论值为 5～10 nA. 1993 年他们测得的持续电流值为 4 nA±2 nA,与预期值十分接近. 这一结果意味着人们也许对无序以及通道数的影响的理论处理存在问题. 1995 年有实验工作表明金环中持续电流值也许比原先得到的要小一些. 在这方面还需要有更多的实验工作.

10.2 纳米微粒

纳米微粒的尺寸范围,一般界定在 1～100 nm 左右. 这一界定取决于某一特征尺度或临界尺寸,其具体数值依所关心的物理性质及材料而异. 对铁磁性金属 Fe 和氧化物 Fe_3O_4,尺度大时具有磁畴结构,小到某一程度时成为单畴粒子,在外场作用下有很不相同的磁行为. 对上述两种材料,单畴结构的临界尺寸分别为 12 nm 和 40 nm. 又如,对于大块材料,表面原子所占比例甚微,而对微粒而言,这一比例显著增加,表面效应变得比较重要. 对金属 Cu,表面原子占总原子数的 10%时,微粒直径约 20 nm.

本节着重讨论金属微粒中的量子尺寸效应,即由于微粒尺寸的减小导致电子能级的明显分立. 在 1 K 左右的低温下,依不同金属元素,这一效应变得明显的尺

① L. P. Lévy et al. Phys. Rev. Lett., 64(1990), 2074.
② V. Chandrasekhar et al. Phys. Rev. Lett., 67(1991), 3578.
③ D. Mailly et al. Phys. Rev. Lett., 70(1993), 2020.

寸在几个 nm 到十几个 nm 之间. 本节的讲述,主要参考 Halperin 的评述文章①.

10.2.1 电子能级的分立

对于宏观尺度的大块金属,我们一直强调其电子能谱 $\varepsilon(\boldsymbol{k})$ 是准连续的. 主要源于体系中电子数很多,$N\sim10^{24}$,致使费米波矢 k_F 远大于电子许可态在 k 空间中的间隔 Δk,$\Delta k/k_F\sim10^{-8}$.

当金属颗粒的体积 V 下降时,由于电子数密度 $n=N/V$ 不变. 按照自由电子模型,从(1.1.19)式

$$\varepsilon_F=\frac{\hbar^2}{2m}(3\pi^2n)^{2/3},\tag{10.2.1}$$

费米能量与颗粒的尺寸无关. 从费米面附近单位体积金属的态密度(1.1.29)式,$g(\varepsilon_F)=(3/2)(n/\varepsilon_F)$,可得能级间隔

$$\delta=\frac{2}{g(\varepsilon_F)V}=\frac{4}{3}\frac{\varepsilon_F}{N},\tag{10.2.2}$$

与体系的总粒子数成反比. 式中因子 2 来源于每个许可的能级上有两个不同的自旋态. 计算能级间隔时,态密度要用 $(1/2)g(\varepsilon_F)$.

如果可对单个金属微粒做测量,在足够低的温度下,即 $k_BT\ll\delta$,会发现它处在非金属态. 因为此时费米能级处在最高占据态和空态之间的能隙中. 当然这还要求电子在相应能级上有足够长的寿命 τ,从而能级展宽远小于能级间隔的大小,即 $\tau\gg\hbar/\delta$.

具体地,对金属银,$n=6\times10^{22}\ \mathrm{cm^{-3}}$,从(10.2.1)和(10.2.2)式可算出,

$$\frac{\delta}{k_B}=\frac{1.45\times10^{-18}}{V}\mathrm{K\cdot cm^{-3}}.\tag{10.2.3}$$

对于 $\delta/k_B=1$ K,相应的颗粒直径为 $d=14$ nm. 一些金属元素费米面附近平均能级间隔与颗粒直径的关系在图 10.14 中给出. 图中对 δ 的计算所依据的态密度由电子比热的测量数据得到,并非按上述自由电子气体的公式算出.

单个金属颗粒的电子比热,可以想象在高温($k_BT\gg\delta$)区与大块材料一样,随温度线性变化. 在低温下,$k_BT\ll\delta$,应类似于 9.5 节中所讨论的两能级系统,过渡到指数变化行为,即

$$c(T)\propto e^{-\delta/k_BT}.\tag{10.2.4}$$

类似地,单个颗粒的低温磁化率行为也应和大块材料与温度无关的泡利顺磁磁化率有很大的不同. 问题是无法对单个颗粒进行测量,实验用的样品总包括大量的颗粒. 测量得到的比热和磁化率随温度的变化,实际上是样品中不同尺寸、形状的所

① W. P. Halperin, Rev. Mod. Phys. 58(1986)533.

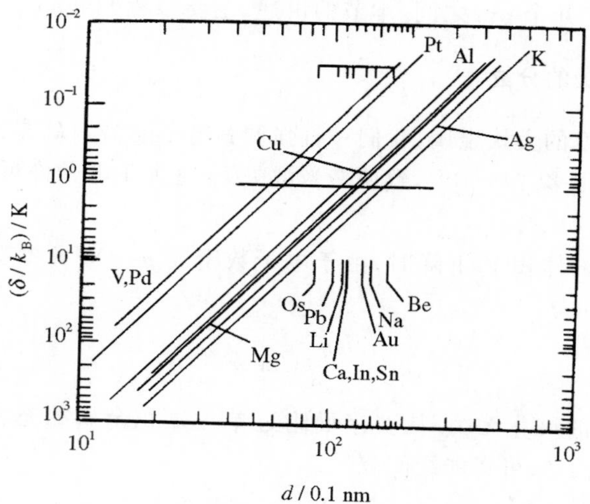

图 10.14　一些金属元素平均电子能级间隔随微粒直径的变化，部分元素仅用垂线标出能级间隔为 1 K 时相应的微粒直径

（引自 W. H. Halperin，Rev. Mod. Phys. 58(1986)，533）

有颗粒的统计平均.

10.2.2　比热和磁化率

在 1962 年久保①提出的有关金属微粒的理论中，除强调电子能级的分立外，还指出由于增减一个电子静电能的变化

$$U = \frac{e^2}{4\pi\epsilon_0 d}, \qquad (10.2.5)$$

在微粒直径 d 很小时远大于 $k_B T$，孤立微粒的电荷没有涨落. 在计算其低温性质时可认为粒子数 N 是固定的，应采用正则系综.

小金属颗粒问题中非常有特点的方面是颗粒中含电子数的奇偶性导致行为的差别. 在图 10.15 中给出两种情形的电子能级结构示意，包括加磁场 B 后电子因具有磁矩 μ_B 而导致的能级简并的解除. 最左边是基态情形，向右是能量依次增加的激发态情形. 对于每个原子只含一个导电电子的金属，可以想象从概率的角度，一半金属颗粒含有偶数个电子，另一半有奇数个电子. 对于每个原子含有偶数个导电电子的金属元素，如 Mg，Sn，Zn，Cd，Hg 或 Pb 所有的颗粒均含偶数个电子. 当然，在金属颗粒和衬底间可能会有部分的电子转移，使情况变得复杂.

① R. Kubo，J. Phys. Soc. of Japan，17(1962)，975.

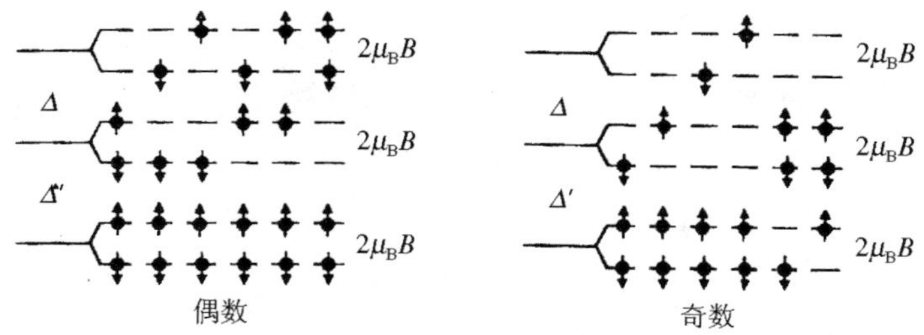

图 10.15 微粒中含电子数为偶数、奇数情形的电子能级结构示意，左边为基态，向右为能量渐次增加的激发态

在低温下，仅与基态相邻的电子态是重要的. 考虑如图 10.15 所示，费米能附近能级间隔分别为 Δ 和 Δ' 的三能级问题就足够了. 已知各许可态的能量 ε_i，按配分函数的定义

$$Z = \sum_i \mathrm{e}^{-\beta\varepsilon_i}, \tag{10.2.6}$$

可分别对偶数电子和奇数电子情形进行计算，其中 $\beta = (k_B T)^{-1}$.

在低温极限下，仅需考虑与基态能量相近的状态. 对偶数电子情形，仅涉及间隔为 Δ 的能级. 对奇数电子情形，涉及 Δ' 的激发态也需计算在内. 结果为

$$Z_{偶} \approx 1 + 2(1 + \cosh 2\beta\mu_B B)\mathrm{e}^{-\beta\Delta} + \mathrm{e}^{-2\beta\Delta}, \tag{10.2.7}$$

$$Z_{奇} \approx 2(\cosh\beta\mu_B B)(1 + \mathrm{e}^{-\beta\Delta} + \mathrm{e}^{-\beta\Delta'}). \tag{10.2.8}$$

从配分函数 Z，可相应地算出比热 c 和磁化率 χ，

$$c = k_B\beta^2 \frac{\partial^2}{\partial\beta^2}\ln Z, \tag{10.2.9}$$

$$\chi = \mu_0\beta^{-1}\frac{\partial^2}{\partial B^2}\ln Z. \tag{10.2.10}$$

对于零磁场情形，可以得到

$$c_{偶} = 4k_B\beta^2\Delta^2 \frac{\mathrm{e}^{-\beta\Delta} + \mathrm{e}^{-2\beta\Delta} + \mathrm{e}^{-3\beta\Delta}}{(1 + 4\mathrm{e}^{-\beta\Delta} + \mathrm{e}^{-2\beta\Delta})^2}, \tag{10.2.11}$$

$$c_{奇} = k_B\beta^2 \frac{\Delta^2\mathrm{e}^{-\beta\Delta} + \Delta'^2\mathrm{e}^{-\beta\Delta'} + (\Delta - \Delta')^2\mathrm{e}^{-\beta(\Delta+\Delta')}}{(1 + \mathrm{e}^{-\beta\Delta} + \mathrm{e}^{-\beta\Delta'})^2}, \tag{10.2.12}$$

$$\chi_{偶} = 8\mu_0\mu_B^2\beta \frac{\mathrm{e}^{-\beta\Delta}}{1 + 4\mathrm{e}^{-\beta\Delta} + \mathrm{e}^{-2\beta\Delta}}, \tag{10.2.13}$$

$$\chi_{奇} = \mu_0\mu_B^2\beta. \tag{10.2.14}$$

如前所述，实际碰到的总是大量的、且尺寸有一定分布的微粒. 首先考虑所有微粒尺寸相同情形，并取单个微粒为在微观尺度上表面粗糙的球形粒子. 对于体电子态而言，不规则的表面势可看做微扰，微扰势的对角元使能级间隔相对于(10.2.2)式给出的平均值 δ 有所偏离；微扰势的非对角元类似于 3.2 节中的讨论，

使球形样品中磁量子数不同的简并态的简并得以解除. 准确计算每个表面不规则的微粒的电子态是不可能的,问题的解决要求助于统计. 这里面对的是由大量半径相同,在原子尺度上表面粗糙度不同的微粒组成的系综,对体能级间隔的分布需要有统计的描述.

如将(10.2.11～14)中的比热、磁化率统一记为 $F(\Delta)$ 或 $F(\Delta,\Delta')$, 考虑 Δ 和 Δ' 有一定的分布后,依赖于电子数的偶、奇,

$$F = \int_0^{\infty} F(\Delta) P(\Delta) \mathrm{d}\Delta, \tag{10.2.15}$$

或

$$F = \int_0^{\infty} F(\Delta,\Delta') P(\Delta,\Delta') \mathrm{d}\Delta \mathrm{d}\Delta', \tag{10.2.16}$$

其中 $P(\Delta)$, $P(\Delta,\Delta')$ 是能级的分布函数.

为简单,在低温极限下,进一步简化到只涉及最低的激发态,(10.2.11～14)变为

$$c_{偶} = 4k_{\mathrm{B}}\beta^2\Delta^2 \mathrm{e}^{-\beta\Delta}, \tag{10.2.17}$$

$$c_{奇} = k_{\mathrm{B}}\beta^2\Delta^2 \mathrm{e}^{-\beta\Delta}, \tag{10.2.18}$$

$$\chi_{偶} = 8\mu_0\mu_{\mathrm{B}}^2\beta \mathrm{e}^{-\beta\Delta}, \tag{10.2.19}$$

$$\chi_{奇} = \mu_0\mu_{\mathrm{B}}^2\beta. \tag{10.2.20}$$

比热随温度与(10.2.4)式给出的相同,按指数形式变化. 含偶数电子微粒的磁化率遵从指数规律,而奇数电子的微粒服从居里定律.

在 $T\to 0$ 时,由于能级简并的解除,$\Delta\to 0$ 时分布函数 $P(\Delta)\to 0$,又由于被积函数中已有 $\mathrm{e}^{-\beta\Delta}$ 因子存在,分布函数的形式可简单地假定为

$$P(\Delta) = a_n\Delta^n, \tag{10.2.21}$$

略去应有的随 Δ 增加指数衰减的部分. 用(10.2.15)式计算,得到

$$c = \gamma_n T^{n+1}, \tag{10.2.22}$$

系数 γ_n 对偶、奇电子数有所区别. 即从单个微粒过渡到大量尺寸相同的微粒时,比热随温度的变化从指数形式过渡到服从幂次律.

含偶数电子的磁化率有相似的变化,微粒数多时

$$\chi_{偶} = b_n T^n. \tag{10.2.23}$$

含奇数电子微粒的磁化率与 Δ 无关,不受平均的影响,仍按 (10.2.20) 的形式变化.

对于(10.2.21)分布函数中的 n 值,理论分析表明,依赖于不同情形,如自旋-轨道耦合的强弱,外加磁场的大小,分布函数有所不同,但仅 $n=1,2,4$ 是可能的. 当 $k_{\mathrm{B}}T\gtrsim 0.1\delta$ 时,等尺寸多微粒系统将偏离(10.2.22)(10.2.23)式给出的低温极限行为.

实际样品中典型的会含有 10^{15} 个微粒,且尺寸并不相等,会有某种分布,需要

进一步考虑微粒尺寸的影响.简单的处理是按照(10.2.2)式,将尺寸的大小归结为费米能级附近能级间隔 δ 的不同.在低温极限下,同样的只需考虑 Δ(二能级)或 Δ 及 Δ'(三能级)的分布.所幸得到的结果定性的和前面等尺寸微粒系统的相同.有关等尺寸微粒和尺寸有差别的微粒分布函数,详细的讨论可参阅 Denton 等人的文章①.

10.2.3 实验测量

实验工作首先要确认金属微粒中量子尺寸效应的存在.其次,需要给出有关能级分布函数的信息.

具体的实验工作,碰到多方面的困难.其中主要的是要将微粒表面的贡献和体量子化效应分开.随着微粒直径的减小,表面原子所占比例迅速增加.例如对 Cu,微粒直径为 20 nm 时,表面原子占全部原子数的 10%,这一比例在微粒直径减小到 2 nm 时增加为 80%.表面层的物理性质和电子结构可以和体内的十分不同,同时还可有和氧化、吸附气体及杂质相连系的化学效应.在磁测量中,杂质原子和微粒系统支撑物的贡献必须仔细去除.在比热测量中还需考虑晶格振动的贡献.一般可写成

$$c = AVT^3 + BST^2, \tag{10.2.24}$$

体的声子热容比例于 T^3,也比例于微粒的体积 V,表面的部分比例于 T^2 及表面面积 S,A 和 B 为常数.在很低的温度下,类似于电子,同样需要考虑声子的量子尺寸效应.如仅有一个振动模式起作用,比热将随温度的下降以指数形式变化.多个微粒时,同样要用统计的方法处理微粒不同尺寸和形状的影响.表面的贡献和声子的量子尺寸效应本身也是很感兴趣的研究方面.

在 1970 年代和 1980 年代中期,已有很多实验工作,从多方面研究金属微粒的量子尺寸效应.实验肯定了量子尺寸效应的存在.如图 10.16 给出的用法拉第磁称对 2 nm 直径 Mg 微粒磁化率测量的结果.在高温区,磁化率不随温度变化,与(1.3.4)式一致.温度下降时,磁化率少量的升高,来源于一些非本征的或杂质的效应.25 K 开始的磁化率明显的下降与含偶数电子微粒由于量子尺寸效应导致的磁化率随温度的变化一致(见(10.2.23)式).实验工作也增加了人们对能级分布函数的可能形式的了解.但由于上述实验方面碰到的困难,导致一些实验,例如比热的测量,对量子尺寸效应是否存在难于给出明确的回答.

对单个金属微粒分立电子态的第一个直接测量是 Ralph 等人在 1995 年做出的②.他们成功地使一个直径小于 10 nm 的 Al 微粒,通过氧化铝的隧穿结和两个金属铝电极相连,然后在低温(320 mK)和低磁场(0.1 T 以抑制铝的超导电性)下

① R. Denton et al., Phys. Rev. B7(1973), 3589.

② D. C. Ralph et al., Phys. Rev. Lett. 74(1995), 3241.

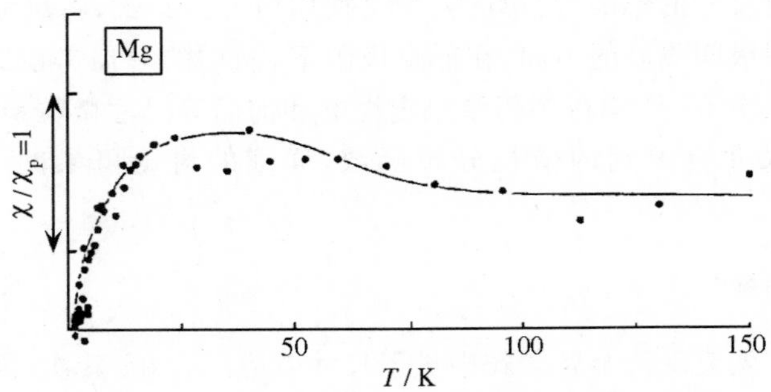

图 10.16　分散于己烷中 2 nm Mg 微粒磁化率随温度的变化，χ_P 为(1.3.4)式给出的泡利顺磁磁化率
(引自 K. Kimuro et al., Surf. Science, 156(1985), 883)

做电流-电压(I-V)曲线测量，观察到一系列分立的台阶.这来源于电流从一个电极流到另一个时，要靠电子以隧穿的方式通过金属微粒，而金属微粒中的电子能级是分立的.

10.2.4　表面效应

前面着重讨论了量子尺寸效应，也提到微粒尺寸减小表面原子所占比例迅速增加，这是由于微粒直径 d 减小时，面积与体积的比例 $\pi d^2/(\pi d^3/6)=6/d$，大体按反比关系增加.实际工作中，常用比表面积的概念，即每克微粒物质具有的表面积的平方米数来表征表面积的大小.例如对 Cu，粒径为 20 nm 时，比表面积为 33 m^2/g，粒径为 2 nm 时，加大到 330 m^2/g.

和体内原子比，表面上的原子多缺少一个或数个近邻原子，配位不足，有大量的悬键或不饱和键存在，因而具有高的表面活性，易于和其他原子结合，使表面得到稳定.这使纳米微粒对环境，如温度、气氛、湿度、光照等十分敏感，可用在传感器方面.表面活性的增加也使纳米微粒在催化剂方面有应用的前景.

在制备固体样品时，常用相应的粉末压制成型，然后在高的温度下使粉末结合成块，这种方法称为烧结.由于相对于体内原子，表面原子处在较不稳定、能量较高的状态，有利于原子的扩散；加之表面积又大，采用纳米微粒可降低烧结温度，缩短烧结时间，提高烧结材料的均匀度，有助于提升烧结材料的品质.

从物理的角度，自然更多关心表面性质的变化.在上一小节中，谈到过晶格振动表面模式的存在，导致比热随 T^2 的变化，这已为实验所证实.处于表面态的电子与微粒内部的电子行为也有很大的差别.这里就不多讨论了.

在物理研究和实际应用中，由纳米微粒凝聚成的块体、薄膜、多层膜，通常称为纳米固体也是人们十分关心的体系.在纳米固体中，纳米微粒之间的界面区域的原子数可占到总数的 30%～50%，是材料的一种基本构成. 图 10.17 是纳米固体二维原子排布示意图，其中黑圆圈代表纳米微粒中心的原子，白圆圈代表界面原子. 可以看出晶界区平均原子密度比内部低，一般要下降 10%～30%. 同时晶界结构多种多样，处于无序到有序的中间状态. 有时更接近于无序. 具体的结构特征分布很大程度上决定于材料和制备方法，受温度、压力等因素影响很大. 高比例的界面区的存在使纳米固体的性质与化学成分相同的晶态与非晶态材料相差甚大. 例如 300 K 时铜的热膨胀系数，晶态材料为 $17\times10^{-6}\ \mathrm{K}^{-1}$. 处于非晶态时为 $18\times10^{-6}\ \mathrm{K}^{-1}$，相差约 6%，但纳米固体铜的热膨胀系数为 $36\times10^{-6}\ \mathrm{K}^{-1}$，相差达一倍. 纳米材料的晶界结构，以及它与材料性质之间的关系也是人们关心的研究课题.

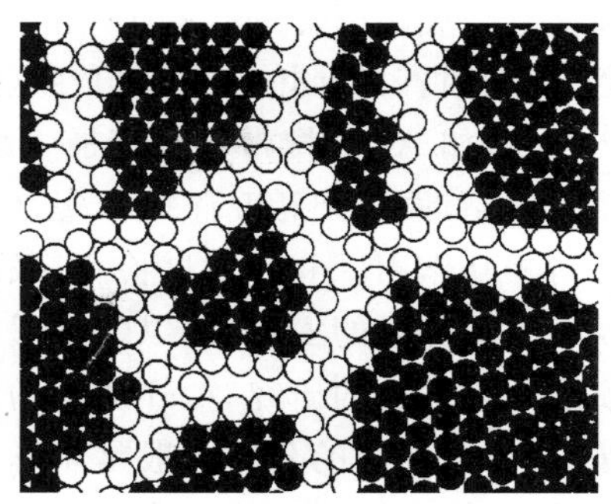

图 10.17　纳米固体二维原子排布示意图

10.3　团　　簇

团簇(cluster)或微团簇(microcluster)是由几个到几百乃至更多原子、分子组成的相对稳定的聚集体，具有一系列既不同于单个原子分子，也不同于大块固体的物理性质. 它是从原子到宏观固体之间物质结构的一个层次，代表了凝聚态物质的初始形态. 对团簇的研究可深化人们对原子分子间相互作用性质和规律的认识. 团簇的研究，还涉及许多过程和现象，如催化、晶体生长、成核和凝固、相变、溶胶等，是材料科学的重要方面.

含有某些特殊原子数目的团簇，其结构比较稳定，具有较高的丰度，人们借用核物理中的术语，把相对稳定的团簇中所包含的原子数称为“幻数”(magic number). 幻数从小到大递增的数列称为幻数序列(magic seqence). 团簇物理要回答的基本问题是：为什么某些团簇要比其他的更稳定一些？原子、分子数增加时团簇的结构和性质如何变化？以及尺寸增加到多大时，团簇开始具有宏观固体的性质？

团簇的尺度界线往往依元素的种类，及所关心的物理性质而异，难于做简单的规定. 对金属言，从价电子呈壳层结构，具有幻数特征的角度，尺寸界定在 1 nm 左右.

10.3.1　团簇的产生和探测

用人工的方法制备和检测团簇是团簇研究的基础. 基本上可分为物理制备法

和化学合成法两类.图 10.18 给出一用物理方法制备和检测团簇的实验装置的示意.首先用直接加热,或强激光照射的方法使源蒸发,产生原子气,原子气在惰性载体气体,如 Ar 气携带下从直径一般小于 1 mm 的小喷嘴射出,通过绝热膨胀及伴随的冷凝,原子间相互碰撞聚集,生成电中性的团簇.团簇通过准直狭缝形成束流,通向相互作用区和作质谱检测.载体 Ar 气必须用真空泵去除,通过如图 10.18 逐级降压差分泵的安排,可以降低最低压泵的气体负载.在相互作用区,可对自由团簇进行多方面的研究,如外加电场、磁场、电磁辐射的作用,和电子、原子、分子的碰撞等.团簇尺寸的分布一般是用脉冲电子束轰击,紫外光照射等方法使团簇电离,然后通过四极谱仪、静电或磁谱仪以及飞行时间质谱仪探测,其中飞行质谱仪用得较为广泛.其原理是先用电压降为 V 的两个栅极,使所有团簇得到同样的动能 $U=(1/2)Mv^2$,离子探测器放在距栅电极 L 处,团簇飞行时间为 $L/v=L(M/2U)^{1/2}$,因此,到达探测器的时间的早晚正比于 $M^{1/2}$,以此得到团簇尺寸的丰度分布,从而了解其热力学稳定性.

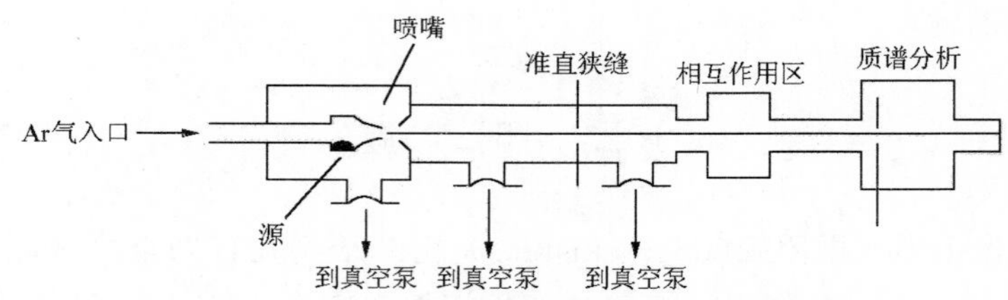

图 10.18　用于研究自由团簇的实验装置示意

团簇的大小和丰度分布与源的蒸发条件、喷嘴的几何形状尺寸和载体气体压强及温度等因素有关.制备尺寸均一可控,束流强度高的团簇是团簇实验研究中的重要课题.

10.3.2　惰性气体元素团簇

先从最简单的惰性元素团簇讨论起.惰性元素原子间有弱的各向同性的范德瓦尔斯相互作用.一对原子间的相互作用势用勒纳-琼斯 6-12 势描述(7.4.3 式).团簇的稳定结构所对应的原子排列位形应使总的相互作用能最小,一般应取对称性高,堆积密度大的多面体结构.由于原子数增加时,能量相近或相等的同素异构体的种类迅速增加,在幻数的确定上,实验是至关重要的.图 10.19 给出超声喷注产生 Xe 簇的质谱分布.丰度并不随团簇中原子数 N 单调变化,而是在 $N=13,19,25,55$ 等处呈现峰值,其强度大约是相应后一个团簇(如 14,20,26,56 等)强度的两倍或更多,表明由这些特殊数目的原子构成的团簇比较稳定.这些稳定团簇的原子数,给出了 Xe 原子团簇的幻数序列.

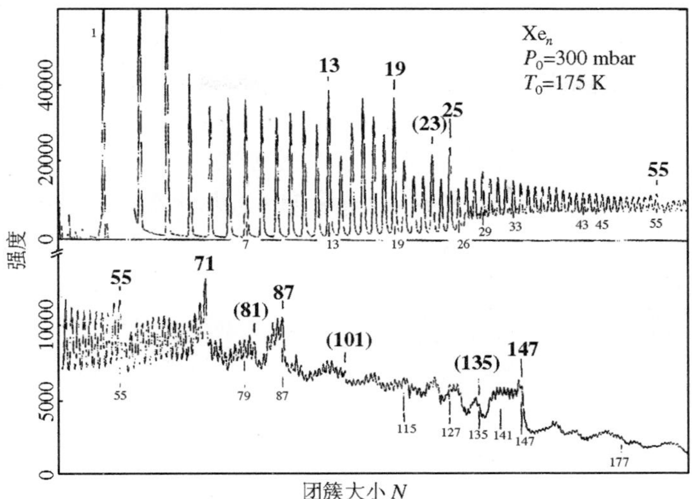

图 10.19 Xe 簇质谱的结果.观察到的幻数用黑体字标明

(引自 O. Echt et al. Phys. Rev. Lett. 47(1981)1121)

电子衍射实验表明 Xe 团簇有 Mackay 二十面体①的构筑方式.图 10.20 给出前 5 个二十面体团簇结构的示意.对于 $N=13$ 的团簇,12 个原子位于 Mackay 二十面体的 12 个顶点上,形成一满壳层,另有一原子位于二十面体的中心. $N=55$ 的团簇所添加的 42 个原子,形成第二个二十面体壳层,其中 12 个位于较大的二十面体的顶点,即第一层 12 个原子沿径向向外的位置上,另外 30 个原子则位于较大二十面体棱边的中点.团簇加大时,原子相继构筑更大的二十面体壳层.相应的幻数为

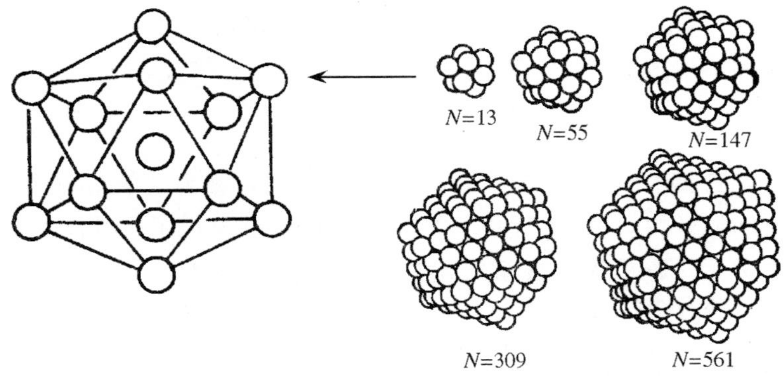

图 10.20 Mackay 二十面体示意.对 $N=13$ 情形给出了原子排列的细节

① A. L. Mackay, Acta Crystallogr. 15(1962), 916.

$$N = 1 + \sum_{p=1}^{n} (10p^2 + 2), \tag{10.3.1}$$

其中 n 为壳层数，$n=1,2,3,4,5$ 和 6 时，N 值分别为 13，55，147，309，561 和 923. 实验上观察到的其他数值，可以了解为趋向满壳层的中间步骤. 例如 $N=19$ 来源于在 $N=13$ 团簇上附加一由 6 个原子组成的五边形棱锥(pentagonal pyramid)(图 10.21). 这里团簇的生长是通过逐层，或逐个原子壳层填充的方式实现的.

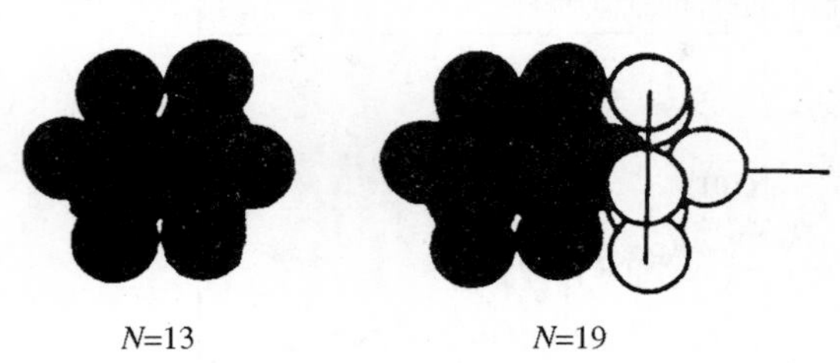

图 10.21 $N=19$ 团簇构筑方式示意

团簇有一中心原子，且围绕其生长的 Mackay 二十面体具有五重对称性，团簇在结构上的这些特点是大块晶体所没有的. Xe 簇尺寸到含 1000 个原子以上仍无转变为具有平移对称性的晶态结构的迹象.

Xe 团簇的行为并不能被简单地推广到其他重惰性气体元素团簇. 实验给出 Ar 团簇呈现出不同的幻数序列①，团簇的生长是另一种以小的二十面体团簇为单元的堆垛过程. 差别的原因还不完全清楚.

惰性气体元素中最轻的元素氦，包括 ^{4}He 及其同位素 ^{3}He，情况更是不同. 上述壳层密堆积模型，或任何其他从原子位置局域化(位置序)出发的经典模型，都不再适用，需要量子力学的处理.

任何实物粒子都具有波粒二象性. 当粒子的德布罗意波长 λ 和所讨论的问题的特征尺度 a 相比满足 $\lambda \gtrsim a$ 时，波动的特性占主导地位. 例如在粒子通过一小孔的实验中，a 是孔的直径，满足上述条件时，可在孔后观察到衍射花纹. 粒子的德布罗意波长可由 $\lambda = h/Mv$，并令粒子动能 $Mv^2/2$ 等于平均热能 $3k_B T/2$ 求出. 波动性占主导地位的温度为

$$T \lesssim \frac{h^2}{3Mk_B a^2} \equiv T_D. \tag{10.3.2}$$

在液体氦或氦团簇中，对一个氦原子言，其他氦原子可视为它的衍射光栅，特征尺度 a 为原子间的平均间距，典型值为 0.2～0.3 nm. 将氦原子质量代入，可得 $T_D \approx$ 5 K，非常接近于 ^{4}He 液体超流相变温度 2.17 K. 超流动性和超导电性一样，都是典型的宏观量子力学现象.

一般的物质，在远高于 T_D 的温度下业已固化，且如 7.4.2 小节所述，属经典固体，就原子排列言，总可做经典的处理. 氦的情形则不同，由于原子间很弱的范德瓦尔斯力，在元素中，它有最低的液化温度，^{4}He 液体的正常沸点为 4.2 K，^{3}He 液体

① J. Farges et al., J. Chem. Phys. 78(1983), 5067; 84(1986), 3491.

为 3.2 K. 且由于 7.4.2 小节中已提到的，量子力学的零点运动有重要作用，直到绝对零度都保持为液态. 温度 $T=0$ K 时，只在加压到约 2.5 MPa 时，液体 ^{4}He 才能固化. ^{3}He 情况类似，由于原子质量更轻，零点能有更大的作用，固化压强为 3.44 MPa，要更高一些.

这样，在氦团簇中，原子的位置不会是局域的. 相反，应该是扩展的，遍及整个团簇，从而降低量子力学零点能，使团簇因原子间弱的吸引势而得以存在. 团簇的幻数实际上是求解几十到几百个氦原子体系可能的基态的量子力学问题. 相应的有序是粒子对可能的本征态占据的有序，或动量空间的有序. 在有关团簇的讨论中，常称为动量序或波序(wave order). 在这里. ^{4}He 和 ^{3}He 原子遵从的统计的不同应起重要作用，^{4}He 原子是玻色子，遵从玻色统计. ^{3}He 原子核中少一个中子，核自旋量子数为 1/2，是费米子，遵从费米统计. ^{3}He 团簇可能的结构要满足泡利原理的要求，任意两个粒子不能处在相同的量子态上.

1980 年代末期曾有一些理论工作. 对于 ^{3}He 团簇，得到偶数幻数序列 2,8,20,40,……，这是重惰性元素团簇刚球堆积壳层模型所不能解释的. 实际上这一幻数序列与马上要讲到的碱金属团簇的相同，源于 ^{3}He 费米子对团簇势阱中单粒子本征态的满壳层占据. 对于 ^{4}He，理论上认为无幻数存在，原子数 $N>20$ 时团簇呈液滴状. ^{3}He 和 ^{4}He 液滴在什么尺寸下呈现超流动性，是人们十分感兴趣的问题，从实验的角度，也是很困难的问题.

1998 年，人们将 OCS 单分子嵌入到 He 液滴中，对约含 10^4 个原子的大的超流 ^{4}He 液滴，在红外吸收谱中观察到 OCS 分子尖锐的转动谱线，在非超流的大的 ^{4}He 液滴中，谱线仅为一宽峰，这意味着起源于分子自由转动的尖峰可做超流动性存在的判据. 借助这种方法，实验发现对于 ^{4}He 液滴出现超流动性，最小的原子数 N 约为 60①.

10.3.3 简单金属团簇

金属要复杂一些，除去离子实外，还有公有化的自由电子. 1984 年 Knight 等报道了对碱金属钠团簇，原子数 $N=2\sim100$ 质谱测量的结果，表示在图 10.22 中. 图(a)中的峰高给出在一定的时间间隔内，观察到原子数为 N 的团簇的次数，与图 10.19 类似，给出团簇的丰度分布. 从特别突出的峰高，尤其是显著高于其后一团簇的峰高，得到幻数为 8,20,40,58,92. 此外，相对于 $N=3\sim7$ 的团簇，$N=2$ 团簇的丰度也明显地高一些(图中未给出). 这一结果，可以在自由电子气体模型或凝胶模型下得到很好的了解.

---

① S. Grebenev et al., Science, 279(1998), 2083.

由于凝胶尺寸限制了电子的活动范围,电子的能量是量子化的.将凝胶内单电子势取为球对称势阱,电子态因此有壳层结构.对于三维抛物线型的谐振子势,能级是等间隔排列的.对于三维方势阱,能级间隔是不均匀的.真实的势阱很可能介于这两者之间.图 10.23 中也给出采用内插的方法,得到的中间势的结果.这和更细致一些的计算得到的结果一致.电子的能级可用主量子数和角动量量子数(n,l)标记.但与单原子中心库仑势情形 l 必须小于 n 不同,这里在 l 值和 n 值之间没有相对的约束.中间势模型的能级和简并度为 $1s(2)$,$1p(6)$,$1d(10)$,$2s(2)$,$1f(14)$,$2p(6)$, $1g(18)$,$2d(10)$,$3s(2)$,$1h(22)$,$2f(14)$,$3p(6)$, $1i(26)$,$2g(18)$, …….因此,当电子填充这些壳层时,满壳层的电子数,即相应的幻数序列为 2,8,18,20,34,40,58,68,70,92,106,112,138,156 等.

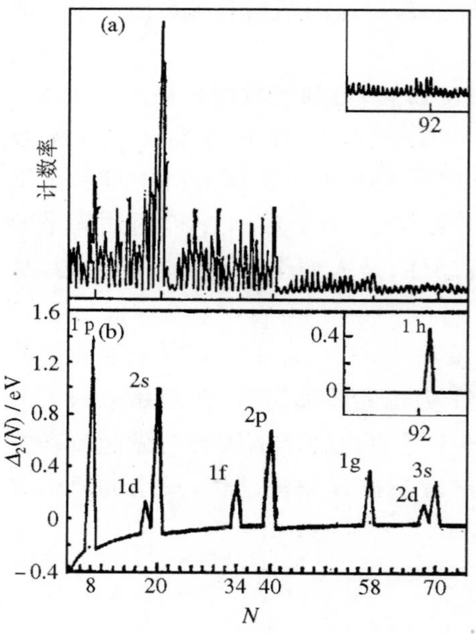

图 10.22　(a) Na 簇丰度谱的实验测量结果;(b) 能量差 $\Delta_2(N)$的理论计算结果(引自 W. D. Knight et al. Phys. Rev. Lett. 52(1984) 2141)

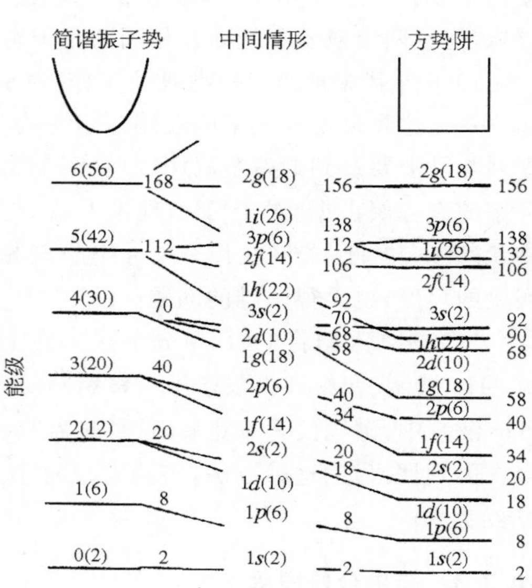

图 10.23　三维谐振子势和方势阱以及中间情形的能级谱,并给出了能级的标记、简并态数(括弧中)以及总态数(引自 M. L. Cohen and W. D. Knight, Phys, Today, 1990, No. 12, 42)

用凝胶模型计算,从所有占据态能量之和可得到团簇电子态的总能量 $\mathscr{E}(N)$.两相邻团簇能量差为

$$\Delta(N) = \mathscr{E}(N) - \mathscr{E}(N-1). \tag{10.3.3}$$

图 10.22(b)纵轴给出

$$\Delta_2(N) = \Delta(N+1) - \Delta(N). \tag{10.3.4}$$

在特定的 N 值处 $\Delta_2(N)$ 出现尖峰，这对应于满壳层的电子结构，因为再增加一个电子，只能进入下一壳层，能量要有较大的变化. 实验观察到的是计算出的全部幻数的一部分，对应于和下一个壳层间有大的能隙的满壳层结构（参看图 10.23），因而更加稳定. 其后，Martin 等的实验证实，对于一直到 $N<1400$ 的钠团簇，凝胶模型给出的幻数值是正确的①. 这样，钠团簇的幻数来源于用量子力学描述的电子系统，是电子对球对称势中电子壳层的填充，属于波序，和从（10.3.2）式对电子情形给出高的 T_D（约 10^4 K）是一致的.

Martin 等人的实验还发现，当钠团簇 $N>2000$ 时，幻数序列发生变化，转变到类似于前面讨论过的 Xe 团簇，起支配作用的是离子实系统，是团簇逐层生长中原子（或离子实）对原子壳层的填充，属位置序.

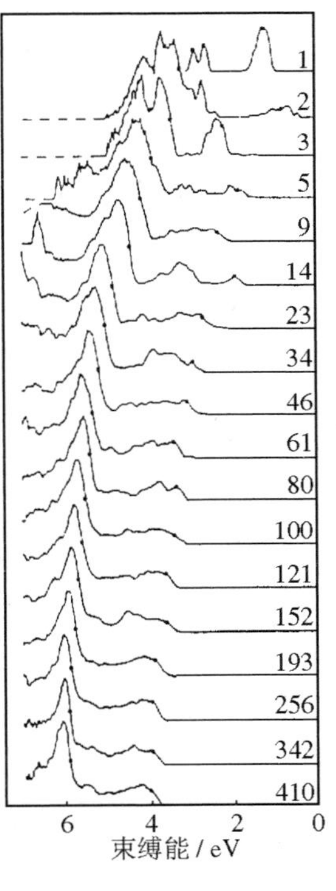

图 10.24 原子数 $N=1-410$ 的铜簇 Cu_N^- 紫外光电子谱（UPS）的实验结果（引自 O. Cheshnovsky et al. Phys. Rev. Lett. 64(1990) 1785）

一般认为在小的钠团簇中，原子是易动的. 每增加一个原子，团簇中原子的排列会像在液滴中那样做相应的调整，使团簇呈球形. 离子实系统的能量随 N 的增加大体上连续变化，而电子壳层间有能隙存在，幻数由电子系统决定. 非幻数团簇有时也可以相当的丰度出现，这时团簇形状会做相应的变化，变得扁平或拉长一些，或没有任何特殊对称性的其他形状，以使团簇的总能降低，从而比较稳定，当然最稳定的还是球形满壳层结构. 团簇尺寸大到一定程度后，一方面高电子壳层间能隙减小，另一方面团簇形状的变化变得困难，团簇的生长过渡到以一个硬核为中心，逐个原子层，或逐个原子壳层的模式，幻数由离子实系统决定.

对大的金属团簇，在控制团簇形状和稳定性方面，电子能量壳层和原子排列壳层是两个相互竞争的因素. 何者占优，除前述尺寸外，温度也是重要的条件. 对于孤立的团簇，难于确定其温度，但实验观察到，提高喷嘴源的温度，原子整齐壳层排列的钠团簇消失，可能起源于固体团簇的熔化，熔化温度依赖于团簇大小.

尺寸小的 Na 团簇的生长，从一个幻数到下一个幻数，对电子壳层的填充很像是元素周期表中的一个周期. 因此，金属簇也常被称为准原子（quasi-atom）或巨原

① T. P. Martin et al., Chem. Phys. Lett. 172(1990), 209.

子(giant atom).实验表明,碱金属 K,Cs 和贵金属 Cu,Ag,Au 与 Na 相似,属于相同的准原子家族.

对于团簇中原子数 N 增大到何种程度,团簇才表现出宏观块材的特征,以及这种过渡如何发生的基本问题,目前还有待进一步研究.图 10.24 是 $N=1-410$ 带负电荷铜簇 Cu_N^- 紫外光电子谱(UPS)实验的结果,给出光发射电子能量分布随束缚能的变化.从图可看出从单个原子的 $3d$ 能级向大块金属的 $3d$ 能带的逐渐演化.在团簇大小约为 410 个原子时,已呈现出大块铜所具有的 $3d$ 能带的特征,说明 Cu_{410} 可能已开始具有晶态的结构.但是对于迄今为止得到的 $N=2100$ 的 Na 团簇,实验却表明它具有正二十面体结构,如上一小节所述,这种原子排列是和宏观块材完全不同的.

10.3.4　C_{60}、固体 C_{60} 和碳纳米管

1970 年代末,天体物理学家从宇宙尘埃中发现了碳及碳化合物团簇,引起人们在实验室里制备碳团簇的兴趣.重要的进展发生在 1985 年,H. Kroto, R. Curl 和 E. Smally 等在实验中获得了异常高的由 60 个碳原子构成的 C_{60} 团簇的丰度,表明它具有特别稳定的结构.他们猜想,很可能像由 12 个五边形,20 个六边形,每个五边形被 5 个六边形包围,共有 60 个顶点的足球 (图 10.25(a)).这一结构现已得到完全的确认,相当于截去 12 个顶角的截角二十面体,具有二十面体群(I_h)的对称性.五边形环由单键构成,键长 0.145 nm,两个六边形环的公共棱边为双键,键长 0.140 nm.这些单、双键并不完全等同于石墨的 sp^2 杂化,或金刚石的 sp^3 杂化,而是介乎两者之间.

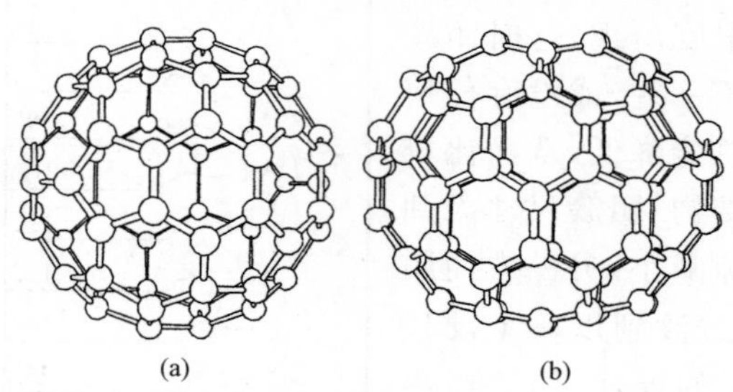

图 10.25　(a) C_{60} 分子的结构;(b) C_{70} 分子的结构

C_{60} 团簇由于特别稳定,常称为 C_{60} 分子.分子的直径为0.71 nm.在猜测 C_{60} 分子结构时,Kroto 等人受到建筑师 Buckminster Fuller 1965～1967 年在蒙特利尔世界博览会上使用五边形和六边形建造薄壳圆穹顶的启发,C_{60} 分子也因此被命名为 Buckminsterfullerene,简称为富勒烯(Fullerene),也常被称为巴基球或足球烯.对 C_{60} 中单电子能级的计算表明,分子轨道的最低非占据态和最高占据态间的单电子能隙为 1.8±0.1 eV,远大于室温的 $k_B T$ 值(约 25 meV),这是 C_{60} 团簇结构稳定的原因.图 10.25(b)还给出富勒烯家族中另一重要成员 C_{70} 的结构,C_{70} 含有 12 个五边形环和 25 个六边形环,具有椭球笼形结构,酷似橄榄球.

1990 年人们成功地制备了固体 C_{60},C_{60} 分子间主要靠范德瓦尔斯力结合,属分

子晶体.室温下,固体 C_{60} 有面心立方结构,晶格常数 $a=1.4198$ nm. C_{60} 分子在固体中的取向是无序的,并做高速无规自由转动,可达 10^9 转/秒.类似于 7.4 节中讨论的非单原子分子晶体,温度降低时会发生旋转相变.固体 C_{60} 的旋转相变发生在 249 K,在这一温度以下,分子取向有序,结构转变为简单立方.在本书中,已讲过碳存在的两种晶态形式,金刚石和石墨.固体 C_{60} 是结构完全不同的第三种形式.

在面心立方固体 C_{60} 中,球间空体积占 26%,可在空隙中插入金属离子.属于每个 C_{60} 分子的有 3 个可供单个原子 A 插入的位置,其中两个是四面体空位,原子 A 有 4 个最近邻 C_{60},一个是八面体空位,最近邻数为 6,可容纳的原子 A 的直径分别可大到 0.225 nm 和 0.415 nm.当这些位置为 A 原子填满时,生成正分的 A_3C_{60}.掺杂量过多时,晶体中 C_{60} 间的间距要加大,并有不同的晶格结构,如 A_6C_{60} 为体心立方结构.掺杂量少的 A_1C_{60} 具有体心正交结构.

在第三章中已给出能带计算得到的固体 C_{60} 和 K_3C_{60} 的电荷密度分布(图 3.10).固体 C_{60} 中,相邻 C_{60} 分子间波函数交叠甚少,为半导体.价带顶和导带底位于 k 空间中同一位置,能隙约为 1.5 eV.四面体和八面体空位中加入碱金属后,波函数的交叠大大增加,呈金属性导电行为.A_3C_{60} 在低温下处于超导相,且有较高的转变温度.一些典型值为 K_3C_{60},$T_c=18$ K,Rb_3C_{60},$T_c=28$ K,$RbCs_2C_{60}$,$T_c=33$ K.对于加压下的 Cs_3C_{60},在 40 K 开始出现超导电性①.

固体 C_{60} 属有机材料.有机超导体最早是在 1979 年在准一维导体 Bechgaard 盐(参见 11.3.4 小节)中发现的,最高 T_c 值止于 10~13 K.固体 C_{60} 不仅有高得多的 T_c 值,且具有很好的三维特性,其超导机制自然为人们所关注.目前,一般认为仍可纳入 BCS 理论的框架,库珀对具有 s 波对称性,高的 T_c 值来源于强的电子-声子相互作用,以及费米面附近高的电子态密度.由于电子-声子相互作用涉及的高频声子是 C_{60} 分子内的振动模式,几乎不受碱金属掺杂的影响,因此碱金属掺杂导致 T_c 的改变取决于态密度的变化.

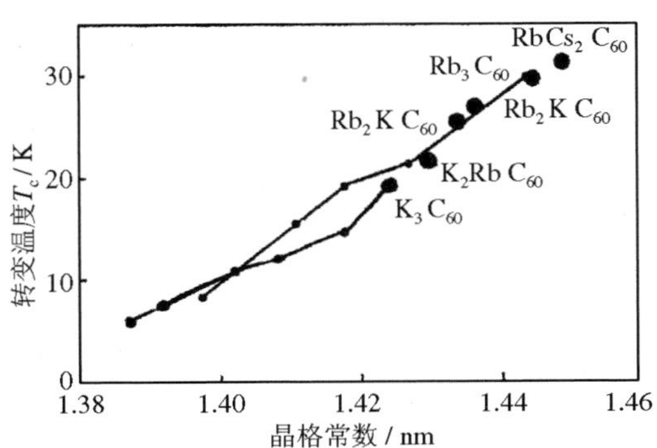

图 10.26 A_3C_{60} 及 $A_{3-x}A'_xC_{60}$ 超导转变温度随晶格常数的变化

图 10.26 给出 A_3C_{60} 或 $A_{3-x}A'_xC_{60}$ 超导转变温度 T_c 和晶格常数的关系,大体有线性关系.插入较大的原子,T_c 上升.如果用加压的方法使 Rb_3C_{60} 的晶格常数减小,T_c 可降低到

① T. T. M. Palstra et al., Solid State Commun., 93(1995), 327.

和不加压的 K_3C_{60} 一样. 说明对超导电性言,碱金属的种类确实并不重要,重要的是 C_{60} 分子间波函数的交叠程度,以及由此决定的费米面附近态密度的大小. C_{60} 分子间距离大时波函数交叠少,导带较窄,态密度高,T_c 也较高. 相反,距离近时能带较宽,相应的态密度低,使 T_c 下降.

在对富勒烯家族的研究中,人们很快意识到使单层石墨卷曲闭合,可做成多种性质独特的结构. 1991 年饭岛纯雄(Sumio Iijima)首次观察到了碳纳米管的存在,直径在 4~30 nm,长度可到 1 μm,是由 2~50 个石墨单层卷曲圆柱面同轴套构而成的空心小管. 层间距约为 0. 34 nm,与石墨层间距 0. 335 nm 相近. 碳管的端部一般是封闭的,这种类型的碳管,称为多壁碳纳米管. 1993 年人们开始得到单壁碳纳米管. 由于其结构的简单和确定,成为理论计算和实验研究的模型系统. 碳纳米管物理性质研究的真正开展是在 1995 年,当人们可以高产率地,如高到 80%而不是最初的百分之几,得到单壁碳纳米管以后.

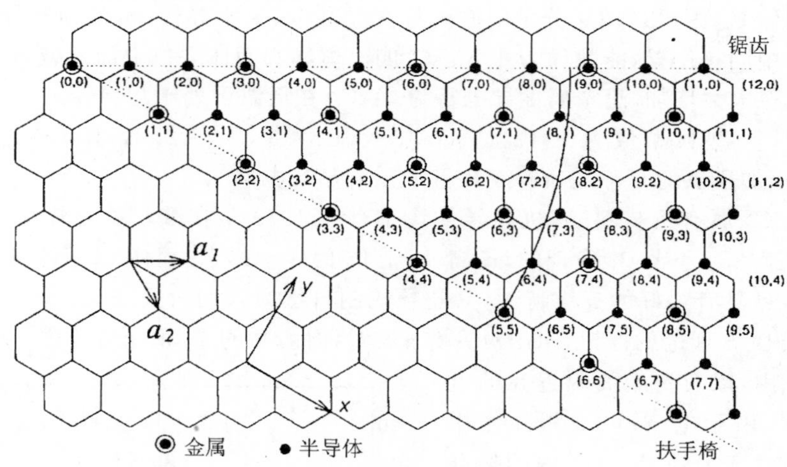

图 10. 27　单层碳纳米管标注方法示意

碳纳米管的结构由其直径及石墨单层卷曲的螺旋度(helicity)决定. 石墨单层为二维蜂房格子(图 2. 1,图 4. 17),选择基矢 $\boldsymbol{a}_1$,$\boldsymbol{a}_2$ 如图 10. 27 所示,可用一组数(n,m)标记格点上碳原子的坐标. 卷曲石墨单层,使原点(0,0)和某一选定格点(n,m)重合,所得碳纳米管的大小及螺旋度唯一地由该点坐标决定,因而碳纳米管可用一对整数(n,m)标记. 从原点到(n,m)点的矢量称为卷曲矢量(wrapping vector)

$$\boldsymbol{C}=n\boldsymbol{a}_1+m\boldsymbol{a}_2. \qquad (10.3.5)$$

卷曲矢量沿 $\boldsymbol{a}_1$ 轴方向所得的$(n,0)$碳纳米管,管轴与一组 C-C 键平行,由于沿周长方向碳键排列的方式类似于锯齿(zigzag),常称为锯齿碳纳米管(图 10. 28(a)). 将锯齿碳纳米管的卷曲方向作为参考轴,$\boldsymbol{C}$ 与参考轴的夹角定义为碳纳米管的螺旋角(helical angle)θ. 由于对称性的缘故，不等价的 θ 取值在 0～30°之间. $\theta=30°$ 的称为"扶手椅"(armchair)碳纳米管(图 10.28(b))，有垂直于管轴的 C-C 键，标记为 (n,n).

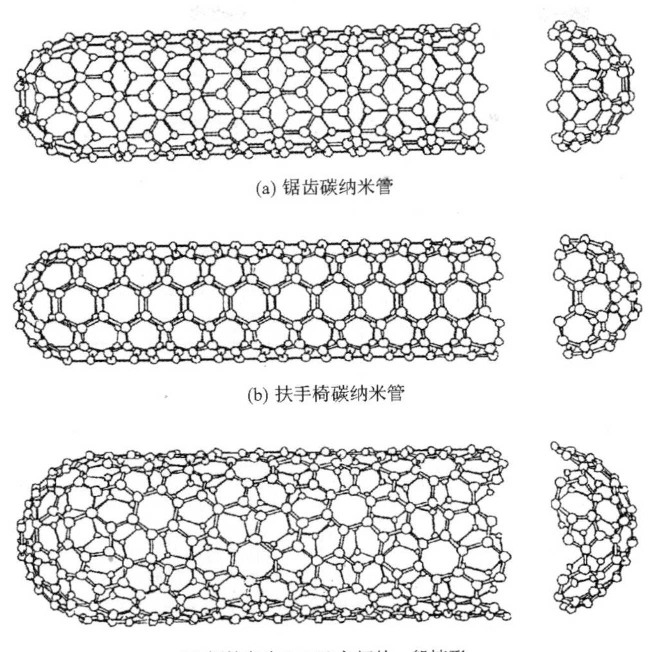

(a) 锯齿碳纳米管

(b) 扶手椅碳纳米管

(c) 螺旋角在 0~30° 之间的一般情形

图 10.28 不同类型的碳纳米管

对于(n,m)碳纳米管，易于证明，管径 d 和螺旋角 θ 分别为

$$d=\frac{\sqrt{3}}{\pi}a_{\text{C-C}}(n^2+nm+m^2)^{1/2}, \tag{10.3.6}$$

$$\theta=\arctan\sqrt{3}m/(m+2n), \tag{10.3.7}$$

其中 $a_{\text{C-C}}$为碳键长度.

单壁碳纳米管的能带结构可在石墨单层的基础上得到理解. 只要管径不是特别小，管的能带结构将与石墨单层类似，主要差别在边条件上. 沿管轴方向，与石墨单层一样，波函数在宏观尺度上满足周期性边条件，波矢 $\boldsymbol{k}$ 准连续取值. 差别在沿垂直于管轴的圆周方向，周期性边条件要求

$$\boldsymbol{k}\cdot\boldsymbol{C}=2\pi l_i, \quad l_i \text{ 为整数}. \tag{10.3.8}$$

纳米尺度的$|\boldsymbol{C}|$值，导致在垂直于管轴方向波矢 $\boldsymbol{k}$ 取值的分立性. 在石墨的二维第一布里渊区中，许可态落在一组间距为 $2\pi/|\boldsymbol{C}|$ 的平行线上. 在 4.5.3 小节中讲过石墨单层价带和导带在第一布里渊区 6 个顶点 $K(K')$处简并. 当 $K(K')$点为许可态时，碳纳米管有金属性行为，反之，有半导体性行为.

更具体一些，按图 10.27 中 x，y 轴的取向，石墨单层的第一布里渊区如图 10.29 所示. 对于(n,n)扶手椅碳纳米管，卷曲方向（即 $\boldsymbol{C}$）沿 x 轴，因而 k_x 取分立值，由于 $k_x=0$ 总是许可态，且 $k_x=0$ 的直线通过 $K(K')$点（图 10.29(a)），不管 n 取何值，扶手椅碳纳米管总有金属性行为. 而对$(n,0)$锯齿碳纳米管，或一般的，对(n,m)碳纳米管，分析表明，仅当 $n-m=3q$，q 为整数时才显金属性（参见习题 10.6），否则为半导体. 在所有不同(n,m)的碳纳米管中，1/3 为金属性的（图 10.27）. 单壁碳纳米管的电子结构与螺旋度的关系已在 1998 年首次为利用扫描隧穿显微镜（STM，2.5.3 小节）技术得到的微分电导谱所证实.

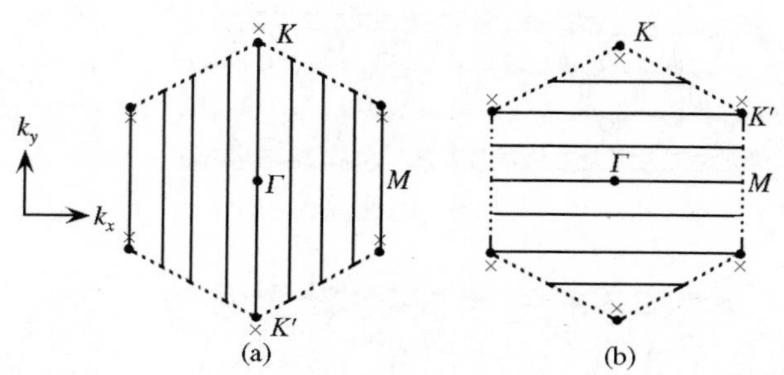

图 10.29　(a) 扶手椅碳纳米管(4.4)在第一布里渊区（虚线）中的许可态（实线）(b) 锯齿碳纳米管(6.0)的许可态. 卷曲导致的价带和导带简并点沿 k_y 方向的位移在图中用×点表示

STM 技术除去用以研究表面原子结构外，还可用于表面电子态的研究. 其具体做法是在 STM 探针和样品表面间的直流电压 V 上附加一小的交变电压，测量相应的微分电导 $\mathrm{d}I/\mathrm{d}V$，这一微分电导比例于探针所在处样品表面在测量条件下的电子的局域态密度. 图 10.30 上部给出金属性(9,9)扶手椅碳纳米管和半导体性(11,7)碳纳米管电子能态密度的理论计算结果. 费米能 ε_F 取为能量零点. 可见对金属管，该处有非零态密度，而对半导体管，有宽度约为 0.7 eV 的能隙存在. 能量再高时，对两种碳纳米管均有尖锐的 van Hove 奇异（3.5.3 小节）出现. 图 10.30 下部给出用体系电导值标度后的微分电导$(\mathrm{d}I/\mathrm{d}V)/(I/V)$随直流电压 V 的变化，这一隧穿谱确认了理论计算的主要结果. 原子分辨的 STM 可同时确定碳纳米管的结构. 实验肯定了对不同的单壁碳纳米管，得到的微分电导谱只有图 10.30 给出的两种类型.

实际情况，特别是对小直径的碳钠米管，还要考虑二维平面弯曲带来的影响. 平面的弯曲会改变相邻 $2p_z$ 态哑铃状电子云间的交叠状况，理论上给出费米点会稍有移动（图 10.29），对扶手椅型的没有影响，对其他有金属行为的碳钠米管，会导致小的能隙出现. 例如对(9,0)锯齿型金属性碳钠米管，实验给出弯曲产生的能

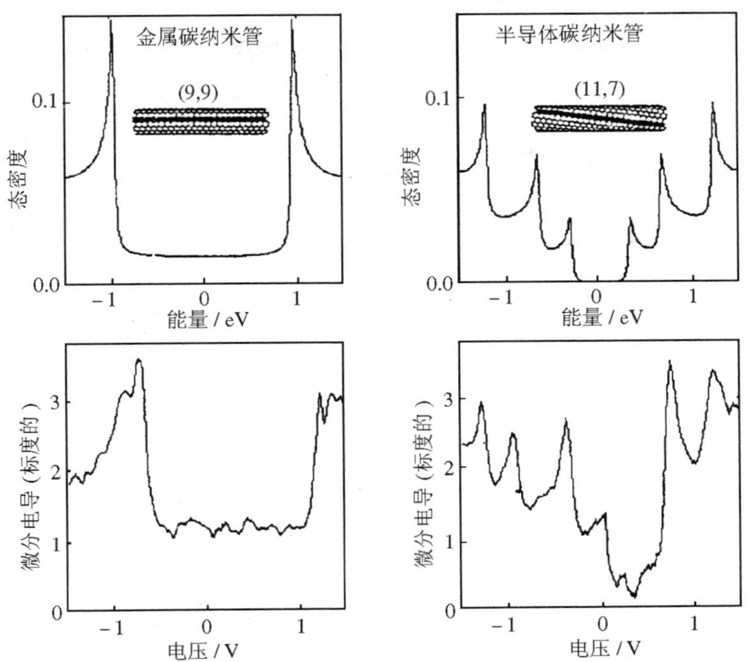

图 10.30 上部给出金属性(9,9)扶手椅碳纳米管和半导体(11,7)碳纳米管态密度随能量变化的计算结果，下部是用 STM 技术测量的标度的微分电导(dI/dV)/(I/V)谱（引自 C. Dekker, Phys. Today, No. 5, 1999, 22）

隙约 80 meV[①].

从基础研究的角度，碳纳米管最有价值之点在于它是独特的一维导体. 由于卷曲方向波矢取值的量子化，碳纳米管的能带将如 11.1 节中所述分裂成一维子带. 对于金属性碳纳米管，第一布里渊区的顶点是许可态，如 4.5.3 小节所述，仅需计及相距并非一个倒格矢的两个不等价点，如图 10.29 中的 K 和 K'点，因此，能量最低的是两个能量简并的子带. 对于单壁碳纳米管，子带间能量间隔较大，约为 1 eV 大小，在图 10.30 左上图中相当于态密度尖峰和取为能量原点的费米能量间的间隔，尖峰起源于在子带底 $\partial\varepsilon(K)/\partial K=0$ 导致的 van Hove 奇异(3.5.3 小节). 这一能量间隔远大于约 0.025 eV 的室温热能 $k_B T$，因此通常仅两个简并的子带参与导电，参照 11.1.3 小节，当碳纳米管的长度小于电子弹性散射平均自由程，处于弹道输运区时，每一个子带，或每一导电通道对电导的贡献为 $G_0=2e^2/h$，总电导应

① M. Ouyan et al. Science, 292 (2001), 702.

为 $2G_0$，这已得到实验的证实[①].

在 9.1.4 小节中曾讲过对一维体系，不管无序有多弱，所有的电子态都是局域的，但实验却表明对于金属碳纳米管，无序的影响显著降低，可有非常长的，数百纳米到 1 微米数量级的弹性散射平均自由程，在这个尺度内电子以弹道方式传播. 对于无序影响的降低，理论上有不同的解释. 一种解释认为，电子实际感受到的结构或化学无序是在纳米管周长上平均后的结果，因而减弱了很多[②]；另一种看法认为，当电子受到散射，在一维情形只能是背散射，例如从 $|k_y\rangle$ 态到 $|-k_y\rangle$ 态，但这种散射是禁止的，因为一个态来源于成键态，另一个来源于反成键态，两个分子轨道态是正交的，导致背散射矩阵元的消失[③]. 在 11.3.1 小节中将讲到在准一维体系中会发生 Peierls 相变，从而导致金属向半导体的转变. 对于单壁碳纳米管，理论分析表明，由于它的管状结构，Peierls 相变将因导致晶格畸变能过大而难于发生. 因此，金属碳纳米管是很独特的分子量子线. 在 12.2 节末尾将讲到在一维体系中朗道费米液体理论失效，电子系统的行为由 Luttinger 液体理论描述，金属碳纳米管是检验这一看法难得的实验体系.

人们对碳纳米管的关注，除去上述独特的导电性质及其在分子电子学器件中可能的应用外，还因为它的其他的不一般的物理性质. 例如它是迄今为止可以制作出来的最轻最强的纤维，同时还有很好的柔韧性，弯曲时并不折断. 此外，碳纳米管具有可填充性. 管内填充不同物质后，可得到具有不同物理性质和化学性质的一维纳米材料. 有关碳纳米管的进展可参阅 A. Loiseau 等主编的著作[④].

10.4 库仑阻塞

在 10.2.2 小节中已提到，当微粒尺寸很小时，由于静电能的变化远超过 k_BT，电荷的改变十分困难. 这相当于对图 10.31(a)情形，单电子从一个微粒通过绝缘层隧穿到另一微粒，由于使体系能量改变过大而在一定范围内被禁止. 这种现象称为隧穿过程的库仑阻塞.

为研究方便，将图 10.31(a)等效成一如图(b)所示的金属(M)、绝缘体(I)构成的 MIM 结. 从经典物理的角度，这是一电容器，设电容值为 C. 从量子力学的角度，由于电子可隧穿过中间的势垒，称为隧道结. 当电子从极板 1 隧穿到极板 2 时，极板 1 的电荷增加 e，结电压改变 $\Delta V=e/C$，静电能增加 $\varepsilon_c=e^2/2C$，这个能量也称为

① J. Kong et al. Phys. Rev. Lett., 87(2001), 106801.

② C. T. White and T. N. Todorov, Nature, 393(1998), 240.

③ T. Ando et al. J. Phys. Soc. Jpn. 67 (1998), 1704.

④ A. Loiseau et al. Understanding Carbon Nanotubes from Basics to Application, Berlin: Springer-Verlag, 2006. 影印版：碳纳米管——从基础到应用，北京：科学出版社，2008.

电容器的充电能.

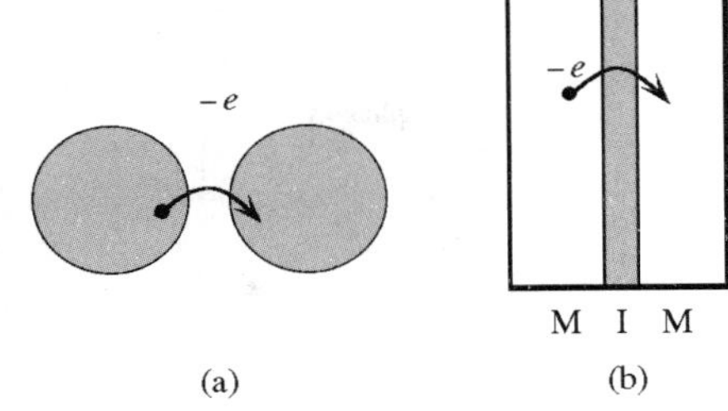

图 10.31 电子在微粒间(a)和 MIM 结中(b)的量子隧穿

在通常的尺度下,如结面积为 0.1×0.1 mm^2 时,单电子隧穿引起的结电压改变很小,ΔV 约为 10^{-9} V,其效果为热涨落所掩盖.惟一可能的后果是由于电荷的分立性,在通过隧道结的电流中产生散粒噪声(shot noise).但当尺寸小到如 0.1 μm× 0.1 μm,绝缘层厚 1.0 nm 左右时,结电容 $C\approx10^{-15}$ F,$e^2/2Ck_B\approx1$ K,在 mK 温度范围会出现库仑阻塞现象.

库仑阻塞现象发生的第一个条件显然是热涨落的影响要小,即

$$\varepsilon_c \equiv \frac{e^2}{2C} \gg k_B T, \tag{10.4.1}$$

相当于要求结足够小,工作温度足够低.从而对隧道结言,充电能起主要作用.

第二个条件是量子力学的涨落要小.如单电子隧穿过程的平均时间为 τ_T,形式上可写成 $\tau_T=R_TC$,R_T 为隧穿电阻,隧穿过程引起的能量涨落 $\Delta\varepsilon\approx h/\tau_T$,量子力学涨落足够小,相当于 $\varepsilon_c\gg h/R_TC$, 或

$$R_T \gg R_Q \approx \frac{h}{e^2}, \tag{10.4.2}$$

h/e^2 的数值约为 26 kΩ.

10.4.1 电流偏置的单结

考虑一如图 10.32 所示,偏置电流为 I 的单结.结的特性由结电容 C 和隧穿电阻 R_T 两个参数描述.结的状态由另外两个参数描述:结电极上的电荷 Q 和通过势垒隧穿的电子数 n.电子隧穿导致体系静电能的改变

$$\Delta\varepsilon^{\pm} = \frac{Q^2}{2C} - \frac{(Q\mp e)^2}{2C} = \pm\frac{e}{C}\left(Q\mp\frac{e}{2}\right). \tag{10.4.3}$$

e/C 前的+号对应于极板 1 减少电荷 e. $T=0$ K 时,隧穿过程仅当 $\Delta\varepsilon^{\pm}>0$,即使体系能量减小时才能发生,因而在

$$-\frac{1}{2}e < Q < \frac{1}{2}e \tag{10.4.4}$$

范围内,发生库仑阻塞.

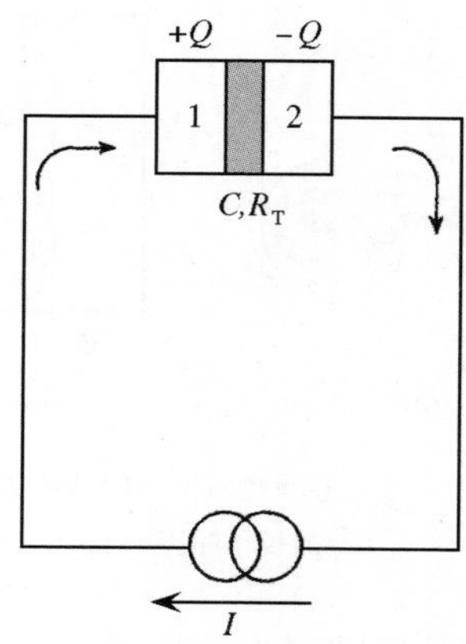

图 10.32 电流偏置结示意

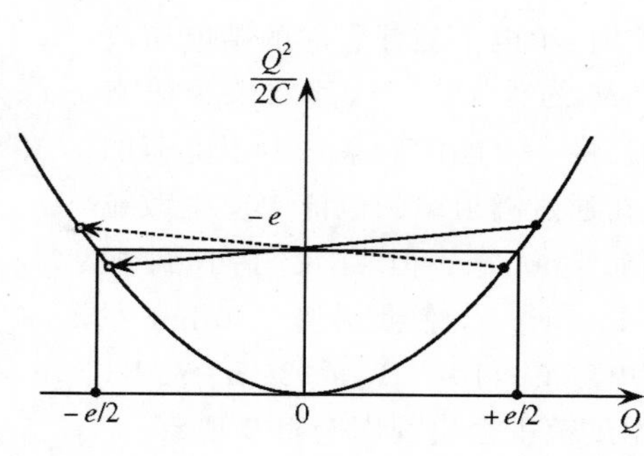

图 10.33 隧穿过程库仑阻塞示意实线所示过程使体系能量降底，虚线所示过程使体系能量升高

当偏置电流 I 不为零且很小时，结上的电荷按 $\dot{Q}=I$ 的速率线性增加. 结上电荷 Q 来源于金属极板上导电电子相对于正电荷背景很小的位移，可以连续变化. 当 Q 超过阈值 $e/2$ 时，隧穿发生，使 Q 突然降到 $-e/2$(图 10.33)，新的循环开始. 结的端电压相应地呈锯齿形振荡，振幅为 $e/2C$. 这种单电子隧穿过程的重复频率为

$$f=\frac{\bar{I}}{e}. \tag{10.4.5}$$

在物理上重要的是，尽管隧穿过程本身是随机的，这时(在低温和很小的偏置电流下)相邻的隧穿事件却是关联的，相隔一定的时间间隔，这是静电能起主要作用产生的新的效应.

在低温极限 $\Delta\varepsilon\gg k_{\mathrm{B}}T$ 条件下，单电子隧穿概率的理论计算结果可写为

$$\Gamma=\frac{1}{e^2R_{\mathrm{T}}}\Delta\varepsilon, \tag{10.4.6}$$

其中 $\Delta\varepsilon$ 是隧穿引起的静电能的变化. 隧穿概率计算中涉及的隧穿矩阵元和电子能态密度的影响反映在 R_{T} 的大小中.

偏置电流为 I 时，结电压按速率 I/C 增加，隧穿发生时，突然下降 e/C. 对于 $V(t)$ 总大于阈值 $e/2C$ 情形，隧穿率(10.4.6)式为

$$\Gamma(V)=\frac{C}{2e^2R_{\mathrm{T}}}\left[V^2-\left(V-\frac{e}{C}\right)^2\right]. \tag{10.4.7}$$

如平均电压记为 $\bar{V}$，在从 $\bar{V}-e/2C$ 到 $\bar{V}+e/2C$ 的一个周期内，发生一次隧穿，即

$$\int_{\bar{V}-e/2C}^{\bar{V}+e/2C}\frac{\mathrm{d}V}{I/C}\Gamma(V)=1. \tag{10.4.8}$$

将(10.4.7)式代入，得

$$\overline{V} = IR_{\mathrm{T}} + \frac{e}{2C}. \qquad (10.4.9)$$

这样，当电流较大时，伏安特性呈线性，但与通常欧姆定律给出的结果相比，在电压轴上平移了 $e/2C$（图 10.34）. $I=0$ 时 I-V 曲线线性部分的截距 $V_{\mathrm{G}}=e/2C$ 称为库仑隙（Coulomb gap），是判断库仑阻塞存在的证据. 偏置电流很小时，单电子隧穿引起的电压随时间的振荡明显，$\overline{V}$ 低于阈值，仔细的计算给出 $I\propto\overline{V}^2$.

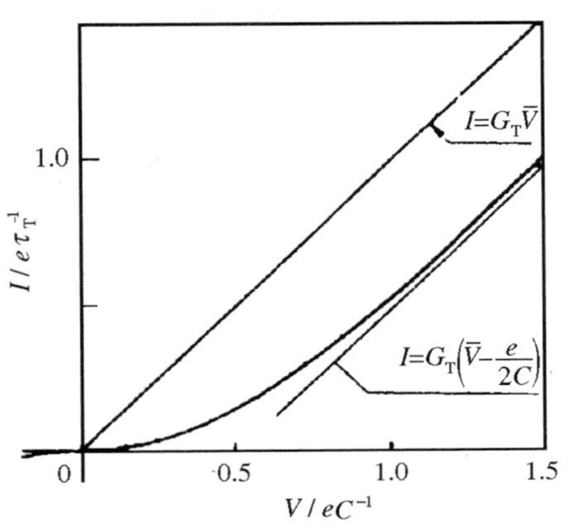

图 10.34 电流偏置单结的直流 I-V 特性. 式中 $G_{\mathrm{T}}=1/R_{\mathrm{T}}$

对于电压偏置情形，隧穿后，结上的电荷从 Q 改变为 $Q-e$，偏离外电压源附加在结上的电荷 $Q=CV$，体系处于非平衡态. 为建立平衡，电压源要传输一个电子并使结重新充电到 Q，因而与隧穿过程相联系的体系能量的改变是电压源所做的功 $\Delta\varepsilon=eV$，体系静电能没有变化. 按(10.4.6)式，

$$I = e\Gamma = \frac{V}{R_{\mathrm{T}}}, \qquad (10.4.10)$$

直流 I-V 曲线没有反常，与欧姆定律给出的相同.

10.4.2 单电子岛

对于单结系统，电容 C 除结本身的电容 C_{J} 外，实际上不可避免地还包括电极引线间的杂散电容 C_{L}，C_{L} 通常远大于 C_{J}，典型的有 $C_{\mathrm{L}}=10^4\,C_{\mathrm{J}}$，致使总电容 C 变得很大，这是在单结系统中难以观察到单电子隧穿振荡的原因.

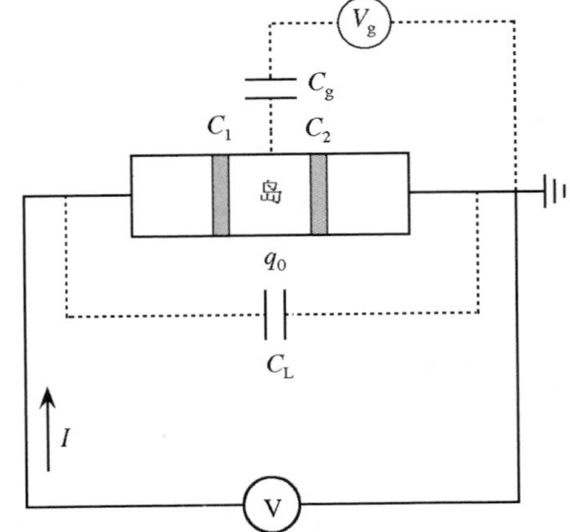

图 10.35 由双结构成的单电子三极管线路示意

解决的办法是采用图 10.35 所示的双结结构. 对两结之间的“岛”而言，岛与周围环境间的电容为

$$C_{\Sigma} = C_1 + C_2, \qquad (10.4.11)$$

并不受引线间杂散电容 C_{L} 大小的影响. 只要 C_1，C_2 足够小，通过任一结的单电子隧穿即可导致岛的静电能的明显改变. 且隧穿引起的电荷改变以单电子电荷为单位，因此两结之间的岛也常称为库仑岛，或单电子岛.

为有效地控制岛上的电荷，通常通过一小电容 C_g 由“栅”电压 V_g 向单电子岛“注入”一电荷 q_0，形成三极管式的电路(图 10.35). 单电子岛的库仑能为

$$U=\frac{(ne+q_0)^2}{2C_\Sigma},\tag{10.4.12}$$

其中 n 为整数，ne 为与隧穿事件联系的电荷数，C_Σ 要改为

$$C_\Sigma=C_1+C_2+C_g.\tag{10.4.13}$$

图 10.36(a)给出 U 随 q_0 的变化，这是一组抛物线，每条与一固定的 n 值对应，相邻两条沿 q_0 轴相对位移 e，单电子隧穿导致 n 的变化，$n\to n\pm1$. 从图可见，总电荷 $|q|=|ne+q_0|\leqslant e/2$ 时，库仑能最低，即单电子岛的库仑能以 e 为周期随 q_0 变化. 相应地，出现周期为 e 的隧穿电流，电流的波峰与半整数 q_0/e 对应(图 10.36(b)).

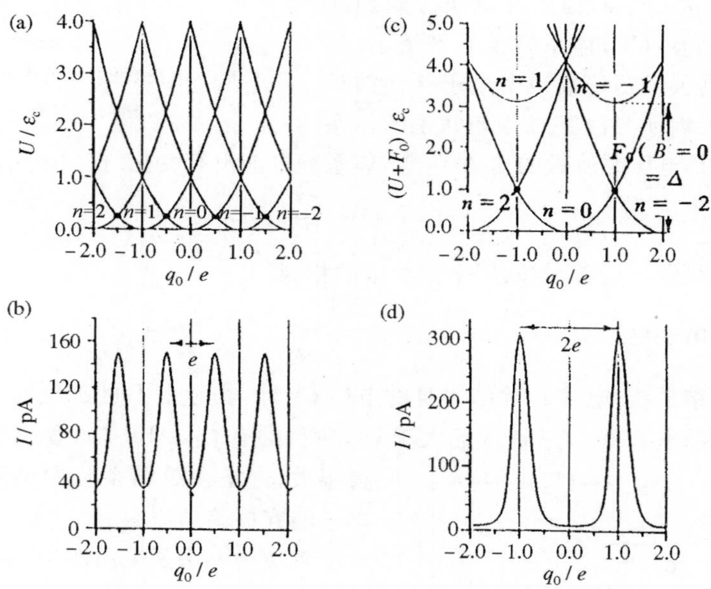

图 10.36 相对于不同 q_0 值，单电子岛充电能及双结系统电流的变化，(a)，(b)对应于系统处于正常态情形；(c)，(d)对应于超导态情形，图中 $\varepsilon_c=e^2/2C_\Sigma$(引自卢嘉等，物理，12(1998)，137)

对于双结处在超导态的情形，尽管单电子岛中的电子数 N 可大到 10^9 左右，但当 N 固定时，岛的基态能量依赖于这一数的宇称，即 N 的奇偶性. 由于电子的配对，N 为奇数时，总有一个电子处于非配对态，与 N 为偶数情况相比，基态能量要增加超导能隙 Δ 的大小，单电子岛的库仑能可写成

$$U+P_nF_0=\frac{(ne+q_0)^2}{2C_\Sigma}+P_nF_0, \tag{10.4.14}$$

$$P_n=\begin{cases}0, & n\text{ 为偶数},\\ 1, & n\text{ 为奇数},\end{cases}\quad F_0=\Delta,\text{当 }T=0,B=0,$$

其中 B 为外磁场强度.

图 10.36(c)给出 $U+F_0$ 随 q_0 的变化,n 为奇数时能量增加 Δ,$U+F_0$ 的最低值随 q_0 的变化周期改为 $2e$,同样,$I(q_0)$也有周期为 $2e$ 的变化,峰值在 q_0/e 为奇整数上(图 10.36(d)),这已为实验所证实. 以 $2e$ 为周期的电流变化,是在 $Al/Al_2O_3/Al$ 双结系统中,在低于 300 mK 的温度下观察到的①.

由于并无经栅电容的单电子隧穿,前面讲到的由栅电压向单电子岛"注入"电荷需要进一步的说明. 实际上,当单电子岛上电荷从零增加到 ne 时,电容 C_g 和 C(图 10.37)上的电荷会做相应的改变. 这里为简单,除 C_g 外只考虑另一个电容 C.

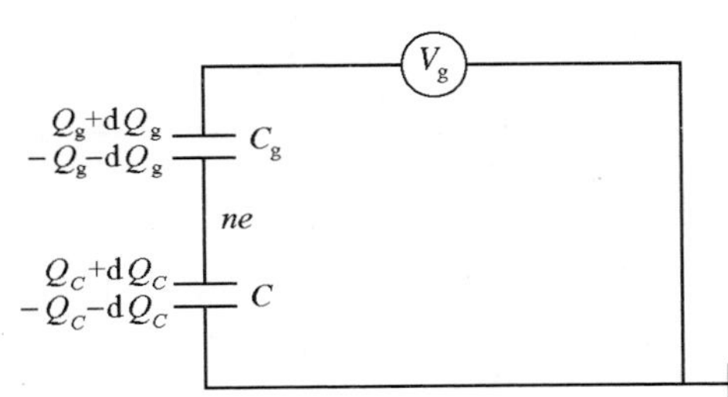

图 10.37 与栅电压 V_g 相连接的单电子岛

电容极板上的电荷变化

$$-\mathrm{d}Q_g+\mathrm{d}Q_C=ne. \tag{10.4.15}$$

从恒电压条件可得

$$\frac{\mathrm{d}Q_g}{C_g}+\frac{\mathrm{d}Q_C}{C}=0. \tag{10.4.16}$$

将(10.4.15)式代入,给出

$$\mathrm{d}Q_g=-\frac{C_g}{C_\Sigma}ne, \tag{10.4.17}$$

其中 $C_\Sigma=C_g+C$.

在计算单电子岛上电荷增加 ne 后体系总能的变化,除库仑能的增加外,还要计及 C_g 极板上电量从 Q_g 增加到 $Q_g+\mathrm{d}Q_g$,从而电源 V_g 为中和这一变化,保持 Q_g 的稳定需做的功 $-\mathrm{d}Q_g\cdot V_g$. 这样,能量的增加为

$$U=\frac{(ne)^2}{2C_\Sigma}+ne\frac{C_g}{C_\Sigma}V_g=\frac{(ne+C_gV_g)^2}{2C_\Sigma}-\frac{(C_gV_g)^2}{2C_\Sigma}. \tag{10.4.18}$$

略去等式右边与 ne 无关的第二项,注意 $C_gV_g=q_0$,得到(10.4.12)式. 从电容阵列和静电能的角度对库仑阻塞单电子器件进行分析的系统处理方法可参阅主要参考书目 23 中的讲述.

10.4.3 量子点中的库仑阻塞

半导体量子点是半导体二维电子气中受外加势场限制所形成的小区,图

① M. T. Tuominen et al. Phys. Rev. Lett, 69(1992),1993.

10.38 给出其示意.量子点中典型的电子数 $N\approx100$,平均能级间隔 $\Delta\varepsilon\approx0.2$ meV,温度低于几 K 时,$\Delta\varepsilon$ 超过热能 k_BT.量子点通过隧穿势垒和外面窄的电子通道或宽的电子库相连.图中 ε_N 是量子点中第 N 个电子相对于导带底的单电子能量.φ_N 是 N 个电子在点中的静电势,μ_l,μ_r 是左右两电子库的化学势.

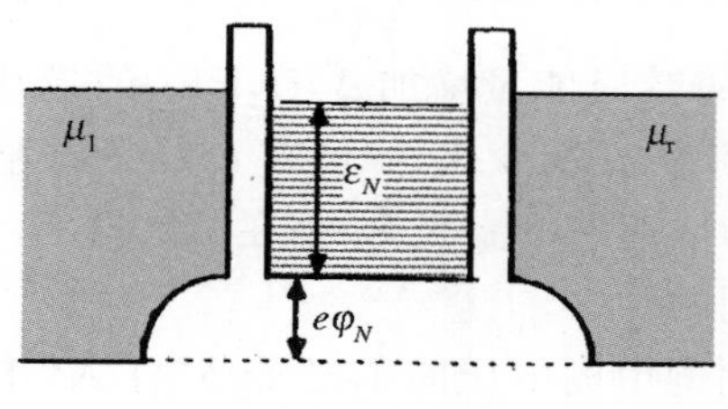

图 10.38　量子点的能量示意图

量子点的基态能量可写为

$$U(N)=\sum_{p=1}^{N}\varepsilon_p+\frac{(-eN+q_0)^2}{2C},\tag{10.4.19}$$

右边第二项是静电能,$q_0=C_gV_g$ 同样是通过栅电压 V_g 加到量子点上的电荷,C 是量子点对地的总电容,是点和两电子库之间,以及点和各控制栅间电容的总和.将第 N 个电子加到点上所需的最小能量定义为点的电化学势

$$\mu_d(N)=U(N)-U(N-1)=\varepsilon_N+\frac{[N-(1/2)]e^2}{C}-e\frac{C_g}{C}V_g.\tag{10.4.20}$$

$\mu_d(N)$也可写成化学势 $\mu(N)=\varepsilon_N$ 与静电势能 $e\varphi_N$ 之和,由此可了解图 10.38 中 $e\varphi_N$ 的含义.电子数改变 1 时,电化学势之差为

$$\mu_d(N+1)-\mu_d(N)=\varepsilon_{N+1}-\varepsilon_N+\frac{e^2}{C}.\tag{10.4.21}$$

除通常由于能级间隔存在导致能量的增加外,还导致充电能的增加.当 $\Delta\varepsilon=\varepsilon_{N+1}-\varepsilon_N\gg e^2/C$ 时,充电能不重要,起作用的是共振隧穿.这里讨论的是 $\Delta\varepsilon\ll e^2/C$,充电能重要的相反情形.

在外加偏置电压 V 作用下,如图 10.39 所示,μ_l 和 μ_r 不再处于同一水平,$\mu_l-\mu_r=eV$.图 10.39(a)相应于库仑阻塞情形.此时 $\mu_d(N)<\mu_r<\mu_l<\mu_d(N+1)$,第 $N+1$ 个电子不能隧穿到点中,因为 $\mu_d(N+1)$比电子库中的化学势高,而 $\mu_d(N)$已为占据态.图 10.39(b)是单电子隧穿情形,这时 $\mu_r<\mu_d(N+1)<\mu_l$,电子可从左边电子库隧穿到点中,点的电化学势增加,主要是静电势能的增加,$e\varphi_{N+1}-e\varphi_N=e^2/C$.由于 $\mu_d(N+1)>\mu_r$,电子可隧穿出点到右边电子库中,点电化学势回复到 $\mu_d(N)$,另一电子从左边隧穿入,过程重复.

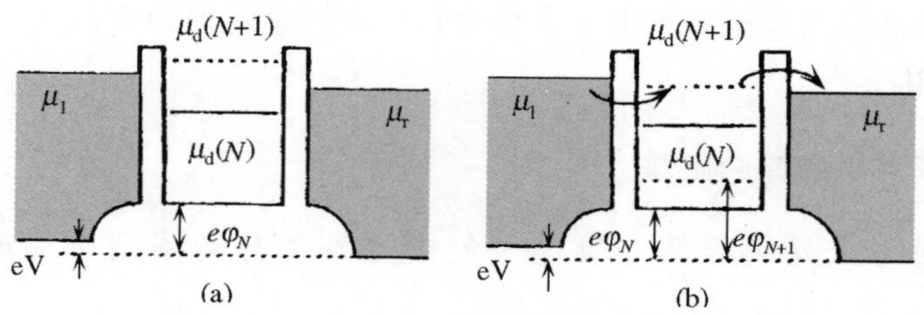

图 10.39　(a) 库仑阻塞情形;(b) 单电子隧穿情形

由于 $\mu_d(N)$ 比例于栅电压 V_g 变化（10.4.20 式），V_g 改变时，量子点的状态将在库仑阻塞和单电子隧穿间变化，导致电导在零和非零间振荡，通常称为库仑阻塞振荡或库仑振荡. 在库仑阻塞区，量子点电导取极小值，点中电子数固定. 在电导极大处，电子数改变 1，振荡周期 ΔV_g 由 $\mu_d(N,V_g)=\mu_d(N+1,V_g+\Delta V_g)$ 决定. 由（10.4.20）式得

$$\Delta V_g = \frac{C}{C_g}\left(\frac{\varepsilon_{N+1}-\varepsilon_N}{e}\right)+\frac{e}{C_g}. \tag{10.4.22}$$

对 $\varepsilon_{N+1}-\varepsilon_N \ll e^2/C$ 情形，有 $\Delta V_g = e/C_g$.

图 10.40 是在 10 mK 温度下，在 GaAs/AlGaAs 量子点中测到的库仑振荡的结果. 这里改变的是中心栅的栅压 V_g，中心栅是样品中数个栅极之一. 从实验结果可得周期 $\Delta V_g = 8.3$ meV，由此推算出点和中心栅之间的电容 $C_g = e/\Delta V_g = 0.19 \times 10^{-16}$ F. 这与从材料的介电常数及点的几何估算出的一致，证实观察到的振荡是单电子效应.

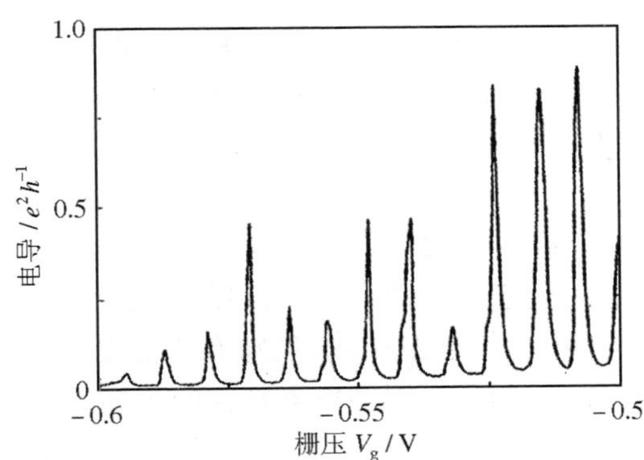

图 10.40 量子点电导随一个栅压 V_g 变化的实验结果

（引自 L. P. Kouwenhoven et al. Z. Physik，B85(1991)，367）

利用库仑阻塞效应，有可能实现对单电子运动的控制，从而制作多种单电子器件. 这一诱人的应用前景使这个领域备受人们的关注.

第十一章 维 度

早期对低维体系的兴趣，主要是理论上的. 原因之一是有些三维情形难于求解的问题，在低维体系中可找到答案. 当然，对这些假想的简单体系的理论研究加深了人们对实际的三维体系的了解. 例如，没有人会怀疑二维伊辛模型 Onsager 精确解对了解实际体系中相变、临界现象的重要价值. 但是，低维体系的研究真正得到迅速的发展是在 1960 年代和 1970 年代，在实验上可以得到各种低维体系以后，理论和实验的交互作用大大地丰富和加深了人们的认识. 加上多方面的应用前景的推动，使低维体系的研究成为凝聚态物理近年来取得重大进展的领域.

本书前面的章节，除对问题的讲述多从低维体系起始外，属低维范畴的还有低维准晶结构，维度和局域化、弱局域化，介观物理中的部分，一维碳纳米管，零维库仑阻塞等. 在第十二章中即将讲到的高温超导电性，由于起关键作用的是材料中的 CuO_2 面，往往被视为维度降低的体系，分数量子化霍尔效应体系则是典型的强关联电子二维体系.

本章分 3 节. 第 1 节将集中在最受关注的半导体二维电子系统，以及与此关联的弹道输运、量子点接触、量子霍尔效应、边缘态的概念等上. 第 2 节的中心是二维体系中的相变. 二维体系中无长程序存在，但却有相变发生. 对其相变性质的认识是对二维体系的了解，以及对相变、临界现象研究的重要进步. 结尾处将简介 2004 年出现的，称为石墨烯(graphene)的碳原子单层. 第 3 节讲述链间有弱耦合的准一维导体，中心在电荷密度波现象，以及准一维导体中的元激发.

由于本书性质及篇幅所限，低维体系中很多问题，如有机超导体等均未涉及. 读者进一步可参阅孙鑫发表在《物理学进展》杂志上的评述文章①，从中可找到相关的原始文献，特别是还可找到有关问题详细的数学推导及阐述. D. Thouless 在 The New Physics② 一书中有关低维凝聚态物理的文章深入浅出，着重在物理图像的讲解. 文章末尾还列出了供一般读者和希望有更深入了解的读者进一步阅读的评述文章目录.

---

① 孙鑫，物理学进展，5(1985)，467；6(1986)，1；6(1986)，121；13(1993)，9.

② D. Thouless, in The New Physics, P. Davies, ed., Cambridge: Cambridge Univ. Press, 1989.

11.1 半导体低维电子系统

限域是使电子体系维度降低的方法. 对于三维自由电子气体，如在某一方向，设为 z 方向对体系的尺寸加以限制，将导致在这一方向上能级的明显分裂，单电子能量记为

$$\varepsilon_n(k) = \varepsilon_n + \frac{\hbar^2 k^2}{2m}, \tag{11.1.1}$$

其中 k 是波矢在 xy 平面上的分量. 在固体中，m 应理解为电子的有效质量. ε_n 的取值依赖于限制势的形式，如限制势为方势阱，则

$$\varepsilon_n = \frac{(n\pi\hbar)^2}{2mW^2}, \tag{11.1.2}$$

相当于限制势宽度 $W=n\lambda/2$，λ 为电子的波长. 对于 $V(z)=\frac{1}{2}m\omega_0^2 z^2$ 抛物线型的限制势，

$$\varepsilon_n = \left(n - \frac{1}{2}\right)\hbar\omega_0. \tag{11.1.3}$$

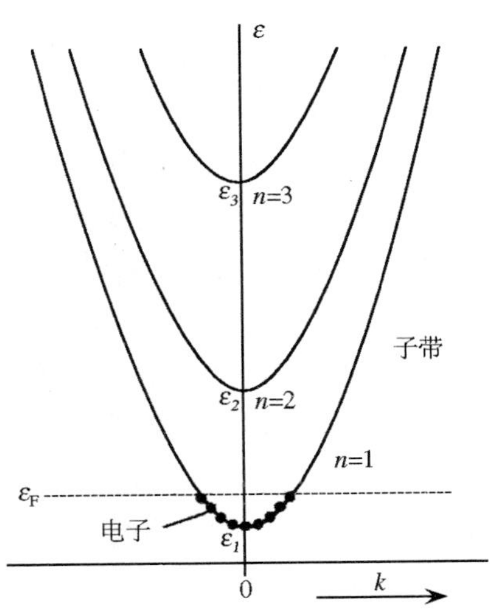

图 11.1 二维子带示意

$\varepsilon=\varepsilon_n+p^2/2m$

图 11.1 给出 $\varepsilon_n(k)$的示意. 每一根抛物线称做一个二维子带(2D subband)，可见子带间能量是有交叠的. ε_n 是在第 n 个二维子带中电子能够具有的最低能量，对应于平面动能取零值. 如果费米能 ε_F 远低于 ε_2(如图所示)，且 $k_B T \ll (\varepsilon_2-\varepsilon_1)$，电子在 z 方向的运动被冻结，感兴趣的物理量只和电子的平面运动有关，体系是二维的，如对 $n>1$ 的子带也有占据，则称为准二维体系.

对二维体系横向(如 x 方向)加以限制,二维子带将进一步分裂成一系列的一维子带,$\varepsilon_n(k)$有与(11.1.1)式相同的表达,ε_n 是一维子带的带底,k 是波矢在 y 方向的分量. 同样,如只有 $n=1$ 的态被占据,体系是一维的,否则是准一维的.

最后,如在 y 方向也加以限制,则(11.1.1)式中只剩下分立的能级,体系是零维的,也称为量子点(quantum dot). 由于它只含少量电子,为物理学家们提供了一个研究电子-电子相互作用对不同性质影响,并便于和理论计算比较的实际体系.

本节将首先介绍实现半导体低维电子系统的具体方法,然后讲述主要的物理现象. 有关量子点库仑阻塞问题,上一章已有讨论,其他方面就从略了.

11.1.1 Si 反型层及 GaAs-AlGaAs 异质结

半导体二维电子气常实现于两类结构中.

第一种是金属-氧化物-半导体场效管(Metal-Oxide-Semiconductor Field-Effect Transistor,简写为 MOSFET)中的 Si 反型层(inversion layer). 一般是在 p 型 Si 干净的(100)表面上生长一层 SiO_2(厚约 500 nm)作为其上金属栅电极(Al)和 Si 表面间的绝缘层(图 11.2(a)),足够强的正栅电压可将 Si 中的电子吸引到界面处. 处在由于栅电场和界面的存在使导带弯曲所形成的反型层势阱中(图 11.2(b)). 总可以做到使 ε_F 位于第 1 个二维子带底 ε_1 之上,但低于 $n=2$ 的二维子带底 ε_2,束缚在表面层的电子成为二维电子气体. Si(100)表面电子的有效质量约为 $0.2m_e$,m_e 为电子质量. ε_1 和 ε_2 间的间隔约 20 meV. 二维电子气的电子面密度 n_s 比例于栅压 V_g,易于通过 V_g 的变化来控制,大体在$(1\sim10)\times10^{11}\ \mathrm{cm}^{-2}$之间. 在对二维电子气做电导或霍尔系数等的测量时,需要有欧姆接触的电极,这通常是用离子注入,产生重掺杂的 n^+ 区,再镀上 Al 电极构成的.

另一种常被采用的是 GaAs-AlGaAs 半导体异质结区的二维电子气系统. 在 GaAs 和 $Al_xGa_{1-x}As$ 层(x 值一般为 0.3)的交界处,由于 n 型 AlGaAs 层中电子向 GaAs 层扩散,留下带正电荷的施主对电子的吸引,还由于两种材料导带底能量相差 0.3 eV,在界面处形成势阱(图 11.3),电子的有效质量约为 $0.067m_e$. 通常仅最低二维子带被占据,电子面浓度 $n_s\approx4\times10^{11}\ \mathrm{cm}^{-2}$.

在 GaAs-AlGaAs 结构中,由于两种材料有几乎相同的晶格常数,晶体匹配,利用现代分子束外延生长技术(MBE)几乎可以获得原子级平整的界面,大大减少了界面缺陷和界面平整度对电子的散射. 同时,超高真空生长保证了材料本身有高的纯度. 更重要的是,利用调制掺杂可将施主杂质(一般为 Si)掺杂在离界面一定距离以外的 AlGaAs 一侧,使二维电子气中电子感受到的库仑散射作用大大减弱. 这些原因使二维电子气中的电子有高的迁移率,一般在 $10^4\sim10^6\ \mathrm{cm}^2/\mathrm{V}\cdot\mathrm{s}$,以及长的弹性散射平均自由程 $l=10^2\sim10^4$ nm,这是比 Si MOSFET 反型层优越之处. 后者

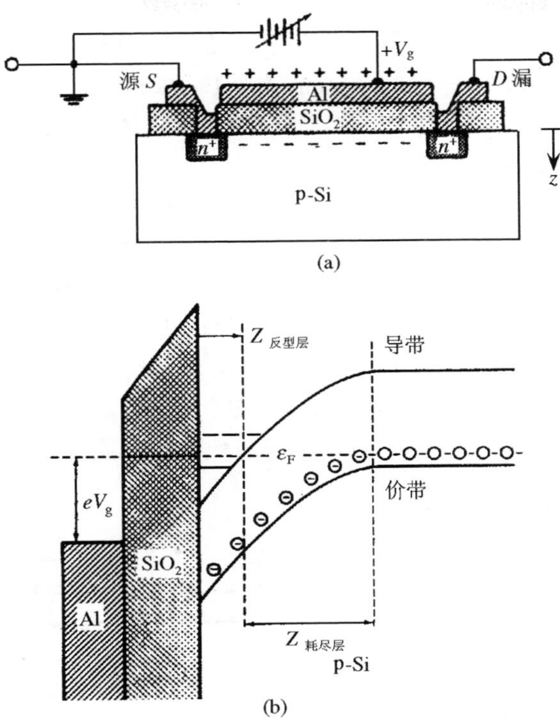

图 11.2 (a) Si MOSFET 示意；
(b) 栅电极(Al)上加正电压时能带的弯曲

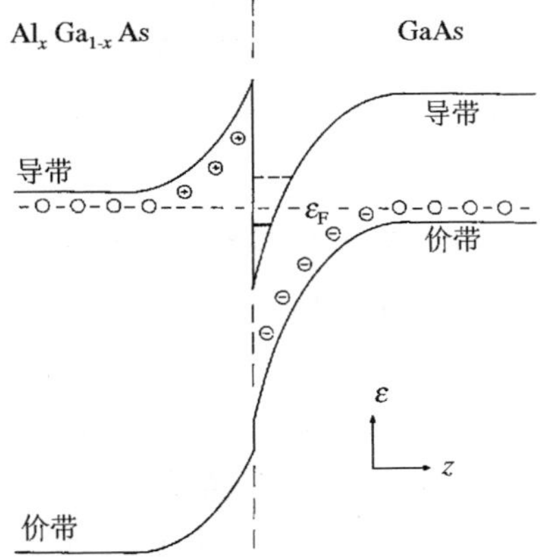

图 11.3 GaAs-AlGaAs 异质结结构
界面附近的能带结构示意

的迁移率,在高质量的样品中约 $10^4\ \mathrm{cm}^2/(\mathrm{V}\cdot\mathrm{s})$,$l$ 约 40～120 nm.

如通过横向限制使维度进一步下降,限制的宽度 W 应与电子的费米波长 λ_F 可比. 对于正常金属,$\lambda_F\approx0.5$ nm,在通常微加工可及的限制中,电子的行为是三维的. 而在 Si MOSFET 中,λ_F 约 35～112 nm,在 GaAs-AlGaAs 二维电子气中,$\lambda_F\approx$ 40 nm,进一步的限制可以实现.

横向限制有多种办法. 目前广泛应用的是郑厚植等和 Thornton 等发展的分裂栅(split-gate)技术. 这主要用于 GaAs-AlGaAs 二维电子气系统. 当负偏压加到 AlGaAs 层上方金属分裂栅上时,由于静电作用,其下方二维电子气耗尽,留下一窄的电子通道(图 11.4(a)). 这种方法最大的优点是在某一阈值(约为 −0.6 V)以上,增加负栅压,一维电子通道的宽度和电子密度连续可调. 对于 Si MOSFET 系统,用电子束光刻的方法使金属栅的宽度降低,加正栅压后可得到窄的电子通道(图 11.4(b)). 缺点是栅电极产生的边缘场会使通道的宽度及电子密度有一定的不确定性.

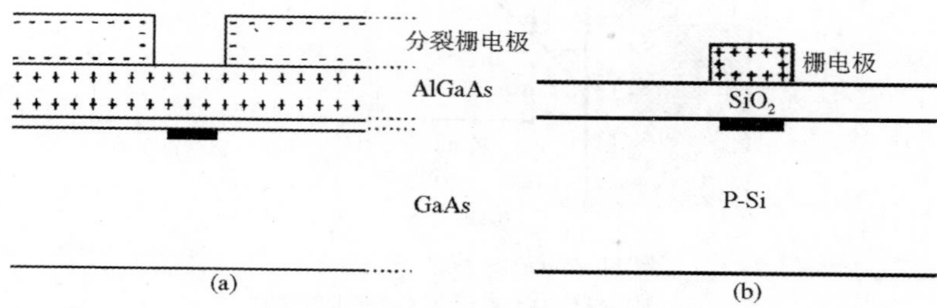

图 11.4　得到窄电子通道方法的示意

(a) GaAs-AlGaAs 情形的分裂栅结构;

(b) Si MOSFET 情形. 黑粗线表示二维电子气

11.1.2　弹道输运

当电子的弹性散射平均自由程 l 大于体系尺度 L 时,进入弹道输运(ballistic transport)区. 对于费米波长 λ_F 远小于样品尺度的情形,即

$$\lambda_F \ll L < l, L_\varphi, \tag{11.1.4}$$

无需考虑量子干涉效应,属经典弹道输运,电子的运动类似于经典的弹子,一旦开始运动,即沿直线飞行,直到飞出样品,或与样品边界碰撞而转向. 如 11.1.1 小节所述,在 GaAs-AlGaAs 异质结二维电子气结构中,l 可长达 $10^2\sim10^4$ nm,实验工作主要在这一体系中进行.

对于我们熟悉的扩散输运,由于电子受杂质散射后无规取向,样品中某处的电流密度决定于该处附近电子在相继两次撞碰间因外场加速作用所获得的平均漂移速度. 同时，因平均自由程远小于样品尺度，电流密度和电场间有局域的依赖关系. 对于弹道输运，因外加电势差 $eV \ll \varepsilon_F$，外场对以速度 v_F 作弹道飞行的电子的运动影响甚微，其作用如 10.1.2 小节对 2 端单通道理想导体电导的讨论所示，在于决定着两端电子库化学势之差，从而改变对电流有贡献的电子数的多少. 由于样品中某处的电流密度由发生在电子库中的过程决定，并不决定于该处的电场强度，局域的速度并不直接依赖于局域的电场，他们之间的关系是非局域的.

在输运现象的研究中，常用图 11.5(a)所示的四端结构. 用这样的引线安排可独立地确定电阻张量中的各个分量. 如在相邻端（如 1，2 端）通电流，测量另两端（4，3 端）上的电压降，得到的电阻称为弯曲电阻（bend resistance），记做 R_b. 按(10.1.20)式的规定，$R_b \equiv R_{12,43}$. 图 11.5(c)给出一个在弹道输运区的测量结果. 在零磁场（垂直于二维电子气平面）附近，弯曲电阻为负值，这是由于载流子运动的弹道特性使电流源 1 与电压端 3 的关联比与电压端 4 更强的缘故，这使 $R_b \propto V_4 - V_3$ 成为负值. 磁场增加使载流子轨道弯曲，破坏了载流子运动的准直特性，R_b 回到通常的正值. 磁场再强，出现了图 11.5(b)的情形，电子在磁场的作用下，沿通道边界走跳跃式的轨道，从一电极进入，在接头区转角进入侧端，称为磁场的导引（guiding）. 由于无反向的背散射，R_b 下降到零. 图 11.5(c)中虚线是把电子看成经典的弹子的理论计算值. 在零场附近所给出的负峰高度和实验相比过小，表明对相应的四端结构中载流子运动的准直性估计过低.

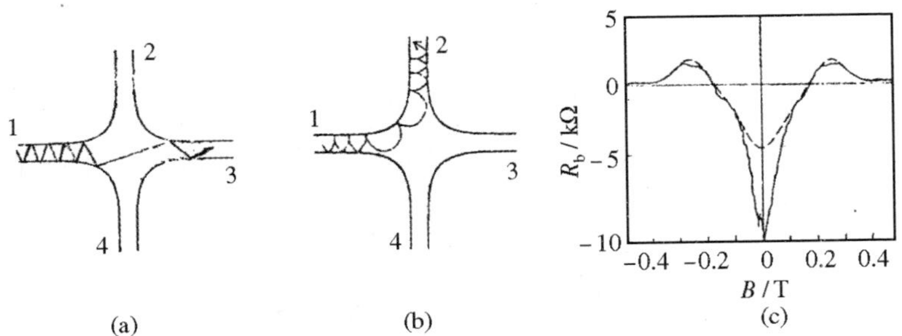

图 11.5 (a) 低磁场下接头区电子弹子球经典轨道示意；(b) 磁场导引情形；(c) 弯曲电阻测量结果

（引自 G. Timp et al. in Nanostructure Physics and Fabrication, M. Reed and W. P. Kirk, eds., Boston: Academic Press, 1989）

当 λ_F 与样品尺度 L 可比时，需要考虑电子的波动性，进入量子弹道输运范畴，此时

$$\lambda_F, L < l < L_\varphi, \tag{11.1.5}$$

式中 $L < l$ 是弹道输运的必要条件，而 $l < L_\varphi$ 则保证弹道输运中相位的相干性.

二维电子气如在某一方向 x 尺寸受限，样品尺度除长度 L（y 方向）外，还需用

宽度 W(x 方向)表达. 在长度 L 远大于宽度 W 时,称为电子波导. 在零磁场下,单电子能量可用(11.1.1)式描述. 沿波导长度方向,电子自由运动,波函数用平面波 e^{iky} 表示. x 方向的限制,使二维子带分裂为用 n 标记的一系列一维子带. 用波导的术语,每个子带对应于波导中传播的一个模式或一个通道(channel). 波导的宽度为 W 时,传播的模式数或通道数 N_c 的数量级为 $k_F W/\pi$,源于宽度 W 应为 $\lambda_F/2$ 的整数倍.

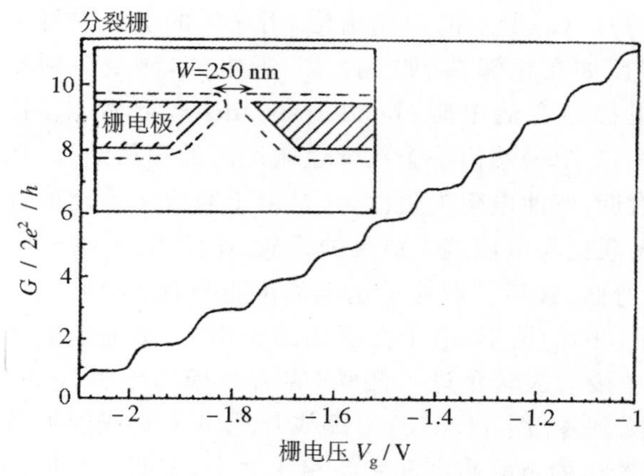

图 11.6 在 0.6 K 下测得的点接触电导随分裂栅电压 V_g 的变化,分裂栅的形状如左上角插图所示

(引自 B. J. van Wees et al. Phys. Rev. Lett., 60(1988), 848)

电子波导的横向尺寸小于电子平均自由程 l,但由于波导较长,电子仍可能受到边界和杂质的弹性散射,使问题复杂化. 量子点接触(quantum point contact)是二维电子气中短而窄的收缩区,一般 $L\approx W$,均远小于平均自由程 l,因而输运过程是完全弹道的,弹道输运的一些本征特性得以揭示,其中最突出的是 $2W\geqslant\lambda_F$ 量子点接触系统的电导量子化现象.

1988 年 B. J. van Wees 等和 D. A. Wharam 等独立地发现改变分裂栅的电压 V_g 从而使点接触宽度改变时,零外加磁场下电导呈台阶式变化. 扣掉与 V_g 无关的二维电子气区附加的串联电阻后,台阶近似是 $2e^2/h\approx(13\ \mathrm{k\Omega})^{-1}$ 的整数倍(图 11.6). 电导台阶对精确量子化值的偏离大约在 1%,远低于下一小节将讲到的量子霍尔效应所能达到的 10^{-7} 的精度,原因可能是多方面的. 对于相同设计的器件,电导平台的平整度、电导台阶的突变程度均有差异,说明限制点接触区形状的静电势的细节也许相当重要. 同时,本底电阻也难于精确地确定.

应用 Landauer 公式(10.1.14)式于量子点接触体系,电导

$$G=\frac{2e^2}{h}\sum_{n=1}^{N}T_n,\tag{11.1.6}$$

这里 N 是在 ϵ_F 以下许可的传播模式或通道数. 由于在点接触区,电子弹道式通过,没有散射,不发生模式之间的转换,因而 $T_{ij}=\delta_{ij}$. 被占据的子带数 N 总是整数,随通道宽窄而改变,电导因此呈台阶式变化. 台阶间隔大体等距,说明栅电极产生的限制势近似为抛物线型.

另一常用的解释是,电导量子化来源于在理想的电子波导中,电流均分于所占

据的传输模式.原因是任一模式 n 传播的电流比例于其传输速度 $v_n \propto \mathrm{d}\varepsilon_n(k)/\mathrm{d}k$,以及在费米能处对总态密度的贡献,这恰好比例于 $(\mathrm{d}\varepsilon_n(k)/\mathrm{d}k)^{-1}$.两者相乘,结果与模指标 n 无关,也与横向限制势形状的细节无关.

电导量子化的观察,要求温度足够低,使 $k_B T$ 远小于子带间的能量间隔 $\Delta\varepsilon$.温度 $T \neq 0$ 时,费米分布函数从 1 到 0 的过渡区将展宽,宽度约 $4k_B T$.温度升高时,电导平台逐渐倾斜,最终在 $T \gtrsim \Delta\varepsilon/4k_B$ 时消失.在 GaAs-AlGaAs 二维电子气中,$\Delta\varepsilon/k_B \sim 4$ K.

11.1.3 量子霍尔效应

1980 年 K. von Klitzing 等在低温(1.5 K)和强磁场(15 T)下对 Si MOSFET 反型层二维电子气的霍尔效应进行了测量,其结果表示在图 11.7 中,图中的插图及图 11.8 给出样品的示意.实验中通过调节栅压 V_g,改变二维电子气中载流子的数目.实验结果中最突出的是观察到霍尔电压 V_H 量子化的平台,且在平台处 V_L 趋于零.

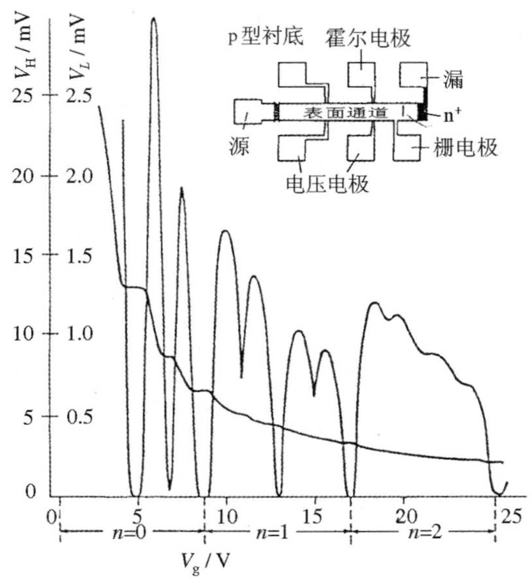

图 11.7 量子霍尔效应的测量结果
(引自 K. von Klitzing et al. Phys. Rev. Lett. 45(1980),494)

从 4.3.1 小节的讲述可以知道,在垂直磁场的作用下,二维电子气的电子态将简并到朗道能级上,

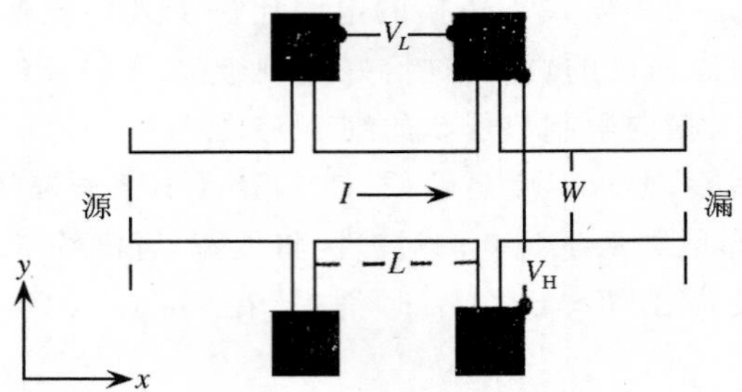

图 11.8 霍尔效应及磁阻测量样品几何示意

$$\varepsilon_n = \left(n + \frac{1}{2}\right)\hbar\omega_c, \quad \omega_c = \frac{eB}{m^*}, \tag{11.1.7}$$

其中 $n=0,1,2,\cdots$,取整数,ω_c 为回旋频率.对于强场下自旋简并解除的情形,每个朗道能级的简并度为(4.3.5)式给出值的一半,即

$$p = \frac{e}{h}BA, \tag{11.1.8}$$

其中 $A=LW$ 为总面积.由于 $h/e=\Phi_0$,上式亦可写为

$$p = \frac{\Phi}{\Phi_0}, \tag{11.1.9}$$

即每个自旋简并解除的朗道能级能容纳的电子数相当于在每个电子作回旋运动平均所占的面积中恰好分到一个磁通量子.

在低温和强场下二维电子气对朗道能级的填充,通常用填充因子(filling factor)表示,

$$\nu = \frac{n_s A}{p} = \frac{n_s \Phi_0}{B} = \frac{n_s h}{eB}. \tag{11.1.10}$$

在 ν 为整数时,从 1.6 节中的(1.6.5)及(1.6.6)式,用 n_s 代替体电子浓度 n,可得霍尔电阻

$$R_{xy} = \frac{V_H}{I_x} = \left(\frac{h}{e^2}\right)\frac{1}{\nu}, \tag{11.1.11}$$

相应的 V_H 恰好与图 11.7 中 V_H 的平台对应.但是平台的出现令人费解,因为 $V_H \propto E_y$,在 I_x 和 B 固定时,正比于 $1/n_s$(1.6.6 式),而如前述 n_s 比例于栅压 V_g,$V_H(V_g)$ 应为随 V_g 增加而下降的双曲线函数.更令人惊奇的是平台值折算成 R_{xy},与 $h/\nu e^2$($\nu=1,2,3,\cdots$)的相对误差在首次的实验中即小于 10^{-5}.目前,平台的平整度已达到 10^{-8},绝对值的精度已达 10^{-7}.而且实验表明,与材料体系(是 Si MOSFET 反型层还是不同化合物的半导体异质结结构)、能带结构、载流子类型(电子或空穴)、样品几何以及样品的微观细节,如无序的性质和程度等无关,是一种普适现象.现已将量子霍尔电阻 $h/\nu e^2$ 正式定为电阻的计量单位.同时由于

$$\frac{h}{e^2}=\frac{1}{2}\alpha^{-1}\mu_0 c, \tag{11.1.12}$$

其中 c 为光速,α 为对量子物理而言甚为重要的精细结构常数,量子霍尔效应提供了一个对它进行测量的独立的新方法,可供与其他方法,特别是基于量子电动力学的方法做比较.

现在的认识是在整数量子霍尔效应中,杂质缺陷等无序因素的存在甚为重要.无序的作用,一方面使朗道能级的简并有所解除,至少在我们感兴趣的

$$\omega_c\tau\gg 1 \tag{11.1.13}$$

条件下,朗道能级扩展成宽度近似为 $\hbar/\tau$ 的窄带,相互交叠甚少;另一方面,类似于 9.1.2 小节所述情形,无序又导致在带间能隙中出现局域态带尾,示意在图 11.9 中.在 $V_H(V_g)$ 曲线的量子霍尔效应平台之间,费米能 ε_F 处在扩展态中,体系有金属性行为,电子浓度 n_s 变化时,参与输运的载流子浓度也发生变化,导致 V_H 的改变.在霍尔平台区,电子浓度改变时 V_H 不变,意味着载流子浓度没有改变,ε_F 保持在局域态范围内,体系表现出绝缘体行为,$T=0$ 时纵向电导率 $\sigma_{xx}=0$.依据电导率张量和电阻率张量间的对应关系(习题 11.2),

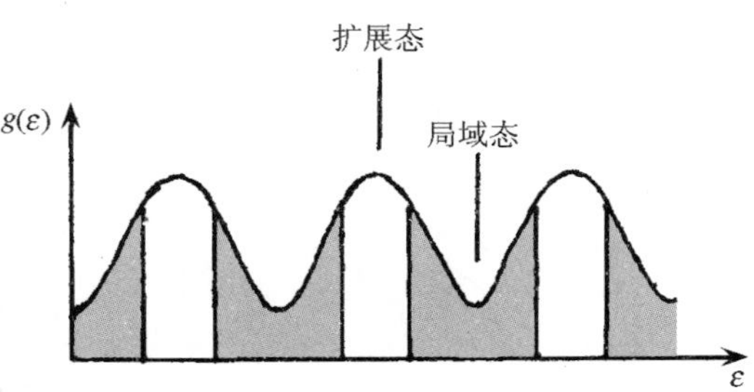

图 11.9 以朗道能级为中心的扩展态和局域态(画斜线部分)示意

$$\rho_{xx}=\frac{\sigma_{xx}}{\sigma_{xx}^2+\sigma_{xy}^2}, \tag{11.1.14}$$

$\rho_{xx}=0$,因而 $V_L=0$.注意,这里 $\rho_{xx}=0$ 并不意味着无阻的理想导电性.

上述解释的问题在于,既然已有一部分态成为局域的,设所占比例为 f,则每个朗道能级上处于扩展态的电子数不再是(11.1.8)式中的 p,而是 $(1-f)p$.相当于可以有平台存在,但平台值不再对应于 $R_{xy}=h/\nu e^2$.这是量子霍尔效应物理解释的困难所在.

目前主要有三种看法,从不同的角度阐述了量子霍尔效应,通常称为整数量子霍尔效应(Integral Quantum Hall Effect,简写为 IQHE)的机制.

第一种机制基于对杂质效应的理解,理论计算表明,尽管与杂质相连系的局域态不参与导电,对霍尔效应没有贡献,但从杂质近旁通过的电子会受到加速,恰好能精确补偿局域态造成的损失.第二种解释认为量子霍尔效应由规范不变这一普适性原理决定,因而与样品的细节无关.第三种是边缘态模型,我们会在 11.1.4 小节中讲述.

1982 年崔琦(D. C. Tsui)等进一步在比观察到整数量子霍尔效应样品高约 100 倍的高迁移率(5×10^5 $cm^2/(V\cdot s)$)GaAs-GaAlAs 异质结结构中观察到分数量子霍尔效应(Fractional Quantum Hall Effect,简写为 FQHE).最先观察到的是在最低朗道能级的填充因子为 1/3 时对应的量子霍尔效应平台(图 11.10).后来更多的实验表明,当填充因子 ν 取某些特殊的分数值,分子分母均为整数,但分母为奇数时,同样可观察到霍尔电阻平台 $h/\nu e^2$.图 11.11 给出在迁移率为 8.9×10^5 $cm^2/(V\cdot s)$ 的高品质样品上,$T=100$ mK 时的测量结果.分数量子霍尔效应在 $\nu=2/3,4/3,5/3,3/5,7/5,8/5$ 和 4/7 处观察到.这是众多实验结果中的一个例子.

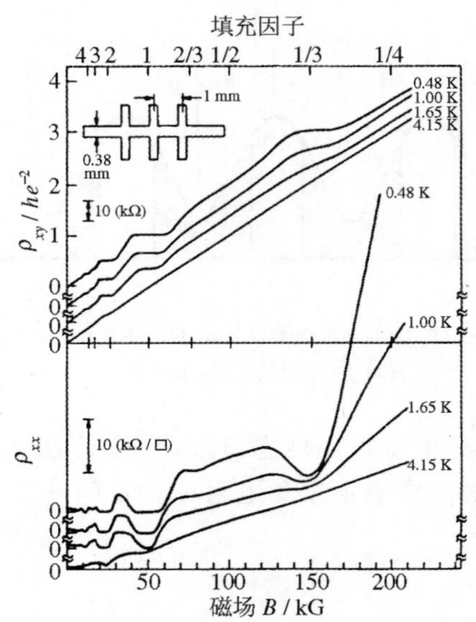

图 11.10 最低朗道能级填充因子为 1/3 时的量子霍尔效应

(引自 D. C. Tsui et al. Phys. Rev. Lett. 48(1982),1559)

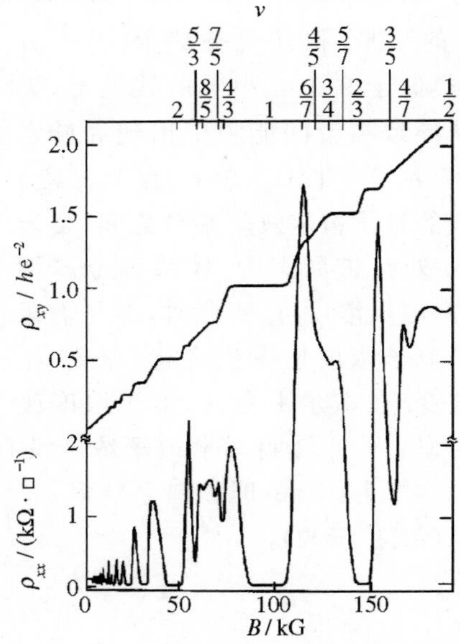

图 11.11 100 mK 下高品质样品,ρ_{xx},ρ_{xy} 的测量结果

(引自 G. S. Boebinger et al. Phys. Rev. B32(1985),4268)

分数量子霍尔效应不能在单电子图像下得到理解,作为目前人们关注的重要的强关联体系之一,所涉及的一些主要概念将在 12.4 节中讲述.

整数和分数量子霍尔效应的发现,分别在 1985 年和 1998 年获得诺贝尔物理学奖.

11.1.4 边缘通道

首先讨论二维电子气在某一方向(x 方向)受限后朗道能级的变化.

在垂直磁场作用下,电子作回旋运动,费米面上电子回旋轨道的半径

$$l_{\text{cycl}} = \frac{v_{\text{F}}}{\omega_{\text{c}}} = \frac{\hbar k_{\text{F}}}{eB}. \tag{11.1.15}$$

当磁场强度超过临界值

$$B_{\text{crit}} = \frac{2\hbar k_{\text{F}}}{eW} \tag{11.1.16}$$

时，回旋轨道直径 $2l_{\text{cycl}}$ 小于受限宽度 W. 这时，单电子态简并到朗道能级上，考虑到尺寸的限制，能量为

$$\varepsilon_n = \left(n - \frac{1}{2}\right)\hbar\omega_{\text{c}} + eV(x,y) + \frac{\hbar^2 k_{n,y}^2}{2m^*}, \tag{11.1.17}$$

其中 $V(x,y)$ 是电子感受到的静电势能. 最简单的情形是忽略杂质存在引起的势能变化，假定它在通道中心是平的，仅在边界处升高，是与 y 无关的横向限制势，如图 11.12(b) 所示. 图中还给出了 $n=1,2$ 和 3 时 ε_n 在通道一个横截面上的变化. 在(11.1.17)式中为简单未写入由玻尔磁子 μ_{B} 和朗德 g 因子乘积决定的，依赖于自旋取向的塞曼(Zeeman)能量项 $\pm(1/2)g\mu_{\text{B}}B$.

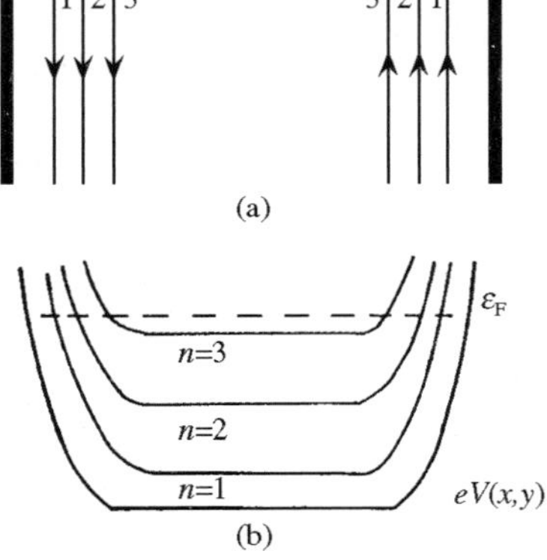

图 11.12 边缘通道形成示意
(a) 在边界附近的边缘通道；
(b) 静电势 $eV(x,y)$ 和 $n=1,2,3$ 时 ε_n 的变化

与输运过程有关的是 ε_{F} 附近的态，如 ε_{F} 在两个朗道能级之间，则这些态贴近样品的边界，称为边缘态(edge state). 从图看，指标 n 最小的态最贴近样品的边界. 在边缘态中，电子回旋运动的轨道中心在相互垂直的电磁场作用下，沿 $\boldsymbol{E}\times\boldsymbol{B}$ 方向漂移，其中电场来源于静电势的空间变化，$\boldsymbol{E}=-\nabla V$. 由此可见，在通道的两边，边缘态的漂移速度 $v_{\text{d},n,y}$ 均沿 y 轴，但速度方向是相反的. (11.1.17)式等号右边第三项 $\hbar^2 k_{n,y}^2/2m^*$ 常称为磁场导引能量(guiding energy)，其中 $k_{n,y}=m^* v_{\text{d},n,y}/\hbar$. 非零的漂移速度使电流得以传输. 具有同一模指标的边缘态合起来称作一个边缘通道(edge channel)，通道数为 ε_{F} 以下的朗道能级数，示意在图 11.12(a)中.

在足够强的磁场下，n 不同的边缘通道在空间上是分开的. 如通道间的散射完全被抑制，习惯上称为绝热输运(adiabatic transport).

下面从边缘态的观点对整数量子霍尔效应加以解释. 对于图 11.8 所示用于霍尔效应测量的样品，将边缘通道画出，示意在图 11.13 中. 用 Landauer 公式讨论，这属于多端(电极)多通道情形.

取化学势 $\mu_0=\varepsilon_{\text{F}}$ 做参考化学势，它小于或等于所有端电极上化学势 μ_i 中的最

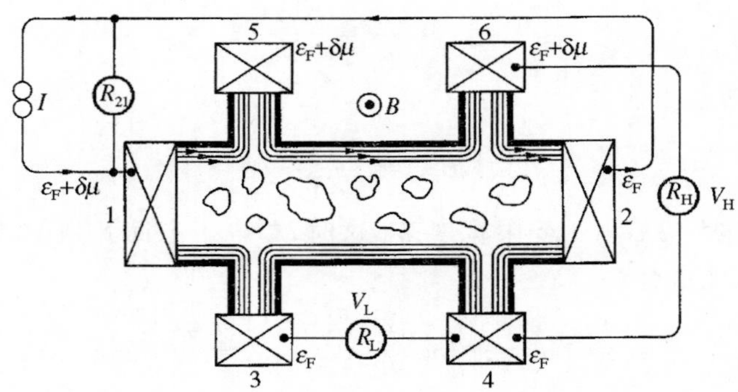

图 11.13　霍尔电阻测量中边缘通道示意

(引自 C. W. T. Beenakker and H. van Houten, in Solid State Physics: Advances in Research and Applications, vol. 44, H. Ehrenreich and D. Turnball, eds., San Diego: Academic Press, 1991)

小值. 在 μ_0 以下的能量范围内，在低温极限下，由于边缘态中 $+k$ 和 $-k$ 态均被填满，对电流的净贡献为零，仅需考虑 $\Delta\mu_i=\mu_i-\mu_0$ 能量范围中状态的贡献.

假定只有一个通道，第 i 个电极中的总电流可写成

$$I_i=\frac{2e}{h}\Big[(1-R_{ii})\mu_i-\sum_{j\neq i}T_{ij}\mu_j\Big]. \tag{11.1.18}$$

按(10.1.3)式，第 i 个电极发射的总电流为 $(2e/h)\Delta\mu_i$，由于被反射，总电流下降，需乘因子 $(1-R_{ii})$，R_{ii} 为第 i 个电极的反射率，T_{ij} 是从第 j 个电极入射到第 i 个电极的电子的透射率. 这使 I_i 进一步下降. 这里用到了在参考化学势 μ_0 处，各电极对 I_i 贡献的总和为零.

对多通道情形，I_i 是各通道贡献的总和，

$$I_i=\sum_n I_{in}, \tag{11.1.19}$$

n 为通道数. 将(11.1.18)式中的 R_{ii} 和 T_{ij} 理解为总反射率和总透射率，则

$$I_i=\frac{2e}{h}\Big[(N_i-R_{ii})\mu_i-\sum_{j\neq i}T_{ij}\mu_j\Big], \tag{11.1.20}$$

其中 N_i 是第 i 个电极引线中的导电通道数.

$$T_{ij}=\sum_{n,m}T_{ij,mn}, \tag{11.1.21}$$

$$R_{ii}=\sum_{n,m}R_{ii,mn}, \tag{11.1.22}$$

$T_{ij,mn}$ 表示从电极 j 沿第 n 个通道入射到电极 i 第 m 个通道的概率，$R_{ii,mn}$ 表示从电极 i 沿第 n 个通道出射被从 m 通道返回同一电极的概率.

由于沿边缘通道传输的电流全部进入另一电极，相当于所有 $R_{ii,mn}=0$，$T_{ij,mn}=1$，且离开电极的各边缘通道均填充到与电极相应的化学势. 同时，在霍尔效应测量中，所加磁场足够强，自旋简并解除. (11.1.20)式中，每通道对电流的贡献减半，为

e/h. 如在电极 1,2 间加电压,使 $\mu_1=\varepsilon_F+\delta\mu$, $\delta\mu=eV$,产生纵向电流 I. 由于电压电极 5 中无净电流,按(11.1.20)式,

$$I_5=\frac{e}{h}(N\mu_5-N\mu_1)=0, \tag{11.1.23}$$

由此得 $\mu_1=\mu_5$,其中 N 为通道数(图中 $N=3$). 类似地可得 $\mu_5=\mu_6$, $\mu_2=\mu_4$ 及 $\mu_4=\mu_3$,样品上的纵向电压降 $V_L=0$.

对于电极 1, $I_1=-I_2=I$,

$$I=\frac{e}{h}N(\mu_1-\mu_3)=N\frac{e^2}{h}V, \tag{11.1.24}$$

这是因为 $\mu_3=\mu_2=\varepsilon_F$.

霍尔电压 $V_H=(\mu_6-\mu_4)/e=\delta\mu/e$,恰好与纵向电压 V 相等,因而霍尔电阻(按本小节坐标选择标记)为

$$R_{yx}=\frac{h}{Ne^2}, \tag{11.1.25}$$

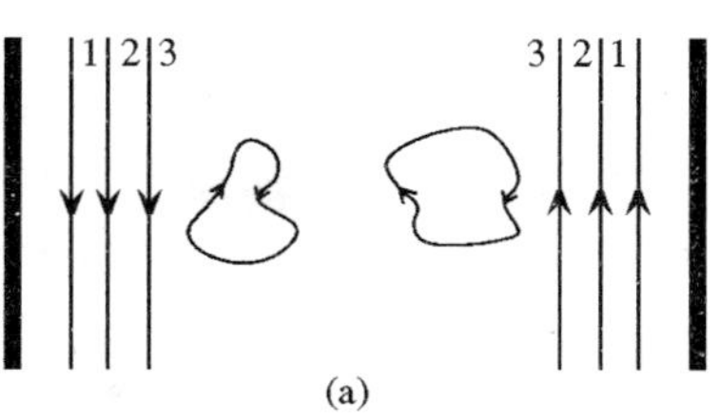

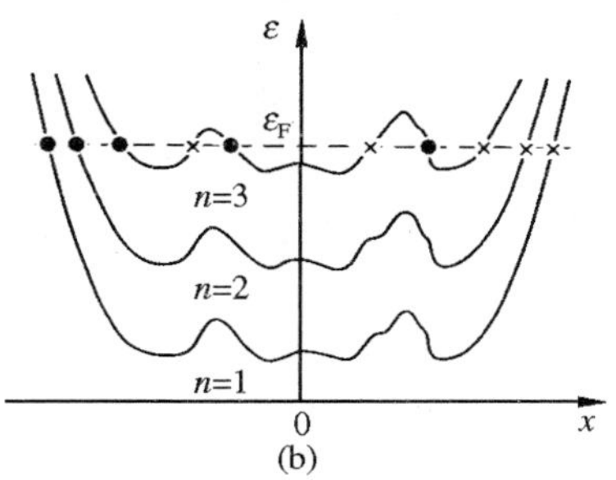

图 11.14 有无序势存在时的边缘态示意
(a) 中部有局域态;
(b) 通道底部有无序势存在

是量子化的. 从上面的分析可以看出,这是每个边缘通道携带电流 $(e/h)\delta\mu$ 的结果.

样品中无序的存在,相当于在电子波导的中心区,静电势 $V(x,y)$ 不一定是平的,如图 11.14 所示. 因而当 $(n-1/2)\hbar\omega_c$ 在 ε_F 附近时, $eV(x,y)$ 的某些部分会在 ε_F 之上,从而在和 ε_F 相交处形成一些环绕势能极大或极小的闭合通道(图 11.13). 相应的态是空间局域的,对问题没有影响.

附带说明一点,这里并不要求输运过程是完全绝热的. 例如,同一侧不同边缘通道之间的散射,会使电子从一个通道跃迁到另一个,但并不影响在这一侧从一个电极传输到相邻另一电极的总电流.

11.2 二维体系中的相变

在三维体系中,我们熟悉的相当一部分相变,如晶格的熔化、铁磁相到顺磁相的转变,或超导态到正常态的相变等,都是长程有序到无序相的变化. 或用 8.3 节中引入的序参量函数来表述,是从序参量有非零值到零的转变. 维度对相变,以及相变点附近的临界行为有重要的影响. 在 8.4 节中,已讲到一维伊辛链,本节将证

明，在任何 $T>0$ 的温度，它总是无序的. 本节还会通过晶格排列的例子进一步说明这一结论对任何一维体系均适用. 因而在一维体系中，不会有相变发生. 二维体系则比较特殊，发生相变的可能性及相关"序"的性质是人们关注的问题，也是本节讨论的重点. 在本节最后，将对碳原子单层作简单的讲述.

11.2.1 二维体系实例

对于二维电子气系统，除上节提到的 Si 反型层和半导体异质结结构外，另一种是液体氦表面上吸附的电子单层(图 11.15(a)). 按照泡利原理，液氦中外来电子的波函数应与 $1s$ 芯电子波函数正交，其结果是电子与液氦表面距离接近原子间距时会感受到大小约为 1 eV 的势垒，使之不能进入. 但电子可受到液氦表面因极化而产生的镜像电荷的吸引. 束缚在表面上，且可在平行于表面方向自由运动. 镜像电荷产生的势场为①

$$V(z)=-\frac{1}{4\pi\epsilon_0}\frac{\epsilon-1}{\epsilon+1}\frac{e^2}{4z},$$

许可的电子态与有效电荷为 $\sim e(\epsilon-1)/(\epsilon+1)$ 的氢原子类似. 由于液体氦的介电常数 ϵ 仅稍大于 1，电子感受到的镜像电荷的束缚是很弱的. 当液体氦表面上有多个电子时，每个电子占据其镜像电荷库仑势产生的最低能态. 与表面有相同的距离，约为11.4 nm，形成二维电子气系统. 常通过附加外电场向电子施加一指向液面的力，克服电子因束缚太弱易于受热扰动而电离的倾向. 在这一系统中实验证实了电子规则排列点阵(Wigner 晶格)的存在，以及二维等离子振荡的色散关系 $\omega\propto\sqrt{k}$，这些都是重要的实验结果(参见 12.2.3 小节).

表面吸附层(图 11.15(b))是研究得很多的，重要的二维体系，也是本节讨论的中心. 衬底的表面干净、均匀十分重要，同时也希望有高的比表面积，即单位质量衬底所提供的表面积. 多种衬底用于实验工作，如不同种类的细粉末、多孔玻璃等. 就本节讨论的内容言，最重要的是 1970 年出现的，称为"grafoil"的石墨衬底. 这是将一些化学物质渗到石墨的原子层间，然后快速加热，使层分开，再将外来的化学物质抽走. 吸附表面为石墨的基平面，非常均匀、稳定和干净，比表面积约为 20 m^2/g. 氦、氖、氩等惰性气体在石墨上的吸附单层可形成气相、液相和不同的固相，其晶格常数与衬底的晶格常数可以是公度的或非公度的. 对于氦，如果覆盖超过单原子层，低温下会出现超流动性.

石墨除做衬底外，层间可插入碱金属、络合物、AsF_5、$FeCl_3$ 等形成石墨插层化合物. 每一个插层可看成是一个准二维体系(图 11.15(c)). 实验上可控制相邻插层间石墨的层数 n，n 称为分级指数，可从 1 变到 10. 插入不同化合物可很大的改变材

---

① И. Е. 塔姆. 电学原理(上). 上海：商务印书馆，1953，第 149 页.

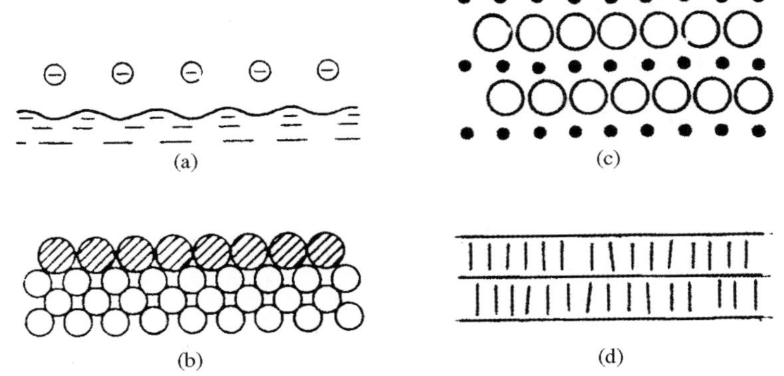

图 11.15　二维体系示意(a) 液氦表面上的电子；(b) 固体表面上吸附的单原子层；(c) 插层化合物；(d) 液晶层状相膜

料的性质.如碱金属和碳均不是超导体,但插到石墨夹层中可具有超导电性,C_8K,C_8Rb 和 C_8Cs 的超导转变温度分别为 0.55 K,0.15 K 和 0.13 K.

层状化合物也是人们关注的对象.如磁性材料 Rb_2MnF_4,其结构如图 11.16 所示.在 Mn 离子层中,磁矩与层平面垂直,反平行排列.层间的耦合要比层内小 10^6,不仅是因为层间距大,而且每个 Mn 离子和下一层的 4 个 Mn 离子等距,4 个 Mn 离子自旋取向两两相反,相互作用正好抵消,这是一个很好的二维磁性伊辛体系.氧化物高温超导材料,导电性主要来源于 CuO_2 平面,很多方面表现出准二维特性.

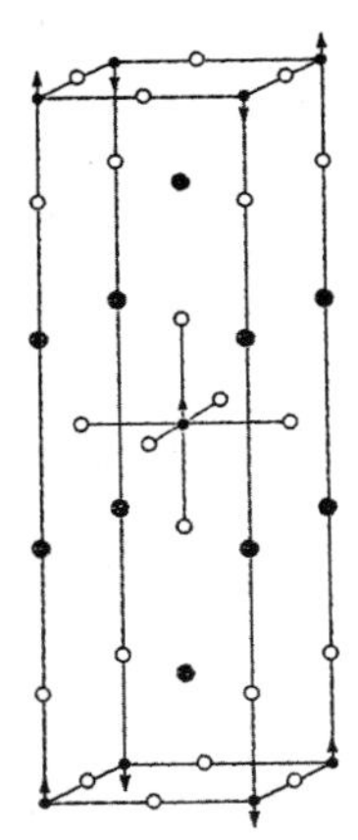

图 11.16　Rb_2MnF_4 的晶格结构及 Mn 离子磁矩的取向(引自 M. E. Lines, J. Appl. Phys. 40(1969), 1352)

在液晶的层状相(smectic phase)中,分子排列成层(图 11.15(d)),各平面层间可相互滑动.液晶一般是三维材料,但可以制作自由悬挂的液晶膜,类似于用金属丝框架支撑的肥皂膜,可薄到两个分子层厚,且厚度很均匀.这种膜不受衬底的影响,表现出二维行为.

11.2.2　维度和长程序

一维伊辛链在任何 $T>0$ 的温度均无长程序存在,这部分的论证与 8.1.1 小节中有关晶体中点缺陷的存在相同.假定在总数为 N 的自旋链中有 m 个扭折,即畴壁存在,它们带来的能量增加为 $\Delta\varepsilon=2mJ$,J 为相邻自旋交换积分的大小.另一方面,m 个畴壁在 N 个自旋中有 C_m^N 种排列方式,附加的熵为

$$\Delta S = k_{\mathrm{B}} \ln C_m^N = k_{\mathrm{B}} \ln \frac{N!}{(N-m)!m!}. \tag{11.2.1}$$

这样，自由能的变化为

$$\Delta F = \Delta \varepsilon - T\Delta S = 2mJ - k_{\mathrm{B}} T \ln \frac{N!}{(N-m)!m!}, \tag{11.2.2}$$

由于 N 和 m 均远大于 1，可用斯特令公式将(11.2.2)式简化为

$$\Delta F = 2mJ - k_{\mathrm{B}} T[N\ln N - (N-m)\ln(N-m) - m\ln m], \tag{11.2.3}$$

m 的数目应使自由能达到极小，即

$$\left(\frac{\partial \Delta F}{\partial m}\right)_T = 0. \tag{11.2.4}$$

当 $m \ll N$ 时，

$$\frac{\partial \Delta F}{\partial m} = 2J - k_{\mathrm{B}} T \ln \frac{N-m}{m} \approx 2J - k_{\mathrm{B}} T \ln \frac{N}{m}. \tag{11.2.5}$$

条件(11.2.4)导致 m 有非零解

$$m = N\mathrm{e}^{-2J/k_{\mathrm{B}}T}. \tag{11.2.6}$$

即对于任何 $T>0$ 的温度，总有畴壁出现，使体系的长程序受到破坏，伊辛链总是无序的.

对于二维伊辛体系，如果要将体系左边和右边完全分开，需要有一贯通整个体系的畴壁，如图 8.14(a)所示. 这时，畴壁能如(8.4.1)式所示为

$$\Delta \varepsilon = \sigma L^{d-1}, \tag{11.2.7}$$

其中 d 为体系的维度，σ 比例于交换积分 J. 可见只要 $d>1$，$\Delta\varepsilon$ 即随 L 的增加而加大. 对于宏观体系，$L\to\infty$，这相当于很高的势垒，抑制了涨落的作用.

实际上，1925 年伊辛对一维伊辛链做出在任何高于绝对零度的温度下无长程有序的结论时，错误地认为这一结论也可推广到二维和三维情形. 1936 年 R. E. Peierls 论证了二维伊辛体系 $T>0$ 时必定有长程序存在. 实际上，畴壁可能会有弯折，也并不一定会贯穿整个体系，可如图 8.14(c)所示为闭合畴的边界. 在对体系 $T>0$ 性质的讨论中，畴壁能项比较简单，将比例于畴壁总长. 准确地计算熵作为畴壁长度的函数是困难所在，但可求出其上限. 对于正方格子，每一小段畴壁可有 4 个走向. 由于畴壁不能后退，实际上只有 3 个走向，因而每单位壁长的熵不大于 $k_{\mathrm{B}}\ln 3$. Peierls 用这种方式找到了长程有序受到破坏的下限温度. 这种方法已发展成统计模型理论中的一个专门分支，即并不正面求解这些困难的问题，而是着眼于严格证明长程有序是否存在的定理. 1944 年 Onsager 发表了二维伊辛模型的严格解，所用数学技巧复杂而精美，证明了存在有序-无序的相变，且在相变处比热奇异性表现为趋于无穷的对数尖峰，即比热$\propto \ln|1-(T/T_{\mathrm{c}})|$，$T_{\mathrm{c}}$ 是相变点温度，这与通常平均场给出的有限跳跃不同. Onsager 的工作表明统计物理的原则和方法可

以解释相变,首次对平均场理论的正确性提出了怀疑,有重要的历史意义,现在已有多种更为简捷的推导方法.

伊辛体系序参量的内部自由度数 $n=1$,对于 $n=2$ 的二维体系,情况会很不相同.作为实际体系的代表,下面讨论晶格排列的长程有序及其和维度的关系.在 8.3 节中已讲过,这时序参量可取做格点对平衡位置的偏离 $\boldsymbol{u}$,在二维情形,序参量的内部自由度数为 2.

当晶体中原子热振动的振幅和晶格中原子间距 a 相比,超过某一临界值时,晶体将熔化,原子排列的长程序消失,这常称为晶体熔化的 Lindemann 判据.将临界值写成 $\mathscr{L}=(\langle u_n^2\rangle)^{1/2}/a$ 的形式,$\mathscr{L}$ 的大小约为 0.1.因此,对晶格排列长程序的讨论,可转化为计算 $T>0$ 时格点上原子偏离其平衡位置的平方平均值.类似于(6.2.17)式,将波矢为 $\boldsymbol{q}$,s 类型的格波写成实数形式,

$$\boldsymbol{u}_{n,\boldsymbol{q},s}=A_{\boldsymbol{q},s}\boldsymbol{e}_{\boldsymbol{q},s}\cos[\boldsymbol{q}\cdot\boldsymbol{R}_n-\omega_s(\boldsymbol{q})t].\tag{11.2.8}$$

由于余弦项的平方对时间的平均值为 1/2,有

$$\langle u_{n,\boldsymbol{q},s}^2\rangle=\frac{1}{2}A_{\boldsymbol{q},s}^2,\tag{11.2.9}$$

格点上原子对平衡位置的偏离是所有格波贡献的总和,即

$$\langle u_n^2\rangle=\frac{1}{2}\sum_{\boldsymbol{q},s}A_{\boldsymbol{q},s}^2,\tag{11.2.10}$$

格波振幅的平方与相应振动模式的能量相连系.粗略地假定,按照能均分定理,每个模式的能量为 $\frac{1}{2}k_{\mathrm{B}}T$,采用(6.2.30)式,有

$$\frac{1}{4}NMA_{\boldsymbol{q},s}^2\omega_s^2(\boldsymbol{q})=\frac{1}{2}k_{\mathrm{B}}T.\tag{11.2.11}$$

按照德拜近似,忽略 3 个声学支的差别,$\omega_s(\boldsymbol{q})=cq$,由上式及(11.2.10)式,得

$$\langle u_n^2\rangle=\frac{k_{\mathrm{B}}T}{NMc^2}\sum_{\boldsymbol{q},s}\frac{1}{q^2}=\frac{k_{\mathrm{B}}T}{NMc^2}\int\frac{g(q)\mathrm{d}q}{q^2},\tag{11.2.12}$$

其中 $g(q)$ 为晶格振动谱的态密度.体系尺寸为 L 时,

$$g(q)=\begin{cases}\dfrac{L}{\pi}, & (\text{一维}),\\[2mm] \dfrac{L^2}{\pi}q & (\text{二维}),\\[2mm] \dfrac{3L^3}{2\pi^2}q^2 & (\text{三维}).\end{cases}\tag{11.2.13}$$

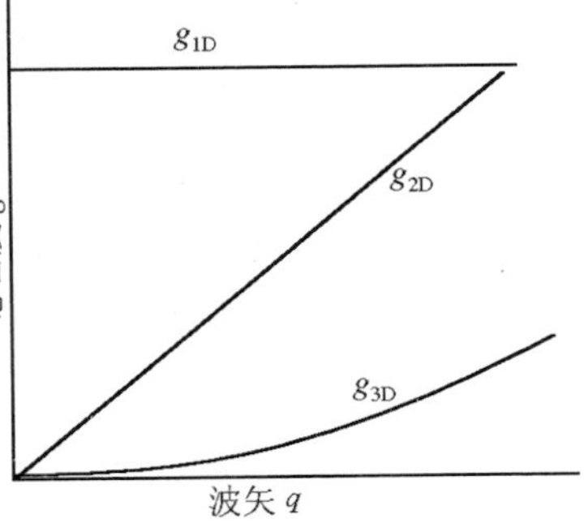

图 11.17　不同维度晶格振动态密度随波矢 q 的变化示意

此处已计及声子的类型 s,从一维到三维,s 取值分别为 1,2,3.图 11.17 给出不同维度在 $g(q)$ 的

示意.

将(11.2.13)代入(11.2.12)式,积分上限取为第一布里渊区边界 π/a,积分下限取为不为零的最小 q 值 $2\pi/L$. 并考虑在长波极限下 $qa \ll 1$,按(5.1.17)式,声速

$$c = a\sqrt{\frac{\beta}{M}}, \tag{11.2.14}$$

其中 β 是简谐相互作用力常数,得

$$\langle u_n^2 \rangle = \begin{cases} \dfrac{k_{\mathrm{B}}T}{2\pi^2\beta}\dfrac{L}{a} & (\text{一维}), \\ \dfrac{k_{\mathrm{B}}T}{\pi\beta}\ln\dfrac{L}{2a} & (\text{二维}), \\ \dfrac{3k_{\mathrm{B}}T}{2\pi\beta} & (\text{三维}), \end{cases} \tag{11.2.15}$$

计算中用到 $L^d = Na^d$.

对于一维晶格,由于 $\langle u_n^2 \rangle \sim L/a$,当 L 很大时,即使在低温下,原子热振动的平均位移也很大,晶格的有序排列无法保持,将是无序的. 对于三维晶格,$\langle u_n^2 \rangle$ 与 L 无关,在低温下,晶格上原子的热振动很小,可以具有长程序. 二维体系比较特殊,一方面在热力学极限下 $L \to \infty$,原子的热振动振幅趋于无穷,无长程序存在;另外,$\langle u_n^2 \rangle$ 随 L 增加较慢,因而在低温下,在不太大的范围内,$\langle u_n^2 \rangle$ 仍可以比 a^2 小很多,称为具有准长程序. 准长程序和短程序有本质上的差别,后者的有序仅在原子尺度上维持.

从(11.2.12)式看,$\langle u_n^2 \rangle$ 计算中不同维度的差别,主要来源于态密度函数 $g(q)$ 行为的差异. $q \to 0$ 时 $g(q)$ 越大,体系有越高的低能激发态密度,热起伏的干扰会越强,因而,长程序也越难以维持. 对于二维体系,$q \to 0$ 时,$g(q)$ 既不像一维体系那样保持为常数,也不像三维体系那样快地趋于零,处于居间状况. 尽管 $T > 0$ 时热涨落总是存在的,但体系空间维度有重要影响. 维度越高,涨落的作用越受到抑制.

总起来讲,体系低能元激发能谱不管类似于声子,$\varepsilon(\boldsymbol{k}) \propto k$,或类似于单粒子激发,$\varepsilon(\boldsymbol{k}) \propto k^2$,1960 年代后期,Mermin 和 Wagner①,以及 Hohenberg② 等人进行了一系列的理论工作,严格证明了二维体系在 $T > 0$ 时,不可能有长程序存在. 但在序参量内部自由度 $n = 2$ 时,情况不同,可有准长程序存在.

长程序、准长程序和短程序的差别可以更准确地用关联函数(correlation function)来表达.

在统计物理中引入过液态或气态中密度涨落的关联函数. 假定在 $\boldsymbol{r}$ 处的粒子

① N. D. Mermin and H. Wagner, Phys. Rev. Lett., 17(1966), 1133.

② P. C. Hohenberg, Phys. Rev. 158(1967), 383.

数密度为$\boldsymbol{n}(\boldsymbol{r})$,则$\boldsymbol{r}$点和原点的关联函数

$$G(\boldsymbol{r})=\langle(n(\boldsymbol{r})-\langle n(\boldsymbol{r})\rangle)(n(0)-\langle n(0)\rangle)\rangle, \tag{11.2.16}$$

其中,$\langle n(\boldsymbol{r})\rangle$表示$n(\boldsymbol{r})$的平均值.消去相等项后,

$$G(\boldsymbol{r})=\langle n(\boldsymbol{r})n(0)\rangle-\langle n(\boldsymbol{r})\rangle\langle n(0)\rangle. \tag{11.2.17}$$

如$\boldsymbol{r}$处与0处的密度涨落无关联,则$\langle n(\boldsymbol{r})n(0)\rangle=\langle n(\boldsymbol{r})\rangle\langle n(0)\rangle$,$G(\boldsymbol{r})=0$.

对于磁性体系,只需将$n(\boldsymbol{r})$换成在某一方向(如x轴方向)体系的自旋密度$S(\boldsymbol{r})$即可,

$$S(\boldsymbol{r})\equiv\sum_i s_i/\Delta V\quad(i\in\Delta V). \tag{11.2.18}$$

对于自旋方向可连续变化的二维体系,由于没有长程序,$\langle S(\boldsymbol{r})\rangle=0$.

$$G(\boldsymbol{r})=\langle S(\boldsymbol{r})S(0)\rangle. \tag{11.2.19}$$

对于三维体系,尽管$\langle S(\boldsymbol{r})\rangle\neq0$,由于$\langle S(\boldsymbol{r})\rangle\langle S(0)\rangle$是两个平均值的乘积,只和空间不同位置自身的性质有关.不同地点的自旋关联仍反映在(11.2.19)式定义的关联函数中.

对于序参量为宏观波函数$\psi(\boldsymbol{r})$的超流,超导体系,

$$G(\boldsymbol{r})=\langle\psi(\boldsymbol{r})\psi(0)\rangle. \tag{11.2.20}$$

晶格体系稍有不同,将原子对格点位置的偏离$\boldsymbol{u}$取为序参量时,$\boldsymbol{u}=0$对应于完全有序,与上述磁性,或超流、超导体序参量为零对应于无序状态正好相反.习惯的做法是,由于原子的分布密度有平移对称性,

$$\rho(\boldsymbol{r}+\boldsymbol{R}_n)=\rho(\boldsymbol{r}), \tag{11.2.21}$$

按2.4节的讨论,可展开成波矢为倒格矢的傅里叶级数,

$$\rho(\boldsymbol{r})=\rho_0+\sum_{\boldsymbol{G}_\mathrm{h}}\rho(\boldsymbol{G}_\mathrm{h})\mathrm{e}^{\mathrm{i}\boldsymbol{G}_\mathrm{h}\cdot\boldsymbol{r}}. \tag{11.2.22}$$

晶格的有序排列,反映在$\rho(\boldsymbol{G}_\mathrm{h})\neq0$上.因此,可取$\rho(\boldsymbol{G}_\mathrm{h})$为晶格有序排列的序参量.关联函数

$$G_{\boldsymbol{G}_\mathrm{h}}(\boldsymbol{r})=\langle\rho_{\boldsymbol{G}_\mathrm{h}}(\boldsymbol{r})\rho_{\boldsymbol{G}_\mathrm{h}}(0)\rangle. \tag{11.2.23}$$

在低温下,对磁性体系当$k_\mathrm{B}T\ll J$时,计算的结果为

$$G(\boldsymbol{r})\sim\begin{cases}\mathrm{e}^{-r/\xi(T)} & (\text{一维}),\\ r^{-\eta(T)} & (\text{二维}),\\ c(T) & (\text{三维}).\end{cases} \tag{11.2.24}$$

对于一维体系,$G(\boldsymbol{r})$随r的增加指数衰减,关联是短程的,只有短程序,ξ为关联长度(correlation length).对于三维体系,$G(\boldsymbol{r})$为常数,不随r的增加而减弱,体系具有长程序.二维体系,r增加时,$G(\boldsymbol{r})$按幂次函数衰减,没有长程序.但它衰减较慢,关联仍可延伸到相当大的范围.这种按幂函数$r^{-\eta}$形式衰减的关联,称为准长程关联.二维体系存在准长程序,这是它的特点.

11.2.3 KT 相变

温度升高，如对磁性体系在 $k_B T \approx J$ 时，三维体系会发生长程序到无序（短程序）的相变. 对于序参量自由度 $n=2$ 的二维体系，在热力学极限下，在任何有限温度，序参量均为零. 沿用三维体系不同相用序参量是否消失来刻画的理论，二维体系将没有相变. 因此，必须拓宽相变的物理概念，才能阐明二维体系中与三维体系不同的相变过程.

1970 年代，Kosterlitz 和 Thouless[①] 以及 Berezinskii[②] 指出，二维体系尽管序参量总为零，但在内部自由度数为 2 时，拓扑性质可随温度变化，提出了拓扑序和拓扑性相变的新概念. 低温下正反拓扑缺陷两两配对，温度升高到相变的临界温度时，配对被热运动所拆散，出现单个运动的拓扑缺陷. 文献上习惯称这种新的相变类型为 Kosterlitz-Thouless 相变，简称为 KT 相变（KT transition）.

以超流氦膜为例. 如 8.3.2 小节所述，拓扑缺陷为涡旋线，因为体系是二维的，更确切一点，应该叫“涡旋点”. 涡旋线的能量主要是芯子外的超流环流的动能.

$$\varepsilon = \frac{1}{2}\rho_s d\int_{a_0}^{R} v_s^2 2\pi r \mathrm{d}r, \tag{11.2.25}$$

这里 ρ_s 是超流成分的质量密度. 积分号前的 d 是膜的厚度，$\rho_s d$ 是超流成分的面密度，a_0 是涡旋线芯子的半径，R 是膜的半径. 从（8.3.11）和（8.3.12）式知

$$v_s = \frac{h}{2\pi m r}, \tag{11.2.26}$$

其中 h 为普朗克常数，m 为氦原子质量. 代入（11.2.25）式，

$$\varepsilon = \frac{\pi\hbar^2}{m^2}\rho_s d\ln\frac{R}{a_0}. \tag{11.2.27}$$

出现一根自由的涡旋线，附加的熵大约为

$$S = k_B\ln\left(\frac{R}{a_0}\right)^2. \tag{11.2.28}$$

相当于涡旋线的芯子可出现在不同的地点. 体系自由能的改变

$$\Delta F = \varepsilon - TS = \left(\frac{\pi\hbar^2}{m^2}\rho_s d - 2k_B T\right)\ln\left(\frac{R}{a_0}\right). \tag{11.2.29}$$

KT 相变的温度由 $\Delta F=0$ 决定，即

$$T_{KT} = \frac{\pi\hbar^2\rho_s d}{2k_B m^2}. \tag{11.2.30}$$

当 $T<T_{KT}$ 时，不利于自由涡旋线的出现（$\Delta F>0$），$T>T_{KT}$ 时，有自由涡旋线存在，

① J. M. Kosterlitz and D. J. Thouless, J. Phys. C6(1973), 1181.

② L. Berezinskii, Soviet Physics JETP, 34(1972), 610.

$\Delta F<0$. $T=T_{\mathrm{KT}}$时，自由涡旋线开始出现.

在 $T<T_{\mathrm{KT}}$时，没有单个的自由涡旋线存在，但可有环量 $k=+1$ 和 $k=-1$ 的正反涡旋对存在. 图 11.18 给出一种可能的对结构.

8.3.2 小节已讲过，对于超流氦，序参量是描述其状态的宏观波函数

$$\psi(\boldsymbol{r}) = \psi_0 \mathrm{e}^{\mathrm{i}\theta(\boldsymbol{r})}. \tag{11.2.31}$$

二维情形，准长程序存在，关联函数比例于 $r^{-\eta(T)}$ 衰减，在超流氦情形

$$\eta(T) = \frac{m^2 k_{\mathrm{B}} T}{2\pi\rho_{\mathrm{s}} \hbar^2}, \tag{11.2.32}$$

温度低时衰减很慢，可以在宏观小、微观大的范围内定义一局部序参量，(11.2.31)中的 $\psi(\boldsymbol{r})$必须在这一意义下理解. 在固定温度下，可认为 ψ_0 不变，相位部分在图 11.18 中是用箭头的空间取向来表示的.

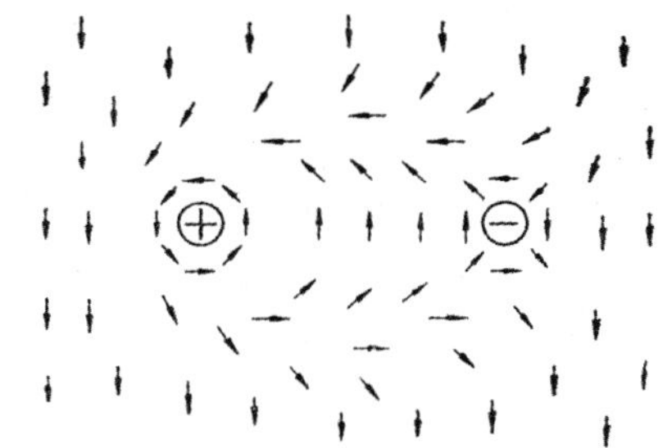

图 11.18　涡旋对示意

由图可见，涡旋对的出现并不改变远处的排列位形. 由于相位的梯度对应于超流速度(8.3.9 式)，均匀平行的箭头相当于 $\nabla\theta(\boldsymbol{r})=0$，即超流速度 $\boldsymbol{v}_{\mathrm{s}}=0$. 当涡旋对的两个芯子接近时，环绕芯子、$\boldsymbol{v}_{\mathrm{s}}\neq 0$ 的区域减小，芯子间距减小到零时，正反涡旋线相碰而湮灭. 上述分析导致两个重要的结果. 首先，由于涡旋对的超流环流只局限在有限的空间区域，涡旋对的能量有限，在大于零的温度下，在超流膜中必然存在. 其次，涡旋对态和 $\theta(\boldsymbol{r})$为常数的均匀态在拓扑上是等价的. 因为对的总环量为$(+1)+(-1)=0$，它的存在没有改变远处相位的分布(参阅 8.3.1 小节)，KT 相变是束缚的涡旋对被打散，开始出现自由涡旋线的转变，体系的拓扑性质发生了突变. 自由涡旋线的出现，也使序参量的准长程序消失.

为描述这一差别，Kosterlitz 和 Thouless 引进了拓扑序(topological order)的概念. 在低温下，拓扑缺陷，或称为拓扑元激发全部配对的有序性称为具有拓扑序. 配对的拆散表示这种序的消失.

KT 相变的一个重要特点是：从低温端趋近相变点时，超流密度 ρ_{s} 并不连续地趋于零，而是在相变点上出现有限的跃变，由(11.2.30)式可得，跃变值与转变温度之比为一普适常数：

$$\frac{\rho_{\mathrm{s}}(T_{\mathrm{KT}})d}{T_{\mathrm{KT}}} = \frac{2m^2 k_{\mathrm{B}}}{\pi \hbar^2} \approx 3.491 \times 10^{-6}\ \mathrm{g\cdot cm^{-2}\cdot K^{-1}}. \tag{11.2.33}$$

这已为实验所证实.

D. J. Bishop 和 J. D. Reppy 将很长很薄的聚脂膜卷起来装在扭摆中，聚脂膜吸附氦可形成不同厚度的氦膜. 由于超流氦不随衬底运动，超流的出现会使体系转动

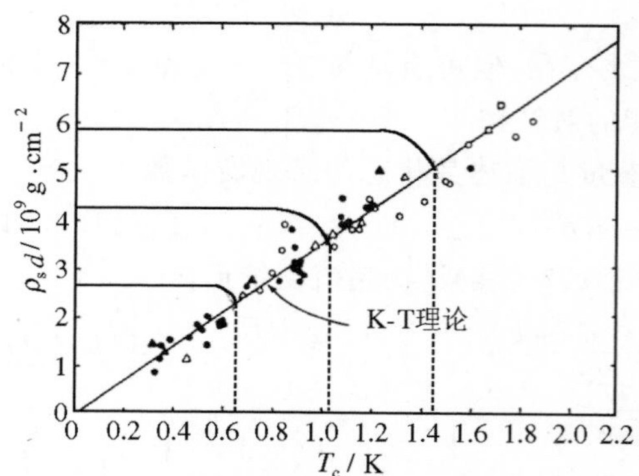

图 11.19 超流密度随温度的变化.实验点是对不同的膜,用不同方法确定的
(引自 D. J. Bishop and J. D. Reppy, Phys. Rev. Lett. 40(1978),1727)

惯量变小,扭摆的周期与氦膜处于正常态时不同,由此可确定 $\rho_s d$.分辨率可高到 10^{-4}个氦的单原子层.他们的实验和其他一些实验证实了 KT 相变理论有关 ρ_s 在 T_{KT} 处发生跃变的预言.图 11.19 给出 $\rho_s(T_{KT})d$ 的实验结果,可见与理论值符合得很好.

KT 相变的另外一个特点是比热及其所有各级微商在 T_{KT} 上是连续的,通过比热等热力学量的测量不能确定其相变点.对于通常的相变,在转变温度处比热会发生不连续的突变或发散.如按惯用的相变分类办法,自由能的第 n 级微商在相变点处出现突变就称为第 n 级相变,KT 相变是无穷级的,是一种很弱的相变.原因是理论分析表明,在相变点附近,自由能的奇异部分 $F(T)$与关联长度 ξ 的平方成反比,而 ξ 随$(T-T_{KT})$按指数规律变化.具体的有

$$F(T) \sim \begin{cases} \dfrac{1}{T}\mathrm{e}^{-2B/(T-T_{KT})^{1/2}} & (T \gtrsim T_{KT}), \\ 0 & (T \leqslant T_{KT}), \end{cases} \tag{11.2.34}$$

其中 B 为常数.T_{KT}是 $F(T)$的本征奇点,任意阶导数均按负指数趋向于零.而通常的相变,关联长度 $\xi(T)$是随$|T-T_{KT}|$的幂次律发散的.

11.2.4 二维晶格的熔化

有关二维晶格熔化的实验研究,主要对象是在石墨衬底上的惰性气体吸附层.图 11.20 给出石墨上^{4}He 单原子层的相图.^{4}He原子覆盖率超过 0.7 个单原子层时处于二维非公度固相,低温比热比例于 T^2 变化,同时也得到中子衍射等实验的证实.温度升高,比热出现峰值,说明有相变发生.从比热反常峰的形状判断,相变是连续的,或至少高于二级相变.根据其他实验证据,可以判断这里发生的是固相至液相的相变.

对于三维体系,熔化对应于温度升高,晶格振动振幅加大,当原子振动的幅度 u 与原子间距 a 比达到临界值时,通常按 Lindemann 判据,取为 0.1 左右,晶格点阵排列破坏,长程序消失.

二维晶格熔化,则为 KT 相变.相应的拓扑缺陷是位错,在固相中出现的是伯格斯矢量相等相反的位错对.在液相中出现的是单个位错.

位错线的能量来源于周围晶格畸变导致的能量升高.晶格的应变比例于 $1/r$

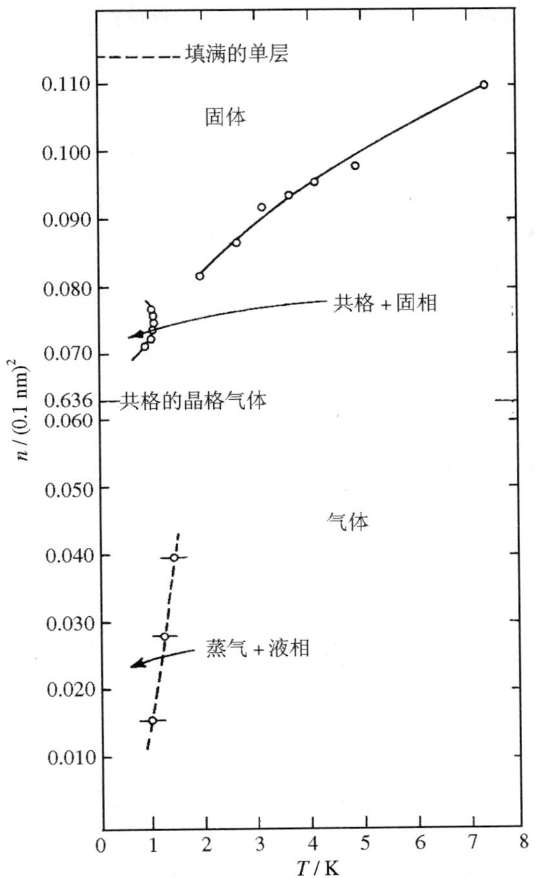

图 11.20　在石墨衬底上 ^{4}He 单原子层的相图，纵坐标单位为每 $(0.1\ \mathrm{nm})^2$ 的 ^{4}He 原子数（引自 J. G. Dash in Quantum Liguids, J. Ravalds and T. Regge, eds., Amsterdam: North-Holland Pub., 1978, p.63）

变化，r 是到位错芯子的垂直距离. 由于能量与应变的平方相关，因而单位长度位错线的能量与涡旋线类似，比例于 $\ln R$ 变化. R 是二维晶格的半径. 与(11.2.29)式相应的是

$$\Delta F = \left[\frac{b^2\mu(\mu+\lambda)}{2\pi(2\mu+\lambda)} - 2k_{\mathrm{B}}T\right]\ln\left(\frac{R}{a}\right), \tag{11.2.35}$$

其中 b 是伯格斯矢量的大小，a 为格点间距. 在各向同性介质中，弹性模量只有两个独立分量，μ 和 λ 是与此相关的系数①. 二维熔化温度为

① 具体的计算可参阅孙鑫的文章(物理学进展，6(1986)，121).

$$T_m = \frac{b^2\mu(\mu+\lambda)}{4\pi(2\mu+\lambda)k_B}. \tag{11.2.36}$$

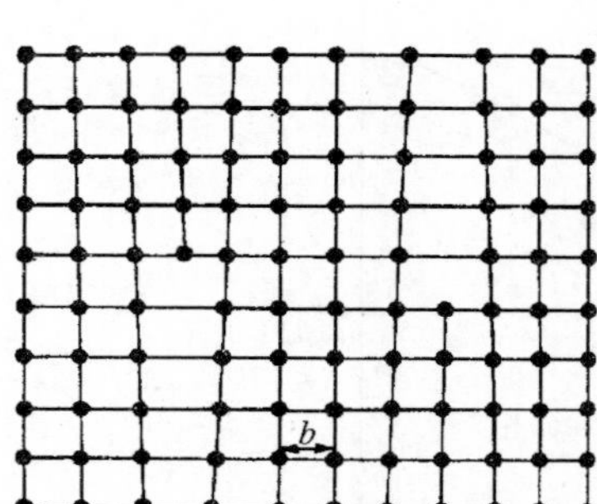

图 11.21 二维晶格中的位错对示意

位错对(图 11.21)只在一定范围内引起晶格畸变,能量有限.在 T_m 以下温度必然存在.温度升高时,正反位错对间束缚减弱,距离加大.最终在 T_m 温度,出现单个位错.

进一步要说明的是二维固相和液相的差别.对于单个位错,周围畸变的晶格倾向于恢复平衡、降低能量.这相当于位错周围有一与应变场相联系的应力场,对位错有作用力,导致位错的运动.外加任意小的切应力,会使位错运动到边界,表现出黏滞流体对切应力的响应特征,是为液相.对于位错对,所受晶格应力场的合力等于零,位置稳定,即使受切向力的作用,也不运动.体系具有刚性(rigidity),因而处于固相.

理论上曾预言①,在 T_m 以上,位置有序被破坏,但还存在取向有序,即最近邻键间的取向有序,取向关联函数随距离的加大按幂函数规律减小.在某个高于 T_m 的温度,再次相变到各向同性二维液体相.目前的实验观察,倾向于支持这种看法.

11.2.5 公度相

在表面吸附层二维体系中,需要考虑衬底和被吸附原子间的相互作用.惰性气体元素原子在石墨上源于范德瓦尔斯相互作用的物理吸附,结合能 $\sim 10^{-2}$ eV.这使被吸附原子倾向于呆在石墨表面碳原子组成的六边形的中心位置上.在高覆盖率情形,吸附原子间的距离无法和衬底提供的势能极小位置相配,原子感受到的是衬底弱的平均的作用,这是上一小节讨论的情形.在研究二维熔化时,人们不希望这种有可能使问题变得复杂的相互作用的存在,但是这种相互作用也为物理学家们提供了新的研究体系.在覆盖率不那么高时,在低温下,吸附原子会形成由衬底周期势决定的长程有序二维晶格,称为公度相(commensurate phase).公度相为一些重要的统计模型提供了可用于比对的实际体系,这是它受到重视的基本原因.

氦原子在石墨上覆盖率为半个单原子层时,低温相的结构如图 11.22(a)所示,在相图 11.20 上称为共格的晶格气体(registered lattice gas).

"晶格气体"是一种和伊辛模型等价的统计模型,多用于研究固-液、液-气相变.模型假设 N 个原子可能占据的位置形成晶格点阵结构.每个格位最多为一个原子所占据,因此只有占据和非占据两种状态.模型还假定只考虑最近邻之间的相

---

① B. I. Halperin and D. R. Nelson, Phys. Rev. Lett. 41(1979), 121.

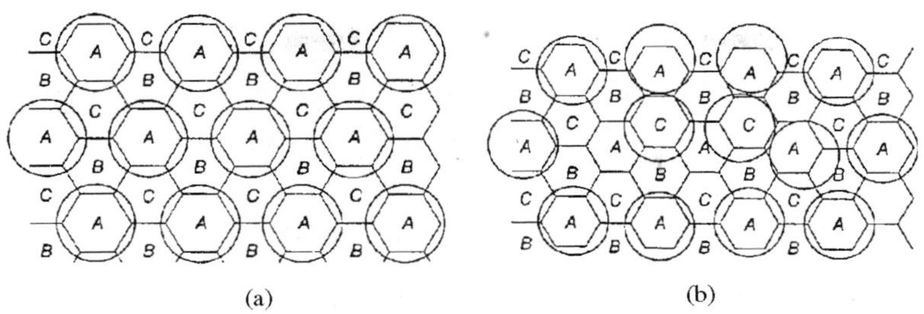

图 11.22　石墨表面上的三套子格子

(a) He 原子覆盖率为半个单原子层时形成的三角格子排列；

(b) 较高温度下的排列示意

互作用,所有其他相互作用能为零.

在石墨衬底的每个六边形位置上,只能被一个吸附原子占据.由于被吸附的原子一般足够大,已被占据位置的最近邻位置将不被占据,最近邻间有强的排斥作用.和三角格子伊辛模型,或晶格气体模型不完全相同处在于这里还要考虑次近邻相互作用,由于次近邻位被占据,相互间有吸引相互作用.

Potts 模型是伊辛模型的推广.在 p 态 Potts 模型中,每个格点有 p 个等价的态,近邻对处在同样状态时能量最低.基态对应于所有格点均处在同一状态,是 p 重简并的.当 $p=2$ 时,回到伊辛模型.在石墨衬底情形,可将图 11.22 中相邻 A,B,C 三个位置作为一组看做 Potts 模型中的一个格点,每个格点有 3 个等价的状态,相当于原子占据 A,B,C 之中的一个.因此,氦原子在石墨上的公度相,可用 $p=3$ 的 Potts 模型讨论.如先将另一种原子,如氪吸附在石墨上,占据 1/3 的位置,如 A 位置.再吸附氦时,氦原子只有两个位置(B 和 C)可选择,则要用 $p=2$ 的 Potts 模型,或伊辛模型讨论.温度升高时,越来越多的原子占据错误位置(图 11.22(b)),最终,p 组位置被等概率占据,发生相变,过渡到无序相.

图 11.23 给出氦原子占据 1/3 六边形位置时比热测量的结果.在相变温度 T_c 附近,比热随约化温度 $t\equiv(T-T_c)/T_c$ 按幂次率发散,即比例于 $|t|^{-\alpha}$,α 值非常接近于 1/3.这一行为接近于 3 态 Potts 模型给出的结果.

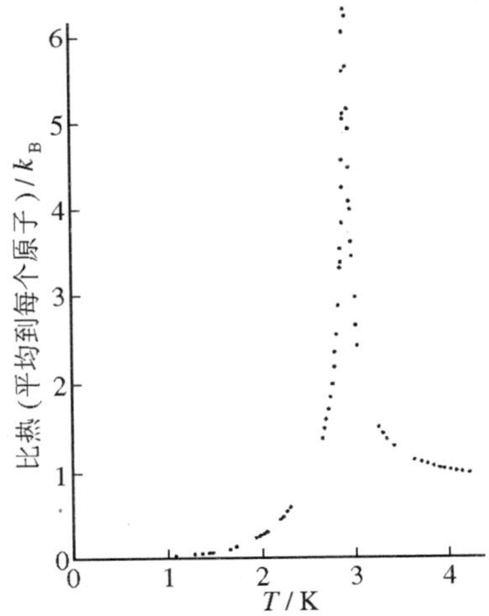

图 11.23　吸附在石墨表面氦原子的比热.比热反常接近 3 态 Potts 模型中相变的临界行为

(引自 M. Bretz and J. G. Dash, Phys. Rev. Lett. 27(1971),647)

11.2.6 维度的跨接

对于连续相变,及相变点附近的临界行为,关联长度是很重要的物理尺度.在临界温度 T_c 以上,体系处于无序态,只有短程序,关联函数

$$G(r) \propto e^{-r/\xi(T)}, \tag{11.2.37}$$

温度下降时,关联长度 ξ 加大,当温度 $T \to T_c$ 时,关联长度按

$$\xi(T) = \xi_0 \left(\frac{T - T_c}{T_c} \right)^{-\nu} \tag{11.2.38}$$

的形式发散.

对于层状材料,如对自旋间仅有铁磁关联的层状磁性材料,在温度逐渐降低趋近 T_c 时,层内自旋间关联的距离逐渐增加.开始层间尚无关联,但层内关联范围的增大,会使层间单个自旋间弱的关联变得越来越有效.最终,当在与层垂直方向的关联长度与层间距可比时,体系的行为发生从二维到三维的跨接(crossover).

对于薄膜材料,情况十分不同.在远高于 T_c 的温度,关联长度小于薄膜厚度,体系的行为是三维的.温度下降趋近 T_c 时,关联长度增加,当与厚度相当时,在厚度方向磁化强度没有变化,磁化强度只是膜平面上不同位置的函数,体系表现出二维特性,发生从三维到二维的跨接.

类似地,对于棒状材料,温度下降会发生从三维到一维的跨接.因为当关联长度与截面尺寸相当时,磁化强度仅为长度的函数.而对链状化合物,当沿链方向的关联长度长到使链间的弱耦合变得有效,从而建立起垂直方向的关联,发生一维到三维的跨接,并发生三维相变.

有关相变、临界现象、关联长度、标度律、普适性、维度的影响等更深入的讨论,可参阅统计物理方面的教材.

11.2.7 碳原子单层——石墨烯

碳元素可以多种形式存在,除石墨和金刚石外,还有以 C_{60} 为代表的富勒烯和碳纳米管(10.3.4 小节).2004 年 A. K. Geim, K. S. Novoselov 和其合作者为碳家族又增添了一个新的成员——被称为石墨烯(graphene)的碳原子单层.他们采用的是用普通的透明胶带粘在石墨片上再撕开的机械剥离法.实际上,用含石墨的铅笔在纸上写字时摩擦下来的屑末就含有碳原子单层,困难的是如何从中将几个微米尺度的石墨烯找出来.在从 1960 年代就有人开始尝试的竞争中,Geim 和 Novoselov 小组成功的原因,是他们摸索出将屑片放在表面覆有适当厚度 SiO_2 的 Si 片上,用光学显微镜观察的挑选方法,当然也要有特别的细致和耐心.

在 11.2.2 小节中已讲到,二维体系在 $T>0$ 时不可能有长程序存在,石墨烯的出现让人感到困惑.现在的认识是碳原子单层在第三个维度自发地出现波浪式的

起伏(图 11.24),广度一般在 10～25 nm,高度可达 1 nm. 这种弯曲起伏使弹性能增加,结果是抑制了热涨落对结构长程序的破坏.

图 11.24　碳原子单层(石墨烯)中微小尺度的起伏

(转引自物理,38(2009),397.)

对石墨烯而言,最值得关注的是其独特的电子性质.

石墨烯中,碳原子呈六角蜂房格子排列,其能带结构已在 4.5.3 小节中有所讲述,相关价带和导带的 $\varepsilon(k_x,k_y)$ 如图 11.25 所示. 在本征情形,费米能级处于上下圆锥体的交点,即第一布里渊区的角点 K,K' 及其等价点处. 依赖于外加电场的极性或掺杂的种类,载流子可以是电子(n 型)或者是空穴(p 型),对应于费米能级移到上圆锥面或下圆锥面. 非常重要的是在 K 或 K' 点附近($\lesssim 1$ eV 范围)电子的能量 ε 和波矢 k 有线性的依赖关系,设写为 $\varepsilon=\alpha k$,相应的电子速度 $v=(1/\hbar)\partial\varepsilon/\partial k=$

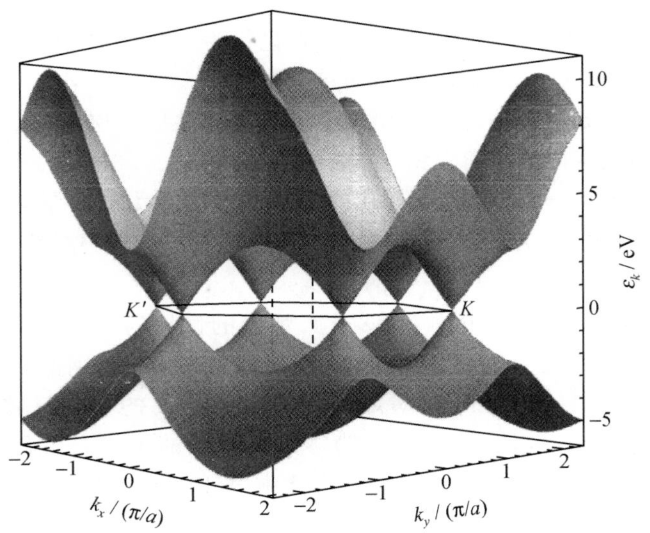

图 11.25　碳原子单层中价带和导带单电子能量的 $\varepsilon(k_x,k_y)$ 图

$\alpha/\hbar = v_F$. 这样，电子的能量可写为

$$\varepsilon = v_F \cdot \hbar k = v_F p, \tag{11.2.39}$$

其中 p 为电子的动量，和作为无质量相对论粒子的光子有相同的能量动量关系. 对于光子，$\varepsilon = cp$，c 为光速，在真空中 $c = 3\times10^8$ m/s，(11.2.39)式中的 v_F 约为 10^6 m/s，要小 300 倍.

由于这种相似，碳原子单层中在 ε_F 附近的电子可以用量子力学中的狄拉克方程，而不是用我们熟悉的薛定谔方程描写，一般称其为无质量的狄拉克费米子(massless Dirac fermion)，并将 $\varepsilon(k_x, k_y)$图中上下圆锥的交点称为狄拉克点(Dirac point). 石墨烯因此也为人们提供了一个在低速下研究相对论效应的平台.

在碳原子单层样品中同样观察到量子霍尔效应，除具体的行为和半导体二维电子气有所不同外，作为狄拉克费米子和通常的非相对论电子(文献上也称为薛定谔电子)重要的差别体现在朗道能级的间隔上. 对于我们熟悉的非相对论情形，(11.1.7)式给出，间隔 $\delta = \hbar\omega_c$，其中 $\omega_c = eB/m^*$. 因此有

$$\delta \propto \frac{Bv}{p}, \tag{11.2.40}$$

其中 $p = m^* v$. 由于 v 和 p 均比例于 $\varepsilon^{1/2}$，δ 与电子的能量无关. 对于狄拉克费米子则不同，此时速度 v 为常数，p 比例于 ε((11.2.39)式)，因此

$$\delta \propto \frac{B}{\varepsilon}. \tag{11.2.41}$$

在低能情形，δ 将远大于室温的热能 $k_B T$，室验已证明，量子霍尔效应确实可在室温下观察到①.

这里需要说明的是石墨烯中电子的相对论行为并非源于需要和狭义相对论一致，或满足洛伦兹不变性的要求，而是简单地来源于六角蜂房格子几何结构特殊的对称性. 此外还需要强调的是石墨烯仅指碳原子单层. 双层情形，狄拉克点附近 $\varepsilon(k_x, k_y)$上下圆锥相接处尖角变钝. 有效质量的定义(4.1.3 小节)表明它和晶格中 $\varepsilon(k)$关系的弯曲有关，双层中因而存在的是另一种被称为有质量的狄拉克费米子(massive Dirac fermion). 随着层数的增加，电子结构会有明显的变化，增加到大约 10 层时，趋于三维极限，即块状石墨的情形.

石墨烯作为单原子层材料，有很多让人惊讶的优异的性质. 它厚度最薄，但却在测量过的材料中强度名列首位，其断裂强度为 42 N/m，将钢的数值折算到同等厚度，仅为 0.084—0.40 N/m. 石墨烯中载流子有很高的本征迁移率($\sim 2\times10^5$ $cm^2/V\cdot s$)，最小的有效质量(如前述为零)，室温下的平均自由程可长达微米尺度. 其热导主要由声子支配，室温下热导率比铜好 10 倍. 它几乎是透明的，仅吸收

---

① K. S. Novoselov et al. Science, 315(2007), 137.

2.3%的光强，但并不透气(包括氦气在内). 它既可被拉长 20%，有很好的柔韧性，又可在高应变时像玻璃一样破碎.

石墨烯作为第一个二维晶态材料，以及它所具有的奇特性质，无论从基础研究或应用的角度都很有价值. Geim 和 Novoselov 也因其开创性的工作获得 2010 年诺贝尔物理学奖. 更多的了解可阅读近期的评述文章①及其所引原始文献.

11.3 准一维导体

Peierls 在 1955 年指出②，一维金属由于电子-声子相互作用，在低温下是不稳定的，会导致晶格周期性畸变，并相伴有电荷密度的涨落，成为一种新的集体运动模式——电荷密度波. 1964 年 W. A. Little 也建议，有可能在准一维有机材料中找到高温超导体. 直到 1970 年代中期，当人们可以得到晶体结构和电子结构具有高度各向异性的准一维导体时，这些早期的想法又受到关注，准一维导体的研究逐渐成为一个人们感兴趣的研究领域，在物理上也有不少新的认识. 准一维导体的研究，显然也受到潜在的应用可能性的鼓舞. 例如有机导体重量轻，且十分容易进行分子水平上的剪裁与设计，和无机材料比有相当大的优越性.

本节主要介绍这一领域中的基本概念和物理图像，如 Peierls 相变、电荷密度波、自旋密度波. 准一维有机导体中的元激发：孤子，极化子. 相关讲述仅涉及研究得较多的比较成熟的材料，如电荷密度波材料中的 $NbSe_3$，$K_{0.3}MoO_3$，和准一维有机导体中的反式聚乙炔.

11.3.1 Peierls 相变

在 3.2.1 小节中，曾在单电子近似下讨论过 $L=Na$ 的一维链的能带结构. 其中 a 为晶格常数，N 为原胞数，$\varepsilon(k)$表示在图 11.26(a)中. 如每个原胞中只有一个原子，每个原子只提供 1 个价电子，则能带半满，一维链为金属.

1955 年，Peierls 首先指出，存在电子-声子相互作用时，这种一维金属在低温下是不稳定的. 能量更低的状态是晶格发生周期性畸变，例如单双数原子分别位移 u 和 $-u$，使晶格常数加倍，$a'=2a$，从而第一布里渊区尺寸减半，费米波矢 k_F 与区边界重合(图 11.26(b)). 由于在 k_F 处 $\varepsilon(k)$出现能隙 2Δ，电子系统能量降低. 晶格的畸变自然会使晶格系统的弹性能增加，但弹性能比例于原子位移的平方 u^2，仔细的计算表明，当 u 较小时，电子系统能量的降低超过晶格弹性能的增加，体系总能

① A. K. Geim and K. S. Novoselov, Nature Materials, 6(2007), 183; A. K. Geim, Science, 324(2009), 1530.

② R. E. Peierls, Quantum Theory of Solids, Oxford: Oxford Univ. Press, 1955.

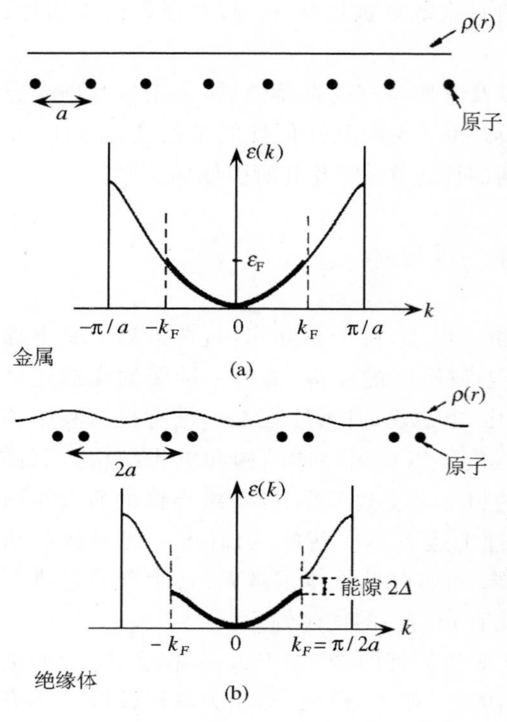

图 11.26　半满带一维金属的 Peierls 畸变
(a) 未畸变的金属；(b) Peierls 半导体

量是下降的.

一般的讲，每个原子平均提供的价电子数并不一定正好是 1，畸变晶格的晶格常数 a' 将有别于 $2a$. 由于费米波矢 k_F 与第一布里渊区边界重合时体系能量最低，新的晶格常数

$$a' = \frac{\pi}{k_F}, \tag{11.3.1}$$

仅决定于费米波矢 k_F，与原来的晶格常数无关. 畸变后的一维晶格，能隙以下的能带是满带，能隙以上的能带是空带，变为半导体.

从上面的讨论可见，Peierls 不稳定性直接关联于一维体系布里渊区边界和费米面形状的几何特点，它们均为 k 空间一条直线上的两点，可有完全的相互重合. 在二维和三维情形，布里渊区的边界分别由直线或平面组成，而费米面则分别为曲线或曲面，只能和布里渊区边界相交或相切，不能完全地相互重合. 在费米面的某些方向上有可能因晶格畸变而出现能隙，但能隙不会在整个费米面上同时出现. 这时能带仍部分填满，材料仍为导体，不会经晶格畸变而成为半导体.

这种由于晶格周期性畸变，从金属到半导体的转变通常称为 Peierls 相变 (Peierls transition). 从动力学的角度，源于电子-声子的相互作用，这里将不做详细的推演，只强调在电子-声子相互作用方面，一维体系的特点.

电子吸收波矢为 $\boldsymbol{q}$ 的声子，波矢从 $\boldsymbol{k}$ 改变为 $\boldsymbol{k}'=\boldsymbol{k}+\boldsymbol{q}$. 能量的改变为

$$\Delta\varepsilon(\boldsymbol{k},\boldsymbol{q}) = \varepsilon(\boldsymbol{k}') - \varepsilon(\boldsymbol{k}) = \varepsilon(\boldsymbol{k}+\boldsymbol{q}) - \varepsilon(\boldsymbol{k}). \tag{11.3.2}$$

对于二、三维体系，在自由电子气体模型下，当 $q>2k_F$ 时，k' 的最大值为 $q+k_F$，最小值为 $q-k_F$(图 11.27(a)). 暂且不管波矢为 $\boldsymbol{q}$ 的声子所能提供的能量，$\Delta\varepsilon$ 的最大、最小可能值为

$$\Delta\varepsilon_{\max} = \frac{\hbar^2}{2m}(q^2 + 2k_F q), \tag{11.3.3a}$$

$$\Delta\varepsilon_{\min} = \frac{\hbar^2}{2m}(q^2 - 2k_F q). \tag{11.3.3b}$$

而在 $q<2k_F$ 时，$\Delta\varepsilon_{max}$ 与(11.3.3a)相同，$\Delta\varepsilon$ 的最小可能值 $\Delta\varepsilon_{min}$ 则为零，这是因为 $\boldsymbol{k}$ 和 $\boldsymbol{q}$ 的夹角可连续变化，总可找到 $|\boldsymbol{k}|=|\boldsymbol{k}'|=k_F$，且满足 $\boldsymbol{k}'=\boldsymbol{k}+\boldsymbol{q}$ 的情形，这相当于从费米面上一点到另一点的散射，能量没有变化，$\Delta\varepsilon(\boldsymbol{k},\boldsymbol{q})$ 可能值与 q 的关系表示在图 11.27(b)上.

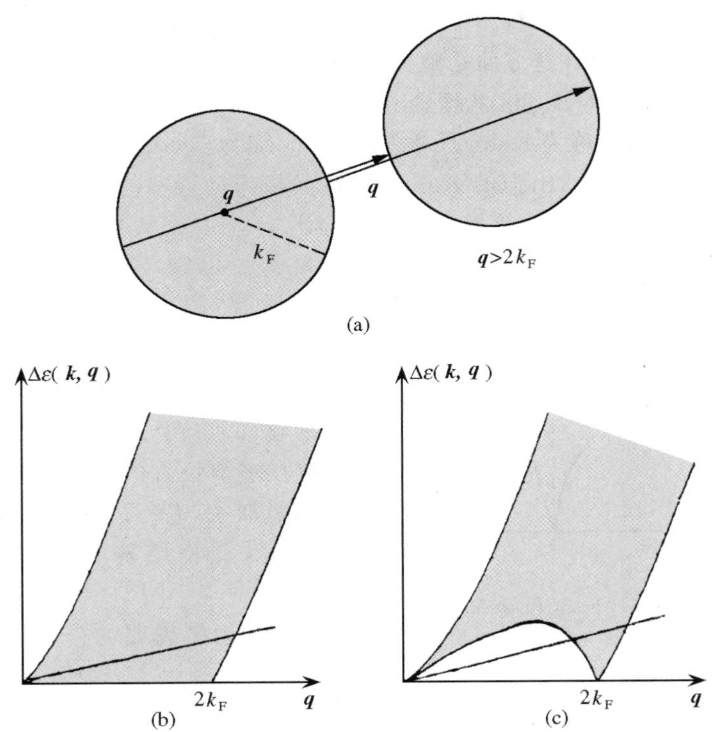

图 11.27　(a) 电子被散射出费米球，晶体动量改变为 $\hbar\boldsymbol{q}$，$q>2k_F$ 情形的示意；(b) 二维或三维情形自由电子气体的激发谱；(c) 一维情形

(11.3.2)式给出的 $\Delta\varepsilon$，也可理解为将一个电子激发到费米球外，在费米球内留下一个空穴，即激发一电子空穴对时，自由电子气体激发态和基态的能量差，即(11.3.2)式可表达成

$$\mathscr{E}-\mathscr{E}_0=[\varepsilon(\boldsymbol{k}')-\varepsilon_F]+[\varepsilon_F-\varepsilon(\boldsymbol{k})] \tag{11.3.4}$$

的形式，其中 $\mathscr{E}$ 和 $\mathscr{E}_0$ 分别为激发态和基态的总能量. 等式右边第一、二项分别为以 ε_F 为基准，电子和空穴的能量. 图 11.27(b)亦可理解为自由电子气体的激发谱.

对于一维体系，$\boldsymbol{k}$ 和 $\boldsymbol{q}$ 只能在同一轴上，$q\geqslant 2k_F$ 时，激发谱与二、三维情形相同. 但当 $q<2k_F$ 时，$\Delta\varepsilon_{min}\neq 0$. 激发谱中存在能隙，如图 11.27(c)所示. 这是因为仅当 $q=2k_F$ 时，才有从费米面(实际上是“点”)一端到另一端的散射，$q<2k_F$ 时只能导致电子空穴对的产生. $\Delta\varepsilon_{min}$ 相当于将费米面内的一个电子激发到面上所要的能

量,即

$$\Delta\varepsilon_{\min,1D}=\frac{\hbar^2}{2m}[k_F^2-(k_F-q)^2]=\frac{\hbar^2}{2m}(2k_Fq-q^2). \qquad (11.3.5)$$

图中同时还给出了声子的能谱$\hbar\omega=\hbar cq$,c 为声速.电子和声子相互作用,为保持晶体动量和能量的守恒,仅图中和电子激发谱相重,灰色区内的声子可以被吸收或发射.可见一维体系在这方面是独特的,声子谱只在 $q=2k_F$ 附近进入灰色区,和电子发生作用.1959 年,Kohn 从理论上指出,由于电子-声子相互作用,波矢为 $2k_F$ 的声子频率会降低①,称为 Kohn 反常(Kohn anomaly).一维体系的上述特点,使频率的降低特别显著,显示出强的 Kohn 反常.晶格振动频率的降低,亦称为振动模式的软化.相应的模式,称为软模(soft mode).

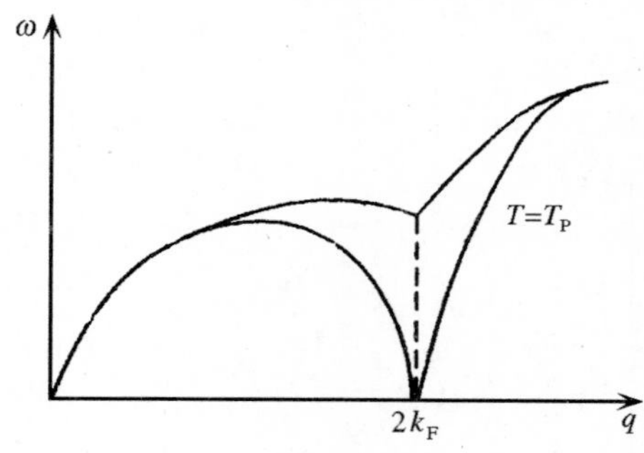

图 11.28 $T=T_P$(下面曲线)及有限温度(上面曲线)Kohn 反常示意

频率为 $\omega(2k_F)$声子模式的软化程度依赖于温度(图 11.28)温度 $T\rightarrow T_P$ 时,$\omega(2k_F)\rightarrow 0$,即周期为 π/k_F 的晶格振动愈来愈慢,由于 $\omega\propto\sqrt{\beta}$,$\beta$ 为格点间相互作用的力常数(5.1 节),模式软化意味着使原子保持在平衡位置的恢复力减小,原子振动的振幅加大.$T=T_P$ 时,$\omega(2k_F)=0$,恢复力为零,晶格结构失稳,发生 Peierls 相变.

这里要附带说明的是,上一节中已讲过,$T>0$ 时一维体系没有长程序,也不会有相变发生.实际上在某些链状材料中观察到 Peierls 相变,原因是这些材料是准一维的,存在链间的耦合.这种耦合导致的三维效应抑制了热涨落的影响,使相变得以在有限温度下发生.

对于二、三维体系,如费米面存在叠套(nesting),即有相互平行的平面或曲面的情形,费米面的一部分平移矢量 $\boldsymbol{Q}$ 会与另一部分重合.与一维体系同样的道理,在 $\boldsymbol{Q}$ 方向会出现晶格畸变,同时在费米面的相应部分出现能隙.费米面的叠套所产生的物理效果为人们所关注.由于前述几何上的原因,二、三维体系的费米面和布里渊区不会完全重合,叠套导致的晶格畸变一般不会产生 Peierls 相变.

11.3.2 电荷密度波和自旋密度波

晶格的畸变,导致离子实的正电荷按波长 $\lambda=a'=\pi/k_F$ 在空间周期变化.保持电中性的倾向使导电电子的密度随之改变,形成电荷密度波(Charge Density

① W. Kohn, Phys. Rev. Lett. 2(1959),393.

Wave,简写为 CDW).表示为

$$\rho(x) = \rho_0 + \rho_1 \cos(Qx + \varphi), \tag{11.3.6}$$

其中 ρ_0 为平均电子密度,ρ_1 是 CDW 的振幅,Q 为波矢,

$$Q = \frac{2\pi}{\lambda} = 2k_F, \tag{11.3.7}$$

φ 为 CDW 的相位.

上式表明 CDW 的波长决定于电子的费米波矢 k_F,与原晶格常数 a 无关.不同材料电子密度不同,λ 与 a 的比值也不相同,可分为两类:

(1) λ/a=有理数

这时 λ 和 a 有最小公倍数,这种 CDW 称为公度的电荷密度波(commensurate CDW).

如果畸变晶格产生的势场为 $V(x)$,则 CDW 与其相互作用能为

$$U(\varphi) = \rho_1 V(x)\cos(Qx + \varphi). \tag{11.3.8}$$

在公度情形,CDW 倾向于与晶格有相对固定的位置,或有固定的相位,使相互作用能最低,并满足平移与波长 λ 相等的整数倍晶格常数能量不变的对称性要求.由于从一个平衡位置过渡到另一平衡位置,要越过相当高的势垒,公度的 CDW 受到晶格的钉扎.

(2) λ/a=无理数

相应的 CDW 称为非公度的电荷密度波(incommensurate CDW).这时,晶体在整体上平移对称性已不复存在,相互作用能与 CDW 和晶格之间的相对位置无关.因而没有势垒妨碍它的运动,产生无阻的电流.

电荷密度波确实与常规超导电性十分类似,同是由于电子-声子相互作用,导致费米面的不稳定性,在费米面处出现能隙,正常电子凝聚到一个集体运动的模式,这里是 CDW 态.CDW 态同样可用一序参量来描述,

$$\psi = \Delta e^{i\phi}, \tag{11.3.9}$$

其中 Δ 为能隙的大小,并关联于晶格畸变原子位移 u 的大小.ϕ 为 CDW 的相位,Δ 和 ϕ 均为实数.

CDW 材料的电导,除去如图 11.26(b)所示,在费米面处有能隙,存在单电子激发,相应的直流电阻率随温度的升高指数下降,呈半导体行为外,电场还可导致 CDW 整体的运动.这时正离子在其平衡位置附近振动,形成的格波,以及与之联系的势场 $V(x)$像行波一样在晶格中传播.CDW 随之前进,产生电流,

$$J_{\text{CDW}} = -n_c e v_d, \tag{11.3.10}$$

其中 n_c 是处在 CDW 态的导电电子的密度,在 $T=0$ 时为

$$n_c = \frac{2}{\pi} k_F, \tag{11.3.11}$$

相当于每个原胞中有两个电子；v_{d} 是 CDW 运动的速度，联系于相位对时间的微商. 由于相位变化 2π，CDW 前进一个波长 $\lambda=\pi/k_{\mathrm{F}}$，

$$v_{\mathrm{d}}=\frac{1}{2k_{\mathrm{F}}}\frac{\mathrm{d}\phi}{\mathrm{d}t}. \tag{11.3.12}$$

(11.3.10)式亦可写作

$$J=-\frac{e}{\pi}\frac{\mathrm{d}\phi}{\mathrm{d}t}, \tag{11.3.13}$$

这里为简单去掉了下标 CDW. 以后仅当正常电流亦重要时才加注，否则仅与这种集体模式(collective mode)相关.

(11.3.10)式还可做如下理解. 在随 CDW 一起运动的参考系中，晶格畸变和 CDW 均静止不动，能谱与图 11.26(b)相同. 正负动量的电子分布对称，k_{F} 处有能隙 2Δ.

回到静止参考系，电子的动量要从$\hbar k$ 变到

$$\hbar k'=\hbar k+mv_{\mathrm{d}}. \tag{11.3.14}$$

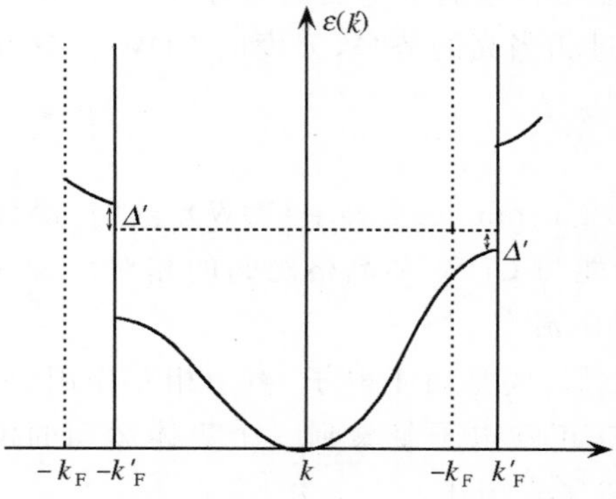

利用(11.3.12)式，$\pm k_{\mathrm{F}}$ 将要移到 $\pm k_{\mathrm{F}}+(1/2v_{\mathrm{F}})\mathrm{d}\phi/\mathrm{d}t$ 处. 费米面的位置不再左右对称(图 11.29).

图 11.29 静止参考系中的电子能谱

当 v_{d} 较小时，略去 v_{d}^2 项，相应的能量将从 $\varepsilon(k)$变成

$$\varepsilon(k')=\varepsilon(k)+\hbar k v_{\mathrm{d}}. \tag{11.3.15}$$

左半边能谱曲线向下移动，右半边向上移动，左右不对称，因而存在净电流. 将公式(6.0.1)用于一维，$T=0$ 时 $f=1$，得

$$\begin{aligned}J&=-\frac{2e}{2\pi}\int_{\mathrm{FBZ}}\frac{1}{\hbar}\frac{\partial\varepsilon(k')}{\partial k'}\mathrm{d}k'\\&=-\frac{e[\varepsilon(k_{\mathrm{F}}')-\varepsilon(-k_{\mathrm{F}}')]}{\pi\hbar}\\&=-\frac{e}{\pi}2k_{\mathrm{F}}v_{\mathrm{d}}.\end{aligned} \tag{11.3.16}$$

将 v_{d} 的表达式(11.3.12)代入，即得(11.3.13)式.

在静止参考系中，能隙从 2Δ 减小为 $2\Delta'$，

$$\Delta'=\Delta-\hbar k_{\mathrm{F}}v_{\mathrm{d}}. \tag{11.3.17}$$

只要 $v_{\mathrm{d}}<\Delta/\hbar k_{\mathrm{F}}$，有限大小的能隙可保证 CDW 形成的电流不受散射而减弱，这导

致 H. Fröhlish 1954 年提出将其作为一维超导电性的机制.

实际的 CDW 导体并不是超导体,最重要的原因是 CDW 受到钉扎. 公度的 CDW 受到作为载体的晶格的钉扎,非公度的 CDW,大多数准一维金属均属这种情况,会受到杂质和其他晶格缺陷的钉扎. 如果杂质原子的电荷与原晶格离子实不同,CDW 将调节其位置使波峰或波谷置于杂质处,从而降低系统的能量. 当有多个杂质原子存在时,CDW 会通过弹性形变,调节其相位,优化和杂质原子的相互作用能. 对于公度和非公度 CDW,都仅在外加电场超过某一阈值 E_T 后才开始滑动. E_T 大小由钉扎强度决定.

在这一小节的末尾,简短地介绍自旋密度波(Spin Density Wave,简写为 SDW).

考虑电子之间的相互作用,例如自旋取向相反的电子避免出现在同一格点上,否则库仑相互作用能将上升某一值 U,这时,需要将自旋向上和向下的电子分开来考虑. 相应的电荷密度波分别为

$$\begin{cases} \rho_\uparrow(x) = \dfrac{1}{2}[\rho_0 + \rho_1\cos(Qx + \varphi_\uparrow)], \\ \rho_\downarrow(x) = \dfrac{1}{2}[\rho_0 + \rho_1\cos(Qx + \varphi_\downarrow)]. \end{cases} \tag{11.3.18}$$

$\varphi_\uparrow = \varphi_\downarrow$ 时,两者相加形成总的 CDW (11.3.6 式),自旋相互抵消,总自旋 $S(x)$ 处处为零. $\varphi_\uparrow = \varphi_\downarrow + \pi$,两者相位相反时,形成 SDW,自旋密度相互叠加,

$$S(x) = \frac{\hbar}{2}[\rho_\uparrow(x) - \rho_\downarrow(x)] = \frac{\hbar}{2}\rho_1\cos(Qx + \varphi). \tag{11.3.19}$$

而电荷密度空间均匀,

$$\rho(x) = \rho_\uparrow(x) + \rho_\downarrow(x) = \rho_0, \tag{11.3.20}$$

相应的亦无可测量的晶格畸变. 但费米面处仍有能隙存在,来源于电子-电子相互作用. $\varphi_\uparrow$ 和 $\varphi_\downarrow$ 相差在 0 到 π 之间时,会出现 CDW 和 SDW 的混合状态,有关 SDW 的物理和研究进展,可阅读 Grüner 的评述文章①.

11.3.3 电荷密度波材料和现象

很多材料经 Peierls 相变进入 CDW 态,仅一小部分表现出由于 CDW 运动的集体电荷传输,一般认为是因为缺陷对 CDW 有过强的钉扎.

第一个无机链状 CDW 材料是 $NbSe_3$,其结构如图 11.30 所示. $NbSe_3$ 单元形成三棱柱结构,三棱柱间结合较弱. 结构相似的还有 $TaSe_3$,TaS_3. 结构稍有不同的是 NbS_3.

蓝青铜 $K_{0.3}MoO_3$,以及 $Rb_{0.3}MoO_3$,$Tl_{0.3}MoO_3$ 是另一类研究得较多的 CDW

① G. Grüner, Rev. Mod. Phys. 66(1994),1.

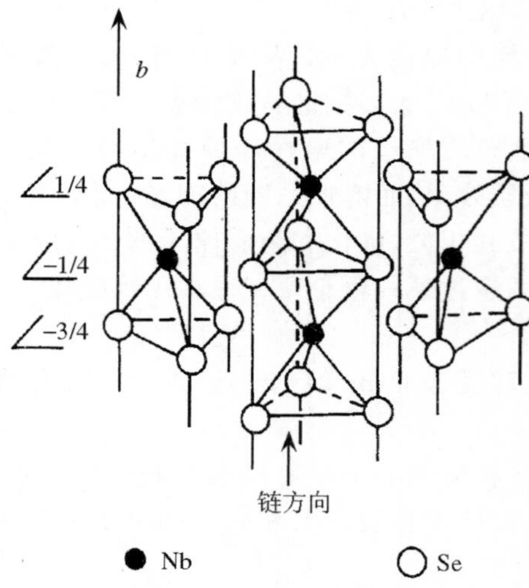

图 11.30 $NbSe_3$ 的晶格结构

材料，其晶格结构示意在图 11.31 中给出. MoO_6 八面体先形成簇(图 11.31(a))，这些簇靠共有角上离子形成片，片间是 A＝K，Rb 及 Tl 金属离子，电子结构的准一维特性来源于 MoO_6 簇沿单斜 b 轴形成链. 在决定材料性质方面，A^+ 离子并不起主要作用，仅通过电荷转移部分填充导带.

此外还有$(TeSe_4)_2I$，$(NbSe_4)_2I$ 和一些准一维有机导体. 关于有机导体，留在后面专门讨论.

上述所有的无机化合物能带结构均显示出高度的各向异性，不仅由于它们具有链状结构，而且还由于过渡金属的 d 轨道在链方向有强的交叠，而在垂直链的方向上没有直接的 d-d 交叠. 材料在沿链方向都是相当好的金属，室温电导率 σ_{RT} 约为 $10^3 \sim 10^4\ \Omega^{-1}\cdot cm^{-1}$，垂直链方向的电导率要小得多，是上述值的 1/10 到 1/1000.

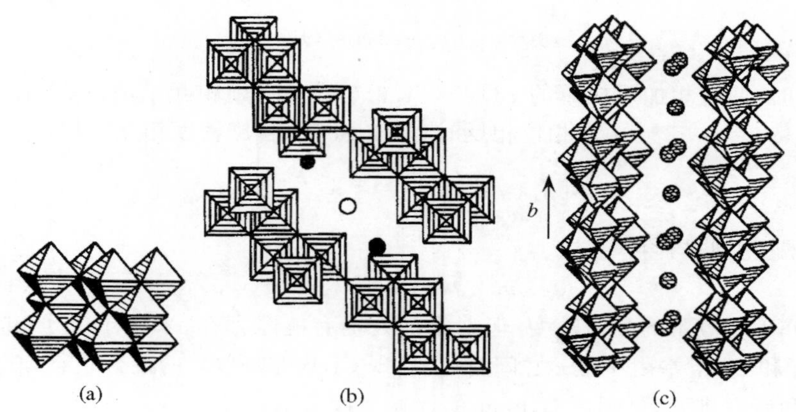

图 11.31 蓝青铜 $A_{0.3}MoO_3$ 的结构

(a) 10 个八面体簇；(b) A 离子分开的八面体片；

(c) 沿单斜 b 轴 MoO_6 八面体链

输运的、磁的、比热的研究表明上述材料在温度下降时发生 CDW 相变，结构的研究表明相变均伴随有晶格的周期性畸变发生. $NbSe_3$ 在 $T_1 = 145$ K 和 $T_2 = 59$ K 分别发生两次 CDW 相变，在电阻率随温度变化的 $\rho(T)$ 图上对应于电阻率的急剧增加(图 11.32). 与许多 CDW 体系不同，$NbSe_3$ 材料相变完仍为金属，这是它具有三个结构稍有不同的链的结果. 其中一条链低温下仍为金属,CDW 相变分别发生在其他两条上. $K_{0.3}MoO_3$ 的相变温度为 180 K,NbS_3 为 340 K,在室温以上即可观察到 CDW 现象.

CDW 材料表现出许多独特的性质. 例如

(1) 阈值电场及非线性电流-电压关系

图 11.33 给出正交晶系 TaS_3 晶体电导率随外加电场变化的测量结果. 在阈值电场 E_T 以下,电导率遵从欧姆定律,在 E_T 以上,I-V 曲线偏离线性. 一般用二流体模型解释.

$$J = J_n + J_{CDW}, \tag{11.3.21}$$

J_n 来源于越过能隙的单电子激发的贡献,性质正常,电导率不随电场变化. 非线性仅与集体模式 CDW 的运动有关. $E<E_T$ 时,$J_{CDW}=0$,只有 J_n 存在. E_T 是 CDW 开始脱钉的电场,$E>E_T$ 时,J_{CDW} 急剧增大,出现非线性行为.

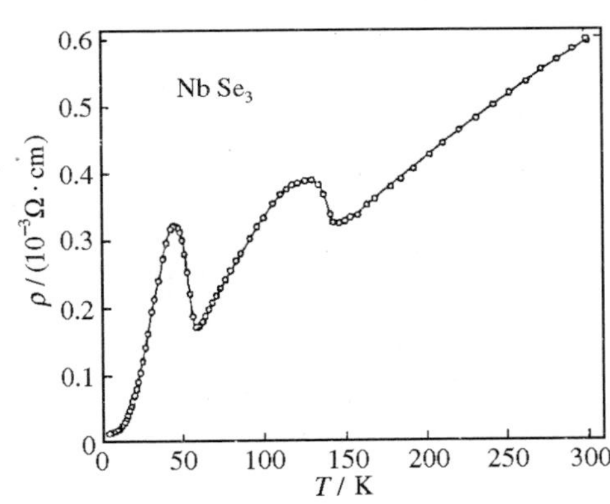

图 11.32 $NbSe_3$ 电阻率随温度的变化
(引自 P. Haen et al. in Low Temp. Phys-LT14, M. Krusius and V. Vuorio, ed., Amsterdam: North-Holland, 1975, p. 445)

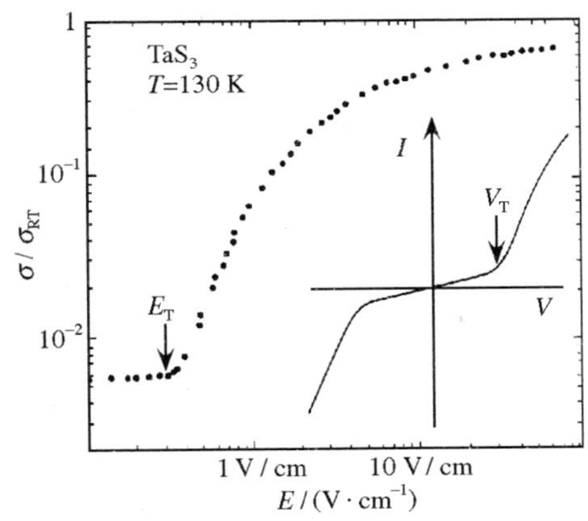

11.33 正交晶系 TaS_3 电导率随电场强度的变化,σ_{RT} 为室温电导率值. 插图给出同一样品的 I-V 特性
(引自 G. Grüner, Rev. Mod. Phys. 60(1988),1129)

在温度低于 Peierls 转变温度 T_P 不多时,J_n 较大,总电导的非线性效应小. 但在低温下,单粒子激发冻结,非线性可以很强. 电场增加百分之几即可使电导率从绝缘体的数值增加到金属值,改变达 10 个数量级以上.

E_T 不仅依赖于材料、温度,由于与杂质缺陷导致的钉扎有关,还依赖于具体的样品. 对于纯的晶体,可小于 1 mV/cm.

(2) 电流振荡与交直流干涉

在电导率非线性区,附加直流电流(压)时,样品上会出现一定频率及其谐波的电压(流)振荡. 图 11.34 给出在 $NbSe_3$ 样品上通直流电流,样品端电压随时间变化用频谱仪分析的结果.图中显示出一个频率和它的 23 个谐波.

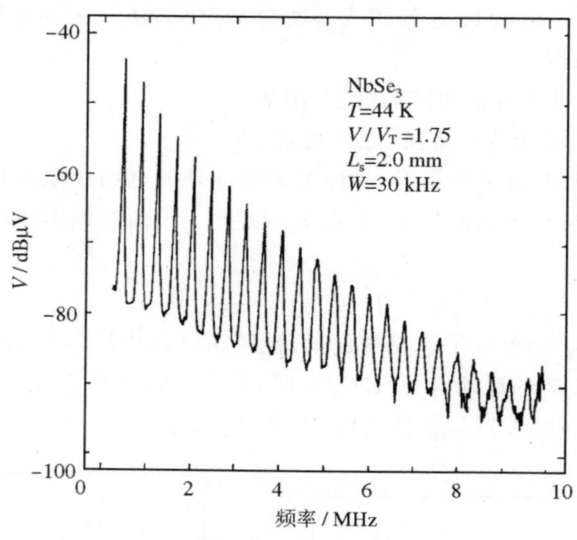

图 11.34 $NbSe_3$ 上通直流电流,样品两端电压随时间变化的傅里叶变换谱

(引自 R. E. Thorne, Phys. Rev. B35(1987),6348)

按照(11.3.10)式,去掉负号,$J_{CDW}=n_c e v_d$.设交流的基频与 CDW 移动一个周期有关,则 $f_0=v_d/\lambda$,再加上前面已给出的 $\lambda=\pi/k_F$,$n_c=2k_F/\pi$,有

$$J_{CDW}/f_0 = 2e. \tag{11.3.22}$$

在实验上已观察到 f_0 近似比例于 J_{CDW}.比值是否精确地为 $2e$ 仍有争议,对很多材料,比值在 $1e$ 和 $2e$ 之间.

比较形象的,可用搓衣板模型解释.CDW 的运动是集体运动,可把它看做一钢球(单粒子模型),晶格、杂质或其他钉扎势的作用,比喻成搓衣板(图 11.35).外加直流电场为零时,搓衣板平躺着,钢球陷在搓衣板的低谷中.加直流电场相当于把搓衣板一端抬起,抬起角度不够时,小球仍不能脱离低谷而运动.当电场超过临界值 E_T 时,小球开始运动.因为在搓衣板上运动,速度是振荡的,因而产生交流信号,且 CDW 移动越快,交流振荡频率越高.

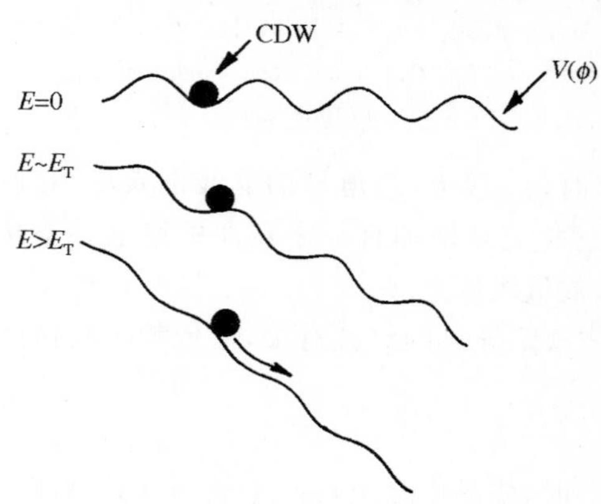

图 11.35 CDW 输运的搓衣板模型

这种电流振荡，常常也被称为窄带噪声（narrow band noise），实际上并不确切.

在交流和直流电场同时作用时，会出现干涉效应，如在直流 I-V 曲线上会出现 J_{CDW} 为常数的台阶.

(3) 开关、回滞和记忆现象

这些效应均来源于 CDW 受到杂质缺陷的钉扎. 图 11.36 给出蓝青铜（$K_{0.3}MoO_3$）样品在 80 K 电导 dI/dV 随外加电场变化的测量结果. 在阈值电场 E_T 处，CDW 开始滑动. 电场加大到某一值 E_T^S 处，电导发生突然的跳跃，CDW 的漂移速度 v_d 突然从被钉扎状态增加到脱钉状态，表现出"开关"（switching）现象. 电场下降时，在阈值场 E_P 处，CDW 从滑动状态突变到钉扎状态，$E_P < E_T$，出现回滞（hysteresis）行为. 图中的插图给出反方向测量的结果，两个阈值场 E_{T1} 和 E_{T2} 的存在，意味着晶体内有两个沿链方向相互平行的 CDW 畴，其杂质钉扎强度稍有不同.

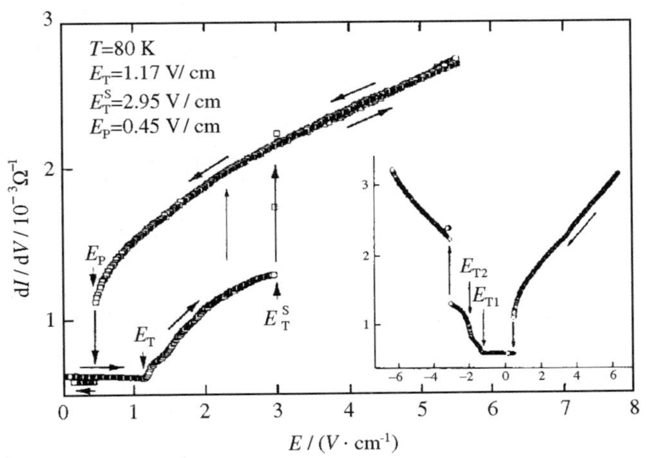

图 11.36 蓝青铜样品电导 dI/dV 随外加电场的变化

（引自孙梅博士论文，中科院物理研究所，1996）

如在样品上加一系列的电流脉冲，CDW 对给定脉冲的响应依赖于前一脉冲的符号，这称为记忆效应. 这是因为 CDW 和无规分布的杂质相互作用，可以有很多不同的亚稳位形，采取哪一个位形与历史有关.

总起来讲，对于 CDW 现象，人们已积累了丰富的实验规律和认识，上面介绍的只是一部分. 研究工作还在深入. 例如对 $NbSe_3$，CDW 转变首先发生在 145 K，但张殿琳小组的何海丰等用隧道谱方法却意外地观察到在这一温度以上，直到 260 K 赝隙的存在①. 本节从晶格失稳的角度讲述 CDW 的形成，他们的工作也许

① He Haifeng and Zhang Dianling, Phys. Rev. Lett. 82(1999), 811.

意味着电子体系的不稳定更基本一些.

有关 CDW 部分,读者可参阅 Thorne 1996 年发表在 Phys. Today 上的文章①及所引的文献.

11.3.4 准一维有机导体

导电聚合物(conducting polymers)中,早期研究得最多的是聚乙炔$(CH)_x$(polyacetylene). 1974 年,首次能合成出聚乙炔薄膜,呈银白色,由细丝组成,每根丝直径约 20 nm,丝间有较大空隙,膜的密度$\sim 0.4\ g\cdot cm^{-3}$,远小于约为$1.2\ g\cdot cm^{-3}$的极限密度. 随后,1977 年发现经化学掺杂,材料的电导率居然提高了 7 个数量级,从10^{-5}增加到$10^2\ \Omega^{-1}\cdot cm^{-1}$②,大大地激发了人们研究的兴趣. 今天,最好的聚乙炔样品的电导率已可接近铜的数值。

聚乙炔是由 CH 单体连成的链状分子. 碳原子的 $2s$ 轨道和 $2p_x$ 及 $2p_y$ 轨道杂化,形成在一个平面上,相互夹角为 120°的 3 个共价键,与最近邻的碳、氢原子键合,生成两种同分异构体结构:顺式 Cis-$(CH)_x$ 和反式 Trans-$(CH)_x$(图 11.37). 碳原子 4 个价电子中有 3 个参与这种键合,处于局域态. 第 4 个价电子处于与键平面垂直的 p_z 轨道上,8 字形的电子云与相邻两个碳原子 8 字形电子云的交叠,使 p_z 轨道扩展成准一维的能带. 准一维的含意是链间波函数也有弱的耦合. 链内相邻碳原子间的耦合能为 2.5 eV,链间耦合能仅为 0.1 eV.

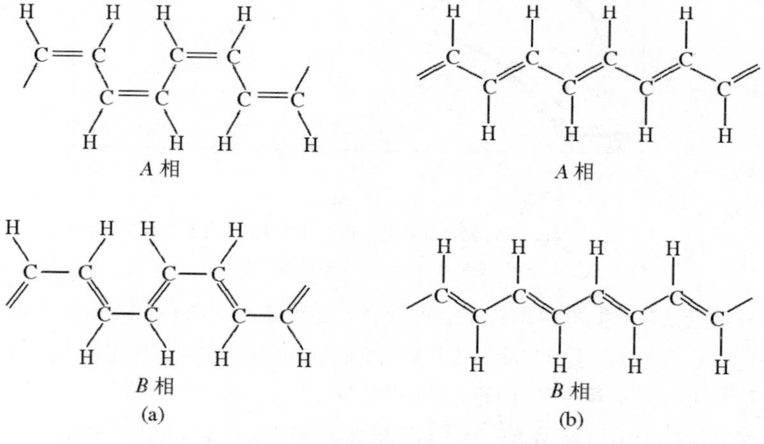

A 相 A 相

B 相 B 相

(a) (b)

图 11.37 (a) 顺式$(CH)_x$;(b) 反式$(CH)_x$ 的结构

聚乙炔链中碳原子位置的排列出现二聚化,不再等距离排列,而是长键和短键

① R. E. Thorne, Phys. Today, 49(1996), No. 5, p. 42.

② C. K. Chiang et al. Phys. Rev. Lett. 39(1977) 1098.

相互交替，一般认为这源于 Peierls 相变. 在图 11.37 中，长键用单键表示，短键用双键表示，双键并不表示键上有两对共价电子. 如果将键上第 n 个碳原子由于 Peierls 相变导致的位移写成 $u_n=(-1)^n\phi_n$ 的形式，则一般将 $\phi_n=-u_0$ 的称为 A 相，$\phi_n=+u_0$ 的称为 B 相.

反式聚乙炔，相对于与链垂直的镜面，A 相和 B 相互为镜反映，能量相同，基态是简并的. 顺式聚乙炔则无此特性，A 相双键两端的氢原子在同一侧，B 相中的氢原子分别在双键的两侧，A 相每单元的能量比 B 相低零点几 eV，基态不简并.

类似于 Peierls 相变后的一维导体，人们期待聚乙炔应有半导体的导电机制，载流子为电子和空穴. 实际上则不然，例如对反式聚乙炔，少量的掺杂可使电导率增加 5～7 个数量级(图 11.38)，说明载流子浓度已大大增加，但相应的磁化率测量却表明载流子是无自旋的. 1979 年苏武沛等[①]提出在聚乙炔中观察到的新的载流子为孤子(soliton).

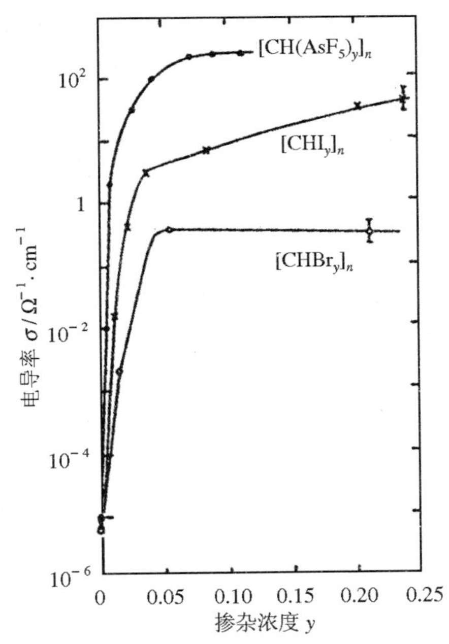

图 11.38 反式聚乙炔电导率随掺杂浓度的变化

(引自 T. Ito et al. J. Polym. Sci. 12(1974), 11)

孤子与反式聚乙炔中的畴壁或扭折(8.4.1 小节)相对应. 左边为 A 相，右边为 B 相的畴壁称为正畴壁(图 11.39)，反之为反畴壁. 被畴壁分开的区域，分别称为 A 畴和 B 畴. 对于正畴壁，位移 ϕ_n 要由 $-u_0$ 逐渐变化到 $+u_0$，在反畴壁中，则要由 $+u_0$ 变化到 $-u_0$. 计算表明，畴壁的宽度含 15 个碳原子时，畴壁能最低. 畴壁在链上运动时，形状不会改变，像一个形状稳定的孤立波在链上传播，因而称为孤子. 正、反畴壁分别对应于正、反孤子. 从图 11.39 看，正反孤子相遇时，居间的 B 畴消失，对应于正反孤子的湮灭. 反过来，如果从基态，A 畴或 B 畴中产生孤子，孤子必成对出现.

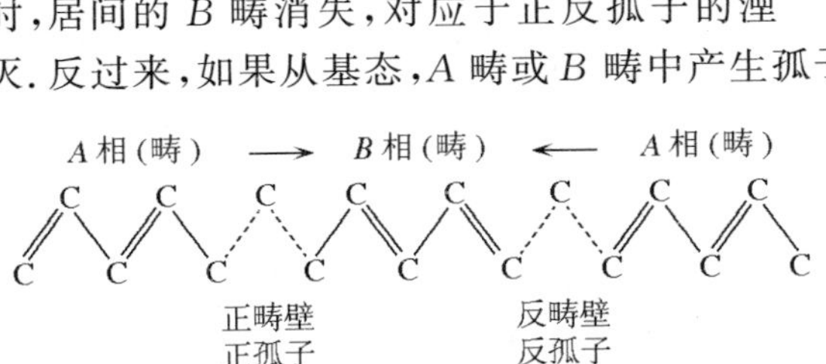

图 11.39 正、反孤子相遇时，B 畴消失

在畴壁范围内，电子感受到的是畸变的晶格势场，按第九章的讨论，应处于局域态，波函数局限在畴壁处，远离畴壁时，很快趋于零. 类似于半导体中杂质产生的局域

① W. P. Su et al. Phys. Rev. Lett. 42(1979), 1698; Phys. Rev. B22(1980), 2099.

电子态,畴壁局域态能级必定位于导带和价带之间的禁带中.又由于$(CH)_x$中导带和价带是对称的,局域电子态的分立能级ε_l将位于禁带中央,与费米能级ε_F相重.与半导体中局域电子态的差别在于:半导体中的杂质在空间位置上是固定的,这里的畴壁是可以运动的.

在聚乙炔中激发一个孤子,相当于产生一个畴壁,以及将一个电子激发到相应的局域态ε_l上.孤子能级的存在已为实验所证实.图11.40是掺杂反式聚乙炔的吸收光谱.1.5 eV附近光吸收的急剧增加对应于从价带到导带能量差为2Δ的跃迁.0.75 eV附近的峰对应于从价带到孤子能级的跃迁.产生一个孤子的总能量,除这部分能量外,还要包括将一个电子激发到ε_l能级上,价带中电子态密度变化引起的电子能量变化,以及畴壁出现导致的晶格弹性能量的改变.由于在畴壁中碳原子位移的绝对值$|u_n|<u_0$,相对于$|u_n|=u_0$的A畴和B畴,畴壁的弹性能有负值,是下降的.三部分加在一起,孤子的总能量约为0.5 eV,小于产生一电子-空穴对所要的能量2Δ,孤子更容易被激发.其次,畴壁的移动相当于A畴、B畴的扩展和收缩.由于A畴和B畴有相同的能量,畴壁的运动很容易被激活,激活能约为2 meV,温度在~30 K以上就是易动的,其有效质量$m_s=6m$,m为自由电子的质量.这些是孤子成为载流子的物理原因.

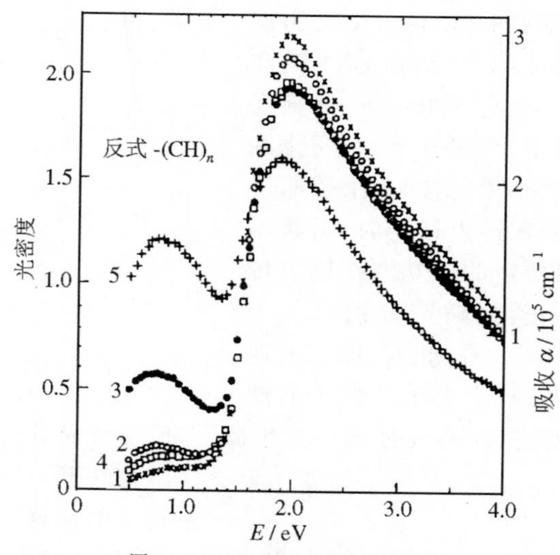

图 11.40 反式聚乙炔吸收光谱

(1) 未掺杂样品;(2) $y=0.0001$ AsF_5;(3) $y=0.01$ AsF_5;

(4) NH_3 处理;(5) $y=0.005$ A_3F_5

(引自 N. Snzuki et al. Phys. Rev. Lett. 45(1980),1209)

孤子的分立能级ε_l的出现,使它成为很特殊的载流子.孤子被激发后,体系电子总数未变,仍保持电中性,因此该孤子不带电,电荷数为零.但在ε_l能级上只有一个电子，具有自旋±1/2.实验上观察到聚乙炔中存在电中性缺陷，但可产生自旋共振，说明有自旋存在[①].如在聚乙炔中加入施主杂质（如 Na，K 等）或受主杂质（如 AsF_5，I_2 等），向体系提供电子或取走电子.如提供的电子进入 ε_1 态，则孤子态因多一个电子而带负电荷（$-e$），总自旋因两电子自旋相反而为零.将 ε_1 态上的电子取走时，相应的孤子电荷为 $+e$，自旋亦为零.这正是图 11.38 所示实验揭示的情况.

理论上还预言，在准一维导体中如出现三聚化或更高数目的聚化时，孤子有可能携带分数电荷，目前尚未被实验证实.

在无结构简并的有机导体中，由于 A 相 B 相能量不同，激发单个孤子的畴的能量过高.例如对聚对苯撑（polyparaphenylene），B 相中的每个醌环能量比 A 相中的苯环高 $\delta\varepsilon = 0.35$ eV.出现孤子时（图 11.41(b)），能量要比基态高 $N_B\delta\varepsilon$，N_B 为 B 相中醌环数目，N_B 大时，能量的增加太多，但有可能激发孤子-反孤子对（图 11.41(c)）.由于仅中间一小段变为 B 相，N_B 不大，所需能量不高.孤子和反孤子相互距离增加时，中间的 B 相长度增加，体系能量上升，这使孤子和反孤子不能分离成相互独立的单个孤子和反孤子，而总是形成束缚态.即使两者带同号电荷，由于库仑排斥力随距离增加减弱，并不能解除这种禁闭.这种束缚在一起的孤子-反孤子对可看成一个元激发，由于它有电荷以及相伴随的晶格的畸变或极化，称为极化子（polaron），是这类体系的载流子.孤子和反孤子的组合，可以构成带单电荷 $\pm e$，和带两个电荷 $\pm 2e$ 的极化子，也可构成中性的极化子，源于孤子和反孤子均不带电，或两者带异号电荷.孤子和反孤子都带电的极化子称为双极化子（bipolaron），其电荷为 $\pm 2e$ 或零.在基态简并的体系中，有单极化子存在.对于双极化子，孤子和反孤子带同种电荷时，由于库仑排斥，会分解成独立的单体.带异种电荷时，孤子、反孤子则倾向于相互吸引而湮灭，极化子也随之消失.

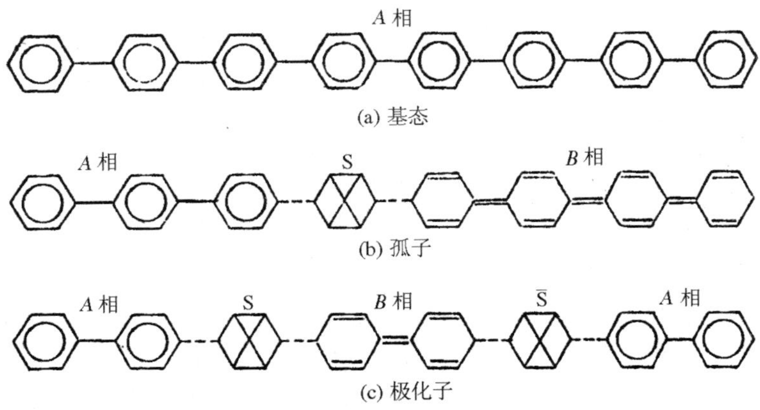

图 11.41 非简并基态一维体系中的孤子和极化子示意

① B. Weinberger et al. Phys. Rev. B20(1979), 223.

这里附带要提及的是极化子亦存在于三维体系.在理想离子晶体导带中运动的电子(或价带中的空穴)会引起周围晶体的极化,晶格一定程度的畸变会使电子的电场受到屏蔽,静电能得以降低.电子加上与之一起运动的晶格畸变构成极化子,并有大、小极化子之分.后者涉及的晶格畸变限制在晶格常数大小,前者则大于晶格常数,且在理论处理时,可将晶格视为连续介质.

准一维有机导体中还有一大类是电荷转移盐.例如 TTF-TCNQ (tetrathiafulvalene-tetracyanoquinodimethane).每一层由 TTF 平面分子或 TCNQ 平面分子构成(图 11.42(a),(b)).晶体呈单斜结构(图 11.42(c)),平面分子沿 b 轴方向堆积成柱.电子由 TTF 向 TCNQ 转移,平均每个分子转移 0.6 个电子.沿 b 方向分子间的距离远小于沿 a,c 方向,使 b 方向的电导率比 a 或 c 方向大 10^3 倍,成为准一维导体.Peierls 相变发生在 53 K 附近.目前在多种有机电荷转移盐中观察到超导电性,在常压下$(BEDT\text{-}TTF)_2Cu(N(CN)_2)Br$ 的 T_c 已到 11.6 K.有机导体的超导机制尚在研究中.多数人认为并非 Little 提出的激子机制,而是常规的 BCS 机制.

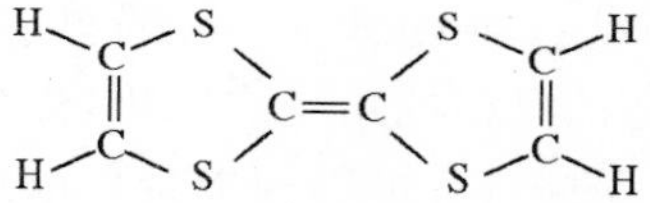

(a) TTF

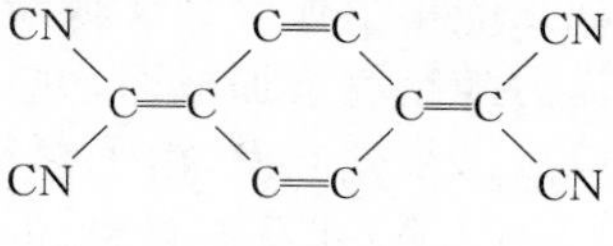

(b) TCNQ

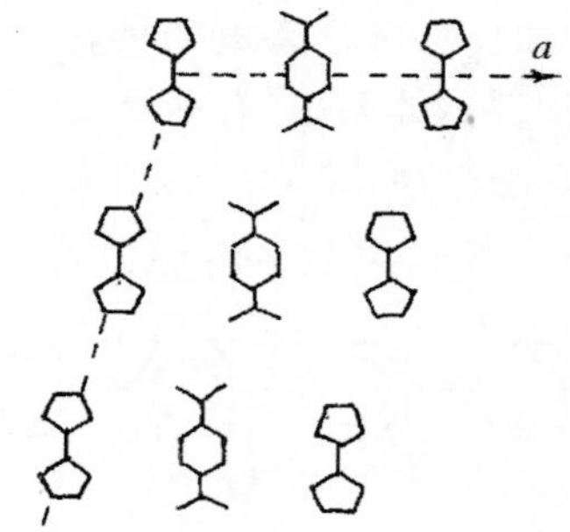

(c) TTF-TCNQ

图 11.42 (a) TTF 的分子式;(b) TCNQ 的分子式;(c) TTF-FCNQ 的晶格结构

有机导体中相对较新,引起人们关注的是 Bechgaard 盐,分子式为$(TMTSF)_2X$,TMTSF 是四甲基四硒富瓦烯(tetramethyl tetraselenafulvalene),其分子式如图 11.43(a)所示.X 是 PF_6^-,TaF_6^-,AsF_6^-,ClO_4^-,ReO_4^-,FSO_3^- 等负离子.这种分子也是片状的,沿 a 轴方向堆砌成分子柱,电导率比 b 方向高 20 倍以上,具有准一维结构.这类盐类常有复杂的相图,图 11.44 给出$(TMTSF)_2ClO_4$ 的作为例证.相图中所示外加磁场垂直于分子柱,沿 TMTSF 被 ClO_4^- 分开,即柱间耦合弱的方向(记为 c^* 方向). 如把温度固定在 0.5 K,变化外加磁场,首先在磁场小于 0.03 T,样品处于超导相,常压下 T_c 最高值约为 1 K. 然后,大约到3.5 T,样品处于正常金属态. 在3.5 T到 7.5 T 之间,磁场可诱导出几个不同的 SDW 半金属相,这与朗道能级的出现,以及费米面在朗道能级间的跳跃有关,是这一相图独特之处. 场诱导 SDW 相间的转变可以不同的方式显现,如比热测量会观察到一系列的跳跃或峰值,分别对应于一级或二级相变. 在 7.5 T 到 26 T 之间为 SDW 相. 最后,在 26 T 以上,材料重新进入非磁性的正常金属态. 这一体系有丰富的物理内容可供研究. 简要的物理解释可在主要参考书目 17 中找到.

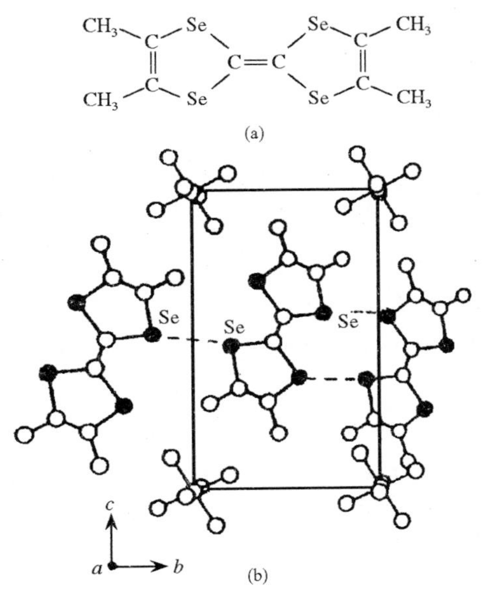

图 11.43 (a) TMTSF 分子;
(b) $(TMTSF)_2X$ 的结构

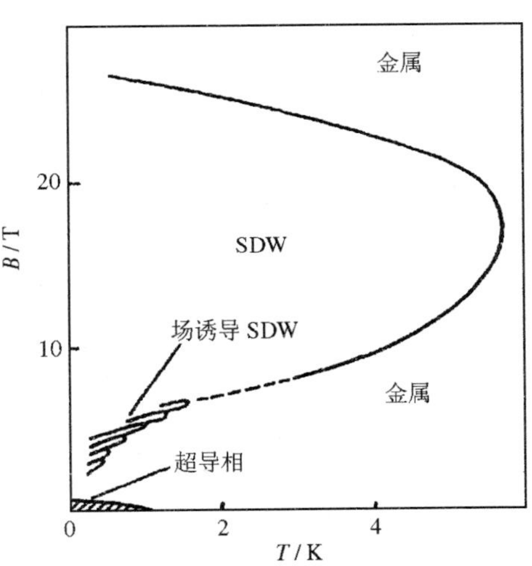

图 11.44 $(TMTSF)_2ClO_4$ 的相图
(引自 A. Isihara, Condensed Matter Physics, Oxford: Oxford Univ. Press, 1991)

第十二章　关　　联

对于没有相互作用或关联(correlation)的多粒子体系，总哈密顿量可写为单粒子哈密顿量之和，即

$$\hat{H} = \sum_i \hat{H}_i = \sum_i \left[-\frac{\hbar^2}{2m_i} \nabla_i^2 + V(\boldsymbol{r}_i) \right]. \tag{12.0.1}$$

体系总的波函数可由单粒子波函数 ψ_n^i 按一定规则构造而成. ψ_n^i 满足单粒子薛定谔方程，

$$\hat{H}_i \psi_n^i = \varepsilon_n \psi_n^i. \tag{12.0.2}$$

这种做法在物理上的依据是，由于没有相互作用，一个粒子的行为不受其他粒子的影响. 如果粒子间有相互作用，不管多弱，情况立即发生改变. 任一粒子的运动将和所有其他粒子有关，单粒子运动的概念本身存在问题.

对于原子或离子实周期排列的晶态固体，存在着电子-电子，离子实-离子实和电子-离子实之间的相互作用，是强相互作用的多粒子系统，必须做一定的简化才能求解.

首先，在本书第一章中，将固体中的原子分为价电子和离子实两部分. 其次，由于离子实的质量远大于电子，具有远低于电子的特征速度，在讨论电子的运动时，离子实可看做静止不动的. 这样，可把电子系统和离子实系统的问题分开，这就是第三章中讲到的 Born 和 Oppenheimer 的绝热近似. 对于电子系统，哈密顿量如(3.0.3)式所示，为

$$\hat{H} = \sum_i -\frac{\hbar^2}{2m} \nabla_i^2 + \frac{1}{2} {\sum_{i,j}}' \frac{1}{4\pi\epsilon_0} \frac{e^2}{|\boldsymbol{r}_i - \boldsymbol{r}_j|} - \sum_{i,n} \frac{1}{4\pi\epsilon_0} \frac{Ze^2}{|\boldsymbol{r}_i - \boldsymbol{R}_n|}. \tag{12.0.3}$$

如忽略第二项电子和电子间的关联，哈密顿量立即回到(12.0.1)的形式，转化为单电子问题.

在第一章有关金属的简单模型中，对第三项做了简化处理. 认为带正电荷的离子实的作用仅在于维持体系的电中性，且正电荷背景均匀分布于金属所占的空间，称为金属的凝胶模型. 进一步再忽略第二项，电子系统成为凝胶所规定空间中的自由电子气体.

在第三章中，做了两点改正. 第一，如(3.0.4)式所示，将(12.0.3)中第二项写成

$$\frac{1}{2}\sum_{i,j}{}'\ \frac{1}{4\pi\epsilon_0}\ \frac{e^2}{|\boldsymbol{r}_i-\boldsymbol{r}_j|}=\sum_i v_e(\boldsymbol{r}_i) \tag{12.0.4}$$

的形式，将所有其他电子的作用看做一平均场，使多体问题回到单体形式. 第三章中已指出，这是一种哈特里平均场近似的方法. 第二，考虑离子实的周期排列. 离子实的势场加上其他电子的平均场具有与晶体布拉维格子同样的平移对称性. 在这种改进下，得到了有关固体中电子态的布洛赫定理和能带理论，成为人们认识固体中各种现象的重要基础.

本章大体分两部分，第一部分集中在 12.1 节，着重在讨论单电子近似的物理基础. 节中将哈特里方程进一步发展到考虑电子作为全同费米子，波函数所应有的交换对称性的哈特里-福克近似(Hartree-Fock approximation)情形，引进交换能的概念，并指出在正确处理电子-电子相互作用中屏蔽效应的重要性，同时对第三章中提到过的，作为能带计算基础的密度泛函理论和局域密度近似方法将做进一步的讲述. 作为这一部分的结束，将讨论费米液体理论，这是朗道提出的处理相互作用费米子体系的唯象方法，也从更一般的角度为单电子近似提供了物理基础.

受量子场论方法等处理多体问题工具的限制，也由于单电子近似的巨大成功，单电子近似成为大学生固体物理课程的基本内容，因此，对单电子近似物理基础的讨论是重要的.

另外，1970 年代中期以来很多新的实验发现，包括二维电子气中的分数量子霍尔效应，重费米子体系，铜氧化物高温超导电性等，不能在单电子图像下得到理解，这些物理问题的共性是其中电子-电子相互作用起主要作用，因而被统称为“关联电子体系”或“强关联电子体系”，是人们关注的热点. 因此，对单电子近似的限度，以及对强关联问题有初步的认识也是必要的，这是本章第二部分要讨论的内容.

在电子系统哈密顿量(12.0.3)中电子-电子相互作用的存在，使相应的多体问题难于严格求解. 数值方法因计算量的关系只能用于粒子数少的体系. 在对强关联体系的研究中，借助于简化的模型因而成为理论物理学家的传统做法.

本章第二部分，在 12.2 节中要讲述的 Hubbard 模型可能是有关强关联体系的最简单的模型. 在该节中，将从电子-电子相互作用的角度讨论单电子近似、能带论的限度，并引进强关联的概念. 在不同的体系中，电子的强关联有不同的物理表现，本章在 12.3 节中，将对人们甚为关注的，作为强关联体系的高温超导体，就其为强关联体系的原因，非费米液体行为的表现，超导相的特点等做简单的介绍. 在最后一节(12.4 节)中，还将涉及人们关注的另一强关联体系，即表现出分数量子霍尔效应的强磁场下的二维电子系统，引进 Laughlin 波函数，分数电荷和复合费米子的概念，相互作用的后果已不再局限于使电子仅只成为费米液体意义下的准粒子了.

本章主要讨论电子系统. 实际上晶格系统如第五章所述也是一个强相互作用体系，但是如在 5.2.1 小节中所指出的，在简谐近似下，恰好可以找到一合适的正则变换,使多体问题转化为单体问题.这是处理强相互作用多体问题的一个标准方法,只是一般情况下未必一定能找到这样的变换.

12.1 单电子近似的理论基础

对于第三章能带论中单电子周期势 $V(\boldsymbol{r})$所含电子-电子相互作用部分,本节将超越哈特里自洽场近似,进一步阐述其物理内涵,特别集中在交换势及屏蔽库仑势方面.本节还将对第三章提到的作为现代能带计算基础的密度泛函理论和局域密度近似方法做进一步的讲述,并介绍朗道的费米液体理论.

12.1.1 哈特里-福克近似

对于 N 个相互作用电子体系,哈特里近似的波函数没有考虑到电子遵从费米统计所要求的交换反对称性.在哈特里-福克近似中,自然的改进是将波函数写成斯莱特行列式(Slater determinant)的形式:

$$\Psi(\boldsymbol{q}_1,\boldsymbol{q}_2,\cdots,\boldsymbol{q}_N)=\frac{1}{\sqrt{N!}}\begin{vmatrix}\varphi_1(\boldsymbol{q}_1) & \varphi_1(\boldsymbol{q}_2) & \cdots & \varphi_1(\boldsymbol{q}_N)\\ \varphi_2(\boldsymbol{q}_1) & \varphi_2(\boldsymbol{q}_2) & \cdots & \varphi_2(\boldsymbol{q}_N)\\ \vdots & \vdots & & \vdots\\ \varphi_N(\boldsymbol{q}_1) & \varphi_N(\boldsymbol{q}_2) & \cdots & \varphi_N(\boldsymbol{q}_N)\end{vmatrix}. \tag{12.1.1}$$

其中 $\boldsymbol{q}=\boldsymbol{r}\sigma$,是坐标变量和自旋变量的缩写,$\varphi_i(\boldsymbol{q})$是正交归一化的单电子波函数,即

$$\int\varphi_i^*(\boldsymbol{q})\varphi_j(\boldsymbol{q})\mathrm{d}\boldsymbol{q}=\delta_{ij}, \tag{12.1.2}$$

式中 $\int\mathrm{d}\boldsymbol{q}$ 表示对空间坐标积分以及对自旋变量求和.

由于体系的哈密顿量不含自旋,波函数的变量可以分离,即

$$\varphi_i(\boldsymbol{q})=\psi_i(\boldsymbol{r})\chi_i(\sigma), \tag{12.1.3}$$

其中 $\psi_i(\boldsymbol{r})$是坐标部分,$\chi_i(\sigma)$是自旋函数,自旋向上简记为 α,向下为 β.

在波函数用斯莱特行列式的表述中,交换一对电子相当于行列式中两列互换,波函数变号,满足反对称性要求.这种表述也引进了泡利不相容原理导致的电子间空间位置的关联,即自旋平行取向的电子要彼此远离,因为两自旋取向相同的电子处于同一位置,相当于行列式中两列相等,波函数为零,这也是单电子波函数(12.1.3)中必需包括自旋部分的原因.

N 个电子在晶体中的哈密顿量由(12.0.3)式给出,其中离子实的正电荷数 $Z=1$.体系的定态能量为:

$$\mathscr{E}=\int\Psi^*\hat{H}\Psi\mathrm{d}\boldsymbol{q}_1\mathrm{d}\boldsymbol{q}_2\cdots\mathrm{d}\boldsymbol{q}_N. \tag{12.1.4}$$

将波函数(12.1.1)代入,可得

$$\begin{aligned}\mathscr{E}= & \sum_{i=1}^{N}\int\psi_i^*(\boldsymbol{r})\left(-\frac{\hbar^2}{2m}\nabla^2+v_{\text{en}}(\boldsymbol{r})\right)\psi_i(\boldsymbol{r})\mathrm{d}\boldsymbol{r}\\ & +\frac{1}{2}\frac{1}{4\pi\epsilon_0}\sum_{i,j=1}^{N}\int|\psi_i(\boldsymbol{r})|^2\frac{e^2}{|\boldsymbol{r}-\boldsymbol{r}'|}|\psi_j(\boldsymbol{r}')|^2\mathrm{d}\boldsymbol{r}\mathrm{d}\boldsymbol{r}'\\ & -\frac{1}{2}\frac{1}{4\pi\epsilon_0}\sum_{i,j=1}^{N}\int\psi_i^*(\boldsymbol{r})\psi_j^*(\boldsymbol{r}')\frac{e^2}{|\boldsymbol{r}-\boldsymbol{r}'|}\psi_j(\boldsymbol{r})\psi_i(\boldsymbol{r}')\delta_{\sigma_i\sigma_j}\mathrm{d}\boldsymbol{r}\mathrm{d}\boldsymbol{r}',\quad(12.1.5)\end{aligned}$$

这里,在求和中去掉了 $i\neq j$ 的限制.原因是 $i=j$ 时,上式第一个对 i,j 求和中的项恰好和第二个求和中的相应项相消. $\delta_{\sigma_i\sigma_j}$ 保证第二个求和只须对自旋平行情况进行.由于自旋波函数的正交性,如果 $\psi_i^*(\boldsymbol{q})$ 和 $\psi_j(\boldsymbol{q})$ 的自旋取向相反,对自旋求和后应等于零.

(12.1.5)式称为福克能量式.与哈特里能量式相比,多出右边第三项.从量子力学中对氦原子、氢分子的讨论中,可知这一项来源于全同费米子波函数所应满足的交换反对称性,称为交换能.

(12.1.5)式表明体系的能量随 ψ_i 的形式而改变.在条件(12.1.2)下求(12.1.5)的泛函极小,可得到决定 ψ_i 的变分方程①.

$$\begin{aligned}&\left[-\frac{\hbar^2}{2m}\nabla^2+v_{\text{en}}(\boldsymbol{r})+\frac{1}{4\pi\epsilon_0}\int\frac{e^2}{|\boldsymbol{r}-\boldsymbol{r}'|}n(\boldsymbol{r}')\mathrm{d}\boldsymbol{r}'\right]\psi_i(\boldsymbol{r})\\ &\qquad -\frac{1}{4\pi\epsilon_0}\sum_j\int\frac{e^2}{|\boldsymbol{r}-\boldsymbol{r}'|}\psi_j^*(\boldsymbol{r}')\psi_i(\boldsymbol{r}')\psi_j(\boldsymbol{r})\delta_{\sigma_i\sigma_j}\mathrm{d}\boldsymbol{r}'=\varepsilon_i\psi_i(\boldsymbol{r}),\quad(12.1.6)\end{aligned}$$

这一方程称为哈特里-福克方程,其中 $n(\boldsymbol{r})$ 与(3.4.4)式相同,涉及所有占据态,即

$$n(\boldsymbol{r})=\sum_i|\psi_i(\boldsymbol{r})|^2.\qquad(12.1.7)$$

与第三章中哈特里方程(3.4节)相比,有两点不同,首先,在库仑项中,单电子感受到的是“所有的”电子产生的平均库仑势场,因而与所考虑的电子的状态无关,而不是在哈特里近似中是“其他的”电子产生的,但忽略了不同势场间微小的差别.其次,重要的是方程左边多了一项,称为交换项,这一项与所考虑的电子的状态有关.后面会讲到,如将交换势近似为自由电子气体中交换势的平均值(12.1.18),则只与该点电子密度有关,而与状态无关了.

在哈特里方程或哈特里-福克方程中,本征值 ε_i 是作为变分计算中的拉格朗日乘子引进的,并不直接具有能量本征值的意义,其物理含义由 Koopmans 定理(Koopmans' theorem)说明②.

设想在 N 个电子组成的体系中,取走一个状态为 ψ_i 的电子,并保持剩下的

① 详见周世勋编著,量子力学,上海:上海科学技术出版社,1961年.

② T. Koopmans, Physica, 1(1934), 104.

$N-1$ 个电子的状态不发生变化，这时体系总能量平均值的变化 $\Delta\mathscr{E}=\mathscr{E}(N)-\mathscr{E}(N-1)$ 可由(12.1.5)式算出，

$$\begin{aligned}\Delta\mathscr{E}=&\int\psi_i^*(\boldsymbol{r})\left(-\frac{\hbar^2}{2m}\nabla^2+v_{\mathrm{en}}(\boldsymbol{r})\right)\psi_i(\boldsymbol{r})\mathrm{d}\boldsymbol{r}\\&+\frac{1}{4\pi\epsilon_0}\sum_j\int|\psi_i(\boldsymbol{r})|^2\frac{e^2}{|\boldsymbol{r}-\boldsymbol{r}'|}|\psi_j(\boldsymbol{r}')|^2\mathrm{d}\boldsymbol{r}\mathrm{d}\boldsymbol{r}'\\&-\frac{1}{4\pi\epsilon_0}\sum_j\int\psi_i^*(\boldsymbol{r})\psi_j^*(\boldsymbol{r}')\frac{e^2}{|\boldsymbol{r}-\boldsymbol{r}'|}\psi_j(\boldsymbol{r})\psi_i(\boldsymbol{r}')\delta_{\sigma_i\sigma_j}\mathrm{d}\boldsymbol{r}\mathrm{d}\boldsymbol{r}'.\end{aligned}\quad(12.1.8)$$

(12.1.5)式中求和号前的 1/2 因子不再存在，因为在一重求和中两电子间的相互作用并未重复计算.

如果 ψ_i 满足方程(12.1.6)，等式两边乘以 $\psi_i^*(\boldsymbol{r})$ 并求积分，与(12.1.8)式相比，可得

$$\Delta\mathscr{E}=\varepsilon_i.\quad(12.1.9)$$

因此，ε_i 的物理意义是在系统中取走状态为 ψ_i 的电子而同时保持所有其他电子的状态不变时，系统能量的改变，只是在这个意义上可以说 ε_i 是状态为 ψ_i 的电子的"单电子能量". 这就是 Koopmans 定理的内容. 如将状态为 ψ_i 的电子移到 ψ_j 态，同时保持其他电子状态不发生变化，认为系统能量改变 $\varepsilon_j-\varepsilon_i$ 是很好的近似.

由哈特里-福克近似算出的体系基态能量，通常高于真实的基态能量，差值称为关联能(correlation energy). 需要考虑这种修正的原因在于斯莱特行列式，尽管由最可能的单粒子波函数构成，对于多粒子系统复杂的基态波函数，一般而言也只是一个很近似的表达.

在哈特里-福克方程中添加的交换项，大大地增加了方程求解的难度. 交换项的形式是一个依赖于两个变量的非局域的积分算符，使方程成为一复杂的积分-微分方程，难于处理，一般也要用自洽的方式计算. 只有在自由电子气体(凝胶模型)情形，选择 ψ_i 为一组正交平面波，可得到精确解. 波函数的坐标部分为

$$\psi_{\boldsymbol{k}}(\boldsymbol{r})=\frac{1}{\sqrt{V}}\mathrm{e}^{\mathrm{i}\boldsymbol{k}\cdot\boldsymbol{r}}.\quad(12.1.10)$$

对于 $|\boldsymbol{k}|<k_{\mathrm{F}}$ 的每个状态，均有两个自旋取向相反的电子占据.

当电子的状态用平面波描述时，空间电子电荷密度分布均匀. 电子间的库仑作用显然和电子与均匀分布、电荷密度相同的正电荷背景的相互作用抵消，要计算的仅为交换项.

将(12.1.6)中交换项写成

$$V_{\mathrm{ex}}\psi_{\boldsymbol{k}}(\boldsymbol{r})=\Big[-\frac{1}{4\pi\epsilon_0}\sum_{\substack{\boldsymbol{k}'\\ \text{自旋平行}}}\int\frac{e^2}{|\boldsymbol{r}-\boldsymbol{r}'|}\psi_{\boldsymbol{k}'}^*(\boldsymbol{r}')\psi_{\boldsymbol{k}}(\boldsymbol{r}')\frac{\psi_{\boldsymbol{k}'}(\boldsymbol{r})}{\psi_{\boldsymbol{k}}(\boldsymbol{r})}\mathrm{d}\boldsymbol{r}'\Big]\psi_{\boldsymbol{k}}(\boldsymbol{r}),$$

(12.1.11)

将(12.1.10)式代入得

$$V_{\mathrm{ex}} = -\frac{1}{4\pi\epsilon_0 V}\sum_{\substack{k' \\ \text{自旋平行}}}\int \frac{e^2}{|\boldsymbol{r}-\boldsymbol{r}'|}\mathrm{e}^{-\mathrm{i}(\boldsymbol{k}'-\boldsymbol{k})\cdot(\boldsymbol{r}'-\boldsymbol{r})}\mathrm{d}\boldsymbol{r}'. \tag{12.1.12}$$

令 $\boldsymbol{r}'-\boldsymbol{r}=\boldsymbol{R}$,且将对 $\boldsymbol{k}'$ 的求和改成积分,

$$V_{\mathrm{ex}} = -\frac{1}{4\pi\epsilon_0}\frac{1}{8\pi^3}\int_{k'<k_{\mathrm{F}}}\mathrm{d}\boldsymbol{k}'\int\frac{e^2}{|\boldsymbol{R}|}\mathrm{e}^{-\mathrm{i}(\boldsymbol{k}'-\boldsymbol{k})\cdot\boldsymbol{R}}\mathrm{d}\boldsymbol{R} = -\frac{1}{4\pi\epsilon_0}\frac{1}{8\pi^3}\int_{k'<k_{\mathrm{F}}}\mathrm{d}\boldsymbol{k}'\,\frac{4\pi e^2}{|\boldsymbol{k}'-\boldsymbol{k}|^2}$$

$$= -\frac{e^2 k_{\mathrm{F}}}{8\pi^2\epsilon_0}\left(2+\frac{k_{\mathrm{F}}^2-k^2}{kk_{\mathrm{F}}}\ln\left|\frac{k_{\mathrm{F}}+k}{k_{\mathrm{F}}-k}\right|\right), \tag{12.1.13}$$

这相当于波矢为 $\boldsymbol{k}$ 的电子的能量为

$$\varepsilon(\boldsymbol{k}) = \frac{\hbar^2}{2m}k^2 - \frac{e^2 k_{\mathrm{F}}}{8\pi^2\epsilon_0}\left(2+\frac{k_{\mathrm{F}}^2-k^2}{kk_{\mathrm{F}}}\ln\left|\frac{k_{\mathrm{F}}+k}{k_{\mathrm{F}}-k}\right|\right). \tag{12.1.14}$$

类似于第一章中 1.1.1 小节的做法,可以计算基态情况每个电子的平均能量,第一项平均的结果已知为 $3\varepsilon_{\mathrm{F}}/5$,第二项

$$\bar{\varepsilon}_{\mathrm{ex}} = \int_0^{k_{\mathrm{F}}} V_{\mathrm{ex}}(k)4\pi k^2\mathrm{d}k\Big/\left(\frac{4\pi}{3}k_{\mathrm{F}}^3\right) = -\frac{3}{8\pi^2\epsilon_0}e^2 k_{\mathrm{F}}. \tag{12.1.15}$$

将(12.1.8)式给出的 ε_i,通过 $\sum\limits_i \varepsilon_i$ 求体系总能量,与(12.1.5)式给出的表述相比,可见交换能和库仑能均多算了一次. 因此,(12.1.15)式的结果还要乘以 1/2 的因子. 这样

$$\bar{\varepsilon} = \frac{3}{5}\varepsilon_{\mathrm{F}} - \frac{3}{4}\frac{e^2 k_{\mathrm{F}}}{4\pi^2\epsilon_0}, \tag{12.1.16}$$

式中 $e^2 k_{\mathrm{F}}/4\pi^2\epsilon_0$ 是费米面处交换能的大小.

上述结果通常用里德伯(Rydberg)作单位,$e^2/8\pi\epsilon_0 a_0 = 1Ry = 13.6\ \mathrm{eV}$,表达为参数 r_{s}/a_0(1.1.1 小节)的函数形式:

$$\bar{\varepsilon} = \left[\frac{2.21}{(r_{\mathrm{s}}/a_0)^2} - \frac{0.916}{(r_{\mathrm{s}}/a_0)}\right]Ry. \tag{12.1.17}$$

一般金属 r_{s}/a_0 值在 2 到 6 之间,第二项和第一项可比. 这一结果一方面表明在任何有关金属电子系统能量的计算中,交换能的贡献不能忽略;另一方面也反映了哈特里-福克近似在定量上对交换能项估计过高的事实. 因为从(12.1.17)式易于得出,当 $r_{\mathrm{s}}/a_0 > 5.45$ 时,所有电子自旋将平行排列,处于完全极化态或铁磁相(见习题 12.3),但在 r_{s}/a_0 大于这一数值的金属中并未看到电子态铁磁化的倾向. 考虑关联能后,对于凝胶模型自由电子气更详细的计算表明,一直到 $r_{\mathrm{s}}/a_0 \approx 75$ 正常的电子态都是稳定的[①].

由于考虑交换能后得到的电子平均能量与实验值更为接近,1950 年代初 Slat-

① 参见 D. Ceperley and B. J. Alder, Phys. Rev. Lett. 45(1980), 566.

er 建议对于晶体中的电子，哈特里-福克方程(12.1.6)中的交换项可用一与电子局域密度 $n(\boldsymbol{r})$ 相关的项代替. 具体的做法是令(12.1.15)式中 $k_{\mathrm{F}}^3(\boldsymbol{r})=3\pi^2 n(\boldsymbol{r})$. 这样，哈特里-福克方程相当于在哈特里方程的基础上附加一交换势：

$$v_{\mathrm{ex}}(\boldsymbol{r})=-\frac{3e^2}{8\pi^2\epsilon_0}[3\pi^2 n(\boldsymbol{r})]^{1/3}. \tag{12.1.18}$$

这一做法使方程成为通常的微分方程，在实际的能带计算中被广泛采用，常将式中方括弧前的系数看做可调节的参数.

12.1.2 屏蔽库仑势

哈特里-福克近似由于引进了交换能的概念，在处理多电子问题中有重要的地位，但在描述自由电子气体的物理性质方面却是失败的. 如果将(12.1.14)式中第二项写成

$$-\frac{e^2 k_{\mathrm{F}}}{2\pi^2\epsilon_0}F\left(\frac{k}{k_{\mathrm{F}}}\right) \tag{12.1.19}$$

的形式，则

$$F(x)=\frac{1}{2}+\frac{1-x^2}{4x}\ln\left|\frac{1+x}{1-x}\right|, \tag{12.1.20}$$

$F(x)$ 随 x 的变化在图 12.1 中给出. $F(0)=1$，$F(1)=1/2$，且在 $x=1$ 处斜率为无穷. 这样，按(12.1.14)式，k_{F} 处费米速度 $(1/\hbar)(\partial\varepsilon/\partial\boldsymbol{k})_{k=k_{\mathrm{F}}}$ 将给出对数发散的结果($\propto T/\ln T$)，同时能态密度比例于 $(\partial\varepsilon/\partial\boldsymbol{k})^{-1}$ 趋于零，从而使敏感于 ε_{F} 处态密度的物理性质发生巨大的变化，这是不符合实际的. 追溯到(12.1.13)式的计算，知道(12.1.14)式来源于库仑相互作用是长程的，比例于 e^2/r，其傅氏变换 $4\pi e^2/k^2$ 在 $k=0$ 时发散. 实际上由于相互作用的存在，点电荷 Q 产生的库仑势会受到屏蔽，成为屏蔽库仑势(screened Coulomb potential)，

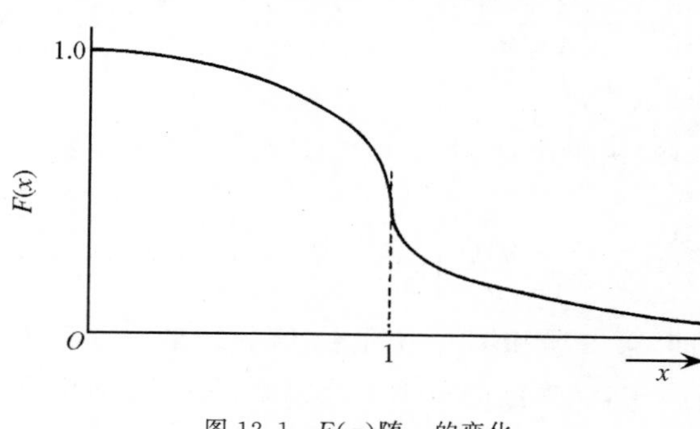

图 12.1 $F(x)$ 随 x 的变化

$$\phi(\boldsymbol{r})=\frac{Q}{4\pi\epsilon_0 r}\mathrm{e}^{-k_0 r}. \tag{12.1.21}$$

两电子间的库仑相互作用要改成 $\propto(e^2\mathrm{e}^{-k_0 r})/r$，其傅氏变换为 $4\pi e^2/(k^2+k_0^2)$，$k=0$ 时的发散消除.

假定将点电荷 Q 放在坐标原点，其存在会使电子气体分布不均匀. 在势场为

$\phi(\boldsymbol{r})$处，电子的浓度为

$$n(\boldsymbol{r}) = \int f(\varepsilon - e\phi(\boldsymbol{r}))g(\varepsilon)\mathrm{d}\varepsilon, \tag{12.1.22}$$

式中 f 是费米分布函数，$g(\varepsilon)$为能态密度. 浓度的改变为

$$\Delta n(\boldsymbol{r}) = \int [f(\varepsilon - e\phi(\boldsymbol{r})) - f(\varepsilon)]g(\varepsilon)\mathrm{d}\varepsilon. \tag{12.1.23}$$

当 $e\phi$ 很小，且 $k_B T \ll \varepsilon_F$ 时，

$$\Delta n(\boldsymbol{r}) \approx g(\varepsilon_F)e\phi(\boldsymbol{r}). \tag{12.1.24}$$

势场 $\phi(\boldsymbol{r})$满足泊松方程(Poisson's equation)，

$$\nabla^2\phi(\boldsymbol{r}) = -\frac{Q}{\epsilon_0}\delta(\boldsymbol{r}) + \frac{e^2}{\epsilon_0}g(\varepsilon_F)\phi(\boldsymbol{r}), \tag{12.1.25}$$

即 $\phi(\boldsymbol{r})$决定于外加点电荷 Q，以及它所诱导产生的电荷.

将 $\phi(\boldsymbol{r})$写作傅氏展开的形式，

$$\phi(\boldsymbol{r}) = \sum_k \phi_k \mathrm{e}^{\mathrm{i}\boldsymbol{k}\cdot\boldsymbol{r}}, \tag{12.1.26}$$

并代入上式，得到

$$\phi_k = \frac{Q}{(k^2 + k_0^2)\epsilon_0}, \tag{12.1.27}$$

$$k_0^2 = \frac{e^2}{\epsilon_0}g(\varepsilon_F). \tag{12.1.28}$$

这相当于 $\phi(\boldsymbol{r})$用(12.1.21)式表达，其中 k_0^{-1} 称为屏蔽长度(screening length). 对于自由电子气体，将 $g(\varepsilon_F)$(1.1.30)式代入，注意 $4\pi\epsilon_0\hbar^2/me^2 = a_0$，得

$$k_0^2 = \frac{4}{\pi}\frac{k_F}{a_0}. \tag{12.1.29}$$

进一步估算 k_0 与 k_F 量级相近，意味着在金属中，屏蔽长度约为原子间距大小，自由电子在屏蔽外电荷方面十分有效.

实际上，屏蔽的物理图像十分简单，对于任一电子，其他电子将在经典的静电力作用下远离，直到等量的正电荷背景在其周围出现，使该电子在远距离处产生的电场消失. 换句话说，电子的运动是关联的，关联的后果是在一个电子的周围电子浓度下降，出现带相等相反电荷的“空穴”，称为关联空穴(correlation hole). 哈特里-福克近似的问题在于仅强调了泡利不相容原理导致的自旋取向相同电子间的交换关联，对于给定的电子，在其周围仅自旋取向相同电子浓度下降，自旋取向相反电子仍均匀分布，文献上常称为形成了交换空穴(exchange hole)，参见习题12.2. 这一处理忽略了不管自旋取向是否相同，所有电子间均存在库仑排斥力引起的关联. 如果在(12.1.13)交换能的计算中采用屏蔽库仑势，v_F 的发散消除，对于

普通金属，仅导致对自由电子 v_F 值百分之几的修正①.

从上面的讨论可知，屏蔽效应大大降低了电子-电子相互作用的重要性.单电子近似是好的近似的重要原因可理解为，此时的单电子已不再是原来的裸电子，而是带着 $+e$ 电荷关联空穴一起运动的屏蔽电子(screened electron).

12.1.3 密度泛函理论和局域密度近似

哈特里近似和哈特里-福克近似均以波函数为出发点，着眼于得到尽可能好的单电子波函数，并以此为基构造多电子波函数.受处理含多电子的重原子电子结构的 Thomas-Fermi 方法的启发，在 W. Kohn 等发展的处理多电子问题的密度泛函理论中，改变了角度，把电子密度 $n(\boldsymbol{r})$ 放到了中心位置上.

N 个电子体系的哈密顿量可写成

$$\hat{H} = \hat{T} + V + V_{ee}, \tag{12.1.30}$$

其中 $\hat{T}$ 是动能项，V 是外加势场，对于固体中的电子，可以是离子实对电子的作用.参照(12.0.3)式，

$$V = \sum_i v(\boldsymbol{r}_i), \quad v(\boldsymbol{r}) = -\frac{1}{4\pi\epsilon_0}\sum_n \frac{Ze^2}{|\boldsymbol{r} - \boldsymbol{R}_n|}. \tag{12.1.31}$$

V_{ee} 是电子-电子间的库仑相互作用项.

密度泛函理论的基础是 Hohenberg-Kohn 定理②：N 个电子体系的基态电子密度 $n(\boldsymbol{r})$ 和作用在体系上的外加势场 $v(\boldsymbol{r})$ 有一一对应关系.这里，视相差一无实质意义常数的势场为同一势场.

给定外场 $v(\boldsymbol{r})$ 对应于确定的基态电子密度是显然的.因为外场给定，则体系的哈密顿量(12.1.30)已知，原则上可得到所有的本征能量和本征波函数，特别是基态波函数 $\Psi(\boldsymbol{r}_1, \boldsymbol{r}_2, \cdots, \boldsymbol{r}_N)$，由此可算出电子密度：

$$n(\boldsymbol{r}) = \langle \Psi(\boldsymbol{r}_1, \boldsymbol{r}_2, \cdots, \boldsymbol{r}_N) \mid \sum_i \delta(\boldsymbol{r} - \boldsymbol{r}_i) \mid \Psi(\boldsymbol{r}_1, \boldsymbol{r}_2, \cdots, \boldsymbol{r}_n) \rangle. \tag{12.1.32}$$

这里为简单，去掉了自旋变量，这样做并不影响下面的讨论.定理新在知道基态电子密度 $n(\boldsymbol{r})$，可唯一地确定相应的外加势场 $v(\boldsymbol{r})$.下面就非简并基态情形加以证明.

假定 $n(\boldsymbol{r})$ 是 N 个电子在势场 $v_1(\boldsymbol{r})$ 中的非简并基态的电子密度，相应的基态波函数为 Ψ_1，能量为 $\mathscr{E}_1$.由于总哈密顿量中的外加势场可写成

$$V_1 = \sum_i \int v_1(\boldsymbol{r})\delta(\boldsymbol{r} - \boldsymbol{r}_i)\mathrm{d}\boldsymbol{r}$$

的形式，

---

① 参见主要参考书目录 1，p. 344.

② P. Hohenberg and W. Kohn, Phys. Rev. B136(1964), 864.

$$\mathscr{E}_1 = \langle \Psi_1 \mid \hat{H}_1 \mid \Psi_1 \rangle = \langle \Psi_1 \mid \hat{T} + V_{ee} \mid \Psi_1 \rangle + \int v_1(\boldsymbol{r}) n(\boldsymbol{r}) \mathrm{d}\boldsymbol{r}. \quad (12.1.33)$$

现假定存在另一势场 $v_2(\boldsymbol{r}) \neq v_1(\boldsymbol{r})+$常数,相应的非简并基态波函数 $\Psi_2 \neq e^{i\theta}\Psi_1$,但有同样的 $n(\boldsymbol{r})$. 这样

$$\mathscr{E}_2 = \langle \Psi_2 \mid \hat{T} + V_{ee} \mid \Psi_2 \rangle + \int v_2(\boldsymbol{r}) n(\boldsymbol{r}) \mathrm{d}\boldsymbol{r}. \quad (12.1.34)$$

由于 Ψ_2 并不是 $\hat{H}_1$ 的基态波函数,

$$\begin{aligned} \mathscr{E}_1 &< \langle \Psi_2 \mid \hat{H}_1 \mid \Psi_2 \rangle = \langle \Psi_2 \mid \hat{T} + V_{ee} \mid \Psi_2 \rangle + \int v_1(\boldsymbol{r}) n(\boldsymbol{r}) \mathrm{d}\boldsymbol{r} \\ &= \mathscr{E}_2 + \int [v_1(\boldsymbol{r}) - v_2(\boldsymbol{r})] n(\boldsymbol{r}) \mathrm{d}\boldsymbol{r}. \end{aligned} \quad (12.1.35)$$

类似地有

$$\mathscr{E}_2 < \langle \Psi_1 \mid \hat{H}_2 \mid \Psi_1 \rangle = \mathscr{E}_1 + \int [v_2(\boldsymbol{r}) - v_1(\boldsymbol{r})] n(\boldsymbol{r}) \mathrm{d}\boldsymbol{r}. \quad (12.1.36)$$

上面两式相加,得到矛盾的结果

$$\mathscr{E}_1 + \mathscr{E}_2 < \mathscr{E}_1 + \mathscr{E}_2. \quad (12.1.37)$$

这表明当 $v_2(\boldsymbol{r}) \neq v_1(\boldsymbol{r})+$常数时,假定有相同的 $n(\boldsymbol{r})$是不对的,定理得证.

按照这一定理,已知基态电子密度 $n(\boldsymbol{r})$,则 $v(\boldsymbol{r})$进而 $\hat{H}$ 被唯一确定,因此也唯一地确定着从 $\hat{H}$ 通过解含时和不含时薛定谔方程得到的体系的所有性质,$n(\boldsymbol{r})$是一个决定系统基态物理性质的基本变量.

从波函数出发按照变分原理,N 个电子体系的基态能量

$$\mathscr{E} = \min_{\Psi} \langle \Psi \mid \hat{H} \mid \Psi \rangle, \quad (12.1.38)$$

其中 Ψ 是归一化的尝试波函数,基态能量最低. 从电子密度出发,按照已证明的定理,体系的基态能量,基态的电子动能和电子-电子相互作用势能均为 $n(\boldsymbol{r})$的泛函,当 $n(\boldsymbol{r})$为正确的基态密度时,基态能量极小,即

$$\begin{aligned} \mathscr{E} &= \min_{n(\boldsymbol{r})} \mathscr{E}[n(\boldsymbol{r}); v(\boldsymbol{r})] \\ &= \min_{n(\boldsymbol{r})} \left\{ T[n(\boldsymbol{r})] + V_{ee}[n(\boldsymbol{r})] + \int v(\boldsymbol{r}) n(\boldsymbol{r}) \mathrm{d}\boldsymbol{r} \right\}, \end{aligned} \quad (12.1.39)$$

其中 $v(\boldsymbol{r})$作为固定的参数放在分号后.

比较(12.1.38)和(12.1.39)两式,可以看出密度泛函理论的处理在形式上有很大的进步: 涉及对 $3N$ 维尝试波函数求能量极小的问题转变为对三维尝试密度的计算. $T[n(\boldsymbol{r})]+V_{ee}[n(\boldsymbol{r})]$是普适的,并不依赖于 $v(\boldsymbol{r})$,也是好的方面;但泛函的具体形式并不清楚,需要有合适的近似处理.

对相互作用多电子体系的哈特里处理,实际上是把问题等效于在外加势场(离子实产生的势场及电子的库仑平均场)中的非相互作用电子. 鉴于这一方法在很多问题上的成功,Kohn 和 L. J. Sham(沈吕九)建议①将(12.1.39)中的能量泛函写成

① W. Kohn and L. J. Sham, Phys. Rev. A140(1965), 1133.

$$\mathscr{E}[n(\boldsymbol{r})]=T_0[n(\boldsymbol{r})]+\int v(\boldsymbol{r})n(\boldsymbol{r})\mathrm{d}\boldsymbol{r}$$
$$+\frac{1}{2}\frac{1}{4\pi\epsilon_0}\int\frac{e^2}{|\boldsymbol{r}-\boldsymbol{r}'|}n(\boldsymbol{r})n(\boldsymbol{r}')\mathrm{d}\boldsymbol{r}\mathrm{d}\boldsymbol{r}'+E_{\mathrm{xc}}[n(\boldsymbol{r})],\qquad(12.1.40)$$

其中 $T_0[n(\boldsymbol{r})]$是和相互作用电子基态密度 $n(\boldsymbol{r})$相同的假想非相互作用电子系统的动能,$E_{\mathrm{xc}}[n(\boldsymbol{r})]$称为交换关联能,

$$E_{\mathrm{xc}}[n(\boldsymbol{r})]=T[n(\boldsymbol{r})]-T_0[n(\boldsymbol{r})]+V_{\mathrm{ee}}[n(\boldsymbol{r})]-V_{\mathrm{H}}[n(\boldsymbol{r})],\qquad(12.1.41)$$

式中 V_{H} 项是哈特里近似中的经典库仑能项,由(12.1.40)式等式右边第三项给出.

(12.1.39)式能量泛函取极值的必要条件是其一级变分为零.从泛函的表达式(12.1.40)得

$$\delta\mathscr{E}[n(\boldsymbol{r})]\equiv\int\Big[\frac{\delta T_0[n(\boldsymbol{r})]}{\delta n(\boldsymbol{r})}+v(\boldsymbol{r})+\frac{1}{4\pi\epsilon_0}\int\frac{e^2}{|\boldsymbol{r}-\boldsymbol{r}'|}n(\boldsymbol{r}')\mathrm{d}\boldsymbol{r}'+\frac{\delta E_{\mathrm{xc}}[n(\boldsymbol{r})]}{\delta n(\boldsymbol{r})}\Big]\delta n(\boldsymbol{r})\mathrm{d}\boldsymbol{r}$$
$$=0.\qquad(12.1.42)$$

加上总电子数不变的条件 $\int\delta n(\boldsymbol{r})\mathrm{d}\boldsymbol{r}=0$,有

$$\frac{\delta T_0[n(\boldsymbol{r})]}{\delta n(\boldsymbol{r})}+v(\boldsymbol{r})+\frac{1}{4\pi\epsilon_0}\int\frac{e^2}{|\boldsymbol{r}-\boldsymbol{r}'|}n(\boldsymbol{r}')\mathrm{d}\boldsymbol{r}'+\frac{\delta E_{\mathrm{xc}}[n(\boldsymbol{r})]}{\delta n(\boldsymbol{r})}=\varepsilon,\qquad(12.1.43)$$

这里,ε 是拉格朗日乘子.

在 Konh 和 Sham 的处理中,(12.1.43)式表明,多电子问题同样被处理成在有效外场下的非相互作用电子体系问题.基态的电子密度由解下述单粒子薛定谔方程给出:

$$\Big[-\frac{\hbar}{2m}\nabla^2+V(\boldsymbol{r})\Big]\psi_i(\boldsymbol{r})=\varepsilon_i\psi_i(\boldsymbol{r}),\qquad(12.1.44)$$

有效势场

$$V(\boldsymbol{r})=v(\boldsymbol{r})+\frac{1}{4\pi\epsilon_0}\int\frac{e^2}{|\boldsymbol{r}-\boldsymbol{r}'|}n(\boldsymbol{r}')\mathrm{d}\boldsymbol{r}'+v_{\mathrm{xc}}(\boldsymbol{r}),\qquad(12.1.45)$$

$$v_{\mathrm{xc}}(\boldsymbol{r})\equiv\frac{\delta E_{\mathrm{xc}}[n(\boldsymbol{r})]}{\delta n(\boldsymbol{r})},\qquad(12.1.46)$$

电子密度

$$n(\boldsymbol{r})=\sum_{i=1}^{N}|\psi_i(\boldsymbol{r})|^2,\qquad(12.1.47)$$

求和从能量最低态开始,直到第 N 个占据态.从(12.1.44)到(12.1.47)式的自洽方程组,文献上称为 Kohn-Sham 方程.

用 $\psi_i^*(\boldsymbol{r})$左乘方程(12.1.44),积分后对所有占据态求和,与(12.1.40)式相比

较，可得电子系统的基态总能量，

$$\mathscr{E}=\sum_i \varepsilon_i-\frac{1}{2}\frac{1}{4\pi\epsilon_0}\int\frac{e^2}{|\boldsymbol{r}-\boldsymbol{r}'|}n(\boldsymbol{r})n(\boldsymbol{r}')\mathrm{d}\boldsymbol{r}\mathrm{d}\boldsymbol{r}'$$

$$+E_{\mathrm{xc}}[n(\boldsymbol{r})]-\int v_{\mathrm{xc}}(\boldsymbol{r})n(\boldsymbol{r})\mathrm{d}\boldsymbol{r}. \tag{12.1.48}$$

Kohn-Sham 方程原则上可正确地给出基态的电子密度和总能量，因为多体效应已概括在 E_{xc} 和 v_{xc} 中. 密度泛函理论在实际应用上的好坏完全依赖于对泛函 $E_{\mathrm{xc}}[n(\boldsymbol{r})]$，是否能找到足够简单，同时又足够准确的近似.

泛函 $E_{\mathrm{xc}}[n(\boldsymbol{r})]$ 对 $n(\boldsymbol{r})$ 有非局域的依赖关系，最简单的，也是非常成功的，并成为目前几乎所有近似出发点的是局域密度近似(Local-Density Approximation，简写为 LDA). 在这种近似下，$E_{\mathrm{xc}}[n(\boldsymbol{r})]$ 近似为

$$E_{\mathrm{xc}}^{\mathrm{LDA}}\equiv\int\varepsilon_{\mathrm{xc}}(n(\boldsymbol{r}))n(\boldsymbol{r})\mathrm{d}\boldsymbol{r}, \tag{12.1.49}$$

其中 $\varepsilon_{\mathrm{xc}}(n(\boldsymbol{r}))$ 是密度 $n=n(\boldsymbol{r})$ 的均匀相互作用电子气体每个电子的交换关联能，对 $n(\boldsymbol{r})$ 的依赖是局域的. 由此，(12.1.45)式中的有效交换关联势

$$v_{\mathrm{xc}}^{\mathrm{LDA}}(\boldsymbol{r})=\frac{\mathrm{d}[\varepsilon_{\mathrm{xc}}(n(\boldsymbol{r}))n(\boldsymbol{r})]}{\mathrm{d}n(\boldsymbol{r})}=\varepsilon_{\mathrm{xc}}(n(\boldsymbol{r}))+n(\boldsymbol{r})\frac{\mathrm{d}\varepsilon_{\mathrm{xc}}(n(\boldsymbol{r}))}{\mathrm{d}n(\boldsymbol{r})}, \tag{12.1.50}$$

式中对 $n(\boldsymbol{r})$ 的微商了解为取 $n(\boldsymbol{r})=n$，再对 n 微商. 将交换关联能分成交换能和关联能两部分，即

$$\varepsilon_{\mathrm{xc}}=\varepsilon_{\mathrm{ex}}+\varepsilon_{\mathrm{corr}}, \tag{12.1.51}$$

相应的 $v_{\mathrm{xc}}^{\mathrm{LDA}}(\boldsymbol{r})$ 也可分成两部分

$$v_{\mathrm{xc}}^{\mathrm{LDA}}(\boldsymbol{r})=v_{\mathrm{ex}}(n(\boldsymbol{r}))+v_{\mathrm{corr}}(n(\boldsymbol{r})), \tag{12.1.52}$$

这样，晶体中相互作用多电子系统等价的单电子薛定谔方程为

$$\left\{-\frac{\hbar^2}{2m}\nabla^2-\frac{1}{4\pi\epsilon_0}\sum_{\boldsymbol{R}_n}\frac{e^2}{|\boldsymbol{r}-\boldsymbol{R}_n|}+\frac{1}{4\pi\epsilon_0}\int\frac{e^2}{|\boldsymbol{r}-\boldsymbol{r}'|}n(\boldsymbol{r}')\mathrm{d}\boldsymbol{r}'\right.$$

$$\left.+v_{\mathrm{ex}}(n(\boldsymbol{r}))+v_{\mathrm{corr}}(n(\boldsymbol{r}))\right\}\psi_i(\boldsymbol{r})=\varepsilon_i\psi_i(\boldsymbol{r}). \tag{12.1.53}$$

如将交换能 $\varepsilon_{\mathrm{xc}}$ 取为(12.1.16)式的结果，注意 $k_{\mathrm{F}}^3=3\pi^2 n$，取 n 为 $\boldsymbol{r}$ 的函数，按(12.1.50)式，可得

$$v_{\mathrm{ex}}(\boldsymbol{r})=-\frac{e^2}{4\pi^2\epsilon_0}[3\pi^2 n(\boldsymbol{r})]^{1/3}, \tag{12.1.54}$$

与(12.1.18)式给出的 Slater 交换势相比，前面相差一个 3/2 的因子.

对于了解多电子体系的基态性质，密度泛函理论以电子密度为出发点，得到了处于有效势中的单电子薛定谔方程. 理论重要之处在于从解出的波函数 $\psi_i(\boldsymbol{r})$，可得到电子密度 $n(\boldsymbol{r})$，它描述了在离子实势场中电子系统的行为. 同时，作为基本物理量，也决定着系统基态的所有性质. 由于 $n(\boldsymbol{r})$ 是实验可测量，有助于对有效势形

式的探索和改进,使这一理论更富吸引力.实际上,在对体系的晶格常数,结合能等基态性质的计算方面,理论确实有优异的表现.问题在于对体系激发态的了解,方程(12.1.44)中的 ε_i,实际上仅为拉格朗日乘子,(12.1.48)式也表明赋予 ε_i 以单电子能量的 Koopmans 定理在这里并不适用.实验测量证实,以密度泛函理论为基础的计算明显地低估了半导体和绝缘体的能隙大小.因而对某一具体的体系,在何种程度上可将 ε_i 了解为单电子能量需要分别加以确认.

密度泛函理论已被推广于研究多分量系统(如半导体中的电子和空穴),磁性材料、超导体、系统的低激发态以及在依赖于时间的外场中运动的相互作用系统.为克服理论的缺点和不足,在实际应用中也有很多新的发展,详细的可参阅近期的相关文献①.

12.1.4 费米液体理论

朗道的费米液体理论是 1956 年为解释液体 ^{3}He 在低温下的行为而提出的,其后被推广到用于正常金属系统.

考虑一组无相互作用的电子,如浸渐地,或绝热地(adiabatically)开启电子-电子之间的相互作用,体系的状态将从一组单电子态过渡到真正的多电子本征态.如果我们排除相互作用引起电子系统相变(如超导转变)的情形,碰到的基本问题是能否仍然从单电子态出发来近似体系真正的状态?

在前面的讨论中,是从单电子近似出发的.相互作用首先导致单电子能量本征值 ε_i 的变化,这来源于电子感受到的有效势场的改变.其次,单电子态不再是定态,电子将因相互作用被散射出或入单电子态,从而在某一态上有有限的寿命.这里,关键在于散射的频繁程度,如散射率(单位时间的散射次数)足够低,电子在单电子态上寿命足够长,则可引进弛豫时间的概念来处理.如电子-电子相互作用的弛豫时间碰巧又比其他散射的长很多,我们就可放心地采用单电子近似了.

由于库仑相互作用是强的相互作用,电子-电子散射率有可能相当高.但是首先如 12.1.2 小节所述,库仑作用受到屏蔽,给定电子感受到的已不是所有其他电子的长程库仑作用.即使这样,相互作用还相当强.其次,最主要的是泡利不相容原理的存在,大大地降低了电子-电子的散射率.

如果电子 1 和 2,分别具有能量 ε_1 和 ε_2,波矢 $\boldsymbol{k}_1$ 和 $\boldsymbol{k}_2$,经散射成为电子 3 和 4,分别具有能量 ε_3,ε_4,波矢 $\boldsymbol{k}_3$,$\boldsymbol{k}_4$.散射过程要满足能量守恒定律,

$$\varepsilon_1 + \varepsilon_2 = \varepsilon_3 + \varepsilon_4. \tag{12.1.55}$$

在 $T=0$ 温度,散射过程只能发生在费米面上,因为 1,2 两个电子只能来源于

① 韩汝珊,物理,39(2010),753.

占据态,如其中之一能量小于 ε_F,则 ε_3,ε_4 中至少有一个要小于 ε_F,但相应态已被占据,过程是不可能发生的.选择第 1 个电子在费米面上,第 2,3,4 个电子必定也在费米面上.在 k 空间中许可占据区的体积为零,因而散射不能发生,费米面上电子有无穷长的寿命.

对于 $T>0$ 的温度,如 $k_BT\ll\varepsilon_F$,ε_F 以下的态仍基本上全被占据,这时设电子 1 处于激发态,能量可高于 ε_F,即 $\varepsilon_1>\varepsilon_F$.电子 2 应来自于占据态,$\varepsilon_2<\varepsilon_F$.电子 1,2 仅能散射到非占据态,即 $\varepsilon_3>\varepsilon_F$,$\varepsilon_4>\varepsilon_F$.首先,电子 2 的能量应满足 $\varepsilon_F-\varepsilon_2<\varepsilon_1-\varepsilon_F$,否则不能保证$\varepsilon_3$,$\varepsilon_4$ 均大于 ε_F.这样只有占总数$(\varepsilon_1-\varepsilon_F)/\varepsilon_F$ 的电子可参与和给定电子 1 的散射.其次,散射电子之一的能量与 ε_F 之差也要小于 $\varepsilon_1-\varepsilon_F$,否则另一电子能量将小于 ε_F,过程不可能发生,这样散射率将再下降到原值乘以$(\varepsilon_1-\varepsilon_F)/\varepsilon_F$.选择 $\varepsilon_1-\varepsilon_F\approx k_BT$,散射率 $1/\tau$ 将比例于$(k_BT)^2/\varepsilon_F^2$ 变化.仔细的计算表明,室温下电子-电子弛豫时间 τ 约 10^{-10} s.在第一章中已看到室温下金属中电子的弛豫时间约为 10^{-14}.因此,电子-电子的散射率要比金属中主要的散射过程,如电子-声子散射低 10^4 倍.

上面的讨论表明,如果单电子图像是好的一级近似,至少对费米面附近的能级,即使存在强的电子-电子相互作用,也并不改变这一图像.然而,反过来,如果电子-电子间有强的相互作用,单电子近似未必是好的近似.朗道的费米液体理论(Fermi liquid theory)正是针对这一问题所做的回答.

朗道认为单电子图像不是一个正确的出发点,但只要把电子改成准粒子(quasiparticle)或准电子(quasielectron),前面的讨论仍然正确.准粒子图像是朗道费米液体理论的中心.

朗道认为,对于正常的费米子系统,相互作用体系量子态,至少是费米面附近的低激发态的分类和非相互作用体系是一样的,有一一对应关系.如对自由电子气体,无相互作用时,粒子的状态用波矢 $\boldsymbol{k}$ 和自旋 σ 分类.浸渐地加上相互作用,单粒子态逐渐演化到相互作用体系,即费米液体(Fermi liquid)的准粒子态,准粒子态仍然用同样的 $\boldsymbol{k}$,σ 来标记,但可有不同的能量对波矢的函数依赖关系(色散关系).在这种对应中,已暗含了准粒子仍遵从费米统计,准粒子数守恒,因而,费米面包围的体积不发生变化,这称为 Luttinger 定理.

对于费米液体,体系的状态由准粒子态的占据状况,或分布函数 $n(\boldsymbol{k},\sigma)$决定,体系的总能量是准粒子态占据数的泛函,记为$\mathscr{E}[n(\boldsymbol{k},\sigma)]$.假定 $n(\boldsymbol{k},\sigma)$有一小的改变 $\delta n(\boldsymbol{k},\sigma)$,体系(为简单,设为单位体积)总能量的改变为 $\delta\mathscr{E}$,

$$\delta\mathscr{E}=\frac{1}{8\pi^3}\sum_{\sigma}\int\varepsilon(\boldsymbol{k},\sigma)\delta n(\boldsymbol{k},\sigma)\mathrm{d}\boldsymbol{k},\tag{12.1.56}$$

式中 $\varepsilon(\boldsymbol{k},\sigma)$是处于 $\boldsymbol{k}$,σ 态的准粒子的能量,即

$$\varepsilon(\boldsymbol{k},\sigma)=\frac{\delta\mathscr{E}}{\delta n(\boldsymbol{k},\sigma)},\tag{12.1.57}$$

为总能量相对于 $n(\boldsymbol{k},\sigma)$ 的一级泛函微商. 物理含义是,处于 $\boldsymbol{k},\sigma$ 态的准粒子的能量是附加这样一个准粒子,体系总能量的改变量. 这和上一节在哈特里近似,或哈特里-福克近似下对单电子能量的理解相同. 同样地,体系总能量并不等于准粒子能量的总和,不能写成 $\sum_\sigma \int \varepsilon n \mathrm{d}\boldsymbol{k}$ 的形式.

由于费米液体准粒子态和无相互作用的自由费米子系统相同,体系的熵应有同样的表达式,

$$S = -\frac{k_{\mathrm{B}}}{8\pi^3}\sum_\sigma \int \{n(\boldsymbol{k},\sigma)\ln n(\boldsymbol{k},\sigma) + [1-n(\boldsymbol{k},\sigma)]\ln[1-n(\boldsymbol{k},\sigma)]\}\mathrm{d}\boldsymbol{k}. \tag{12.1.58}$$

在总粒子数固定

$$\delta N = \frac{1}{8\pi^3}\sum_\sigma \int \delta n(\boldsymbol{k},\sigma)\mathrm{d}\boldsymbol{k} = 0, \tag{12.1.59}$$

及总能固定,即

$$\delta \mathscr{E} = 0 \tag{12.1.60}$$

的条件下,熵取极大. 采用拉格朗日乘子法可得到准粒子的分布函数

$$n(\boldsymbol{k}) = \frac{1}{\mathrm{e}^{[\varepsilon(\boldsymbol{k})-\mu]/k_{\mathrm{B}}T}+1}, \tag{12.1.61}$$

其中 μ 为体系的化学势. 这一分布函数形式上与通常的费米分布函数一样,但并不完全相同. 这里,准粒子能量 $\varepsilon(\boldsymbol{k})$ 本身是分布函数的泛函,因而,严格地讲,(12.1.61)是一个非常复杂的 $n(\boldsymbol{k})$ 的隐方程.

在准粒子间有相互作用的情形,需要将系统总能的变化展开到 δn 的二次项,

$$\begin{aligned}\delta\mathscr{E} = &\frac{1}{8\pi^3}\sum_\sigma \int \varepsilon_0(\boldsymbol{k},\sigma)\delta n(\boldsymbol{k},\sigma)\mathrm{d}\boldsymbol{k} \\ &+ \frac{1}{2}\frac{1}{(2\pi)^6}\sum_{\sigma,\sigma'}\int f_{\sigma\sigma'}(\boldsymbol{k},\boldsymbol{k}')\delta n(\boldsymbol{k},\sigma)\delta n(\boldsymbol{k}',\sigma')\mathrm{d}\boldsymbol{k}\mathrm{d}\boldsymbol{k}',\end{aligned} \tag{12.1.62}$$

函数 $f_{\sigma\sigma'}(\boldsymbol{k},\boldsymbol{k}')$ 是能量相对于 $n(\boldsymbol{k},\sigma)$ 的二级泛函微商,是对称的,即

$$f_{\sigma\sigma'}(\boldsymbol{k},\boldsymbol{k}') = f_{\sigma'\sigma}(\boldsymbol{k}',\boldsymbol{k}). \tag{12.1.63}$$

准粒子的能量按(12.1.57)式为

$$\varepsilon(\boldsymbol{k},\sigma) = \varepsilon_0(\boldsymbol{k},\sigma) + \frac{1}{8\pi^3}\sum_{\sigma'}\int f_{\sigma\sigma'}(\boldsymbol{k},\boldsymbol{k}')\delta n(\boldsymbol{k}',\sigma')\mathrm{d}\boldsymbol{k}', \tag{12.1.64}$$

可见它还依赖于其他准粒子的存在. 式中 $\varepsilon_0(\boldsymbol{k},\sigma)$ 为准粒子间无相互作用时准粒子的能量. $f_{\sigma\sigma'}(\boldsymbol{k},\boldsymbol{k}')$ 函数概括了准粒子间的相互作用,是朗道费米液体理论中的重要参量.

正常的费米液体是指可用准粒子图像来描述的遵从费米统计的相互作用多粒子体系.

正常费米液体首要的要素是必须有可明确定义的费米面存在.对于无相互作用的自由费米子系统,零温占据率是单位阶跃函数 $n(\boldsymbol{k})=\theta(k_{\mathrm{F}}-k)$,它保证了占据态和非占据态间很锐的费米面的存在,这在导致体系(如金属)的许多特征性的行为方面至关重要.朗道费米液体理论给出的 $n(\boldsymbol{k})$(12.1.61 式)满足这一要求.

作为朗道理论微观基础的,用格林函数方法对相互作用费米子系统零温占据率的计算,得到

$$n(\boldsymbol{k}) = Z(\boldsymbol{k})\theta[\mu-\varepsilon(\boldsymbol{k})]+\Phi(\boldsymbol{k}), \tag{12.1.65}$$

其中 $Z(k_{\mathrm{F}})$ 给出 $n(\boldsymbol{k})$ 在费米面处不连续跳跃的幅度,在物理上代表裸粒子(原来的粒子)在准粒子中所占的比例.如将准粒子的能量写成 $\varepsilon(\boldsymbol{k})=\hbar^2k^2/2m^*$ 的形式,m^* 为准粒子的有效质量,则 $Z=m/m^*$. $\Phi(\boldsymbol{k})$ 是一个连续变化的函数.分布函数 $n(\boldsymbol{k})$ 一方面和无相互作用费米子系统的有明显的差别(图 12.2),另一方面又保留了它在 k_{F} 处发生跃变的基本特征.正常费米液体要求

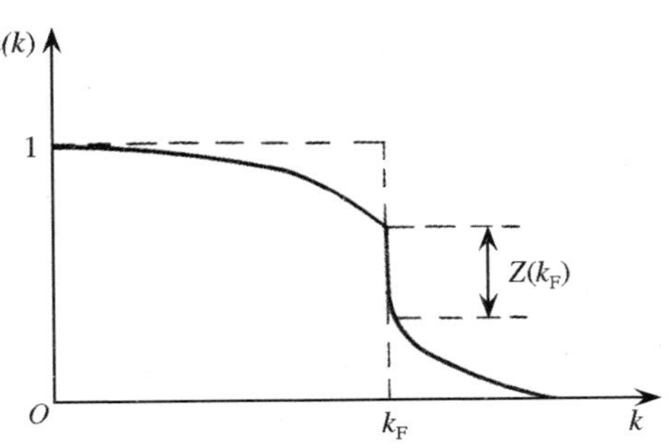

图 12.2 费米液体(实线)和非相互作用费米气体(虚线)量子态的平均占据率

$$0 < Z(k_{\mathrm{F}}) \leqslant 1. \tag{12.1.66}$$

$Z(k_{\mathrm{F}})=0$ 意味着准粒子图像失效.

其次,正常费米液体显然要求准粒子有足够长的寿命,这样,准粒子的概念才有实际意义.由于准粒子为费米子,按本节开始粗略的讨论,准粒子所受散射率比例于 $[\varepsilon(\boldsymbol{k})-\varepsilon_{\mathrm{F}}]^2$,靠近费米面的准粒子有长的寿命.正常费米液体在费米面附近的准粒子应满足这一条件.

对一给定的费米子系统,是否为正常费米液体事先无法知道.唯一的办法是对其费米面,准粒子寿命以及各种物理性质做实验测量,看看所得结果是否和朗道理论给出的一致.

在朗道费米液体理论的框架下,比热的计算与 1.2.2 小节完全相同,只需把粒子的能量改变为准粒子的能量.在 $k_{\mathrm{B}}T\leqslant\varepsilon_{\mathrm{F}}$ 下,与(1.2.22)式相同,有

$$c_V = \frac{\pi^2}{3}k_{\mathrm{B}}^2 g(\varepsilon_{\mathrm{F}})T, \tag{12.1.67}$$

其中 $g(\varepsilon_{\mathrm{F}})$ 为在 ε_{F} 处准粒子的态密度.按(1.1.30)式,

$$g(\varepsilon_{\mathrm{F}}) = \frac{m^* k_{\mathrm{F}}}{\pi^2\hbar^2}. \tag{12.1.68}$$

有效质量 m^* 用与(12.1.62)式中 f 函数有关的朗道参量(Landau parameter)表示为

$$m^{*} = \left(1 + \frac{1}{3}F_1\right)m. \tag{12.1.69}$$

略去自旋，当 $k=k'=k_{\mathrm{F}}$ 时，$f(\boldsymbol{k},\boldsymbol{k}')$ 只是 $\boldsymbol{k}$ 和 $\boldsymbol{k}'$ 间夹角 θ 的函数，即 $f(\boldsymbol{k},\boldsymbol{k}')=f(\theta)$. 引入新的函数

$$F(\theta) = g(\varepsilon_{\mathrm{F}})f(\theta), \tag{12.1.70}$$

然后用勒让德多项式表示 $F(\theta)$，有

$$F(\theta) = \sum_n F_n \mathrm{P}_n(\cos\theta) = F_0 + F_1\cos\theta + F_2\left(\frac{3\cos^2\theta - 1}{2}\right) + \cdots \tag{12.1.71}$$

F_0，F_1 和 F_2 等朗道参量就是这样唯象地引入的，它们可通过与有关的实验测量比较而确定.

这里，需要提醒读者的是这里的有效质量与 4.1.3 节不同，那里有效质量概括了晶格周期场的作用，这里则概括了其他准粒子的作用. 一个准粒子运动时，由于相互作用的存在，它会曳引其他准粒子一起运动，表现出质量的变化.

由于篇幅所限，对费米液体的各物理性质（包括比热）表达式的推演此处从略. 由于准粒子概念的引入，使强相互作用费米子系统转化为仍然遵从费米统计的，几乎是理想气体的准粒子系统. 本书第一部分讨论电子体系所用的分布函数，玻尔兹曼方程等概念方法均可使用. 所得各种物理性质的行为定性相同，即

$$c_V \propto T, \tag{12.1.72a}$$

$$\chi \propto 常数, \tag{12.1.72b}$$

$$\rho \propto T^2, \tag{12.1.72c}$$

$$R_{\mathrm{H}} \propto 常数. \tag{12.1.72d}$$

以上的温度关系在 $k_{\mathrm{B}}T \ll \varepsilon_{\mathrm{F}}$ 条件下成立，磁化率 χ 与比热一样比例于 $g(\varepsilon_{\mathrm{F}})$，也要引进一与朗道参量有关的修正因子. 电阻率 ρ 与温度平方成比例来源于电子-电子间的散射. 从本节开始的分析知道，在金属中，一般讲这不是主要的散射过程. 如电阻率主要由电声子散射决定，则在高温下，$T > \Theta_{\mathrm{D}}$，$\rho \propto T$ 变化，在低温下，$T \ll \Theta_{\mathrm{D}}$，$\rho \propto T^5$ 变化. 霍尔系数 R_{H} 仅在能带有 $\varepsilon \propto k^2$ 的带结构时才为常数，等于 $1/ne$. 一般是对费米面速度的复杂积分. 在多带情况还会导致 R_{H} 随温度的变化.

总起来讲，朗道费米液体理论是处理相互作用费米子体系的唯象理论. 理论的要点是将它转化成近于理想气体的准粒子体系. 由于并不能给出朗道参量的实际大小，理论在定量上作用有限. 理论的成功表现在从不同物理量的实验测量定出的朗道参量的自洽上. 朗道费米液体理论另一非常突出之点是预言了一种无碰撞的新的集体运动模式"零声"(zero sound)的存在. 普通的声波常称为第 1 声，是靠粒子间的碰撞来传播的. 对于费米液体系统，由于 $\tau \propto T^{-2}$ 变化，当温度低到 τ 大于声波的周期时，第 1 声即因碰撞的消失而无法存在. 费米液体理论给出，此时会有另一种密度波"零声"存在，和第 1 声相比，它有不同的声速，衰减系数对温度和频率

也有不同的依赖关系. 零声的存在, 在物理上起源于(12.1.64)式, 即准粒子的能量依赖于其他准粒子的存在. 如空间某处准粒子密集而使能量增加时, 准粒子会变得稀疏, 使能量降低, 这又导致其周围准粒子的密度增加, 零声因此而得以传播. 零声的存在已在液体^{3}He中得到实验的证实①, 是费米液体理论重要的成功.

1960年代对朗道费米液体理论微观基础的研究, 表明对三维体系相互作用不很强时, 这一理论是正确的. 体系物理性质与(12.1.72)本质上的偏离称为非费米液体行为, 其物理原因为人们所关注. 对于二维体系, 朗道费米液体理论在多大程度上成立尚未解决. 一维情形朗道费米液体理论失效, 体系的低能激发不是自旋1/2, 电荷为$-e$的单粒子激发, 而是具有电荷-自旋分离特征的电荷、自旋密度涨落, 相应的准粒子为空穴子(holon)和自旋子(spinon). 由于一维相互作用费米子体系的低能性质可在精确可解的Luttinger模型基础上得到了解, 习惯上统称为Luttinger液体, 类似于费米液体得名于精确可解的自由费米子气体模型.

12.2 Hubbard模型和强关联体系

本章前面两节涉及在考虑电子-电子相互作用时, 如何理解晶体中单电子薛定谔方程中的单电子势$V(\boldsymbol{r})$, 以及单电子本身. 在哈特里-福克近似中, 电子感受到一来源于电子-电子相互作用的库仑势及交换势, 电子间的关联能被忽略. 在密度泛函理论中, 交换能及关联能作为电子密度的泛函, 亦被包括在有效单电子势中. 朗道费米液体理论则告诉我们, 在相互作用不太强时, 可以将晶体中费米面附近的电子、空穴理解为准电子、准空穴, 它们之间剩余的相互作用减弱. 在这样的理解下, 单电子, 或单准电子近似是很好的近似. 由此得到对晶体中电子能带论的描述, 其中, 电子处于扩展的布洛赫态. 本节将从关联的角度讨论这一近似的限度, 并引进强关联的概念.

考虑一单价金属, 例如Na. Na有体心立方结构, 每个原胞中只有一个Na原子, 每个原子提供一个s态价电子. 相应的s能带半满, 是为金属, 价电子是退局域的.

莫特著名的假想实验②是, 如果维持原有的晶格结构, 但不断加大晶格常数, 由于体系仍有平移对称性, 按照能带理论, 单电子解仍为布洛赫波函数, 能带半满, 只是能带变窄, 但材料仍为金属. 显然这是错误的, 因为在晶格常数增加到相邻电子s态波函数实际上已无交叠时, 能带过渡到孤立原子分立的s能级, 每个原子拥有一个局域在它周围的价电子, 材料应为绝缘体.

---

① W. R. Abel et al. Phys. Rev. Lett. 17(1966), 74.

② N. F. Mott, Proc. Phys. Soc. (London), A62(1949), 416.

能带论失效的物理原因可从图 12.3 中得到理解. 按照单电子近似，图(a)，(b)两种价电子的位形能量相同. 由于单电子势 $V(\boldsymbol{r})$ 的平移对称性，价电子移到另一原胞中等价位置上不改变体系的能量. 但实际上由于电子间有强的库仑排斥作用，或强的关联，(b)位形的能量要比(a)位形高得多. 在晶格常数加大、能带变窄、电子的可动性变差时，电子间的库仑相互作用受到的屏蔽减弱，它们之间的相互作用势能变得重要，结果是每个原子上只有一个 s 态价电子体系能量最低. 一个原子的 s 轨道为两个电子同时占据时，体系能量要增加

$$U = \frac{1}{4\pi\epsilon_0}\left\langle \frac{e^2}{r_{12}} \right\rangle, \tag{12.2.1}$$

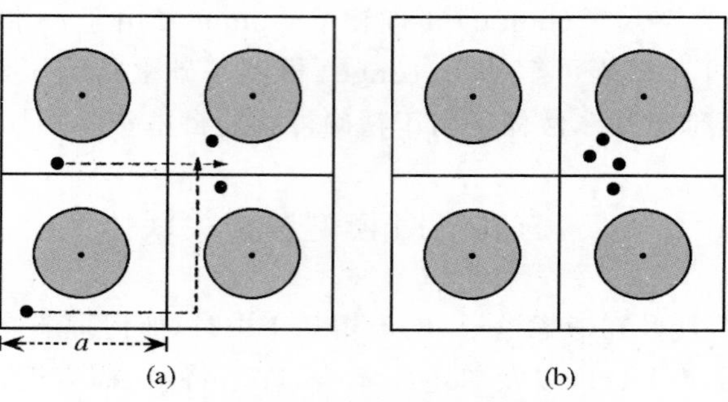

图 12.3 晶体中 4 个原胞内电子的两种位形，
阴影圆表示离子实，•表示价电子的位置

其中 r_{12} 是在同一原子上两个电子间的距离，〈 〉表示库仑能的平均值. 在孤立原子极限下，这相当于两原子间的电子转移，即 $Na + Na \rightarrow Na^+ + Na^-$，所需要的能量

$$U = \varepsilon_{ion} - \varepsilon_{aff}, \tag{12.2.2}$$

其中 ε_{ion} 为 $Na \rightarrow Na^+ + e^-$ 的电离能，为 5.14 eV. ε_{aff} 为 $Na + e^- \rightarrow Na^-$ 的亲和能，为 0.55 eV. ε_{aff} 远小于 ε_{ion}. 原子极限下体系的基态和第一激发态如图 12.4 所示.

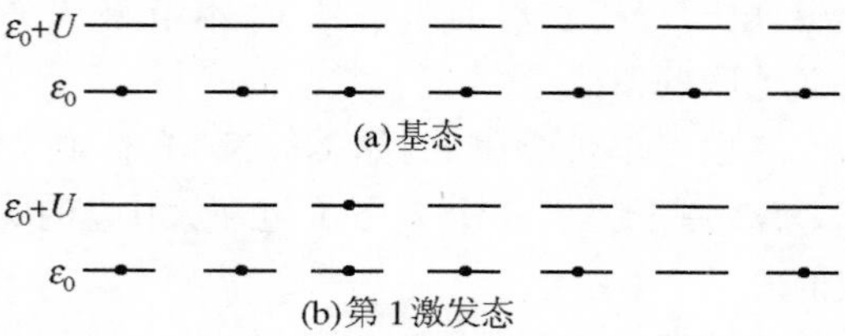

ε_0+U
ε_0
(a)基态
ε_0+U
ε_0
(b)第 1 激发态

图 12.4 原子极限下体系的基态(a)和第 1 激发态(b)

从上面的讲述可知，在窄带情形能带论的失效是忽略了电子之间存在关联的结果.

12.2.1 Hubbard 模型

对于强关联问题，最著名的、也是最简单的模型是 Hubbard 模型，这是 Hubbard 1960 年代提出的[①],现在已成为凝聚态物理中处理强关联问题的标准模型.

Hubbard 模型形式上十分简单,可以看做是对紧束缚模型的改进. 假定每个格点上只有一个非简并的原子轨道态,最多可容纳自旋取向相反的两个电子,Hubbard 哈密顿量(Hubbard Hamiltonian)用二次量子化的形式写出为

$$\hat{H} = \sum_{ij\sigma} T_{ij} C_{i\sigma}^{+} C_{j\sigma} + U \sum_{i} n_{i\sigma} n_{i,-\sigma}, \qquad (12.2.3)$$

其中 $C_{i\sigma}^{+}$,$C_{i\sigma}$ 是对处于格点 i 的原子轨道态自旋为 σ 的电子的产生和湮灭算符. $n_{i\sigma} = C_{i\sigma}^{+} C_{i\sigma}$ 是处于格点 i 自旋为 σ 的电子数算符. 哈密顿量有 3 个参量,$T_0 = T_{ii}$,$T_1 = T_{ij}$,i,j 为最近邻,以及 U.

在(12.2.3)中,如取 $U=0$,则回到单电子在周期场中的紧束缚近似哈密顿量. 参照 3.3 节紧束缚近似的结果(3.3.10 式),有

$$\varepsilon(\boldsymbol{k}) = \varepsilon^{\text{at}} - J_0 - \sum_{\substack{m \\ \text{n}\cdot\text{n}}} J(\boldsymbol{R}_m) \mathrm{e}^{\mathrm{i}\boldsymbol{k}\cdot\boldsymbol{R}_m}, \qquad (12.2.4)$$

可以看出,(12.2.3)式中对角矩阵元 $T_0 = T_{ii} = \varepsilon^{\text{at}} - J_0$,是能带的平均能量,或能带中心的能量. 非对角元 T_1 是跳迁矩阵元,与交叠积分 $J(a)$ 相对应,决定着能带的宽度,其中 a 为晶格常数.

Hubbard 模型对紧束缚模型的推广在于增加了反映电子间库仑排斥作用的同位排斥项,模型简单地将相互作用力程取为零,即仅当两个自旋相反的电子占据同一原子轨道时,相互作用能取为 U,否则为零. 如在格点 i 上仅有一个电子,假定自旋为 σ,则 $n_{i\sigma}=1$,$n_{i,-\sigma}=0$,(12.2.3)式中第二项消失. 如两个电子占据格点 i,则 $n_{i\sigma}=1$,$n_{i,-\sigma}=1$,第二项等于 U,表示由于两个电子在同一格位上,由于库仑排斥导致能量的增加,模型因而反映了交叠积分与同位库仑排斥之间的竞争. 对于强相互作用,它给出与紧束缚模型定性上不同的行为.

求解 Hubbard 哈密顿量的能量本征值和态密度等超出本书范围,但其结果尚易于从物理上得到了解. 详细的推演和讨论,可参阅本书主要参考书目录 8.

$T_1=0$ 对应于孤立原子系统情形,体系能量为

$$\mathscr{E} = N_1 T_0 + N_2 (2T_0 + U), \qquad (12.2.5)$$

每个格点上电子有两个能级 T_0 和 T_0+U (图 12.4),其中 N_1 个格点只被一个电子占据,N_2 个格点为两个电子占据. 附加第 2 个自旋相反的电子时,能量增加 T_0+U. 对于每个原子提供 1 个价电子的体系,处于基态时,格点上只有 1 个电子占据,即 $N_1=N$,$N_2=0$.

在 $T_1 \neq 0$ 时,相邻格点原子轨道波函数有交叠,电子可在整个晶体中运动. $U=0$ 对应于紧束缚近似情形,生成的能带以 T_0 为中心,设带宽为 B. 每个格点只

---

① J. Hubbard, Proc. Roy. Soc. A276(1963), 238.

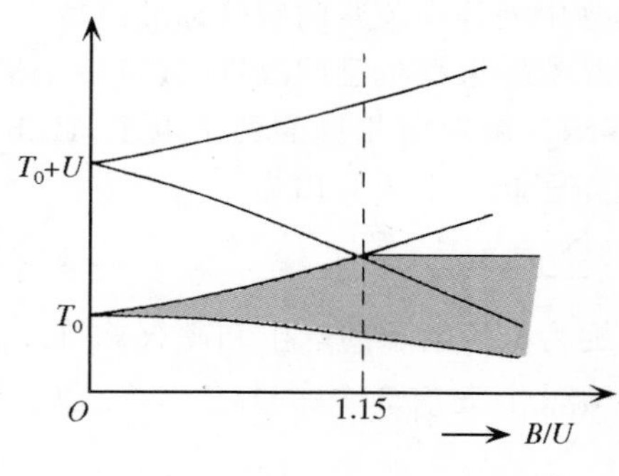

图 12.5 上下 Hubbard 带能量随 B/U 变化示意

贡献一个电子时，能带半满，体系为金属. $U\neq 0$ 时，分别形成以 T_0 和 T_0+U 为中心的两个能带. Hubbard 得到的能带随 B/U 的增大逐渐展宽的结果如图 12.5 所示. 几个 B/U 值下的态密度表示在图 12.6 中. 在 $B/U>1.15$ 时，能带相互交叠，体系具有金属性. 但在 $B/U<1.15$ 时，情况却不同，紧束缚近似得到的半满带分裂成两个能带，能量低的一般称为下 Hubbard 带，能量高的称为上 Hubbard 带，此时下 Hubbard 带填满，上 Hubbard 带为空带，中间有带隙，体系为绝缘体. 这样，在 U 大时，Hubbard 模型给出与紧束缚模型定性上不同的行为，正确地预言了绝缘体基态的存在.

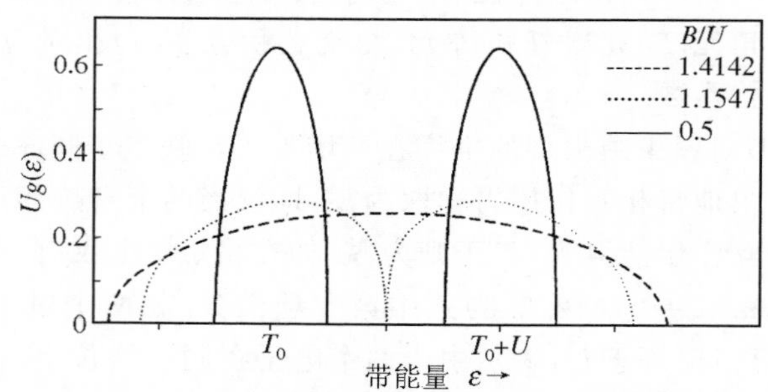

图 12.6 Hubbard 模型能带态密度 $g(\varepsilon)$ 与 B/U 参数的关系

（引自 J. Hubbard, Proc. Roy. Soc. A281(1965), 401）

通常将电子之间有效库仑相互作用能远大于其能带宽度，即 $U>B$ 的体系称为强关联电子体系. 这时，仍用单电子近似，将相互作用简单地处理为微扰，无法说明体系的主要物理性质. 更一般地，人们将所有电子-电子相互作用起主要作用，必须对其进行非微扰处理才能解释体系主要物理性质的多体体系，称为强关联电子体系.

能带模型因强关联而失效最明显的反映在包含有窄 d 带的固体中. 过渡金属有窄的 d 带，但行为并不反常. 因为 d 带和宽的 s 带交叠. 而在很多过渡族金属化合物中，费米能处于 d 带，但 d 带并不与其他能带交叠，如 MnO 晶体，平均每个原胞中有 5 个 $3d$ 电子构成的未填满的 $3d$ 带，而 O^{2-} 的 $2p$ 能带是满带，与 $3d$ 带不重叠. 类似的还有 NiO，CoO 等，按照能带论，这些化合物应为金属，但实际上却为绝缘体. 这并不能归因于 d 带太窄，d 电子的迁移率太低，因为另外一些过渡族金属氧化物，如 TiO，VO，ReO_3 是 d 电子导电的很好的导体. 上述绝缘体和导体间的电导率可相差到 10^{20} 的量级. 按照 Hubbard 模型，这种差别源于 B/U 比值的不同. 当

$U>B$ 时，d 电子是局域化的，反之，d 电子是退局域的. 莫特最早在 1949 年提出由于关联能的存在使本应为金属的固体具有绝缘体的基态. 这种固体称为莫特绝缘体(Mott insulator)或 Mott-Hubbard 绝缘体. Hubbard 模型给出了莫特绝缘体存在的原因.

12.2.2 金属-绝缘体转变

按照莫特对其假想实验的讨论，当固体的晶格常数从无穷大逐渐减小时，材料会从绝缘体过渡到金属. 按照 Hubbard 模型，晶格常数的减小会导致两个子带的交叠，同样会转变到金属相. 从前面的讲述知道，转变的特征能量是电子间的库仑相互作用能. 对于过渡到金属态电导率的变化，由于 Hubbard 模型给出的带隙在晶格常数减小时缓慢变化到零，电导率不会有突然的急剧增加. 而在一些莫特绝缘体中，温度升高时从绝缘体转变为金属，可同时观察到电导率跳跃式的增大. 莫特从屏蔽库仑势的角度给出了一个简单的解释，大致如下：在温度升高时，电子从一个格点运动到另一格点，相当于将一个电子从下 Hubbard 带激发到上 Hubbard 带，而在下 Hubbard 带中留下一个空穴. 电子和空穴因库仑作用 $V=-e^2/4\pi\epsilon_0\epsilon r$ 形成束缚态(称为激子，exciton)，其中 ϵ 为晶体的介电常数. 如温度升高到在上 Hubbard 带中有足够多的电子，由于屏蔽作用，电子-空穴的相互作用将减弱到(12.1.21)式给出的

$$V=-\frac{e^2}{4\pi\epsilon_0 r}\mathrm{e}^{-k_0 r}, \tag{12.2.6}$$

这将降低电子-空穴对的结合能，这里，简单地取 $\epsilon=1$. 最终当电子浓度达到临界值，使屏蔽长度 $1/k_0$ 短于电子-空穴对的尺度 a_0，即

$$a_0 k_0 > 1 \tag{12.2.7}$$

时，束缚解除，电导率急剧增加，过渡到金属态.

至此，我们已了解了三种有关金属和绝缘体的区分，以及金属-绝缘体转变的机制.

第一种是在能带论框架下的转变. 若每一能带或完全填满，或为空带，满带和空带间有非零带隙，则 $T=0$ 时为绝缘体. 如有未满带存在，费米能 ε_F 在带中，则为金属. 如因温度、压力等原因，导致满带和空带的交叠，则发生金属-绝缘体转变. 在转变的金属边和绝缘体边，电子态都是扩展的(退局域的).

第二种是无序引起的安德森转变(第八章). 在转变的金属边，电子态是扩展的，在绝缘体边由于无序的存在，电子处于局域态. 安德森转变是由于成分、压强等原因，使费米能级 ε_F 推过迁移率边所发生的电子态局域↔退局域的转变.

第三种则是本节提到的莫特金属-绝缘体转变. 早先在文献上特指电导率有急剧变化，且来源于屏蔽库仑效应的转变，现在常将发生在莫特绝缘体上的金属-绝

缘体相变均称为莫特转变,这是电子-电子间关联能导致的转变.

实际的金属-绝缘体相变,远比上述简单模型复杂.很多情况下,转变的机制并不清楚.

12.2.3 维格纳格子

在莫特转变中,系统处于金属态的条件(12.2.7),由(12.1.29)式 $k_0^2=4k_F/\pi a_0$,等价于

$$n^{1/3}a_0>\frac{1}{4}\left(\frac{\pi}{3}\right)^{1/3}\approx\frac{1}{4}. \tag{12.2.8}$$

当电子浓度 n 用 r_s/a_0 值表达时,上式为

$$\frac{r_s}{a_0}<2.5, \tag{12.2.9}$$

即要求电子的密度超过一定的临界值.

从 12.1 节对自由电子气能量的讨论中,从(12.1.17)式可看出,体系的动能比例于$(r_s/a_0)^{-2}$,相互作用势能比例于$(r_s/a_0)^{-1}$.因此,电子密度高,(r_s/a_0)小时,动能项占主导.为降低体系的动能,电子将处在波函数平滑的扩展态.这也是在极高压下有可能生成固体金属氢的基本原因.相反的,低密度,大的(r_s/a_0)值下,势能项占主导.维格纳在 1930 年代曾推断,当(r_s/a_0)大到动能项可忽略不计时,电子的位形将由库仑排斥导致的势能极小定.由于无规则排列的势能高于有序排列,电子气体将排列成规则的晶体格子,称为维格纳格子(Wigner lattice).他认为在三维情形会有体心立方的排列.对于具体的(r_s/a_0)值,维格纳估计晶化将发生在(r_s/a_0)约为 10 左右.从(12.1.17)式很容易得到动能项、势能项相等时,$r_s/a_0\approx2.4$,这与(12.2.9)式中的 2.5 十分接近,这使我们可以从更一般的角度理解关联的作用.在高密度下,动能占主导,忽略关联能是好的近似.但在低密度下,关联能重要,导致电子的局域.

维格纳晶体是否存在及其性质是多体问题中的经典课题,一直为人们所关注.1979 年 Grimes 和 Adams 在液体氦表面上的二维电子气(11.2.1 小节)观察到电子晶格的存在[①].1990 年人们又在半导体二维电子气系统中找到了维格纳格子存在的证据,详见 Physics Today 1990 年 No.12 上的报道.

12.3 作为强关联体系的高温超导体

J.G.Bednorz 和 K.A.Müller 1986 年在 $La_{2-x}Ba_xCuO_4$ 中发现超导相的存在,

① C. Grimes and G. Adams. Phys. Rev. Lett. 42(1979).795.

转变温度 T_c 高达 35 K. 在意想不到的体系中发现远高于传统超导体的转变温度,立即掀起了世界范围的对铜氧化物高温超导电性的研究热潮. 除 La 系($La_{2-x}M_xCuO_4$, M = Sr, Ba, Ca, $T_c \sim 40$ K)外,相继出现 Y 系(如 $YBa_2Cu_3O_7$,简称 Y-123 相,$T_c \sim 90$ K,$YBa_2Cu_4O_8$,简称 Y-124 相,$T_c \sim 80$ K),Bi 系($Bi_2Sr_2Ca_{n-1}Cu_nO_{2n+4}$, $n=3$ 时简称 Bi-2223 相, $T_c \sim 110$ K), Tl 系($Tl_2Ba_2Ca_{n-1}Cu_nO_{2n+4}$,Tl-2223 相 $T_c \sim 125$ K)和 Hg 系($HgBa_2Ca_{n-1}Cu_nO_{2n+2+\delta}$),对于 $n=3$ 的 Hg-1223 相,T_c 最高,常压下 135 K,加压到 45 GPa 时,T_c 为 164 K①. 上述材料正常态的导电载流子均为空穴,称为空穴型的高温超导材料. 1989 年发现的 Nd 系,如 $Nd_{1.85}Ce_{0.15}CuO_{3.93}$($T_c \sim 24$ K),和 1990 年代初发现的 Sr 系,如 $Sr_{0.86}Pr_{0.14}CuO_2$($T_c \sim 46$ K),导电载流子为电子,称为电子型的高温超导材料.

作为物理学界高度关注,投入大量人力物力的研究课题,经过二十多年的努力,由于样品质量,特别是单晶样品品质的提高,以及实验技术的进步,逐渐确立了许多基本的实验事实,同时也不断地揭示出一些新的、对正确认识高温超导电性十分重要的实验现象. 但是对一些基本问题,如超导相电子配对的机制等还不清楚,主要困难在于高温超导体属强关联电子体系,难于在传统的理论框架上得到说明.

本节将首先从高温超导材料的晶格结构,相图和电子结构讲起,强调超导电性是通过对反铁磁绝缘体母化合物掺杂、引入载流子而得到的,强调其关键的结构单元是 CuO_2 面,对 CuO_2 面电子结构的认识,电子间强关联是必须要考虑的重要因素. 接着是对最佳掺杂区超导相的讲述,着重在库珀对(Cooper pair)的 d 波对称性上,最后将列举除配对机制外,主要的 3 个尚待解决的问题.

12.3.1 结构和相图

在 2.3.5 小节已给出 $YBa_2Cu_3O_{7-\delta}$ 的结构,这里再给出 Bi 系 $BiSr_2Ca_{n-1}Cu_nO_{2n+4}$, $n=1,2,3$ 的结构示意(图 12.7). 稍后(图 12.9)还会给出 La 系 $La_{2-x}Sr_xCuO_4$ 的结构. 铜氧化物高温超导材料均为钙钛矿型结构的衍生物. 在图 2.14(b)中,将 Ti 离子换成 Cu 离子,和在同一平面上的 4 个 O 离子,构成作为高温超导材料特征的 Cu-O 面的基本单元. 由于面上每个 O 离子为相邻两个单胞所共有,Cu 离子则同属相邻 4 个单胞,Cu-O 面因而一般写为 CuO_2 面.

铜氧化物高温超导材料的晶格结构属四方或正交晶系. 对于 $YBa_2Cu_3O_{7-\delta}$, $\delta=0$ 时,CuO 链方向的晶格常数 b 因 O 离子的存在而大于 a(图 2.19),属正交晶系,$\delta=1$ 时,CuO 链上无 O 离子存在,a,b 等长,属四方晶系. 所有铜氧化物高温超导材料的晶格常数 a,b 的数值均接近于 0.38 nm,这是由 Cu—O 键长决定的. 晶格

① L. Gao et al. Phys. Rev. B50(1994), 4260.

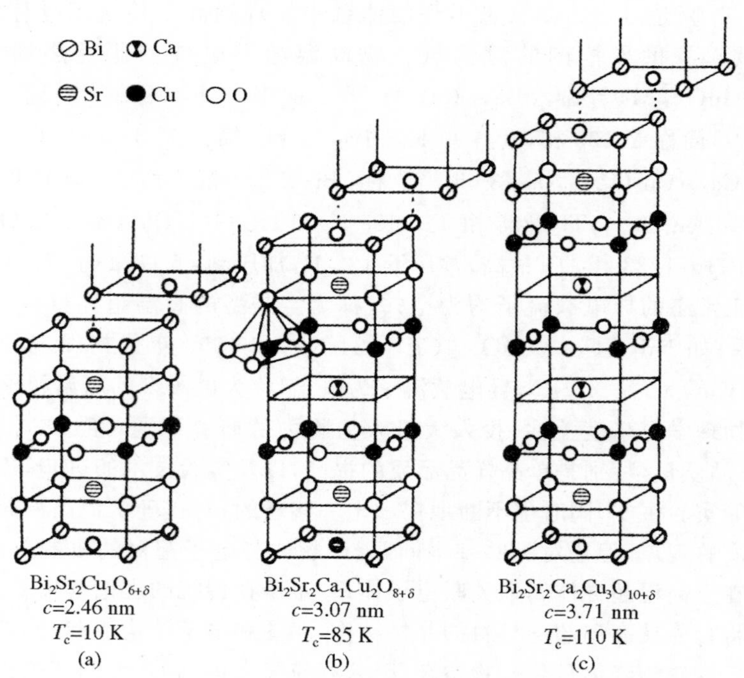

图 12.7　Bi 系的晶体结构示意，图中给出的是和分子式对应的惯用单胞，c 值为晶体学单胞对应值

常数 c 的大小却随层状结构中层数的改变而变化.

不同体系高温超导材料的结构可用简单的夹层模型来描述. 每种材料的单胞中均有一个或一组 CuO_2 面，载流子的输运和超导电性主要发生在此，称为导电层(conduction layers)；在导电层的两边是绝缘性的组合结构层，其作用是向导电层提供超导电性必需的载流子，或耦合机制，称为载流子库层(charge reservoir layers). 这种对结构的描述在文献上称为电荷转移模型(charge-transfer model).

铜氧化物高温超导材料均可看做从某一绝缘体母化合物中通过掺杂(doping)引入载流子而得到. 对于 $YBa_2Cu_3O_{7-\delta}$，其母化合物为 $YBa_2Cu_3O_6$，如前述，相当于 $\delta=1$，CuO 链上 O 离子丢失的情况. 取离子的易价态 Y^{3+}，Ba^{2+} 及 O^{2-}，$YBa_2Cu_3O_6$ 中 Cu 的平均价态小于 +2. 实验给出在 CuO 链上的 Cu 离子价态为 +1，面上的为 +2. 增加氧含量时，体外零价氧进入载流子库中 CuO 链处的氧空位，并成为负氧离子，导致载流子库中电子的缺乏，其后果是，一方面链上 Cu^{1+} 的价态要有所变化；另一方面导电层中的部分电荷要通过电荷转移补充到库中，导电层因而出现空穴，或空穴的浓度有所改变，但空穴是否只进入到导电层中，还是也添加到 CuO 链上，并不完全清楚.

阳离子掺杂也是改变空穴浓度的常用方法. $La_{2-x}Sr_xCuO_4$ 的母化合物是

La_2CuO_4，当用 Sr^{2+} 部分取代 La^{3+} 时，载流子库中缺少电子，由于电荷转移机制，使导电层 CuO_2 中产生空穴. 对于 $La_{2-x}Sr_xCuO_4$，可以比较放心地认为掺杂引进的空穴均进入 CuO_2 面，设每个 CuO_2 面平均的空穴浓度为 p，则 $p=x$.

高温超导材料的相图通常以纵轴为温度 T，横轴为掺杂浓度 x 的形式给出. 尽管存在不同的体系和多种结构，但其相图具有普适性. 究其原因，一方面是下一小节将讲到的，强关联效应超乎具体的、各不相同的能带结构；另一方面是高温超导体中载流子的动力学行为主要发生在 CuO_2 面上. 这两个原因，特别是 $La_{2-x}Sr_xCuO_4$ 如前述，掺杂引进的空穴全部进入 CuO_2 面，使其相图(图 12.8)具有代表性.

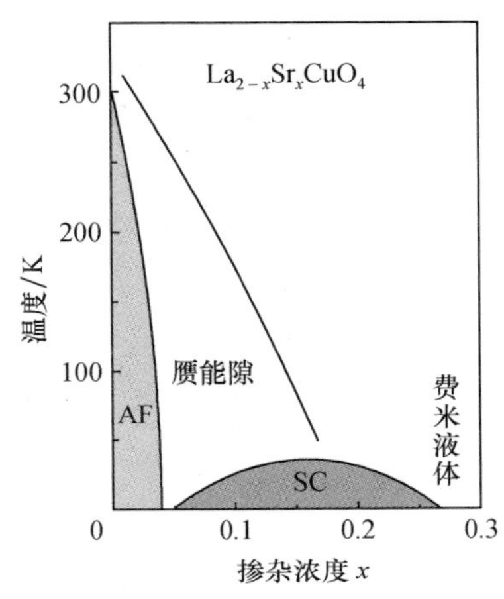

图 12.8 $La_{2-x}Sr_xCuO_4$ 体系的相图. CuO_2 面载流子浓度 $p=x$，AF 为反铁磁相，SC 为超导相

未掺杂的母化合物空穴浓度 $p=0$，为绝缘体，具有长程反铁磁有序. 其磁性来源于 CuO_2 平面中自旋 1/2 的 Cu^{2+} 离子，反铁磁有序则源于 Cu^{2+} 离子自旋间以居中 O2p 电子为媒介的超交换作用. 反铁磁转变温度 T_N 依体系的不同在 250 K 到 500 K 之间变动，这是因为 T_N 还与 c 轴方向的交换耦合有关，不同材料相互有别. 当通过掺杂引入空穴载流子时，T_N 急剧下降到零，源于空穴主要进入 CuO_2 面上氧的 $2p$ 轨道，$2p$ 轨道上电子的缺少对阻挫 Cu^{2+} 离子自旋间的反铁磁超交换关联十分有效. p 增加到某一临界浓度出现超导电性. 用最高转变温度 $T_{c,max}$ 标度的 $T_c/T_{c,max}$ 随 p 的变化为近似抛物线的普适曲线，超导相的出现，T_c 达到最高和超导相的消失分别发生在 $p\approx0.05$，0.16 和 0.27 处. 空穴浓度进一步增加时，体系的行为趋于正常费米液体. 对应于最高转变温度 T_c 的掺杂称为最佳掺杂(optimally doped). 掺杂量大于或小于这一数值的区域，分别称为过掺杂区(overdoped region)和弱掺杂区(underdoped region).

12.3.2 电子结构

仍以 La 系为例，其母化合物为 La_2CuO_4，La 是三价正离子，O 是二价负离子，均有闭壳层的电子结构，因而 Cu 应为二价正离子，电子组态为 $3d^9$. Cu^{2+} 处在由氧离子组成的伸长的八面体中央(图 12.9). 伸长方向沿 c 轴，定为 z 方向. 在氧离子的晶场作用下，$3d$ 能级的简并消除. 能级的分裂情况如图 12.10 所示. 9 个 $3d$ 电子填在这些能级上，最上面只填有一个 $3d$ 电子的是具有 x^2-y^2 对称性的能级. 这一

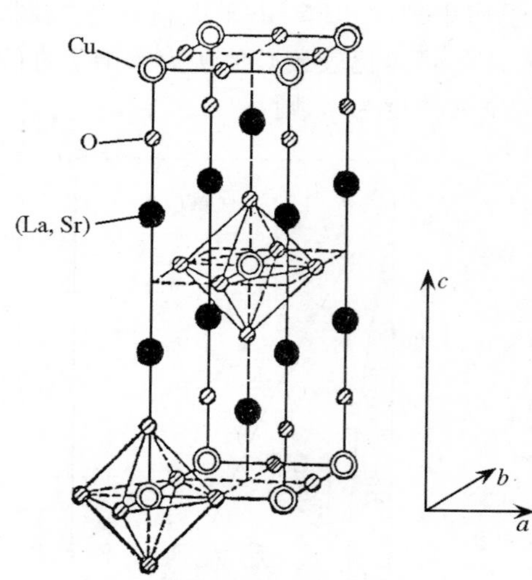

图 12.9 $La_{2-x}Sr_xCuO_4$ 的结构，同时显示 CuO_6 八面体结构单元

能级在晶体中演化成能带，应有半满的填充，给出金属性的基态. 实际的情形要更复杂一些，氧原子的 $2p$ 轨道在晶场作用下也会分裂. $3d_{x^2-y^2}$ 是在 CuO_2 平面内的轨道，与氧平面的轨道 $2p_x$，$2p_y$ 有大的交叠杂化，其中 σ 类型的交叠产生三个能带. 最高能带是以 $Cu3d_{x^2-y^2}$ 为主的 $Cu3d_{x^2-y^2}O2p_{x,y}\sigma^*$ 能带，属半满带，相当于每个原胞有一个空穴. 最低能带主要是 $O2p_{xy}$ 成分. 以这种观点分析 Y 系的母化合物 $YBa_2Cu_3O_6$，会得到具有金属性的同样的结果.

但是实验却表明 La_2CuO_4 和 $YBa_2Cu_3O_6$ 均为反铁磁长程有序的绝缘体，情况与 12.2.1 小节中讨论过的过渡族金属氧化物，如 NiO 等相似. 实验测量证实了人们的猜测，对 $Cu3d_{x^2-y^2}$ 原子轨道，采用(12.2.3)类型的 Hubbard 哈密顿量，算出的结果与实验相比较，得到 d 电子的在位库仑能 $U\approx 9$ eV，远大于相应的电子能带宽度(约 2 eV)，正是这种强关联，使得能带论给出的半满 $Cu3d_{x^2-y^2}$ 带分裂成填满的下 Hubbard 带和空的上 Hubbard 带，材料成为绝缘体.

实际上，这些母化合物并不是简单的莫特绝缘体，或 Mott-Hubbard 绝缘体. 在 $Cu3d_{x^2-y^2}$(简称 $Cu3d$)原子轨道对应的上、下 Hubbard 带之间，有从 $O2p_{x,y}$(简称 $O2p$)原子轨道演化出的能带，在未掺杂时为满带(图 12.11(a)). 因此其价带并非下 Hubbard 带，而是 $O2p$ 带，母化合物的能隙也不是由 U 决定，而是由 Δ 和 $O2p$ 能带的宽度决定，Δ 值约 2 eV. $O2p$ 带和 $Cu3d$ 上 Hubbard 带之间的带隙称为电荷转移隙，这类材料也常被称为电荷转移型绝缘体(charge transfer insulator).

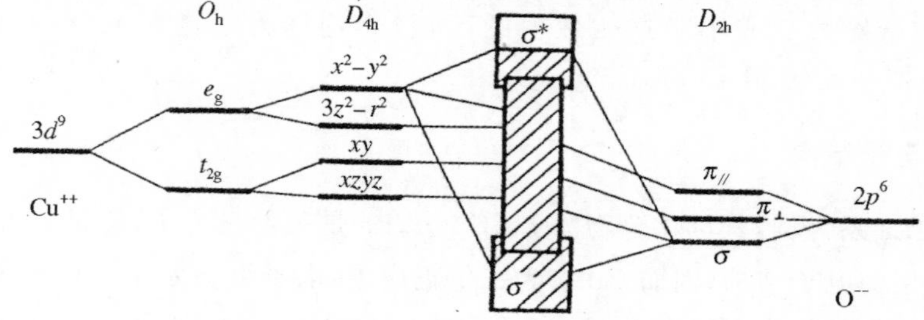

图 12.10 CuO_2 面电子结构形成的示意

(引自 L. F. Mattheis, Phys. Rev. Lett., 58(1987), 1026)

在反铁磁绝缘体母化合物中通过掺杂引入空穴，电子结构如何演化是长时间以来没有解决的物理问题. 比较多的模型认为空穴载流子处于价带（O2p 带）顶（图12.11(b)），随着空穴掺杂量的增加，化学势 μ（费米能量）从电荷转移能隙底部逐渐下移. 对于电子型的超导体，如 $Nd_{2-x}Ce_xCuO_{4-\delta}$，用 Ce^{4+} 离子部分取代 Nb^{3+} 离子可注入电子，载流子出现在导带（上 Hubbard 带）的底部（图 12.11(c)）. 然而从红外光学响应等实验的结果看，更支持掺入空穴载流子，会在母化合物绝缘体电荷转移隙中间产生新的电子态，称为隙间态（midgap state），化学势在能隙的中间，在弱掺杂区化学势的位置基本不动. 绝缘相到金属相的转变来源于掺杂导致隙间态增加，出现巡游性的载流子. 超导区的电子结构示意在图 12.11(d) 中. 图中还反映出掺杂引起 O2p 态和 Cu3d 态的相对位移和杂化，隙间态不仅来源于扩展的 O2p 态，局域化的 Cu3d 态也有部分的贡献.

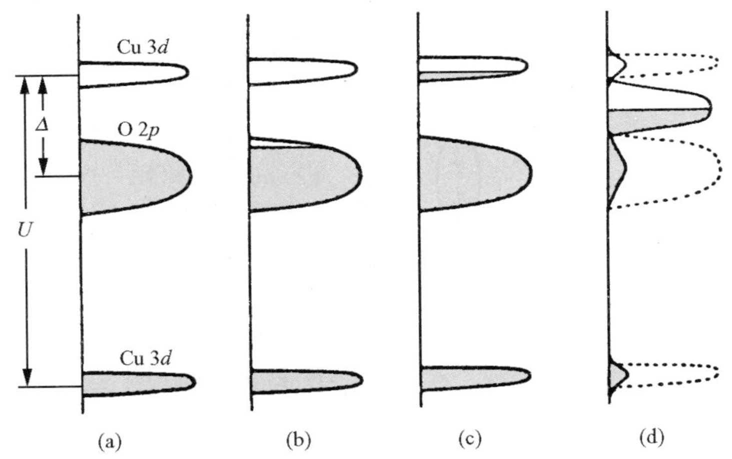

图 12.11　氧化物高温超导材料 CuO_2 面电子结构示意

(a) 母化合物；(b) 掺杂，空穴刚带情形；(c) 电子掺杂，刚带情形；(d) 掺杂，重构的隙间态

（引自 S. Uchida et al. Phys. Rev. B43(1991), 7942）

从上面的讲述知道，将高温超导体归类于强关联体系，关键点在于 CuO_2 面中 Cu3d 电子有强的在位排斥能 U，尤其重要的是这种强关联一直持续到超导区，随掺杂浓度 p 的增加，U 值逐渐减小，直到电子态与能带论计算相符时才趋于零. 这种关联及其强度的变化，也突出地反映在超导相作为反铁磁相的近邻出现，且 Cu3d 电子间的短程反铁磁关联延续到超导区，虽然逐渐减弱，但直到 $p\approx0.20$ 时才消失. 在相图中相当大的区域，需要考虑在位排斥能 U 的存在.

12.3.3　d 波超导体

铜氧化物高温超导体的超导相依然来源于电子配对，是库珀对（Cooper pair）

在低温下的玻色凝聚. 但和常规超导体的 s 波对不同，是 d 波对，这是多年来高温超导电性实验和理论研究取得的重要成果和共识. 对于常规超导体，对的结合源于电声子相互作用，但对高温超导体，对形成的机制尚不清楚.

电子对的波函数可以写成轨道部分和自旋部分的乘积：

$$\Psi(\boldsymbol{q}_1,\boldsymbol{q}_2) = f(\boldsymbol{r}_1,\boldsymbol{r}_2)\chi(\sigma_1,\sigma_2), \tag{12.3.1}$$

其中 $\boldsymbol{q}=\boldsymbol{r}\sigma$，$\sigma$ 是自旋变量. 进一步引入质心坐标 $\boldsymbol{R}\equiv(\boldsymbol{r}_1+\boldsymbol{r}_2)/2$ 和相对坐标 $\boldsymbol{r}\equiv\boldsymbol{r}_1-\boldsymbol{r}_2$，上式可写为

$$\Psi(\boldsymbol{q}_1,\boldsymbol{q}_2) = \psi(\boldsymbol{R})\varphi(\boldsymbol{r})\chi(\sigma_1,\sigma_2). \tag{12.3.2}$$

由于自旋波函数因两电子自旋取向相反为单重态，对于电子交换是反对称的，轨道部分 $f(\boldsymbol{r}_1,\boldsymbol{r}_2)$ 必须是对称的，即 $\varphi(\boldsymbol{r})$ 必须为 $\boldsymbol{r}$ 的偶函数，两个电子相对运动的角动量量子数 $l=0,2,\cdots$，只能是偶数. 对于传统的 BCS 超导体，$\varphi(\boldsymbol{r})$ 与 $\boldsymbol{r}$ 的方向无关，$l=0$，属 s 波配对. 对于高温超导体，绝大多数实验都支持其为 $d_{x^2-y^2}$ 波配对，即 $l=2$，$\varphi(\boldsymbol{r})\propto x^2-y^2\propto\cos 2\theta$，其中 x，y 分别是 $\boldsymbol{r}$ 在 x 轴和 y 轴上的投影，θ 角从 x 轴算起.

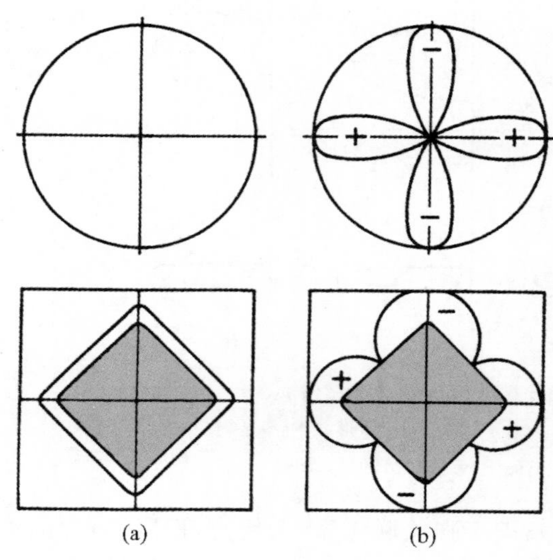

图 12.12 高温超导体序参量在实空间中和动量空间费米面上的相位和振幅示意.
(a) 各向同性 s 波；(b) $d_{x^2-y^2}$ 波

在 8.3 节有关拓扑缺陷的讨论中讲到超导态可用一序参量 $\psi(\boldsymbol{r})$ 刻画，以区别于正常态. 超导电性是宏观量子力学现象，$\psi(\boldsymbol{r})$ 也称为宏观波函数. 由于他是对宏观数量的库珀对所凝聚到的单一量子态的描述，因此，序参量实际上就是(12.3.2)式给出的库珀对波函数的轨道部分. 对于 s 波超导，$\varphi(\boldsymbol{r})$ 与 $\boldsymbol{r}$ 的方向无关，序参量可简单地取为库珀对的质心运动部分，即(8.3.6)式 $\psi(\boldsymbol{r})$ 中的 $\boldsymbol{r}$ 应理解为对的质心坐标，序参量模的平方给出在空间某处找到库珀对的概率. 对于 $d_{x^2-y^2}$ 波超导，序参量还要包括相对运动部分，显然要更复杂一些. 在实空间中 s 波和 $d_{x^2-y^2}$ 波的相位和振幅示意在图 12.12 的上部. 可见 $d_{x^2-y^2}$ 波的序参量大小随取向变化，在 CuO_2 面上有四个叶片，两个正叶和两个负叶，最大值沿 x 轴和 y 轴方向，对角线 $|x|=|y|$ 处为零，对角线两边符号相反.

超导微观理论给出，序参量 $\psi(\boldsymbol{r})$ 和能隙函数 $\Delta(\boldsymbol{r})$ 有简单的比例关系，即

$$\psi(\boldsymbol{r}) = F(T_c)\Delta(\boldsymbol{r}), \tag{12.3.3}$$

F 是 T_c 的函数，因此，能隙函数 $\Delta(\boldsymbol{r})$ 与序参量 $\psi(\boldsymbol{r})$ 相当.

库珀对轨道波函数，或序参量 $\psi(\boldsymbol{r})$ 的对称性实际上起源于导致其配对的有效相互作用对势，而这一吸引对势又直接决定着超导能隙的大小及其对称性. 如费米面上波矢为 $\boldsymbol{k}$ 及 $\boldsymbol{k}'$ 的两个电子间的对势 $V(\boldsymbol{k},\boldsymbol{k}')$ 中具有最大吸引作用的分波项为 l 波态，在 k 空间中能隙函数 $\Delta(\hat{k},T)$ 将近似比例于 l 级球谐函数[①]. 这样对于 BCS s 波超导体

$$\Delta(\boldsymbol{k}) = \Delta, \tag{12.3.4}$$

与波矢 $\boldsymbol{k}$ 的取向无关，是各向同性的. 对于 $d_{x^2-y^2}$ 波配对，

$$\Delta(\hat{k}) = \Delta\cos 2\theta, \quad \theta = \arctan(\hat{k}_y/\hat{k}_x), \tag{12.3.5}$$

其中 $\hat{k}_x$，$\hat{k}_y$ 是 CuO_2 平面二维布里渊区中单位波矢 $\hat{k}$ 沿 x，y 轴的分量，θ 角从 k_x 轴算起. 能隙函数在 k 空间费米面上的相位和振幅示意于图 12.12 下部环绕加灰区的部分，加灰区表示电子满占据的费米海.

d 波对的形成可能是高温超导体电子间强关联的结果. 如 12.3.2 小节所述，高温超导体中处于同一位置，自旋方向相反的电子间有很强的库仑排斥作用，d 波对的径向波函数在 $\boldsymbol{r}=\boldsymbol{r}_1-\boldsymbol{r}_2=0$ 时为零，减小了两个电子靠近的概率，在能量上比 s 波对更为有利.

高温超导现象发现不久，即有理论模型预言其电子配对应有 d 波对称性，但早期的实验工作并不支持这种想法. 此后，随着样品质量的提高和实验手段的进步，d 波对称性才逐渐得到确认.

对于 d 波对称，在 k 空间中能隙的大小是随位置不同而改变的，在对角线 $|k_x| = |k_y|$ 处过零，具有节点(node)，这是 d 波配对的重要特征.

在温度 T 大于零时，超导相中将有热激发的准粒子. 对于传统的 BCS 超导体，从基态能量计算起的准粒子能量

$$\epsilon_{\boldsymbol{k}} = [(\varepsilon_{\boldsymbol{k}} - \varepsilon_F)^2 + \Delta^2]^{1/2}, \tag{12.3.6}$$

其中 $\varepsilon_{\boldsymbol{k}} = \hbar^2 k^2/2m$，这是我们熟悉的公式. 当 $\varepsilon_{\boldsymbol{k}} = \varepsilon_F$ 时，$\epsilon_{\boldsymbol{k}} = \Delta$，能隙 Δ 是激发单个准粒子所需的最小能量. 对于 d 波超导体，(12.3.6)式可推广为

$$\epsilon_{\boldsymbol{k}} = [(\varepsilon_{\boldsymbol{k}} - \varepsilon_F)^2 + |\Delta(\boldsymbol{k})|^2]^{1/2}. \tag{12.3.7}$$

在费米面能隙的节点附近，因能隙为零或很小，准粒子能量 $\epsilon_{\boldsymbol{k}} \approx 0$，很容易被热激发. 准粒子是超导体中热激发的非配对载流子，相对于配对的超导电子，常被称为正常电子. 正常电子被热激发的难易，直接影响到超导相多种物理性质随温度的变化.

超导相的电子比热起源于正常电子的贡献，对于 BCS 超导体，由于各向同性

① 见主要参考书目 8，第 257 页.

能隙的存在，电子比热比例于 $\exp(-\Delta(0)/k_B T)$ 变化，$\Delta(0)$ 是温度 $T=0$ 时的能隙大小. 超导体的伦敦穿透深度 $\lambda_L(T)$ 起源于表面超流电流对外加磁场的屏蔽，温度降低时，正常电子数密度下降，$\lambda_L(T)$ 趋于 $\lambda_L(0)$，对于 BCS 超导体，在远低于 T_c 的温度，

$$\frac{\Delta\lambda}{\lambda_L(0)} \equiv \frac{\lambda_L(T)-\lambda_L(0)}{\lambda_L(0)} \propto e^{-\Delta(0)/k_B T}, \tag{12.3.8}$$

和比热一样，同样有随温度指数的变化关系.

对于 d 波超导体，由于在低温下重要的仅为节点区易于被激发的正常电子，物理性质随温度的变化通常为幂函数的形式，要缓慢得多. 在节点附近正常电子的 $\epsilon(\boldsymbol{k})$ 有线性色散关系，简单地只考虑在节点处与费米面垂直的波矢 k，从(12.3.7)式，取 $\Delta(\boldsymbol{k})=0$，得

$$\epsilon = vp, \tag{12.3.9}$$

其中 $v=v_F$，$p=\hbar(k-k_F)$ 是热激发的正常电子相对于节点的动量. 可以证明(12.3.9)式对平行于费米面方向也是正确的，只是 v 有所不同. 对于二维体系，采用(11.2.13)中给出的态密度，可以知道能态密度 $g(\epsilon)$ 对 ϵ 亦有线性的依赖关系. 易于证明(习题 12.6)，此时比热将比例于 T^2 变化. 同样，由于正常电子能态密度对能量的线性依赖，$\Delta\lambda/\lambda_L(0)\propto T$ 变化. 高温超导体能隙存在节点的首批间接的实验证据，正是通过测量不同物理性质对温度的依赖关系得到的. 例如对高品质 $YBa_2Cu_3O_{6.95}$ 单晶穿透深度的测量，在 3～25 K 范围内得到对温度线性依赖的结果[①]，对比热的测量，在 2～7 K 范围观察到 $\propto T^2$ 的电子比热的存在[②].

d 波对称性，能隙节点存在的直接证据来自角分辨光电子谱的测量. 图 12.13 给出对高品质 $Bi_2Sr_2CaCu_2O_{8+x}$ 单晶样品超导能隙在费米面上随 θ 角(从 k_x 轴算起)的变化，实验测量点(从 1 到 15)在第一布里渊区的位置显示在插图中，实线是用 $d_{x^2-y^2}$ 波能隙函数拟合的结果，可见测得的超导能隙的绝对值 $|\Delta(\boldsymbol{k})|$ 在实验误差内和 $d_{x^2-y^2}$ 波超导体的能隙值在定量上是相符的. 由于光电子谱的能量分辨率有限，在节点处无法区分能隙为零，或只是非常小；同时这种对能隙大小的测量无法确定能隙函数的符号. 基于 Josephson 隧穿结和直流 SQUID 器件量子力学相位干涉的、对高温超导体序参量相位灵敏的测量补充了角分辨光电子谱测量的不足. 有关的原理、方法和结果可参阅 Van Harlingen 的评述文章[③].

除去 d 波配对外，高温超导体超导相另一个重要特点是相干长度(coherence length)很短，并有很强的各向异性. 例如对 Y-123，零温度的相干长度，CuO_2 面 $\xi_{ab}(0)$ 为 1.5 nm，c 轴方向 $\xi_c(0)$ 为 0.3 nm，对比 BCS 超导体 Nb，$\xi(0)$ 为 40 nm. 同

① W. N. Hardy et al. Phys. Rev. Lett. 70(1993), 3999.

② K. A. Moler et al. Phys. Rev. Lett. 73(1994), 2744.

③ D. J. Van Harlingen, Rev. Mod. Phys. 67(1995), 515.

时由于载流子浓度低，$(2\sim5)\times10^{21}$ cm^{-3}，对外磁场屏蔽减弱，穿透深度较大，如对 Y-123，$\lambda_{ab}(0)$为 150 nm，$\lambda_c(0)$为 600 nm，Nb 的 $\lambda(0)$为 35 nm. 铜氧化物超导体的 Ginzburg-Landau 参数 $\kappa=(\lambda/\xi)\gg1$，属极端第Ⅱ类超导体. 此外，由于在 T_c 附近电子平均自由程约 10～20 nm，远大于相干长度 ξ，属干净极限(clean limit)情况.

短的相干长度使高温超导体具有高的上临界场 $H_{c2}=\Phi_{s0}/2\pi\mu_0\xi^2$，并降低了磁通钉扎能，增加了小钉扎中心(如点缺陷等)的重要性，还使大的晶体缺陷变成弱连接. 特别是短的相干长度，高 κ 值和强的各向异性使高温超导体在磁结构和磁通动力学方面有很多新的特点，混合态有复杂的相图. 相对于 Y 系和 La 系，Bi 系和 Tl 系有更强的各向异性，更接近于层状二维体系，沿 c 轴的磁通线可看做二维薄饼涡旋(pancake vortex)的堆叠，同一导电层中薄饼涡旋相互排斥，相邻层中的薄饼涡旋有弱的相互吸引. 在很低的温度下，薄饼涡旋排成点阵，温度升高时，逐渐失去关联成为独立的薄饼涡旋.

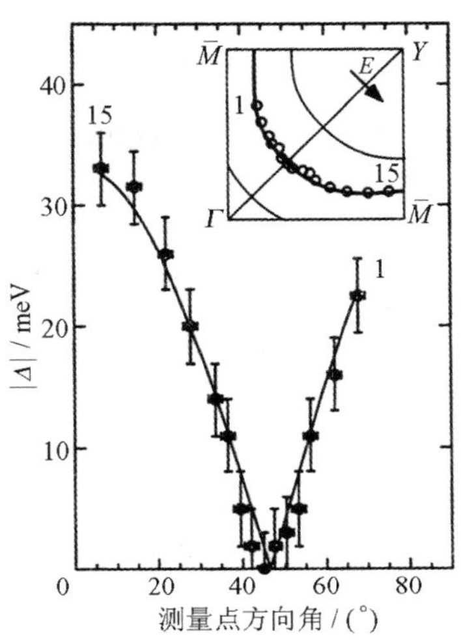

图 12.13 $Bi_2Sr_2CaCu_2O_{8+x}$的超导能隙在费米面上随方向角的变化. 实心圆点为测量值，实线是用 $d_{x^2-y^2}$ 波能隙函数拟合的结果，插图给出测量点在 k 空间第一布里渊区中的位置

(引自 H. Ding et al. Phys. Rev. B54 (1996), R9678)

序参量强的相位涨落也是高温超导体、特别是弱掺杂区超导相与常规超导体显著不同之处. 特别是对于超导电子浓度低的弱掺杂高温超导体，相位涨落尤为严重，不仅左右着 T_c 的高低，而且在 T_c 以上相当宽的范围内，涨落也是重要的.

12.3.4 值得关注的几个反常现象

除去超导电子的配对机制尚不清楚外，还有一些反常现象有待澄清，这是强关联体系研究中的常态，这里摘其主要者三作简要的讲述.

(1) 线性电阻率

高温超导材料正常态 CuO_2 面方向电阻率 ρ_{ab} 最突出的行为特征是：对载流子浓度在最佳掺杂附近的材料，在很宽的温度范围内对温度有线性依赖关系，如图 12.14 所示. 一般可写成

$$\rho_{ab}=\rho_0+\beta T, \tag{12.3.10}$$

其中 ρ_0是剩余电阻率. 对于高品质的样品，ρ_0接近于零.

ρ_{ab}随温度的线性变化，在 Y-123 中，由于氧的逸出，线性关系向上延伸只到 500 K，对于 $La_{1.85}Sr_{0.15}CuO_4$，可向上延伸到约 1000 K. 在向低温扩展方面，在

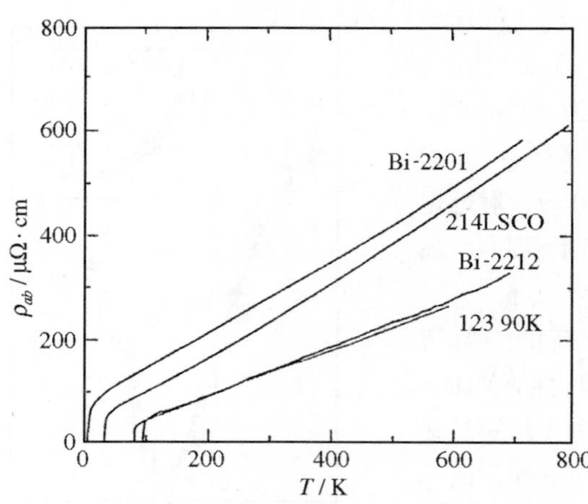

图 12.14 ρ_{ab} 随温度的线性变化. 图中标记 123 90 K 为 $T_c = 90$ K 的 $YBa_2Cu_3O_{7-\delta}$; Bi-2212 和 Bi-2201 分别为图 12.7 中(a),(b); 214 LSCO 为 $La_{1.85}Sr_{0.15}CuO_4$

$Bi_2Sr_2CuO_6$(Bi-2201)中,线性关系间低温端保持到 10 K. 不同体系材料有相近的 β 值,对高质量的样品 β 值较小,约 0.4～0.5 $\mu\Omega\cdot$cm/K. ρ_{ab} 行为的相似性,表明不同体系中共有的 CuO_2 面在正常态的输运性质中起着关键的作用.

对于正常费米液体,如 12.1 节中所述,如电阻来源于载流子(这里是空穴)之间的散射,电阻率将比例于 T^2 变化. 此处的线性关系,以及常规超导体超导电性的电子-声子相互作用机制,都让人考虑声子所起的作用.

强电声子作用系统,电阻率随温度的线性增长有一上限,称为饱和效应,源于平均自由程的减小有一下限,不能小于近邻原子间距(9.1.5 小节,Ioffe-Regel 判据). 高温超导体 ρ_{ab} 的线性行为延伸到很高的温度,起码说明电子-声子的相互作用很弱. 在低温端一般 $T<\Theta_D/5$,电阻率的电声子作用机制会导致对线性行为的偏离 (6.2.3 小节). 对于 T_c 较高的材料,线性行为在 T_c 处因超导电性的出现而截断,而 T_c 大多在 $\Theta_D/5$ 以上,因而无法判断对线性行为的偏离. 但对 Bi-2201 晶体,T_c 在 7 K 左右,$\rho_{ab}(T)$ 的线性行为延伸到 10 K,用电声子机制拟合实验数据,得到 $\Theta_D\approx35$ K,显然不合理得太低了. 更让人惊奇的是用磁场抑制超导电性后,线性行为下延到 $T\sim0$①. 在费米液体的图像下,考虑电子-声子作用的传统理论,无法对 $\rho_{ab}(T)$ 的行为给出令人满意的解释. 在这种意义下,$\rho_{ab}(T)$ 这种普遍的宽温区线性行为被称为一种反常行为.

高温超导材料有很强的各向异性. 在垂直于 CuO_2 面的 c 轴方向,电阻率 ρ_c 远大于 ρ_{ab},在 Y-123 中可相差 10^2 倍,在 Bi-2212 中可相差 $10^4\sim10^5$ 倍. 同时,大多数材料表现出半导体性的 $\rho_c(T)$ 行为. 从能带论及玻尔兹曼方程的理论框架,这种各向异性亦难于得到理解. 能带结构的计算给出金属性行为,以及过小的各向异性. 而且对于普通的金属,不管载流子质量的各向异性有多强,各个方向都仍为金属.

(2) 赝能隙

弱掺杂区正常态最基本的,也是最重要的实验事实是有正常态能隙出现. 能隙

① G. Boebinger et al. Phys. Rev. Lett. 85(2000), 638.

的存在有多方面的实验证据. 图 12.15 给出对 Y-123 单晶样品$\rho_{ab}(T)$的测量结果. 对 $T_c \sim 90$ K 最佳掺杂(氧含量)的样品,$\rho_{ab}(T)$随温度线性变化. 氧含量降至 6.85 及 6.78 的样品,$\rho_{ab}(T)$分别在 $T^* \sim 180$ K 及 $T^* \sim 220$ K 偏离线性,下降得要更快一些. 氧含量进一步减少,偏离线性的温度 T^* 要更高一些. 由于载流子数不可能在 T^* 以下突然增加,只能是载流子所受散射的变化. 由于 T^* 很快地随氧含量改变,结果不可能用电声子散射来解释. 实际原因是正常态能隙打开,导致散射的急剧减弱. 图中还插入了两个氧含量下无孪晶样品 ρ_a 和 ρ_b 的测量结果. ρ_b 是沿 CuO 链方向的电阻率. 结果表明 ρ_a 和 ρ_b 的大小及随温度的变化均很接近,对线性行为的偏离是 CuO_2 面的本征行为.

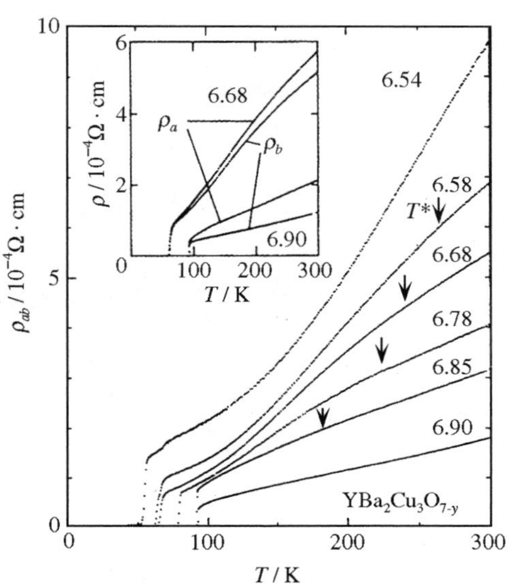

图 12.15　Y-123 晶体 ρ_{ab} 对温度的依赖关系
(引自 T. Ito et al, Phys. Rev. Lett. 70(1993), 3995)

图 12.16 给出电子系统对比热的贡献,图中纵坐标为电子比热系数 $\gamma = c_e/T$,即电子比热被温度除,对于最佳掺杂和过掺杂的样品,$\gamma(T)$行为正常. 温度下降时 γ 大体保持为常数(1.2.2 小节),在超导转变温度 T_c 处,γ 急剧上升,呈现出正常态—超导态二级相变应有的比热跃变,随后 γ 急剧减小趋于零,反映出超导态中对电子比热有贡献的非配对电子数随温度降低的快速下降. 然而对弱掺杂样品,在远高于 T_c 的温度处 γ 即开始随温度的降低而减小,而且在 T_c 处电子比热的跃变和最佳掺杂以及过掺杂样品相比,明显地要小很多. 由于电子比热系数比例于费米能处的态密度,T_c 处的电子比热跃变 $\Delta c_e = 2\gamma T_c$①,电子比热测量的结果说明,对于弱掺杂的样品,在远高于 T_c 的温度,单电子态密度即开始减小,这是正常态能隙存在的另一旁证. 正常态能隙常称为赝隙(pseudogap),是指在费米面的部分区域形成能隙,而其他部分正常,反映在总的能态密度上,与 9.1.3 小节中赝能隙类似,是其数值的减小,但仍有非零值. 对于真正的,如本征半导体的禁带能隙,隙中无电子的许可态存在,态密度为零.

此外,还有多种测量手段证明赝能隙的存在. 角分辨光电子谱实验的结果证实

① 参见管惟炎等,超导电性——物理基础,北京:科学出版社,1981 年,第 36 页.

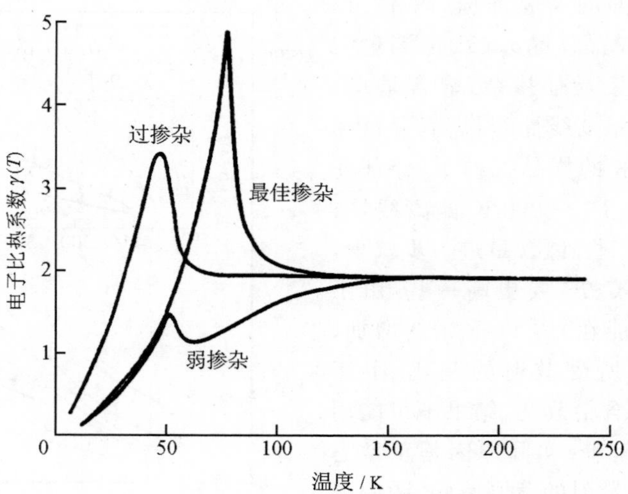

图 12.16 $Y_{0.8}Ca_{0.2}Ba_2Cu_3O_{7-\delta}$电子比热系数随温度的变化
(引自 J. W. Loram et al. Physica C 282～287(1997), 1405)

了正常态能隙对 **k** 的依赖关系,同样具有 d 波对称性,且随温度降低,赝能隙连续地过渡到超导能隙,两者数量的大小相近. 加上其他一些实验结果的支持,形成了一种观点,认为赝能隙和超导能隙可能有共同的起源,但载流子的配对与超导态对的凝聚不是同时发生的. 载流子的配对,或称之为预配对发生在赝能隙打开处,对的形成能约为 $k_B T^*$. 由于相位涨落过大,只有在更低的温度 T_c 处才能发生玻色凝聚,成为长程相位相干的库珀对系统,出现超导电性. 这一看法也解释了在弱掺杂区载流子浓度减少 T_c 下降、但赝能隙和超导能隙反而增大的结果. 原因是在这里 T_c 的大小不是由能隙的大小而是由序参量的相位涨落决定的.

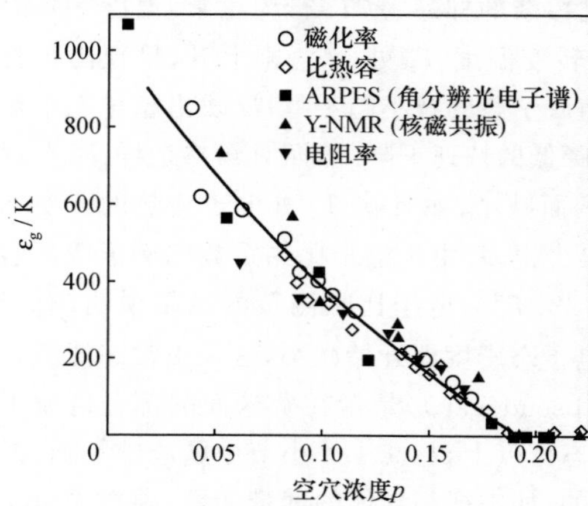

图 12.17 不同测量手段得到的赝能隙能量 ε_g 随掺杂浓度的变化,ε_g 用能隙出现的温度表示
(引自 J. L. Tallon and J. W. Loram, Physica C 349(2001),53)

按照上述观点,相图(图 12.8)中赝能隙线在掺杂浓度 p 增加时并不进入超导相区,而是结束于过掺杂超导区边界上,但 J. L. Tallon 和 J. W. Loram 汇集整理不同实验手段得到的结果(图 12.17)却表明,赝能隙曲线随 p 的增

加应进入超导区，结束于临界掺杂浓度～0.19. 由于赝能隙曲线外推到 $p=0$，得到 ε_g～1200 K，是未掺杂绝缘体的反铁磁交换能量，而在 p～0.19 的另一端，实验表明短程反铁磁关联消失，另一种观点认为赝能隙与超导能隙是两个不同的能隙，赝能隙的起源很可能与高温超导体中的磁关联有关.

（3）本征不均匀性

1995 年 Tranquada 等[①]借助中子散射实验，在 $La_{2-x}Sr_xCuO_4$ 中用少量 Nd 取代 La，发现了电荷、自旋条纹相间排列的现象，文献上称为“条纹相”(stripe phase). 图 12.18 给出 $p=x=1/8$ 情形条纹相结构的示意. 图中较为简单，略去了氧离子. 掺杂引进的空穴形成电荷条纹，沿条纹平均每两个铜位有一个空穴，用实心圆点和空心圆点交替排列表示. 如用 a 表示 Cu-Cu 距离，则电荷条纹在空间重复出现的周期为 $a/2x$，在 $x=1/8$ 时为 $4a$，这相当于平均每 8 个 Cu 离子有一个空穴. 对于反铁磁有序的自旋排列，电荷条纹处于反相畴界处，即相邻的两列(如左起第 1 列和第 3 列)自旋取向相反，如无电荷条纹，他们应是同方向的. 由于这种反向性，自旋条纹在空间重复的周期是 a/x，为电荷条纹的两倍. 正是这种周期的不同，使中子散射的布拉格衍射峰的位置在条纹相出现后的移动，对自旋条纹和电荷条纹(信号要弱得多)有所不同. 这也是实验判断条纹相的存在和周期的依据.

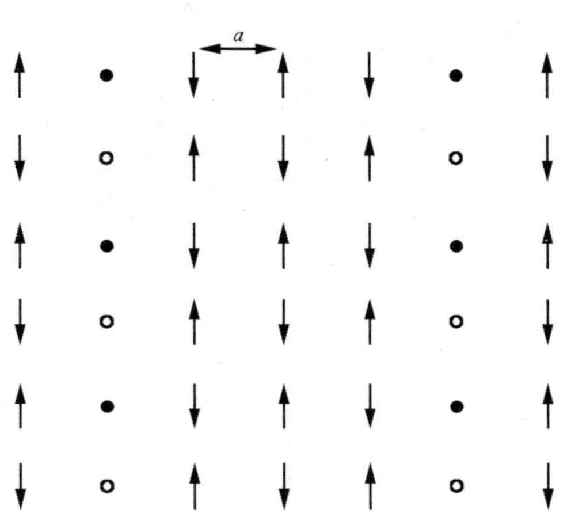

图 12.18 CuO_2 面上载流子浓度为 1/8 时的条纹相示意

上述工作中掺入 Nd 的目的是造成晶格畸变，从而使随空间位置和时间缓慢变化的反铁磁自旋密度波涨落成为静态的，便于对中子散射谱的布拉格峰做仔细的分析. 随后，在 1998 年，人们在不掺杂 Nb 的弱掺杂 $La_{2-x}Sr_xCuO_4$ 的中子散射测量 中观察到和掺 Nb 体系相应的自旋布拉格峰[②]，很强的表明这里观察到的是与掺 Nb 样品同样的条纹相，只是不再是静态的，而是有起伏涨落，是动态的.

借助于高分辨扫描隧穿显微术(STM)，人们相继揭示出另外一些非均匀态. 图 12.19 给出 K. M. Lang 等用 STM 在 $Bi_2Sr_2CaCu_2O_{8+\delta}$(Bi-2212)单晶样品中得到的 d 波超导能隙实空间的分布图. 原图中能隙大小用不同颜色标记，这里只能转

---

① J. Tranquada et al. Nature, 375(1995), 561.

② K. Yamada et al. Phys. Rev. B57(1998), 6165.

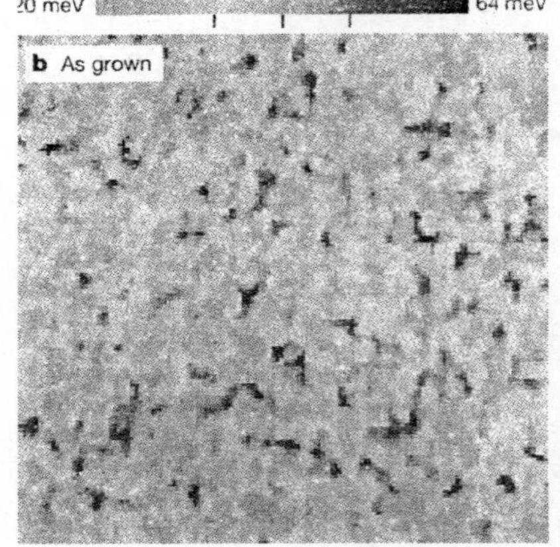

图 12.19　用高分辨扫描隧穿谱术得到的 Bi-2212 样品 d 波超导能隙实空间分布，图像面积 560 Å×560 Å. a. 弱掺杂样品，$T_c=79$ K，b. 未处理(as-grown)样品（引自 K. M. Lang et al. Nature 415(2002),412）

换为从浅灰到深黑不同的深浅. 图 12.19b 是未做进一步处理的(as-grown)单晶样品的结果，空穴浓度 $p\approx0.18$，属轻度过掺杂. 图 12.19a 是使氧含量下降到 $p\approx0.14$，T_c 为 79 K，处于弱掺杂区的结果. 人们关注的弱掺杂区样品最主要的特点是其颗粒性. 浅色的颗粒尺寸约 3 nm，局域能隙 $\Delta<50$ meV，进一步的测量表明处于超导态. 这些超导颗粒为深色的，局域能隙 $\Delta>50$ meV 的非超导区所包围. 实验因此表明弱掺杂 Bi-2212 呈现的是颗粒超导电性，超导颗粒为非超导区所分隔，样品的宏观超导态是借助于超导颗粒间通过非超导区的 Josephson 效应耦合实现的.

图 12.20 给出的是实验观察到的另一种不均匀态，称为电荷有序棋盘(checkerboard)态. 这是在 $T=100$ mK 的低温下，在 Na 掺杂铜氧化物高温超导体中观察到的. 选用 Na 掺杂铜氧化物 $Ca_{2-x}Na_xCuO_2Cl_2$ 的原因，不仅是因为它有典型的空穴型高温超导体的相图，还因为它的晶格结构更简单有序，没有畸变，所有的 CuO_2 面在晶体学上都是等价的，而且从实验的角度，易于剥离出理想的供实验观察的表面. 图中给出的是用 STM 测量的，以纳西(nS)为单位的微分隧穿电导图. 样品处于超导态($x=0.12$，大于超导出现的起始值 $x=0.10$). 实际上这是在 $0.08\leqslant x\leqslant0.12$ 区间典型的结果. 实验结果中最重要的是观察到非常强的电荷空间调制，4 个 CuO_2 方块合为一个单元，整体状如方格子的棋盘. 得到的结果自然十分重要，因为它揭示出与铜氧化物赝能隙相关的电荷有序，这种有序不是具有平移不变性的电子液体，而是某种形式的电子晶体.

由于自旋、电荷、晶格和轨道等多种相互作用同时存在，加上一定程度的结构无序，使铜氧化物高温超导体成为非常复杂的体系. 非均匀态的出现似乎可以期待，但对其形式及成因的具体说明并不容易. 此外，这些不均匀性的存在和高温超导电性的出现是有必然的联系，还是毫不相干，应该是更富挑战性的问题.

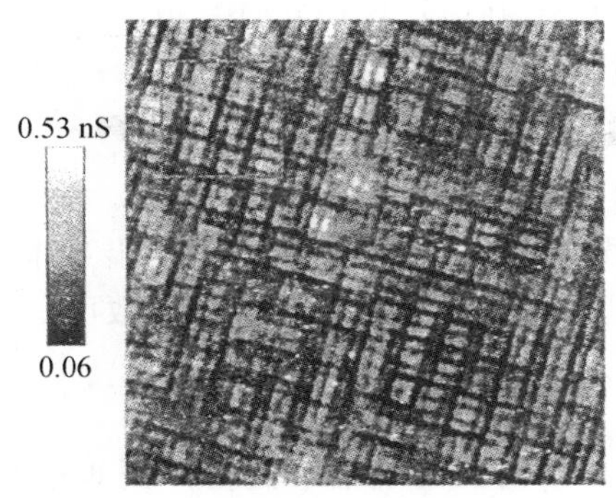

图 12.20 在 Na 掺杂铜氧化物中观察到的棋盘(checkerboard)状电荷有序态. 样品偏置电压为 24 mV
(引自 T. Hanaguri et al. Nature 430 (2004), 1001)

12.4 分数量子霍尔效应体系

11.1.3 小节中提及的分数量子霍尔效应,不能在单电子图像下得到理解. 当填充因子 ν 为分数时,费米能 ε_F 位于高度简并的最低朗道能级内,从单电子近似出发,朗道能级内并无能隙存在,无法导致分数量子霍尔效应平台的出现. 分数量子霍尔效应只能在非常干净的迁移率很高的样品中观察到,表明它是在强磁场作用下,二维电子气体系中多电子(约 10^{11} 电子/cm^2)强关联运动的结果. 现在的共识是,能隙的出现来源于电子-电子相互作用. 分数量子霍尔效应体系是指在足够强的磁场下($\nu<1$)的高迁移率二维电子系统,近年来的实验和理论工作表明,这是一个内容极为丰富的、独特的强关联体系,为人们所关注. 本节只就在这一领域中最常碰到的,如 Laughlin 波函数,分数电荷和复合费米子等几个名称或概念做粗浅的介绍.

12.4.1 Laughlin 波函数

对于强磁场(沿 z 轴方向)作用下二维平面中的单电子,矢势取对称规范

$$A = \frac{B}{2}(y, -x), \tag{12.4.1}$$

略去归一化因子,最低朗道能级态的单电子波函数可写为

$$\psi_{0m} = z^m \exp\left(-\frac{1}{4l_B^2} \mid z \mid^2\right), \tag{12.4.2}$$

其中 $z=x+\mathrm{i}y$,是电子在二维平面的复坐标,l_B 称为磁长度(magnetic length),

$$l_B = \left(\frac{\hbar}{eB}\right)^{1/2}, \tag{12.4.3}$$

是电子回旋运动的轨道半径.在(11.1.15)式中,取 $k_F^2=2\pi N/A$,N 为面积 A 中的总电子数,考虑到在每个电子平均占据的面积中,在一个朗道能级被填满时恰好分到一个磁通量子(11.1.3 小节),可以得到上面的表达式.易于证明 $\hat{L}_z\psi_{0m}=m\hbar\psi_{0m}$,$m$ 是角动量量子数.

对于二电子系统,虽然要考虑他们之间的库仑相互作用,但也是可解的.略去和质心相关的部分,角动量量子数为 m 的轨道波函数可写为

$$\psi_{0m}=(z_1-z_2)^m\exp\left[-\frac{1}{4l_B^2}(|z_1|^2+|z_2|^2)\right]. \tag{12.4.4}$$

Laughlin 将(12.4.4)给出的波函数形式推广到难于严格求解的强关联的 N 电子系统,对于填充数 $\nu=1/m$,m 为奇数,他建议体系的变分基态波函数可写为

$$\psi_m=\prod_{j<k}(z_j-z_k)^m\exp\left(-\frac{1}{4l_B^2}\sum_l|z_l|^2\right), \tag{12.4.5}$$

这就是著名的 Laughlin 波函数①.

由于在分数量子霍尔效应情形,电子的自旋都已极化,自旋波函数是对称的,m 取奇数保证了 z_j 和 z_k 交换 ψ_m 改变符号.z_j 和 z_k 相减的表达也保证了泡利原理所要求的,自旋同号的两个电子不能处在空间同一位置,否则 $\psi_m=0$.波函数中幂次项反映出的电子间彼此远离的倾向和指数项有利于电子向中心(坐标原点)聚集的平衡,使电子在体系中均匀分布.

为了说明 ψ_m 是能量最低的基态波函数,Laughlin 将 $|\psi_m|^2$ 写成经典概率分布函数的形式:

$$|\psi_m|^2=e^{-\beta\Phi_{\text{eff}}}, \tag{12.4.6}$$

其中 $1/\beta$ 是虚设的温度,取为 m,以使经典的有效势能 Φ 的物理意义更为明显.

将(12.4.6)式两边取对数,并将 ψ_m 的表达式代入,得

$$\Phi_{\text{eff}}=-2m^2\sum_{j<k}\ln|z_j-z_k|+\frac{m}{2l_B^2}\sum_l|z_l|^2. \tag{12.4.7}$$

这正是已被仔细研究过的二维单分量等离子体系统的库仑相互作用势能.

在 1.5 节末尾讨论过的金属中的等离子振荡亦属单分量情形,即正电荷背景是刚性的,运动的只是带负电荷的电子.二维是指体系在某一方向(如 z 轴方向)有平移不变性,问题在数学上是二维的,可在垂直于该方向的任一平面上讨论,但要注意的是所涉及的平面点电荷,应理解为三维空间沿 z 轴方向的线电荷.设线电荷密度为 m,从电磁学知道,在二维平面上相距 r 处的电场强度 $E=2m/r$,这里略去了因子 $1/4\pi\epsilon_0$,因此有对数形式的库仑相互作用势,

$$V(r)=-2m\ln(r/r_0), \tag{12.4.8}$$

① R. B. Laughlin, Phys, Rev. Lett. 50(1983), 1395.

其中 r_0 是计算电势时所选参考点位置,可取 $r_0\sim a$,约为晶格常数大小. 由此立即可以看出,(12.4.7)式等号右边第一项为二维平面中电荷为 m 的粒子通过对数库仑势相互排斥的势能. 如将电荷为 m 的粒子理解为"电子",则等号右边第二项为所有电子和电荷密度为 $\rho_0=1/2\pi l_B^2$ 的正电荷背景的库仑吸引势能.

吸引势能 U_a 可直接写为

$$U_a = 2m\rho_0\sum_l\int \ln|z-z_l|\,\mathrm{d}^2 z. \tag{12.4.9}$$

对于面积 $A=\pi R^2$ 的体系,采用极坐标,$|z|=r$,$|z_l|=r_l$,设它们之间的夹角为 φ,则

$$\begin{aligned} U_a &= 2m\rho_0\sum_l\int_0^R\int_0^{2\pi}\frac{1}{2}\ln(r^2+r_l^2-2rr_l\cos\varphi)r\mathrm{d}r\mathrm{d}\varphi \\ &= 2m\rho_0\sum_l\left[\frac{\pi}{2}r_l^2+\pi R^2\ln R-\frac{\pi}{2}R^2\right] \\ &= \pi m\rho_0\sum r_l^2+\text{constant}. \end{aligned} \tag{12.4.10}$$

积分中用到公式

$$\int_0^{2\pi}\ln(1+t^2-2t\cos\varphi)\mathrm{d}\varphi=0,\quad |t|<1;$$

$$\int r\ln r\mathrm{d}r=\frac{1}{2}r^2\ln r-\frac{r^2}{4}+C.$$

略去(12.4.10)中的常数项,将 ρ_0 值代入,立即可得到(12.4.7)式中的吸引势能.

当体系为电中性,负电荷密度恰好与正电荷密度平衡,经典等离子体的库仑相互作用能最低,即 ψ_m 为基态波函数的条件是

$$\frac{Nm}{A}=\rho_0=\frac{1}{2\pi l_B^2}, \tag{12.4.11}$$

将 l_B 的表达式(12.4.3)代入,注意填充因子 ν 由(11.1.10)式给出,得

$$m=\frac{eBA}{hN}=\frac{1}{\nu}. \tag{12.4.12}$$

对于 $\nu=1/3$ 的分数量子霍尔效应,解释是在这种对朗道能级的填充下,电子态用 ψ_m,$m=3$ 描述,从等离子体类比的电荷中性条件看,这个状态是特别稳定的. 这种特别的稳定性意味着 1/3 填充态和下一个稳定态间有能隙存在,同时,体系是不可压缩的. 体系是否可压缩取决于无限小的挤压所需的能耗,对于可压缩的体系,能耗为无限小,对于不可压缩体系,能耗为有限大小. 这里,由于能隙的存在,压缩导致填充因子偏离最稳定的状态,多余的电子激发到下一个稳态需要有限大小的能量. 当填充因子足够小时,电子密度很低,体系的基态是维格纳格子(12.2.3 小节). 数值计算表明,填充因子 ν 大于约 1/7 时,Laughlin 态能量更低,此时,电子系统因密度的固定而处于液态,因此,分数量子霍尔效应体系的基态常称为不可压缩

的量子液体.

12.4.2　分数电荷

Laughlin 波函数描述的是温度为绝对零度，磁场精确地使 $\nu=1/m$ 时，分数量子霍尔效应体系的基态，偏离这些条件会导致通常称为准粒子的元激发的产生，准粒子最不一般的性质是具有分数电荷.

以 $\nu=1/3, m=3$ 态为例，如在位置 z_0 处增加一个无穷细的磁通量为 Φ_0 的磁通线，Laughlin 建议这一新的状态可以很好地用如下波函数描述：

$$\psi_m^+ = \prod_i (z_i - z_0) \prod_{j<k} (z_j - z_k)^m \exp\left(-\frac{1}{4l_B^2}\sum_l |z_l|^2\right). \quad (12.4.13)$$

和(12.4.5)式给出的 ψ_m 相比，这里多了 $\prod_i (z_i - z_0)$ 因子，反映了由于 z_0 处附加磁通量 Φ_0 的存在，每个电子以它为中心环绕一圈相位增加 2π. 其次，对所有的电子，波函数在 $z=z_0$ 处增加了一个零点，所有的电子将远离这一点，相对于基态言，z_0 处有局域的电荷缺失.

进一步，可同样通过等离子体类比计算电荷缺失量的大小. 类似于(12.4.6)式及(12.4.7)式，有

$$|\psi_m^+|^2 = e^{-\beta\Phi_{\text{eff}}^+}, \quad (12.4.14)$$

$$\Phi_{\text{eff}}^+ = -2m\sum_i \ln|z_i - z_0| - 2m^2\sum_{j<k}\ln|z_j - z_k| + \frac{m}{2l_B^2}\sum_l |z_l|^2. \quad (12.4.15)$$

参照 12.4.1 小节的讨论，等式右边第一项给出等离子体中电荷为 m 的所有粒子和位于 z_0 的有效电荷为 1 的准粒子的库仑排斥作用. 准粒子的电荷要比其他粒子少，是其他粒子的 $1/m$，表现出电荷的缺失. 如果将 m 理解为电子电荷 $-e$，则在 z_0 附近，$m=3$ 时电荷的缺失为 $-e/3$. 一般将局域的电荷密度的减小称为准空穴(quasi-hole). 由于负电荷的缺失等价于该处出现额外的等量正电荷，因此在 $\nu=1/m$ 态上附加磁通线，相当于产生准空穴，准空穴有分数电荷 $+e/m$.

类似地还可说明在 z_0 处附加一根反方向的磁通线，减少一个磁通量子 Φ_0 时，会产生一个电荷为 $-e/m$ 的准电子(quasi-electron). 对于 $\nu=1/m$ 态，每个电子平均分到 m 根磁通线(见 12.4.12 式)，与磁通线造成的电荷缺失等效的正电荷 $(+e/m)\times m$ 和电子的负电荷 $-e$ 是平衡的. 缺少一根磁通线，自然会导致该处多出 $-e/m$ 电荷.

分数电荷准粒子的存在已为实验所证实. 例如 Goldman 和 Su① 通过共振隧穿

① V. J. Goldman and B. Su, Science, 267(1995), 1010.

实验，测量隧穿电导随磁场和电子数密度改变的振荡周期来确定准粒子的电荷 q，对于 $\nu=1/3$ 态和 $\nu=1$ 态准粒子电荷之比，他们得到 0.331±0.006 的结果.

12.4.3　复合费米子

Laughlin 波函数可很好地描述填充因子 $\nu=1/m$，m 为奇数的分数量子霍尔效应态，在此基础之上，还可构造描述相应准粒子——准电子和准空穴的 Loughlin 类型的波函数. 对于 $\nu=2/5, 3/7, \cdots$ 等分数量子霍尔效应态解释为在 $\nu=1/m$ 态的基础上产生准粒子激发，在特定的填充因子下，这些准粒子发生 Laughlin 类型的凝聚，形成新的多体基态，这个新的态的准粒子在另一填充因子下的凝聚会产生下一个等级的分数量子霍尔效应态. 例如 6/13 态要从 1/3 态开始，经 2/5→3/7→4/9→5/11→6/13，逐级生成. 从物理直觉上，很难将 6/13 态的稳定性和 1/3 态联系在一起. 这种等级的理论提供了一个对分数量子霍尔效应态可能的分类方法，但未能对这一现象给出清晰的微观物理图像.

复合费米子(composite fermion)理论①为分数量子霍尔效应提供了一个简单自然的图像，并对长期令人迷惑的偶数分母填充因子态(如 $\nu=1/2$ 态)提供了物理解释，同时，还将整数和分数量子霍尔效应放在同一理论框架下，揭示了两者间本质上的相互关联. 复合费米子理论基本的想法基于对强相互作用多体系统常用的重要处理方法，即把它转化成弱相互作用的某种新的粒子，类似于引进声子的概念处理强相互作用的振动的晶格系统，也类似于在本章费米液体理论中将强相互作用的电子系统转化成弱相互作用的准粒子系统. 对于什么样的新的粒子可用以描述分数量子霍尔效应态，可从 $\nu=1/3$ 的 Laughlin 波函数得到启示.

$$\begin{aligned}\psi_3 &= \prod_{j<k}(z_j - z_k)^3 \exp\left(-\frac{1}{4l_B^2}\sum_l |z_l|^2\right) \\ &= \prod_{j<k}(z_j - z_k)^2 \prod_{j<k}(z_j - z_k) \exp\left(-\frac{1}{4l_B^2}\sum_l |z_l|^2\right) \\ &= \prod_{j<k}(z_j - z_k)^2 \psi_1,\end{aligned} \tag{12.4.16}$$

相当于 $\nu=1/3$ 态可以通过从 $\nu=1$ 的整数量子霍尔效应 ψ_1 出发，乘以因子 $\prod_{j<k}(z_j - z_k)^2$ 得到. 如上一小节的讨论，这一因子的作用等效于在其他电子眼里，每个电子都俘获了两个磁通量子，或两根量子化磁通线. 这样，$\nu=1/3$ 态可看做是由电子加两根量子化磁通线构成的新的复合粒子的 $\nu=1$ 态. 对于 $\nu=1/3$ 态，每个电子可分到 3 个磁通量子，2 个被吸收到复合粒子中，剩余 1 个，恰好是 $\nu=1$ 态每个粒子应该得到的.

① J. K. Jain, Phys. Rev. Lett. 63(1989), 199.

复合费米子由电子俘获偶数根取向反平行于外场 B 的量子化磁通线构成. 想象一个复合费米子在中心,另一个围绕它走一圈回到原来位置,这等效于连续两次的位置交换. 由于中心有磁通量 $\Phi=2p\Phi_0$,p 为整数,走一圈波函数的相位变化为 $2\pi\Phi/\Phi_0$,相当于交换一次相位变化 $2\pi p$,是 2π 的整数倍. 因此偶数根量子磁通线的存在不改变电子的交换对称性,所构成的复合粒子仍为费米子.

强磁场 B 作用下的强相互作用电子体系转变成弱相互作用的复合费米子体系时,复合费米子感受到的是弱有效磁场 B^*,

$$B^* = B - 2pn_s\Phi_0, \tag{12.4.17}$$

其中 n_s 是分数量子霍尔效应态的电子密度. 电子的填充因子 ν 也相应地转变成复合费米子的 ν^*,对比(12.4.12)式,有

$$\nu^* = \frac{n_s\Phi_0}{|B^*|}. \tag{12.4.18}$$

和 ν 的关系为

$$\nu = \frac{\nu^*}{2p\nu^* \pm 1}, \tag{12.4.19}$$

负号对应于 B^* 与 B 反平行的情形.

这样,电子体系的分数量子霍尔效应可以解释为复合费米子的整数量子霍尔效应,两者由此得到统一的理解. 我们已经知道,$\nu=1/3$ 相当于 $p=1$,复合费米子含两个磁通量子的 $\nu^*=1$ 态,从(12.4.19)式还可看出,$\nu=2/5$ 相当于 $\nu^*=2$ 态,而 $\nu=1/5$ 态则相当于 $p=2$,复合费米子含 4 个磁通量子的 $\nu^*=1$ 态等等.

对于 $\nu=1/2$ 态,按照复合费米子理论,复合费米子感受到的有效场 $B^*=0$,其行为应像零磁场下的自由电子,处于金属态,有复合费米子的费米面存在,这些都已被实验证实. 费米面的存在证实了复合费米子遵从费米统计,有关复合费米子在磁场下做经典回旋运动回旋半径的测量,也证实了复合费米子感受到的磁场趋于零,且带有 $-e$ 电荷. $\nu=1/2$ 态既无分数量子霍尔效应,也没有能隙存在,表明复合费米子的概念有更大的应用范围,不仅仅限于有朗道能级存在,表现出分数量子霍尔效应的情形.

主要参考书目

1. Ashcroft N W, Mermin N D. Solid State Physics. Holt, Rinehart and Winston, New York, 1976.
2. Madelung O. Introduction to Solid-State Theory. Berlin: Springer-Verlag, 1978.
3. J. M. Ziman, Principles of the Theory of Solids. Cambridge: Cambridge University Press, 1972.
4. Chaikin P M, Lubensky T C. Principles of Condensed Matter Physics, Cambridge: Cambridge University Press, 1995.
5. Myers H P. Introductory Solid State Physics. London: Taylor & Francis, 1990.
6. 冯端,金国均. 凝聚态物理新论. 上海:上海科学技术出版社,1992.
7. 黄昆原著,韩汝琦改编. 固体物理学. 北京:高等教育出版社,1988.
8. 李正中. 固体理论(第二版). 北京:高等教育出版社,2002.
9. 方俊鑫,陆栋. 固体物理学(上,下). 上海:上海科技出版社,1981.
10. Kittel C. Introduction to Solid State Physics. New York: John Wiley & Sons, 1976.
杨顺华等译. 固体物理导论. 北京:科学出版社,1979.
11. Burns G. Solid State Physics. Orlando: Academic Press, 1985.
12. Mott N F, Davis E. A. Electronic Processes in Non-Crystalline Matericals, Oxford: Oxford University, 1979.
13. Zallen R. The Physics of Amorphous Solids. A Wiley-Interscience Publication, 1983.
黄昀等译. 非晶态固体物理学. 北京:北京大学出版社,1988.
14. Imry Y. Introduction to Mesoscopic Physics. Oxford: Oxford University Press, 1997.
15. Encyclopedia of Condensed Matter Physics, F. Bassani et al., eds., Oxford: Elsevier Acad. Press, 2005.
16. 曹烈兆,阎守胜,陈兆甲. 低温物理学. 合肥:中国科学技术大学出版社,1999.
17. Isihara A. Condensed Matter Physics. Oxford: Oxford University Press, 1991.
18. 韩汝珊. 高温超导物理. 北京:北京大学出版社,1998.
19. Ferry D K, Goodnick S M. Transport in Nanostructures. Cambridge: Cambridge University Press, 1997.
20. Marder M P. Condensed Matter Physics. New York: John Wiley & Sons, 2000.
21. Taylor P L, Heinonen O. A Quantum Approach to Condensed Matter Physics. Cambridge: Cambridge University Press, 2002.
22. Grosso G, Parravicini G P. Solid State Physics. San Diego: Academic Press, 2000.
23. 阎守胜. 现代固体物理学导论. 北京:北京大学出版社,2008.

习题选编[①]

第一章 金属自由电子气体模型

1.1 对于体积 V 内 N 个电子的自由电子气体,证明

(1) 电子气体的压强 $p=(2/3)\times(\mathscr{E}_0/V)$,其中 $\mathscr{E}_0$ 为电子气体的基态能量.

(2) 体弹性模量 $K=-V(\partial p/\partial V)$ 为 $10\mathscr{E}_0/9\ V$.

1.2 ^{3}He 原子是具有自旋 1/2 的费米子.在绝对零度附近,液体 ^{3}He 的密度为 0.081 g·cm^{-3}.计算费米能量 ε_F 和费米温度 T_F. ^{3}He 原子的质量为 $m\approx 5\times 10^{-24}$ g.

1.3 低温下金属钾的摩尔电子热容量的实验测量结果为 $C_e=2.08T$ mJ·mol^{-1}·K^{-1},在自由电子气体模型下估算钾的费米温度 T_F 及费米面上的态密度 $g(\varepsilon_F)$.

1.4 铜的密度为 $\rho_m=8.95$ g/cm^3.室温下的电阻率为 $\rho=1.55\times 10^{-6}$ Ω·cm.计算

(1) 导电电子浓度;

(2) 弛豫时间;

(3) 费米能量 ε_F,费米速度 v_F;

(4) 费米面上电子的平均自由程 l_F.

1.5 考虑一在球形区域内密度均匀的自由电子气体,电子系统相对于等量均匀正电荷背景有一小的整体位移.证明在这一位移下系统是稳定的,并给出这一小振动问题的特征频率.

1.6 在什么波长下,对于电磁波辐照,金属 Al 是透明的?

1.7 对于自由电子气体,证明电阻率张量的对角元在外加磁场时不发生变化,即横向磁阻为零.

1.8 对于表面在 $z=0$ 和 $z=L$ 之间的金属平板,假定表面相当于一无穷高的势垒,

(1) 证明单电子波函数比例于

$$\sin k_z z \exp[\mathrm{i}(k_x x + k_y y)].$$

(2) 证明在金属内 r 处的电荷密度为

$$\rho(r) = \rho_0[1-3j_1(u)/u],$$

其中 $u=2k_F z$,ρ_0 是波函数比例于 $\exp[\mathrm{i}(k_x x+k_y y+k_z z)]$时的电荷密度,$j_1$ 是一级球贝塞尔函数.

第二章 晶体的结构

2.1 证明对于六角密堆积结构,理想的 c/a 比为$(8/3)^{1/2}\approx 1.633$.又:金属 Na 在 23 K 因马氏体相变从体心立方转变为六角密堆积结构,假定相变时金属的密度维持不变,已知立方相的晶格常数 $a=0.423$ nm,设六角密堆积结构相的 c/a 维持理想值,试求其晶格常数.

2.2 证明简单六角布拉维格子的倒格子仍为简单六角布拉维格子,并给出其倒格子的晶格常数.

2.3 画出体心立方和面心立方晶格结构的金属在(100),(110)和(111)面上的原子排列.

---

① 部分习题解答可在阎守胜著《现代固体物理学导论》(北京大学出版社,2008)一书中找到.

2.4 指出立方晶格(111)面与(110)面,(111)面与(100)面的交线的晶向.

2.5 如将布拉维格子的格点位置在直角坐标系中用一组数(n_1,n_2,n_3)表示,证明

(1) 对于体心立方格子,n_i 全部为偶数或奇数;

(2) 对于面心立方格子,n_i 的和为偶数.

2.6 可在面心立方晶体中掺入外来原子,掺杂原子填入四面体或八面体位置,即掺杂原子周围的晶格原子分别处在正四面体或正八面体的顶点位置上.试给出这些间隙位置的所在.

2.7 算出图2.1所示二维蜂房格子的几何结构因子.

2.8 已知三斜晶系的晶体中,三个基矢为 $\boldsymbol{a}_1$,$\boldsymbol{a}_2$ 和 $\boldsymbol{a}_3$,现测知该晶体的某一晶面法线与三基矢的夹角依次为 α,β 和 γ.试求该晶面的面指数.

2.9 证明六角晶体的介电常数张量为

$$\begin{pmatrix} \varepsilon_{/\!/} & 0 & 0 \\ 0 & \varepsilon_{\perp} & 0 \\ 0 & 0 & \varepsilon_{\perp} \end{pmatrix}.$$

2.10 对一个三主轴方向周期分别为 a,b 和 c 的正交简单晶格,当入射X射线方向与[100]方向(其重复周期为 a)一致时,试确定在哪些方向上会出现衍射极大?什么样的X射线波长才能观察到极大?

2.11 对一双原子线,设 AB 键长为 $a/2$,取 $ABAB\cdots AB$ 排列,原子 A,B 的形状因子分别是 f_A,f_B,入射X射线束作用于原子线.

(1) 证明干涉条件为 $n\lambda=a\cos\theta$,其中 θ 为衍射束与原子线间的交角.

(2) 倒格矢 $G=hb$,h 为整数.证明 h 为奇数时衍射束的强度正比于 $|f_A-f_B|^2$,h 为偶数时正比于 $|f_A+f_B|^2$.

(3) 说明 $f_A=f_B$ 时会发生什么现象.

第三章 能 带 论 I

3.1 电子在周期场中的势能函数

$$V(x)=\begin{cases} \dfrac{1}{2}m\omega^2[b^2-(x-na)^2], & \text{当 } na-b\leqslant x\leqslant na+b; \\ 0, & \text{当 } (n-1)a+b\leqslant x\leqslant na-b, \end{cases}$$

其中 $a=4b$,ω 为常数,

(1) 画出此势能曲线,并求其平均值;

(2) 用近自由电子近似模型求出晶体的第一个以及第二个禁带的宽度.

3.2 设有二维正方晶格,其晶格势场

$$V(x,y)=-4U\cos(2\pi x/a)\cos(2\pi y/a),$$

按弱周期场处理,求出布里渊区角处$(\pi/a,\pi/a)$的能隙.

3.3 对于单价原子构成的三维简单立方单原子晶格,

(1) 在空晶格近似下,用简约布里渊区图式,画出沿[100]方向的前4个能带,并标出每个能带的简并度.

(2) 如果晶体受到均匀的流体静压强,情况如何?

(3) 如仅在[100]方向受到单轴应力,情况又如何?

3.4 考虑晶格常数为 a 和 c 的三维简单六角晶体的第一布里渊区.令 $\boldsymbol{G}_c$ 为平行于晶格 c 轴的最

短倒格矢.

(1) 证明对于六角密堆积结构,晶体势场 $V(\boldsymbol{r})$ 的傅里叶分量 $V(\boldsymbol{G}_c)$ 为零.

(2) $V(2\boldsymbol{G}_c)$ 是否也为零?

(3) 为什么二价原子构成的简单六角晶格在原则上有可能是绝缘体?

(4) 为什么不可能得到由单价原子六角密堆积形成的绝缘体?

3.5 用紧束缚近似求出面心立方金属和体心立方金属中与 s 态原子能级对应的能带的 $\varepsilon(\boldsymbol{k})$ 函数.

3.6 由相同原子组成的一维原子链,每个原胞中有两个原子,原胞长度为 a,原胞内两个原子的相对距离为 b.

(1) 根据紧束缚近似,只计入近邻相互作用,写出原子 s 态对应的晶体波函数的形式;

(2) 求出相应能带的 $\varepsilon(\boldsymbol{k})$ 函数.

3.7 对原子间距为 a 的由同种原子构成的二维密堆积结构,

(1) 画出前 3 个布里渊区;

(2) 求出每原子有一个自由电子时的费米波矢;

(3) 给出第一布里渊区内接圆的半径;

(4) 求出内接圆为费米圆时每原子的平均自由电子数;

(5) 平均每原子有两个自由电子时,在简约布里渊区中画出费米圆的图形.

3.8 向铜中掺锌,取代铜原子.采用自由电子模型,求锌原子与铜原子之比为何值时,费米球与第一布里渊区边界相接触?(铜是面心立方晶格,单价,锌是二价)

3.9 (1) 用近自由电子模型,假定每个原子提供一个电子,画出二维简单正方格子的费米圆.

(2) 假如经低温相变,原子位置如图示有一小的位移 δ,位移到图中用×表示的位置,问此时费米圆如何变化?

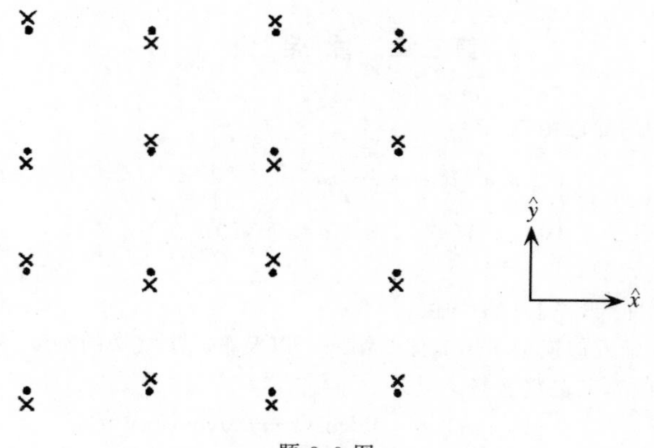

题 3.9 图

3.10 当单电子能量 $\varepsilon_n(\boldsymbol{k})=\hbar^2k^2/2m$,费米球完全在第一布里渊区中时,证明有关态密度的一般表达式(3.5.8)给出自由电子气体的结果.

第四章 能 带 论 Ⅱ

4.1 设有一一维晶体的电子能带可写成

$$\varepsilon(k)=(\hbar^2/ma^2)[7/8-\cos ka+(1/8)\cos 2ka],$$

其中 a 是晶格常数，试求

(1) 能带宽度；

(2) 电子在波矢 k 状态时的速度；

(3) 能带底部和顶部电子的有效质量.

4.2 若已知 $\varepsilon(\boldsymbol{k})=Ak^2+(k_xk_y+k_yk_z+k_zk_x)$，导出 $k=0$ 点上的有效质量张量，并找出主轴方向.

4.3 在金属铋的导带底，有效质量倒数张量有如下形式：

$$\begin{pmatrix}\alpha_{xx} & 0 & 0\\ 0 & \alpha_{yy} & \alpha_{yz}\\ 0 & \alpha_{zy} & \alpha_{zz}\end{pmatrix},$$

且 $\alpha_{yz}=\alpha_{zy}$，试求有效质量张量的各元素，并说明带底附近等能面的形状.

4.4 应用有关电子在磁场中做回旋运动的周期的一般表达式(4.2.25)，求出自由电子气体的结果.

4.5 设电子的等能面

$$\varepsilon=\hbar^2k_1^2/2m_1+\hbar^2k_2^2/2m_2+\hbar^2k_3^2/2m_3,$$

外加磁场 $\boldsymbol{H}$ 相对于椭球主轴的方向余弦为 α,β,γ.

(1) 写出电子的运动方程；

(2) 证明电子绕磁场回旋的频率 $\omega=eB/m_c^*$，其中

$$m_c^*=[(m_1\alpha^2+m_2\beta^2+m_3\gamma^2)/(m_1m_2m_3)]^{-1/2}.$$

4.6 设一非简并半导体有抛物线型的导带极小，有效质量 $m^*=0.1$ m，当导带电子具有 $T=300$ K 的平均速度时，计算其能量、动量、波矢和德布罗意波长.

4.7 请根据自由电子模型计算钾的德哈斯-范阿尔芬效应的周期 $\Delta(1/B)$. 对于 $B=1$ T，在实空间中极值轨道的面积有多大？

4.8 假定费米面为圆筒形，

(1) 试求德哈斯-范阿尔芬效应的周期 $\Delta(1/B)$ 作为外磁场方向和圆筒轴夹角的函数.

(2) 假定单电子能量 $\varepsilon=\hbar^2k_p^2/2m$，其中 k_p 是 $\boldsymbol{k}$ 在垂直于圆筒轴方向的分量，给出费米能处回旋质量与上述夹角的关系.

4.9 在半导体和绝缘体光学吸收谱中，在带间吸收开始前，常有分立的吸收线出现，原因之一是来源于“激子”的贡献. 激子是光激发到导带的电子和留在价带的空穴，由于它们之间的库仑相互作用所形成的束缚态，这些束缚态在某些情形类似于在电介质中的氢原子轨道. 这方面研究较多的是 Cu_2O 中的“黄色”激子谱线系(见附图). 请就图中数据讨论氢原子模型的正确性，并计算观察到的束缚态的尺寸大小. Cu_2O 的介电常数近似为 9.

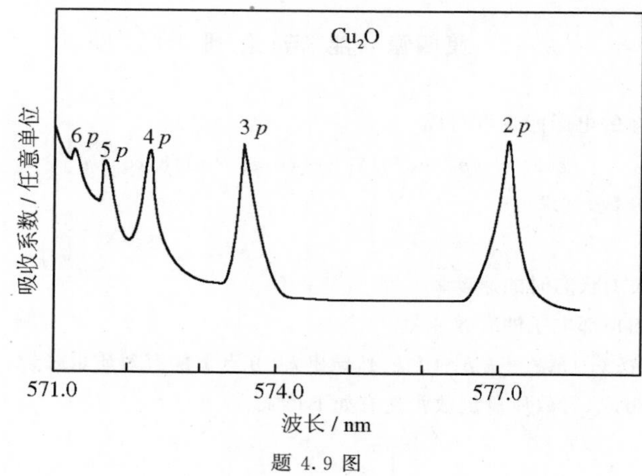

题 4.9 图

第五章 晶格振动

5.1 证明长波下单原子链运动方程

$$m\ddot{u}_n = \beta(u_{n+1} + u_{n-1} - 2u_n),$$

可以化为连续介质弹性波动方程

$$(\partial^2 u/\partial t^2) = v^2(\partial^2 u/\partial x^2).$$

5.2 从有关一维双原子链晶格振动的结果，如(5.1.21)式出发，说明当两原子质量 $m=M$ 时，结果回到一维单原子链情形.

5.3 考虑一双原子链的晶格振动，链上最近邻原子间的力常数交替地等于 c 和 $10c$. 令原子质量相同，且最近邻距为 $a/2$，试求在 $q=0$ 和 $q=\pi/a$ 处的 $\omega(q)$，并大略地画出色散关系. 本题模拟如 H_2 这样的双原子分子晶体.

5.4 对于原子间距为 a，由 N 个原子组成的一维单原子链，在德拜近似下

(1) 计算晶格振动频谱；

(2) 证明低温极限下，比热正比于温度 T.

5.5 对于金属铝，计算在什么温度晶格比热和电子比热相等.

5.6 计算一维单原子链的动量 $P(q)$. 应用周期性边界条件，证明波矢 $q\neq 0$ 时，$P(q)\equiv 0$，即声子不携带动量.

5.7 考虑一个全同原子组成的平面方格子，用 $u_{l,m}$ 记第 1 列，第 m 行的原子垂直于格平面的位移，每个原子质量为 M，最近邻原子的力常数为 β.

(1) 证明运动方程为

$$M(\mathrm{d}^2 u_{l,m}/\mathrm{d}t^2) = \beta[(u_{l+1,m} + u_{l-1,m} - 2u_{l,m}) + (u_{l,m+1} + u_{l,m-1} - 2u_{l,m})].$$

(2) 设解的形式为

$$u_{l,m} = u(0)\exp[\mathrm{i}(lq_x a + mq_y a - \omega t)],$$

这里 a 是最近邻原子的间距，证明运动方程是可以满足的，如果

$$\omega^2 M = 2\beta(2 - \cos q_x a - \cos q_y a).$$

这就是问题的色散关系.

(3) 证明独立解存在的 $\boldsymbol{q}$ 空间区域是一个边长为 $2\pi/a$ 的正方形，这是平面方格子的第一布里渊区. 画出 $q=q_x$，而 $q_y=0$ 时，和 $q_x=q_y$ 时的$\omega(q)$图.

(4) 对于 $qa \ll 1$，证明

$$\omega = (\beta a^2/M)^{1/2}(q_x^2 + q_y^2)^{1/2} = (\beta a^2/M)^{1/2} q.$$

(5) 在第一布里渊区中画出一些等 ω 线，其中包括通过点($q_x=\pi/a, q_y=0$)的. 并请标出 ω 的极大点、极小点和鞍点.

5.8 在二维情形，计算在倒格子空间等 ω 面鞍点附近的态密度$g(\omega)$，并证明它按对数形式发散.

第六章 输 运 现 象

6.1 证明如有两种不同的载流子存在，它们都受杂质和声子的散射，这会导致对马西森定则的偏离，即总电阻率 $\rho=\rho_1+\rho_2$ 不成立，其中 ρ_1 和 ρ_2 分别是杂质和声子对电阻率的贡献.

6.2 对二元合金，如 Ag_xAu_{1-x}，如果 Ag 原子的势场为 V_{Ag}，Au 原子的势场为 V_{Au}，合金的平均晶格势场为

$$V_{alloy} = xV_{Ag} + (1-x)V_{Au}.$$

证明在低温下合金的剩余电阻率和成分 x 的关系为

$$\rho_0 \propto x(1-x).$$

6.3 如有浓度和电荷分别为 n_1e_1 和 n_2e_2 的两种载流子存在时，

(1) 证明磁阻 $\Delta\rho/\rho_0=[\rho(B)-\rho(B=0)]/\rho(B=0)$在低磁场情形比例于 B^2 变化.

(2) 证明高场时磁阻趋于饱和.

6.4 如有浓度和电荷分别为 n_1e_1 和 n_2e_2 的两种载流子存在时，给出高场时霍尔系数的表示式. 当 $n_1e_1+n_2e_2=0$，即两种载流子相补偿时，情况又如何？

第七章 固体中的原子键合

7.1 证明一价正负离子等间距排列组成的一维晶格的马德隆常数为 $\alpha=2\ln 2$.

7.2 试计算正负离子相间排列的二维正方晶格的马德隆常数.

7.3 对上题所示一维离子晶体，如经压缩使离子间平衡距离从 R_0 改变为$R_0(1-\delta)$. 证明外力对一个离子所做功的首项为 $c\delta^2/2$，其中

$$c = (n-1)e^2\ln 2/R_0,$$

n 是排斥能项 B/R^n 的指数.

7.4 假如离子晶体 NaCl 的离子电荷加倍，讨论对晶格常数、结合能以及体弹性模量的影响. 假定排斥势保持不变.

7.5 挤压 KCl 晶体，多大的压强可使它的晶格常数减小 1%？KCl 晶体的晶格常数为 $R_0=0.314$ nm，马德隆常数 $\alpha=1.75$，$n=9$.

7.6 在给出离子晶体结合能的(7.3.3)式中,如排斥能项 B/R^n 用指数函数形式,即 $C\exp(-R/r_0)$替换,试求两种排斥势给出相同结合能时的平衡最近邻距 $R_0=R_0(n,r_0)$.

7.7 用勒纳-琼斯势计算 Ne 在体心立方和面心立方结构中的结合能之比.

7.8 对于分子晶体,设由经典结合能(7.4.5)式极小给出的原子间平衡距离为 R_0,量子力学零点运动导致的对结合能的修正一般可写为

$$\Delta u = \varepsilon \Lambda f(R/\sigma),$$

其中 Λ 为德博尔量子参数,f 为依赖于 R/σ 的函数. 且由结合能的经典部分加上量子改正的极小得到的平衡位置为 $R_0+\Delta R$. 对于分子晶体 Ne 和 Ar,可以假定 $\Delta R \ll R_0$,证明对这两种分子晶体 $\Delta R/R_0$ 之比等于其德玻尔量子参数之比.

第八章 缺 陷

8.1 晶体中的原子脱离格点进入间隙位置,生成弗仑克尔缺陷. 证明其数目为

$$n = (NN')^{1/2}\exp(-u/2k_B T),$$

其中 N 为晶体中的原子总数,N'为晶体中的间隙位置总数,u 为形成一个弗伦克尔缺陷所需的能量.

8.2 设由于热膨胀使晶体的扩散热激活能变为 $\varepsilon'=\varepsilon-AT$,$A$ 为常数. 证明此时晶体扩散系数中的 D_0 改变为 $D_0'=D_0\exp(A/k_B)$. 如要求 $D_0'/D_0\approx 10^4$,试估计常数 A 值.

8.3 锑化铟具有 $\varepsilon_g=0.23$ eV,介电常数 $\epsilon=18$,电子有效质量 $m^*=0.015m$,试计算

(1) 施主的电离能;

(2) 施主基态轨道的半径;

(3) 施主浓度达到何极小值时,相邻杂质原子的轨道之间将有可以察觉得到的重叠效应? 这种重叠形成杂质能带,导电是由电子从一个杂质位置跳到相邻电离了的杂质位置上的跳跃机构实现的.

8.4 在二维情形,解经典扩散方程 8.1.10 式,$\partial n/\partial t=D\nabla^2 n$,证明在给定时刻 t,从原点出发的粒子平均扩散距离

$$L=(Dt)^{1/2}.$$

8.5 当晶格中有过多的空位缺陷时,常会引起位错的移动. 因为位错移动吸收一个空位时会释放出能量 ε_v,这正是空位的形成能. 证明这种原因导致位错移动的应力

$$\sigma = (k_B T/b^3)\ln(c/c_0),$$

其中 c 和 c_0 分别是实际的和平衡时的空位浓度,b 是原子间距.

8.6 设在边长为 L 的立方形晶体中,含有一个伯格斯矢量为 $\boldsymbol{b}$ 的刃位错. 如果晶体在滑移方向上的上、下平面受到切应力 σ 的作用,从能量平衡考虑,证明作用在每单位长度位错上的力为 $F=b\sigma$.

8.7 类似于图 8.5,用平面自旋模型,画出不同的两个环绕数分别为 $n=+2$ 和 $n=-2$ 的拓扑缺陷的结构.

第九章 无 序

9.1 图示为 10 nm 厚 Si 膜 50 keV 电子衍射的结果. 粗曲线是在非晶态膜上得到的,细曲线是同一膜经 600℃退火部分晶化后得到的. 请指认衍射峰所属晶面,并讨论两曲线的异同.

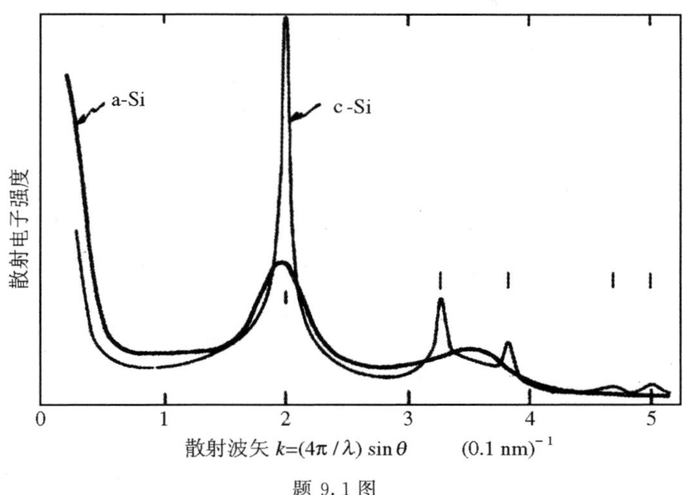

题 9.1 图

9.2 对于无序体系,用紧束缚近似,假定单电子波函数如(9.1.3)式所示,为

$$\Psi(\boldsymbol{r}) = \sum_i a_i \varphi(\boldsymbol{r} - \boldsymbol{R}_i),$$

其中 $\varphi(\boldsymbol{r}-\boldsymbol{R}_i)$是以格点 i 为中心的原子轨道波函数,证明薛定谔方程可写成

$$(\varepsilon_j - \varepsilon)a_j + \sum_{i\neq j} T_{ij} a_i = 0$$

的形式,并讨论 ε_j 和 T_{ij} 的物理意义.

9.3 在金属中电子平均自由程的下限为原子间距的假定下,算出二维金属的最小电导率.

9.4 对标度理论中 $\beta(g)$的线性区做积分,求出(9.2.23)及(9.2.24)式.

9.5 证明薛定谔方程

$$\left[\frac{1}{2m}(-\mathrm{i}\hbar\nabla - q\boldsymbol{A})^2 + V\right]\psi(\boldsymbol{r}) = \varepsilon\psi(\boldsymbol{r})$$

的解可写成

$$\psi(\boldsymbol{r}) = \psi^{(0)}(\boldsymbol{r})\exp\left[\frac{\mathrm{i}q}{\hbar}\int_{C(\boldsymbol{r})} \boldsymbol{A}(\boldsymbol{r}')\cdot \mathrm{d}\boldsymbol{r}'\right]$$

的形式. 其中 $\boldsymbol{A}(\boldsymbol{r})$是磁场 $\boldsymbol{B}$ 的矢势,$\boldsymbol{B}=\nabla\times\boldsymbol{A}(\boldsymbol{r})$,线积分沿端点在 $\boldsymbol{r}$ 的任一路径 $C(\boldsymbol{r})$进行,$\psi^{(0)}(\boldsymbol{r})$是零磁场情形薛定谔方程的解,即

$$\left[\frac{1}{2m}(-\mathrm{i}\hbar\nabla)^2 + V\right]\psi^{(0)}(\boldsymbol{r}) = \varepsilon\psi^{(0)}(\boldsymbol{r}).$$

9.6 弱磁场下在金属中由洛伦兹力产生的经典磁电阻一般要比弱局域化磁电阻小 3 到 4 个数量

级.在磁场 B 为 1 T,弹性散射平均自由程 l 为 1～10 nm 的情形下,根据 6.4 节的讨论,粗略地估算经典磁阻 $\Delta\rho(B)/\rho(0)$ 的大小.提示:$\Delta\rho(B)/\rho(0)\approx(\omega_c\tau)^2$.

9.7 在跳跃电导的讨论中,假定局域态 i,j 的能量差 $\Delta\varepsilon=\varepsilon_j-\varepsilon_i>0$,已知从 j 到 i 态的跃迁概率为 P_0,从 i 到 j 态的概率为 $P_0 e^{-\Delta\varepsilon/k_BT}$,计及初态占据概率和末态未占据概率,证明能量减小的过程($j\to i$)和能量增加的过程($i\to j$)有相同的跃迁率(单位时间的跃迁次数).

9.8 在强局域区,从跳跃电导机制出发,给出电流密度 J 和外加电场强度 E 的关系,并由此得到跳跃电导率的表达式.

第十章　尺　　寸

10.1 在 10.1.3 小节中讲过 ASS 效应,即当薄壁正常金属圆筒的直径 D 与载流子的相位记忆长度 L_φ 大体相等时,圆筒的纵向电阻随筒内磁通量做周期为 $h/2e$ 的振荡.图 10.3 显示出外加磁场增加时电阻振荡的振幅有明显的降低,试通过简单的计算说明这来源于金属膜有一定的厚度.

10.2 对于和环境耦合足够弱并处于平衡态的有限尺寸的体系,统计物理给出其温度的涨落为

$$\langle\Delta T^2\rangle/T^2=1/(Nc_V/k_B),$$

其中 N 是体系中的原子数,c_V 是平均到每个原子的比热.温度下降时 c_V 下降,温度的涨落将增加.对于尺寸为 30 nm 的金属,如 Ag 的微颗粒,试估计使 $\langle\Delta T^2\rangle/T^2>1$ 的温度 T_m.通常这是微颗粒可以被冷却的最低温度.低于此温度,热力学量的涨落将大于其平均值.

10.3 在 10.1.6 小节所述单个金环持续电流的实验中,环直径 2.4 μm,宽度和厚度分别为 90 nm 和 60 nm,弹性散射的平均自由程 l 约 70 nm.

(1) 试问通过对什么物理量的测量可得到 l?

(2) 估算环中总电子数;

(3) 估算参与导电的通道数 N_c;

(4) 按(10.1.31)式估算持续电流的大小.

10.4 对于金属 Na 团簇,一种简单的模型是认为每个 Na 原子的 3s 电子在团簇中自由独立的运动,团簇相当于一个深度为 V_0,半径为 $r_N=r_0N^{1/3}$ 的球方势阱,其中 N 为团簇中的 Na 原子数.利用自由电子气体模型中大块金属 Na 的参数,试估算幻数 $N=40$ 时,最高填充单电子能级的能量.

提示:参阅 L. I. Schiff, Quantum Mechanics 中有关三维方势阱的讨论,83～88 页.

10.5 金属性单壁碳纳米管中单电子波函数可近似写为

$$\psi=\psi_0 e^{ik_x x}e^{ik_y y},$$

其中 x 沿轴向方向,y 沿圆周方向.如沿轴向方向加一外场 B,k_y 取值会有什么变化?是否有可能观察到 Aharonov-Bohm 类型的效应?对于 $D=1$ nm 的单壁碳管,估算如要观察到一个完整的 AB 振荡周期,外加磁场要变化多大.详细的讨论可参阅 W. Tian and S. Datta 发表在 Phys. Rev. B49(1994), 5097 的文章.

10.6 对于(n,m)碳纳米管,证明当 $n-m=3q$,q 为整数时有金属性行为.

10.7 对于图 10.35 所示的双结单电子三极管线路,当一正电荷从左向右经第一个结隧穿入单电

子岛，计算体系能量的改变. 这一计算是讨论双结体系单电子隧穿相图的基础.

提示：除单电子岛的能量改变外，还须计入为恢复平衡电源所做的功.

第十一章 维 度

11.1 对于二维自由电子气体

(1) 试求电子密度 n 与费米波矢 k_F 的关系；

(2) 证明能态密度 $g(\varepsilon)$ 为与 ε 无关的常数，并给出其数值；

(3) 给出 $T=0$ 时 ε_F 的表达式；

(4) 证明 $\mu+k_B T\ln[1+\exp(-\mu/k_B T)]=\varepsilon_F$，其中 μ 为化学势；

(5) 估计室温下 μ 与 ε_F 的差值.

11.2 写出二维电子气体的电导率矩阵. 外加磁场 $\boldsymbol{B}_0$ 平行于 z 方向，电子的运动限制在 (x,y) 平面. $\omega_c\tau\gg 1$ 时如何？证明此时有

$$\sigma_{xx}=\rho_{xx}/(\rho_{xx}^2+\rho_{xy}^2),\quad \sigma_{xy}=-1/\rho_{xy}.$$

11.3 有关一维 Peierls 相变的讨论.

考虑一由同种原子等间隔排列组成的一维链，原子间距为 a，且每个原子只有一个价电子.

(1) 如链发生周期性畸变，沿链方向原子间距交替为 $a-\delta a$ 和 $a+\delta a$，在近自由电子近似下，讨论电子能带结构的变化；

(2) 讨论这种畸变对链的总电子能量和晶格弹性能的影响；

(3) 讨论畸变前后沿链方向电子电荷密度分布的变化.

11.4 计算并画出发生 Peierls 畸变后一维链的纵声子谱. 如果单色激光照射到这种一维链束上，用能量和晶体动量守恒律分析单声子散射过程，并粗略地画出低温和高温下预期的散射光谱线.

11.5 图示为与图 11.13 类似的、中间包括一量子点接触的六端结构. 假定所有电极都是理想的，且自旋简并的边缘通道在宽的二维电子气区和量子点接触区分别为 M 及 N 个. 类似于 11.1.4 小节中对霍尔电阻的讨论，采用多端多通道情形下的 Landauer 公式，证明纵向四端电导

$$G_{12,34}=MN/(M-N)(2e^2/h),$$

霍尔电导

$$G_{12,35}=M(2e^2/h),$$

即量子化的霍尔电导可以和非整数倍的纵向量子化电导并存.

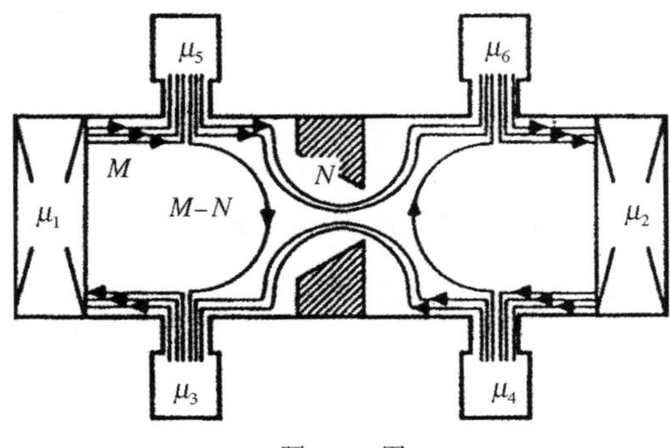

题 11.5 图

第十二章　关　联

12.1 从波函数取斯莱特行列式的形式(12.1.1式)出发,用变分方法推导决定晶体中单电子能量的哈特里-福克方程(12.1.6式).

12.2 将交换能(12.1.11)第一式写成

$$V_{\mathrm{ex}}=-\frac{1}{4\pi\epsilon_0}\int\frac{e^2}{R}n_{\mathrm{ex},\boldsymbol{k}}(R)\mathrm{d}\boldsymbol{R}$$

的形式,这相当于原点($R=0$)处于 $\boldsymbol{k},\sigma$ 态的电子感受到的交换势数值大小等于和密度为 $n_{\mathrm{ex},\boldsymbol{k}}(R)$ 的电子云的库仑相互作用,求出 $n_{\mathrm{ex},\boldsymbol{k}}(R)$ 的解析表达式.

12.3 根据给出自由电子气体凝胶模型中单电子平均能量的(12.1.17)式,证明当 $r_s/a_0>5.45$ 时,自由电子气体将铁磁化,即所有电子的自旋将同向平行排列.

12.4 证明按照朗道费米液体理论,准粒子的有效质量 m^* 和朗道参量 F_1 之间的关系为

$$m^* = (1+F_1/3)m,$$

其中 m 为裸粒子的质量.

12.5 高温超导材料 $YBa_2Cu_3O_7$ 正常态铜氧面方向电导率随温度线性变化,可写为

$$\rho_{ab}=\rho_0+\beta T,$$

其中 $\rho_0\approx 0$,$\beta\approx 0.4\sim 0.5\ \mu\Omega\cdot\mathrm{cm}$. 由于氧的逸出,线性关系向上延伸到 500 K.

如体系的电阻率主要由电子-声子相互作用决定,在载流子的平均自由程与晶格常数相近时,电阻率随温度的线性增长将趋于饱和. 试从这一角度讨论 $YBa_2Cu_3O_7$ 的 $\rho_{ab}(T)$ 行为. 已知 $YBa_2Cu_3O_7$ 载流子的 $v_F\approx 2\times 10^7$ cm/s,从光电导谱得到的 $\hbar\omega_p=1.4$ eV,ω_p 为等离子体频率.

12.6 对于在二维体系中能量 ϵ 随动量 p 线性变化的准粒子体系,证明其低温比热比例于 T^2 变化.

12.7 已知在对称规范下,最低朗道能级的单电子轨道波函数为 $\psi_{0m}=Z^m\exp\left(-\frac{1}{4l_B^2}|Z|^2\right)$,

证明:

(1) $\langle r^2\rangle=2(m+1)l_B^2$,其中 r 为电子圆周运动的轨道半径;

(2) 朗道能级的简并度 $p=\Phi/\Phi_0$.

主要符号一览表

$\boldsymbol{A}$	矢量势
A	原子量,面积,振幅
a_0	玻尔半径
$\boldsymbol{a}_1,\boldsymbol{a}_2,\boldsymbol{a}_3$	晶格基矢
$\boldsymbol{B}$	磁感应强度
$\boldsymbol{b}$	伯格斯矢量
$\boldsymbol{b}_1,\boldsymbol{b}_2,\boldsymbol{b}_3$	倒格子基矢
C	电容
c	光速,弹性波波速
c_V	定容比热
D	扩散系数
d	晶面间距,维度
$\boldsymbol{E}$	电场强度
$-e$	电子电荷
$\mathscr{E}$	总能量
ε	单粒子能量
ε_c	导带底能量,迁移率边,充电能
ε_F	费米能量
ε_g	带隙
ε_v	价带顶能量,空位能,迁移率边
$\boldsymbol{F}$	力
F	自由能
f	费米分布,频率
f_0	平衡分布函数
f_i	电离度
f_j	原子形状因子
$\boldsymbol{G}_h$	倒格矢
G	电导,剪切模量
g	量纲一电导
$g(\varepsilon),g(\omega)$	单位体积的能态密度
$g_n(\varepsilon)$	单位体积第 n 个能带的能态密度
$\boldsymbol{H}$	磁场强度
$\hat{H}$	哈密顿量
h	普朗克常量
$\hbar$	$\hbar=h/2\pi$
I	光强度,电流
$\boldsymbol{J}$	电流密度,粒子流密度
$\boldsymbol{J}_Q$	热流密度
J	交换积分
K	体积弹性模量
$\boldsymbol{k}$	波矢量
k_B	玻尔兹曼常量
k_F	费米波矢
L	长度,Lorenz 数
L_φ	相位相干长度或退相位长度
l	平均自由程
$\boldsymbol{M}$	磁化强度,总磁矩
M	原子质量
m	电子质量
m_0	电子静止质量
m^*	有效质量
m_c^*	回旋有效质量
N	导电电子总数,原胞数,原子数

符号	意义
N_c	通道数
n	电子密度，单位体积原子数，整数，环绕数
n_1	折射率
n_2	消光系数
n_c	折射率，导带电子密度
$n_s(\boldsymbol{q})$	声子能级占据数
$n_{\boldsymbol{q}}$	波矢为 $\boldsymbol{q}$ 的声子数
p	压强
$\boldsymbol{p}$	动量，电极化强度
p	基元中原子数，简并度
Q	简正坐标，CDW 波数
$\boldsymbol{q}$	格波波矢量，电荷
q	电荷
q_D	德拜波矢
$\boldsymbol{R}_n$	晶格矢量
R	电阻，反射率
R_H	霍尔系数
r_s	电子平均占据球半径
r^+, r^-	离子半径
$\boldsymbol{S}$	自旋
S	熵，热电势，面积
S_G	几何结构因子
$\boldsymbol{s}$	电子自旋
T	温度，周期，透射率
T_c	临界温度
$\hat{T}_e$	电子总动能算符
T_F	费米温度
$\hat{T}_n$	晶格中原子总动能算符
$\hat{T}_R$	平移算符
t	时间
U	结合能，内能，相互作用能
$U(\boldsymbol{r})$	杂质势
u	单位体积内能
$\boldsymbol{u}, \boldsymbol{u}(\boldsymbol{R}_n), \boldsymbol{u}_n$	位移
V	体积，势能，电压
v	速度
v_d	漂移速度
v_F	费米速度
W	宽度，跃迁概率
x	负电性
Z	每个原子的价电子数，配分函数
z	配位数
α	吸收系数，点群操作，马德隆常数，精细结构常数
α_L	线热膨胀系数
χ	磁化率
Δ	能隙
δ	厚度，能级间隔
ϵ	介电常数
ϵ_0	真空介电常数
Φ	磁通量，隧穿势垒
Φ_0	磁通量子，$\Phi_0=h/e$
Φ_{s0}	超导磁通量子 $\Phi_{s0}=h/2e$
ϕ	标量势，波函数，角度，相互作用势
γ	电子比热系数，格林艾森常数
φ	波函数，相位
κ	热导率，超流环量
λ	波长
λ_F	费米波长
μ	化学势，迁移率
μ_0	真空磁导率

μ_B	玻尔磁子
Π	佩尔捷系数
Θ_D	德拜温度
θ	角度,波函数相位
θ_H	霍尔角
ρ	电阻率,格点密度
ρ_m	质量密度
σ	电导率,自旋取向标号,切应力,畴壁能,表面能
σ_0	直流电导率
τ	弛豫时间
τ_0	弹性散射弛豫时间
τ_i	非弹性散射弛豫时间
τ_φ	退相位时间
τ_B	磁弛豫时间
Ω	原胞体积
Ω^*	倒格子原胞体积
ω	频率
ω_p	等离子体频率
ω_c	回旋频率
ω_D	德拜频率
ξ	局域化长度,关联长度

索　引

A

B

C

F

G

K

L

M

N

P

Q

R

S